Gas Games

Martina Grabau

Gas Games

Der Wandel der europäischen
Erdgasaußenpolitik infolge
der Ukraine-Krise

 Springer VS

Martina Grabau
Bremen, Deutschland

Dissertation Universität Siegen, 2016

ISBN 978-3-658-20154-8   ISBN 978-3-658-20155-5   (eBook)
https://doi.org/10.1007/978-3-658-20155-5

Die Deutsche Nationalbibliothek verzeichnet diese Publikation in der Deutschen National-
bibliografie; detaillierte bibliografische Daten sind im Internet über http://dnb.d-nb.de abrufbar.

Springer VS

Gedruckt auf säurefreiem und chlorfrei gebleichtem Papier

Springer VS ist Teil von Springer Nature
Die eingetragene Gesellschaft ist Springer Fachmedien Wiesbaden GmbH
Die Anschrift der Gesellschaft ist: Abraham-Lincoln-Str. 46, 65189 Wiesbaden, Germany

Vorwort

Die vorliegende Arbeit wurde 2016 von der Philosophischen Fakultät der Universität Siegen als Dissertation angenommen. Allen, die zu ihrer Entstehung auf vielfältige Weise beigetragen haben, möchte ich auf diesem Wege nachdrücklich danken.

An erster Stelle ist mein Betreuer, Prof. Dr. Simon Hegelich, zu nennen. Unsere zahlreichen Gespräche, seine Hinweise und Anregungen, haben in kaum zu überschätzender Weise dazu beigetragen, den Text in dieser Form fertigzustellen. Herrn Prof. Dr. Christoph Strünck möchte ich für sein Engagement insbesondere in der Schlussphase der Promotion danken, das er während seiner Elternzeit unermüdlich fortsetzte. Prof. Dr. Klaus Schubert und PD Dr. Uwe Hunger danke ich für Ihre Mitarbeit in der Prüfungskommission. Die Literaturangaben geben sicherlich nur unzureichend wieder, wie die Zusammenarbeit mit dem „Lehrstuhlteam Schubert" die Entstehung dieser Arbeit geprägt hat.

Ich danke Prof. Dr. Carsten Hefeker und dem weiteren Team des FoKoS, die für ein inspirierendes Forschungsumfeld gesorgt haben. Den alltäglichen Arbeiten zum Trotz blieb hier stets Raum, gemeinsam wissenschaftliche Ideen und Schwierigkeiten ausgiebig zu diskutieren und die eigene Forschung weiterzuentwickeln. Ein besonderer Dank gilt an dieser Stelle Dr. Cornelia Fraune, David Knollmann und Nina Berding, die mir nicht nur mit Rat und Tat zur Seite standen, sondern in der manchmal doch sehr nervenaufreibenden Zeit stets für Heiterkeit sorgten. Dazu trug auch Alexander Wohnig – trotz seines weit entfernten Büros auf den Siegener Uni-Bergen – bei.

Für ihre große Hilfsbereitschaft bei den Korrekturen und den diversen Auseinandersetzungen mit LaTex danke ich meinen Freunden Frauke Neier, Andreas Jäger, Hendrik Holzmüller sowie Benjamin und Eli Wachtveitl.

Last but not least gebührt ein großer Dank meinen Eltern, Wolfgang und Brigitte Grabau, die mich in jeder Phase und in allen denkbaren Formen unterstützt haben, sowie meinem Bruder, Christian Grabau, auf den ich immer zählen konnte und kann.

Inhaltsverzeichnis

Abbildungsverzeichnis

Tabellenverzeichnis

KAPITEL 1

Einleitung

1.1 Problemaufriss

Die EU steht in der Erdgaspolitik in den kommenden Jahren und Jahrzehnten vor sehr großen Herausforderungen. Im Jahr 2013 stellte Erdgas in der EU den zweitwichtigsten Energieträger dar, der Anteil am Energiemix der 28 EU-Mitgliedstaaten lag insgesamt bei 23,2% (Eurostat o. J.). Berechnungen der International Energy Agency (2014b: 137, 139) zufolge wird die Erdgasnachfrage in der EU bis 2040 noch weiter ansteigen. Eine ausreichende und sichere Versorgung mit Erdgas ist für die EU daher von essentieller Bedeutung. Allerdings ist die EU im Erdgassektor mit sich verschärfenden Versorgungsrisiken konfrontiert. Diese umfassen u.a. die rückläufigen europäischen Erdgasreserven und die damit verbundene ansteigende Importabhängigkeit der EU, die wachsende globale Konkurrenz um Erdgasressourcen, die Notwendigkeit neuer Investitionen in die Erdgasförderung in relevanten Exportstaaten sowie die uneinheitliche Gestaltung der Erdgaspreise (vgl. u.a. Goldthau/Hoxtell 2012: 6; von Hirschhausen et al. 2010: 4, 10; Holz et al. 2015; International Energy Agency 2012c: 150–151, 2014b: 161; de Jong et al. 2010: 226; Mitchell et al. 2012: xiii, 98; Paltsev 2014; Proedrou 2012: 25; Stern 2010: 56–57). Vor dem Hintergrund der ausgeführten Problematik ist die europäische Erdgaspolitik bereits seit der Mitte des vergangenen Jahrzehnts durch stetige Auseinandersetzungen zwischen den EU-Mitgliedstaaten und der EU-Kommission hinsichtlich der Frage geprägt, wie die Erdgasversorgung in Europa zukünftig gewährleistet werden soll. Aufgrund der wachsenden Importabhängigkeit der EU richtet sich der Blick der EU-Akteure dabei in erster Linie auf die Exportstaaten, ihre Rolle für die europäische Erdgasversorgung und die Ausgestaltung der Energiebeziehungen mit ebendiesen.

1

Schließlich bestimmen die Stabilität der zwischenstaatlichen Beziehungen sowie die Vertragsaushandlungen mit Exportstaaten maßgeblich die Versorgungssicherheit der EU-Staaten im Erdgassektor (vgl. Aalto 2009; Checchi et al. 2009; Herranz-Surrallés/Natorski 2012; Machowiak 2012; Maltby 2013; Morata/Solorio Sandoval 2012; Proedrou 2012; Schmidt-Felzmann 2011, 2014; Solorio Sandoval/Morata 2012; Stern 2010; Umbach 2010; Westphal 2012).

Den größten Konfliktpunkt zwischen den EU-Akteuren stellt in diesem Zusammenhang die Politik gegenüber Russland als Erdgasexporteur dar (vgl. Aalto 2009; Casier 2011b: 539; David et al. 2011; Maltby 2013: 436; Mandelson 2007): Russland ist in quantitativer Hinsicht der wichtigste Erdgaslieferant für die EU. Dieser Umstand erfuhr von den EU-Mitgliedstaaten sowie der Kommission bis zum Beginn der Ukraine-Krise im November 2013 allerdings äußerst divergierende Bewertungen. Einige Mitgliedstaaten – insbesondere die osteuropäischen Mitgliedstaaten, die historisch bedingt hohe Anteile von russischem Erdgas in ihren Importportfolios aufweisen – beurteilten die russische Dominanz über die europäische Erdgasversorgung sehr kritisch. Es bestehe das Risiko – so die häufige Argumentation –, dass Russland seine Energiemacht als außenpolitisches Instrument einsetze und auf diese Weise die Handlungsfähigkeit der europäischen[1] Importstaaten einschränke. Kritisiert wurde also der hohe Grad an *Dependenz* der EU von Russland im Erdgassektor (vgl. Aalto 2009: 166, 171–173; Checchi et al. 2009: 39–40; von Hirschhausen et al. 2010: 11; Proedrou 2012: 91–92; Schmidt-Felzmann 2011: 593; Stern 2010: 60; Umbach 2007: 7). Demgegenüber argumentierten – maßgeblich westeuropäische – Mitgliedstaaten, dass die EU nicht nur von Erdgasimporten aus Russland abhängig sei, sondern Russland umgekehrt die Einnahmen aus den Erdgasexporten in die EU als wichtige Finanzierungsquelle benötige. Sie kennzeichneten die Energiebeziehungen demzufolge als *Interdependenz* (vgl. Aalto 2009: 170, 176; Checchi et al. 2009: 39; Harsem/Harald Claes 2013: 787, 790; Krickovic 2015; Proedrou 2012: 77–78, 91–92; Sander 2007: 22–23; Schmidt-Felzmann 2011: 584; Smith Stegen 2011: 6506). Diese unterschiedlichen Interpretationen resultierten in konträren Politikansätzen, die die Mitgliedstaaten gegenüber Russland verfolgten bzw. innerhalb der EU propagierten: Mitgliedstaaten, die den Handel mit Russland als einseitige Abhängigkeit

---

[1] Aus Gründen der besseren Lesbarkeit werden in dieser Arbeit die Worte „europäische Politik/Staaten" und „EU-Politik/Staaten" synonym verwendet, wobei aber stets letztere Bedeutung gemeint ist.

betrachteten, setzten sich zumeist für eine *Diversifizierung* der Erdgaslieferanten sowie eine Reduzierung des russischen Anteils an den Erdgasimporten in der EU und demzufolge für eine Verringerung der russischen Energiemacht ein (vgl. Checchi et al. 2009: 39; Geden et al. 2006: 19; Kropatcheva 2014: 5; Proedrou 2012: 91–92, 127; Schmidt-Felzmann 2011: 584, 593). Mitgliedstaaten, die die Energiebeziehungen mit Russland hingegen als Interdependenz bewerteten, versuchten in der Regel die wechselseitige Abhängigkeit aufrechtzuerhalten bzw. sie in Form zusätzlicher Infrastrukturmaßnahmen noch weiter auszubauen, da sie im Rahmen einer *Energiepartnerschaft* zu Stabilität und wechselseitigem Vertrauen im Erdgashandel beitrage und vor dem Hintergrund einer steigenden globalen Nachfrage zudem verhindere, dass Russland seinen Absatzmarkt diversifiziert (vgl. Aalto 2009: 176; Proedrou 2012: 90, 93; Schmidt-Felzmann 2011: 593).

Die Polarität der beiden Strategien manifestierte sich im vergangenen Jahrzehnt hauptsächlich in virulenten Debatten um drei große Infrastrukturprojekte: die Nord Stream-, die South Stream- sowie die Nabucco-Pipeline (vgl. Hefeker 2013: 347; Schmidt-Felzmann 2011: 585). Da in der EU Importe via Pipeline gegenüber *Liquefied Natural Gas* (im Folgenden: *LNG*), das auf dem Seeweg transportiert wird, deutlich dominieren (siehe Abbildung 12), sind derlei Infrastrukturentscheidungen von großer materieller Bedeutung für den zukünftigen Handlungsrahmen hinsichtlich der europäischen Erdgasversorgung und dementsprechend ein richtungsweisender Ausdruck der strategischen Ausgestaltung der EU-Erdgasaußenpolitik. So galten die Nord Stream- und die South Stream-Pipeline, die Russland mit Deutschland bzw. Italien verbinden (sollten), als Symbole für Ausbau und Vertiefung der Energiepartnerschaft mit Russland, wohingegen die Nabucco-Pipeline, mittels derer Erdgasquellen im Kaspischen Raum (Aserbaidschan, Turkmenistan und Kasachstan), im Nahen Osten (Irak und Iran) und in Ägypten erschlossen werden sollten, als wichtigstes Diversifizierungsprojekt im europäischen Erdgassektor angesehen wurde. Die Pipelineprojekte waren Konkurrenzobjekte zwischen den EU-Mitgliedstaaten, denn die Implementierung aller drei Infrastrukturmaßnahmen wurde als höchst unwahrscheinlich erachtet, da zumindest die South Stream- sowie die Nabucco-Pipeline auf identische Absatzmärkte abzielten (vgl. Aalto 2009: 170; Aalto/Korkmaz Temel 2014: 759; Afifi et al. 2013; Binhack/Tichý 2012: 57–58; Checchi et al. 2009: 39–40; Fernandez 2011; Finon 2011; Grzeszak 2012: 3; Pollack et al. 2010: 94; Proedrou 2012: 93–95, 123–124; Schmidt-Felzmann 2011; Schuller/Triebe 2013; Westphal 2013a:

43). Das Policy-Subsystem der Erdgasaußenpolitik gegenüber Russland war aus diesem Grund durch einen hohen Konfliktgrad gekennzeichnet. Dieser spiegelte sich aber nicht nur in der Policy-, sondern auch der Politics-Dimension wider. Schließlich handelt es sich bei der EU-Erdgasaußenpolitik bislang keineswegs um einen Bereich der vergemeinschafteten EU-Politik. Stattdessen sind die Mitgliedstaaten aufgrund der großen Bedeutung der Energieversorgung für sämtliche Staatsfunktionen und die Entwicklung ihrer Volkswirtschaften auf die Wahrung ihrer nationalen Interessen bedacht und waren vor dem Hintergrund der bestehenden Interessendivergenz noch nicht dazu bereit, auf dem Feld der Erdgasaußenpolitik Souveränität auf die supranationale Ebene zu übertragen. Bislang existiert somit noch keine kohärente Erdgasaußenpolitik der EU. Allerdings können viele Entscheidungen, wie im Fall der Pipelineinfrastruktur, aus geographischen und finanziellen Gründen in der Regel nicht von einzelnen Mitgliedstaaten allein getroffen werden. Gemeinsame Entscheidungsprozesse sind deshalb trotzdem notwendig, finden zwischen den Mitgliedstaaten und der Kommission aber noch auf intergouvernementaler Ebene statt (vgl. Egenhofer/Behrens 2008: 3, 9–10, 2011: 124; Geden et al. 2006; Herranz-Surrallés/Natorski 2012: 132; Maltby 2013: 440; Morata/Solorio Sandoval 2012: 210, 223; Pollack et al. 2010: 61–62; Proedrou 2012: 49–52; Solorio Sandoval/Morata 2012: 2–3, 9; Solorio Sandoval/Zapater 2012: 97).

Zu Beginn des Jahrzehnts schien der Konflikt zwischen den EU-Akteuren um die zukünftige Rolle von Russland für die europäische Erdgasversorgung zugunsten der Advokaten eines interdependenten Handels entschieden zu sein: Die Nord Stream-Pipeline war bereits gebaut und befand sich seit November 2011 in Betrieb (vgl. SZ vom 09.11.2011b); der Bau der South Stream-Pipeline begann im Dezember 2012 in Russland (vgl. FAZ vom 08.12.2012a), im Oktober 2013 in Bulgarien (vgl. OAO Gazprom 2013) und im November 2013 in Serbien (vgl. SZ vom 20.11.2013); das Nabucco-Projekt war hingegen gescheitert (vgl. SZ vom 27.06.2013). Die Infrastrukturmaßnahmen manifestierten eine Erdgasaußenpolitik, in der Russland eine langfristige Säule für die EU-Erdgasversorgung darstellen und dieser langfristige Handel in eine für beide Seiten gewinnbringende strategische Partnerschaft eingebettet sein sollte. Der Ukraine-Konflikt, der im November 2013 infolge der temporären Ablehnung des EU-Assoziierungsabkommens durch den damaligen ukrainischen Ministerpräsidenten Wiktor Janukowytsch begann (vgl. u.a. Biersack/O'Lear 2014: 2; Hedenskog 2014: 20; Rinke 2014: 34; Wipperfürth 2015: 21), stellte jedoch eine gravierende Änderung in den Kontextbedingungen für die EU-Erdgasaußenpolitik dar, da er eine nachhaltige Verschlechterung in den EU-Russland-Beziehungen generierte (vgl. u.a. Buchan 2014: 2), die mitunter als neuer Kalter Krieg bewertet wurde (siehe z.B. Legvold 2014: 74). Angesichts der hohen Relevanz, die der Stabilität in den Beziehungen zwischen Import- und Exportstaaten für die Versorgungssicherheit im Erdgassektor zugeschrieben wird, setzten die EU-Akteure ihre große Abhängigkeit von Erdgasimporten aus Russland im Zuge der Krise wieder an die Spitze der energiepolitischen Agenda. Die Konfliktlinien *Dependenz* vs. *Interdependenz* bzw. *Diversifizierung* vs. *Energiepartnerschaft* wurden nun unter neuen Vorzeichen abermals diskutiert (vgl. u.a. Basedau/Schultze 2014: 1; Belyi 2015; Buchan 2014: 2; Dickel et al. 2014: 2, 68; Koranyi 2014: 66; Medlock et al. 2014: 14). Die hohe Priorisierung, die die Erdgasaußenpolitik in der Folge erfuhr, wurde zudem dadurch bestärkt, dass sich der Erdgassektor in einen zusätzlichen Austragungsort des übergeordneten Konflikts verwandelte (vgl. Westphal 2014c: 1). Dies äußerte sich im Jahr 2014 zum einen in der Gaskrise zwischen Russland und der Ukraine, in der die EU als potentiell Betroffene von Lieferunterbrechungen eine Mittlerrolle einnahm (vgl. u.a. Loskot-Strachota/Zachmann 2014; Pirani et al. 2014; Westphal 2014b, 2014c), und zum anderen im Abbruch des South Stream-Projekts durch den russischen Präsidenten Vladimir Putin (vgl. u.a. Stern et al. 2015), den jener als Reaktion auf die Auseinandersetzung mit der EU-Kommission, die unter dem Vorwand des Dritten Energiepakets das Projekt blockiert habe,[2] kennzeichnete (vgl. Putin 2014d). Damit scheiterte im Kontext des Ukraine-Konflikts ein Pipelineprojekt, das sich bereits im Bau befand und noch ein Jahr zuvor als Symbol der strategischen Partnerschaft mit Russland erachtet wurde.

Die praxispolitischen Verwicklungen hatten zur Konsequenz, dass die Zusammenhänge von Ukraine-Krise und europäischer Erdgasaußenpolitik auch in der Politikwissenschaft Beachtung fanden, die innerhalb kurzer Zeit in eine relativ große Zahl an Publikationen mündete. Dabei handelte es sich im ersten Jahr der Ukraine-Krise aufgrund der Aktualität der Geschehnisse und der stetigen Eskalation

---

2   Die EU erließ seit 1998 drei Energiepakete, die die Struktur des europäischen Erdgasmarktes nachhaltig veränderten (vgl. Proedrou 2012: 60). Nach Beginn der Ukraine-Krise argumentierte die EU-Kommission, das South Stream-Projekt widerspreche dem Dritten Energiepaket hinsichtlich der Bestimmungen zum Third-Party-Access (TPA), zur Entflechtung vertikaler Unternehmen und zur Drittstaatenklausel. Die Auseinandersetzung zwischen der EU-Kommission und den russischen Akteuren wird in Abschnitt 7.2.2 ausführlich erläutert.

des Konflikts zumeist um *policy briefs*[3]. Die Publikationen diskutierten u.a. die
Wahrscheinlichkeit, mit der Russland im zwischenstaatlichen Konflikt die „Gaswaffe"
in Form von Lieferunterbrechungen einsetzen werde (siehe z. B. Brutschin et al.
2014; Götz 2014b; Grigore et al. 2014; Koranyi 2014; Stulberg 2015), die Konsequenzen,
die der EU aus diesen entstehen könnten und die damit verbundene Gefährdung
der europäischen Erdgasversorgung (siehe z. B. Brutschin et al. 2014; Buchan 2014;
Dreyer/Grätz 2014; Engerer et al. 2014; Götz 2014b; Kemfert 2014; Pirani et
al. 2014; Richter/Holz 2015; Schuppe 2014) sowie die Frage, ob sich in Russland
aufgrund der Ukraine-Krise ein Strategiewandel in der Erdgaspolitik abzeichne
(siehe z. B. Behrens 2014; Belyi 2015; Biersack/O'Lear 2014; Krastev/Leonhard
2015; Lukin 2014; Pynnöniemi 2014; Stern et al. 2015). In vielen Publikationen
richteten die Autoren zudem den Blick in die Zukunft, formulierten Handlungsempfehlungen für die politischen Entscheidungsträger (siehe z. B. Basedau/Schultze
2014; Blackwill/O'Sullivan 2014; Buchan 2014; Dickel et al. 2014; Dreyer/Grätz
2014; Geden/Grätz 2014; Gros/Teusch 2013; Hedberg 2015; Koranyi 2014; Leal-
Arcas et al. 2015; Major/Puglierin 2014; Medlock et al. 2014; Richter/Holz 2014,
2015; Westphal 2014c; Wieczorkiewicz/Behrens 2014) und skizzierten Zukunftsszenarien für die potentielle Entwicklung der europäischen Erdgaspolitik (siehe z. B.
Blackwill/O'Sullivan 2014; Brutschin et al. 2014; Dickel et al. 2014; Engerer et al.
2014; Geden/Grätz 2014; Granholm/Malminen 2014; Loskot-Strachota/Zachmann
2014; Medlock et al. 2014; Pirani et al. 2014). Letztere basierten in der Regel
auf deskriptiven oder ökonomisch-quantitativen Analysen der vergangenen EU-
Erdgaspolitik bzw. -versorgung sowie auf aktuellen Stellungnahmen von Vertretern
der EU-Mitgliedstaaten und der Kommission zur zukünftigen Ausgestaltung der
Erdgasbeziehungen mit Russland.

Die Generierung von Zukunftsszenarien sowie die Überprüfung von Handlungsoptionen und den entsprechenden Auswirkungen für die europäische Erdgaspolitik
sind im vorliegenden Fall zweifellos von wissenschaftlichem sowie praxispolitischem
Interesse. Schließlich ist der Ukraine-Konflikt von solch großer Tragweite, dass er
das Potential birgt, eine Zäsur für die EU-Erdgasaußenpolitik zu bilden und einen
Politikwandel einzuleiten, der wiederum für die gesamte Energiepolitik Konsequen-

---

3   *Policy briefs* zeichnen sich in der Regel dadurch aus, dass sie den wissenschaftlichen For-
    schungsstand zum Untersuchungsgegenstand kurz aufarbeiten, auf dieser Grundlage verschie-
    dene Handlungsalternativen diskutieren und daraus mitunter Empfehlungen ableiten.

zen haben wird. Zukunftsszenarien sind für Entscheidungsträger daher äußerst
hilfreich: „Forecasts are indispensable for actors in the real world. In order to make
informed decisions, political actors (legislators, bureaucrats, as well as citizens)
need to have an idea of the consequences of their actions. Therefore, forecasting
offers crucial information to anticipate, and if necessary counteract, important developments." (Bechtel/Leuffen 2010: 309–310) Für die Politikwissenschaft stellt die
Generierung von Zukunftsszenarien allerdings eine intellektuelle Herausforderung
dar (Schneider et al. 2010b: 1). Verfolgt man das Ziel, valide, empirisch begründete
Hypothesen über die zukünftige Entwicklung eines Policy-Subsystems aufzustellen,
die auf politischen Entscheidungsprozessen basiert, sind hohe methodologische Ansprüche an die Untersuchung geknüpft. Derlei Prognosen, für die das strategische
Verhalten der relevanten Entscheidungsakteure simuliert werden muss, werden in
der Regel durch formale Modellierungen entwickelt. Sie sind dementsprechend auch
von größter Relevanz, wenn die zukünftige Erdgasaußenpolitik gegenüber Russland
infolge der Ukraine-Krise prognostiziert werden soll. Schließlich handelt es sich
dabei um einen Entscheidungsprozess von strategisch agierenden Akteuren, der vor
der Ukraine-Krise schon durchlaufen wurde und somit in einem bereits existierenden
institutionellen Entscheidungssetting stattfindet, in dem aber ein externer Schock
vermeintliche Positionswechsel der Entscheidungsakteure bewirkt hat, die es für die
Generierung einer Prognose in den Modellvariablen abzubilden gilt. Zwar ist die
formale Modellbildung in den Sozialwissenschaften bislang ein wenig etabliertes,
noch sehr heterogenes Feld (vgl. Saam 2015: 3). In EU-Studien fanden formale
Modellierungen zur Untersuchung von Entscheidungsprozessen seit der Mitte des vergangenen Jahrzehnts aber eine vergleichsweise häufige Anwendung, so dass bereits
Erkenntnisse bezüglich der Funktionsfähigkeit von einzelnen anwendungsbezogenen
Modellen zur Abbildung von EU-Entscheidungsprozessen und zu Erhebungsmethoden ihrer Inputdaten vorliegen (siehe z. B. Bueno de Mesquita/Stokman 1994a;
Thomson 2011; Thomson et al. 2006b), die auf das Policy-Subsystem Erdgasaußen-
politik übertragen werden können. Es ist jedoch anzumerken, dass diese Modelle in

EU-Studien bislang vorwiegend für sogenannte *post-dictions*[4] angewendet wurden,
um allgemeine Theorien über EU-Entscheidungsprozesse zu überprüfen, jedoch
nicht um tatsächliche Prognosen für die Zukunft zu generieren (vgl. Bechtel/Leuffen
2010: 313).

Diese Arbeit soll daher sowohl in inhaltlicher als auch in methodologischer Hinsicht
an zwei noch sehr jungen Forschungsbereichen ansetzen: der EU-Erdgasaußenpolitik
gegenüber Russland und ihrem potentiellen Wandel infolge der Ukraine-Krise
sowie formaler Modellbildung zur Erstellung von Zukunftsszenarien politischer
Entscheidungsprozesse in der EU. Im folgenden Abschnitt wird der Forschungsstand
zu diesen beiden Bereichen skizziert.

1.2 Forschungsstand

1.2.1 EU-Erdgasaußenpolitik

Bei der EU-Erdgasaußenpolitik gegenüber Russland handelt es sich um kein ei-
genständiges Politikfeld, sondern um ein Subsystem der EU-Energiepolitik.[5] Jenes
kann zwar hinsichtlich der Akteure und des institutionellen Settings vom zuge-
hörigen Politikfeld divergieren und demzufolge als eigenständige Analyseeinheit
bearbeitet werden, es bestehen aber notwendige Zusammenhänge und Wechselwirkungen (vgl. Stefes 2014: 51–52). Dies zeigt sich sowohl in der Praxis als auch in der
Wissenschaft. Die auf das Politikfeld Energie gerichteten politikwissenschaftlichen
Paradigmen, Perspektiven und Fragestellungen haben die Forschungsschwerpunk-

---

4   *Post-dictions* sind *ex post* erstellte „Vorhersagen" von vergangenen Ereignissen. Der Modellie-
     rer entwickelt ein Modell auf Grundlage von Daten aus der Vergangenheit und generiert mit
     diesen eine Prognose über ein Ereignis, das in der Gegenwart oder näheren Vergangenheit als
     die in dem Modell inkorporierten Daten liegt. Das Ergebnis des simulierten Entscheidungspro-
     zesses ist in der Wirklichkeit somit schon eingetreten, der Modellierer gibt im Modell aber vor,
     es nicht zu kennen. Anschließend vergleicht er seine modellierte Prognose des entsprechenden
     Ereignisses mit dem tatsächlich eingetretenen Fall und folgert aus dem Vergleich von simulier-
     tem und realem Ergebnis rückwirkend, inwiefern das Modell den realen Entscheidungsprozess
     adäquat abbildet. *Post-dictions* dienen daher zur Entwicklung und Kalibrierung von Modell-
     len sowie zur Überprüfung von allgemeinen Theorien, die in Form von Modellannahmen mit
     der Wirklichkeit konfrontiert und auf diese Weise getestet werden (vgl. Bechtel/Leuffen 2010:
     311; Bueno de Mesquita 2004: 127; Wayman 2014: 6).
5   Pump (2011: 2) definiert Policy-Subsysteme als „regularized patterns of making policy with
     more or less connected sets of actors who share vocabularies and issue definitions". Begründet
     ist die Konzeptionalisierung der EU-Erdgasaußenpolitik als Policy-Subsystem — in Abgren-
     zung zu einem Politikfeld — darin, dass es sich nicht um ein formalisiertes, fest institutiona-
     lisiertes Handlungsfeld handelt, sondern um einen Bereich, in dem bestimmte Akteure zwar
     regelmäßig, aber in informeller Weise agieren.

te im Policy-Subsystem EU-Erdgasaußenpolitik gegenüber Russland beeinflusst. Forschungsfoki und -desiderate können daher in Teilen nur unter Berücksichtigung dieser Zusammenhänge nachvollzogen werden. Wenngleich die folgende Skizzierung bedingt durch den vorangegangenen Problemaufriss einen Schwerpunkt auf den Forschungsstand zur EU-Erdgasaußenpolitik gegenüber Russland legt, werden Bezüge zur Energiepolitik-Forschung aus diesem Grund an manchen Stellen integriert.

In der politikwissenschaftlichen Literatur zu europäischer Energiepolitik im Allgemeinen und europäischer Erdgaspolitik im Besonderen besteht eine fest institutionalisierte Unterscheidung zwischen einer internen und einer externen Dimension. Die interne Dimension bezieht sich im Erdgassektor maßgeblich auf die Liberalisierung im Erdgasbinnenmarkt, die externe Dimension umfasst Beziehungen zu Nicht-Mitgliedstaaten, in der Regel Export- sowie Transitstaaten (vgl. u.a. Kaveshnikov 2010: 586; Proedrou 2012: 59; Prontera 2009: 16–25; Solorio Sandoval/Morata 2012: 9).[6] Diese Untergliederung ist auf einen Paradigmenwechsel im energiepolitischen Diskurs zurückzuführen, der sich im vergangenen Jahrhundert vollzog. Europäische Energiepolitik wurde in den ersten beiden Dritteln des 20. Jahrhunderts in erster Linie unter Aspekten nationaler Sicherheit betrachtet. Für das Militär und die Industrie musste ausreichend Energie, speziell Erdöl, zur Verfügung gestellt werden. Da die europäischen Staaten über geringe Mengen an eigenen Ressourcen verfügten, thematisierte die Politikwissenschaft schon früh das Problem der europäischen Importabhängigkeit. Die damit verbundenen Schwierigkeiten wurden hauptsächlich unter einem geopolitischen Ansatz betrachtet, in den technische Fragen inkorporiert wurden, die den Energiesicherheitsdiskurs allerdings nicht eigenständig prägten. Dementsprechend wurde Energiepolitik in der Politikwissenschaft zu dieser Zeit maßgeblich im Kontext der Internationalen Beziehungen und der damals dominierenden realistischen Tradition diskutiert (siehe u.a. Gilpin 1981; Krasner 1978; Melby 1981; Morgenthau 1963; vgl. Beyer 2010; Cherp/Jewell 2011; Hughes/Lipscy 2013: 454–455). Nach jahrzehntelangem Vorherrschen eines staatszentrierten Paradigmas, vor dessen Hintergrund Energie als öffentliches Gut angesehen wurde,

---

6   Die Unterteilung in eine interne sowie eine externe Erdgaspolitik ist zweifellos artifiziell und nicht immer aufrechtzuerhalten, da durchaus Schnittmengen zwischen den beiden Sphären identifiziert werden können (vgl. u.a. Kaveshnikov 2010: 586; Proedrou 2012: 59). Nichtsdestotrotz hat sie sich in der Literatur als analytisches Hilfsmittel zur Kategorisierung etabliert, weshalb sich die vorliegende Arbeit ebenfalls an dieser Einteilung orientiert.

mit dem über staatliche Monopolunternehmen die gesamte Bevölkerung versorgt werden sollte, war mit der beginnenden Deregulierung von Energiemärkten und der aufkommenden Globalisierung in den 1980er und -90er Jahren in Europa ein Paradigmenwechsel festzustellen (vgl. Goldthau 2012: 200). Es entwickelte sich ein Marktansatz, der auf der Annahme beruhte, dass Märkte Energieträger effizienter handeln könnten, für die notwendigen Investitionen in Energieinfrastruktur sorgen und des Weiteren Versorgungssicherheit garantieren würden (vgl. Cherp/Jewell 2011: 205; Goldthau/Westphal 2015: 111–112). In der Politikwissenschaft wurden die beiden konkurrierenden Ansätze mit Bezug auf die Energiepolitik als zwei kontrastierende Modelle konzeptionalisiert, „Markets and Institutions" sowie „Regions and Empires" (Correljé/van der Linde 2006: 535):

> The first paradigm or storyline assumes that the globalization of energy markets and the multilateral arrangements to deal with energy issues, which emerged since the late 1980s in particular, are set to continue. This assumption is based on the idea that energy ressources are a commodity that should be open to private investment and traded freely. On the contrary, the second paradigm envisages an international system divided into competing blocks, in which access to energy resources would be an important aspect of the inter-block rivalry. From that perspective, energy is seen as too strategic an asset to be left to market rules and private actors. (Herranz-Surrallés/Natorski 2012: 133)

Die Erdgasbeziehungen zwischen der EU und Russland wurden vornehmlich unter der geopolitischen Perspektive und somit durch die Internationalen Beziehungen betrachtet.[7] Vor dem Hintergrund der hohen Importabhängigkeit der EU sowie der Gaskrisen 2006 und 2009 dominierte in der Analyse der EU-Russland-Energiebeziehungen das Thema der Energiesicherheit. In vielen Publikationen wurde versucht, die Energieabhängigkeit der EU von Russland quantitativ zu messen und diesbezügliche Indizes zu entwickeln (siehe z. B. Le Coq/Paltseva 2014, einen Überblick über die verschiedenen Ansätze liefern u.a. Le Coq/Paltseva 2009; Simionov 2015; Sovacool/Mukherjee 2011). Einige Autoren weisen aber auch auf die Abhängigkeit Russlands von der EU im Energiesektor hin (siehe z. B. Havlik 2010; Krickovic 2015) – insbesondere unter den neuen Kontextbedingungen der „Schiefergasrevolution" in den USA (siehe z. B. Kropatcheva 2014), definieren die europäische Energiesicherheit als abhängige Variable des Kräfeverhältnisses zwischen der EU

---

7   Der folgende Abschnitt orientiert sich an dem Literaturüberblick zur Energiesicherheit in EU-Russland-Beziehungen von Cloé Le Coq und Elena Paltseva (2012: 12–13).

und Russland (siehe z. B. Boussena/Locatelli 2013; Finon/Locatelli 2008; Stern et al. 2006) oder verfolgen in Abgrenzung zu den vorangegangenen Publikationen einen diskursanalytischen Ansatz (siehe z. B. Ferrara 2014; Kratochvíl/Tichý 2013). Wenngleich dieses Forschungsfeld in den vergangenen Jahren stetig angewachsen ist und interessante Einblicke in die materiellen Kontextbedingungen und die damit verbundenen machtpolitischen Konstellationen des EU-Russland-Erdgashandels geliefert hat, ist es für die vorliegende Arbeit nur von nachgelagerter Relevanz, da sie den Fokus stärker auf die innerhalb der EU stattfindenden Entscheidungsprozesse im Policy-Subsystem Erdgasaußenpolitik legt und deren Output, die erdgaspolitische Position gegenüber Russland, in der Analyse die abhängige, zu erklärende Variable darstellt. Forschung, die die europäische Energiepolitik im Sinne einer Policy-Analyse in den Blick nimmt, ist im Gegensatz zur Energiesicherheitsforschung allerdings noch ein sehr junges Feld (vgl. Kevenhörster 2015: 205; Prontera 2009: 1). Dies gilt sowohl für die Energiepolitik im Allgemeinen als auch für die Erdgasaußenpolitik im Besonderen und ist hauptsächlich darin begründet, dass sich Energiepolitik in der EU bis ins vergangene Jahrzehnt nahezu ausschließlich in nationaler Zuständigkeit befand und die EU-Energiepolitik als genuiner Forschungsgegenstand eigentlich nicht existierte (vgl. Morata/Solorio Sandoval 2012: 221–222; Solorio Sandoval/Zapater 2012: 97).[8] Erst 2005 riefen die Staats- und Regierungschef der EU-Mitgliedstaaten die Europäische Kommission dazu auf, ein Strategiepapier für eine gemeinsame Energiepolitik zu entwickeln (vgl. Egenhofer/Behrens 2011: 126). Das in der Folge von der Kommission veröffentlichte Grünbuch „Eine europäische Strategie für nachhaltige, wettbewerbsfähige und sichere Energie" (Europäische Kommission 2006) sowie die im Anschluss veröffentlichten Schlussfolgerungen des Europäischen Rates

---

8   Die europäische Energiepolitik wurde seit den 1990er Jahren allerdings über verknüpfte Politikfelder, in denen die EU-Kommisison über Gesetzgebungskompetenzen verfügt, beeinflusst (vgl. Egenhofer/Behrens 2011; Solorio Sandoval/Zapater 2012: 97; Zapater 2009). Kanellakis, Martinopoulos und Zachariadis (2013) geben einen Überblick über sämtliche *policies*, die zwischen den Jahren 1951 und 2012 mit Bezug auf den Energiesektor auf EU-Ebene implementiert worden sind. Darin schließen sie auch diejenigen *policies* mit ein, die zwar in anderen Bereichen verabschiedet worden sind, aber als energiebezogene Gesetzgebung interpretiert werden können: „Before the Lisbon Treaty in 2009, the founding Treaties of the EU did not include a specific provision on EU intervention in the field of energy and the legal basis for energy-related legislation was structured on: Evironment (Art 175); Approximation of laws (Art 81-97); Trans-European networks (Art 154); Difficulties in the supply of products (Art 100); Research (Art 166); and External relations (various articles)." (Kanellakis et al. 2013: 1021)

und der darin enthaltenen „Festlegung einer Energiepolitik für Europa" (Europäischer Rat 2006: 4) galten als Geburtsstunde einer europäischen Energiepolitik (vgl. Egenhofer/Behrens 2011: 26; Kurze 2009), die im weiteren Verlauf allerdings nur mäßige Fortschritte verzeichnete. Im 2009 in Kraft getretenen Vertrag über die Arbeitsweise der Europäischen Union (AEUV), dem sogenannten Lissabon-Vertrag, wurde der Wille zur Kohärenz in Form von Artikel 194 zwar verankert, er überlässt den Mitgliedstaaten mit der weiteren Entscheidungsbefugnis über ihren Energie-Mix aber noch immer einen sehr hohen Grad an Souveräntität (Art. 194 Absatz 2 AEUV). Es verbleibt für die europäische Energiepolitik somit eine Diskrepanz zwischen Rhetorik und Realität. Dieser Widerspruch generierte in der politikwissenschaftlichen Forschung eine wachsende Anzahl an Publikationen, die sich der europäischen Energiepolitik nun als *Politikfeld* widmen. Darin arbeiten die Autoren den Status Quo der EU-Energiepolitik auf (siehe z. B. Benson/Russel 2015; Fischer 2011; Helm 2014; Kanellakis et al. 2013; Morata/Sandoval 2012; Pollack et al. 2010), betrachten die relevanten Akteursgruppen, speziell die einzelnen Mitgliedstaaten und die Kommission, analysieren ihre Rolle sowie ihre Interessen in der europäischen Energiepolitik (siehe z. B. Alexandrova/Timmermans 2015; Goldthau/Sitter 2014; Maltby 2013; Mišík 2015) und leiten daraus häufig Erklärungsfaktoren für die mangelnde Bereitschaft der EU-Mitgliedstaaten zu einer Zusammenführung ihrer Energiepolitiken ab (siehe z. B. Brunnengräber/Haas 2014; Egenhofer/Behrens 2008; Geden et al. 2006; Proedrou 2012; Stüdemann 2014; Thompson 2015), analysieren die Governancestrukturen, die sich in der EU-Energiepolitik bislang entwickelt haben (siehe z. B. Calliess/Hey 2013; Goldthau 2010, 2012, 2014; Goldthau et al. 2012, 2010; Goldthau/Sitter 2015; Lavenex/Schimmelfennig 2009; Wettestad et al. 2012), und diskutieren, welche Entwicklungschancen der Lissabon-Vertrag für die Zuspitzung einer kohärenten europäischen Energiepolitik bietet (siehe z. B. De Jong/Schunz 2012; Morata/Solorio Sandoval 2012; Pollack et al. 2010; Solorio Sandoval/Morata 2012; Solorio Sandoval/Zapater 2012). Die Publikationen basieren in der Mehrzahl auf der Auswertung statistischer Daten zur europäischen Energieversorgung, die u.a. von Eurostat und der *International Energy Agency* (im Folgenden: IEA) bereitgestellt werden, sowie qualitativen Analysen öffentlicher Dokumente und juristischer Aspekte. Viele der aufgeführten Publikationen sind zudem durch eine normative Konnotation gekennzeichnet: Die Autoren legen die gegenwärtigen und zukünftigen Herausforderungen für die EU im Energiesektor dar und stellen darauf bezugnehmend die These auf, dass die EU-Mitgliedstaaten in Kooperation vorteilhafter auf diese reagieren könnten (siehe z. B. Gawel et al. 2014; Gerig/Helbig 2014; Schiffer/Vrublevska 2014; Tänzler/Wolters 2014; Umbach 2010). Gängiges Beispiel ist der Verweis auf die Steigerung der europäischen Importabhängigkeit und die größere Verhandlungsmacht gegenüber Drittstaaten, die die EU durch eine kohärente Energiepolitik erlangen könnte (vgl. u.a. Proedrou 2012: 66; Schmidt-Felzmann 2011: 575–576).

Unter dem Blickwinkel des geringen Vergemeinschaftungsgrads in der europäischen Energiepolitik und seines potentiellen Nutzens für die EU-Mitgliedstaaten richtete sich das Forschungsinteresse der Politikwissenschaft auch auf das Policy-Subsystem Erdgasaußenpolitik. Befördert wurde es zudem durch die EU-Osterweiterung im Jahr 2004 und das damit verbundene Aufkommen widersprüchlicher erdgaspolitischer Interessen zwischen den EU-Mitgliedstaaten, die sich am deutlichsten im Umgang mit Russland als Erdgaslieferant äußerten (vgl. Casier 2011b: 539; Maltby 2013: 436). Die EU-Erdgasaußenpolitik gegenüber Russland diente in der politikwissenschaftlichen Literatur in der Folge als häufiger Bezugspunkt zur Ursachenanalyse hinsichtlich des Mangels an einer kohärenten Energiepolitik sowie zur Begründung ihres Mehrwerts für die Mitgliedstaaten (siehe z. B. Aalto/Korkmaz Temel 2014; Kirchner/Berk 2010; Maltby 2013; Natorski/Surrallés 2008). In diesem Kontext wurden einige deskriptive Studien publiziert, die die europäische Versorgungssituation im Erdgassektor nachzeichnen und die zentralen Konfliktlinien zwischen den EU-Mitgliedstaaten mit Bezug auf Russland beschreiben. Viele verbleiben in ihrer Analyse auf einer abstrakten Ebene und führen eine Differenzierung zwischen ost- und westeuropäischen Mitgliedstaaten als opponierende Akteurskoalitionen ein, die sich inzwischen als einschlägig etabliert hat (siehe z. B. Brutschin 2015; Checchi et al. 2009; Geden et al. 2006; Noel 2008; Proedrou 2012). Ihnen werden als Interpretationskonstrukte der EU-Russland-Erdgasbeziehungen die Pole *Dependenz* und *Interdependenz* zugeschrieben, die sich in den oppositionellen Strategien *Diversifizierung* und *Energiepartnerschaft* widerspiegeln (vgl. Abschnitt 1.1). Veranschaulicht werden die beiden Ansätze regelmäßig an nationalen sowie grenzüberschreitenden Infrastrukturprojekten. Bei ersteren handelt es sich zumeist um *LNG*-Projekte, die eine Diversifizierung des Importportfolios ermöglichen, bei letzteren um die im vergangenen Jahrzehnt initiierten Pipelineprojekte Nord Stream, South Stream und Nabucco (siehe z. B. Afifi et al. 2013; Fernandez 2011; Finon 2011; Götz 2004,

2005; Grigoriadis 2008; Larsson 2007; Schmidt-Felzmann 2011).[9] Die divergierenden Strategien und Sicherheitskonzepte mit Bezug auf Russland werden in vielen
Publikationen aus der Versorgungssituation der Staaten, speziell ihrem jeweiligen
Erdgasimportportfolio und Energiemix, abgeleitet und mitunter noch externe Faktoren wie die Finanzkrise, die Nuklearkatastrophe in Fukushima im Jahr 2011 oder
die „Schiefergasrevolution" in den USA als erklärende Variablen angeführt (siehe
z. B. Aalto 2009, 2011; Egenhofer/Behrens 2011; Geden et al. 2006; Harsem/Harald
Claes 2013; Hefeker 2013; Kuhn/Umbach 2011; Schmidt-Felzmann 2011). Einige Publikationen weichen von der abstrakten Ebene des Ost-West-Gegensatzes
ab und betrachten in detaillierterer Form die Erdgasaußenpolitik einzelner EU-
Mitgliedstaaten gegenüber Russland (siehe z. B. Barysch 2010; Binhack/Tichý 2012;
Bouzarovski/Konieczny 2010; Gilbert 2009; Johnson/Boersma 2013; Lee 2007; Noel
2008; Roth 2011; Sander 2007; Triantaphyllou/Tsantoulis 2011; Verhoeff/Niemann
2011; Youngs 2009),[10] teilweise auch unter Einbeziehung einer historischen Perspektive (siehe z. B. Aalto 2009). In manchen Publikationen werden aus der Analyse der
erdgaspolitischen Strategien zudem potentielle Entwicklungsmöglichkeiten für die
EU-Russland-Energiebeziehungen, häufig im Zusammenhang mit einer Diskussion
möglicher alternativer Erdgaslieferanten oder den Potentialen der Schiefergasförderung in der EU, abgeleitet (siehe z. B. Clemente 2012; Kuhn/Umbach 2011;
Westphal 2013a).

Es lässt sich bezüglich des Forschungsstands zur Erdgasaußenpolitik der EU
gegenüber Russland vor der Ukraine-Krise festhalten, dass angestoßen durch die
EU-Osterweiterung und das 2006 veröffentlichte Grünbuch der EU-Kommission ein
überwiegend deskriptives Wissen über grundlegende Aspekte des Policy-Subsystems
zusammengetragen wurde: Die EU-Mitgliedstaaten wurden als wichtigste Akteure identifiziert, die Versorgungssituation der einzelnen Staaten in verschiedenen
Facetten aufgearbeitet und mit den zentralen Konfliktlinien *Dependenz* vs. *Interdependenz* sowie *Diversifizierung* vs. *Energiepartnerschaft* verknüpft. Da die
Erdgasaußenpolitik häufig unter dem Blickwinkel eines stockenden Fortschritts in

---

9   Ein Überblickswerk zu zahlreichen Aspekten der internen und externen Dimension von Ener-
    giesicherheit im europäischen Erdgassektor bietet Proedrou (2012).
10 Manche Publikationen diskutieren die bilateralen Beziehungen zwischen einzelnen Mitglied-
    staaten und Russland in einer allgemeinen Perspektive und thematisieren darin mitunter auch
    die Energiepolitik als nachgeordnetes Teilgebiet (siehe z. B. Casier 2011a; Collina 2008; David
    et al. 2011; Newton 2007; Thornton 2006; Timmins 2005, 2007).

der EU-Energiepolitik betrachtet wurde, lassen sich in der Literatur zudem zahlreiche Verweise auf eine tendenziell konfliktreiche Entscheidungsstruktur, geprägt
durch intergouvernementale Verhandlungen, finden. Abgeschlossen werden einige
Publikationen mit einer Diskussion gegenwärtiger und zukünftiger Handlungsoptionen der Mitgliedstaaten. Zwar wird in vielen Publikationen versucht, kausale
Zusammenhänge zwischen den genannten Variablen aufzuzeigen. Dabei handelt es
sich aber in erster Linie um statische Analysen, in denen der Entscheidungsprozess
lediglich eine *Black Box* darstellt und die *Policy-Outcomes*, d.h. die Infrastrukturprojekte, vorwiegend als Beispiele für die beobachteten konträren Politikansätze der
Mitgliedstaaten dienen. Es mangelt demzufolge an Prozessanalysen, die untersuchen, wie Kontroversen zwischen den EU-Mitgliedstaaten in der Erdgasaußenpolitik
gegenüber Russland gelöst werden und im Entscheidungsprozess das institutionelle
Setting mit den Präferenzen der Entscheidungsakteure sowie ihren divergierenden
Machtressourcen zusammenwirkt.

Im Zuge der Ukraine-Krise erlebte die Literatur zur EU-Erdgasaußenpolitik gegenüber Russland einen erneuten Aufschwung.[11] Aufgrund der dramatischen Eskalation
der Krise ist in der politikwissenschaftlichen Literatur das Urteil durchgesetzt, dass
das gewachsene Misstrauen in den EU-Russland-Beziehungen langfristig bestehen und sich daher auch nachhaltig auf den Erdgashandel zwischen der EU und
Russland auswirken werde (vgl. Dickel et al. 2014: 68; Engerer et al. 2014: 479;
Granholm/Malminen 2014: 9; Major/Puglierin 2014: 62–63, 68; Rinke 2014, 2015a;
Schmidt-Felzmann 2014: 49; Westphal 2014c: 1–2). Aufgrund seiner Aktualität
und der andauernden Wandlungsprozesse im Ukraine-Konflikt wurden im ersten
Jahr nach Beginn der Ukaine-Krise noch keine umfassenden Studien, die auf neuen
empirischen Daten beruhen, veröffentlicht. Stattdessen knüpften die Publikatio-
nen, bei denen es sich größtenteils um *policy briefs* handelte, an den bestehenden
Forschungsstand an und disktutierten diesen unter Berücksichtigung der neuen
Kontextbedingungen. Unter Bezugnahme auf die Forschung zu Energiesicherheit
wurde erörtert, mit welcher Wahrscheinlichkeit Russland die „Gaswaffe" gegen die
Ukraine oder die EU einsetzen werde und die Konsequenzen aus Lieferunterbrechungen für die EU im Allgemeinen sowie für einzelne Mitgliedstaaten im Besonderen

---

11 Für eine detailliertere Aufarbeitung des Forschungsstands und der divergierenden Positionen,
die in der Literatur zur Ukraine-Krise und den im Folgenden aufgeführten Themenfeldern
identifiziert worden sind, siehe Abschnitt 8.2.

berechnet (vgl. Abschnitt 1.1). Außerdem wurde in diesem Zusammenhang erneut diskutiert, ob es sich bei den EU-Russland-Energiebeziehungen um ein Verhältnis der Dependenz oder der (a)symmetrischen Interdependenz handle und inwiefern das in den Internationalen Beziehungen etablierte Konzept von Stabilität und politischer Einflussnahme mittels interdependenter Handelsbeziehungen durch die Ukraine-Krise widerlegt werde (siehe z. B. Brutschin et al. 2014: 2; Buchan 2014: 7; Dickel et al. 2014: 57; Dreyer/Grätz 2014: 1; Götz 2014b: 281–282; Koranyi 2014: 66; Krastev/Leonhard 2015; Kundnani 2014; Laaser/Schrader 2014: 343; Legvold 2014: 79; Major/Puglierin 2014: 65; Meister 2013; Schubert et al. 2014: 2; Umland 2013; Westphal 2014b: 2–3, 2014c: 2).

In der Literatur, die als Beitrag zu einer Politikfeldanalyse bewertet werden kann, werden die divergierenden Policypositionen der Mitgliedstaaten gegenüber Russland während der Ukraine-Krise in Ansätzen skizziert und dabei zum Teil auf die Kategorien *Dependenz* und *Interdependenz* bzw. *Diversifizierung* und *Energiepartnerschaft* rekurriert (siehe z. B. Buchan 2014; Dolidze 2015; Emerson 2014; Helwig 2014; Kratochvíl 2014; Rinke 2015a; Sundberg/Eellend 2014). Eine ausführliche Analyse der einzelnen Positionen, die auf einem umfassenden empirischen Datensatz beruht, wurde jedoch noch nicht publiziert. Unter Verweis auf die skizzierten Policypositionen, aber insbesondere aufgrund des polnischen Vorschlags zur Entwicklung einer Energieunion, wurde das Thema einer vergemeinschafteten EU-Energiepolitik abermals aufgegriffen und erörtert, inwiefern die neuen Kontextbedingungen einen höheren Grad an Kohärenz in der europäischen Erdgasaußen- oder gar der Energiepolitik begünstigen könnten (siehe z. B. Blockmans 2014: 2; Dickel et al. 2014: 70, 75; Geden/Grätz 2014: 3–4; Major/Puglierin 2014: 66–67; Rinke 2015a: 15; Schmidt-Felzmann 2014; Schubert et al. 2014: 1; Vogel 2014: 65). Da sich das South Stream-Projekt im Verlauf der Ukraine-Krise in einen schwerwiegenden Konfliktgegenstand zwischen der EU und Russland verwandelte, fand es in der politikwissenschaftlichen Literatur ebenfalls wiederkehrende Beachtung. Allerdings diente es nun nicht mehr zur Exemplifizierung der kontrahierenden Strategien zwischen den EU-Mitgliedstaaten gegenüber Russland als Erdgaslieferant. Stattdessen wird der Fokus auf Russland gelegt, schließlich wurde das Projekt durch die russischen Akteure abgebrochen. In diversen Publikationen wird diskutiert, welche Interessen die russischen Entscheidungsakteure mit dem South Stream-Projekt verbanden und inwiefern der Projektabbruch Ausdruck einer veränderten Strategie

Russlands hinsichtlich des Erdgashandels mit der EU ist (siehe z. B. Behrens 2014; Belyi 2015; Biersack/O'Lear 2014; Krastev/Leonhard 2015; Lukin 2014; Pynnöniemi 2014; Stern et al. 2015). Die Mehrzahl der Autoren leitet aus ihrer Analyse Handlungsempfehlungen ab (vgl. Abschnitt 1.1), diskutiert in diesem Zusammenhang, inwiefern die Handlungsfähigkeit der EU aufgrund der Abhängigkeit von russischen Erdgasimporten in der Ukraine-Krise eingeschränkt ist (siehe z. B. Basedau/Schultze 2014: 3; Blockmans 2014: 2; Dickel et al. 2014: 68; Kundnani 2014; Major/Puglierin 2014: 65; Malmlöf et al. 2014: 79; Westphal 2014c: 2) und skizziert potentielle Zukunftsszenarien zur Entwicklung der Erdgasbeziehungen zwischen der EU und Russland (vgl. Abschnitt 1.1). Letztere bewegen sich häufig zwischen den Polen einer radikalen und nachhaltigen Diversifizierung der europäischen Erdgasquellen und dem weiteren Bestand des gegenwärtigen Handelsumfangs, begründet mit Verweis auf Langzeitverträge zwischen Russland und den EU-Mitgliedstaaten sowie den Mangel an kurz- und mittelfristigen alternativen Bezugsquellen. Allerdings behandeln viele Autoren im Rahmen der Diskussion von Zukunftsszenarien die EU analytisch als einen einzigen Akteur und vernachlässigen das konfliktive Setting, in dem die Mitgliedstaaten interagieren und über zukünftige Infrastrukturmaßnahmen entscheiden. Zudem ist häufig undurchsichtig, mit welchen Analyseschritten aus der vorangegangenen deskriptiven Analyse valide Zukunftsprognosen für den Fall der EU-Erdgasaußenpolitik nach der Ukraine-Krise generiert werden.

Hinsichtlich der Literatur zum Policy-Subsystem EU-Erdgasaußenpolitik gegenüber Russland, die nach Beginn der Ukraine-Krise publiziert wurde, lässt sich zusammenfassend festhalten, dass keine neuen Diskursstränge entstanden sind, sondern auf bereits veröffentlichte Empirie und Erkenntnisse zurückgegriffen wurde, diese nun aber unter den neuen Kontextbedingungen betrachtet und debattiert wurden. Dabei konnte ein verstärkter Fokus auf die Diskussion europäischer Handlungsoptionen, Handlungsempfehlungen sowie Zukunftsszenarien ausgemacht werden, bei letzteren wurde jedoch auf methodische Defizite hingewiesen. Vor diesem Hintergrund wird im Folgenden der Forschungsstand zu formaler Modellbildung in EU-Studien dargelegt, schließlich handelt es sich dabei um rigorose methodische Ansätze, die das Potential bergen, valide Prognosen über die zukünftige Entwicklung von Entscheidungsprozessen zu generieren.

1.2.2 Formale Modellbildung in EU-Studien

Formale Modellbildung und Simulationen sind in der Politikwissenschaft noch ein relativ junges Feld, das in den vergangenen zwei Jahrzehnten aber einen stetigen Aufschwung erlebte (vgl. Axelrod 2007: 90; Saam 2015: 2). Begründet ist das gesteigerte Interesse in dem mannigfaltigen Erkenntnisgewinn, den Modellierungsansätze potentiell bieten: Mittels formaler Modellierungen wird versucht, die Wirklichkeit nachzubilden, um Rückschlüsse aus dem Modell auf die Wirklichkeit ziehen zu können (vgl. Hegelich 2016: 455–456). Dies ermöglicht es, nicht „nur" beobachtbare Phänomene wissenschaftlich zu untersuchen, sondern auch die zugrundeliegenden Gesezmäßigkeiten, die Kausalstruktur der Wirklichkeit, über die Modellierung nachzuvollziehen und zu analysieren (vgl. Behnke 2009: 175–177; Garson 2009: 274). Auf diese Weise können u.a. Theorien entwickelt und überprüft, verschiedene Szenarien und Handlungsoptionen getestet sowie Zukunftsprognosen erstellt werden (für eine Übersicht zu den vielfältigen wissenschaftlichen Einsatzmöglichkeiten von formalen Modellen und Simulationen siehe u.a. Bechtel/Leuffen 2010; Behnke 2009; Epstein 2008; Hegelich 2016; Johnson 1999; Ray/Russett 1996; Saam/Gautschi 2015: 26–27; Schneider et al. 2010b, 2011).

Saam hält in ihrer Einführung zu Modellbildung und Simulationen fest, dass sich das Feld in den Sozialwissenschaften bislang insgesamt noch als sehr unübersichtlich und heterogen präsentiert (vgl. Saam 2015: 3).[12] Am etabliertesten ist bislang die Modellbildung im Kontext der *Rational Choice*-Theorie, die in der Politikwissenschaft mit den Publikationen von Arrow (1951), Downs (1957) und Black (1958) seit den 1960er und 1970er Jahren eine zunehmende Anwendung erfuhr (vgl. Axelrod 2007: 73; Johnson 1999: 1511; Morton 1999: 82). Wenngleich sie sich nicht so umfassend und schnell entwickelt hat wie in den Wirtschaftswissenschaften, so halten McCarty und Meirowitz (2007: 1) dennoch fest, dass spieltheoretische Modelle mittlerweile in allen Bereichen der Politikwissenschaft zum Erkenntnisgewinn beigetragen haben (für einen umfassenden Forschungsüberblick siehe Hug 2014). Als allgemeiner Trend ist dabei festzustellen, dass der Abstraktionsgrad der Modelle stetig sinkt, während ihre Detailgenauigkeit zunimmt, was eine engere Rückbindung an die zu modellieren-

---

12 Für ein Überblicks- und Nachschlagewerk zu Modellbildung und Simulationen in den Sozial-
     wissenschften, das in eine große Zahl von Ansätzen der Modellbildung, ihre meta- und wis-
     senschaftstheoretischen Grundlagen sowie verschiedene sozialwissenschaftliche Anwendungs-
     bereiche einführt, siehe Norman Braun und Nicole J. Saam (2015).

de Wirklichkeit ermöglicht (vgl. Achen 2006a: 294–295; Hug 2014: 290–291). Dies gilt auch für die Analyse der EU mittels spieltheoretischer Modelle: Bei den EU-Studien handelt es sich um einen Forschungsbereich, in dem der Einsatz von formalen Modellierungen bereits vergleichsweise etabliert und synthetisiert ist. Begründet ist dies in der Veröffentlichung dreier vergleichender Modellstudien, die als Meilensteine in diesem Forschungszweig beurteilt werden können und im vergangenen Jahrzehnt als steter Bezugspunkt von darauf aufbauenden Publikationen dienten: „European Community Decision Making: Models, Applications and Comparisons", herausgegeben von Bruce Bueno de Mesquita und Frans N. Stokman (1994a), „The European Union Decides" (im Folgenden: DEUI-Studie), herausgegeben von Robert Thomson, Frans N. Stokman, Christopher H. Achen und Thomas König (2006b)[13] sowie „Resolving Controversy in the European Union, Legislative Decision-Making before and after Enlargement" (im Folgenden: DEUII-Studie) von Robert Thomson (2011). Bueno de Mesquita und Stokman (1994a) vergleichen in ihrer Untersuchung zwei Verhandlungsmodelle, die in theoretischer Hinsicht dem *Rational Choice* Institutionalismus (RCI) zuzuordnen sind und somit das Zusammenspiel von Präferenzen und Institutionen in EU-Entscheidungsprozessen analysieren. Dazu wenden sie die Modelle auf 16 abgeschlossene Entscheidungsprozesse des Rats an und evaluieren ihre Prognosefähigkeit *ex post* (vgl. Fußnote 31), um zu überprüfen, ob die Modelle in geeigneter Form den europäischen Entscheidungsprozess abbilden und dementsprechend als zukünftiges Analyseinstrument für EU-Entscheidungsprozesse geeignet sind (vgl. Bueno de Mesquita/Stokman 1994b). Die Herausgeber zielten mit ihrer Veröffentlichung auf eine Verbindung von Modellansätzen und Policy-Analyse ab: „[T]hey [die der Veröffentlichung vorausgegangenen Konferenzen; M.G.] explicitly aimed to bring together the model-oriented and policy-oriented approaches in political science and international relations." (Bueno de Mesquita/Stokman 1994b: x) Die Autoren der DEUI-Studie orientierten sich an diesem Forschungs-

---

13 Erste Forschungsergebnisse, die auf der DEUI-Studie beruhen, wurden bereits 2004 in einem *Special Issue*, herausgegeben von Stokman und Thomson (2004a), veröffentlicht.

ansatz, erweiterten die Modellanzahl[14] und den Datensatz[15] aber signifikant und bezogen zudem die Europäische Kommission sowie das Europäische Parlament als Entscheidungsakteure in die Untersuchung mit ein (vgl. Thomson et al. 2006a: xvii–xviii). Ihr Erkenntnisinteresse bestand darin, auf Basis einer großen Modellauswahl und eines umfangreichen Datensatzes zu evaluieren, welches Modell insgesamt die akkuratesten Prognosen generiert und unter welchen Kontextbedingungen die Modelle am besten funktionieren (vgl. Thomson/Hosli 2006: 6–7). Auf diese Weise sollten allgemeine Theorien über EU-Entscheidungsprozesse entwickelt, getestet und schließlich generalisierende Annahmen über die Entscheidungsprozesse in der EU bei alltäglichen Politikentscheidungen abgeleitet werden:

> Our understanding of political decision-making is most likely to progress by combining rigorous, explicit theory with equally rigorous empirical tests. In this way we can gradually sort out the circumstances in which one type of model is most effective and other circumstances for which some other model proves better suited. (Bueno de Mesquita 2004: 125)

Die Modelle basieren ebenfalls auf dem RCI-Ansatz, was mit dem in früheren Studien bewiesenen hohen Erkenntnisgewinn durch *Rational Choice*-Modelle in EU-Studien begründet wird: „The approach we have taken derives from rational choice theory, simply because the recent upsurge in game-theoretic models of EU decision-making has added so dramatically to our understanding." (Schneider et al. 2006: 300)[16] Die Autoren kennzeichnen ihre Studie als kritische Reaktion auf die vorangegangene EU-Forschung, die in erster Linie auf deskriptiven Fallstudien

---

14 Bei all diesen Modellen handelt es sich um räumliche, eindimensionale Modelle. Thomson et al. (2006) untergliedern sie in drei Kategorien: Verfahrensrechtliche Modelle, die bei der Entwicklung der Modellregeln den Schwerpunkt auf die konkreten rechtlichen Abläufe des Gesetzgebungsprozesses legen, Verhandlungsmodelle, die die informellen Verhandlungen, die vor dem formalen Gesetzgebungsprozess stattfinden, nachbilden sowie Hybridmodelle, die verfahrensrechtliche und Verhandlungsmodelle verbinden (vgl. Schneider et al. 2006: 300–301; Steunenberg/Selck 2006: 80; Veen 2011a: 23–24). Ferner lassen sich die Modelle dahingehend unterscheiden, ob sie der kooperativen oder der nicht-kooperativen Spieltheorie zuzuordnen sind (für eine Erläuterung der Differenzen zwischen kooperativer und nicht-kooperativer Spieltheorie siehe u.a. Holler/Illing 2009: 22; Rieck 2012: 35–37; Sieg 2010).

15 Der Datensatz umfasst 162 Themen, die in der Periode zwischen 1999 und 2001 im Rahmen von 66 Gesetzesvorschlägen verhandelt wurden (vgl. Thomson et al. 2006a: xvii; Thomson/Hosli 2006: 12–13).

16 In EU-Studien wurde der RCI-Ansatz in erster Linie zur Analyse verschiedener Facetten des Gesetzgebungsprozesses angewendet (vgl. u.a. Crombez et al. 2000; Hix 2001; Hix et al. 2003; Kreppel 2002; Moser 1996; Tsebelis 1994; Tsebelis/Garrett 2000).

basierte und deshalb über den spezifischen Fall hinaus jeweils nur begrenzte Aussagekraft besaß (vgl. Thomson/Hosli 2006: 265; siehe auch Pahre 2005: 114). Die Auswertung der Modellprognosen ergab, dass die generierten Vorhersagen bislang noch relativ ungenau sind, kooperative Verhandlungsmodelle als Modellkategorie insgesamt aber die akkuratesten *post-dictions* erstellen. Daraus folgerten die Autoren, dass informelle Verhandlungen, Kompromissfindung und Einstimmigkeit zentrale Prinzipien von EU-Entscheidungsprozessen darstellen (vgl. Achen 2006a: 295–297; Schneider et al. 2006: 303–305).

Die DEUII-Studie entspricht dem grundlegenden Forschungsdesign der DEUI-Studie. Sie divergiert aber insofern, als sie eine geringere Anzahl an Modellen und einen umfangreicheren Datensatz einbezieht. Während die DEUI-Studie nur Entscheidungsprozesse der EU-15-Periode analysierte, beinhaltet der Datensatz der DEUII-Studie auch Entscheidungsprozesse der EU-25- und EU-27-Perioden, um zu überprüfen, ob die Erweiterung der EU Veränderungen hinsichtlich der Entscheidungsprozesse bewirkt hat (vgl. Thomson 2011: 160). Die DEUII-Studie hat die zentralen Forschungsergebnisse ihres Vorläufers aber bestätigt (vgl. Abschnitt 2.2).[17]

Zur Analyse von europäischen Entscheidungsprozessen wurde bislang noch kein solch umfangreicher Vergleichstest von formalen Modellen wie im DEU-Projekt durchgeführt,[18] sowohl hinsichtlich der Modellanzahl und der damit verbundenen Spannbreite an theoretischen Erklärungsmustern als auch hinsichtlich des empirischen Datensatzes, auf den die Modelle angewendet wurden: „[U]ntil the publication of this volume [DEUI-Studie, M.G.] and an accompanying special issue of *European Union Politics*, we did not know nearly as much about how these competing approaches fare in explaining and predicting a broad set of decision outcomes." (Schneider et al. 2006: 300; siehe auch Bueno de Mesquita 2004; Crombez/Vangerven 2014: 297; Mattila 2012) Das DEU-Projekt gibt somit Aufschluss darüber, welche Modelle für zukünftige Analysen von EU-Entscheidungsprozessen besonders geeignet sind. Die große Relevanz und Wirkungskraft, die das DEU-Projekt für EU-Studien entfachte, manifestierte sich zugleich in der großen Zahl an Studien, die auf das Projekt aufgebaut haben. Dabei handelt es sich zum einen um Publikationen, die den DEU-

---

17 Mattila (2012) diskutiert und vergleicht Forschungsdesign und -ergebnisse der DEUI- sowie der DEUII-Studie und bewertet deren Beitrag zur Analyse von Entscheidungsprozessen in der EU.
18 Als DEU-Projekt werden in dieser Arbeit zusammenfassend die DEUI- und DEUII-Studie bezeichnet.

Datensatz mit einer stärker empirisch ausgerichteten Fragestellung genutzt und auf
diese Weise Erkenntnisse ermittelt haben über die Machtverteilung zwischen den
einzelnen Akteuren innerhalb der EU und die entsprechenden Implikationen der
verschiedenen Abstimmungsverfahren (siehe z. B. Aksoy 2012; Costello/Thomson
2013; Thomson 2015), Faktoren, die zum Verhandlungserfolg von Mitgliedstaaten
im Rat beitragen (siehe z. B. Arregui/Thomson 2009; Bailer 2004, 2010a, 2010b;
Cross 2013; Høyland/Hansen 2014; Schneider et al. 2010a; Selck/Kuipers 2005), den
Einfluss der Ratspräsidentschaft auf das Verhandlungsergebnis (siehe z. B. Schalk
et al. 2007; Thomson 2008; Warntjen 2008), Möglichkeiten des „cash-for-vote" zwischen großen und kleinen Mitgliedstaaten im Rat (siehe z. B. Golub 2012) sowie
Koalitionsbildungen und strukturierende Konfliktlinien in der EU (siehe z. B. Aksoy
2010; Bailer 2011; Kaeding/Selck 2005; Thomson 2009b; Thomson et al. 2004;
Zimmer et al. 2005; siehe auch Bailer et al. 2015, die zur Analyse einen neuen
Datensatz entwickeln) – um nur einige Beispiele anzuführen (vgl. Mattila 2012:
452). Zum anderen finden sich Publikationen, in denen der Fokus stärker auf die
methodischen Aspekte des DEU-Projekts gelegt wird. Sie widmen sich im weiteren
Sinne der Frage, wie die Prognosefähigkeit der Modelle zusätzlich erhöht werden
könne. Dabei lassen sich zwei konstruktive Strömungen unterscheiden, von denen
erstere gemessen am Publikationsumfang deutlich überwiegt:

(1) Die Datenquellen und Erhebungsmethoden zur Bestimmung der Inputvaria-
    blen werden als Fehlerquelle vermutet und alternative Quellen sowie Erhe-
    bungsverfahren vorgeschlagen.

(2) Neue oder optimierte Modelle werden zur Überprüfung ihrer Prognosefähigkeit
    auf den DEU-Datensatz bzw. neue Datensätze angewendet.

Im Folgenden wird zunächst der Forschungsstand zu Datenquellen und Erhebungsmethoden für die Operationalisierung der Inputvariablen dargelegt.

Die Entscheidungsakteure werden in den Modellen des DEU-Projekts durch drei
Variablen näher bestimmt: ihre Policyposition zu Beginn der jeweiligen Verhandlung, ihre Fähigkeiten bzw. Ressourcen, um ihre Positionen durchzusetzen sowie die
Priorität, die sie der zu verhandelnden Sachfrage verleihen. Die Daten wurden im
DEU-Projekt mittels Experteninterviews erhoben. Die Fähigkeiten der Akteure wurden zusätzlich mittels zweier Varianten des Shapley Shubik Index operationalisiert
(vgl. Thomson 2011: 27; Thomson/Stokman 2006: 31–48). Mit der zunehmenden

Anwendung von formalen Modellen in EU-Studien wurde ein reger Diskurs um Vor- und Nachteile verschiedener Methoden der Datenerhebung für die Inputvariablen initiiert, dessen Umfang und Beständigkeit aus der großen Relevanz der Inputdaten für die Prognosefähigkeit von formalen Modellen und der zugleich bestehenden Unzufriedenheit mit diesen Daten resultiert: „For models that were empirically evaluated, a substantial mismatch between theoretical predictions and empirical outcomes has been observed, possibly because of a lack of accurate data." (Sullivan/Veen 2009: 465; siehe auch Schneider et al. 2011; Veen 2011a, 2011b) Daten, die mittels Experteninterviews erhoben wurden, wurden hinsichtlich ihrer Reliabilität infrage gestellt und in diesem Zusammenhang auf die Gefahr von „post-dictive bias" hingewiesen (vgl. Achen 2006b: 120–121; Bailer 2011: 455; Bueno de Mesquita 2004: 129; Selck 2005: 373–374; Veen 2011a: 30–31).[19] Vor dem Hintergrund dieser Kritik erfuhren quantitative (computergestützte) text-analytische Instrumente zur Bestimmung von Policypositionen zunehmendes Interesse (siehe z. B. Hagemann 2007; König et al. 2013; König/Luig 2012; Slapin/Proksch 2014; Sullivan/Veen 2009: 119–123; Veen 2011a, 2011b). Beispiele für etablierte Instrumente sind *Wordscores* (vgl. Laver et al. 2003) oder *Wordfish* (siehe z. B. Genovese 2014; Klüver 2009, 2015; König et al. 2011; Proksch et al. 2011; Slapin/Proksch 2008). Begünstigt wurde diese Entwicklung in EU-Studien durch die Freigabe von Primärdokumenten zum Gesetzgebungsprozess im Rat (Ratsprotokolle und Eur-Lex-Datenbank). Auf diese Weise erhobenen Daten wird eine hohe Reliabilität zugesprochen, die Validität von EU-Primärdokumenten über den Gesetzgebungsprozess wird zur Bestimmung von Policypositionen jedoch infrage gestellt und kritisiert, dass sie nicht die notwendigen Einblicke in die *initialen* Verhandlungspositionen der EU-Mitgliedstaaten bereitstellten (vgl. Selck et al. 2009: 466–467; Thomson 2011: 32–34; siehe für eine ähnliche Argumentation mit Bezug auf Policypositionen von Lobbyisten und Interessengruppen in der EU Bunea/Ibenskas 2015). Tim Veen (2011a, 2011b) greift aus diesem Grund auf Daten des „Euromanifestos"-Projekts zurück, das Wahlprogramme, die Parteien vor den Wahlen zum EU-Parlament veröffentlichen, per Hand codiert. Da die EU-Mitgliedstaaten als wichtigste Entscheidungsakteure identifiziert wurden, ist jedoch anzuzweifeln, wie adäquat aus den einzelnen Parteiprogrammen tatsächlich *eine* Regierungsposition abgeleitet werden kann, die der

---

19 Retrospektive Einschätzungen von Experten zu initialen Verhandlungspositionen können durch *ex post* erworbenes Wissen beeinflusst sein (vgl. Bueno de Mesquita 2004: 129).

jeweiligen nationalen Position entspricht. Thorsten Selck, Şebrıem Yardımcı und
Constanze Kathan (2009) schlagen demgegenüber als Datenquelle überregionale
Zeitungen vor, weil daraus gewonnene Daten eine hohe Validität aufwiesen und
ihre Objektivität durch die Berücksichtigung verschiedener Quellen gewährleistet
werden könne. Bislang wurde eine solche Analyse zur Erhebung von Policypositionen
als Input für formale Modelle jedoch noch nicht durchgeführt.[20] In Ermangelung
geeigneter EU-Dokumente zur Erhebung valider Daten entwickelt Elina Brutschin
(2015) zur Bestimmung von Policypositionen der EU-Mitgliedstaaten hinsichtlich
der Liberalisierung des Erdgasmarkts ein zweidimensionales Klassifizierungsraster
auf Grundlage der sektorspezifischen materiellen Basis der einzelnen Mitgliedstaaten
– dem Anteil von Erdgas an ihrem Energiemix sowie dem Grad der Marktkonzentration – und leitet daraus die entsprechenden nationalen Policypositionen ab. In
der anschließenden Überprüfung der aus den materiellen Interessen deduzierten
Positionen anhand eines Abgleichs mit Erkenntnissen aus der Sekundärliteratur
weist sie jedoch auf Divergenzen hin.

Um die Fähigkeiten der Entscheidungsakteure zur Durchsetzung ihrer Position zu
messen, wird häufig auf Machtindizes zurückgegriffen.[21] Der *voting power*-Tradition
zufolge resultiert die Verhandlungsmacht eines Akteurs maßgeblich aus seinen
Stimmrechten. Eine dieser Tradition gegenläufige Strömung kritisiert Machtindizes
aufgrund der ausschließlichen Fokussierung auf die Stimmverteilung und fordert
die Berücksichtigung weiterer Faktoren, z. B. die Radikalität der Position oder
externe Ressourcen wie die Wirtschaftskraft eines EU-Mitgliedstaates (siehe z. B.
Axelrod 1970; Garrett/Tsebelis 1996). Viele Studien deuten allerdings darauf hin,
dass die Machtindizes trotz theoretischer und konzeptioneller Schwierigkeiten nach
bisherigem Ketnntnisstand insgesamt am geeignetsten sind, um die Machtverteilung
in EU-Entscheidungsprozessen abzubilden. Es herrscht in der Literatur jedoch
noch keinerlei Einigkeit hinsichtlich der Frage *welcher* Index die Machtverteilung
in der EU am adäquatesten widerspiegelt (vgl. u.a. Badinger et al. 2014; Kurz
et al. 2014; Le Breton et al. 2012; Monroy/Fernández 2013; Nurmi et al. 2013;
Schmidtchen/Steunenberg 2014; Schneider et al. 2010a: 88).

---

20 Für die erfolgreiche Anwendung einer Zeitungsanalyse zur Erhebung von Policypositionen
    auf nationaler Ebene siehe z. B. Hegelich (2011).
21 Der Begriff „Machtindex" wird in dieser Arbeit stellvertretend für den im angelsächsischen
    Raum verbreiteten Begriff „voting power index" verwendet und verweist im Folgenden stets
    auf Indizes, die die „Abstimmungsmacht" von Akteuren widerspiegeln.

Die methodischen Möglichkeiten zur Datenerhebung für die Prioritätsvariable wurden in der Literatur ebenfalls diskutiert. Dabei ergibt sich als besondere Schwierigkeit, dass die Begriffsfassungen in den Modellen der DEUI-Studie divergieren, wobei grundsätzlich zwei Interpretationen unterschieden werden können: Zum einen wird Priorität mit den Einflussfähigkeiten in Verbindung gebracht, so dass die Priorität den Grad darstellt, in dem ein Akteur seine Einflussfähigkeiten in den Verhandlungen mobilisiert; zum anderen wird die Priorität als Maßstab für den Nutzenverlust, den Akteure erfahren, wenn das Verhandlungsergebnis von ihrer Policyposition abweicht, konzeptionalisiert (vgl. Thomson/Stokman 2006: 41–42). In einem Überblick zum Forschungsstand listet Warntjen folgende Quellen zur Datenerhebung auf: „expert interviews, secondary sources, text analysis, public opinion surveys, media coverage and procedural information" (Warntjen 2012: 170; siehe auch Leuffen et al. 2014). Aus einem empirischen Vergleich von drei Methoden folgert er, dass Experteninterviews die geeignetste Methode sind, um verlässliche Werte für die Bestimmung der Priorität einer politischen Sachfrage zu ermitteln (vgl. Warntjen 2012: 170–173, 178–180). Auf die Probleme, die mit Experteninterviews verbunden sind, wurde zuvor allerdings schon hingewiesen.

Es kann hinsichtlich der Datenerhebung für die Inputvariablen von formalen Modellen somit festgehalten werden, dass bereits die Vor- und Nachteile verschiedener Methoden sowie Datenquellen diskutiert worden sind, aber noch keine Einigkeit darüber besteht, welches Erhebungsverfahren am geeignetsten ist. Häufig bestehen entweder Defizite hinsichtlich der Reliabilität oder der Validität der Daten. Da die Qualität der Inputdaten für die Prognosefähigkeit von formalen Modellen aber von großer Relevanz ist, erscheint weitere Forschung in diesem Bereich essentiell, um das Feld der formalen Modellierungen in EU-Studien weiterzuentwickeln (vgl. Schneider et al. 2011: 8).

Die Forschung zum zweiten konstruktiven Kritikpunkt – die Entwicklung und Überprüfung weiterer Modelle – ist noch nicht sehr weit fortgeschritten. Vor dem Hintergrund, dass kooperative Verhandlungsmodelle in der DEUI-Studie insgesamt die höchste Prognosefähigkeit vorgewiesen haben, vergleichen Gerald Schneider, Daniel Finke und Stefanie Bailer (2010a) die Prognosefähigkeit weiterer kooperativer Verhandlungsmodelle, um zu überprüfen, inwiefern Modelle, die Machtressourcen und Priorität der Entscheidungsakteure berücksichtigen, bessere Prognosen generieren als Modelle, die ausschließlich auf Präferenzen basieren. In diesem Rahmen entwickeln sie eine Variante der Nash-Verhandlungslösung, die insgesamt eine höhere Prognosefähigkeit aufweist als die Modelle in der DEUI-Studie (siehe auch Grimm/Schneider 2011). Wenngleich verfahrensrechtliche gegenüber Verhandlungsmodellen im DEU-Projekt schlechtere Prognosen generieren,[22] haben Christophe Crombez und Pieterjan Vangerven (2014) den Forschungsstand zu verfahrensrechtlichen Modellen aufgearbeitet und aus diesem Vorschläge für die Verbesserung der Modelle abgeleitet. Darauf aufbauende Publikationen präsentieren Anwendungen von verfahrensrechtlichen Modellen zur Analyse von EU-Entscheidungsprozessen (siehe z. B. Crombez/Hix 2015; Crombez/Høyland 2015; Crombez/Vangerven 2015). König und Proksch (2006) entwickeln ebenfalls ein verfahrensrechtliches Modell, das sie an einem ausgewählten Gesetzgebungsprozess des DEU-Datensatzes illustrieren, aber dessen Progonsefähigkeit nicht für den gesamten Datensatz überprüfen. Einen weiteren Beitrag zur Entwicklung und Überprüfung neuer Modelle liefert Bueno de Mesquita (2011). Er wendet ein nicht-kooperatives Verhandlungsmodell, das „Predictioneer's game" (im Folgenden: PG), auf den DEUI-Datensatz an und überprüft mit den statistischen Methoden des DEU-Projekts dessen Prognosefähigkeit. Es handelt sich dabei um ein Modell, das in den 1980er Jahren erstellt, seitdem stetig weiterentwickelt und bereits zur Analyse und Prognose vielfältiger politischer Prozesse angewendet wurde. Eine Vorläuferversion wurde auch in der Studie von Bueno de Mesquita und Stokman (1994a) sowie im DEUI-Projekt evaluiert, generierte in letzterem aber vergleichsweise schlechte *post-dictions*. Dies wurde auf das konfliktive Design des Modells, das dem kooperativen Entscheidungssetting von EU-Entscheidungsprozessen widerspreche, zurückgeführt (vgl. Arregui et al. 2006). Das PG stellt eine substantielle Überarbeitung der zuvor getesteten Modellversion dar und zeichnet sich durch wesentlich komplexere Spielregeln aus. Zudem ermöglicht es durch die Ergänzung um eine vierte Inputvariable die Bemessung der Kompromissbereitschaft der Entscheidungsakteure. Bueno de Mesquita weist in seiner Anwendung auf den DEU-Datensatz nach, dass das PG nun insgesamt eine höhere Prognosefähigkeit aufweist als die in der DEUI-Studie getesteten Modelle

---

22 Jonathan B. Slapin (2014) zweifelt dieses Ergebnis an und führt die hohe Prognosefähigkeit von Verhandlungsmodellen gegenüber verfahrensrechtlichen Modellen auf die höhere Fehlerrate in den Daten zur Europäischen Kommission und dem Europäischen Parlament gegenüber den Daten zu den EU-Mitgliedstaaten zurück, was Justin Leinaweaver und Robert Thomson (2014) aber widerlegen.

und lediglich eine etwas geringere als die von Schneider, Finke und Bailer (2010a) entwickelte Variante der Nash-Verhandlungslösung. Er verdeutlicht zudem, dass die Prognosefähigkeit seines Modells von den Kontextbedingungen des Entscheidungssettings abhängt und besonders akkurate Prognosen für Entscheidungsprozesse mit einem hohen Konfliktgrad zwischen den Entscheidungsakteuren generiert (vgl. Bueno de Mesquita 2011). Obwohl das PG aufgrund seiner hohen Prognosefähigkeit und seines Abweichens von den im DEU-Projekt besonders erfolgreichen kooperativen Verhandlungsmodellen das Potential birgt, einen Erkenntnisfortschritt für das Feld der formalen Modellbildung in EU-Studien zu leisten, fand es bislang keine weitere Beachtung bei der Analyse von EU-Entscheidungsprozessen und wurde auch in der DEUII-Studie nicht berücksichtigt.

Die nachhaltige Bedeutung des DEU-Projekts für die Analyse von EU-Entscheidungsprozessen wurde von verschiedenen Autoren betont. Dennoch können zwei weitere Kritikpunkte an dem grundlegenden Forschungsdesign des Projekts festgehalten werden, auf die in der Politikwissenschaft bislang noch keine konstruktive Antwort erfolgt ist. Ersterer wird von Anhängern des Fallstudienansatzes vertreten. Wie zuvor bereits erwähnt, waren Analysen von EU-Entscheidungsprozessen bis zum Ende der 1990er Jahre in methodologischer Hinsicht durch Fallstudien geprägt und dieser Ansatz ist auch weiterhin sehr dominant (vgl. Mattila 2012: 453). Aus dieser Perspektive merkt Robert Pahre mit Bezug auf das DEU-Projekt an, dass die empirische Datengrundlage zu den Gesetzgebungsprozessen lediglich als Datenquelle, nicht aber hinsichtlich ihrer inhaltlichen Dimension als einzelne Fälle behandelt wird. Daher werde das Projekt Anhänger von Fallstudienansätzen nicht davon überzeugen können, dass formale Theorie sinnvolle Beiträge zum Verständnis von europäischen Entscheidungsprozessen leiste (vgl. Pahre 2005: 119). Mit ähnlicher Argumentation fügt John hinzu, dass die Studien eher als Erkenntnisfortschritt für formale Modellbildung in der EU denn als Beitrag zu einer Analyse von EU-Entscheidungsprozessen gewertet werden sollten (vgl. John 2008: 111–112). Mikko Mattila räumt gegen diese Kritik ein, dass zentrale Ergebnisse des DEU-Projekts – der Nachweis von Kompromissfindung und Einstimmigkeit in Entscheidungsprozessen – zwar in früheren Fallstudien bereits ermittelt, aber noch nicht durch einen solch umfassenden Vergleich einer großen Fallzahl verifiziert worden seien und – wie zuvor erwähnt – auf dem DEU-Projekt zudem zahlreiche Publikationen mit einem empirischen Fokus aufgebaut haben, mittels derer neue Erkenntnisse

über verschiedene Aspekte von EU-Entscheidungsprozessen hervorgebracht wurden
(vgl. Mattila 2012: 454). An dieser Stelle soll in Übereinstimmung mit Mattila der
große wissenschaftliche Beitrag des DEU-Projekts nicht relativiert werden. Es ist
dennoch anzumerken, dass eine „gleichgewichtige" Verknüpfung von Fallstudien
und formalen Modellierungen in EU-Studien bislang eine Seltenheit darstellt und
die von Bueno de Mesquita und Stokman (1994b: x) geäußerte Intention, policy-
und modellorientierte Wissenschaftler zusammenzubringen, nur geringfügig gelungen ist. Eine weitere Forschungslücke schließt an diesen Kritikpunkt an: Bei den
modellierten Vorhersagen in EU-Studien handelt es sich fast ausschließlich um *post-
dictions*, die dafür genutzt werden, Theorien an bereits vergangenen Ereignissen
zu überprüfen (vgl. Bechtel/Leuffen 2010: 313). Dies gilt auch ganz generell für
die Politikwissenschaft.[23] Vorhersagen, die sich auf die Zukunft beziehen, stellen
bislang noch ein Forschungsdesiderat dar, obwohl – wie in Abschnitt 1.1 erläutert
– der Nutzen von Vorhersagen vielfach betont wurde. In die Zukunft gerichtete
Vorhersagen könnten zudem als Überprüfung der Ergebnisse des Modellvergleichs
im DEU-Projekt dienen, da viele Modelle bei *predicitons* akkuratere Prognosen
generieren als bei *post-dictions*.[24]

Aus der Darlegung des Forschungsstandes zu formalen Modellierungen in EU-
Studien bildet sich mit dem RCI-Ansatz ein vielversprechender Weg zur Analyse von
erdgaspolitischen Entscheidungs- und Veränderungsprozessen in der EU heraus. Im
folgenden Abschnitt werden die identifizierten Forschungsdesiderate in der Policydi-
mension sowie auf der methodischen Ebene synthetisiert und das Forschungsinteresse
der vorliegenden Arbeit expliziert.

1.3 Forschungsinteresse

Das originäre Erkenntnisinteresse der vorliegenden Arbeit entspricht einer policy-
analytischen Perspektive. Die Policy-Analyse fragt danach, „was politische Akteure
tun, warum sie es tun und was sie letztlich bewirken." (Schubert/Bandelow 2014: 4;
siehe auch Dye 1976) In Abschnitt 1.2.1 wurde ausgeführt, dass sich eine policy-

---

23 Stattdessen hat sich ein interdisziplinärer Forschungszweig entwickelt, der unter dem Titel
    „future studies" Methoden zur Generierung von Zukunftsszenarien diskutiert (vgl. Bacon 2012:
    275; siehe z. B. den Sammelband von Wayman et al. (2014) sowie die populärwissenschaftliche
    Publikation von Silver 2012).
24 Die mit *post-dictions* verbundenen methodischen Schwierigkeiten werden in Abschnitt 2.4
    erläutert.

analytische Betrachtung der EU-Erdgasaußenpolitik gegenüber Russland erst in der Mitte des vergangenen Jahrzehnts entwickelte, seitdem aber einzelne Aspekte des dreiteiligen Fragenkomplexes der Policy-Forschung für die EU-Erdgasaußenpolitik in vorwiegend deskriptiven Studien bearbeitet wurden: Die EU-Mitgliedstaaten wurden als wichtigste Akteure ermittelt, die zentralen Konfliktlinien zwischen diesen identifiziert und die jeweilige Positionierung der Mitgliedstaaten aus ihrer spezifischen Versorgungssituation im Erdgassektor abgeleitet, die Grundzüge des konfliktiven institutionellen Entscheidungssettings aufgezeigt und die wichtigsten Infrastrukturprojekte des vergangenen Jahrzehnts als Exempel der konträren Politikansätze gekennzeichnet. Als Forschungsdesiderat wurde der Mangel an einer Untersuchung von Kausalzusammenhängen zwischen den genannten Aspekten, speziell an einer politisch-prozessualen Analyse identifiziert, die den Entscheidungsprozess näher in den Blick nimmt und die Wirkungen der politischen Entscheidungen – in materialisierter Form die Infrastrukturprojekte – nicht nur als Exempel konfligierender Politikansätze betrachtet, sondern ihre Implementierung bzw. Ablehnung aus dem Zusammenspiel von Mitgliedstaatsinteressen und institutionellem Entscheidungssetting erklärt. Eine solche Prozessanalyse erscheint in Abgrenzung zu den bereits vorhandenen statischen Analysen notwendig, denn keiner der genannten Entscheidungsakteure kann

> seine Ziele individuell, unabhängig von anderen Akteuren realisieren. Selbst Akteure in hohen und höchsten politischen Positionen sind auf andere Akteure angewiesen und müssen ihre Ziele über Kooperationen oder im Konflikt mit anderen Akteuren, gegen diese oder an diesen vorbei durchsetzen. Politik muss so als fortlaufender Prozess verstanden werden. Sie erschöpft sich nicht in einmaligen und „finalen" Beschlüssen, sondern besteht aus aufeinander folgenden, sich immer wieder gegenseitig beeinflussenden Entscheidungen. (Schubert/Bandelow 2014: 1)

Mit Bezug auf die Erdgasaußenpolitik der EU ist eine solche Analyse keineswegs trivial, da sie nicht durch einen formalen Gesetzgebungsprozess, sondern durch informelle Verhandlungen geprägt ist (vgl. Aalto/Korkmaz Temel 2014: 763–767). Die der Erdgasaußenpolitik zugrundeliegenden Regelmäßigkeiten, ihre Kausalstruktur, ist somit nicht formal festgeschrieben, sondern muss durch den Wissenschaftler anderweitig erschlossen werden. Dieses Desiderat evozierte eine weitere Forschungslücke in der Literatur zur EU-Erdgasaußenpolitik, die sich nach Beginn der Ukraine-Krise herausbildete: Die gravierenden Auswirkungen der Krise auf die EU-Russland-Beziehungen ließen in Politik und Wissenschaft das Bedürfnis nach einer Folgenabschätzung des europäischen Handelns für die europäische Erdgasversorgung aufkommen. Die hiernach skizzierten Zukunftsszenarien der EU-Erdgasaußenpolitik basierten jedoch in erster Linie auf der deskriptiven Expertise vergangener Erdgasaußenpolitik und wiesen in Ermangelung einer rigorosen Prozessanalyse methodische Defizite auf.[25]

In Abschnitt 1.2.2 wurde vor diesem Hintergrund die formale Modellbildung des RCI als geeignetes Instrument zur Analyse von europäischen Entscheidungs- und Wandlungsprozessen sowie zur Generierung von Zukunftsszenarien identifiziert. Durch eine Modellierung der EU-Erdgasaußenpolitik können Rückschlüsse auf den Entscheidungsprozess sowie empirisch und mathematisch-formal begründete Prognosen über die zukünftige Entwicklung der EU-Erdgasaußenpolitik aufgestellt werden. Bevor aber Forschungsfragen aus der formalen Modellierung der EU-Erdgasaußenpolitik für die Policy-Dimension abgeleitet werden können, richtet sich der Blick zunächst auf die Forschungslücken, die sich nun auf methodischer Ebene ergeben und durch das Forschungsdesign ebenfalls adressiert werden: Im Rahmen der Diskussion des Forschungsstands zu Modellvergleichen wurde festgehalten, dass zwar signifikante Unterschiede zwischen der Prognosefähigkeit der jeweiligen Modelle als Maßstab für deren Exaktheit in der Abbildung des Entscheidungsprozesses ermittelt wurden, sich aber noch kein allgemeines Modell für EU-Entscheidungsprozesse als einschlägig durchgesetzt hat und weitere Forschung im Bereich der Modellauswahl und -entwicklung notwendig ist. Aufgrund der empirischen Schwerpunktsetzung auf alltägliche Politikentscheidungen wurden im DEU-Projekt und der darauf aufbauenden Literatur vorwiegend kooperative Verhandlungsmodelle mit einer vergleichsweise hohen Prognosefähigkeit entwickelt. Ihre Übertragbarkeit auf die EU-Erdgasaußenpolitik wäre wegen des konfliktiven Entscheidungssettings in diesem Policy-Subsystem allerdings zu prüfen. Mit dem PG hat Bueno de Mesquita demgegenüber ein nicht-kooperatives Verhandlungsmodell erstellt, das als virtuelle Abbildung von besonders konfliktträchtigen Entscheidungsprozessen innerhalb der EU eine sehr hohe Prognosefähigkeit vor-

---

25 Hinsichtlich der potentiellen Defizite von Expertenwissen zur Generierung von Zukunftsszenarien argumentiert Bacon: „The most conventional of approaches to forecasting had long been to simply ask an expert. However, although they may be related qualities, expertise, wisdom, foresight, and perspective do not always overlap. Expertise may be narrow and focused, overemphasising some factors, underplaying others, and so producing forecasts ill-suited to complex political processes at the country level." (Bacon 2012: 276)

weist, bislang aber trotzdem keine weitere Anwendung zur Analyse europäischer Entscheidungsprozesse verzeichnet. Basierend auf den skizzierten Vorarbeiten wird die Hypothese aufgestellt, dass die Spielregeln des PG aufgrund ihres konfliktiven Charakters zur Abbildung des institutionellen Settings der EU-Erdgasaußenpolitik besonders geeignet sind. Mit der Anwendung auf dieses Policy-Subsystem soll in Ergänzung zum DEU-Datensatz ein weiterer Test für die Prognosefähigkeit des PG in EU-Entscheidungsprozessen durchgeführt und die folgende Frage beantwortet werden:

> ➤ Eignet sich das PG als virtuelles Abbild konfliktiver intergouvernementaler Verhandlungen in der EU, speziell des Policy-Subsystems EU-Erdgasaußenpolitik gegenüber Russland?

Auf die Auswahl des Modells baut die Frage nach dem *Wie* hinsichtlich seiner Anpassung auf den Untersuchungsgegenstand, die EU-Erdgasaußenpolitik gegenüber Russland, auf. In Abschnitt 1.2.2 wurde die Debatte um Datenquellen und Erhebungsmethoden zur Operationalisierung der Inputvariablen skizziert und dargelegt, dass bislang gewählte Verfahren entweder Defizite im Hinblick auf die Reliabilität oder die Validität der erhobenen Daten aufweisen. Basierend auf dieser Diskussion soll ein neuer Ansatz zur Operationalisierung der Inputvariablen entwickelt und die folgende Frage beantwortet werden:

> ➤ Erfüllt eine Datenerhebung für die Inputvariablen Policyposition, Einfluss und Priorität mittels einer qualitativen Inhaltsanalyse von öffentlichen Medien sowie indirekter quantitativer Daten die Kritierien von Reliabilität, Validität und Objektivität?

Die ersten beiden Forschungsfragen setzen an den Forschungsdesideraten, die im Bereich der formalen Modellbildung in EU-Studien identifiziert wurden, an. Im Forschungsdesign der vorliegenden Arbeit besitzen sie zugleich einen besonderen Status, denn ihre positive Beantwortung ist vorausgesetzt, um mit der formalen Modellbildung als methodischem Instrument einen Beitrag zu den am Beginn dieses Abschnitts resümierten Forschungslücken in der policy-analytischen Betrachtung der EU-Erdgasaußenpolitik gegenüber Russland zu leisten. Schließlich soll unter Anwendung des PG eine *post-diction* der EU-Erdgasaußenpolitik gegenüber Russland vor Beginn der Ukraine-Krise durchgeführt und auf diese Weise ein virtuelles

Abbild des Entscheidungsprozesses in diesem Policy-Subsystem erstellt werden, um folgende Frage als Beitrag zur Analyse der europäischen Erdgasaußenpolitik zu beantworten:

➤ Welche Rückschlüsse lassen sich aus der virtuellen Simulation der vergangenen Erdgasaußenpolitik auf die grundlegenden Charakteristika des Entscheidungsprozesses und das Entscheidungsergebnis als Folge des Zusammenspiels von Präferenzen und Institutionen in der EU-Erdgasaußenpolitik gegenüber Russland vor Beginn der Ukraine-Krise ziehen?

Das anhand der *post-diction* entwickelte Modell ermöglicht es wiederum, durch eine Modifizierung der Inputvariablen auf Basis einer policy-analytischen Untersuchung der erdgasaußenpolitischen Positionen der relevanten Entscheidungsakteure während der Ukraine-Krise ein Zukunftsszenario zu erstellen und folgende Fragen zu beantworten, von denen erstere als Bedingung für die zweite fungiert:

➤ Inwiefern ist auf Grundlage des simulierten Zukunftsszenarios infolge der Ukraine-Krise ein Wandel in der EU-Erdgasaußenpolitik gegenüber Russland zu erwarten?

➤ Welche Prognose lässt sich hinsichtlich der Radikalität und der Ausrichtung des zu erwartenden Wandels aus dem simulierten Zukunftsszenario ableiten?

Die fünf Forschungsfragen verdeutlichen das doppelseitige Erkenntnisinteresse der vorliegenden Arbeit, das aus der Verbindung von Policy-Analyse und Modellansatz erwächst: Wenngleich der originäre Problemaufriss auf einer policy-analytischen Perspektive beruht, offenbaren sich in der Anwendung des methodischen Instrumentariums ebenfalls Forschungsdesiderate, zu deren Schließung die vorliegende Arbeit einen Beitrag leisten will. Die Forschungsfragen zu Methodik und Policy-Dimension sollen allerdings nicht unvermittelt nebeneinander stehen. Vielmehr ergibt sich aus dem Forschungsdesign in seiner Gesamtheit ein zusätzliches Erkenntnisinteresse, das auf einer Meta-Ebene anzusiedeln ist. Bueno de Mesquita und Stokman (1994b: x) haben in ihrer vergleichenden Modellstudie den Anspruch geäußert, policy- und modellorientierte Wissenschaftler enger zusammenzubringen. Die Rezensionen des DEU-Projekts haben allerdings die Skepsis der „Fallstudien-Community" offenbart, die den Fokus auf die methodische Komponente unter Vernachlässigung des empirischen Gehalts der Modellierungen kritisierte. Vor diesem Hintergrund soll in der vorliegenden Arbeit durch eine stärkere Schwerpunktsetzung auf die inhaltliche Dimension des Untersuchungsgegenstands der Versuch unternommen werden, die behauptete Inkompatibilität ein wenig aufzubrechen und den wissenschaftlichen Mehrwert, den der Modellansatz mit seiner rigorosen Prozess- und Szenarioanalyse für die Policy-Analyse generieren kann, exemplarisch aufzuzeigen.

Im folgenden Unterkapitel wird die methodische Vorgehensweise der vorliegenden Arbeit erläutert, mittels derer die zuvor entwickelten Forschungsfragen bearbeitet werden sollen.

1.4 Vorgehensweise

In der vorliegenden Arbeit soll ein formales, auf dem RCI-Ansatz beruhendes Modell entwickelt werden, das den Entscheidungsprozess der EU-Erdgasaußenpolitik gegenüber Russland abbildet, um auf diese Weise Erkenntnisse über den Entscheidungsprozess, das Zusammenwirken von Präferenzen und Institutionen in diesem sowie über seine Wirkungen zu generieren und darauf aufbauend ein Zukunftsszenario zur Entwicklung der Erdgasaußenpolitik infolge der Ukraine-Krise zu konstruieren.

Im Anschluss an die Einleitung werden in Kapitel 2 die methodischen Grundlagen der Untersuchung erläutert. Da formale Modellbildung und Simulationen in der Politikwissenschaft noch nicht als etablierte Methoden vorausgesetzt werden können, werden in Abschnitt 2.1 die wissenschaftstheoretischen Aspekte von formalen Modellen und Simulationen dargelegt, Möglichkeiten und Grenzen des Erkenntnisgewinns unter ihrer Anwendung diskutiert und ein gesonderter Fokus auf das Potential von formalen Modellen und Simulationen zur Entwicklung von Zukunftsszenarien gerichtet. Darauf aufbauend erfolgt in Abschnitt 2.2 eine weitere Zuspitzung auf den Untersuchungsgegenstand der vorliegenden Arbeit, indem die bisherige Anwendung von formalen Modellen im Kontext des RCI-Ansatzes zur Nachbildung von Entscheidungsprozessen in der EU diskutiert wird. Um ein formales Modell als methodisches Instrument einzusetzen, das die Kausalstruktur der Wirklichkeit aufdeckt, muss es den real stattfindenden Entscheidungsprozess möglichst exakt abbilden. Die Modellauswahl ist somit ein *crucial point* für den zu erzielenden Erkenntnisgewinn. In EU-Studien kann für diesen Untersuchungsschritt auf die Forschungsergebnisse des DEU-Projekts und der daran anschließenden Studien aufgebaut werden. Schließlich wurden im Rahmen dieses umfassenden

Modellvergleichs bereits Erkenntnisse darüber gewonnen, welche Modelle gemessen an ihrer Prognosefähigkeit am besten dazu geeignet sind, EU-Entscheidungsprozesse abzubilden und Zukunftsszenarien zu generieren. Auf diese Erkenntnisse baut die vorliegende Arbeit auf und versucht sie auf das Policy-Subsystem Erdgasaußenpolitik zu übertragen. Es werden in Abschnitt 2.2 daher das Forschungsdesign sowie die relevanten -ergebnisse des DEU-Projekts diskutiert und darauf aufbauend in Abschnitt 2.3 der Fokus auf das PG von Bueno de Mesquita gelegt, das aufgrund seiner vergleichsweise hohen Prognosefähigkeit in konfliktiven Entscheidungssettings und seiner Nachbildung von informellen Verhandlungsprozessen besonders geeignet erscheint, um die EU-Erdgasaußenpolitik abzubilden. Dazu werden die Grundzüge des Modells erläutert und die Ergebnisse seines Tests auf den DEU-Datensatz diskutiert, um die hohe Prognosefähigkeit des Modells nachzuweisen und zu illustrieren, inwiefern es unter nicht-kooperativen Kontextbedingungen besonders geeignet ist, um europäische Entscheidungsprozesse zu simulieren. Abschließend wird in Abschnitt 2.4 die methodische Vorgehensweise der vorliegenden Arbeit im Detail erläutert.

Aufbauend auf die Erläuterung des methodisch-analytischen Rahmens erfolgt die Anwendung des PG auf die EU-Erdgasaußenpolitik gegenüber Russland. Die Arbeit gliedert sich in zwei große Abschnitte, die sich aus den Erfordernissen der Modellbildung ergeben: In einem ersten Schritt wird das Modell in Form einer Nachbildung der EU-Erdgasaußenpolitik gegenüber Russland *vor Beginn der Ukraine-Krise* entwickelt (*Gas Game I*). Eine solche *post-diction* ist im Sinne eines *performance tests* notwendig um zu überprüfen, ob das Modell mit seinen Regeln und der Operationalisierung der Inputvariablen dazu geeignet ist, die Kausalstruktur der EU-Erdgasaußenpolitik abzubilden. Im zweiten Schritt wird das entwickelte Modell auf Grundlage von empirischen Daten aus dem ersten Jahr der Ukraine-Krise modifiziert und eine Prognose über die zukünftige Entwicklung der EU-Erdgasaußenpolitik gegenüber Russland generiert (*Gas Game II*).

Im Folgenden wird die Vorgehensweise bezüglich Entwicklung und *performance test* des *Gas Game* näher erläutert: Die Auswahl eines Modells erfolgt stets auf bereits bestehenden Erkenntnissen über den zu modellierenden Untersuchungsgegenstand, schließlich soll es im Fall von anwendungsbezogenen Modellierungen dazu dienen, jenen möglichst exakt abzubilden. Kapitel 3 beschäftigt sich aus diesem Grund mit den in der politikwissenschaftlichen Literatur bereits bekannten Aspekten der

Policy- und Politics-Dimension des Untersuchungsgegenstands, die den politischen Raum des Modells strukturieren und Hinweise zu geeigneten Modellregeln geben. In Abschnitt 3.1 wird die Versorgungssituation der EU im Erdgassektor skizziert, da anhand dieser die gegenwärtigen und zukünftigen Herausforderungen aufgezeigt werden können, die das Handlungsfeld für die EU-Entscheidungsakteure im zu untersuchenden Policy-Subsystem konstituieren. Darauf aufbauend wird erläutert, inwiefern diese Versorgungslage im vergangenen Jahrzehnt Konfliktlinien zwischen den EU-Mitgliedstaaten hinsichtlich ihrer Erdgasaußenpolitik gegenüber Russland evoziert hat. Abschnitt 3.2 gibt somit einen Überblick über die Policy-Dimension des Untersuchungsgegenstands. Bezugnehmend auf die dargelegten Konfliktlinien wird danach erläutert, inwiefern der hohe Konfliktgrad in der Erdgasaußenpolitik gegenüber Russland sich auf die Ausgestaltung einer kohärenten EU-Energiepolitik ausgewirkt hat und zugleich als Triebfeder sowie als Bremse von ebendieser fungierte. Diesbezügliche Beiträge in der politikwissenschaftlichen Literatur liefern bereits Erkenntnisse über die Grundzüge des Entscheidungsprozesses im Policy-Subsystem EU-Erdgasaußenpolitik gegenüber Russland, d.h. über die *politics*-Dimension, und liefern daher Anhaltspunkte für den Charakter der Modellregeln, in die der Entscheidungsprozess transformiert werden soll.

Auf Grundlage der bestehenden Erkenntnisse über Policy- und Politics-Aspekte der EU-Erdgasaußenpolitik gegenüber Russland wird in Kapitel 4 in Form des *Gas Game* eine korrespondierende virtuelle Welt entwickelt, die das Policy-Subsystem möglichst exakt abbilden soll. Dazu wird eine *post-diction* der EU-Erdgasaußenpolitik gegenüber Russland vor Beginn der Ukraine-Krise im November 2013 erstellt. Unter Rückbezug auf die in Abschnitt 2.3 erläuterten Grundzüge des PG und der in Kapitel 3 skizzierten Erkenntnisse über das Policy-Subsystem wird in Abschnitt 4.1 die Wahl des PG zur Modellierung der EU-Erdgasaußenpolitik gegenüber Russland begründet. Die Modellregeln sind durch die Wahl des PG somit gegeben. Um es auf das zu untersuchende Policy-Subsystem anzuwenden, müssen in einem zweiten Schritt die relevanten Entscheidungsakteure identifiziert und die Werte für die Inputvariablen erhoben werden. Die Auswahl der Akteure (4.2) erfolgt erneut unter Bezugnahme auf die Ausführungen in den Abschnitten 3.2 und 3.3 und wird durch eine quantitative Heuristik ergänzt. Dies ergibt als relevante Entscheidungsakteure die Mitgliedstaaten Deutschland, Italien, Frankreich, Spanien, Niederlande, Großbritannien, Ungarn, Polen und Tschechien sowie die Europäische Kommission, die jeweils als abgeschlossene Einheit, d.h. als einzelner Akteur, konzeptionalisiert werden. In Abschnitt 4.3 werden die Policypositionen der Mitgliedstaaten erhoben und mittels eines zuvor entwickelten *issue continuum*[26] in numerische Werte transformiert. Da es sich in dieser Arbeit um ein anwendungsbezogenes Modell handelt, sollen die Inputvariablen den Rückbezug des Modells auf die Wirklichkeit ermöglichen. In Abschnitt 1.2 wurde ausgeführt, dass in der Literatur eine virulente Debatte um die Wahl der empirischen Datenquelle sowie der methodischen Erhebungsweise vorherrscht. In Abgrenzung zu den dominierenden Vorgehensweisen – Experteninterviews sowie quantitative Inhaltsanalyse von EU-Primärdokumenten und Wahlprogrammen – werden die Policypositionen im ersten Teil der Arbeit durch eine qualitative Inhaltsanalyse der überregionalen deutschen Tageszeitungen *Frankfurter Allgemeine Zeitung* (FAZ) sowie *Süddeutsche Zeitung* (SZ) und der britischen Zeitung *Financial Times* (FT) sowie durch ergänzende Sekundärliteratur erhoben. Den inhaltlichen Bezugspunkt der Analyse stellen mit Verweis auf Abschnitt 3.2 die Pipelineprojekte Nord Stream, South Stream und Nabucco als Symbole der kontrahierenden Politikansätze dar. Die Quellenauswahl, der Erhebungszeitraum, das Erhebungsinstrument sowie das Kategoriensystem der Inhaltsanalyse werden in Abschnitt 4.3 ausführlich erläutert und daran anschließend die Policypositionen der Entscheidungsakteure beschrieben und in numerische Werte transformiert (4.3.1– 4.3.10). In den Abschnitten 4.4 und 4.5 werden die Werte für die Inputvariablen Einfluss und Priorität nach einer Diskussion des Forschungsstands zu Datenquellen und -erhebungsmethoden bezüglich dieser beiden Variablen mittels indirekter quantitativer Daten erhoben. Die Bestimmung der Kompromissbereitschaft erfolgt in Abschnitt 4.6 auf Grundlage theoretischer Überlegungen unter Bezugnahme auf die in Kapitel 3 skizzierten Policy- und Politics-Aspekte der EU-Erdgasaußenpolitik. In Abschnitt 5.1 wird das Simulationsergebnis des *Gas Game I* als Resultat aus den in Kapitel 4 generierten Werten diskutiert. In Abschnitt 5.2 wird es mit dem Status der realen EU-Erdgasaußenpolitik *vor der Ukraine-Krise im November 2013* verglichen. Die Entwicklungsstadien der genannten Pipelineprojekte dienen aufgrund ihrer

---

26 Die Gesamtheit der Policypositionen, die bezüglich einer politischen Sachfrage eingenommen werden können, werden bei eindimensionalen räumlichen Modellen auf einer numerischen Skala dargestellt, die im DEU-Projekt auch als „issue continuum" (Thomson 2011, 22) bezeichnet wird. Die Distanz zwischen den Policypositionen in diesem Kontinuum muss die tatsächliche „politische Entfernung" zwischen den entsprechenden Politikalternativen reflektieren (vgl. Behnke 2009: 189; Linhart 2014: 14–15; Thomson 2011: 21–23, 40).

vorherigen Funktion zur Erhebung der Policypositionen als Vergleichsmaßstab. Die Gegenüberstellung von Simulationsergebnis und realer Erdgasaußenpolitik dient als Überprüfung, inwiefern das *Gas Game* als Abbild der Realität gewertet werden kann: Sofern Konkordanz zwischen dem Simulationsoutput und dem tatsächlichen Entscheidungsergebnis besteht, das *Gas Game* die reale Politik also *ex post* richtig prognostiziert hat, ist eine erste Bedingung erfüllt, um anzunehmen, dass die Modellregeln die Kausalstruktur der Wirklichkeit adäquat abbilden. Um die Validität der Simulation zusätzlich zu überprüfen, wird die Prognosefähigkeit des *Gas Game* in Abschnitt 5.3 anhand dreier Zukunftsszenarien zusätzlich getestet. Im Zwischenfazit (Kapitel 6) werden die Entwicklung der Simulation sowie ihr *performance test* zusammenfassend nachgezeichnet, um darauf aufbauend erste Annahmen über grundlegende Charakteristika des untersuchten Policy-Subsystems abzuleiten. Des Weiteren erfolgt eine kurze methodische Reflexion, um aus der Modellentwicklung Optimierungsvorschläge für den zweiten Teil der vorliegenden Arbeit zu deduzieren.

Aufbauend auf die Modellentwicklung und den *performance test* wird im zweiten Teil der Arbeit ein Zukunftsszenario der EU-Erdgasaußenpolitik gegenüber Russland erstellt, das von der Annahme motiviert ist, die Ukraine-Krise stelle aufgrund der gravierenden Verschlechterung in den EU-Russland-Beziehungen eine Zäsur in der europäischen Erdgasaußenpolitik dar. Zur Begründung dieser Annahme werden in Kapitel 7 die unmittelbar sichtbaren Zusammenhänge zwischen der Ukraine-Krise 2014 und den Energiebeziehungen zwischen der EU und Russland veranschaulicht: Zunächst wird die Chronologie des Ukraine-Konflikts nachgezeichnet und erläutert, inwiefern er im Kontext der Integrationskonkurrenz zwischen der EU und Russland zu einer erheblichen Krise in den zwischenstaatlichen Beziehungen eskalieren konnte. Daran anschließend wird an der Skizzierung der Russland-Ukraine-Gaskrise 2014 sowie dem Abbruch des South Stream-Projekts durch den russischen Präsidenten Putin aufgezeigt, dass der Erdgassektor sich bereits in einen zusätzlichen „Austragungsort" der krisenhaften Beziehungen verwandelt hat. Aufbauend auf dieser Argumentation wird in Kapitel 8 das Zukunftsszenario der EU-Erdgasaußenpolitik erstellt. Dazu wird in Abschnitt 8.1 zunächst der Diskurs der im ersten Teil identifizierten relevanten Entscheidungsakteure zur zukünftigen Ausrichtung der europäischen Erdgasaußenpolitik im Kontext der Ukraine-Krise skizziert und aufgezeigt, dass die zentralen Konfliktlinien mit den in Abschnitt 3.2 identifizierten übereinstimmen und in dem im ersten Teil der Arbeit operationalisierten *issue continuum* abgebildet werden, der Diskurs sich also in demselben politischen Raum wie im vergangenen Jahrzehnt bewegt. Dies ist eine notwendige Bedingung für die Übertragbarkeit des *Gas Game* auf den neuen Untersuchungszeitraum. Danach wird der politikwissenschaftliche Forschungsstand zur europäischen Erdgasaußenpolitik gegenüber Russland im Kontext der Ukraine-Krise aufgearbeitet (8.2). Die daran anschließende methodische Vorgehensweise entspricht dem Verfahren zur Entwicklung des Ursprungsmodells (*Gas Game I*): Die Identität der Entscheidungsakteure mit denen des *Gas Game I* wird unter zusätzlicher Berücksichtigung der veränderten Kontextbedingungen begründet (8.3). Darauf aufbauend erfolgt die Erhebung der Werte für die Inputvariablen. Die Policypositionen werden erneut durch eine qualitative Inhaltsanalyse der Stellungsnahmen der Entscheidungsakteure in den überregionalen Zeitungen *Frankfurter Allgemeine Zeitung* und *Süddeutsche Zeitung* erhoben (8.4). Anstelle der *Financial Times* wird als Konsequenz aus der Methodenreflexion in Kapitel 6 die Internetplattform *EurActiv* als zusätzliche Quelle ausgewählt. Der Untersuchungszeitraum umfasst die Periode von Dezember 2013 – wenige Tage nach Beginn der Ukraine-Krise – bis Dezember 2014 – dem Monat, in dem der Abbruch des South Stream-Projekts verkündet wurde. Das Kategoriensystem der Inhaltsanalyse wird an die neuen Kontextbedingungen angepasst. In den folgenden Abschnitten werden die Policypositionen der einzelnen Akteure dargelegt und mit Bezug auf das in Abschnitt 4.3 entwickelte *issue continuum* in numerische Werte transformiert (8.4.1–8.4.10). Die quantitativen Daten zur Festlegung der Werte für die Einfluss- und Prioritätsvariable werden ebenfalls an den neuen Untersuchungszeitraum angepasst (8.5–8.6). Die Werte der Kompromissfähigkeitsvariablen bleiben unverändert (8.7). In Abschnitt 9.1 wird das mit den modifizierten Werten generierte Simulationsergebnis als Prognose der zukünftigen Entwicklung im Policy-Subsystem EU-Erdgasaußenpolitik gegenüber Russland diskutiert. Vor dem Hintergrund, dass in der politikwissenschaftlichen Literatur mitunter ein fundamentaler Politikwandel im Erdgassektor als Konsequenz aus dem Ukraine-Konflikt erwartet wird (vgl. 8.2), werden in Abschnitt 9.2 die Simulationsergebnisse von *Gas Game I* und *II* verglichen und daraus eine Hypothese über den zukünftigen Wandel in der Erdgasaußenpolitik der EU gegenüber Russland abgeleitet. Um das Ergebnis des Vergleichs zu konzeptionalisieren, erfolgt eine Evaluierung des prognostizierten Wandels unter Einbeziehung einer Typologisierung von Policy-Variationen durch Friedbert Rüb (2014a, 2014b). Da die entwickelten Prognosen auf der Annahme beruhen, dass die Kausalstruktur der EU-Erdgasaußenpolitik im zweiten Untersuchungszeitraum konstant geblieben ist und das *Gas Game* weiterhin ein geeignetes Abbild der realen Welt darstellt, wird in Abschnitt 9.3 anhand der Reaktionen der Mitgliedstaaten auf den polnischen Vorschlag einer europäischen Energieunion nachgewiesen, dass es sich bei dem untersuchten Policy-Subsystem weiterhin um ein Entscheidungssetting mit einem hohen Konflikt- sowie einem geringen Kohärenzgrad handelt. Trotz dieses Nachweises wird abschließend die Aussagekraft von Prognosen über politische Entwicklungen im Energiesektor diskutiert.

Das letzte Kapitel zieht ein Fazit der Ergebnisse dieser Arbeit und diskutiert sie im Kontext des Forschungsstandes. Des Weiteren erfolgt eine kritische Methodenreflexion. In diesem Rahmen wird erörtert, inwiefern die formale Modellbildung als methodische Erweiterung der Policy-Analyse bewertet werden kann.

KAPITEL 2

Methodische Grundlagen der Untersuchung

Simulationen sind in der Politikwissenschaft noch ein junges Feld (vgl. Axelrod 2007: 90; Saam 2015: 2). Insbesondere in der deutschen Politikwissenschaft wurden sie als Methode lange Zeit nur selten angewandt. Gleichwohl haben Simulationen im Zuge der „Verwissenschaftlichung" (Kittel 2009: 580) der Politikwissenschaft und dem damit einhergehenden größeren Stellenwert von methodologischen Fragen im politikwissenschaftlichen Diskurs international – besonders im angelsächsischen Raum – in den letzten Jahren zunehmend an Bedeutung zur Generierung und Überprüfung von Theorien gewonnen (vgl. Garson 2009: 267; Kittel 2009: 578; Saam 2015: 2–3). Die Mehrheit dieser formalen Modelle basiert auf *Rational Choice*-Annahmen, die für Politikwissenschaftler von großem Interesse sind, da sie eine mathematische Analyse strategischer Interaktionen zwischen Akteuren bzw. Akteursgruppen ermöglichen (vgl. Axelrod 2007: 93; Morton 1999: 82). Daneben wurde in jüngster Zeit eine steigende Zahl an agentenbasierten Modellen entwickelt (vgl. Flache/Mäs 2015; Marchi/Page 2014), die auch in der deutschen Politikwissenschaft auf wachsendes Interesse stoßen (siehe z. B. Behnke 2009: 195; Brunner 2012; vgl. Lorenz 2012; Shikano 2008).

Im Folgenden werden zunächst die methodischen und wissenschaftstheoretischen Grundlagen von Simulationen skizziert (Abschnitt 2.1). Es soll erläutert werden, auf welchen Annahmen Simulationen beruhen, wie sie im Forschungsprozess eingesetzt werden können, welche Form von Erkenntnis sie generieren können und wo ihre Grenzen als methodische Instrumente liegen. Nach dieser Einführung werden den Forschungsdesign und -ergebnisse des Projekts „The European Union Decides" (Thomson et al. 2006b) sowie die daran anschließende Studie „Resolving Controversy in the European Union" (Thomson 2011) diskutiert, die Entscheidungsprozesse in der EU mittels formaler Modelle untersuchen. Sie liefern Erkenntnisse darüber, wie hoch die Prognosefähigkeit verschiedener Modelle bei der Nachbildung von Ratsentscheidungen in der EU ist und unter welchen Kontextbedingungen die Modelle am besten funktionieren (vgl. Thomson/Hosli 2006: 6–7). Die vorliegende Arbeit baut mit der Anwendung eines auf den DEU-Datensatz getesteten Modells auf diese Forschungsergebnisse auf und gliedert sich in den Forschungszweig ein. Zur weiteren Konkretisierung wird in Abschnitt 2.3 das in dieser Arbeit angewandte Modell, das *predictioneer's game* von Bruce Bueno de Mesquita, sowie dessen Anpassung an die europäische Erdgasaußenpolitik erläutert.

2.1 Simulationen in der Politikwissenschaft

Differenzierung zwischen beobachtbarer Wirklichkeit und der ihr zugrundeliegenden Kausalstruktur

Simulationen basieren auf der Annahme, dass politische Ereignisse, die wir in der Wirklichkeit beobachten, nicht einem Zufall entspringen, sondern aus bestimmten Ursachen resultieren (vgl. Behnke 2009: 176). Behnke spricht in diesem Zusammenhang von einem „Daten generierenden Prozess" [im Folgenden: DGP] (Behnke 2009: 176; siehe auch Morton 1999: 33–34). Sie beziehen sich damit auf die der Wirklichkeit zugrundeliegende und die Wirklichkeit entsprechend evozierende Struktur: „Dieser Daten generierende Prozess ist verantwortlich für alle beobachtbaren Phänomene, er entspricht der Kausalstruktur, nach der sich die Wirklichkeit gestaltet und gestalten *muss.*" (Behnke 2009: 176; die Hervorhebung entspricht dem Originaltext) Zum besseren Verständnis einer solchen Kausalstruktur hilft die Analogie zur Physik: Blätter an Laubbäumen erscheinen uns gewöhnlich grün. Der Grund hierfür ist, dass das Chlorophyll (v.a. die Typen a und b) in den Blättern aus dem kontinuierlichen Farbspektrum des Sonnenlichts bevorzugt die Farben Blau und Rot absorbiert und die Blätter somit Licht mit der Restfarbe Grün in unser Auge streuen. Quantenphysikalisch betrachtet lässt sich dieses Phänomen so erklären, dass Chlorophyll-Moleküle im Grundzustand unbesetzte Energieniveaus aufweisen, die eine Absorption von Lichtquanten im Wellenlängenbereich 400 – 500 nm (violett – blau) und im Bereich 600 – 700 nm (orange – rot) zulassen. Die angeregten Zustände der Moleküle sind nur von kurzer Dauer (10^{-9} bis 10^{-12} Sekunden), die Elektronen kehren somit wieder in den Grundzustand zurück und geben dabei die aufgenommene Energie wieder ab; diesmal aber nicht als Licht, sondern vor allem durch Energietransport an benachbarte Moleküle, was letztendlich ein Mechanismus zur Energieaufnahme der Pflanze ist. Aus diesem Grund fehlen die genannten Wellenlängen im Spektrum des Lichts, das von den Blättern gestreut wird: Man sieht grüne Blätter (vgl. Bader 2000: 270).

Dieses Beispiel verdeutlicht, wie kompliziert der Rückschluss von einem beobachtbaren Phänomen auf die dieses Phänomen bewirkenden Gesetze, den DGP, ausgestaltet sein kann, da das physikalische Gesetz selbst nicht direkt beobachtbar ist. Unmittelbar sichtbar sind lediglich die von ihm erzeugten Effekte, was die Erforschung des DGP maßgeblich erschwert (vgl. Behnke 2009: 176; Kroneberg/Kalter 2012: 74). Auch für die politische Sphäre wird ein solcher Zusammenhang von DGP und beobachtbarer Wirklichkeit angenommen: Viele politischen Phänomene, die wir beobachten können, basieren auf bestimmten Gesetzmäßigkeiten, die selbst wiederum nicht direkt sichtbar sind. Um die jeweiligen politischen Phänomene fundiert zu analysieren, muss diese Kausalstruktur daher aufgedeckt werden. Mittels Simulationen geschieht dies auf indirektem Wege. Sie dienen dazu, die zu erklärenden Regelmäßigkeiten nachzubilden und durch Rückschlüsse von der Simulation auf die tatsächliche Wirklichkeit zu erforschen: „Wir können uns [...] der Erforschung des DGP nur auf indirekte Weise annähern. Die einzige Vorgehensweise, die uns überhaupt möglich ist, besteht darin, ein *Modell* des DGP zu ‚basteln‘, das den DGP in seinen wichtigsten strukturellen Eigenschaften möglichst genau abbilden soll.“ (Behnke 2009: 176; siehe auch Dehling/Schubert 2011: 43–46; Morton 1999: 62) Daraus ergibt sich der Forschungszweck, der durch den Einsatz von Simulationen verfolgt wird: Ziel ist es nicht, singuläre Ereignisse zu untersuchen, sondern die Konstanz bestimmter politischer Phänomene, d.h. die ihnen zugrunde liegende Struktur zu analysieren (vgl. Behnke 2009: 175–176).

Im Folgenden wird genauer dargelegt, wie Simulationen als virtuelle Welten zur Analyse politischer Phänomene und der ihnen zugrundeliegenden Wirkungsmechanismen im Forschungsprozess eingesetzt werden können.

Virtuelle Welten als Analyseinstrumente für die Realität

Bei der Entwicklung von Simulationen wird auf der Grundlage von explizit geäußerten Annahmen über den zu erforschenden Gegenstand eine virtuelle Wirklichkeit erstellt, die eine möglichst große Ähnlichkeit zur tatsächlichen Wirklichkeit besitzen soll: „The core idea of simulation is to create a "virtual world" of the simulation that is somehow an analogy to the "real world"." (Hegelich 2016: 455; siehe auch Behnke 2009: 175) Schließlich wird mit dem Einsatz von Simulationen in der Wissenschaft das Ziel verfolgt, durch die Analyse der virtuellen Welt Rückschlüsse auf die wirkliche Welt ziehen zu können. Dazu müssen jedoch die Regeln von virtueller Welt und wirklicher Welt, d.h. des DGPs, weitgehend übereinstimmen – nur dann können begründete Hypothesen über die Gesetzmäßigkeiten und die beobachtbaren Phänomene der wirklichen Welt aufgestellt werden: „You can formulate expectations about other systems – including real world systems – on the basis of *ceteris paribus* assumptions: To the extent the same rules apply to the simulation and to the compared system, both systems should behave similar." (Hegelich 2016: 456)[27]

Da die der Wirklichkeit zugrundeliegende Kausalstruktur nicht direkt beobachtbar ist, ist ein direkter Vergleich der Regeln von virtueller und wirklicher Welt allerdings nicht möglich. Was jedoch beobachtbar ist, sind die politischen Phänomene, die der DGP in der Wirklichkeit erzeugt. Um herauszufinden, ob eine Simulation die Struktur der tatsächlichen Wirklichkeit möglichst genau abbildet, also eine Analogie zwischen virtueller und wirklicher Welt besteht, werden daher die Ergebnisse, die die beiden Welten hervorbringen,[28] verglichen. Die von Hegelich (2016: 456) angeführte Erläuterung, dass virtuelle und wirkliche Welt sich gleich verhielten, sofern sie auf den gleichen Regeln beruhten, wird somit umgedreht: Generieren virtuelle Welt und wirkliche Welt (nahezu) identische Ergebnisse, ist zu vermuten, dass die Regeln, die diese Phänomene hervorbringen, ebenfalls übereinstimmen. Entsprechend erläutert Behnke:

> Die Konfrontation unseres Modells der Realität mit derselben beziehungsweise dem DGP findet also niemals unmittelbar statt, sondern indirekt, indem wir die logischen Konsequenzen aus dem Modell in Form von Beobachtungssätzen

---

27 *Ceteris paribus* bedeutet „unter sonst gleichen Bedingungen", d.h. es wird ausschließlich der Effekt eines zu überprüfenden Faktors auf das Simulationsergebnis gemessen. Alle anderen Aspekte bleiben konstant (vgl. Morton 1999: 38–39).

28 Gemeint sind hier als Ergebnisse der virtuellen Welt die Simulationsergebnisse, die aus den zuvor aufgestellten Annahmen resultieren. In der Spieltheorie werden diese als Gleichgewichte bezeichnet. Generell herrscht jedoch keine Einheitlichkeit für die Lösungskonzepte von formalen Modellen vor: „After the situation is transformed into a formal set of assumptions expressed in abstract terms, the system is then studied or "solved" for predictions, which are presented as theorems, propositions, or just "results". Solving a model means exploring the implications of the set of assumptions. Solution concepts typically depend on the formulation of the model." (Morton 1999, 49)

mit den sich zwingend ergebenden Konsequenzen aus dem DGP in Form von Beobachtungen vergleichen. Entsprechen die vorhergesagten Beobachtungssätze beziehungsweise Basissätze weitgehend den tatsächlich gemachten Beobachtungen, dann schließen wir daraus indirekt (nicht logisch), dass unser Modell des DGP zumindest ein brauchbares Abbild des tatsächlichen DGP zu sein scheint. (Behnke 2009: 177)

Simulationen werden somit auf der Grundlage von Erfahrungen mit der wirklichen Welt erstellt und die Analogie der beiden Systeme durch einen Vergleich des Simulationsergebnisses mit den beobachtbaren Phänomenen der tatsächlichen Wirklichkeit überprüft. Auf diese Weise können Simulationen dazu eingesetzt werden, bestimmte Segmente von Realität bzw. die ihr zugrundeliegenden Gesetzmäßigkeiten und kausalen Zusammenhänge nachzuvollziehen und zu analysieren (vgl. Garson 2009: 274). Zudem ist es möglich, die Passgenauigkeit von Ergebnissen verschiedener Simulationen zu vergleichen und daraus zu schließen, welche Simulation bzw. welche Kombination von Simulationen am besten dazu geeignet ist, die Kausalstruktur der Wirklichkeit abzubilden (vgl. Morton 1999: 55). Simulationen dienen somit als methodisches Instrument zur Generierung und Überprüfung von Theorien über die Wirklichkeit (vgl. Bechtel/Leuffen 2010: 310; Behnke 2009: 192; Hegelich 2016: 462; Ray/Russett 1996: 446).

Aus den bisherigen Erläuterungen lässt sich schließen, dass der wissenschaftliche Einsatz von Simulationen zur Analyse von Wirklichkeit ein Spannungsfeld zwischen virtueller und wirklicher Welt impliziert, das Konsequenzen für die Beweiskraft von analytischen Erkenntnissen durch den Simulationsansatz hat: Wenngleich versucht wird, ein möglichst adäquates Abbild von der Wirklichkeit zu kreieren, um Rückschlüsse auf ebendiese ziehen zu können, bleiben Simulationen doch stets artifizielle Konstrukte. Schließlich sind Simulationen notwendigerweise immer durch eine Reduktion von Komplexität gekennzeichnet. Eine vollständige Reproduktion der Wirklichkeit ist nicht möglich – sonst würde es sich um ein Experiment handeln (vgl. Behnke 2009: 175; Hegelich 2016: 456). Daher ist zu betonen, dass die Unterscheidung von virtueller und wirklicher Welt in der Analyse stets gewahrt werden muss, nicht zuletzt bei der Interpretation der Forschungsergebnisse (vgl. Johnson 1999: 1518, 1524). Schlussfolgerungen von Erkenntnissen über die Simulation auf die Wirklichkeit können aufgrund dieser Trennung von virtueller und wirklicher Welt nicht verifiziert werden. Simulationen liefern daher keine Beweise für kausale Erklärungen über die Wirklichkeit (vgl. Hegelich 2016: 470; siehe auch Dehling/Schubert

2011: 45). Damit sollen die zuvor aufgeführten Erläuterungen zum Erkenntnisgewinn
durch Simulationen in der Politikwissenschaft nicht negiert, sondern lediglich die
Grenzen von Simulationen im Forschungsprozess gekennzeichnet und auf diese Weise
dem häufig begangenen Fehler einer Verwechslung von Simulation und Wirklichkeit
vorgebeugt werden:

> [... T]here is always a problem with simulations when it comes to causalities.
> However – as will be seen – this problem is far from unique to the simulation
> approach. Sometimes, scientists using a simulation approach are so convinced
> of their model that they forget the difference between virtual and real world.
> They might claim that their simulation has 'proofed' some real world effect.
> But because of ceteris paribus the connection to the real world is always
> questionable. Overestimating the relevance of one owns simulations will make
> you 'easy prey' for any critiques. (Hegelich 2016: 456)

Simulationen als Ansatz zwischen Induktion und Deduktion

Simulationen können keinem der beiden standardmäßigen Verfahren zur Gewinnung wissenschaftlicher Erkenntnisse – weder der Induktion, noch der Deduktion –
eindeutig zugeordnet werden. Behnke (2009, 175–176) beschreibt die Entwicklung
und Anwendung von Simulationen als eine Verbindung von Induktion und Deduktion: Die Konstruktion der Simulation in Anlehnung an die bereits gemachten
Beobachtungen der Wirklichkeit kennzeichnet er als induktiven Bestandteil des
Forschungsprozesses. Die Ergebnisse bzw. Schlussfolgerungen, die die Simulation
aus den zuvor aufgestellten Annahmen generiert und dem Wirklichkeitssegment,
das simuliert wird, zugeschrieben werden, charakterisiert er als deduktive Komponente des Forschungsprozesses. Es ist jedoch fraglich, ob eine derartige Unterteilung
des Forschungsprozesses sowie die Zuschreibung von induktiven und deduktiven
Bestandteilen bei der Entwicklung und Auswertung von Simulationen sinnvoll sind,
da sie den Anschein erwecken, die bewusste Trennung von virtueller und wirklicher
Welt relativieren zu wollen. Axelrod grenzt den Simulationsansatz daher von Induktion und Deduktion ab und beschreibt ihn als einen neuen Weg der Ausübung
von Wissenschaft:

> Simulation as a way of doing science can be contrasted with the two standard
> methods of induction and deduction. Induction is the discovery of patterns
> in empirical data. [...] Deduction, on the other hand, involves specifying
> a set of axioms and proving consequences that can be derived from those
> assumptions. [...] Like deduction, it starts with a set of explicit assumptions.

But unlike deduction, it does not prove theorems. Instead, a simulation generates data that can be analyzed inductively. Unlike typical induction, however, the simulated data comes from a rigorously specified set of rules rather than direct measurement of the real world. While induction can be used to find patterns in data, and deduction can be used to find consequences of assumptions, simulation modeling can be used as an aid intuition. (Axelrod 2007: 92–93)

Der Nutzen von Simulationen als Hilfestellung für die Intuition bezieht sich nicht nur auf die Analyse gegenwärtiger bzw. vergangener politischer Sachverhalte. Gelingt es, mittels Simulationen die Kausalstruktur der Wirklichkeit aufzudecken, bzw. sich dieser möglichst anzunähern, ist es auf dieser Grundlage ebenfalls möglich, wissenschaftlich fundierte Hypothesen über *zukünftige* Ereignisse aufzustellen (vgl. Dehling/Schubert 2011: 45–46). Im Folgenden werden Möglichkeiten und Grenzen von Simulationen zur Generierung von Zukunftsprognosen dargelegt.

Simulationen als Instrument für Zukunftsprognosen

„Anticipating the future is both a social obligation and intellectual challenge that no scientific discipline can escape", schrieben Gerald Schneider, Nils Petter Gleditsch und Sabine C. Carey (2010b: 1) im Jahr 2010, basierend auf einem Vortrag zur 50. jährlichen Tagung der International Studies Association in New York (15.-18. Februar 2009). Analog zu diesem Auftrag für die Internationalen Beziehungen betonen Bechtel und Leuffen, wie wichtig von der Politikwissenschaft erarbeitete Zukunftsprognosen für politische Entscheidungsträger sind: „Forecasts are indispensable for actors in the real world. In order to make informed decisions, political actors (legislators, bureaucrats, as well as citizens) need to have an idea of the consequences of their actions. Therefore, forecasting offers crucial information to anticipate, and if necessary counteract, important developments." (Bechtel/Leuffen 2010: 309–310; siehe auch Miller 2014b) Dennoch herrscht im politikwissenschaftlichen Methodendiskurs noch immer eine große Skepsis vor, ob Vorhersagen in der politischen Sphäre überhaupt möglich sind (siehe z. B. Stevens 2012; Zambernardi 2016; für eine Skizzierung der Debatte und eine Diskussion methodischer Fortschritte in der Entwicklung von Vorhersagen siehe u.a. Armstrong et al. 2015; Gleditsch/Ward 2013; Schneider et al. 2011). In Publikationen über Simulationen in der Politikwissenschaft steht deren Nutzen für die Entwicklung von Zukunftsprognosen häufig im

Vordergrund (vgl. Axelrod 2007: 92).[29] Entsprechend sind Simulationsansätze eingebettet in die Auseinandersetzung um Möglichkeiten und Grenzen von Vorhersagen
in der Politikwissenschaft. Betrachtet man die Vorgehensweise, wie Simulationen
als Prognoseinstrumente eingesetzt werden können, so wird deutlich, dass sowohl
Befürwortern als auch Kritikern von Zukunftsprognosen in gewisser Hinsicht Recht
gegeben werden kann. Dies soll im Folgenden dargelegt werden.

Anknüpfend an die zuvor erläuterten Annahmen des Simulationsansatzes dienen
Modelle dazu, die der Wirklichkeit zugrundeliegende Kausalstruktur zu emulieren.
Sobald man ein Modell entwickelt hat, das die Wirklichkeit möglichst akkurat abbildet, die Regeln von virtueller und wirklicher Welt also miteinander vereinbar sind,
ist davon auszugehen, dass auch die beobachtbaren Phänomene, die diese Regeln
generieren, identisch sind (vgl. Hegelich 2016: 456). Folglich kann das Modell in
einem nächsten Schritt dazu genutzt werden, wissenschaftlich fundierte Hypothesen
über zukünftige Entwicklungen des jeweiligen simulierten Wirklichkeitssegments
zu generieren (vgl. Axelrod 2007: 96; Johnson 1999: 1511). Auf der Grundlage
von *ceteris paribus*-Annahmen wird getestet, welche Effekte die Variation einzelner
Variablen auf das Simulationsergebnis haben und daraus abgeleitet, wie sich die tatsächliche Wirklichkeit – gegeben der Analogie von virtueller und wirklicher Welt und
unter ansonsten gleichbleibenden Bedingungen – entwickeln würde, wenn sich in der
Realität die gleichen Variablen verändern würden. Entwickelt man z. B. ein Modell,
das die Kausalstruktur polnischer Energiepolitik speziell hinsichtlich der Frage des
nationalen Energiemixes nachbildet, so können auf Grundlage der aus dem Modell
gewonnenen Erkenntnisse Hypothesen darüber aufgestellt werden, wie sich die
Förderung von Schiefergas in Polen auf die Energiepolitik und den Energiemix auswirken werden – unter der Voraussetzung, dass alle anderen Parameter unverändert

---

29 Damit soll nicht behauptet werden, Zukunftsprognosen wären der einzige Zweck des Simu-
    lationsansatzes. Vielmehr verweisen Wissenschaftler, die mit der Anwendung von Simulatio-
    nen vertraut sind, stets auf den vielfältigen Nutzen, den Simulationen für die Politikwissen-
    schaft entfalten können. So führt Epstein – um lediglich ein Beispiel zu nennen – sechzehn
    Gründe jenseits von Vorhersagen für die Anwendung formaler Modelle in der Forschung auf
    (2008; siehe u.a. auch Axelrod 2007, 2004; Hegelich 2016; Saam/Gautschi 2015). In der vor-
    liegenden Arbeit liegt der Schwerpunkt jedoch auf der Generierung von Theorien über die
    Entscheidungsfindung in der europäischen Erdgasaußenpolitik sowie der Erstellung von Zu-
    kunftsszenarien für dieses Politikfeld. Entsprechend wird in diesem Kapitel ein Fokus auf die
    Entwicklung von Simulationen als Instrumente für Zukunftsprognosen gelegt.

bleiben. Auf diese Weise können in der Politikwissenschaft politische Entwicklungen prognostiziert sowie die Auswirkungen verschiedener Handlungsoptionen getestet und evaluiert werden.

Die methodische Vorgehensweise bei der Anwendung des Simulationsansatzes ist somit zunächst unabhängig davon, ob die Modellanalyse dazu genutzt werden soll, Rückschlüsse auf vergangene, gegenwärtige oder zukünftige politische Entwicklungen zu ziehen. Sie beginnt stets mit der Nachbildung des zu erklärenden Gegenstands und der damit verbundenen Aufdeckung der grundlegenden Wirkungsmechanismen. Darauf verweisen auch Bueno de Mesquita, Newman und Rabushka, um die Skepsis der Politikwissenschaft gegenüber der Generierung von Zukunftsszenarien zu relativieren und zugleich deren unbedingte Notwendigkeit zu betonen:

> The twin objectives of science are explanation and prediction. Political science seeks to explain why people behave politically as they do, why political processes and institutions function as they do, and why specific outcomes occur. The logical structures of explanation and prediction are the same; the difference between them is only whether the scientist's objective is to account for a past event or describe a future event. Thus prediction is a major concern of political scientists, especially in cases where it is essential to anticipate the consequences of political actions in order to provide sound advice on policy matter. (Bueno de Mesquita et al. 1985: 6)

Gleichwohl ist die Kritik an der Einsatzfähigkeit von Simulationen für Prognosen insofern berechtigt, als zwei signifikante Beschränkungen der Prognosefähigkeit in einem solchen Forschungsansatz stets impliziert sind: Zum einen müssen auf der Grundlage von Simulationen entwickelte Zukunftsprognosen von einer *ceteris paribus*-Bedingung ausgehen, die Schlussfolgerungen von der virtuellen auf die wirkliche Welt stets relativiert. Daher sind Forschungsansätze, in denen eine unmittelbare Übertragung der aus der Simulation gewonnenen Erkenntnisse auf die Realität behauptet wird, stets problematisch. Zum anderen bringt der zuvor benannte Forschungszweck von Simulationen – die Enthüllung der Kausalstruktur, die der Wirklichkeit zugrundeliegt – mit sich, dass Simulationen keine singulären, sich nicht aus der Logik der Regeln ergebenden Ereignisse vorhersagen können (vgl. Hegelich 2016: 455–456). Mit der Mehrzahl der in der Politikwissenschaft entwickelten Modelle – und dies gilt auch für den Forschungszweig, an den die vorliegende Arbeit anknüpft – wird darauf abgezielt, die elementaren Mechanismen, d.h. bestimmte Muster politischer Prozesse zu identifizieren und nachzubilden, die nicht nur für einen spezifischen, sondern für eine größere Anzahl von Fällen gelten (vgl. Thomson/Hosli 2006: 11). Daraus folgt, dass auch die Prognosen, die derlei Simulationen generieren, auf Muster und Tendenzen zukünftiger Entwicklungen beschränkt sind: „It is important to understand models of social and political phenomena are not likely to provide predicitions of specific events such as the assassination that set off World War I, or the date at which the next Asian currency crisis will start. What good models can, however, provide are predictions of some pattern of events such as the dangerous instability among the Great power in 1914 [...]." (Axelrod 2004: 2)[30] Dies sei am Beispiel der amerikanischen Sicherheitspolitik verdeutlicht: Als am 11. September 2001 ein Terroranschlag auf die Zwillingstürme des World Trade Centers verübt wurde, wäre es für politikwissenschaftliche Simulationen nahezu unmöglich gewesen, ein spezifisches Datum sowie die detaillierte Ausgestaltung der in der Folge von der USA geführten Intervention in Afghanistan zu prognostizieren. Was politikwissenschaftliche Simulationen aber leisten können, ist, die Gesetzmäßigkeiten vorheriger amerikanischer Sicherheitspolitik zu identifizieren und Hypothesen darüber zu entwickeln, wie sich dieses Politikfeld nach den Terroranschlägen tendenziell entwickeln wird.

Verbunden mit der Intention, Simulationen für Zukunftsprognosen einzusetzen, ist eine Debatte um die Zielkonflikte Simplizität und Exaktheit von Modellen. In Anlehnung an den Militärslogan „keep it simple, stupid" dominiert insbesondere unter Modellierern von agentenbasierten Ansätzen das KISS-Prinzip, das vorgibt, die den Modellen zugrundeliegenden Annahmen möglichst einfach und nachvollziehbar zu gestalten (vgl. Axelrod 2007: 93). Begründet wird dies mit den begrenzten kognitiven Fähigkeiten der Menschen: „The KISS principle is vital because of the character of the research community. Both the researcher and the audience have limited cognitive ability. When a surprising result occurs, it is very helpful in giving other researchers a realistic chance of replicating one's model and extending the work in new directions." (Axelrod 2007: 93) Sofern es also darum geht, grundsätzliche Zusammenhänge oder Prozesse zu verstehen,

---

30   An dieser Stelle sei zu unterstreichen, dass die hier aufgeführten Beschränkungen sich in erster Linie auf den in dieser Arbeit angewandten Modellansatz beziehen. Selbstverständlich werden auch Simulationen entwickelt, deren Zweck es ist, Extremereignisse o.ä. zu prognostizieren. Gerade in der Politikwissenschaft liegt der Schwerpunkt von Simulationen aber auf der Analyse und Prognose genereller Mechanismen und Tendenzen politischer Prozesse.

ist die Simplizität und Nachvollziehbarkeit der Modellregeln gemeinhin wichtiger als die hochgradig detaillierte Darstellung einer bestimmten Situation oder eines bestimmten Gegenstands. Die Erfüllung dieser Prämisse wird jedoch erschwert, sobald Simulationen für Zukunftsprognosen eingesetzt werden. Schließlich ist es in diesen Fällen notwendig, die Wirklichkeit so akkurat wie möglich abzubilden, so dass je nach Komplexität des zu modellierenden Gegenstandes auch die dem Modell zugrundeliegenden Annahmen äußert kompliziert sein müssen. Der adäquate Grad an Detailgenauigkeit von Modellen hängt somit vom Forschungszweck ab, der mit der Modellierung verfolgt wird (vgl. Axelrod 2007: 93–94; Bonabeau 2002). Morton unterscheidet aus diesem Grund zwischen theoretischen und angewandten Modellen. Theoretische Modelle sind demnach „designed not to be empirically estimated using real-world data but rather to represent a highly stylized version of the real world." (Morton 1999: 61) Bei der Entwicklung dieser Modelle wird somit gar nicht der Anspruch erhoben, ein möglichst genaues Abbild der Realität zu erstellen. Angewandte Modelle werden hingegen „designed (a) to provide predictions that can be used as a basis for hypotheses about the real world or (b) to be directly evaluated empirically." (Morton 1999: 61)

In der Politikwissenschaft wird zunehmend versucht, Modelle so zu gestalten, dass sie zur Erstellung von Zukunftsprognosen verwendet werden können. Entsprechend werden formale Modelle in der Politikwissenschaft stetig detaillierter in der Nachbildung des jeweiligen Wirklichkeitssegments und ihr Abstraktionsgrad sinkt (vgl. Achen 2006a: 294–295; Hug 2014: 290–291). Daraus folgt jedoch, dass die größere Komplexität der Modellregeln und die häufig wachsende Zahl an berücksichtigten Akteuren die analytische Lösung von *Rational Choice*-Modellen deutlich erschwert, eventuell sogar verunmöglicht. In vielen Fällen lösen Modellierer dieses Problem, indem sie die Anzahl der Akteure reduzieren, oder ähnliche Simplifizierungen durchführen. Dies mag auch für Akteure in der Politik gelten. Negative Konsequenz dieser Vorgehensweise ist jedoch, dass das Modell die Wirklichkeit voraussichtlich inadäquat abbildet und entsprechend die Qualität bzw. Wahrscheinlichkeit der mit dem Modell erstellten Zukunftsprognosen sinkt. Eine Möglichkeit, die Komplexität der Modelle zu erhalten und dennoch Lösungen zu generieren, sind Computersimulationen. Sie dienen dazu, bei derart komplizierten Modellen dennoch ein Gleichgewicht zu ermitteln, ohne dass eine Simplifizierung notwendig ist, die die Analogie von virtueller und wirklicher Welt verringern würde (vgl. Duffy

1992: 241–242, 269; Johnson 1999: 1518; Opp 2015: 207–208). Des Weiteren sind sie ein nützliches Instrument für Forschungsdesigns, die eine Vielzahl an formalen Modellen sowie einen umfangreichen Datensatz umfassen und aus diesem Grund einen großen Aufwand an zeitlichen und personellen Ressourcen benötigen würden, um die Modelle analytisch zu lösen.

Dies gilt auch für das DEU-Projekt, in dem verschiedene formale Modelle für Entscheidungsprozesse in der EU auf einen Datensatz mit 162 Fällen mittels Computerprogrammierungen angewandt worden sind. In Abgrenzung zum vorangegangen Unterkapitel liegt der Schwerpunkt des DEU-Projekts jedoch nicht auf der Entwicklung von Zukunftsprognosen. Vielmehr soll anhand der Modellierung bereits vergangener Ereignisse zunächst überprüft werden, welche Modelle die Wirklichkeit am geeignetsten abbilden. Daraus werden schließlich grundlegende Charakteristika von EU-Entscheidungsprozessen abgeleitet. Im Folgenden werden das Forschungsdesign sowie die für die vorliegende Arbeit relevanten Forschungsergebnisse des DEU-Projekts erläutert.

2.2 *Rational Choice* Institutionalismus in EU-Studien

Bis zum Beginn der 1990er Jahre lag der Fokus von EU-Studien auf deskriptiven Fallstudien (vgl. Mattila 2012: 453; Pahre 2005: 114). Diese haben zweifellos einen großen Beitrag zum Erkenntnisgewinn über die EU sowie für die empirische Grundlage der EU-Studien geleistet. Dennoch weist dieser methodische Ansatz Schwierigkeiten und Grenzen auf: Fallanalysen beschränken sich häufig auf kurze Phasen politischer Prozesse, die von großen Konflikten oder besonderen Ereignissen in dem jeweiligen Politikfeld geprägt sind. Zudem sind sie in der Regel durch einen hohen Grad an Detailgenauigkeit gekennzeichnet, was es häufig erschwert zu ermitteln, welche Befunde für einen bestimmten Fall einzigartig sind und welche für eine gesamte Klasse von Fällen gelten. Daher besitzen generalisierende Schlussfolgerungen, die auf der Grundlage von Fallstudien gezogen werden, nur begrenzte Validität (vgl. Achen 2006a: 265; Achen/Snidal 1989: 146; Hagemann 2015: 137).

Vor dem Hintergrund dieser Kritik entwickelte sich in den 1990er Jahren ein Forschungszweig, der formale Modelle zur Analyse von europäischen Entscheidungsprozessen anwendet. Ziel dieses Ansatzes ist es, mittels verschiedener formaler Modelle und statistischer Methoden generelle Theorien über Entscheidungsprozesse in der EU zu entwickeln und zu testen (vgl. Stokman/Thomson 2004b: 5–6). Zentrale Meilensteine dieses Forschungszweigs sind die Studien „The European Union Decides" (Thomson et al. 2006b, DEUI) sowie die darauf aufbauende Monographie „Resolving Controversy in the European Union, Legislative Decision-Making Before and After Enlargement" (Thomson 2011).[31] Sowohl hinsichtlich der Modellanzahl und der damit verbundenen Spannbreite an theoretischen Erklärungsmustern als auch hinsichtlich des empirischen Datensatzes stellen diese Arbeiten bislang das umfangreichste Projekt dar, in dem formale Modelle zur Analyse von Entscheidungsprozessen in der EU angewandt und verglichen wurden. Entsprechend beurteilt Bueno de Mesquita die DEUI-Studie als „the finest work done thus far in applying rigorous standards to the empirical evaluation of competing explanations of decision-making" (Bueno de Mesquita 2004: 125; siehe auch Crombez/Vangerven 2014: 297; Mattila 2012; Schneider et al. 2006: 300). Die DEU-Studien geben Aufschluss darüber, welche Modelle in der Nachbildung von EU-Entscheidungsprozessen eine hohe Prognosefähigkeit aufweisen und sich daher für zukünftige Analysen besonders anbieten. Des Weiteren stellen sie einen Bezugspunkt für die Operationalisierung der Inputvariablen von Modellen dar. Die vorliegende Untersuchung baut auf den Erkenntnissen der DEU-Studien auf, indem sie ihre Modellauswahl sowie die methodische Vorgehensweise bei der Operationalisierung der Inputvariablen auf deren Forschungsergebnisse stützt. Im Folgenden werden daher das Forschungsdesign sowie die zentralen Forschungsergebnisse des DEU-Projekts erläutert.

---

31 Vorläufer der DEUI-Studie ist die Publikation *European Community Decision Making: Models, Applications and Comparisons*, herausgegeben von Bueno de Mesquita und Stokman (1994a), die sich durch ein ähnliches Forschungsdesign auszeichnet. Bueno de Mesquita und Stokman analysieren darin 16 bereits abgeschlossene Entscheidungsprozesse im Rat der EU mittels zweier Verhandlungsmodelle und vergleichen die Modelle anschließend hinsichtlich der Richtigkeit und Präzision der von den Modellen ex post generierten Vorhersagen. Das Ziel dieses Vergleichs besteht darin, zu ermitteln, welches Modell Entscheidungsprozesse im Rat adäquater abbildet und daraus Rückschlüsse auf EU-Entscheidungsprozesse zu ziehen, sowie Modelle zu entwickeln, die für Zukunftsprognosen in der EU-Politik verwendet werden können. Thomson et al. (2006) lehnen ihre Studie an dieses Forschungsdesign an, weiten die Forschung aber aus, indem sie eine größere Anzahl an Modellen auf ein wesentlich größeres Datenset testen (vgl. Achen 2006a: 295; Thomson/Hosli 2006: 8–9 sowie Abschnitt 1.2.2).

Forschungsdesign

Untersuchungsgegenstand der Studien von Thomson et al. (2006) und Thomson (2011) sind tägliche Politikentscheidungen in der EU, die bis dahin ein Forschungsdesiderat ausmachten, nach Ansicht der Herausgeber aber zentral für das Verständnis der Entwicklung der EU als supranationale Institution sind:

> [... U]nderstanding the quotidian political battles of the EU is not of minor concern. To the contrary, the relentless march of daily decision-making has at least as much importance and deserves every bit as much attention as the sporadic grand bargains that dot recent European history. Both are critical to understanding why the EU has had the impact it has had, and why it is among the world's most effective supranational political organisations. But only the grand bargains have enjoyed extensive discussion. Hence the focus of this book: how can we explain everyday decisions in the European Union? (Schneider et al. 2006: 300)

Die Analyse erfolgt durch die Anwendung von formalen Modellen. Eine besondere Qualität von formalen Modellen gegenüber anderen methodischen Ansätzen besteht zum einen in ihrer Präzision, da Annahmen über den politischen Entscheidungsprozess widerspruchslos in mathematischen Formeln ausgedrückt werden müssen. Dies verhindert zudem, dass die der Forschung zugrundeliegenden Annahmen zwar in der Analyse impliziert, aber nicht explizit benannt werden:

> When researchers set forth their ideas about EU decision-making as models, they must be explicit about the propositions they make regarding the decision-making processes at work, as well as the assumptions contained in their models. Assumptions in verbally formulated theories are often implicit rather than absent. Modelling allows the implications of the propositions to be drawn out through deductive reasoning. (Thomson/Hosli 2006: 10; für eine ähnliche Argumentation siehe u.a. Kroneberg/Kalter 2012)

Des Weiteren erfordert die Darstellung des Entscheidungsprozesses in der Sprache formaler Modellierungen notwendigerweise eine Reduzierung von Komplexität (vgl. die Ausführungen in Abschnitt 2.1). Dies mag als Beschränkung erscheinen, birgt aber zugleich Vorteile: Der Modellierer wird dazu angehalten, sich in der Analyse auf die wesentlichen Merkmale des Entscheidungsprozesses zu konzentrieren und Variablen, die für den Einzelfall interessant sein mögen, die Analyse der grundlegenden Mechanismen des Prozesses aber verschleiern, unberücksichtigt zu lassen (vgl. Pahre 2005: 120).[32]

Die formalen Modelle, die in der DEUI-Studie berücksichtigt werden, beinhalten divergierende Annahmen über die wesentlichen Bestandteile von EU-Entscheidungsprozessen (vgl. Thomson/Hosli 2006: 9). Sie alle werden auf den gleichen Datensatz angewandt, der aus 162 kontroversen Themen verhandelt im Rahmen von 66 Gesetzesinitiativen aus den Jahren 1999 bis 2001 besteht (vgl. Thomson et al. 2006a: xvii; Thomson/Hosli 2006: 12–13).[33] Die Modelle werden dazu eingesetzt, den Entscheidungsprozess nachzubilden und ex post die jeweiligen Verhandlungsergebnisse „vorherzusagen". Anschließend werden die Modelle hinsichtlich der Genauigkeit ihrer Vorhersagen mittels statistischer Methoden verglichen.[34] Aus der Genauigkeit der Vorhersagen kann anschließend abgeleitet werden, welches Modell den Entscheidungsprozess am adäquatesten abbildet. Auf diese Weise können Hypothesen über generelle Charakteristika von EU-Entscheidungsprozessen getestet und Regelmäßigkeiten identifiziert werden (vgl. Thomson/Hosli 2006: 9–11). Insgesamt verbindet der Forschungsansatz somit Fallstudien als Inputdaten, formale Modelle für die Analyse der Entscheidungsprozesse sowie statistische Methoden zum Vergleich ihrer Prognosefähigkeit (vgl. Achen 2006a: 264). Das Forschungsdesign steht daher – auch wenn die zuvor genannte Kritik dies fälschlicherweise suggerieren mag – nicht im Gegensatz zu deskriptiven Studien über EU-Entscheidungsprozesse. Vielmehr baut es auf den Erkenntnissen jener Studien auf, da diese sowohl für die Entwicklung als auch die Verbesserung der Modelle von großer Bedeutung sind. Dennoch liefert der

---

32 Siehe dazu auch Crombez und Vangerven (2014), die einen Überblick über die EU-Forschung mittels verfahrensrechtlicher Modelle in den vergangenen zwei Jahrzehnten liefern und darin aufzeigen, inwiefern formale Modelle dazu beitragen konnten, die grundlegenden Mechanismen der in den EU-Verträgen festgeschriebenen Verfahrensweisen in Entscheidungsprozessen präzise herauszuarbeiten.

33 Für eine kritische Diskussion der Fallauswahl siehe u.a. Hagemann (2015) und Princen (2012).

34 Für eine ausführliche Erklärung zur Vorgehensweise dieser Messung siehe Achen (2006a: 293) sowie Thomson (2011: 179).

beschriebene Ansatz einen zusätzlichen Erkenntnisgewinn, indem er die Möglichkeit schafft, generalisierende Schlussfolgerungen über EU-Entscheidungsprozesse zu ziehen (vgl. Thomson/Hosli 2006: 10–11)[35].

Die DEUII-Studie folgt dem gleichen Forschungsansatz. Sie divergiert aber insofern von der DEUI-Studie, als sie eine geringere Anzahl an Modellen sowie eine größere Anzahl an Fällen einbezieht. Während das DEUI-Projekt lediglich Entscheidungsprozesse der EU-15-Periode analysiert, berücksichtigt der Datensatz des DEUII-Projektes auch Entscheidungsprozesse der EU-25- und EU-27-Perioden.[36] Dies ermöglicht es zu untersuchen, ob die Erweiterung der EU Veränderungen hinsichtlich der Entscheidungsprozesse bewirkt hat (vgl. Thomson 2011: 160).[37]

Die theoretischen Grundlagen beider DEU-Studien sowie der darin berücksichtigten Modelle bildet der *Rational Choice* Institutionalismus. Die mit diesem Ansatz verbundenen Grundannahmen werden im Folgenden dargelegt. Daran anschließend werden die verschiedenen Kategorien von *Rational Choice*-Modellen, die das DEU-Projekt einbezieht, erläutert.

Rational Choice Institutionalismus

Der *New Institutionalism* hat sich am Ende der 1970er sowie in den 1980er Jahren aus einer Kritik an den vorherrschenden behavioristischen Perspektiven entwickelt und zielt darauf ab, den Einfluss von Institutionen auf soziale und politische Phänomene zu analysieren. Er gliedert sich in drei Ansätze auf, die auf äußerst unterschiedlichen Annahmen basieren und verschiedene Schwerpunkte in ihren Analysen setzen: der Historische Institutionalismus, der Soziologische Institutionalismus und der *Rational*

---

35 Um die grundlegenden Charakteristika des Forschungszweigs zu erklären, an den die vorliegende Arbeit anknüpft, wurde der Schwerpunkt auf die DEU-Studien gelegt. Als weitere umfassende Publikation ist aus dem DEU-Projekt ein Special Issue im Journal *European Union Politics* mit dem Titel „Winners and Losers in the European Union" hervorgegangen, das Erkenntnisse auf der Akteursebene bereitstellt. Es beschäftigt sich u.a. mit Fragen zu den Machtverhältnissen zwischen den relevanten Akteuren, zu ihrem Einfluss auf die Verhandlungsergebnisse etc. (vgl. Stokman/Thomson 2004b: 5–6). Darüber hinaus wird auf den Forschungsansatz im Allgemeinen sowie den Datensatz im Besonderen in verschiedenen weiteren Veröffentlichungen Bezug genommen, die in Teilen in der Diskussion der Inputvariablen (vgl. Abschnitte 4.3 bis 4.6) aufgegriffen werden.

36 Für eine ausführliche Beschreibung des DEUII-Datensatzes siehe auch Thomson et al. (2012).

37 Für einen Vergleich von Forschungsdesign und -ergebnissen der DEUI- und DEUII-Studie siehe Mattila (2012).

Choice Institutionalismus (im Folgenden: RCI) (vgl. Hall/Taylor 1996: 936). Das DEU-Projekt sowie die vorliegende Arbeit sind letzterem Ansatz zuzuordnen, der im Folgenden skizziert wird.

Der RCI richtet sich auf die Beantwortung von drei Forschungsfragen: Welchen Einfluss haben Institutionen auf das Handeln von Akteuren? Warum sind Institutionen notwendig? Warum entstehen Institutionen und warum bestehen sie weiter? In Anlehnung an diese Forschungsfragen lassen sich zwei Analyseebenen des RCI unterscheiden: Die erste Strömung sieht Institutionen als exogen gegeben an und analysiert ihre Auswirkungen. Dies ist der dominante Ansatz, der bereits sehr weit entwickelt ist und an den die vorliegende Arbeit anknüpft. Die zweite Strömung untersucht Institutionen als endogene Variable und fragt nach den Ursachen ihrer Entstehung, ihrer konkreten Ausgestaltung sowie ihres weiteren Bestandes (vgl. Shepsle 2006: 24–25; Weingast 2002: 661, 670, 691).

Beide Strömungen gründen auf bestimmte Verhaltensannahmen von Individuen: Es wird angenommen, dass die Akteure über Präferenzen bezüglich der ihnen zur Disposition stehenden Handlungsalternativen verfügen und zu diesen Präferenzen konforme politische Forderungen stellen. Sie verfolgen das Ziel, ihren Nutzen entsprechend ihrer Präferenzen zu maximieren. Dabei handeln sie strategisch, d.h. sie berücksichtigen bei ihren Entscheidungen, welches Handeln von den anderen Akteuren zu erwarten ist und wie ihr eigenes Handeln das Handeln der anderen Akteure beeinflussen könnte. Institutionen bilden den Rahmen der Möglichkeiten, in dem sich die Akteure bewegen können und beeinflussen daher ihr Handeln. Politikergebnisse sind somit durch das Zusammenspiel von Akteursinteressen und Institutionen bestimmt (vgl. Dehling/Schubert 2011: 31; Hall/Taylor 1996: 944–945; Mühlböck/Rittberger 2015: 6; Thomson 2011: 14; Thomson/Hosli 2006: 9; Weingast 2002: 661–662).

In den RCI-Publikationen herrscht keine Einigkeit hinsichtlich der Definition von Institutionen. Die zentrale Konfliktlinie verläuft in dieser Debatte zwischen Wissenschaftlern, die Institutionen als organisatorische Einheit betrachten, wie z. B. den Europäischen Rat, den Bundestag oder politische Parteien, sowie Wissenschaftlern, die unter dem Begriff der Institution auch informelle Strukturbestandteile wie Regeln und Normen fassen (vgl. Mühlböck/Rittberger 2015: 6; Ostrom 2007: 23). Dementsprechend differenziert Shepsle zwischen strukturierten und unstrukturierten Institutionen (vgl. Shepsle 2006: 27). Eine sehr weite – aber einschlägige

– Bestimmung von Institutionen liefert North, der in seiner Definition beide Pole zusammenführt: „Institutions are the humanly devised constraints that structure political, economic and social interaction. They consist of both informal constraints (sanctions, laws, customs, traditions, and codes of conduct), and formal rules (constitutions, laws, property rights)." (North 1991: 97)

In den Modellen des DEU-Projekts werden beide Gruppen von Institutionen modelliert. Diese Arbeit folgt daher der umfassenden Definition von North. Gleichwohl ist anhand der Modellkategorien in der Regel zu erkennen, welcher Schwerpunkt jeweils bei der Modellierung von Institutionen – ob formell oder informell – gesetzt wird. So lassen sich drei Modellkategorien voneinander abgrenzen, deren maßgebliches Unterscheidungskriterium in der Berücksichtigung bzw. Nicht-Berücksichtigung formaler Gesetzgebungsprozesse besteht. Diese Modellkategorien werden im Folgenden präsentiert.

Modellkategorien

Die für das DEU-Projekt ausgewählten Modelle sollen dazu dienen, den Entscheidungsprozess im Rat der EU nachzubilden. Sie alle basieren auf dem zuvor beschriebenen *Rational Choice*-Ansatz, der in der Politikwissenschaft zunehmend angewandt wird und in den letzten Jahren einen großen Beitrag zum Erkenntnisgewinn in EU-Studien geleistet hat. Dies äußert sich u.a. darin, dass sich *Rational Choice*-Modelle in der Regel durch eine hohe Vorhersagekraft auszeichnen (vgl. Schneider et al. 2011: 7, 2006: 300; Veen 2011a: 22).

Trotz ihrer identischen theoretischen Fundierung repräsentieren die Modelle unterschiedliche Annahmen über den Prozess, durch den Politikpräferenzen in politische Entscheidungen und Gesetze umgewandelt werden (vgl. Thomson/Hosli 2006: 6). Es wird davon ausgegangen, dass der Entscheidungsprozess aus zwei Phasen besteht: Die erste Phase umfasst informelle Verhandlungen, in denen die Spieler Informationen sammeln und austauschen, ihren Verhandlungspartnern drohen oder Kompromisse aushandeln können etc. Sofern die Verhandlungspartner sich auf ein vorläufiges Ergebnis einigen, beginnt die zweite Phase. Diese wird durch den formalen Gesetzgebungsprozess gestaltet. Die beiden Phasen stehen jedoch nicht vollständig abgeschlossen nebeneinander, sondern beeinflussen sich wechselseitig, da die formalen Abstimmungsregeln der zweiten Phase die beteiligten Akteure sowie deren Machtverhältnisse in der ersten Phase bedingen (vgl. Achen 2006b: 86–87). Viele Modelle betrachten die beiden Phasen dennoch getrennt voneinander, weshalb sich drei Modellkategorien unterscheiden lassen: *procedural models* (im Folgenden: verfahrensrechtliche Modelle), *bargaining models* (im Folgenden: Verhandlungsmodelle) und *mixed models* (im Folgenden: Hybridmodelle).

- *Verfahrensrechtliche Modelle*: Verfahrensrechtliche Modelle legen bei der Entwicklung der Modellregeln den Schwerpunkt auf die konkreten rechtlichen Abläufe des Gesetzgebungsprozesses. Das bedeutet, dass in diesen Modellen die Spielerauswahl, ihre Rechte im Entscheidungsprozess sowie die Sequenz der Bestandteile des Gesetzgebungsprozesses genau an den formalen Gesetzesregeln angelehnt sind (vgl. Crombez/Vangerven 2014: 290, 294; Schneider et al. 2006: 300; Steunenberg/Selck 2006: 80).

- *Verhandlungsmodelle*: Verhandlungsmodelle legen bei der Entwicklung der Modellregeln den Schwerpunkt auf die informellen Verhandlungen, die vor dem formalen Gesetzgebungsprozess stattfinden. Dennoch berücksichtigen derlei Modelle, dass die formalen Regeln gewisse Grenzen für die informellen Verhandlungen setzen. So spielen sie zwar für die Sequenz der Modellregeln keine Rolle, bestimmen aber, welche Akteure in die Analyse mit einbezogen werden und wie viel Gewicht ihren Positionen zugeschrieben wird. In den Verhandlungsmodellen des DEU-Projekts werden ausschließlich Akteure berücksichtigt, die auch im formalen Prozess Stimmrechte besitzen. Zwar mögen beispielsweise bestimmte Interessengruppen die Positionen der Entscheidungsakteure beeinflusst haben, aber es wird angenommen, dass diese Form der Einflussnahme vor den informellen Verhandlungen stattfindet, die in diesen Modellen nachgebildet werden (vgl. Schneider et al. 2006: 301; Veen 2011a: 23–24).

- *Hybridmodelle*: Hybridmodelle verbinden verfahrensrechtliche und Verhandlungsmodelle. Sie berücksichtigen in ihren Modellregeln, dass informelle Verhandlungen den Entscheidungsprozess beeinflussen, die abschließende Lösung verbleibender Kontroversen sowie die Festlegung des tatsächlichen Verhandlungsergebnisses aber erst im formalen Gesetzgebungsprozess erfolgt (vgl. Schneider et al. 2006: 301).

Die Modelle lassen sich des Weiteren danach unterscheiden, ob sie der kooperativen oder der nicht-kooperativen Spieltheorie zuzuordnen sind. In kooperativen Spielen können Spieler verbindliche Absprachen treffen, da exogene Mechanismen bestehen, mittels derer die Einhaltung von Verträgen bindend durchgesetzt werden kann. In der politischen Sphäre handelt es sich dabei meist um Rechtssysteme, im Rahmen derer die entsprechenden Institutionen Vertragsverletzungen überprüfen und gegebenenfalls Sanktionen verhängen können. In der kooperativen Spieltheorie wird angenommen, dass Verträge aufgrund der Höhe der Sanktionen in jedem Fall eingehalten werden. In nicht-kooperativen Spielen sind hingegen keine bindenden Vereinbarungen möglich. Das bedeutet nicht, dass Kooperationen in nicht-kooperativen Spielen nicht möglich sind. Sie entstehen in der nicht-kooperativen Spieltheorie aber nicht als exogen vorgegebene Spielregel zur unbedingten Einhaltung von Verträgen, sondern lediglich als Resultat von Entscheidungen der Spieler (vgl. Holler/Illing 2009: 22; Rieck 2012: 35–37; Sieg 2010: 91).

Alle Modelle sind durch eine räumliche Vorstellung von Politik gekennzeichnet.[38] Diese existiert schon lange, ihre bekannteste politikwissenschaftliche Systematisierung erfuhr sie jedoch erstmals durch Downs' „An Economic Theory of Democracy" (1957) sowie Blacks „The Theory of Committees and Elections" (1958). Besonders geläufig ist gegenwärtig – auch jenseits der Politikwissenschaft – die räumliche Vorstellung von Parteipolitik auf einem ideologischen Links-Rechts-Kontinuum. Beim DEU-Projekt handelt es sich um die einfachste Form räumlicher Modellierung, nämlich um *ein*dimensionale räumliche Modelle. Der modellierte Politikraum entspricht dem jeweiligen kontroversen Thema, das in den Entscheidungsprozessen verhandelt wird. Die Gesamtheit der Policypositionen, die bezüglich jener politischen Sachfragen eingenommen werden können, werden auf einer numerischen Skala dargestellt, die im DEU-Projekt auch als „issue continuum" (Thomson 2011: 22) bezeichnet wird. Die Distanz zwischen den Policypositionen in diesem Kontinuum muss dabei die tatsächliche „politische Entfernung" zwischen den entsprechenden Politikalternativen reflektieren. Sofern sich die Policypositionen direkt mit Zahlen identifizieren lassen – wie z. B. bei der Festsetzung einer Steuer – ist die Unterteilung des Zahlenraums *a priori* gegeben; werden auf der Skala hingegen abstrakte Politikdimensionen repräsentiert, sind Interpretationen durch den Modellierer not-

---

38 Eine Einführung in die Grundlagen der räumlichen Modellierung bieten Linhart, Kittel und Bächtiger (2014).

wendig.[39] Die Policypositionen der Entscheidungsakteure werden anschließend in das Kontinuum eingetragen. Es wird vorausgesetzt, dass die Präferenzordnungen bzw. Nutzenfunktionen der Spieler vollständig und transitiv sind. Des Weiteren wird angenommen, dass die Akteure eingipflige Präferenzen haben. Dies impliziert, dass die Akteure ausschließlich einen Idealpunkt besitzen und den größten Nutzen durch dasjenige Politikergebnis erhalten, das ebendiesem Idealpunkt entspricht. Demgegenüber werden Politikergebnisse umso weniger von den Akteuren bevorzugt, je weiter sie in dem Kontinuum von ihrer eigenen Position entfernt sind, d.h. mit zunehmender Distanz vom Idealpunkt nimmt der Nutzen entsprechend ab. (vgl. Behnke 2009: 189; Linhart 2014: 14–15; Thomson 2011: 21–23, 40) Eine räumliche Konzeptionalisierung von politischen Sachfragen ist wichtig, um die Prognosefähigkeit von Modellen vergleichen zu können, da auf diese Weise überprüft werden kann, ob das prognostizierte Politikergebnis dem tatsächlichen Politikergebnis entspricht, bzw. wie weit – in den Kategorien der räumlichen Modellierung – die Prognose von der Wirklichkeit abweicht (vgl. Thomson/Hosli 2006: 25).

Nachdem nun die theoretischen Grundlagen des Projekts skizziert worden sind, wird im Folgenden die Erhebung der empirischen Daten des Projekts erläutert.

Inputdaten

Die Inputdaten für die formalen Modelle basieren im DEU-Projekt auf qualitativen Erhebungen. Für die DEUI-Studie wurden Daten zu 66 Gesetzesinitiativen erhoben, die zwischen 1999 und 2001 verhandelt wurden und insgesamt 162 kontroverse Sachfragen thematisieren. Die Phase der Entscheidungsprozesse, die bei der Datenerhebung berücksichtigt wurde, begann mit der Vorlage des Gesetzesvorschlags durch die Europäische Kommission und endete mit der finalen Entscheidung über den Vorschlag, d.h. mit Annahme oder Ablehnung durch den Rat und/oder das Europäische Parlament. Die Gesetzesvorschläge beziehen sich auf verschiedene Poli-

---

39 Bei der Gestaltung räumlicher Modelle ist eine konsistente Einordnung der Politikoptionen in dem Kontinuum notwendig vorausgesetzt. Zur Veranschaulichung dieser Schwierigkeit führt Linhart beispielhaft verschiedene Fälle vor, in denen eindimensionale räumliche Modellierungen angemessen bzw. nicht möglich oder zumindest nicht sinnvoll sind. Aus diesen Erläuterungen lassen sich für Wissenschaftler, die an der Entwicklung von räumlichen Modellen interessiert sind, hilfreiche Hinweise für die konkrete Definition des Kontinuums ableiten (vgl. Linhart 2014).

tikfelder (vgl. Thomson/Hosli 2006: 12–13). Die Quantität an analysierten Fällen sowie deren inhaltliche Spannbreite sind für den Forschungsansatz von zentraler Bedeutung, um die Prognosefähigkeit der Modelle zu vergleichen:

> The aim of this study is to apply and compare different explanations of legislative decision-making in the European Union (EU). Two features of the research design are particularly important with respect to achieving this aim. First, the selection of cases must cover a sufficient number and variety of cases to count as test of the explanations. Second, a way of thinking about very different decision situations has to be devised, such that they can be compared, in terms of the applicability of different explanations in any given situation, and in terms of the performance of explanations in different situations. (Thomson/Stokman 2006: 25)

Weitere Kriterien für die Auswahl der Fälle bestanden in der Kategorie des Gesetzgebungsprozesses, dem Zeitpunkt, in dem das Gesetz vorgeschlagen wurde und ihrer politischen Bedeutung sowie dem Grad der Kontroverse. Die Erhebung der Daten erfolgte mittels 150 halbstrukturierter Interviews mit 125 Experten aus den EU-Mitgliedstaaten, der Kommission, dem Europäischen Parlament und dem Generalsekretariat des Rates der Europäischen Union. Die von den Experten bereitgestellten Informationen betrafen die Policypositionen der Entscheidungsakteure zu Beginn der jeweiligen Verhandlungen, die Priorität, die die Akteure den Themen verliehen haben sowie die Fähigkeiten bzw. Ressourcen der Akteure, um ihre Positionen durchzusetzen. Die Fähigkeiten der Akteure wurden zudem mittels zweier Varianten des Shapley Shubik Index operationalisiert und deren Adäquatheit zur Widerspiegelung der Akteursfähigkeiten im Rahmen des Modellvergleichs ebenfalls gegenübergestellt (vgl. Thomson/Stokman 2006: 31–48).

Thomson (2011) verwendet in der DEUII-Studie sowohl Daten aus dem DEUI-Projekt als auch einen zusätzlich erhobenen Datensatz. Insgesamt wurden 125 Gesetzesvorschläge mit 331 Themen für die DEUII-Studie ausgewählt, von denen 69 aus der EU-15-Periode und 56 aus der EU-25- bzw. EU-27-Periode stammen. Die Daten wurden ebenfalls durch Experteninterviews erhoben (vgl. Thomson 2011: 27).[40] Im Folgenden werden die für die vorliegende Arbeit relevanten Forschungsergebnisse des DEU-Projekts erläutert.

---

40   Für eine ausführliche Erläuterung von methodischen Unterschieden bei der Datenerhebung zwischen der DEUI- und der DEUII-Studie siehe Mattila (2012: 456).

Zentrale Forschungsergebnisse

Das DEU-Projekt hat wichtige Erkenntnisse über Entscheidungsprozesse in der EU generieren sowie bereits entwickelte Hypothesen aus vorherigen Studien bestätigen bzw. widerlegen können. An dieser Stelle wird aufgrund des Umfangs der Forschungsergebnisse auf eine vollständige Darstellung ebendieser verzichtet. Stattdessen wird der Schwerpunkt auf Erkenntnisse gelegt, die für den weiteren Verlauf der vorliegenden Untersuchung relevant sind. Diese umfassen zum einen Forschungsergebnisse zur Prognosefähigkeit der verschiedenen Modellkategorien, da sie Hinweise bezüglich der Frage liefern, welche Modelle dazu geeignet sein könnten, die Erdgasaußenpolitik der EU abzubilden. Dies gilt speziell für die Untergliederung von Verhandlungsmodellen, die aufgrund ihrer Abbildung von informellen Verhandlungsprozessen für die intergouvernementale Erdgasaußenpolitik der EU besonders geeignet sind. Zum anderen werden Forschungsergebnisse erläutert, die die Akteursauswahl der vorliegenden Arbeit betreffen.

Durch den Vergleich der Prognosefähigkeit verschiedener Modelle konnte festgestellt werden, dass Verhandlungsmodelle als Modellklasse insgesamt die akkuratesten Prognosen liefern. Die Prognosen von verfahrensrechtlichen Modellen waren hingegen wesentlich ungenauer: „[..A]t this stage of our understanding, pure bargaining models predict best as a class, while pure legalist models perform worst. The more mixed models include procedural aspects, the worse they do." (Schneider et al. 2006: 303–304) Dies gilt auch für die zusätzlichen Fälle der DEUII-Studie, in denen die Prognosefähigkeit der Verhandlungsmodelle konstant bleibt. Daraus wurde geschlossen, dass der Entscheidungsprozess in der EU durch formale Regeln allein

nicht adäquat widergespiegelt wird, sondern informelle Regeln und Verfahrensweisen
– sowohl vor als auch nach der Erweiterung – von großer Bedeutung sind (vgl. Achen
2006a: 295; Thomson 2011: 185).[41]

Bezüglich der Prognosefähigkeit von Verhandlungsmodellen wurden zwei weitere
Spezifika ermittelt: Erstens sind die Prognosen von kooperativen Verhandlungsmodellen insgesamt besser als die von nicht-kooperativen Verhandlungsmodellen.
Zweitens ist die Prognosefähigkeit von denjenigen Modellen am höchsten, die als
Simulationsergebnis einen Mittelwert – unabhängig davon ob gewichtet oder unge-
wichtet – generieren. Daraus lässt sich ableiten, dass in EU-Entscheidungsprozessen
alle Positionen – auch abweichende bzw. extreme – mit einbezogen und nicht
übergangen werden (vgl. Achen 2006a: 297). Informelle Verhandlungen und Kompromissfindung sind somit zentrale Charakteristika der Entscheidungsfindung – auch
in Fällen, in denen einstimmige Entscheidungen formalrechtlich nicht erforderlich
sind: „*Unanimity, wherever possible*, is a very strong norm in the EU, even when
decision outcomes supported by only a qualified majority of actors are possible."
(Stokman/Thomson 2004b: 19; siehe auch Bueno de Mesquita 2004: 133) Dies mag
vor allem darin begründet sein, dass EU-Akteure aufgrund der institutionellen
Verflechtungen in regelmäßigen Verhandlungen auf diversen Politikfeldern stehen
und daher wissen, dass sie auch in zukünftigen Entscheidungsprozessen auf Ko-

---

41 Slapin (2014) zweifelt dieses Ergebnis an. Er argumentiert, dass die Positionen von EU-
    Kommission und -Parlament höhere Messfehler aufwiesen als die Positionen der Mitglied-
    staaten. Verfahrensrechtliche Modelle, die Kommission und Parlament einen großen Einfluss
    zuschreiben, wiesen aus diesem Grund eine geringere Prognosefähigkeit auf als Verhandlungs-
    modelle. Leinaweaver und Thomson (2014) weisen diese Kritik zurück. Sie merken aber durch-
    aus an, dass verfahrensrechtliche Modelle nicht *grundsätzlich* schlechter geeignet seien, um
    EU-Entscheidungsprozesse abzubilden. Vielmehr weisen Verhandlungsmodelle eine hohe Prog-
    nosefähigkeit bei besonders kontroversen Themen auf, die den DEU-Datensatz maßgeblich
    ausmachen, während verfahrensrechtliche Modelle hingegen diejenigen Fälle besser abbilden
    würden, in denen keine große Kontroverse mehr zwischen den Entscheidungsakteuren beste-
    he (siehe auch Crombez/Vangerven 2014). Aus dieser Auseinandersetzung lässt sich schließen,
    dass EU-Entscheidungsprozesse sich sowohl durch formale als auch informelle Aspekte aus-
    zeichnen, was auch Hagemann (2015: 148) in einem Forschungsüberblick zu Verhandlungen
    in der EU festhält: „So rather than a "regime" of *either* informal *or* formal arrangements,
    Council bargaining is a complex mix of the two modes of governance [. . .]." Für die vorlie-
    gende Untersuchung und speziell für die Modellauswahl in Abschnitt 4.1 ist diese Debatte
    allerdings nicht von praktischer Relevanz, da die EU-Erdgasaußenpolitik auf intergouverne-
    mentaler Ebene und nicht in einem ordentlichen Gesetzgebungsverfahren verhandelt wird,
    verfahrensrechtliche Modelle als Abbild dieses Policy-Subsystems also *a priori* ausgeschlos-
    sen werden können.

operation und Zugeständnisse von anderen Akteuren für die Durchsetzung ihrer
Interessen abhängen: „Norms of trust and cooperation naturally emerge because
EU participants know that, in addition to the legalistic procedural constraints,
they must interact with one another in the future and therefore stand to gain by
learning to cooperate and compromise." (Bueno de Mesquita 2004: 133; siehe auch
Schneider et al. 2006: 305)

Des Weiteren lassen die erfolgreichen Prognosen bestimmter Verhandlungsmodelle
darauf schließen, dass die Macht der Akteure sowie die Priorität, die sie den
jeweiligen Verhandlungsthemen verleihen, ebenfalls substanziellen Einfluss darauf
haben, welche Akteurspositionen stärker berücksichtigt werden (vgl. Achen 2006a:
297). Da der Einfluss der Akteure im DEU-Projekt mittels Indizes bemessen wurde,
die die Abstimmungsmacht der Mitgliedstaaten im Rat als entscheidende Variable
einbeziehen, ist daraus zu schließen, dass die verfahrensrechtlichen Regeln weniger
hinsichtlich des genauen Ablaufs des Entscheidungsprozesses relevant sind, sondern
vielmehr bezüglich der Frage, welche Akteure Einfluss auf den Entscheidungsprozess
ausüben und wie groß ebendieser Einfluss in Relation zu dem der anderen Akteure
ist (vgl. Stokman/Thomson 2004b: 19).

In Bezug auf die Relevanz der Akteure für die Entscheidungsfindung deuten die
Forschungsergebnisse darauf hin, dass die Präferenzen der Mitgliedstaaten zwar
noch immer von herausragender Bedeutung für die Verhandlungsergebnisse sind.
Allerdings verbessern sich die Prognosen der Modelle in der Regel, sobald auch
die Positionen der Kommission sowie des Parlaments Berücksichtigung finden: „A
strictly defined intergovernmental perspective is therefore no longer helpful for
understanding the day-to-day decision-making in the EU. The preferences of the
Commission and Parliament matter. The daily decision-making in the Union can
therefore be characterized as a mixture of intergovernmental and supranational
bargaining." (Schneider et al. 2006: 314) Dennoch betont Thomson in der DEUII-
Studie, dass die Positionen der Mitgliedstaaten auch nach der EU-Erweiterung noch
immer deutlich gewichtiger sind als die Positionen von Kommission und Parlament
(vgl. Thomson 2011: 281–282).

Die Präsentation der zentralen Forschungsergebnisse des DEU-Projekts verdeutlicht, wie wirkungsvoll der Forschungsansatz dafür eingesetzt werden kann, um
generalisierende Schlussfolgerungen über die grundlegenden Mechanismen des EU-
Entscheidungsprozesses zu ziehen. Für die vorliegende Untersuchung liefert das

Projekt auf diese Weise drei wichtige Erkenntnisse: Erstens zeigt es auf, dass von den getesteten Modellen im DEU-Projekt kooperative Verhandlungsmodelle mit einem Mittelwert als Simulationsergebnis im Vergleich zu anderen Modellen die höchste Prognosefähigkeit aufweisen. Dieses Ergebnis muss bei der Diskussion der Modellauswahl berücksichtigt werden. Zweitens weist es darauf hin, dass Einstimmigkeit und Kompromissfindung zentrale Charakteristika von EU-Entscheidungsprozessen sind, was für die Bestimmung der Kompromissbereitschaft der Akteure relevant sein wird. Drittens wurde festgestellt, dass EU-Mitgliedstaaten die wichtigsten Akteure im Entscheidungsprozess darstellen, wobei EU-Kommission und EU-Parlament in ordentlichen Gesetzgebungsverfahren aber nicht unberücksichtigt bleiben sollten. Dies gilt es bei der Akteursauswahl in dieser Untersuchung sowie bei der Gewichtung ihres Einflusses zu berücksichtigen. Gleichzeitig muss aber auch betont werden, dass im weiteren Untersuchungsverlauf ein kritischer Umgang mit den erläuterten Forschungsergebnissen hinsichtlich ihrer Übertragung auf das Policy-Subsystem Erdgasaußenpolitik notwendig ist. Dies ist zum einen darin begründet, dass es sich beim DEU-Projekt um die Analyse von ordentlichen Gesetzgebungsverfahren handelt, bei der Erdgasaußenpolitik der EU hingegen um Entscheidungsprozesse auf intergouvernementaler Ebene. Sich daraus möglicherweise ergebende Differenzen müssen bei der Entwicklung des *Gas Game* bedacht werden. Des Weiteren muss betont werden, dass trotz der an verschiedenen Stellen betonten Bedeutung des DEU-Projekts die Prognose von politischen Entwicklungen bislang insgesamt noch sehr ungenau ist. Die Mehrzahl der im DEU-Projekt getesteten Modelle weist in ihren Prognosen eine höhere Fehlerrate auf als die *baseline* Modelle bestehend aus Mittelwert bzw. Median. So generiert kein Modell substantiell bessere Prognosen als der Mittelwert (vgl. Achen 2006a: 277, 295). Achen betont jedoch, dass diese Schwierigkeiten beim Erstellen präziser Prognosen nicht nur auf formale Modelle, sondern auch auf andere methodische Ansätze zutreffen:

> [..S]ocial scientists are very far from predicting political decisions accurately. [...] Nor is that finding solely a judgement on formal models. Neither case studies nor statistical modelling have pointed the way to better predictions. In EU studies as in political science as a whole, we are far from having the conceptual tools of any methodological type that we need to forecast political decision-making well. (Achen 2006a: 295)

Dies soll nicht den Erkenntniswert des DEU-Projekts infrage stellen, sondern darauf hinweisen, dass weitere Forschung in diesem Bereich notwendig ist, was trotz der zahlreichen Publikationen, die an das DEU-Projekt angeknüpft haben, aufgrund der Vernachlässigung von Zukunftsszenarien in ebendiesen weiterhin gilt (vgl. Abschnitt 1.2.2).

In dieser Arbeit wird untersucht, ob das PG, eine spieltheoretische Simulation, die in anderen Kontexten internationaler Verhandlungen bereits eine hohe Prognosefähigkeit bewiesen hat, für die Analyse von EU-Entscheidungsprozessen geeignet ist und somit einen Beitrag zum weiteren Erkenntnisgewinn in diesem Forschungsbereich leisten kann. Dazu werden zunächst die Grundannahmen des Modells, seine formale Herleitung sowie die Ergebnisse seiner Anwendung auf den DEU-Datensatz erläutert.

2.3 Das *Predictioneer's Game*

In der vorliegenden Arbeit soll ein Modell der europäischen Erdgasaußenpolitik gegenüber Russland erstellt werden, um Rückschlüsse aus dem Modell auf den wirklichen Entscheidungsprozess zu ermöglichen und ein Zukunftsszenario zur Entwicklung der europäischen Erdgasaußenpolitik infolge der Ukraine-Krise zu entwickeln. Im vorangegangenen Unterkapitel wurde gezeigt, welche Modelle im Test auf den DEUI-Datensatz die höchste Prognosefähigkeit aufgewiesen haben. Das DEU-Projekt liefert auf diese Weise einen Bezugspunkt für darauf aufbauende Analysen von EU-Entscheidungsprozessen mittels formaler Modellbildung. Es wurde allerdings auf zwei Schwierigkeiten hingewiesen, die sich für die Übertragung der Forschungsergebnisse auf die vorliegende Untersuchung ergeben: Zum einen handelt es sich bei den Modellen mit der höchsten Prognosefähigkeit in erster Linie um *kooperative* Verhandlungsmodelle, die dementsprechend gut dazu geeignet sind, den kooperativen Charakter in EU-Entscheidungsprozessen im Rat widerzuspiegeln. Die Erdgasaußenpolitik der EU ist demgegenüber allerdings – wie in Kapitel 3 noch ausführlich dargelegt wird – durch große Konflikte zwischen den EU-Mitgliedstaaten geprägt, die dazu beigetragen haben, dass sich die EU-Mitgliedstaaten in diesem Policy-Subsystem bislang auf keine kohärente Politik einigen konnten und deswegen nicht dazu bereit waren, Souveränität in großem Maßstab auf die supranationale Ebene zu übertragen. Des Weiteren ist die Prognosefähigkeit von keinem der im DEU-Projekt getesteten Modelle substantiell höher als die des Mittelwerts. Vor diesem Hintergrund wird im Folgenden das PG von Bueno de Mesquita näher in den Blick genommen. Da es der Kategorie der nicht-kooperativen Verhandlungsmodelle zuzuordnen ist und in seinen Modellregeln u.a. die Möglichkeit von Konfrontationen zwischen den Entscheidungsakteuren und den Einsatz von Drohmechanismen enthält, kann angenommen werden, dass es besser als die kooperativen Verhandlungsmodelle dazu geeignet sein wird, den Entscheidungsprozess der europäischen Erdgasaußenpolitik gegenüber Russland abzubilden. Dies gilt umso mehr, als es im Test auf den DEUI-Datensatz, der von Bueno de Mesquita im Anschluss an das DEU-Projekt durchgeführt wurde,[42] insgesamt eine höhere Prognosefähigkeit als die im DEU-Projekt getesteten Modelle aufweist und dies ganz besonders bei politischen Sachfragen, in denen der Konfliktgrad zwischen den EU-Mitgliedstaaten sehr hoch war.

Im Folgenden werden zunächst die Grundzüge des Modells in simplifizierten, nicht-mathematischen Termini skizziert. Daraufhin wird der mathematisch-formale Hintergrund erläutert. Abschließend wird dargelegt, in welcher Form das PG bereits auf den DEUI-Datensatz getestet wurde und gezeigt, dass es besonders akkurate Prognosen bei der Abbildung von EU-Entscheidungsprozessen mit einem hohen Konfliktgrad generiert. Diese Erläuterungen sind für die vorliegende Untersuchung in zweierlei Hinsicht von Relevanz: Zum einen liefern sie eine Grundlage für die Begründung der Modellauswahl in Abschnitt 4.1, die sich daran orientiert, inwiefern von den Spielregeln und der Prognosefähigkeit des Modells *ex ante* die Hypothese abgeleitet werden kann, dass das PG für die Abbildung der europäischen Erdgasaußenpolitik besonders geeignet ist. Zum anderen ist dieses Wissen notwendig, um nach der Übertragung des PG auf die Erdgasaußenpolitik der EU in Kapitel 5 Rückschlüsse von dem Modell auf den wirklichen Entscheidungsprozess ziehen zu können.

---

42 In seinem aktuellen Entwicklungsstand war das PG nicht Teil des DEU-Projekts. Lediglich eine zuvor entwickelte Version, das „expected utility model", auf die das PG aufbaut, fand in der Studie von Thomson et al. (2006b) Berücksichtigung (vgl. Arregui et al. 2006). Die erste Version des Modells wurde bereits in den 1980er Jahren von Bueno de Mesquita (1984, 1994, 2002) entwickelt. Darauf aufbauend hat er es im Kontext verschiedener Anwendungen weiterentwickelt. Das PG fügt einen deutlichen höheren Grad an Komplexität zu der Ursprungsversion hinzu und stellt daher eine signifikante Überarbeitung ebendieser dar (vgl. Bueno de Mesquita 2011: 67, 70; Schneider et al. 2011: 11).

Grundzüge des Predictioneer's Game

Das PG, entwickelt von Bruce Bueno de Mesquita (2010, 2011), ist der Kategorie der nicht-kooperativen Verhandlungsmodelle zuzuordnen. Mit der Modellierung des PG ist der Zweck verbunden ein Instrument zu entwickeln, das Zukunftsprognosen für nicht-kooperative Verhandlungssituationen erzeugen kann:

> The modeling here is intended to be sufficiently generic that it can be applied to any situation involving the possibility of negotiation in the shadow of the threat (or the realization of the use) of coercion whether in the international arena, the domestic political arena, or in business or social interactions. (Bueno de Mesquita 2011: 66)

Die Regeln des Spiels sind also so allgemein, dass die Simulation auf möglichst viele Konfliktsituationen angewandt werden kann.

Wie bei den Modellierungen des DEU-Projekts handelt es sich beim PG ebenfalls um ein Modell, das die Verhandlungen zu *einer* kontroversen Sachfrage in einem eindimensionalen Raum abbildet (vgl. Bueno de Mesquita o. J.). Mit Bezug auf die Analyse von Entscheidungsprozessen in der EU ist festzuhalten, dass die Simulation die informellen Verhandlungen abbildet, die vor dem formalen Verhandlungsprozess stattfinden, wobei berücksichtigt wird, dass die formalen Vorgaben den informellen Verhandlungsprozess beeinflussen können (vgl. Bueno de Mesquita 1994: 74).

Das Spiel ist iterativ, d.h. es besteht aus mehreren Verhandlungsrunden, deren Anzahl im Vorhinein nicht bestimmt werden kann (vgl. Bueno de Mesquita 2011: 67). Es handelt sich jedoch nicht um ein wiederholtes Spiel wie sie in der Spieltheorie gewöhnlich angewandt werden. Als zentralen Unterschied zu wiederholten Spielen hält Bueno de Mesquita fest, dass sich die Payoffs der Spieler sowie die Werte der Inputvariablen nach jeder Runde in Abhängigkeit von den Gleichgewichten der jeweiligen vorherigen Runde verändern können:

> The game is iterated, as distinct from repeated, because payoffs change endogenously (or at least quasi-endogenously, taking both game theoretic and heuristic choices into account) in response to prior stages of play. History, in the shape of dyadic, perfect Bayesian equilibrium outcomes changes the game here whereas repeated games hold payoffs constant, literally repeating interactions over time while allowing for discounting of future values compared to present payoffs. (Bueno de Mesquita 2011: 67)

Weder die Spieler noch der Modellierer wissen im Vorhinein, wann das Spiel endet. Aus diesem Grund muss es simuliert und kann nicht analytisch gelöst werden. Die Ungewissheit über die Anzahl der Verhandlungsrunden bis zur Entscheidungsfindung ist nach Bueno de Mesquita eine wichtige Charakteristik politischer Wirklichkeit und sollte daher in Verhandlungsmodellen, deren Zweck es ist, die wirkliche Welt möglichst adäquat abzubilden, nicht simplifiziert dargestellt werden (vgl. Bueno de Mesquita 2011: 67, 72–73).

Das Spiel kann mit einer unbegrenzten Anzahl an Spielern modelliert werden (vgl. Bueno de Mesquita 2011: 67). Berücksichtigt werden sollen alle Akteure oder Gruppen, die ein Interesse daran haben, das Verhandlungsergebnis zu beeinflussen. Dies muss nicht ausschließlich die Entscheidungsträger umfassen, die aufgrund ihres Amtes an der finalen Entscheidung beteiligt sind, sondern kann auch Akteure betreffen, die die formalen Entscheidungsträger beeinflussen. Die Akteure werden anhand von vier Inputvariablen näher bestimmt: Ihrer Policyposition, die sie bezüglich der politischen Sachfrage einnehmen, ihrem Einfluss auf die Entscheidungsfindung, der Priorität, die sie dem Thema verleihen, und ihrer Kompromissbereitschaft (vgl. Bueno de Mesquita 2010: 50, o. J.). Die Bestimmung der Inputvariablen wird im Folgenden näher erläutert:

- *Policyposition*: Da es sich beim PG um ein eindimensionales räumliches Modell handelt, werden die Positionen in einem Zahlenraum bzw. auf einem Zahlenstrahl eindimensional angeordnet. Letzterer muss für das jeweilige kontroverse Thema zunächst definiert werden. Dazu wird eine Skala mit Werten von 0 bis 100 erstellt, die alle Positionen umfasst, die zu dieser Frage von den in der Simulation berücksichtigten Entscheidungsakteuren eingenommen werden. Bei der Gestaltung des Zahlenstrahls gelten die zuvor erläuterten Anforderungen der räumlichen Modellierung hinsichtlich der Äquivalenz von „politischer Distanz" und der entsprechenden Entfernung der Policypositionen auf dem Zahlenstrahl sowie der eingipfligen Nutzenfunktionen der Spieler (siehe Abschnitt 2.2). Sofern der Streitgegenstand aus sich heraus eine numerische Unterteilung aufweist, kann diese direkt übernommen werden; ist dies nicht der Fall, müssen die qualitativen Bestimmungen der Positionen in numerische Werte transformiert werden:

> The continuum will either have a natural numeric interpretation, such as
> the percentage of uninsured on health care to be covered under a new policy
> or the analyst will need to develop numeric values that reflect the relative
> degree of difference across policy stances that are not inherently quantitative.
> It is important that the numerical values assigned to different positions
> (and they can range between any values) reflect the relative distance or
> proximity of the different solutions to one another. (Bueno de Mesquita
> o. J.)

Die *Rational Choice*-Modelle im DEU-Projekt, die die Policypositionen der untersuchten Akteure integrieren, unterscheiden sich hinsichtlich der genauen Bestimmung dieser Variable: Manche Modelle fassen darunter die Idealposition der Akteure (siehe z. B. Steunenberg/Selck 2006), andere definieren sie als die tatsächlich geäußerte Verhandlungsposition, mit der die Akteure zu Beginn in die Verhandlungen treten (siehe z. B. Arregui et al. 2006). Letztere kann jedoch von der eigentlichen Idealposition aufgrund von strategischen Überlegungen oder anderen Faktoren abweichen (vgl. Bueno de Mesquita 2004: 130). Zur Verdeutlichung dieser Differenz spricht Thomson (2011) von Positionen und Präferenzen. Der Begriff der Position bezieht sich dabei auf die geäußerte Verhandlungsposition. Die Präferenzen der Akteure sind hingegen versteckt und stimmen nicht notwendigerweise mit den artikulierten Positionen überein (vgl. Thomson 2011: 132). Hält man an dieser Unterscheidung fest, ist es allerdings unmöglich, die Präferenzen eines Akteurs zu ermitteln, da lediglich dem Akteur selbst seine eigenen Präferenzen bekannt sind. Modelle, die in diesem Sinne Präferenzwerte für ihre Analyse benötigen, weisen daher eine unüberwindbare Schwäche hinsichtlich der genauen Bestimmung ihrer Inputvariablen auf. Thomson (2011) weist in seiner DEUII-Studie auf diese Problematik hin, relativiert sie jedoch zugleich, da seine Forschungsergebnisse darauf hindeuten, dass die geäußerten Positionen und die zugrundeliegenden Interessen der Akteure weitgehend kongruent sind und die Positionen die jeweiligen Präferenzen daher ausreichend widerspiegeln, so dass derlei Modellen nicht vorgehalten werden kann, sie seien bloße Gedankenexperimente ohne Wirklichkeitsbezug (vgl. Thomson 2011: 177). Vergleicht man die Prognosefähigkeit der verschiedenen Modelle im DEU-Projekt, sollte diese Unterscheidung jedoch berücksichtigt werden, da die Daten des DEU-Projekts die initiale Verhandlungsposition, nicht die verdeckten Präferenzen angeben und sofern keine optimalen Werte für Modelle mit präferenzbasierten Policypositionen liefern (vgl. Bueno de Mesquita 2004: 130; Stokman/Thomson 2004b: 13).

Nach Ansicht von Bueno de Mesquita ist es ebenfalls nur sehr bedingt möglich, die Idealpositionen der Akteure zu ermitteln, da davon auszugehen ist, dass sie diese aus strategischen Gründen nicht immer offenbaren (vgl. Bueno de Mesquita 2004: 130). Gleichwohl sieht er durchaus einen wichtigen Beitrag in der Berücksichtigung von Idealpositionen für die spieltheoretische Analyse, sofern ihre Identifizierung möglich ist. Im PG können daher sowohl Idealpositionen als auch die geäußerten Verhandlungspositionen zur Bestimmung der Positionsvariablen in das Modell integriert werden: „The new model can take either ideal points or current bargaining positions. While in practice true ideal points are difficult to know, still this opens the door to a more expansive view of the negotiating process." (Bueno de Mesquita 2011: 76).

- *Einfluss*: Diese Variable gibt die Fähigkeit des Akteurs an, die anderen Akteure dazu zu bewegen, sich auf ein Verhandlungsergebnis zu einigen, das der Policyposition dieses Akteurs stärker entspricht. Die Werte für den Einfluss der Akteure sind nicht auf die Skala bis 100 begrenzt; sie müssen über 0 liegen, können aber über den Wert 100 hinausgehen. Eine bewährte Praxis zur Bestimmung der Einflusswerte besteht jedoch darin, dem einflussreichsten Akteur den Wert 100 zuzuschreiben und die Einflusswerte der anderen Akteure in Relation zu diesem festzusetzen (vgl. Bueno de Mesquita 2010: 50, o. J.).

- *Priorität*: Diese Variable beziffert, wie wichtig eine bestimmte politische Sachfrage für einen Akteur ist: Hat sie gegenüber anderen Fragestellungen Priorität? Wie hoch ist der Zeitaufwand, den der Akteur diesem Thema im Vergleich zu anderen Themen widmet? Wie stark engagiert der Akteur sich, um den Entscheidungsprozess zugunsten seiner Position zu beeinflussen? Je höher die Priorität ist, die der Akteur dem Thema verleiht, desto höher ist der Wert dieser Variablen. Er muss jedoch zwischen 0 und 100 liegen. Die Macht eines Akteurs, die sich letztlich im Entscheidungsprozess geltend macht, ist sowohl von seinem Einfluss abhängig als auch von dem Stellenwert, den er dem Thema verleiht und den entsprechenden Einsatz seines Einflusses bedingt. Mathematisch setzt sich die Macht daher aus der Multiplikation von Einfluss und Priorität zusammen (vgl. Bueno de Mesquita 2010: 50, o. J.).

- *Kompromissbereitschaft*: Die Berücksichtigung der Kompromissbereitschaft der Akteure ist eine neu hinzugefügte Variable, die das PG von den vorherigen Entwicklungsstadien des Modells unterscheidet. Die Variable zeigt an, ob es einem Akteur wichtiger ist, an seiner Policyposition festzuhalten und von dieser so wenig wie möglich abweichen zu müssen oder er unbedingt darauf drängt, dass in den Verhandlungen letztlich eine Einigung erzielt wird – auch wenn dies die Bereitschaft erfordern könnte, von seiner Position abzurücken. Die Werte für die Variable liegen zwischen 0 und 100, wobei der Wert 0 anzeigt, dass ein Akteur auf seiner Policyposition beharrt und nicht dazu bereit ist, einem Kompromiss zuzustimmen. Dies mag seiner tatsächlichen Stellung zu den Verhandlungen entsprechen, kann aber auch auf strategischen Überlegungen basieren: „This is, in essence, the extreme view of a true believer or ideologue. Of course, it can also be a bluffed declaration of resolve in an effort to extract larger concessions." (Bueno de Mesquita 2011: 75) Unabhängig von dieser Differenzierung kann der Wert im Verlauf des Spiels ansteigen, sofern die Kosten, die aufgebracht werden müssen um die eingangs geäußerte Policyposition zu verteidigen, den Nutzen eines der Policyposition des Akteurs entsprechenden Verhandlungsergebnisses übersteigen. Der Wert 100 zeigt hingegen ein so großes Interesse des Akteurs an einer Einigung der Verhandlungsparteien an, dass er bereit ist, jeglichen Kompromiss zu akzeptieren. Je deutlicher sich diese Variable dem Wert 100 nähert, umso größer ist somit das Interesse des Akteurs an einem Kompromiss und umso geringer das Interesse an dessen inhaltlicher Ausgestaltung. Genauso ist es aber auch möglich, dass die Kompromissbereitschaft eines Akteurs im Verlauf des Spiels sinkt, wenn er aus seinen Erfahrungen mit den Gleichgewichtsergebnissen der vorangegangenen Verhandlungsrunden schließt, dass dies seinen Nutzen steigern würde (vgl. Bueno de Mesquita 2011: 75).

Die notwendigen Informationen für die Inputvariablen erhebt Bueno de Mesquita in der Regel mit Experteninterviews (vgl. Bueno de Mesquita 2010: 50–51).

Nachdem nun erläutert wurde, welche Inputdaten für die Simulation notwendig sind, wird im Folgenden die Spielsequenz skizziert. In dem Spiel treten stets zwei Spieler gegeneinander an. Modelliert man eine Verhandlungssituation mit mehr als zwei Spielern, treffen in der Simulation in jeder Verhandlungsrunde alle direkten Paare gleichzeitig aufeinander (also A vs. B, A vs. C, B vs. C, B vs. A, C vs. B, C vs. A,..., $N - 1$ vs. N, N vs. $N - 1$).[43] Das bedeutet, die Verhandlungen laufen für alle Verhandlungspaare parallel ab. Bei N Spielern handelt es sich somit um $N(N - 1)$ Spiele, die in der Simulation gleichzeitig gelöst werden (vgl. Bueno de Mesquita 2011: 72).

Das PG ist ein Spiel mit vollständiger, aber imperfekter Information. Es beginnt mit einem Zug durch die Natur, mit dem die Typen der Spieler bestimmt werden. Dieser Zug entscheidet über zwei Eigenschaften der Spieler: ob sie Falke oder Taube und ob sie friedfertig oder vergeltend sind. Erstere Unterteilung bezieht sich auf Spielsituationen, in denen der zu typisierende Spieler als erster am Zug ist und über die Art des Angebots entscheidet, die er dem Verhandlungspartner vorlegt; letztere Unterteilung gilt für Situationen, in denen der Spieler auf Angebote des Verhandlungspartners reagiert. „Falke" bezeichnet Spielertypen, die es bevorzugen, den Verhandlungspartner dazu anzuhalten, ihren Forderungen nachzugeben – auch wenn das Kosten für den Verhandlungspartner sowie für den jeweiligen Spieler selbst impliziert – anstatt einen Kompromiss auszuhandeln. Im Gegensatz dazu ziehen „Tauben" es vor, Kompromisse zu schließen anstatt mittels kostspieliger Pression den Verhandlungspartner zum Nachgeben zu bewegen. Vergeltende Spieler bevorzugen es, sich – möglicherweise zu hohen Kosten – zu verteidigen anstatt zuzulassen, sich von dem Verhandlungspartner auf ein Verhandlungsergebnis drängen zu lassen, das von der eigenen Position abweicht. Ein friedfertiger Spieler zieht es hingegen vor nachzugeben, wenn er von seinem Verhandlungspartner bedrängt wird, um Verteidigungskosten zu vermeiden (vgl. Bueno de Mesquita 2011: 70–71). Die Spieler wissen nicht, welche Kombination von Spielertypen für den jeweils anderen Spieler gilt. Die Wahrscheinlichkeitseinschätzungen liegen zu Beginn des Spiels jeweils bei 0.5 und werden entsprechend der Bayesschen Regel im Verlauf des Spiels angepasst. Bezüglich der Werte der Inputvariablen verfügen die Spieler über vollständige Informationen. Da die Spieler jedoch nicht wissen, welcher Spielertyp der jeweilige Verhandlungspartner ist, können sie die Kosten ihres Gegenübers für dessen mögliche Aktionen nicht berechnen (vgl. Bueno de Mesquita 2011: 70–72).

Nach dem Zug der Natur entscheidet der Spieler, der als erster ziehen darf, ob er seinem Verhandlungspartner ein Angebot unterbreitet oder nicht. Ein solches Angebot besteht in der Forderung an den Verhandlungspartner, eine Position

---

43 Dies impliziert, dass die Spieler nicht wissen, ob sie als erster oder zweiter oder gleichzeitig mit dem anderen Spieler ziehen (vgl. Bueno de Mesquita 2011: 72).

einzunehmen, die für den zuerst ziehenden Spieler vorteilhaft ist. Der Verhandlungspartner hat daraufhin die Möglichkeit nachzugeben und das Angebot anzunehmen oder sich gegen das Angebot zu stellen und dem Anbieter Kosten aufzuerlegen. Die Angebote werden so gewählt, dass sie den erwarteten Nutzen des Spielers am Ende des Spiels maximieren (vgl. Bueno de Mesquita 2010: 245, 2011: 73).[44]

Insgesamt ergibt sich folgende extensive Form einer Verhandlungsrunde für ein Verhandlungspaar:

Abbildung 1: Entscheidungsbaum des Predictioneer's Game

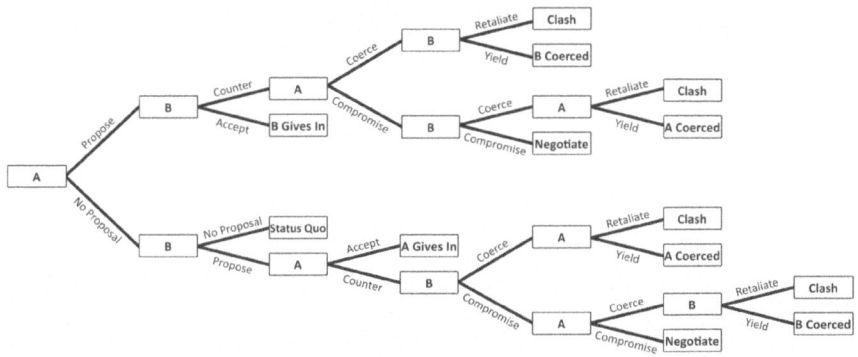

Entscheidungsbaum eines Stufenspiels für ein Verhandlungspaar; Zug der Natur und daraus folgende Informationsmengen werden nicht abgebildet
Quelle: Bueno de Mesquita (2010: 244)

Der Entscheidungsbaum wird in vereinfachter Form dargestellt, da der Zug durch die Natur und die sich daraus ergebenden Informationsmengen nicht abgebildet werden. Eine solche Verhandlungsrunde zwischen zwei Verhandlungspartnern ist zunächst ein in sich abgeschlossenes Spiel, für das ein perfektes Bayesianisches Gleichgewicht ermittelt wird. Wie oben bereits erläutert wurde, besteht die Besonderheit der Simulation aber darin, dass in jeder Runde alle direkten Paare gleichzeitig miteinander verhandeln. Entsprechend werden in der Simulation $(N-1)^2$ Spiele gleichzeitig gelöst werden. Es werden so viele Runden gespielt, bis eine der beiden Stoppregeln zutrifft. Diese Form der Modellierung ermöglicht es, die Inputvariablen

---

44 Eine detailliertere Erläuterung erfolgt im nächsten Unterkapitel.

der Spieler in Abhängigkeit von den Gleichgewichten der vorangegangenen Runde zu verändern. Die Spieler können also mit einer Policyposition, die von ihrer ursprünglichen Verhandlungsposition abweicht, in die nächste Verhandlungsrunde treten. Sie mögen an Einfluss gewonnen oder verloren haben, dem Verhandlungsgegenstand eine höhere oder niedrigere Priorität zuschreiben oder mehr bzw. weniger Kompromissbereitschaft zeigen als in der vorangegangenen Verhandlungsrunde. Dies hat wiederum maßgeblichen Einfluss auf das Gleichgewicht der neuen Verhandlungsrunde. Auf diese Weise wird in der Simulation berücksichtigt, dass die Spieler nicht in jeder Verhandlungsrunde „bei null" beginnen, sondern die Entwicklungen in den Verhandlungen stets aufgenommen und fortgeschrieben werden (vgl. Bueno de Mesquita 2011: 72–74).

Das Spiel endet, wenn eine der beiden folgenden Bedingungen erfüllt ist:

1) [T]he sum of player payoffs at the end of an iteration is greater than the projected sum of those payoffs in the next iteration, indicating that the average player's welfare is expected to decline in the sense of accumulated payoffs; or

2) the sum of player utility, taking into account not only their payoffs from the games in which they are the primary players, but all games including those in which they are third parties, is greater in the current round than the projected sum of utilities in the next iteration, indicating that the average player's welfare is expected to decline in the sense of total utility.

(Bueno de Mesquita 2011: 72)

Die Simulation generiert zwei Spielergebnisse:

The issue forecast takes surround round-by-round predictions into account. The round-by-round predictions are equal to the weighted mean value of the positions of all of the players in that round. The security forecast is the weighted median position of all of the players in the round. The weighted mean or its smoothed version (the issue forecast – my preferred basis for prediction) is the reliable basis for predicting since the player's value for an issue is taken to be two-dimensional (a weighted combination of their policy stance and their eagerness to reach agreement or resist agreement). (Bueno de Mesquita o. J.)

Es handelt sich bei beiden Ergebnissen um sogenannte „point predictions", die *ein* spezifisches Ergebnis prognostizieren (vgl. Morton 1999: 164). In Anlehnung an Bueno de Mesquita wird in der vorliegenden Arbeit ebenfalls der „issue forecast",

d.h. der gewichtete Mittelwert der Spielerpositionen in der letzten Verhandlungsrunde als Simulationsergebnis und Zukunftsprognose ausgewählt (vgl. Bueno de
Mesquita o. J.).

Nachdem nun die Grundzüge des Modells erklärt worden sind, wird im Folgenden
die Berechnung der Payoffs erläutert.

Berechnung der Payoffs

Bueno de Mesquita hat den Code seiner Simulation nicht veröffentlicht.[45] In seinen
Publikationen (2010: 244–247, 2011: 73–75) legt er jedoch die mathematischen
Formeln zur Berechnung der Payoffs an den Endnoten eines Stufenspiels zwischen
zwei Verhandlungspartnern dar. Diese werden im Folgenden nachgezeichnet.[46]

Wie im vorangegangenen Kapitel erläutert, besteht der erste Zug eines jeden
Spielers aus der Entscheidung, dem Verhandlungspartner ein Verhandlungsangebot
vorzulegen. Dieses Angebot entspricht nicht zwangsläufig der tatsächlichen Policyposition des Anbieters, sondern liegt meist zwischen den Policypositionen der beiden
Verhandlungspartner. Die Angebote werden endogen mit dem Ziel entwickelt, den
erwarteten Nutzen des Anbieters zu maximieren:

> In practice, this means choosing proposals that make the other players indif-
> ferent between imposing costs on the demander and choosing a negotiated
> compromise instead. A negotiated compromise is always welfare enhancing
> from the demander's perspective relative to having costs imposed on it by the
> rival. That is, proposals are chosen to minimize the prospect of being coerced.
> Of course, the endogenous selection of proposal values must take into account
> player beliefs about their rival's type. (Bueno de Mesquita 2011: 73)

Die Wahrscheinlichkeit, dass A sich in einer Verhandlungsrunde zwischen A und B
durchsetzt, wird folgendermaßen berechnet:

$$P_B^A = \frac{\sum\limits_{\{U(KA)|U(KA)>U(KB)\}} (C_K)\,(S_K)\,(U_{KA} - U_{KB})}{\sum\limits_{K=1}^{n} (C_K)\,(S_K)\,|\,(U_{KA} - U_{KB})\,|}$$

---

45 Scholz, Calbert und Smith (2011) versuchen zwar auf Grundlage einer chronologischen Lite-
    raturrecherche das *expected utility model* von Bueno de Mesquita nachzubilden, sie beziehen
    dabei jedoch nur Publikationen bis zum Jahr 2009 ein.
46 Die Ausführung entspricht den Angaben in Bueno de Mesquita 2011.

mit

K = 1 bis n Spieler

C = Einfluss der Spieler

S = Priorität der politischen Sachfrage

U = Nutzen eines Spielers (erstes Subskript) in Bezug auf den Ansatz eines anderen Spielers

(zweites Subskript)

Weitere Definitionen:

$X1_K$ = Policypräferenz von K

$X2_K$ = die Präferenz von K hinsichtlich des Spannungsfelds zwischen dem unbedingten Erzielen einer Einigung sowie dem Beharren auf der eigenen Position

$$U_{SQ}^A = \text{Nutzen von A durch status quo} = \left(\left(1 - (X1_A - X1_{\text{Weighted Mean}})^2 \right) \right) S_A$$

Der Nutzen von A durch Bs Ansatz wird mittels einer *Cobb-Douglas*-Nutzenfunktion bestimmt:

$$U_B^A = \left[\left(1 - (X1_A - X1_B)^2 \right)^\theta \right] \left[\left(1 - (X2_A - X2_B)^2 \right)^\beta \right]$$

$$\text{mit } \theta > 0, \beta > 0, \theta + \beta \leq 1$$

Anhand der Funktion wird deutlich, dass der Nutzen der Spieler umso größer ist, je mehr *sowohl* die Kompromissfähigkeit der Spieler *als auch* ihr Ansatz zur Lösung der politischen Sachfrage übereinstimmen.

Das Modell differenziert zwischen vier Kostenkategorien:

α = die Kosten für den Versuch, den Verhandlungspartner zur Anerkennung des eigenen Ansatzes zu zwingen und dabei auf Widerstand zu stoßen

τ = die Kosten des eigenen Widerstands gegen die Maßnahmen des Verhandlungspartners zur Anerkennung seines Ansatzes

γ = die Kosten, die entstehen wenn der Verhandlungspartner Maßnahmen zur Durchsetzung seines Ansatzes ergreift und der Spieler keinen Widerstand leistet

φ = die Kosten für den Versuch, den Verhandlungspartner zur Anerkennung des eigenen Ansatzes zu zwingen

Die Kosten werden auf Grundlage heuristischer Regeln kalkuliert. Aus der Kategorisierung wird ersichtlich, dass die Kosten in einer Verhandlung zwischen dem Akteur, der seinen eigenen Vorschlag durchsetzen möchte und dem Akteur, der darauf reagiert, differieren. Es wird angenommen, dass die Kosten des Akteurs, der einen Vorschlag unterbreitet, geringer sind als die Kosten des Akteurs, der auf diesen Vorschlag reagieren muss (d.h. $\tau > \alpha$). Des Weiteren besteht die Annahme, dass die antizipierten Kosten der jeweiligen Akteure relativ zur Wahrscheinlichkeit einer Niederlage in den Verhandlungen ansteigen. Die Kosten für Maßnahmen zur Durchsetzung des eigenen Vorschlags ohne Widerstand des Verhandlungspartners werden nicht in Bezug auf die anderen Kostenkategorien definiert, können also größer oder kleiner als diese sein (vgl. Bueno de Mesquita 2011: 74; Bueno de Mesquita/Lalman 1992: 43–44).[47]

Wie zuvor erläutert verändern sich die Werte für die Inputvariablen nach jeder Verhandlungsrunde auf Grundlage heuristischer Regeln unter Berücksichtigung der Gleichgewichte der jeweiligen vorausgegangenen Verhandlungsrunde.

Auf Basis der zuvor aufgezeigten Definitionen bestimmt Bueno de Mesquita die erwarteten Payoffs an den Endknoten eines Stufenspiels. Hier ist erneut zu beachten, dass die Angebote, die die Spieler ihren Verhandlungspartnern machen ($X1_K$), endogen hergeleitet werden und nicht den Policypositionen der Spieler entsprechen müssen.

- Ergebnis 1: As erwarteter Payoff | B akzeptiert As Angebot $= 1 - U_{AB}^A$

- Ergebnis 2: As erwarteter Payoff | A ergreift Maßnahmen, um B zur Annahme von As Angebot zu zwingen, B leistet Widerstand $= N_B^A - \alpha_B^A - \varphi_B^A$ (mit N entsprechend der Definition aus Ergebnis 6)

- Ergebnis 3: As erwarteter Payoff | A ergreift Maßnahmen, um B zur Annahme von As Angebot zu zwingen, B willigt ein $= 1 - U_{AB}^A - \varphi_B^A$

- Ergebnis 4: As erwarteter Payoff | B ergreift Maßnahmen, um A zur Annahme von Bs Angebot zu zwingen, A leistet Widerstand $= N_B^A - \tau_B^A - \varphi_B^A$

---

47 Bueno de Mesquita und Lalman (1992: 40–41, 43–46) führen die der Kostenkalkulation zugrunde liegenden Annahmen detailliert aus. Sie beziehen sich dabei jedoch auf internationale Konflikte, die potentiell zu kriegerischen Auseinandersetzungen führen können. Eine solche inhaltliche Zuspitzung ist für das PG nicht vorgesehen (vgl. Bueno de Mesquita 2011: 66).

- Ergebnis 5: As erwarteter Payoff | B ergreift Maßnahmen, um A zur Annahme von Bs Angebot zu zwingen, A willigt ein $= 1 - U_{BA}^A - \gamma_B^A$

- Ergebnis 6: As erwarteter Payoff | A und B schließen einen Kompromiss $= \left(P_B^A\right)\left(1 - U_{AB}^A\right) + \left(1 - P_B^A\right)\left(1 - U_{BA}^A\right) = N_B^A$

- Ergebnis 7: As erwarteter Payoff | der Status quo zwischen A und B bleibt erhalten $= U_{SQ}^A$

- Ergebnis 8: As erwarteter Payoff | A akzeptiert Bs Angebot $= 1 - U_{BA}^A$

- As erwarteter Nutzen | A bietet an, einen Kompromiss zu schließen:

$$D_B^* N_B^A + (1 - D_B^*)\left(\operatorname{argmax}\left[\left(1 - U_{BA}^A - \gamma_B^A\right)\left(N_B^A - \tau_B^A\right)\right]\right)$$

- As erwarteter Nutzen | A ergreift Maßnahmen, um B zur Annahme von As Angebot zu zwingen:

$$R_B^*\left(N_B^A - \alpha_B^A - \varphi_B^A\right) + (1 - R_B^*)\left(1 - U_{AB}^A - \varphi_B^A\right)$$

Mit D* = Wahrscheinlichkeitseinschätzung, dass der Verhandlungspartner eine Taube ist; R* = Wahrscheinlichkeitseinschätzung, dass der Verhandlungspartner vergeltend ist; diese Wahrscheinlichkeitseinschätzungen werden entsprechend der Bayesianischen Regel aktualisiert;

Wahrscheinlichkeitseinschätzungen jenseits des Gleichgewichtspfades werden auf 0.5 gesetzt

Die Angebote werden zwischen den Verhandlungspartnern ausgetauscht. Es sind jedoch nur diejenigen Angebote glaubwürdig, für die eine der beiden folgenden Bedingungen gilt:

1) B gibt As Maßnahmen zur Erzwingung von As Vorschlag nach.

2) Der absolute Wert eines Angebots abzüglich der gegenwärtigen Position des Angebotsadressaten in Relation zur Bandbreite der möglichen Policydifferenzen ist geringer als der gegenwärtige Wert der Kompromissfähigkeitsvariable des Angebotsadressaten.

Die prognostizierte neue Position eines Spielers am Ende einer Verhandlungsrunde entspricht dem gewichteten Mittelwert der glaubwürdigen Angebote, die er erhält. Das Simulationsergebnis entspricht dem gewichteten Mittelwert[48] aller glaubwürdigen Angebote der Verhandlungsrunde, in der das Spiel endet. Er wird geglättet als Durchschnitt der gewichteten Mittelwerte – die angrenzenden Verhandlungsrunden direkt vor und nach der Endrunde eingeschlossen.

Anwendung auf den DEU-Datensatz

Wenngleich die Modelle, deren Prognosefähigkeiten im DEU-Projekt getestet wurden, mit dem Ziel entwickelt worden sind, die generellen Merkmale von EU-Entscheidungsprozessen abzubilden, um eine möglichst große Zahl an Fällen analysieren zu können, so sind sie doch für unterschiedliche Kontextbedingungen besser bzw. schlechter geeignet (vgl. Schneider et al. 2011: 8). Als besonders ausschlaggebend hat sich die Differenz zwischen kooperativen und nicht-kooperativen Modellen erwiesen. In dem gemeinschaftlichen Setting der EU sind kooperative Modelle insgesamt besser dazu geeignet, Entscheidungsprozesse abzubilden (vgl. Abschnitt 2.2). Gleichwohl hat das PG bei seiner Anwendung auf den DEU-Datensatz eine hohe Prognosefähigkeit bewiesen. Im Folgenden werden die Ergebnisse dieses Tests näher erläutert.

Das PG wurde erst nach Durchführung der DEUI-Studie entwickelt bzw. veröffentlicht, weshalb nur ein vorheriger Entwicklungsstand, das „expected utility model", in die DEUI-Studie eingeflossen und seine Prognosefähigkeit mit der der anderen Modelle statistisch verglichen worden ist. Es wies in der DEUI-Studie allerdings eine wesentlich höhere Fehlerrate auf als die am besten prognostizierenden kooperativen Modelle (vgl. Achen 2006a). Dies wurde darauf zurückgeführt, dass die in das Modell integrierten Drohmechanismen nicht in das kooperative Setting der EU passen, da zumindest der regelmäßige Gebrauch von Drohungen in Entscheidungsprozessen in der EU nicht zu erwarten sei, würde dies doch die europäische Gemeinschaft gefährden (vgl. Schneider et al. 2006: 306).

Das PG weist gegenüber dem „expected utility model" einen wesentlich höheren Grad an Komplexität auf. Um zu überprüfen, ob diese Überarbeitung des Modells dazu beigetragen hat, EU-Entscheidungsprozesse adäquater abzubilden, wurde Bueno de Mesquita der DEUI-Datensatz von Thomson et al. (2006b) bereitgestellt,

---

48 Der gewichtete Mittelwert entspricht der glaubhaft vorgeschlagenen Policyposition gewichtet durch die Summe aus Einfluss und Priorität (vgl. Bueno de Mesquita 2011: 75).

so dass die Prognosefähigkeit des PG ebenfalls anhand von 162 Fällen getestet
werden konnte. Daneben wurde das PG auf einen weniger umfangreichen Datensatz
mit neun Fallbeispielen für EU-Entscheidungsprozesse, der Bueno de Mesquita
durch Thomson zur Verfügung gestellt wurde, angewandt. Der Vorteil von letzterem
Datensatz besteht darin, dass er Werte für die Kompromissbereitschaft der Spieler
umfasst, die als Inputvariable im PG erfasst ist. Der DEUI-Datensatz beinhaltet
diese Variable hingegen nicht. Da es somit an einer empirischen Grundlage für die
Wertbestimmung der Kompromissbereitschaft der Spieler mangelt, legt Bueno de
Mesquita als Ausgangspunkt für alle Spieler den Wert 50 fest, der sich genau in der
Mitte der Skala befindet. Diese Problematik sollte bei der Beurteilung des Modells
berücksichtigt werden (vgl. Bueno de Mesquita 2011: 76).

Um die Prognosefähigkeit des PG unter verschiedenen Kontextbedingungen zu
prüfen, gliedert Bueno de Mesquita die 162 Fälle des DEUI-Datensatzes zunächst
dahingehend auf, inwiefern sie dem nicht-kooperativen Setting des PG entsprechen.
Dazu entwickelte er zwei Kategorien. Zum einen sind in dem Datensatz 125 Fälle
enthalten, bei denen bereits eine gemeinsame Position, d.h. ein Status quo, auf den
sich die EU in Entscheidungsprozessen zurückbeziehen kann, existiert: „Given the
highly cooperative nature of the repeated-play EU decision making environment,
these 125 issues are particularly likely to deviate from the non-cooperative expected
utility model and the new model [PG, M.G.] because these cases represent repeated
games and a likely setting for logrolls." (Bueno de Mesquita 2011: 76) Es ist
daher zu erwarten, dass die verbleibenden 37 Fälle dem Setting des PG stärker
entsprechen. Des Weiteren lassen sich die Fälle hinsichtlich der Frage unterteilen,
ob die Diskussionsgegenstände grundlegend neu verhandelt wurden oder lediglich
der Status quo modifiziert werden sollte.[49] Bei den aus dieser Kategorisierung
resultierenden 111 Neuverhandlungen geht Bueno de Mesquita ebenfalls davon aus,
dass sie in einem relativ kompetitiven Kontext stattfinden (vgl. Bueno de Mesquita
2011: 76–77).

---

49 Die Kategorien überschneiden sich partiell. Selbstverständlich handelt es sich bei der Mehr-
    heit der Fälle ohne Status quo auch um Neuverhandlungen – nämlich in 29 von 37 Fällen.
    Gleichwohl gibt es auch Fälle, bei denen sich die EU zu einem früheren Zeitpunkt zwar
    schon einmal auf eine gemeinsame Position geeinigt hat, die von Thomson et al. (2006b) aber
    dennoch als Neuverhandlungen eingestuft werden (vgl. Bueno de Mesquita 2011: 77).

Bezüglich der Berechnung des Einflusses der Spieler testet Bueno de Mesquita zwei Varianten. Zum einen testet er das PG mit den Einflusswerten, die er aus der DEUI-Studie übernommen hat: In den Fällen, in denen eine einstimmige Entscheidung der Akteure notwendig ist, wird ihnen der gleiche Einfluss zugeschrieben; in den Fällen, in denen eine qualifizierte Mehrheit ausreicht, wird der Einfluss der Akteure anhand des Shapley-Shubik Index berechnet. Bueno de Mesquita ist jedoch der Ansicht, dass in dem kooperativen Kontext der EU alle Akteure über einen ähnlichen Einfluss verfügen, weshalb er das PG in einem zweiten Test erneut auf den DEUI-Datensatz anwendet, jedoch in allen Fällen eine identische Einflussgröße für die Akteure festlegt (vgl. Bueno de Mesquita 2011: 77).

Um die Prognosefähigkeit des PG in Relation zu den Prognosen der im DEUI-Projekt berücksichtigten Modelle zu testen, bemisst Bueno de Mesquita den *mean absolute percentage error* (MAPE), den *median absolute percentage error* (MdAPE) und die Standardabweichung sowohl für das PG als auch für das expected utility model sowie den Median und einen gewichteten Mittelwert, die sich aus den Input-daten ergeben. Insbesondere der Mittelwert ist ein geeigneter Vergleichswert, da im DEUI-Projekt kein anderes Modell substantiell bessere Prognosen generiert hat (vgl. Bueno de Mesquita 2011: 77–78).

- *Neun Fälle mit Werten für die Kompromissbereitschaft*: Für die neun von Thomson bereitgestellten Fälle weist das PG die größte Prognosefähigkeit auf. Dies ist unabhängig davon, ob der Einfluss der Spieler immer identisch ist oder – je nach Abstimmungsregel – anhand des Shapley-Shubik Index berechnet wird (vgl. Bueno de Mesquita 2011: 78–79).

Tabelle 1: Fehlerrate formaler Modelle für neun Fälle von Thomson

Modell	MdAPE	MAPE	Standardabweichung
PG, Einfluss ident.	7.7	8.9	8.1
PG, SSI	7.7	8.9	8.1
EUM, Einfluss ident.	18.5	21.5	19.0
EUM, SSI	18.5	21.5	19.0
Median	20.0	29.4	22.7
Mittelwert, Einfluss ident.	12.5	11.8	9.8
Mittelwert, SSI	12.5	11.8	9.8

Quelle: Bueno de Mesquita (2011: 78)

Die Prognosefähigkeit des PG verschlechtert sich jedoch signifikant, wenn keine Werte für die Kompromissbereit der Akteure vorliegen, sondern der Wert für alle Akteure auf 50 festgelegt wird. Unter diesen Bedingungen ist die Prognosefähigkeit des Modells geringer als die des Mittelwerts. Die folgende Tabelle zeigt die Fehlerraten für die divergierenden Werte der Kompromissbereitschaft im Vergleich (vgl. Bueno de Mesquita 2011: 78–79).

Tabelle 2: Fehlerrate des PG mit divergierenden Kompromissbereitschaftswerten

Modell	MdAPE	MAPE	Standardabweichung
PG, Einfluss ident.	7.7	8.9	8.1
PG, Einfluss ident., Kompromiss = 50	16.0	22.2	30.6
PG, SSI	7.7	8.9	8.1
PG, SSI, Kompromiss = 50	10.1	21.9	30.8

Quelle: Bueno de Mesquita (2011: 78)

- *37 Fälle ohne Status quo*: In den Fällen, in denen die EU zuvor noch keine gemeinsame Position erarbeitet hat, weist das PG die höchste Prognosefähigkeit auf, sofern die Einflusswerte der Akteure identisch sind. Mit Einflusswerten, die teilweise anhand des Shapley-Shubik Index berechnet worden sind, liegen

MAPE und Standardabweichung etwas höher als der gewichtete Mittelwert mit identischen Einflusswerten. Obwohl in diesen Fällen keine Werte für die Kompromissbereitschaft der Spieler vorliegen und daher durchgehend auf 50 gesetzt wurden, sind die Fehlerraten des PG hier dennoch wesentlich niedriger als in den neun Fällen von Thomson mit dem Wert 50 für die Kompromissbereitschaft aller Spieler. Diese Ergebnisse lassen darauf schließen, dass das PG gerade in konfliktreichen Entscheidungsprozessen in der EU als Prognoseinstrument gut geeignet ist (vgl. Bueno de Mesquita 2011: 79–80).

Tabelle 3: Fehlerrate formaler Modelle für 37 Fälle ohne Status quo

Modell	MdAPE	MAPE	Standardabweichung
PG, Einfluss ident.	8.2	16.9	24.8
PG, SSI	8.2	19.7	28.6
EUM, Einfluss ident.	10.0	29.4	35.3
EUM, SSI	10.0	28.2	34.7
Median	5.0	19.8	29.8
Mittelwert, Einfluss ident.	8.6	19.4	28.0
Mittelwert, SSI	8.5	19.7	28.6

Quelle: Bueno de Mesquita (2011: 80)

- *111 Fälle mit Neuverhandlungen*: Bei Neuverhandlungen sind die Fehlerraten des PG wesentlich höher als in den Fällen ohne zuvor verhandelten Status quo. Sofern der Einflusswert für alle Spieler identisch festgesetzt wird, ist die Fehlerrate des PG insgesamt aber dennoch am niedrigsten.

Tabelle 4: Fehlerrate formaler Modelle für 111 Fälle mit Neuverhandlungen

Modell	MdAPE	MAPE	Standardabweichung
PG, Einfluss ident.	12.9	23.4	27.0
PG, SSI	18.9	28.0	30.4
EUM, Einfluss ident.	20.0	31.1	32.1
EUM, SSI	24.4	31.3	32.0
Median	20.0	27.9	30.6
Mittelwert, Einfluss ident.	14.5	23.8	27.6
Mittelwert, SSI	16.6	24.7	28.8

Quelle: Bueno de Mesquita (2011: 80)

- *Gesamter DEUI-Datensatz*: Für alle 162 Fälle des DEUI-Datensatzes ist die Fehlerrate des PG geringer als bei der isolierten Betrachtung der Neuverhandlungen. Die Fehlerrate des PG ist – abgesehen vom MdAPE mit gleichen Einflusswerten – etwas höher als die des gewichteten Mittelwerts, aber wesentlich geringer als die des *expected utility model*.

Tabelle 5: Fehlerrate formaler Modelle für vollständigen DEUI-Datensatz

Modell	MdAPE	MAPE	Standardabweichung
PG, Einfluss ident.	12.7	22.8	25.9
PG, SSI	16.2	25.8	28.6
EUM, Einfluss ident.	20.5	30.2	31.1
EUM, SSI	20.5	30.0	31.2
Median	20.0	28.2	30.7
Mittelwert, Einfluss ident.	14.4	22.5	25.5
Mittelwert, SSI	14.0	23.7	27.5

Quelle: Bueno de Mesquita (2011: 81)

Aus dem Vergleich der Fehlerraten des PG bei den unterschiedlichen Zusammensetzungen der Fälle schließt Bueno de Mesquita: „The farther we move from a non-cooperative setting into a more purely cooperative, repeated game environment – such as typifies most European Union decision making – the more likely it is that my iterated, but not repeated game models will fare less well." (Bueno de Mesquita 2011: 80)

Insgesamt lassen sich aus den Tests zwei Faktoren ableiten, die den Nutzen des PG für die Analyse von EU-Entscheidungsprozessen maßgeblich beeinflussen: Zum einen ist die Fehlerrate des PG deutlich geringer, wenn Informationen über die Kompromissbereitschaft der Spieler vorliegen. Zum anderen hängt die Prognosefähigkeit des PG vom Setting der Verhandlungen ab. Wenn noch keine gemeinsame Entscheidung für die jeweilige politische Sachfrage getroffen wurde und daher auf ein konfliktives Setting geschlossen werden kann, ist die Fehlerrate des PG geringer als bei der Analyse einer größeren Diversität an Entscheidungsprozessen. Ob es sich um Neuverhandlungen oder die Modifizierung einer bestehenden Einigung handelt, scheint die Prognosefähigkeit des PG hingegen nicht zu beeinflussen. Des Weiteren zeigt der Vergleich mit dem *expected utility model*, dass sich die höhere Komplexität des PG im Sinne einer geringeren Fehlerrate und somit größeren Prognosefähigkeit rentiert.[50]

Bevor in Kapitel 3 die zentralen Konfliktlinien des in dieser Arbeit untersuchten Policy-Subsystems, der europäischen Erdgasaußenpolitik, skizziert und in Abschnitt 4.1 die Auswahl des PG als Analyseinstrument unter Bezugnahme auf die

---

50 Schneider et al. (2011: 11–12) betonen ebenfalls die geringere Fehlerrate des PG im Vergleich zu den in der DEUI-Studie getesteten Modellen, verweisen aber zugleich auf eine von Schneider et al. (2010a) entwickelte Variante der Nash'schen Verhandlungslösung, die eine noch geringere Fehlerrate (MAE 19.49) für den vollständigen DEUI-Datensatz aufweist (vgl. Schneider et al. 2010a: 97). Dazu ist allerdings anzumerken, dass für das Modell von Schneider et al. nur der MAEP-Wert angegeben wird. Es wäre daher interessant, auch die Standardabweichung sowie den MdAEP-Wert für die Modelle zu vergleichen, um weitere Informationen zu erhalten, wie signifikant die Unterschiede hinsichtlich der Prognosefähigkeit sind (vgl. Bueno de Mesquita 2011: 81). Zudem sollten die Modelle unter verschiedenen Kontextbedingungen getestet werden. Da es sich bei der Variante der Nash-Lösung um ein kooperatives Modell handelt, ist zu erwarten, dass das Modell von Schneider et al. in einem Datensatz mit ausschließlich kooperativen Fällen eine noch geringere Fehlerrate aufweist, wohingegen das PG in nicht-kooperativen Settings voraussichtlich treffendere Prognosen generiert als die Nash-Lösung.

zuvor präsentierten Ergebnisse zu dessen Prognosefähigkeit im EU-Kontext begründet werden, wird im Folgenden die methodische Vorgehensweise dieser Untersuchung ausführlich erläutert.

2.4 Methodische Vorgehensweise dieser Arbeit

Nach der theoretischen Einführung in Forschungsstand, Anwendungsbereiche und Spannungsfelder des Simulationsansatzes in der Politikwissenschaft wird nun die konkrete methodische Vorgehensweise der vorliegenden Arbeit erläutert. Ziel der folgenden Untersuchung ist es, eine Simulation zu erstellen, die die europäische Erdgasaußenpolitik gegenüber Russland möglichst genau abbildet und die Erstellung von Zukunftsszenarien für dieses Policy-Subsystem ermöglicht. Den darauf aufbauenden Anwendungsfall stellt eine Simulation des Wandels in der zukünftigen EU-Erdgasaußenpolitik gegenüber Russland infolge der Ukraine-Krise dar. Die Arbeit gliedert sich folglich in zwei aufeinander aufbauende Stufen:

1) Das Modell wird in Form einer Nachbildung der vergangenen EU-Erdgasaußenpolitik gegenüber Russland entwickelt und einem *performance test* unterzogen (*Gas Game I*).

2) Das Modell wird auf Grundlage von empirischen Daten aus dem ersten Jahr der Ukraine-Krise modifiziert und eine Prognose über die zukünftige Entwicklung der EU-Erdgasaußenpolitik gegenüber Russland generiert (*Gas Game II*). Aus dem Vergleich der Simulationsergebnisse von vergangener und zukünftiger Erdgasaußenpolitik (*Gas Game I* und *II*) lassen sich Hypothesen hinsichtlich der Frage ableiten, inwiefern die Ukraine-Krise eine Zäsur in der EU-Erdgasaußenpolitik gegenüber Russland darstellt und ein Politikwandel zu erwarten ist.

Im Folgenden wird die methodische Vorgehensweise zur Umsetzung der beiden Schritte ausgeführt.

2.4.1 *Gas Game I*: *Post-diction* der EU-Erdgasaußenpolitik vor der Ukraine-Krise

Der erste Schritt für die Entwicklung einer anwendungsbezogenen Simulation besteht darin, auf Grundlage der Erfahrungen mit der Wirklichkeit entweder Annahmen über den zu simulierenden Gegenstand aufzustellen und diese in Modellregeln zu transformieren oder auf bereits entwickelte Modelle, von denen man annimmt, dass sie das entsprechende Wirklichkeitssegment adäquat abbilden, zurückzugreifen. In dieser Arbeit wird mit dem PG ein Modell ausgewählt, das schon sehr erfolgreich für die Simulation von Entscheidungsprozessen in der EU angewandt wurde (vgl. Abschnitt 2.3). Eine ausführliche Begründung für die Auswahl des Modells erfolgt in Abschnitt 4.1.

Durch die Wahl eines bereits entwickelten Modells sind die Regeln der Simulation schon vorgegeben. Um das PG an das jeweilige Politikfeld bzw. Policy-Subsystem – in dieser Arbeit die europäische Erdgasaußenpolitik gegenüber Russland – anzupassen, müssen die relevanten Entscheidungsakteure ausgewählt werden. Zur näheren Bestimmung der Akteure beinhaltet das PG – wie im vorangegangenen Abschnitt beschrieben – vier Inputvariablen: die Policyposition, den Einfluss, die Priorität des Themas und die Kompromissfähigkeit der Akteure. Da das Modell für Zukunftsszenarien eingesetzt werden soll, ist eine enge Anlehnung an die wirkliche Welt erforderlich. Die Inputdaten für die Variablen werden daher in der Wirklichkeit erhoben und diese realen Daten daraufhin für die Modellvariablen operationalisiert.[51]

Um zu überprüfen, ob die Modellregeln sowie die Inputdaten geeignet sind, um die Erdgasaußenpolitik der EU gegenüber Russland möglichst adäquat abzubilden, ist der Blick in die Vergangenheit notwendig. Anwendungsbezogene spieltheoretische Modelle werden in der Regel mittels sogenannter „post-dictions" (Bueno de Mesquita 2004: 127) entwickelt und getestet:

> [B]y 'forecasting' we mean predictions over periods of time during which the variables are regarded to show changes in value, such that prediction requires that we predict the changes. One form of such forecasting is 'postdiction', when information taken from what was once a 'past' stratum is used to predict what then was in the present. [...T]his type may be used to test dynamic models. (Wayman 2014: 6)

Der von Wayman angesprochene Test der Modelle erfolgt durch einen Vergleich von Simulationsergebnis und realer Politik. *Post-dictions* sind also

---

51 Eine Darstellung der Erhebung und Operationalisierung der Inputdaten erfolgt in den jeweiligen Unterkapiteln zu den vier Variablen Policyposition (Abschnitt 4.3), Einfluss (Abschnitt 4.4), Priorität (Abschnitt 4.5) und Kompromissbereitschaft (Abschnitt 4.6).

conditional statements about a phenomenon for which the researcher actually has data, i.e. the outcome (or dependent) variable has been observed, but when making the prediction the researcher pretends as if the values of the dependent variable were unknown. Thus, the prediction can instantly be compared with what has been observed. (Bechtel/Leuffen 2010: 311)

Zur Entwicklung des *Gas Game I*, die in Abbildung 2 illustriert ist, werden dementsprechend Daten aus der Vergangenheit – konkret zwischen 2000 und 2010 – erhoben und in numerische Werte für die Inputvariablen in der Simulation transformiert. Begründet ist der Untersuchungszeitraum darin, dass in dieser Periode zum einen die Debatten zu den Pipelineprojekten Nord Stream, South Stream und Nabucco zwischen den relevanten Entscheidungsakteuren stattfanden, die als empirische Grundlage für die Erhebung der Policypositionen dienen und zum anderen für die Inputvariablen, die mittels quantitatitativen Daten erhoben werden, Durchschnittswerte ermittelt werden können, die die materielle Versorgungslage der Entscheidungsakteure über die gesamte Zeitspanne des Entscheidungsprozesses hinweg widerspiegeln. Mit dem generierten Simulationsergebnis wird der Anspruch verbunden, die europäische Erdgasaußenpolitik gegenüber Russland vor Beginn der Ukraine-Krise im November 2013 *ex post* „vorherzusagen". Es wird hinsichtlich dieses Zwecks im Rahmen eines *performance tests* mit der wirklichen Welt verglichen. Besteht eine Analogie zwischen *post-diction* und realer Erdgasaußenpolitik im November 2013, generieren reale und virtuelle Welt also identische Policy-Outputs, ist eine erste Bedingung erfüllt, um davon auszugehen, dass die Modellregeln der Simulation die Kausalstruktur der Wirklichkeit adäquat abbilden (vgl. Abschnitt 2.1).

Mit der Entwicklung und Überprüfung von Modellen mittels *post-dictions* sind jedoch zwei Probleme verbunden. Zum einen müssen die Werte für die Inputvariablen die Situation zu *Beginn der Verhandlungen* widerspiegeln, schließlich wird der anschließende Verhandlungsprozess darauf aufbauend simuliert. Das Wissen um das tatsächliche Politikergebnis birgt allerdings die Gefahr, die retrospektive Bestimmung der ursprünglichen Inputwerte zu beeinflussen und zu verfälschen. Bueno de Mesquita erläutert dieses Problem der „post-dictive bias" (zit. n. Veen 2011a: 25) am Beispiel der Festlegung der Policypositionen der jeweiligen Akteure zu Beginn des Entscheidungsprozesses mittels Experteninterviews:

Abbildung 2: *Post-diction* der EU-Erdgasaußenpolitik gegenüber Russland vor Beginn der Ukraine-Krise im November 2013

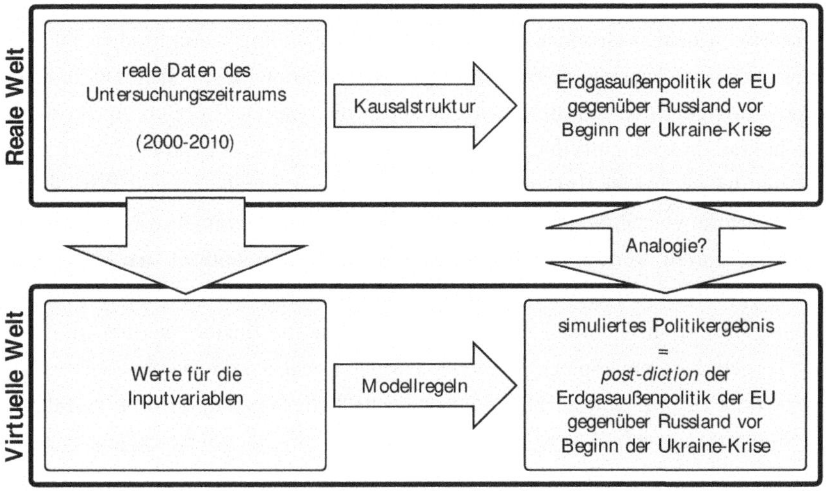

Quelle: Eigene Darstellung

If the input data on positions reflect the experts' view of initial positions tainted by ex post knowledge of where each stakeholder ended up, then models that correctly predict a dynamic process will prove less accurate in post-dictive studies than in predictive investigations, because the input data will misrepresent the stage at which the model enters the analytic process. This is thus far an unexamined potential empirical disadvantage arising from post-diction as compared with prediction. (Bueno de Mesquita 2004: 129, siehe auch 1997; Schneider et al. 2006; Veen 2011a)

Zwar lassen sich auch Studien finden, die diese Annahme widerlegen (siehe z. B. Rojer 1999); gleichwohl verdeutlichen die skizzierten Überlegungen, dass bei der Bestimmung der Werte für die Inputvariablen zumindest ein hoher Reflexionsgrad des Wissenschaftlers im Forschungsprozess erforderlich ist.

Die zweite Schwierigkeit ergibt sich daraus, dass es sich bei einer *post-diction* lediglich um *einen* Fall handelt. Es könnte auch ein Zufall sein, dass Simulationser-gebnis und Wirklichkeit in diesem Fall übereinstimmen. Zwar ist die Konkordanz von *post-diction* und gegenwärtiger Politik eine notwendige Bedingung, man kann sich aber dennoch nicht darauf verlassen, dass die Simulation auch in anderen Fällen Ergebnisse generiert, die in der Wirklichkeit in ähnlicher Form auftreten. Aus diesen beiden Gründen ist es notwendig, die Validität des Modells zu überprüfen, bevor es dazu eingesetzt wird, Zukunftsszenarien zu erstellen. Die in dieser Arbeit durchgeführte Validitätsprüfung setzt am zweiten Problem an: So wurde festgehalten, dass eine mit der Wirklichkeit vereinbare *post-diction* ein notwendiger, aber kein hinreichender Hinweis auf die Analogie von Simulation und Wirklichkeit ist. Die Stärke von Simulationen besteht aber darin, dass mit ihnen verschiedene Szenarien erstellt werden können. Daher kann die Plausibilität des Modells zusätzlich getestet werden, indem man weitere Szenarien durchspielt und prüft, ob in jenen Szenarien ebenfalls Simulationsergebnisse produziert werden, die reale Politikergebnisse widerspiegeln. Dieser Vorgehensweise ist zweifellos entgegenzusetzen, dass es nur *eine* wirkliche europäische Erdgasaußenpolitik gibt, mit der das Simulationsergebnis verglichen werden kann. Es ist aber möglich, sich auf Grundlage des bestehenden Wissens über das Policy-Subsystem – die Forschung zur Erdgasaußenpolitik der EU ist sehr umfassend – weitere Zukunftsszenarien für die reale Welt zu überlegen und zu testen, ob die Simulation dazu geeignet ist, diese Szenarien nachzubilden. Die entsprechende Verfahrensweise wird in Abbildung 3 illustriert: Ausgehend vom Status der EU-Erdgasaußenpolitik in der wirklichen Welt vor Beginn der Ukraine-Krise wird die Frage gestellt, wie sich die EU-Erdgasaußenpolitik sehr wahrscheinlich verändern würde, wenn sich bestimmte Ausgangsbedingungen ändern. Es werden somit hypothetische – aber auf Grundlage wissenschaftlicher Expertise zu erwartende – Zukunftsszenarien erstellt. Daraufhin erfolgt der Rückbezug auf das Modell, indem die veränderten Bedingungen der „realen Welt" in der Simulation durch eine Modifizierung der Daten nachgebildet werden. Schließlich werden die hypothetischen Zukunftsszenarien der „realen Welt" mit den jeweiligen Simulationsergebnissen verglichen und geprüft, ob die Simulation auch diese Szenarien adäquat abbildet.

Sofern die Simulation all diese Bedingungen erfüllt, ist davon auszugehen, dass sie sehr gut dazu geeignet ist, die europäische Erdgasaußenpolitik gegenüber Russland abzubilden und somit Rückschlüsse aus der Analyse der virtuellen Welt auf die wirkliche Welt ermöglicht. Die Entwicklung des Modells sowie sein *performance test* wären damit erfolgreich abgeschlossen.

Abbildung 3: Validitätsprüfung des *Gas Game I*

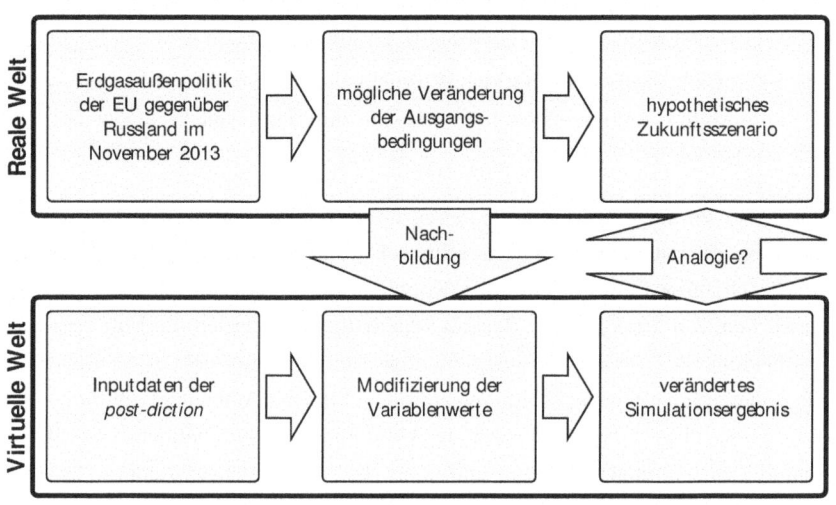

Quelle: Eigene Darstellung

2.4.2 *Gas Game II*: *Prediction* der EU-Erdgasaußenpolitik nach der Ukraine-Krise

Die auf der Modellentwicklung und den *performance test* aufbauende Stufe besteht darin, eine Prognose über die zukünftige Entwicklung der europäischen Erdgasaußenpolitik gegenüber Russland zu erstellen. Vor dem Hintergrund des Abbruchs des South Stream-Projekts durch den russischen Präsidenten Putin und seiner Kennzeichnung der Entscheidung als Reaktion auf die europäische Energiepolitik wird die Hypothese aufgestellt, dass die Ukraine-Krise eine Zäsur in der europäischen Erdgasaußenpolitik gegenüber Russland darstellt. Mittels einer Modifizierung der Inputvariablen des *Gas Game I*, die die Veränderungen in der realen Welt im ersten Jahr der Ukraine-Krise abbildet, soll ein Simulationsergebnis generiert werden, das einer auf dem Modell basierenden Erwartung über die Entwicklung der europäischen Erdgasaußenpolitik gegenüber Russland infolge der Ukraine-Krise entspricht. Um die Übertragbarkeit des *Gas Game* auf den neuen Untersuchungszeitraum zu gewährleisten, müssen zunächst zwei Bedingungen überprüft werden:

1) Bewegt sich der während der Ukraine-Krise geführte Diskurs um die Ausgestaltung der zukünftigen europäischen Erdgasaußenpolitik in demselben politischen Raum wie der analysierte Diskurs des vergangenen Jahrzehnts?

2) Sind die Kausalstrukturen der Wirklichkeit unverändert geblieben, so dass eine weitere Analogie zwischen virtueller und wirklicher Welt angenommen werden kann?

Zur Überprüfung der ersten Bedingung werden die zentralen Konfliktlinien zwischen den Entscheidungsakteuren während der Ukraine-Krise identifiziert und hinsichtlich ihrer Identität mit den Konfliktlinien des vergangenen Jahrzehnts abgeglichen. Zur Überprüfung der zweiten Bedingung werden die Positionen der Entscheidungsakteure zur Energieunion, dem Kommissionprojekt zur Entwicklung einer kohärenten europäischen Energiepolitik, analysiert. Aufbauend auf diese Tests wird die modifizierte Simulation wie in Abbildung 4 veranschaulicht erstellt: Die Erhebung der empirischen Daten und deren Transformation in numerische Werte für die Inputvariablen erfolgt analog zu der Vorgehensweise beim *Gas Game I* für den Untersuchungszeitraum von Dezember 2013 bis Dezember 2014, dem ersten Jahr der Ukraine-Krise. Die Simulation generiert mit diesen Werten ein Ergebnis, das eine *prediction* der EU-Erdgasaußenpolitik gegenüber Russland darstellt. Aus dem Simulationsergebnis können Rückschlüsse auf die reale Welt gezogen und Erwartungen über die zukünftige EU-Erdgasaußenpolitik formuliert werden. Des Weiteren werden auf Grundlage eines Vergleichs der Simulationsergebnisse von *Gas Game I* und *Gas Game II*, der in Abbildung 5 illustriert ist, Hypothesen über einen zukünftigen Policy-Wandel in der europäischen Erdgasaußenpolitik entwickelt.

Nachdem die methodische Vorgehensweise skizziert worden ist, werden im Folgenden die zuvor erläuterte Entwicklung des Modells sowie sein *performance test* durchgeführt.

Abbildung 4: *Prediction* der EU-Erdgasaußenpolitik gegenüber Russland nach der
Ukraine-Krise

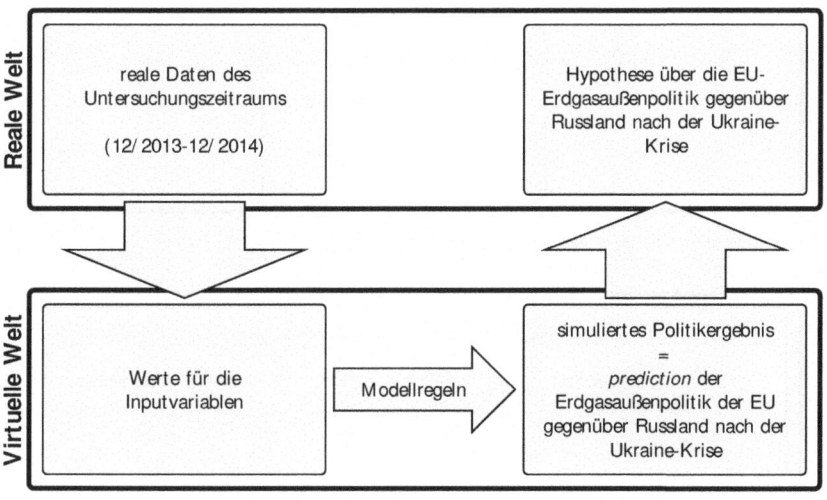

Quelle: Eigene Darstellung

Abbildung 5: Hypothesengenerierung zum Wandel in der EU-Erdgasaußenpolitik gegenüber Russland nach der Ukraine-Krise

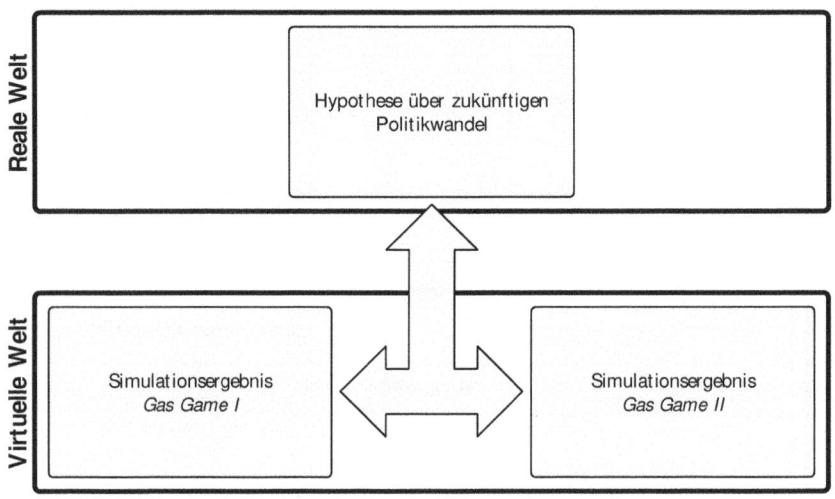

Quelle: Eigene Darstellung

Gas Game I: Post-diction der EU-Erdgasaußenpolitik vor der Ukraine-Krise

In den nun folgenden Kapiteln wird das *Gas Game I* in Form einer Nachbildung der EU-Erdgasaußenpolitik gegenüber Russland vor Beginn der Ukraine-Krise entwickelt und einem *performance test* unterzogen. Dadurch kann untersucht werden, inwiefern das Modell dazu geeignet ist, die Erdgasaußenpolitik der EU gegenüber Russland abzubilden und insofern Rückschlüsse aus der Analyse der virtuellen Welt auf die wirkliche Welt ermöglicht. Die Modellentwicklung und der *performance test* erfolgen in vier Schritten: In Kapitel 3 werden die in der Politikwissenschaft bereits erforschten Aspekte zu Policy und Politics-Dimension der EU-Erdgasaußenpolitik aufgearbeitet. Sie dienen dazu, den politischen Raum des Modells zu strukturieren und liefern Hinweise zu grundlegenden Charakteristika der Modellregeln, die zur Abbildung des erdgasaußenpolitischen Entscheidungsprozesses geeignet sind. Aufbauend auf diesen Kenntnissen werden in Kapitel 4 die Wahl des PG sowie der relevanten Entscheidungsakteure begründet und die Inputvariablen operationalisiert. In Kapitel 5 wird das Simulationsergebnis des *Gas Game I* als Resultat aus den in Kapitel 4 generierten Werten erläutert und mit dem Status der realen EU-Erdgasaußenpolitik vor der Ukraine-Krise im November 2013 verglichen. Es wird gezeigt, dass das *Gas Game I* die reale Erdgasaußenpolitik *ex post* richtig prognostiziert und somit eine erste Bedingung erfüllt ist, um anzunehmen, dass die Modellregeln die Kausalstruktur der Wirklichkeit adäquat abbilden. Mit der Entwicklung dreier Zukunftsszenarien wird die Validität der Simulation zusätzlich überprüft. Abschließend werden in einem Zwischenfazit (Kapitel 6) die Entwicklung der Simulation sowie ihr *performance test* zusammenfassend nachgezeichnet, Rückschlüsse auf Entscheidungsprozesse in der europäischen Erdgasaußenpolitik gezogen und die methodische Vorgehensweise wird kritisch reflektiert.

KAPITEL 3

Erdgasaußenpolitik der EU – Zentrale Konfliktlinien

Erdgas besitzt als Energieträger eine zentrale Bedeutung für die Energieversorgung in der EU. Zum einen zeichnet sich Erdgas durch eine weltweit gute Versorgungssituation aus, die insbesondere durch die Produktion von *LNG* sowie die Schiefergasförderung mittels *Hydraulic Fracturing* in den USA zusätzlich stabilisiert wird. Zum anderen wird der Erdgasverbrauch in Europa bis 2040 voraussichtlich weiter ansteigen (vgl. International Energy Agency 2014b: 137, 139; Proedrou 2012: 6–7; U.S. Energy Information Administration 2011a: 43–44). Dies hat seine Ursachen u.a. in dem vermehrten Einsatz von Erdgas in der Elektrizitätserzeugung, seinem geringen Treibhausgas-Ausstoß, seinem potentiellen Einsatz als kurzfristig bereitstehender Energieträger im Falle von Versorgungslücken bei der Nutzung erneuerbarer Energien sowie dem zu erwartenden verringerten Anteil von Kernenergie im nationalen Energie-Mix europäischer Staaten als Folge des Atomunglücks in Fukushima (vgl. U.S. Energy Information Administration 2011a: 45; Victor 2010: 91). Die sichere Versorgung mit Erdgas ist aus diesen Gründen für die EU-Mitgliedstaaten überaus wichtig. Gleichzeitig sind jedoch die Versorgungsrisiken zu betonen, die in der wachsenden Importabhängigkeit der EU, der wachsenden Konkurrenz um Ressourcen, der Notwendigkeit neuer Investitionen und der uneinheitlichen Gestaltung der Erdgaspreise bestehen (vgl. u.a. Goldthau/Hoxtell 2012: 6; von Hirschhausen et al. 2010: 4, 10; International Energy Agency 2012c: 150–151, 2014b: 161; de Jong et al. 2010: 226; Mitchell et al. 2012: xiii, 98; Proedrou 2012: 25; Stern 2010: 56–57).

Hinsichtlich ihrer Erdgaspolitik steht die EU somit vor großen Herausforderungen, deren Ausgestaltung die Versorgungssicherheit in der EU maßgeblich mitbestimmt. In der Politikwissenschaft wird gewöhnlich zwischen der internen sowie der externen

Dimension europäischer Erdgaspolitik differenziert: Die interne Dimension umfasst die Liberalisierung des Erdgasmarktes, die externe Dimension die Beziehungen zu Nicht-Mitgliedstaaten, in der Regel Export- und Transitstaaten. In der vorliegenden Arbeit wird der Schwerpunkt auf die externe Dimension gelegt. In dieser bestimmen die zuvor genannten Herausforderungen in zweierlei Hinsicht die politische Agenda: Zum einen wird das Ziel der Versorgungssicherheit aufgrund der wachsenden Importabhängigkeit durch die Mitgliedstaaten prioritär behandelt, womit sich der Blick auf die Export- und Transitstaaten und darunter insbesondere auf Russland richtet. Schließlich ist Russland neben Norwegen der wichtigste Erdgaslieferant für die EU, was von den EU-Mitgliedstaaten aber äußerst unterschiedlich beurteilt wird. Zum anderen beeinflusst der Konflikt um die Ausgestaltung europäischer Erdgasaußenpolitik gegenüber Russland maßgeblich die Entwicklung einer kohärenten Energiepolitik in der EU (vgl. Abschnitt 1.2.1).

Im Folgenden soll zunächst die Versorgungssituation der EU im Erdgassektor skizziert werden. Dazu wird eine Übersicht über die Entwicklung der europäischen Erdgasnachfrage und -förderung, der Erdgasimporte und der Importabhängigkeit sowie über das Importportfolio der EU erstellt (Abschnitt 3.1). Diese Erläuterungen sind notwendig, da die materielle Grundlage der EU im Erdgassektor Herausforderungen für die Mitgliedstaaten schafft, die die Konfliktlinien in der europäischen Erdgasaußenpolitik gegenüber Russland bedingen und letztere daher nur vor dem zu erläuternden Hintergrund nachvollzogen werden können. Darauf aufbauend wird dementsprechend dargelegt, inwiefern diese Versorgungslage im vergangenen Jahrzehnt konträre Politikansätze zwischen den EU-Mitgliedstaaten hinsichtlich ihrer Erdgasaußenpolitik gegenüber Russland evoziert hat, die die politische Agenda in der europäischen Erdgasaußenpolitik dominierten (Abschnitt 3.2). Die Erläuterungen zu den Politikansätzen dienen dazu, den politischen Raum der Erdgasaußenpolitik gegenüber Russland näher zu bestimmen, damit er im Rahmen der Modellentwicklung in Kapitel 4 als eindimensionale kardinale Skala, dem sogenannten *issue continuum*, konzeptionalisiert werden kann. Im Anschluss an die Ausführungen zur Policy-Dimension wird aufgezeigt, dass die Kontroverse um die Ausgestaltung der Russlandpolitik eine weitere bedeutsame Debatte im Kontext des europäischen Energiesektors richtungsweisend prägte, nämlich die Ausgestaltung einer kohärenten EU-Energiepolitik (Abschnitt 3.3). Diese Erläuterungen leisten eine weitere Vorarbeit für die Modellentwicklung in Kapitel 4, da sie die bestehenden Erkenntnisse über grundlegende Charakteristika des Entscheidungsprozesses in der Erdgasaußenpolitik aufarbeiten und auf diese Weise einen wichtigen Bezugspunkt für die Wahl des Modells darstellen.

3.1 Versorgungssituation der EU

Erdgas hat sich in den vergangenen Jahrzehnten weltweit als drittwichtigster Primärenergieträger nach Erdöl und Kohle etabliert. Dieser Bedeutungsgewinn ist insbesondere in dem Trend zum zunehmenden Einsatz in der Elektrizitätsgewinnung begründet, im Rahmen dessen Erdgas Kohle und Kernenergie verstärkt substituiert. Die Vorteile von Erdgas liegen zum einen in seinem vergleichsweise geringen Treibhausgasausstoß, was es gerade für Staaten als Energieträger attraktiv macht, die sich dem Klimaschutz verschrieben haben. Zum anderen führt der weltweite Trend zu liberalisierten und zunehmend wettbewerblich organisierten Strommärkten zu einem wachsenden Bedarf an kleineren und flexibleren Kraftwerken, die überwiegend mit Gas befeuert werden (vgl. Bothe/Seeliger 2006: 3; Dehli 2009: 2; Honoré 2006; U.S. Energy Information Administration 2011b: 43). Daneben zeichnet Erdgas sich durch eine weltweit gute Versorgungssituation aus, zu der in den vergangenen Jahren die vermehrte Produktion von *LNG* sowie die Schiefergasförderung in den USA verstärkt beigetragen haben (vgl. International Energy Agency 2014b: 137; Proedrou 2012: 6–7; U.S. Energy Information Administration 2011a: 43–44).[52]

Betrachtet man Studien zur zukünftigen Entwicklung des Erdgasverbrauchs, so wird Erdgas sowohl absolut als auch in Relation zu anderen Energieträgern ein deutliches Wachstum prognostiziert. So erarbeitete die *International Energy Agency* 2011 einen *special report* zum Thema Erdgas, in dem sie der Entwicklung hin zu einem „Golden Age of Gas" (International Energy Agency 2011a: 9) eine hohe Wahrscheinlichkeit zuschreibt:

> Natural gas is a flexible fuel that is used extensively in power generation and competes increasingly in most end-use sectors. It offers environmental benefits when compared to other fossil fuels. Gas resources are abundant, well spread across all regions and recent technological advances have supported increased

---

52 Noch zu Beginn des 21. Jahrhunderts wurden rückläufige Erdgasfördermengen und eine steigende Importnachfrage in den USA erwartet. Die Entwicklung des *Hydraulic Fracturing* und der verhältnismäßig hohe Gaspreis führten jedoch dazu, dass signifikante Mengen an Schiefergas rentabel gefördert werden konnten. Dadurch stieg die Erdgasförderung in den USA deutlich an (vgl. Alonso/Mingo 2010: 1; Boersma/Johnson 2012: 570).

global trade. However, there will always be uncertainties: lower economic growth, greater cost or other obstacles to unconventional gas production, higher achievements in energy efficiency, changes that improve the relative competitiveness of other fuels; but uncertainty can also work the other way. Based on the assumptions of the GAS Scenario, from 2010 gas use will rise by more than 50% and account for over 25% of world energy demand in 2035 – surely a prospect to designate the Golden Age of Gas. (International Energy Agency 2011a: 9)

Die wichtigsten Akteure für den prognostizierten Nachfrageanstieg sind die Nicht-OECD-Staaten, insbesondere China und Indien (vgl. International Energy Agency 2012c: 127, 130; Proedrou 2012: 25). Chinas stark ansteigendes Wirtschaftswachstum und die damit verbundene wachsende Energienachfrage haben zur Konsequenz, dass China trotz eigener Erdgasförderung seine Importnachfrage wahrscheinlich deutlich erhöhen wird. Daher ist davon auszugehen, dass die politischen Entscheidungen der chinesischen Regierungen die Erdgasmärkte in globaler Perspektive signifikant beeinflussen werden (vgl. International Energy Agency 2011a: 15; Westphal 2013a: 41).

Abbildung 6 zeigt, dass in der EU im vergangenen Jahrzehnt bis zum Beginn der Finanzkrise 2007 zwar ein schwankender, aber insgesamt steigender Verbrauch an Energie zu verzeichnen war. Erdgas hatte daran in Relation zu anderen Energieträgern einen bedeutenden Anteil. Wie in Abbildung 7 zu sehen ist, ist der Erdgasverbrauch in der EU zwischen 1990 und 2008 – von sehr leichten Schwankungen abgesehen – kontinuierlich angestiegen. Entsprechend galt die große Bedeutung von Erdgas für die Energieversorgung in der EU bis zur Finanzkrise als gewiss: „Natural gas consumption in Europe had been a story of success since its early developments in the 1960s. Expectations of growing gas demand were largely undisputed... [sic!] at least until the 2000s and the development of low carbon policies." (Honoré 2014: 13) Der deutliche Nachfrageanstieg war in Europa mit Beginn der 1990er Jahre maßgeblich in dem zunehmenden Einsatz von Erdgas zur Stromerzeugung begründet: „For both economic and environmental reasons, natural gas became the fuel of choice for power generation in most European markets, a sharp contrast to the early development of gas demand." (Honoré 2014: 15)

Gleichwohl kann die Entwicklung der europäischen Erdgasnachfrage der zu Beginn des Kapitels erläuterten globalen Entwicklung und den damit verbundenen aussichtsreichen Zukunftsprognosen nicht undifferenziert subsumiert werden. Vielmehr wurden seit der Mitte des vergangenen Jahrzehnts verschiedene Faktoren identi-

Abbildung 6: Bruttoinlandsverbrauch der EU-28 an Energie in 1000 Tonnen Rohöleinheiten

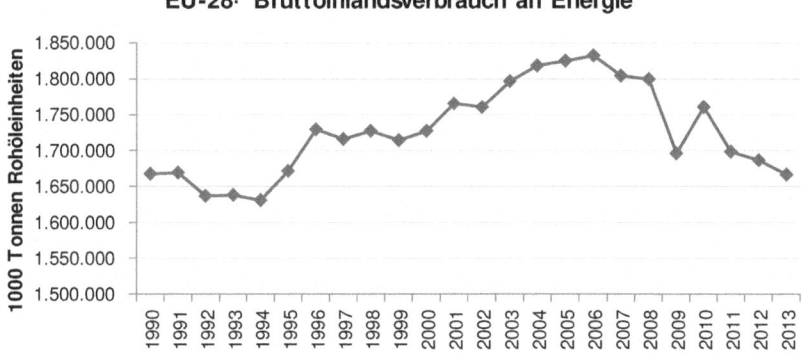

EU-28· Bruttoinlandsverbrauch an Energie

Der Bruttoinlandsverbrauch ist definiert als Primärerzeugung zuzüglich Einfuhren, rückgewonnene Produkte und Bestandsveränderungen, abzüglich Ausfuhren und Brennstoffversorgung von Bunkern (für Hochseeschiffe aller Flaggen). Darin spiegelt sich somit die Energiemenge wider, die zur Befriedigung des Inlandsbedarfs innerhalb der Grenzen des Staatsgebiets erforderlich ist.

Quelle: Eurostat (o. J.)

fiziert, die den europäischen Erdgasverbrauch negativ beeinflussen. Der deutlich sichtbare Einbruch in der europäischen Erdgasnachfrage begann mit der Finanz- und Wirtschaftskrise im Jahr 2009. Der alleinige Verweis auf die Finanzkrise, im Kontext ebendieser der Energieverbrauch in der EU *insgesamt* signifikant gesunken ist (vgl. Abbildung 6), verschleiert jedoch eine bereits zuvor zu verzeichnende, relevante Entwicklung des europäischen Erdgasverbrauchs. So wird mit Blick auf Abbildung 7 ersichtlich, dass die jährliche Wachstumsrate der Erdgasnachfrage in der EU zwischen 2000 und 2008 bereits geringer war als im vorherigen Jahrzehnt. Hier lassen sich verschiedene Gründe für einzelne Ländergruppen anführen, die an dieser Stelle jedoch nicht detailliert erläutert werden sollen (vgl. Honoré 2014: 16). Insgesamt lässt sich aber festhalten:

At the regional level, gas demand peaked in 2005, and then remained fairly flat until 2008 when the effects of the economic recession started to be felt. The fundamentals, which had been historically driving gas demand up, had already

Abbildung 7: Bruttoinlandsverbrauch der EU-28 an Erdgas in 1000 Tonnen Rohöleinheiten

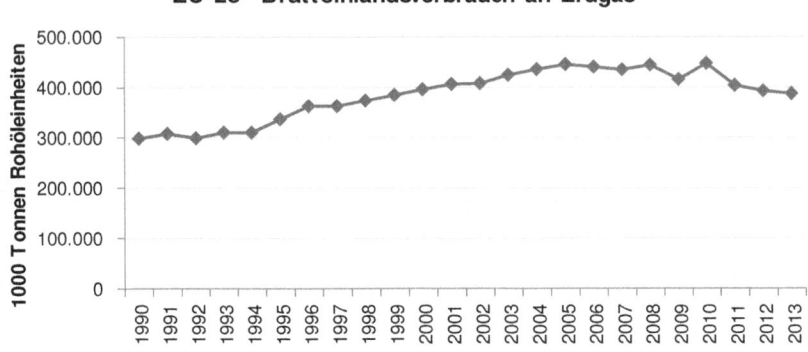

EU-28· Bruttoinlandsverbrauch an Erdgas

Quelle: Eurostat (o. J.)

changed by 2008, including the power sector, which had been the source of expected additional gas demand in the 2010s and 2020s. The residential and commercial sector was also already reaching saturation, as was the industrial sector which was even showing signs of decline in the 2000s. As a result, gas demand growth was already slowing down and the industry was considered a mature market in most countries. The 2008/9 economic crisis happened in a context of already moderating gas demand growth in Europe due to mature markets, high gas prices and growing competition in the energy mix. (Honoré 2014: 16 17)

Insbesondere letztere Faktoren haben sich während der Finanz- und Wirtschaftskrise massiv verschärft, was u.a. zu den sichtbaren Schwankungen im Erdgasverbrauch zwischen 2008 und 2012 beigetragen hat. Diese Zusammenhänge werden im Folgenden näher erläutert.

Die Finanzkrise begann im Sommer 2007 zunächst im US-amerikanischen Immobiliensektor. Diese Immobilienkrise entwickelte sich zu einer globalen Finanz- und Wirtschaftskrise, die im dritten Quartal des Jahres 2008 eine Rezession in Europa bewirkte, welche im dritten Quartal des Jahres 2009 zunächst beendet werden konnte. Im dritten Quartal des Jahres 2011 erlitt Europa jedoch eine erneute Rezession, die seit dem ersten Quartal des Jahres 2013 als überwunden gilt. Im

Zuge dieser Krisen sank die industrielle Produktion deutlich. Selbst erfolgreiche
Ökonomien wie Deutschland, Italien, Spanien und Großbritannien verzeichneten
Rückgänge zwischen 10 und 20% in der industriellen Produktion (vgl. International
Monetary Fund 2009a, 2009b; OECD 2010; gesamt zit. n. Honoré 2014: 17–19).
Dies bewirkte wiederum einen Rückgang in der Stromnachfrage. Aufgrund der
großen Bedeutung der industriellen Entwicklung sowie des Stromsektors für die
Erdgasnachfrage sank der Erdgasverbrauch in der EU 2009 um 6,39% zum Vorjahr.
2010 stieg der Erdgasverbrauch wieder auf das Niveau von 2008 an, was in der wirt-
schaftlichen Erholung sowie einer Kälteperiode im Winter 2009/10 begründet war.
Die erneute Rezession in den Jahren 2011 und 2012 sowie die vergleichsweise hohen
Temperaturen im Winter 2010/2011 bewirkten jedoch einen erneuten Rückgang des
Erdgasverbrauchs um 6,69% im Jahr 2011 und 2,73% im Jahr 2012 (vgl. Honoré
2014: 17–20). Diese Abnahmen wurden durch zwei weitere Faktoren zusätzlich
verstärkt: Zum einen werden aufgrund der politischen Subventionierung in der EU
seit 2000 zunehmend erneuerbare Energien zur Stromerzeugung eingesetzt.[53] Dies
führte insbesondere in der Krise aufgrund der sinkenden Elektrizitätsnachfrage und
der Möglichkeit vorübergehender Abschaltungen von fossilen Brennstoffanlagen zu
einer Substitution von Erdgas durch andere Energieträger:

> The development of renewable energy in the 2000s had a limited impact on
> gas as long as electricity demand was rising. But from 2009, the combination
> of lower power demand and rising renewables made gas compete against coal
> for a shrinking share of total electricity generation as fossil fuels plants are
> usually dispatched after nuclear, hydro and renewable which are 'must-run'
> capacity with low marginal costs. (Honoré 2014: 21–22)

Zum anderen verlor Erdgas die auf diese Weise entstandene „Konkurrenz" mit Kohle
zunehmend und wurde verstärkt durch Kohle substituiert: Durch die umfangreiche
Schiefergasförderung in den USA wurde die dort geförderte bzw. zuvor importierte
Kohle weniger nachgefragt und daher in andere Märkte (re-)exportiert, u.a. nach
Europa. Aufgrund der erhöhten Exportmengen und der niedrigen Preise von CO_2-

---

[53] Eine Zusammenfassung der Fördermaßnahmen von erneuerbaren Energien in der EU und der
daraus resultierenden Wachstumsraten ihres Einsatzes in der Stromerzeugung bietet Fischer
(2011: 182–209).

Zertifikaten[54] in der Europäischen Union sanken die Preise für Kohle 2008 drastisch und stiegen seitdem nur langsam wieder an, während die in Langzeitverträgen ausgehandelten, an den Ölpreis gekoppelten Gaspreise in Europa im selben Zeitraum vergleichsweise hoch waren. Aus diesen Gründen wurde verstärkt Kohle anstelle von Erdgas als Energieträger nachgefragt (vgl. Honoré 2014: 23–24).

Neben dem niedrigen Kohlepreis hatte die Schiefergasförderung in den USA weitere indirekte Konsequenzen für den europäischen Erdgasmarkt. Da die USA das von ihnen geförderte Schiefergas bislang nahezu vollständig für den nationalen Bedarf eingesetzt hat, wurde ursprünglich für die USA vorgesehenes *LNG* aus dem Nahen und Mittleren Osten in die EU umgelenkt. Der Anteil der *LNG*-Importe an den gesamten EU-Erdgasimporten stieg daher seit 2009 signifikant an (vgl. Boersma/Johnson 2012: 572; Dickel/Westphal 2012: 2). Das Zusammenspiel der genannten Faktoren bewirkte in der EU eine „Gas-Schwemme" (Dickel/Westphal 2012: 2), d.h. ein sehr kurzfristig eingetretenes Überangebot an Erdgas (vgl. Kuhn/Umbach 2012: 34).

Wie in Abbildung 8 zu sehen ist, spiegeln sich die erläuterten Entwicklungen auch im Anteil von Erdgas am europäischen Energiemix wider. Zwar ist der Anteil von Erdgas am europäischen Energiemix zwischen 1990 und 2010 kontinuierlich angestiegen, so dass es sich zum zweitwichtigsten Energieträger in der EU entwickelt hat; in den 2000er Jahren war die jährliche Wachstumsrate aber bereits geringer als in den 1990er Jahren. Seit 2011 ist der Anteil von Erdgas am Energiemix der EU sogar rückläufig. Dies bedeutet jedoch nicht, dass dieser Trend in den zukünftigen Jahrzehnten weiterhin anhalten und Erdgas seine zentrale Rolle für die europäische Energieversorgung verlieren wird. Zum einen behielt Erdgas auch im Kontext des Nachfrageeinbruchs während der Finanzkrise den zweitgrößten Anteil

---

54 Der Zweck des europäischen Emissionshandels besteht darin, den Ausstoß klimaschädlicher Treibhausgase zu begrenzen und Anreize für Investitionen in emissionsarme Technologien zu generieren. Im Kontext der Wirtschaftskrise sanken jedoch die Wirtschaftsproduktion und damit auch die Emissionen. Die geringere Nachfrage nach CO_2-Zertifikaten führte schließlich zu einem Überschuss an Zertifikaten am Markt und zu entsprechend sinkenden Preisen. Kohlekraftwerke emittieren im Vergleich zu Gaskraftwerken die doppelte Menge an CO_2, weshalb ein höherer Preis für CO_2-Zertifikate entsprechend höhere Preisen von Kohle als Energieträger zur Konsequenz gehabt hätte. Dieser Mechanismus wurde aufgrund der niedrigen Preise der Zertifikate während der Wirtschaftskrise jedoch weitgehend aufgehoben (vgl. Honoré 2014: 24; Neuhoff/Wittenberg 2013: 12).

am Energiemix der EU.[55] Zum anderen prognostiziert die *IEA* im *World Energy Outlook 2013*, einen – wenngleich langsam – wachsenden Verbrauch von Erdgas in der EU unter der Annahme, dass Erdgaspreise gegenüber Kohlepreisen relativ sinken werden, Kohlekraftwerke aufgrund der vereinbarten Klimaziele in der EU zunehmend geschlossen werden und der Anteil von Kernenergie am Energiemix der EU abnehmen wird, da insgesamt mehr Kernkraftwerke geschlossen als neu gebaut werden. Die *IEA* geht davon aus, dass diese Faktoren dazu beitragen, dass der europäische Erdgasverbrauch in den kommenden Jahren insgesamt wieder ansteigen wird (vgl. International Energy Agency 2013b: 103–104): „It takes around two decades for natural gas demand to get back to 2010 levels, with increases in the power sector and in buildings (where oil and coal use falls), but a decline in industry." (International Energy Agency 2013b: 66) Zusammenfassend ist hinsichtlich des Erdgasverbrauchs in der EU somit festzuhalten, dass die über Jahrzehnte entwickelte „success story" von Erdgas seit den 2000er Jahren zwar gebremst wurde und im Zuge der Finanzkrise deutliche Schwankungen erfahren hat, eine sichere Versorgung mit Erdgas in der EU aber auch in den kommenden Jahrzehnten mit hoher Wahrscheinlichkeit einen essentiellen Beitrag für die europäische Energieversorgung darstellen wird.

Entsprechend problematisch ist es, dass die Erdgasförderung in der EU zwischen 2001 und 2012 – wie in Abbildung 9 zu sehen – deutlich gesunken ist.

Dominiert wird die Erdgasförderung in der EU durch die Niederlande und Großbritannien. Die Niederlande nahmen in den vergangenen Jahrzehnten insbesondere durch die Erschließung des Erdgasfeldes in Groningen eine Schlüsselrolle in der Erdgasförderung der EU ein. Die Ausbeutung dieses Feldes wurde durch die niederländische Regierung mit dem Ziel reguliert, eine möglichst langfristige Erdgasförderung zu sichern und Anreize für die Erschließung kleinerer Erdgasfelder zu schaffen. Aufgrund dessen sinkt die von den Niederlanden produzierte Erdgasmenge seit den 1980er Jahren zwar stetig, allerdings vollzieht sich dieser Rückgang nur sehr langsam (vgl. International Energy Agency 2009d: 50, 59). Zudem zeichnet sich das Erdgasfeld in Groningen durch einen hohen Grad an Flexibilität für die

---

[55] Energiemix der EU-27 im Jahr 2011: Erdöl und Erdölerzeugnisse (35%), Erdgas (24%), Festbrennstoffe (17%), Kernenergie (14%), erneuerbare Energien (10%) (vgl. European Commission 2013: 20).

Abbildung 8: Prozentualer Anteil von Erdgas am Energiemix der EU-28

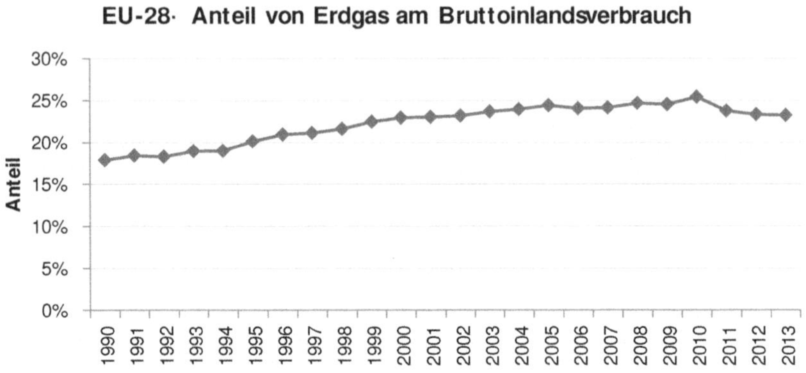

EU-28· Anteil von Erdgas am Bruttoinlandsverbrauch

Quelle: Eurostat (o. J.); eigene Berechnung

Bereitstellung von Erdgas bei Nachfrageschwankungen aus, weshalb es für Europas Erdgasversorgung in den kommenden Jahren weiterhin von großer Bedeutung sein wird:

> Groningen's importance is not just in its size, but its flexibility, which provides winter peak gas for the Netherlands and at least three neighbouring countries (Belgium, France and Germany). However, the country is determined to continue to be one of the major suppliers of flexibility and become the 'gas roundabout of North-West Europe' and is developing its transport system, not only to enable supply of the Dutch market, but also to facilitate the transit of natural gas. (Honoré 2010: 368)

Großbritanniens Erdgasförderung ist in den 1990er Jahren stark angestiegen und hat ihren Höhepunkt 2000 erreicht. Zu Beginn des Jahrhunderts war Großbritannien der größte Erdgasproduzent im Europäischen Wirtschaftsraum (vgl. International Energy Agency 2006b: 128). Aufgrund des deutlichen Rückgangs der Erdgasförderung in Großbritannien sind die in den Niederlanden produzierten Fördermengen seit 2008 jedoch umfassender. Wenngleich die Regierung mittels der Vergabe neuer Lizenztypen *("promote" licence* und *"frontier" licence)* versucht, Investitionsanreize für die weitere Erschließung und Ausbeutung von Erdgasfeldern zu schaffen (vgl. International Energy Agency 2006b: 130–131), wird die Erdgasproduktion in

Abbildung 9: Primäre Erdgasförderung der EU-28 in 1000 Tonnen Rohöleinheiten

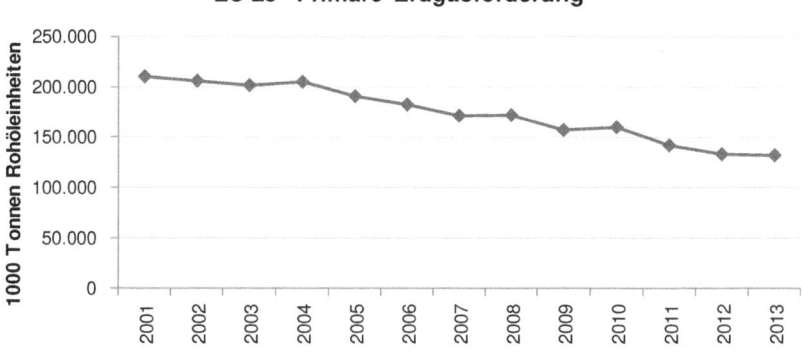

Als Primärerzeugung gelten die nach der Reinigung und Extraktion von Erdgaskondensaten und Schwefel gemessenen trockenen vermarktbaren Mengen, nicht aber die in die Lagerstätte zurückgepressten Mengen, die Extraktionsverluste sowie die abgeblasenen und abgefackelten Mengen. Die Primärerzeugung umfasst auch alle in der Erdgasindustrie bei der Erdgasförderung, in den Fernleitungssystemen und in den Verarbeitungsanlagen eingesetzten Mengen.

Quelle: Eurostat (o. J.)

Großbritannien aber voraussichtlich weiter sinken: „The decline in United Kingdom production of conventional gas has been particularly steep, although this is now levelling off into an extended late-life production tail." (International Energy Agency 2013b: 110; siehe auch Honoré 2010: 128, 338)

Insgesamt war im vergangenen Jahrzehnt in der EU somit eine signifikant rückläufige Erdgasförderung zu verzeichnen – und dieser Trend wird auch in Zukunft anhalten –, während die Erdgasnachfrage tendenziell anstieg. Dies spiegelt sich in der steigenden Importnachfrage (siehe Abbildung 10) sowie der damit verbundenen wachsenden Importabhängigkeit der EU (siehe Abbildung 11) wider:

Die Importabhängigkeit an Erdgas zeigt, „inwieweit sich eine Wirtschaft auf Importe verlässt, um seinen Energiebedarf zu decken." (Eurostat o. J.)

Aufgrund des stetigen Rückgangs der Erdgasförderung in der EU wird die Importabhängigkeit trotz des relativ geringen Nachfragezuwachses in den kommenden Jahren gemäß der Prognose der *IEA* (2013b: 124) weiter ansteigen.

Abbildung 10: Gesamtimporte an Erdgas der EU-28 in Millionen Kubikmetern

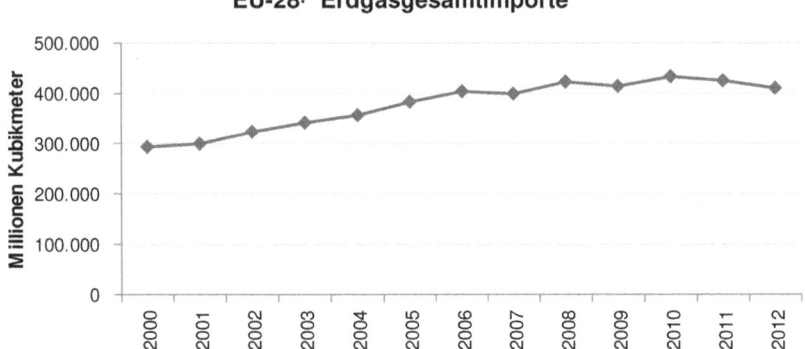

EU-28· Erdgasgesamtimporte

Quelle: International Energy Agency (2001b, 2002, 2003c, 2004c, 2005b, 2006c, 2007b, 2008, 2009e, 2010b, 2011d, 2012b, 2013a, 2014a); eigene Berechnung

In technischer Hinsicht bestehen zwei Möglichkeiten zum Transport von Erdgas: via Pipelines sowie in verflüssigter Form in *LNG*-Tankern (vgl. Ströbele et al. 2012: 168). In der EU überwiegt bislang der Pipelinetransport (vgl. Gilardoni 2008: 61; Schmidt-Felzmann 2011: 576), da Europa über Land bzw. kurze Seestrecken mit wichtigen Exportstaaten verbunden ist: „The importance of pipeline supplies is a major characteristic of the European market and distinguishes it strongly from other natural gas markets such as North America and Asia which are more isolated and have to use the liquefaction technology to access international supplies." (Holz et al. 2014: 24–25) Dies wird auch an Abbildung 12 deutlich. In der ersten Hälfte des vergangenen Jahrzehnts lag der Anteil der Pipelineimporte an den Gesamtimporten in der EU bei ca. 90%. Der wachsende Anteil von *LNG* an den europäischen Gesamtimporten am Ende des vergangenen Jahrzehnts ist auf den zuvor erwähnten „Schiefergasboom" in den USA zurückzuführen: *LNG* aus Katar und weiteren Staaten des Nahen Ostens, das in die USA exportiert werden sollte, wurde nach Europa und Asien umgeleitet (vgl. Boersma/Johnson 2012: 571–572).

Abbildung 11: Importabhängigkeit der EU-28 im Erdgassektor

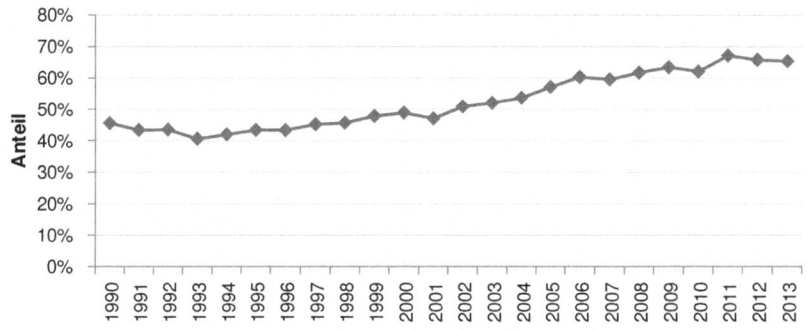

Die Importabhängigkeit wird als Nettoimport dividiert durch die Summe des Bruttoinland-senergieverbrauchs inkl. Lager berechnet.

Quelle: Eurostat (o. J.)

Der zukünftig zu erwartende Einfluss der amerikanischen Schiefergasförderung und der damit verbundene Anteil von *LNG* in der EU sind noch weitgehend unerforscht. Viele Autoren bezweifeln allerdings, dass in naher Zukunft ein fundamentaler Wandel bezüglich der Transportformen zu verzeichnen sein wird:

> Whereas this [die nach Europa umgeleiteten *LNG*-Importe; Anmerkung M.G.] enabled Europe to further diversify its supplies, it is worth bearing in mind that in this part of the world, natural gas is still predominantly a regional market, where the bulk of supplies are tied up in long-term contracts, and prices are influenced by, for instance, infrastructural limitations, available storage capacity, and national regulation. (Boersma/Johnson 2012: 572; siehe auch Westphal 2013a: 36)

Der europäische Fokus auf den Pipelinetransport setzt der Verfügbarkeit an Export-staaten geographische Grenzen. Abbildung 13 zeigt, dass die größten Erdgaszuflüsse Europa aus drei Gebieten erreichen: Russland und die potentiell zu erschließende kaspische Region, Norwegen und Afrika (Holz et al. 2014: 25). Wie an der rela-tiven Größe der Pfeile bereits zu sehen ist, nimmt Russland den größten Anteil an Erdgasexporten in die EU ein, wenngleich dieser aufgrund der zunehmenden

Abbildung 12: Anteil von Pipeline- und LNG-Importen an den Gesamtimporten der EU-28

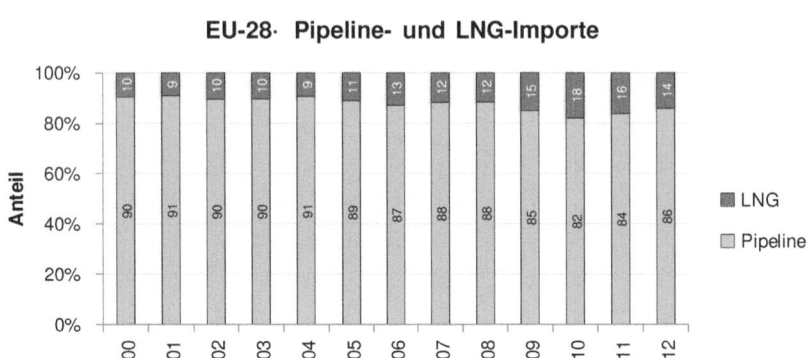

Quelle: *International Energy Agency (2001b, 2002, 2003c, 2004c, 2005b, 2006c, 2007b, 2008, 2009e, 2010b, 2011d, 2012b, 2013a, 2014a); eigene Berechnung*

Erdgasimporte aus Norwegen sowie der wachsenden Zahl an *LNG*-Importen in der EU als Folge des Schiefergasbooms in den USA seit dem vergangenen Jahrzehnt stetig gesunken ist. Abbildung 14 illustriert diese Entwicklung.

Gemäß der Prognosen der IEA (2013b: 109–111) wird Norwegen seine Erdgasförderung bis 2035 in quantitativer Hinsicht konstant halten, Russland wird seine Fördermengen ab 2020 weiter steigern können. Des Weiteren erwartet die IEA, dass die wichtigsten Förderländer in Afrika – Algerien, Ägypten und Libyen – ihre Erdgasförderung weiter ausbauen werden. Die Erdgasförderung in Westafrika (Nigeria, Äquatorial-Guinea und Angola) hängt von der Entwicklung der dortigen *LNG*-Exportprojekte ab (vgl. International Energy Agency 2012c: 139–140). Über ein großes Potential zur Steigerung ihrer Erdgasförderung verfügen zudem der Nahe und Mittlere Osten sowie der Kaspische Raum. Da es sich dabei jedoch zum Teil um politisch instabile Staaten handelt, ist noch ungewiss, inwiefern dieser Raum Importpotential für die EU darstellt (vgl. International Energy Agency 2012c: 137–139).

Abbildung 13: Die Erdgasinfrastruktur zur Versorgung der EU-28 im Erdgassektor

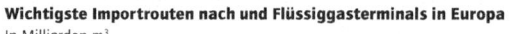
Wichtigste Importrouten nach und Flüssiggasterminals in Europa
In Milliarden m³

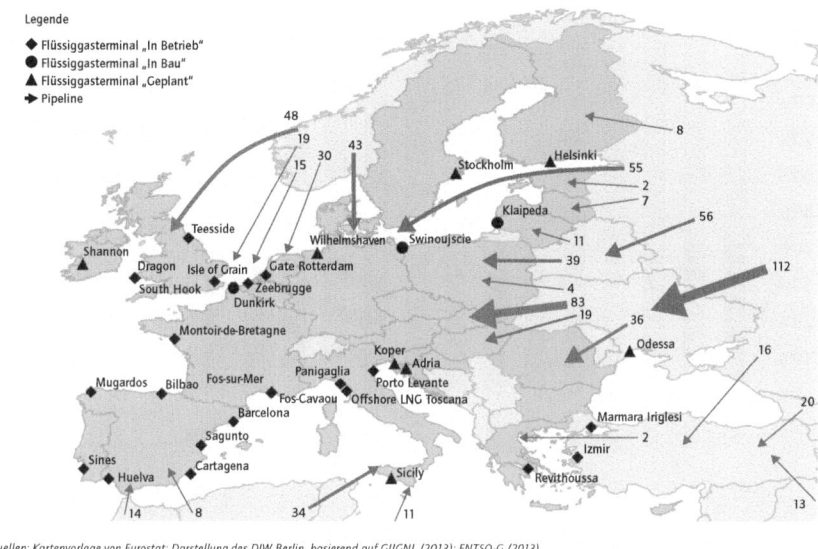

Quellen: Kartenvorlage von Eurostat; Darstellung des DIW Berlin, basierend auf GIIGNL (2013); ENTSO-G (2013).

© DIW Berlin 2014

Die relative Größe der Pfeile entspricht den gegenwärtigen Pipelinekapazitäten.

Quelle: Engerer et al. (2014: 484)

Zusammenfassend lässt sich hinsichtlich der Versorgungssituation der EU im Erdgassektor Folgendes festhalten: In globaler Perspektive ist ein deutlicher Zuwachs des Erdgasverbrauchs zu verzeichnen, der der Prognose der *IEA* zufolge weiter anhalten wird. Begründet ist dies insbesondere in der wachsenden Nachfrage der Nicht-OECD-Staaten. In der EU ist der Erdgasverbrauch bis zur Finanzkrise ebenfalls angestiegen, seit 2009 sind allerdings erhebliche Schwankungen zu verzeichnen. Die *IEA* nimmt jedoch an, dass die Erdgasnachfrage in der EU bis 2040 wieder langsam ansteigen wird. Gleichzeitig sinkt die Erdgasförderung in der EU deutlich, so dass die Importabhängigkeit voraussichtlich weiter zunehmen wird. Bislang hatten Russland und Norwegen den größten Anteil an Exporten in die EU.

Abbildung 14: Prozentualer Anteil der Exportstaaten an den Erdgasgesamtimporten der
EU-28

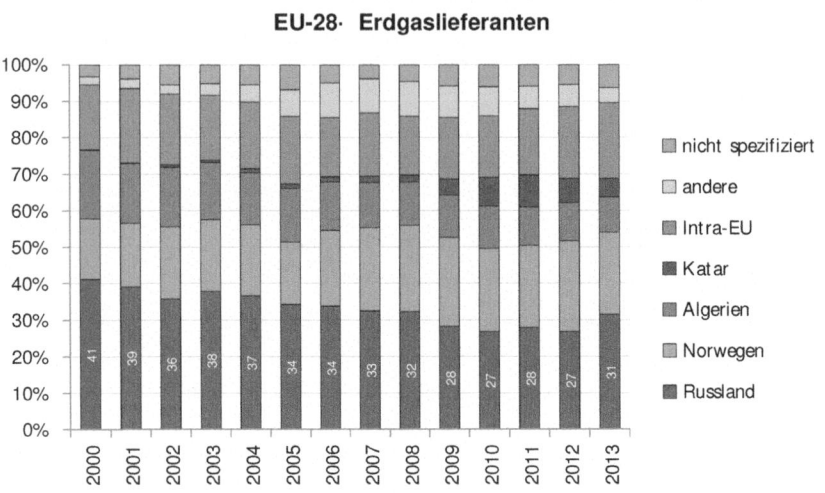

EU-28· Erdgaslieferanten

nicht spezifiziert
andere
Intra-EU
Katar
Algerien
Norwegen
Russland

*Quelle: International Energy Agency (2001b, 2002, 2003c, 2004c, 2005b, 2006c,
2007b, 2008, 2009e, 2010b, 2011d, 2012b, 2013a, 2014a); eigene Berechnung*

3.2 Zentrale Konfliktlinien in der EU-Erdgasaußenpolitik gegenüber Russland

Wie das vorherige Unterkapitel gezeigt hat, ist die EU hinsichtlich ihrer Erdgaspolitik mit der Herausforderung konfrontiert, dass ihre Importnachfrage stetig zunimmt –
und alle Prognosen deuten darauf hin, dass dies auch in der Zukunft der Fall sein wird
–, während sich gleichzeitig aufgrund der wachsenden Nachfrage von Entwicklungs-
und Schwellenländern die Konkurrenz um Erdgasressourcen verschärfen wird. Im
Folgenden wird erläutert, weshalb eine hohe Importabhängigkeit von Energieexport-
staaten grundsätzlich als Gefährdung für nationale Volkswirtschaften bewertet wird
und inwiefern sich diese Problematik aufgrund der Marktstrukturen im europäischen
Erdgassektor als besonders gravierend erwiesen hat. Darauf aufbauend wird gezeigt,
dass die europäische Importabhängigkeit von Russland aufgrund seiner Marktdomi-
nanz ein Thema von höchster Priorität in der europäischen Erdgaspolitik darstellt,

die Beurteilungen der EU-Russland-Erdgasbeziehungen aufgrund der voneinander abweichenden Versorgungssituation der einzelnen Mitgliedstaaten aber divergieren und ein dauerhaftes Konfliktfeld zwischen den EU-Staaten konstituieren. Es werden daher in der Folge die übergeordenten Perspektiven der EU-Mitgliedstaaten auf den Erdgashandel mit Russland – *Dependenz* und *Interdependenz* – und die daraus restultierenden, divergierenden Strategien gegenüber Russland – *Diversifizierung* und *Energiepartnerschaft* – skizziert und abschließend erläutert, inwiefern sich diese in drei Infrastrukturprojekten des vergangenen Jahrzehnts – Nord Stream, South Stream und Nabucco – widerspiegeln.

Die divergierende Versorgungssituation der EU-Mitgliedstaaten im Erdgassektor

Die zunehmende Importabhängigkeit im Erdgassektor wird von den EU-Mitgliedstaaten generell als Gefährdung ihrer Versorgungssicherheit beurteilt:

> The traditional inclination among politicians and the media in OECD countries is to regard energy supplies which are produced domestically as secure", and supplies which are imported as insecure". This dates at least as far back as the 1973 Arab oil embargo, which was a formative experience for the current generation of senior politicians and decision makers in terms of energy security. (Stern 2010: 73)

Versorgungssicherheit wird in dieser Arbeit in Anlehnung an das Begriffsverständnis der Europäischen Kommission definiert als „[r]eliable energy supplies at reasonable prices" (Europäische Kommission 2012). Sie umfasst somit die Elemente „Volumensicherheit" und „Preissicherheit".[56] Die Gewährleistung von Versorgungssicherheit ist für Staaten von solch großer Relevanz, da die Energieversorgung in vielerlei Hinsicht fundamentale Auswirkungen auf die jeweilige Volkswirtschaft hat. Ohne die flächendeckende und sichere Bereitstellung von ausreichend Energie können weder Privathaushalte noch politische und wirtschaftliche Akteure ihren entsprechenden Funktionen nachgehen. Unter besonderer Berücksichtigung des Wirtschaftssektors ist zu betonen, dass Energie für die Herstellung jeglicher Güter benötigt wird, so dass ihre Verfügbarkeit sowie ihr Preis sämtliche Kostpreise einer Volkswirtschaft und daher auch das wirtschaftliche Wachstum und den daran geknüpften Wohlstand einer Gesellschaft entscheidend mitbestimmen. Energie muss daher flächendeckend, sicher und zu einem möglichst niedrigen Preis verfügbar sein – und zwar unabhängig von Angebots- und Nachfrageschwankungen, temporären Bedarfsspitzen, technisch oder politisch bedingten Lieferunterbrechungen etc. Entsprechend betonte Günther Oettinger in seiner früheren Funktion als EU-Energikommisar: „Energy is the life blood of our societies. The well-being of our people, industry and economy depends on safe, secure, sustainable and affordable energy." (Generaldirektion Energie der

---

56 Die Definition von Versorgungssicherheit unterscheidet sich zwischen den Fachdisziplinen und ist auch innerhalb der Politikwissenschaft keineswegs einheitlich. Gleiches gilt für die divergierenden Definitionen und Interpretationen in der Praxis, die verschiedene Perspektiven aufweist. Während die Definitionselemente „Volumensicherheit" und „Preissicherheit" für den engen Begriff der Versorgungssicherheit – in Abgrenzung zu dem weiteren Begriff der Energiesicherheit, der u.a. ökologische und sozialpolitische Dimensionen einschließt – zwar weitgehend anerkannt sind, verbleiben in der Literatur Fragen hinsichtlich der vielschichtigen Auslegungsmöglichkeiten dieser Elemente. In der Politikwissenschaft sowie der Ökonomik wurde aus diesem Grund eine Vielzahl an Indikatorensystemen zu ihrer Konkretisierung entwickelt. Zudem wurde die Definition von verschiedenen Autoren um die Angebotsseite, d.h. die Versorgungssicherheit der Exportstaaten, erweitert (für eine Debatte zum Zusammenhang von Versorgungssicherheit und Nachfragesicherheit siehe Kaveshnikov 2010). Die vorliegende Arbeit erhebt nicht den Anspruch, einen Beitrag zur Debatte über die Begriffsbestimmung von Versorgungssicherheit zu leisten (für eine Übersicht siehe u.a. Bielecki 2002; Cherp/Jewell 2011; Pointvogl 2009; Sovacool 2010; und Winzer 2012). Die Wahl der Definition ist vielmehr im Forschungsgegenstand der vorliegenden Arbeit begründet: Analysiert wird der Entscheidungsprozess der EU im Policy-Subsystem Erdgasaußenpolitik, in der die EU Versorgungssicherheit als übergeordnetes Ziel kennzeichnet. Relevant ist somit die Akteursperspektive, weshalb die Definition der Europäischen Kommission als wichtigster supranationaler Akteur im europäischen Energiesektor ausgewählt wurde.

Europäischen Kommission 2011: 29) Der Energiesektor ist daher ein besonderes Feld, das in der Regel nicht ausschließlich dem Markt überlassen wird,[57] sondern in vielerlei Hinsicht durch politische Regulierung gestaltet ist:

> Wenn Energie zu einem niedrigen Preis verfügbar ist, wachsen Volkswirtschaften und der Preis von Nahrungsmitteln und Mobilität ist gering. Wenn Ressourcen schwinden oder Preise sich erhöhen, können die ökonomischen Auswirkungen auf private Haushalte und Wirtschaft verheerend sein. Kein politisches System kann es sich daher leisten, keine Energiepolitik zu verfolgen. (Pollack et al. 2010: 61)

Vor dem Hintergrund dieser Zusammenhänge zwischen der Energieversorgung eines Staates und dem Erfolg bzw. Misserfolg seiner Volkswirtschaft gilt es als äußert problematisch, wenn die *nationale* Energieversorgung von den Lieferungen *anderer Staaten* abhängig ist. Die mit Erdgasimporten verbundene Gefährdung der Versorgungssicherheit ist aus diesen Gründen eine politische Sachfrage mit sehr hoher Priorität für die Mitgliedstaaten,[58] die sich maßgeblich im Umgang mit den für Erdgasimporte relevanten Export- und Transitstaaten äußert (vgl. Proedrou 2012: 51–52). Schließlich sind die Stabilität der Beziehungen sowie die Vertragsaushandlungen mit diesen Staaten[59] maßgeblich entscheidend dafür, ob die EU-Staaten sich mit großer Wahrscheinlichkeit auf eine sichere Versorgung verlassen können oder ob Versorgungsrisiken im Sinne von Lieferunterbrechungen, mangelnden Investitionen in die Erschließung weiterer Erdgasfelder oder Ausnutzen der Energiemacht der Ex-

---

57 Aus diesem Grund befanden sich in der EU vor der Entwicklung des Erdgasbinnenmarkts viele Energieunternehmen in staatlichem Besitz und auch gegenwärtig sind bei der Mehrzahl der europäischen Energieunternehmen, die als Aktiengesellschaften verfasst sind, die jeweiligen Mitgliedstaaten substantielle Anteilseigner (vgl. Finon/Locatelli 2002: 3; van den Heuvel et al. 2010: 11; Proedrou 2012: 49–50; Victor 2010: 95).

58 Die Dominanz des Ziels der Versorgungssicherheit gegenüber anderen Komponenten nationaler Energiepolitik wird in Abschnitt 3.3 erläutert.

59 In der Mehrzahl der Export- und Transitstaaten werden Erdgasförderung und -vertrieb sowie die Transitinfrastruktur durch staatliche Unternehmen bereitgestellt. Entsprechend überlassen europäische Regierungen – sofern sie nicht ohnehin über staatliche Energieunternehmen verfügen – die Verhandlungen nicht allein den wirtschaftlichen Akteuren, sondern verhandeln in der Regel direkt mit den Export- und Transitstaaten (vgl. Geden et al. 2006: 10).

portstaaten als Instrument in der Außenpolitik zu befürchten sind[60]: „Just as there is a common assumption that the principal threats to European gas security are externally focused, there is a common assumption that, within that external focus, the policies of exporting countries and/or probable political events within exporting countries will be the principal threats to European gas security." (Stern 2010: 67) Die Politisierung des Erdgashandels im Sinne einer Fokussierung auf die Export- und Transitstaaten ist im Erdgassektor zudem darin begründet, dass aufgrund der Leitungsgebundenheit von Erdgas sowie der vergleichsweise hohen Transportkosten von *LNG* (noch) kein weltweit integrierter Markt besteht. Vielmehr lassen sich drei regionale Teilmärkte unterscheiden: Amerika, Asien und Europa, wobei letzterer neben den europäischen Staaten auch Russland und Anbieter aus Nordafrika, der kaspischen Region sowie dem Mittleren Osten mit einschließt (vgl. Seeliger 2004: 4). Wie in Abschnitt 3.1 gezeigt wurde, ist der Anteil von *LNG*-Importen in der EU noch immer sehr gering, die Versorgung via Pipelines überwiegt in großem Maße. Gleichzeitig mangelt es innerhalb der EU noch immer an Verbindungspipelines, insbesondere zwischen West- und Osteuropa (vgl. Proedrou 2012: 66). Dies verstärkt die Bedeutung bilateraler Verträge für die Erdgasversorgung in der EU (vgl. Pomfret 2010: 10; siehe auch Gilardoni 2008; Götz 2008: 43; Schmidt-Felzmann 2011: 576).

Mit Blick auf das Importportfolio der EU wird deutlich, dass Russland der wichtigste Exportstaat für die EU ist, schließlich hat Russland im Verhältnis zu den anderen Lieferstaaten den größten Anteil an den Exporten in die EU. Vor dem Hintergrund der großen Bedeutung, die Erdgasexporteure für die europäische Versorgungssicherheit und mittelbar für die europäischen Volkswirtschaften spielen, steht die Importabhängigkeit der EU von Russland im Erdgassektor sehr weit oben auf der politischen Agenda zahlreicher EU-Mitgliedstaaten. Das Thema wird in der europäischen Erdgaspolitik aber nicht „nur" prioritär behandelt, die Rolle von Russland für die europäische Erdgasversorgung kann zugleich als größte Konfliktlinie zwischen den Mitgliedstaaten bezeichnet werden, die in virulenten Debatten

---

60 Selbstverständlich bestehen jenseits der genannten Schwierigkeiten weitere Risiken, die die Versorgungssicherheit von Importstaaten gefährden können, wie z. B. extreme Wetterbedingungen, die die Erdgasinfrastruktur gefährden etc. (vgl. Checchi et al. 2009: 22). Diese Risiken können die Importstaaten mittels politischer Regulierungen jedoch nur bedingt beeinflussen. Daher liegt der Schwerpunkt der Debatte sowohl in der Wissenschaft als auch in der Praxis – wie im Laufe der Untersuchung noch zu zeigen sein wird – auf den oben genannten Herausforderungen.

ausgetragen wird. Seinen Ursprung hat der Konflikt zwischen den EU-Staaten bezüglich ihrer Erdgasaußenpolitik gegenüber Russland in der EU-Osterweiterung aus dem Jahre 2004 (vgl. Casier 2011b: 539; Maltby 2013: 436). Dies ist u.a. in der divergierenden Versorgungssituation der Mitgliedstaaten begründet. Denn der übergeordnete Verweis auf die Abhängigkeit der EU von Russland verschleiert, dass sich die Dependenz von Russland je nach Mitgliedstaat durchaus unterschiedlich darstellt. Von wenigen Ausnahmen abgesehen lassen sich dabei zwei Staatengruppen unterscheiden, nämlich ost- und westeuropäische EU-Mitgliedstaaten.[61]

---

61 Diese Kategorisierung wird in den anschließenden Erläuterungen zur strategischen Positionierung der EU-Mitgliedstaaten gegenüber Russland zunächst beibehalten. Selbstverständlich ist an dieser Stelle zu betonen, dass es sich dabei nicht um vollkommen homogene Staatengruppen handelt, sondern sich durchaus Differenzen innerhalb dieser Kategorien, d.h. zwischen den einzelnen osteuropäischen sowie den westeuropäischen Staaten finden lassen. Diese werden in Abschnitt 4.3 im Rahmen einer detaillierten Analyse der in der spieltheoretischen Simulationen berücksichtigten Akteure aufgezeigt. Im Folgenden geht es jedoch zunächst darum, die beiden übergeordneten Perspektiven auf Russland zu klassifizieren, was eine gewisse Komplexitätsreduktion erfordert. Aus diesen Gründen erscheint die – in der Literatur bereits etablierte – Trennung zwischen ost- und westeuropäischen Mitgliedstaaten als sinnvoll.

Abbildung 15: Anteil von russischem Erdgas an den Gesamtimporten je EU-Mitglied-staat

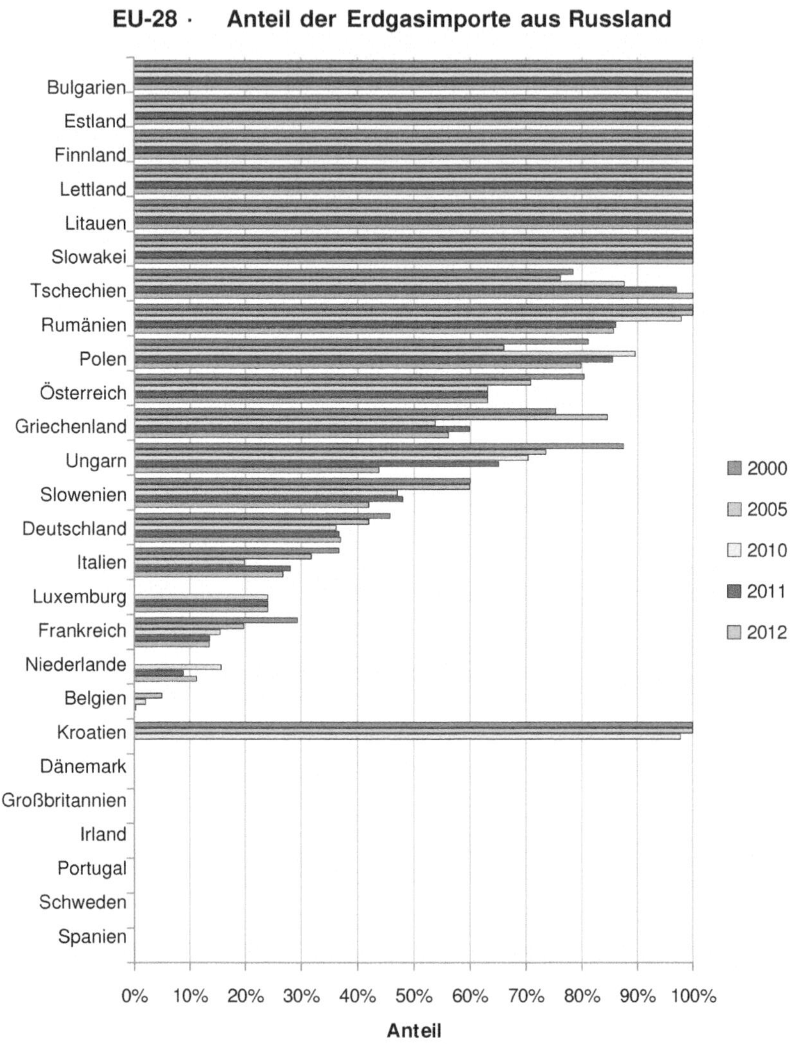

EU-28 ·   Anteil der Erdgasimporte aus Russland

Quelle: *International Energy Agency (2001b, 2002, 2003c, 2004c, 2005b, 2006c, 2007b, 2008, 2009e, 2010b, 2011d, 2012b, 2013a, 2014a); eigene Berechnung*

Wie anhand von Abbildung 15 zu sehen ist, weist die Mehrzahl der osteuropäischen Staaten einen wesentlich höheren Anteil an russischem Erdgas im Verhältnis zu ihren gesamten Erdgasimporten auf – teilweise liegt dieser bei 100% – als die Mehrzahl der westeuropäischen Staaten.[62] Dies hat historische Ursachen, die auf die Erdgasversorgung Osteuropas in der Periode des Kalten Krieges und der Sowjetunion zurückzuführen sind:

> The Soviet Union constructed long pipelines in order to bring gas to its communist allies of Eastern Europe, namely Poland, Czechoslovakia and Hungary (the Baltic states were at that time integrated in the internal Soviet pipeline system). As a result of their Soviet heritage, these countries nowadays have an overt dependence on Russian gas that in some cases reaches 100 per cent. These pipelines were gradually extended up to France in the west and up to Greece in the south enabling Gazprom to become a supplier of most European states. After the fall of the Soviet Union, Russia inherited the contracts with European states and the obligation to fulfil them. The fall of domestic demand within Russia and the former Soviet states allowed more gas to flow into the core EU states. (Proedrou 2012: 77; siehe auch Wybrew-Bond 1999: 7)

Für die westeuropäischen Staaten, deren Anteil an russischen Erdgasimporten in der Mehrzahl wesentlich geringer ist, stellte russisches Erdgas nach dem Ende des Kalten Krieges hingegen eine Quelle der Diversifizierung gegenüber dem als unsicher beurteilten sowie hochpreisigen Öl aus dem Nahen Osten dar (vgl. Proedrou 2012: 77).

Diese deutlich divergierende Versorgungssituation der Mitgliedstaaten bedingt voneinander abweichende und mitunter konträre Perspektiven auf die Energiebeziehungen der EU mit Russland als Erdgasexporteur. Hier lassen sich zusammenfassend zwei Staatengruppen unterscheiden: Staaten, die die Energiebeziehungen mit Russland als einseitige Abhängigkeit evaluieren, sowie Staaten, die das Verhältnis mit Russland als Interdependenz kennzeichnen. Diese Unterscheidung wird im Folgenden ausführlich erläutert.

---

62 Ausnahmen in Westeuropa sind in dieser Hinsicht Finnland, Griechenland und Österreich (vgl. Abbildung 15).

Dependenz

Wie zuvor dargelegt, bewerten Staaten eine hohe Importabhängigkeit im Energiesektor in der Regel als Gefährdung ihrer Versorgungssicherheit. Aufgrund des großen Anteils an russischen Erdgasimporten im Importportfolio vieler – insbesondere osteuropäischer – Staaten, richtet sich diese Sorge in der europäischen Erdgaspolitik vor allem auf Russland als Erdgasexporteur. Im Fokus steht dabei das Risiko, Russland könne seine Energiemacht als außenpolitisches Instrument einsetzen und die Handlungsfähigkeit der von Importen abhängigen Staaten einschränken: „[E]nergy dependence meddles with the capacity of the dependent to follow an independent foreign policy path; dependence on Russia thus carries the danger of political concessions and submission." (Proedrou 2012: 98) Diese Sorge basiert nach Ansicht einiger Politikwissenschaftler nicht nur auf theoretischen Überlegungen hinsichtlich der Importstruktur osteuropäischer Staaten, sondern durchaus auf vergangenen Ereignissen, im Rahmen derer Russland den Einsatz seiner Energiemacht gegenüber Osteuropa demonstriert hat: „For many years Germany and the EU have ignored that Moscow has indeed used its energy exports and pipeline monopoly as an instrument of foreign policy to intimidate and blackmail neighbouring states – albeit with little success – since the demise of the Soviet Union." (Umbach 2007: 7; siehe auch von Hirschhausen et al. 2010: 11)

Zwei nachhaltige Beweise für das Ausnutzen der europäischen Importabhängigkeit durch Russland stellten aus dieser Perspektive im vergangenen Jahrzehnt die Gaskrisen von 2006 und 2009 dar: 2005 verhandelten Russland und die Ukraine über eine Neufestlegung der Erdgaspreise für die Ukraine. Es kam jedoch zunächst zu keiner Einigung und zu großen Konflikten zwischen den Vertragsparteien aufgrund derer Russland am 1. Januar 2006 entsprechend seiner vorherigen Androhungen die Gaslieferungen an die Ukraine auf das Volumen des für die EU-Staaten bestimmten Erdgases reduzierte. Dieses leitete die Ukraine jedoch nicht vollständig an die EU weiter, sondern extrahierte Anteile daraus für den Eigenbedarf. In der Folge kam es zu Lieferengpässen in einigen EU-Mitgliedstaaten, die insgesamt aber überaus begrenzt blieben.[63] Der Konflikt wurde nach vier Tagen beigelegt (vgl. Aalto 2009: 165; Binhack/Tichý 2012: 59; Pirani et al. 2009: 8). Im vierten Quartal des Jahres 2008 entfachte jedoch erneut ein Konflikt zwischen der Ukraine und Russland. Streitgegenstand zwischen dem russischen Unternehmen OAO Gazprom und dem ukrainischen Unternehmen NAK Naftohas Ukrajiny waren erneut die Preisfestsetzung russischen Erdgases für die Ukraine sowie die Höhe von Transitgebühren für durch die Ukraine geleitetes Erdgas in die EU. Zudem forderte Gazprom von Naftohas bis zum Ende des Jahres 2008 die Tilgung von Schulden über 2,195 Billionen US-Dollar für nicht beglichene Erdgasrechnungen.[64] Da Naftohas den Betrag bis zum vorgegebenen Zeitpunkt nicht vollständig zahlte, stellte Gazprom die Erdgaslieferungen an die Ukraine wie zuvor angekündigt am 1. Januar 2009 ein. Für die EU vorgesehene Erdgasmengen wurden weiterhin geliefert. Nach fünf Tagen warf Gazprom der Ukraine – wie in der Krise 2006 – erneut vor, die von Russland gelieferten Erdgasmengen nicht vollständig an die EU weiterzuleiten, sondern bestimmte Mengen zum Eigenbedarf abzuführen. Aus diesem Grund stellte Gazprom die Erdgaslieferungen an die Ukraine am 7. Januar 2009 vollständig ein, so dass auch kein Erdgas an die EU geliefert werden konnte. Am 18. Januar 2009 trafen Gazprom und Naftohas in Verhandlungen unter Beteiligung der ukrainischen Ministerpräsidentin Julija Tymoschenko sowie des russischen Präsidenten Putin Vereinbarungen bezüglich des Erdgaspreises sowie der Transitgebühren. Am 19. Januar 2009 wurden zwei entsprechende 10-Jahres-Verträge von den beiden beteiligten Unternehmen unterzeichnet. Am 20. Januar 2009 wurde der Lieferstopp beendet. Die Erdgaskrise von 2009 umfasste somit eine Periode von drei Wochen und war – in Abgrenzung zu den reduzierten Erdgaslieferungen in der Krise von 2006 – durch einen vollständigen Lieferstopp gekennzeichnet (vgl. Binhack/Tichý 2012: 59; Machowiak 2012: 118–120; Pirani et al. 2009: 4, 15, 19, 25). Dies führte zu gravierenden Lieferengpässen in diversen EU-Staaten, insbesondere in den mittel- und osteuropäischen Staaten

---

63 Ukrainische Offizielle haben öffentlich dementiert, ihre eigenen Kunden mit Erdgas, das für die EU bestimmt war, versorgt und aus diesem Grund geringere Mengen an Erdgas an die EU weitergeliefert zu haben. Pirani, Stern und Yafimava (2009: 9) weisen jedoch darauf hin, dass keine andere Erklärung möglich ist, sofern davon ausgegangen wird, dass Gazprom die für die EU vorgesehenen Erdgasmengen vollständig geliefert hat.

64 Zur Erläuterung weiterer Kontextfaktoren, die den Verlauf der Krise beeinflusst haben, wie z. B. innenpolitische Probleme in Russland und der Ukraine, wirtschaftliche Krisen sowie politische Spannungen zwischen den beiden Staaten seit der „Orangenen Revolution" in der Ukraine siehe Machowiak (2012).

sowie Griechenland. Sowohl Griechenland als auch die mittel- und osteuropäischen Staaten waren zwar dazu in der Lage, die Ausfälle durch alternative Erdgasquellen und/oder Energieträger zu kompensieren: „It was estimated that EU member states, with the exception of Slovakia and Bulgaria, could have carried on for several more weeks, if not months without significantly disrupting the supply to consumers." (Schmidt-Felzmann 2011: 578) Dennoch waren die Lieferausfälle in den betroffenen Mitgliedstaaten mit hohen Kosten verbunden. So mussten Ungarn, Rumänien und Polen die Erdgasversorgung großer Industrieunternehmen reduzieren bzw. gänzlich aussetzen, um die Versorgung privater Haushalte sicherzustellen. In Bulgarien und der Slowakei wurden die alleinigen Kosten für die Ausfälle auf etwa 350 Millionen Euro pro Tag geschätzt (vgl. Bilgin 2009: 4486; Schmidt-Felzmann 2011: 578–579).

Obwohl die Gaskrisen demonstriert haben, dass nahezu alle EU-Staaten zumindest über kurze Perioden Lieferausfälle aus Russland kompensieren können – wenngleich zu hohen finanziellen Kosten –, haben diese Krisen die Debatte um Russland als Risikofaktor für die europäische Erdgasversorgung deutlich verschärft, da sie die negativen Implikationen der Dominanz eines Erdgasexporteurs aufgezeigt haben. Als Konsequenz rückte in der gesamten EU die geopolitische Dimension der Erdgaspolitik in den Fokus. Gleichzeitig setzten die europäischen Staaten in ihrer Erdgaspolitik einen entschiedenen Schwerpunkt auf das Ziel der Versorgungssicherheit. Zwar wurde dies seit dem Ende der 1990er Jahre ohnehin regelmäßig betont, gleichwohl galten die Gaskrisen 2006 und 2009 als entscheidender „wake-up call" (Geden et al. 2006: 9) für die Verankerung russischer Importe und der damit verbundenen Implikationen für die politische Agenda europäischer Regierungen (vgl. van den Heuvel et al. 2010: 15; Machowiak 2012: 116; Schmidt-Felzmann 2011: 579; Umbach 2007: 7; Westphal 2012: 425–426).

Somit beeinflussten die Gaskrisen in allen europäischen Staaten die Wahrnehmung von Russland als Erdgasexporteur; die aus diesen Ereignissen gezogenen Schlüsse waren aber dennoch unterschiedlich (vgl. Schmidt-Felzmann 2014: 47–48). Für die osteuropäischen Staaten stellten sie neben weiteren Dokumenten, die als Beweise für die negativen politischen Implikationen der Abhängigkeit von Russland angeführt werden, eine Bestätigung ihrer Einschätzung Russlands als seine Energiemacht ausnutzender Erdgasexporteur dar. So interpretierten einige europäische Politiker die Lieferunterbrechungen durch Russland als Signal an die EU, dass Russland die Macht habe, Erdgaslieferungen in die EU zu stoppen und dies auch durchführen werde, sofern sie es als nötig erachteten (vgl. Stern 2010: 60).

Obschon in der Mehrzahl der osteuropäischen Staaten somit Kritik an der hohen Abhängigkeit von russischen Gasimporten vorherrscht, bedeutet dies gleichwohl nicht, dass die osteuropäischen Staaten in ihrer Haltung gegenüber Russland insgesamt geschlossen auftreten würden. Auch hier lassen sich Unterschiede in Ausmaß und Qualität hinsichtlich der Beurteilung ihrer Dependenz von Russland identifizieren, die in den Abschnitten 4.3.7 und 4.3.8 und 4.3.9 noch näher erläutert werden (siehe auch Schmidt-Felzmann 2011: 592). Im Folgenden wird nun die Perspektive derjenigen Staaten skizziert, die die Energiebeziehungen mit Russland nicht als einseitige Abhängigkeit, sondern als Interdependenz charakterisieren.

Interdependenz

In Abgrenzung zu der Staatengruppe, die die Abhängigkeit von Russland als einseitig zu Lasten der EU-Mitgliedstaaten kritisiert, interpretiert eine weitere Gruppe die Energiebeziehungen mit Russland als Interdependenz, im Kontext jener die EU zwar von russischen Erdgasimporten, Russland umgekehrt aber auch von Einnahmen aus den Importen in die EU abhängig ist. Ein wichtiger erklärender Faktor für diese Position besteht ebenfalls in der divergierenden Versorgungssituation der EU-Mitgliedstaaten, was im Folgenden erläutert wird.

Gegenüber der Mehrzahl der osteuropäischen Staaten verfügen die westeuropäischen Staaten mit Ausnahme von Griechenland, Österreich und Finnland über ein deutlich diversifizierteres Importportfolio. Wie in Abbildung 15 ersichtlich wird, ist der Anteil von russischem Erdgas an den Gesamtimporten in diesen Staaten wesentlich geringer. Gleichzeitig ist die EU der wichtigste und lukrativste Nachfrager von russischem Erdgas, da sie große Mengen importiert und für das Erdgas im Vergleich zu anderen Nachfragern über lange Zeit hinweg sehr hohe Preise gezahlt hat (vgl. Aalto 2009: 160). Folglich sind die Einnahmen aus Erdgasexporten in die EU für die russische Ökonomie von großer Relevanz: Russland bezieht ungefähr die Hälfte seiner staatlichen Einkünfte aus Energieexporten; 55% der Erdgasexporte werden in die EU geliefert (vgl. BP 2011; Economic Expert Group by the Ministry of Finance of Russian Federation 2012; zit. n. Le Coq/Paltseva 2012: 2): „From an economic perspective it is easy to see why the European energy market is vital for Russian leaders. The European market is not only the largest in the world,

but also consists of states that are able to pay a good price for Russian gas."
(Harsem/Harald Claes 2013: 786) Vor diesem Hintergrund wird in der Debatte um
Russland als Erdgasexporteur häufig auf seine Abhängigkeit von Einkünften aus
Exporten in die EU verwiesen, um zugleich die Problematik einer Abhängigkeit
der EU von russischen Erdgasimporten zu relativieren. Entsprechend erläutert EU-
Energiekommissar Günther Oettinger: „Indem die Russen uns Gas liefern, machen
auch sie sich abhängig von unserem Geld." (Zit. n. SZ vom 09.11.2011c) Auch an
dieser Stelle ist es jedoch notwendig, den Anteil der EU-Staaten an den russischen
Exporten und ihre damit verbundene Relevanz für den russischen Staatshaushalt detaillierter zu betrachten (siehe auch Binhack/Tichý 2012: 61). Wie in Abbildung 16
zu sehen ist, werden in absoluten Zahlen die größten Importvolumina an Erdgas in
den westeuropäischen Staaten nachgefragt, insbesondere in Deutschland, Italien,
Großbritannien und Frankreich:

Abbildung 16: Erdgasimporte je EU-Mitgliedstaat

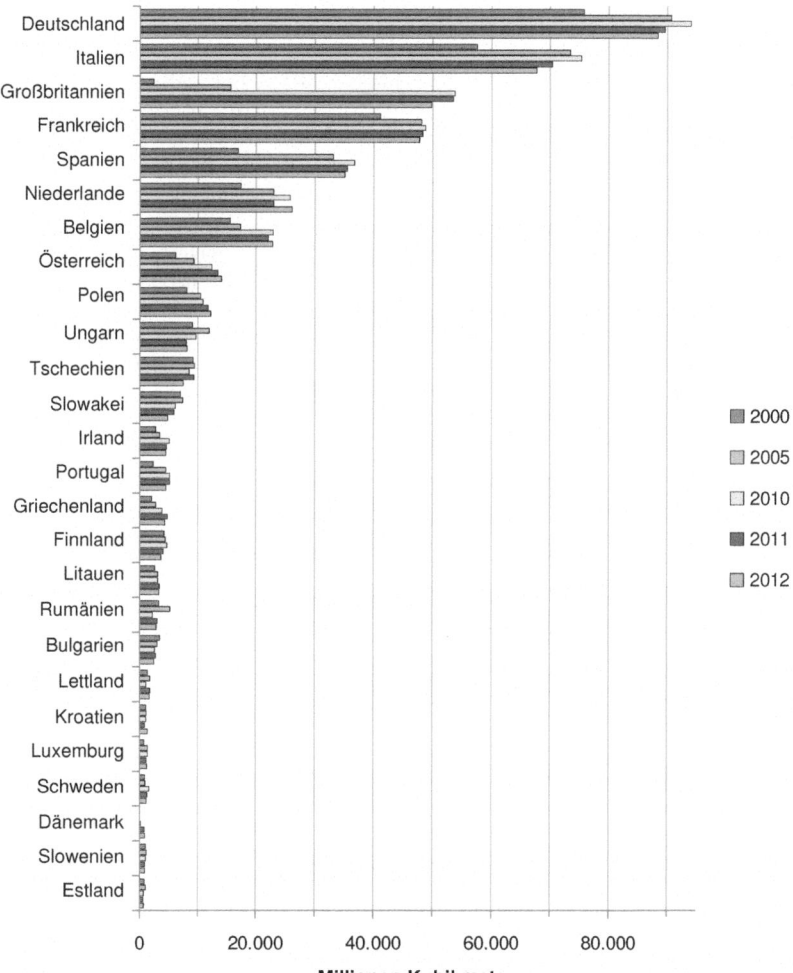

EU-28 · Erdgasimporte

Quelle: International Energy Agency (2001b, 2002, 2003c, 2004c, 2005b, 2006c, 2007b, 2008, 2009e, 2010b, 2011d, 2012b, 2013a, 2014a)

Diese Ausgangslage der westeuropäischen Staaten begründet die von den osteuropäischen Staaten deutlich divergierende Beurteilung der Energiebeziehungen mit Russland. Zum einen werden die russischen Importe aufgrund ihres geringeren Anteils an den Gesamtimporten nicht vornehmlich als Risiko für die Versorgungssicherheit erachtet, sondern als wichtiger Beitrag zu einem diversifizierten Importportfolio. Das russische Erdgas trägt schließlich dazu bei, dass die Abhängigkeit von Ölimporten aus dem Nahen Osten verringert werden kann. In diesem Sinne erklärte die Europäische Kommission 2004:

> Russland trägt [...] in nützlicher Weise zu einer aufgefächerten Versorgung der Europäischen Union mit fossilen Energien bei. [...] Die Russische Föderation ist nicht nur unser wichtigster Lieferant für fossile Energien und Uran, sondern könnte gleichzeitig eine beschwichtigende Rolle auf dem Weltmarkt spielen, da sie in gewisser Hinsicht die vielversprechendste und geographisch nächstliegende Alternative zur Energieversorgung Europas aus dem Mittleren Osten darstellt. (Europäische Kommission 2004)

Des Weiteren relativieren westeuropäische Staaten die Sorge vor dem Einsatz der russischen Energiemacht als politisches Instrument mit dem Verweis auf die große Relevanz der EU-Importe – insbesondere der westeuropäischen Staaten – für die russische Ökonomie. Daher sei die Gefahr, dass Russland diese Einnahmen aufgrund eines Konflikts mit der EU riskiere, wesentlich geringer als in den von osteuropäischen Staaten skizzierten Risikoszenarien. Folglich beurteilen die westeuropäischen Staaten die Energiebeziehungen mit Russland nicht als einseitige Abhängigkeit, sondern als Interdependenz.[65] Dass die EU auf russische Importe angewiesen ist und

---

65 Auch in der Politikwissenschaft sowie in der Ökonomik wird das Konzept der Interdependenz zur Charakterisierung internationaler Beziehungen häufig angewendet. Es geht zurück auf eine Theorie von Robert Keohane und Joseph Nye, die interdependente Beziehungen zwischen zwei Staaten folgendermaßen definieren: „[A]cross state borders, intensive transactions (flows of money, goods, persons and information) are taking place, entailing certain expenses." (Keohane/Nye 2011: 9) Sie unterscheiden zwischen symmetrischer Interdependenz, bei der die Abhängigkeit zweier Akteure voneinander identisch ist und beide Staaten in gleicher Weise geschädigt werden, wenn die Beziehung beendet wird, sowie asymmetrischer Interdependenz, bei der ein Akteur vom anderen Akteur stärker abhängig ist, was dem weniger abhängigen Akteur potentiell größere Macht in der Beziehung verleiht: „[A]n unequal distribution of gains and expenses lies at the heart of asymmetrical interdependence, which secures the source of power. [...A] less dependent actor in a relationship often has a significant political resource, because changes in the relationship (which actor may be able to initiate or threaten) will be less costly to that actor then to its partner." (Keohane/Nye 2011: 9–10; siehe auch Binhack/Tichý 2012; Krickovic 2015)

Russland gleichzeitig einen signifikanten Anteil seines Staatshaushalts aus Energieexporten bezieht und daher darauf abzielt, die Nachfrage nach seinen Exporten zu
möglichst hohen Preisen kontinuierlich zu sichern, trägt aus Sicht der westeuropäischen Staaten langfristig zur Versorgungssicherheit bei. Schließlich bauen Russland
und die westeuropäischen Staaten durch den Erdgashandel eine für beide Seiten
vorteilhafte Kooperation auf, deren Nutzen sowohl für Russland aufgrund seiner
Einnahmen als auch für Westeuropa aufgrund der wachsenden Nachfrage nach
Erdgasimporten durch zunehmenden Handel noch weiter gesteigert würde. Daher
sind die Kosten für einen Ausstieg für beide Vertragsparteien umso größer und
demzufolge die Energiebeziehungen umso stabiler, je umfangreicher die Kooperation
gestaltet wird. Diese wechselseitige Abhängigkeit, die auf dem Mangel an alternativen Exportquellen bzw. Importnachfragern beruht, bildet somit nach Ansicht der
westeuropäischen Staaten das Fundament für stabile Energiebeziehungen zwischen
der EU und Russland (vgl. Proedrou 2012: 77–78, 91–92).

Damit soll nicht behauptet sein, die westeuropäischen Staaten würden die aufgrund weniger verbleibender Reserven sinkende Erdgasförderung innerhalb der EU
nicht ebenfalls als generelles Risiko ihrer Versorgungssicherheit bewerten (vgl. Abschnitt 3.1). Vielmehr ist es gerade dieses Risiko, d.h. die Unvermeidbarkeit eines
hohen Grads an Importabhängigkeit, welches das Interesse an einer stabilen Energiepartnerschaft mit Russland bedingt: Zum einen aufgrund der soeben erläuterten
russischen Abhängigkeit von Erdgasexporten in westeuropäische Staaten, die die
Stabilität der Energiebeziehung signifikant begünstigt. Zum anderen aber auch
aufgrund des – zumindest mittelfristig herrschenden – Mangels an alternativen,
zuverlässigen Erdgasanbietern neben Russland (vgl. Aalto 2009: 170, 176; Sander
2007: 22–23). So betonen die westeuropäischen Staaten im Gegensatz zu den osteuropäischen Staaten in der Debatte um Erdgasimporte, dass Russland – selbst in
Zeiten des Kalten Krieges – stets ein verlässlicher Exporteur war: „[. . .] Western
EU member states emphasize that despite the East-West confrontation gas supplies
from the Soviet Union were completely reliable, that this is still the case and that
Russia is therefore a much more predictable and trustworthy energy producing
country than the major energy producers in the Middle East, Africa and Latin
America." (Schmidt-Felzmann 2011: 584)[66] Zwar haben die Gaskrisen von 2006 und

---

66 Schmidt-Felzmann bezieht sich hier auf ein Zitat aus der Rede von Bundeskanzlerin Angela
    Merkel bei der 43. Sicherheitskonferenz in München vom 10. Februar 2007.

2009 die Wahrnehmung der Energiebeziehungen mit Russland durch die westeuropäischen Staaten negativ beeinflusst und insbesondere 2006 die Stabilität ebendieser infrage gestellt (vgl. Aalto 2009: 165). 2009 konzentrierte sich die Diskussion um die Importabhängigkeit der EU aber nicht allein auf Russland, sondern verstärkt auf die mit dem Transit über die Ukraine verbundenen Risiken für die europäische Versorgungssicherheit. Insbesondere in der westeuropäischen Debatte rückte der Fokus daher von Russland als alleiniger Risikofaktor ab (vgl. van den Heuvel et al. 2010: 15; Schmidt-Felzmann 2014: 47–48). Entsprechend würdigte der EU-Energiekommissar Oettinger auch 2011 – d.h. nach den beiden Gaskrisen von 2006 und 2009 – anlässlich der Eröffnung der Nord Stream-Pipeline die Verlässlichkeit russischer Erdgaslieferungen: „Die Russen liefern uns über alte und neue Leitungen etwa ein Viertel unseres Gasbedarfs. Dies machen sie seit Jahrzehnten ohne von ihnen gewollte Unterbrechung." (Zit. n. FAZ.NET vom 08.11.2011)

Letztlich folgt aus der Bewertung der Energiebeziehungen mit Russland für Westeuropa die Sorge, dass Russland eine stärkere Diversifizierung seiner Importstaaten anstrebt. Wie zuvor erläutert wurde, beruht die Stabilität interdependenter Beziehungen zwischen zwei oder mehreren Staaten auf der wechselseitigen, symmetrischen Abhängigkeit ebendieser und dem Mangel an alternativen Geschäftspartnern. Die Erschließung weiterer Importmärkte durch Russland würde dessen Abhängigkeit von europäischen Importen senken und zumindest eine Asymmetrie in der Interdependenz zugunsten Russlands erzeugen, was die Verhandlungsmacht westeuropäischer Staaten verringern und aus diesem Grund ihre Versorgungssicherheit potentiell gefährden würde (vgl. Harsem/Harald Claes 2013: 787–788).[67]

---

67 Welches der beiden erläuterten Konzepte – *Dependenz* oder *Interdependenz* – zur Charakterisierung der Energiebeziehungen zwischen der EU und Russland zutreffend ist, wird auch in der Politikwissenschaft umfassend debattiert (für einen Überblick über den wissenschaftlichen Diskurs siehe u.a. Beyer 2010). Viele Autoren führen Argumente für beide Perspektiven und eine damit verbundene Trennung zwischen ost- und westeuropäischen Staaten an (siehe u.a. Checchi et al. 2009: 18–19). Zudem wurden weitere Verfeinerungen der Konzepte, beispielsweise in Form der asymmetrischen Interdependenz, im Kontext derer Russland relativ zur EU eine geringere Abhängigkeit zugewiesen wird, entwickelt (vgl. Binhack/Tichý 2012: 55; Götz 2012: 439–440; Harsem/Harald Claes 2013: 787). Zu dieser Debatte soll in der vorliegenden Arbeit jedoch kein Beitrag geleistet werden. Das Ziel dieses Kapitels besteht hingegen darin, die grundsätzliche Logik des Konflikts zwischen ost- und westeuropäischen Staaten in ihrer Erdgasaußenpolitik gegenüber Russland aufzuzeigen. Dazu wurden die beiden grundsätzlichen Standpunkte der Mitgliedstaaten skizziert, ohne jedoch eine Bewertung ebendieser hinsichtlich ihrer Angemessenheit vornehmen zu wollen.

Diversifizierung vs. Energiepartnerschaft

Die vorangegangenen Abschnitte haben gezeigt, dass die EU-Mitgliedstaaten mit Russland zwei widersprüchliche Risiken assoziieren: Während die osteuropäischen Mitgliedstaaten befürchten, Russland werde ihre Abhängigkeit von Erdgasimporten als politisches Instrument gegen sie einsetzen, besteht die größte Herausforderung für die interdependenten Energiebeziehungen mit Russland aus Sicht der westeuropäischen Staaten in der potentiellen Diversifizierung russischer Erdgasexporte. Demgemäß resultieren diese divergenten Positionen in kontrastierenden Politikansätzen: *Diversifizierung* und *Energiepartnerschaft*. Im Folgenden werden die Kernaspekte der beiden Ansätze skizziert.

Da die osteuropäischen Staaten ihre Abhängigkeit von Erdgasimporten aus Russland als außerordentlich großes Risiko für ihre Versorgungssicherheit bewerten, streben sie danach, ihre Erdgasquellen zu diversifizieren, um den Anteil russischen Erdgases an ihren Importen zu reduzieren und auf diese Weise die Abhängigkeit von Importen aus Russland zu senken. Dies ist nach Ansicht der osteuropäischen Mitgliedstaaten die zu verfolgende Strategie für die Erdgasaußenpolitik der EU, die sich somit in die grundlegende Orientierung Osteuropas zum Westen hin einfügt: „The rationale behind their drive to join the EU (and NATO) was to solidify their stance as a non-Russian sphere of influence and disentangle from the Kremlin's stronghold." (Proedrou 2012: 91) Hier ergibt sich jedoch die Schwierigkeit, dass es an alternativen Anbietern neben Russland zumindest mittelfristig mangelt. Dennoch betonen die osteuropäischen Staaten in öffentlichen Stellungnahmen konsequent, dass sie für die europäische Erdgasaußenpolitik eine umfassendere Diversifizierung und die damit verbundene Reduzierung von Importen aus Russland deutlich befürworten (vgl. Proedrou 2012: 92, 127; Schmidt-Felzmann 2011: 593).

Die Logik der Interdependenz impliziert demgegenüber, dass die westeuropäischen Staaten darum bemüht sind, Russland in eine enge Kooperation mit der EU einzubinden, um ein Austreten aus dieser Kooperation sowie Sanktionen in Form von Lieferengpässen, unverhältnismäßig steigenden Preisen oder anderen für die EU nachteiligen politischen Maßnahmen für Russland aufgrund der Sorge vor einer Diversifizierungspolitik der EU und damit verbundenen geringeren Einnahmen aus Erdgasverkäufen möglichst kostspielig zu gestalten. Entsprechend zielen die westeuropäischen Staaten im Gegensatz zu den osteuropäischen EU-Mitgliedern nicht darauf ab, den Erdgashandel mit Russland zu verringern und den politischen

Schwerpunkt auf das Bemühen um alternative Erdgasquellen zu legen, sondern
den Handel tendenziell im Sinne einer Energiepartnerschaft mit Russland weiter
auszubauen.[68] Dieser Ansatz gewinnt für Westeuropa vor dem Hintergrund der
weltweit steigenden Nachfrage nach Erdgas zusätzlich an Bedeutung: Russland ist
aus Sicht der westeuropäischen Staaten ein unverzichtbarer Partner hinsichtlich der
Erdgasversorgung der EU. Das wachsende Interesse an russischem Erdgas auf dem
asiatischen Markt bietet Russland jedoch die Möglichkeit, seine Erdgasexporte zu
diversifizieren und gefährdet daher die privilegierte Position der EU als wichtigster
Erdgasmarkt für Russland (vgl. Abschnitt 3.1). Diese Herausforderung wird dadurch
verschärft, dass Russland aufgrund des „Schiefergasbooms" in den USA und der
damit verbundenen „Gasschwemme" in Europa (vgl. Abschnitt 3.1) sowie aufgrund
der Erwägungen einiger europäischer Staaten, ihre Schiefergasvorkommen ebenfalls
zu fördern um ihre Importabhängigkeit zu senken, fürchtet, an Marktmacht in
der EU zu verlieren und aus diesen Gründen tatsächlich Diversifizierungsmaßnahmen anstößt.[69] Entsprechend kritisch betrachten westeuropäische Staaten die von

---

68   Dies bedeutet nicht, dass die westeuropäischen Staaten *ausschließlich* Russland als Erdgas-
     exporteur wünschen. Auch sie zielen weiterhin darauf ab, über ein insgesamt diversifiziertes
     Importportfolio zu verfügen. Dennoch sehen sie die Kooperation mit Russland als Grundpfei-
     ler ihrer Versorgungssicherheit an, weshalb ihre Erdgaspolitik gegenüber Russland tendenziell
     darauf ausgerichtet ist, den Erdgashandel mit Russland weiter auszubauen und keineswegs,
     ihn signifikant zu reduzieren (vgl. Geden et al. 2006: 19).
69   Vor diesem Hintergrund und aufgrund des zeitlichen Zusammenfallens mit der Ukraine-Krise
     fand der im Mai 2014 unterzeichnete Gasliefervertrag zwischen Russland und China in der EU
     große Beachtung. In dem Abkommen vereinbarten der russische Staatskonzern Gazprom und
     das chinesische Staatsunternehmen CNPC, ab 2018 für einen Zeitraum von 30 Jahren jähr-
     lich 38 Milliarden Kubikmeter Erdgas mittels einer neu zu bauenden Pipeline von Russland
     nach China zu liefern. Es handelt sich dabei um Gaslieferungen im Wert von 400 Milliarden
     Dollar. Nach Angaben des Vorstandsvorsitzenden von Gazprom, Alexej Miller, ist dies der
     umfangreichste Vertrag, den Gazprom je abgeschlossen hat (vgl. FAZ vom 22.05.2014). Be-
     trachtet man jedoch die genauen Konditionen des Gasabkommens zwischen Russland und
     China, dann wird deutlich, dass es für die EU nur von geringer Relevanz ist, da die Erdgasfel-
     der, die für die Pipeline nach China gefördert werden, weit entfernt vom europäischen Markt
     liegen: „The Kovykta and Chayanada gas fields, which will feed the new Russia-China gas
     link, are greenfield development projects located far from the European market, and would
     not be developed absent a pipeline to China." (Bordoff/Houser 2014: 19) Im Rahmen des Ver-
     tragsabschlusses zwischen Russland und China wurde jedoch eine zusätzliche Pipelineroute
     diskutiert, die – im Falle der Implementierung – tatsächlich eine Diversifizierungsmaßnahme
     Russlands darstellen und dem europäischen Markt Erdgasvorkommen vorenthalten könnte:
     „Another proposed Russia-China pipeline, the so-called "western pipeline route" connecting
     West Siberian gas fields with China's western border, could later enable Russia to physically
     divert gas supplies from Europe to China." (Bordoff/Houser 2014: 19)

Osteuropa kontinuierlich angewandte Diversifizierungsrhetorik, die – auch wenn sie zunächst ohne praktische Konsequenzen bleiben mag – die Sorgen Russlands bestätigt. Um einer derartigen Exportpolitik von Russland entgegenzuwirken, ist es im Interesse der westeuropäischen Staaten, Russland eine langfristige und rentable Perspektive als Erdgasexporteur für den europäischen Erdgasmarkt zu offerieren (vgl. Aalto 2009: 176; Goldthau/Hoxtell 2012: 7; Kuhn/Umbach 2011: 43; Proedrou 2012: 90, 93; Westphal 2013b: 7).

Zusammenfassend lässt sich somit festhalten, dass Russland gegenwärtig eine Schlüsselrolle für die Versorgungssicherheit der EU im Erdgassektor einnimmt. Dies wird von den Mitgliedstaaten unterschiedlich bewertet, was wiederum kontrastierende Politikansätze zur Konsequenz hat. Die Debatte um Russland als Erdgasexporteur ist daher ein gewichtiges Konfliktfeld in der europäischen Energiepolitik, das die Versorgungssicherheit der Mitgliedstaaten maßgeblich mitbestimmt. In praktischer Konsequenz spiegelt sich der Konflikt um Russland vor allem in den virulenten Auseinandersetzungen um europäische Pipelineprojekte wider. Dies ist darin begründet, dass Entscheidungen über die Pipelineinfrastruktur für beide Strategien – sowohl Interdependenz als auch Diversifizierung – richtungsweisend sind. Für Westeuropa stellen Pipelines ein geeignetes Mittel dar, um eine langfristige stabile Bindung an Russland bzw. Russlands an die EU aufzubauen.[70]

> Investments on the network infrastructure and expansive trade are crucial for enforcing interdependence. Starting with the former, pipelines are crucial for gas trade since they create stable relations and the anticipation of enduring parties to engage in long-term cooperation and hence embed them in an interdependent relationship. (Proedrou 2012: 93; siehe auch Lesser et al. 2001)

Im Gegensatz dazu sind die in der Zeit der Sowjetunion entwickelte Pipelineinfrastruktur sowie der Mangel an infrastruktureller Anbindung an alternative Erdgasexporteure essentielle Gründe für die gegenwärtig große Abhängigkeit der osteuropäischen Staaten von Russland, weshalb sie einen weiteren Pipelineausbau in Kooperation mit Russland gerade verhindern und alternative Pipelineprojekte implementieren wollen (vgl. Proedrou 2012: 77).

---

70 Dies gilt genauso für die Anbieterseite: Mit dem Ziel der Nachfragesicherheit strebt die russische Politik ebenfalls danach, mittels Infrastrukturprojekten die dominante Rolle Russlands als Erdgasexporteur auf dem europäischen Markt zu bewahren (vgl. Proedrou 2012: 103).

Repräsentativ für die Auswirkungen des Russlandkonflikts auf die Infrastrukturdebatten in der EU sind drei Pipelineprojekte: Nord Stream, Nabucco und South Stream. Deren grundlegende Charakteristika werden im Folgenden unter Bezugnahme auf die zuvor erläuterten Politikansätze skizziert.

Nord Stream-Pipeline

Die Nord Stream-Pipeline ist ein russisch-deutsches Projekt (vgl. Proedrou 2012: 93). Die Route der Offshore-Erdgaspipeline verläuft durch die Ostsee von Wyborg (Russland) nach Lubmin nahe Greifswald (Deutschland) (vgl. Nord Stream AG 2013b: 1). Der Routenverlauf ist in Abbildung 17 veranschaulicht.

Abbildung 17: Die Route der Nord Stream-Pipeline

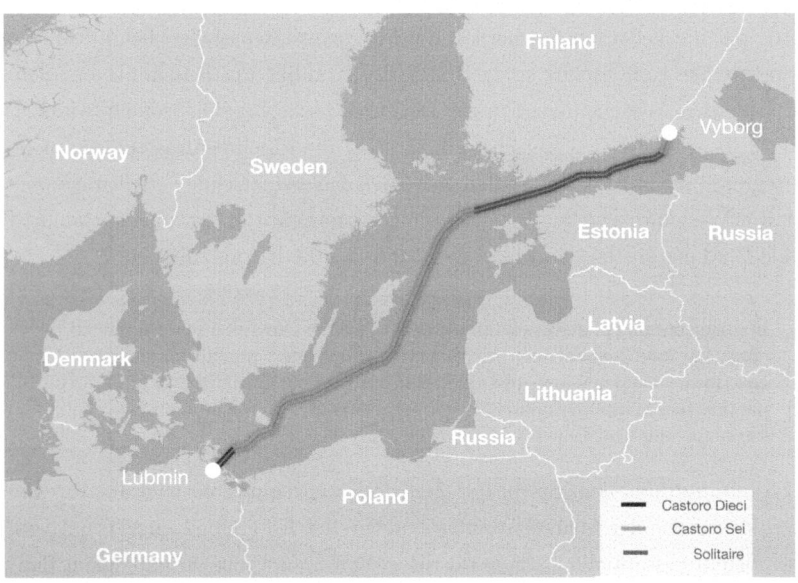

Quelle: Nord Stream AG

Die Pipeline besteht aus zwei parallelen Leitungssträngen mit einer Gesamtkapazität von 55 Milliarden Kubikmeter Erdgas pro Jahr, d.h. 27,5 Milliarden Kubikmeter pro Pipelinestrang (vgl. Nord Stream AG 2013b: 1). Die wichtigsten Quellen für das in der Nord Stream-Pipeline transportierte Erdgas stellen das

Juschno-Russkoje-Erdgasfeld sowie weitere Erdgasfelder auf der Jamal-Halbinsel, in der Bucht von Ob-Taz und Shtokmanovskoye dar (vgl. Schmidt-Felzmann 2011: 586).

Die konkrete Planung der Pipeline unter Beteiligung deutscher und russischer Akteure begann 2004 mit der Verabschiedung eines Rahmenabkommens zwischen den Energieunternehmen Gazprom, E.ON Ruhrgas und Wintershall Holding GmbH (im Folgenden: Wintershall) im Kontext eines Besuchs des damaligen Bundeskanzlers Gerhard Schröder beim russischen Präsidenten Putin (vgl. FAZ vom 09.07.2004; SZ vom 10.07.2004). 2005 gründeten die genannten Unternehmen die Nord Stream AG zur Planung, zum Bau und zum anschließenden Betrieb der Pipeline (Nord Stream AG o.J.). Das Interesse der deutschen Regierung an dem Pipelineprojekt bestand darin, eine langfristige Versorgung mit russischem Erdgas unter Vermeidung des Transits durch Nicht-EU-Staaten, insbesondere die Ukraine und Belarus, zu sichern (vgl. Rulska 2006; zit. n. Proedrou 2012: 93–94; Schmidt-Felzmann 2011: 585). Wenngleich dieses Projekt durch Deutschland und Russland initiiert wurde, teilten weitere EU-Mitgliedstaaten das Interesse an einer Erdgaspipeline aus Russland, die kein Transitrisiko impliziert, so dass sich im Verlauf der Projektplanung zusätzliche Unternehmen an der Nord Stream AG beteiligten (vgl. Schmidt-Felzmann 2011: 585–586). Seit 2010 setzt sich die Aktiengesellschaft aus folgenden Anteilseignern zusammen: OAO Gazprom (Russland, 51%), Wintershall Holding GmbH (Deutschland, 15,5%), E.ON SE (Deutschland, 15,5%), N.V. Nederlandse Gasunie (Niederlande, 9%) und GDF Suez (Frankreich, 9%) (vgl. Nord Stream AG o.J.). Die Unterzeichnung der Unternehmensverträge erfolgte stets unter Anwesenheit der jeweiligen Regierungschefs (vgl. SZ vom 07.11.2007, 02.03.2010b, 09.11.2011b).

Zwar erklärte die EU die Pipeline bereits im Jahr 2000 im Rahmen ihrer Leitlinien für die Transeuropäischen Energienetze (TEN-E) zu einem „Vorhaben von gemeinsamem Interesse" sowie nach Überarbeitung der TEN-E-Leitlinien 2006 zu einem „Vorhaben von europäischem Interesse" (Nord Stream AG 2013c), dennoch war die Nord Stream-Pipeline von Planungsbeginn an ein höchst umstrittenes Projekt zwischen den EU-Mitgliedstaaten. Die Debatte lässt sich in zwei Themenkomplexe gliedern: Umweltschutz und geopolitische Implikationen.

- *Umweltschutz*: Da die Nord Stream-Pipeline durch Hoheitsgewässer und/oder ausschließliche Wirtschaftszonen von insgesamt fünf Staaten verläuft, wurden für ihre Implementierung Genehmigungen von ebendiesen benötigt. Dies betraf

Russland, Finnland, Schweden, Dänemark und Deutschland. Des Weiteren wurden alle neun Ostseeanrainerstaaten im Rahmen der UNECE Espoo-Konvention an den internationalen Beratungen zu Umweltauswirkungen der Pipeline beteiligt. Im Kontext der Genehmigungsverfahren sowie der Beratungen äußerten Schweden, Litauen und Finnland zunächst Bedenken hinsichtlich der Umweltrisiken, die während des Pipelinebaus aufgrund verbliebener Munition aus dem Zweiten Weltkrieg entlang der Pipelineroute auftreten könnten sowie hinsichtlich der Auswirkungen auf Meeresflora und –fauna. Nach der Durchführung von Umweltverträglichkeitsprüfungen in den fünf relevanten Ländern erteilten bis Februar 2010 aber alle Länder ihre Genehmigung für den Bau der Pipeline (vgl. Nord Stream AG 2013a; Schmidt-Felzmann 2011: 587–588).

- *Geopolitische Implikationen*: Wesentlich schärfer wurden – im Vergleich zur Umweltthematik – die geopolitischen Implikationen der Pipeline in der EU debattiert, was zugleich den beispielhaften Charakter dieses Falls für den Untersuchungsgegenstand der vorliegenden Arbeit unterstreicht. Das Interesse Deutschlands sowie der beteiligten westeuropäischen Mitgliedstaaten am Bau der Nord Stream-Pipeline korrespondiert mit der Strategie, eine interdependente Energiebeziehung mit Russland aufzubauen bzw. zu verfestigen:

> The pipeline will, first and foremost, benefit the 'old' western member states. Among them are the two largest, Germany and France, and three 'new' recipients of Russian gas via Nord Stream – Denmark, the Netherlands and the UK. For Germany and France the direct gas pipeline promises to increase the reliability of gas deliveries from Russia as the 'difficult' transit countries Belarus and Ukraine are bypassed. Nord Stream will help ensure domestic gas supply security by enabling France and Germany to meet a growing demand and compensate for declining energy production, including the intended phase out of nuclear power stations in Germany. (Schmidt-Felzmann 2011: 586)

Die Entwicklung des Nord Stream-Projekts verdeutlicht somit, dass die engere Anbindung an Russland von den am Projekt beteiligten EU-Mitgliedstaaten als Verfestigung der Versorgungssicherheit angesehen wird, während Risiken vor allem im Transitbereich vermutet werden: „[I]t cements the energy alliance between Germany and Russia as both parties aim at cutting off transit states." (Aalto 2009: 170) Dies wird auch dadurch unterstrichen, dass aufgrund der Planungen zur Nord Stream-Pipeline die Implementierung anderer Projekte überflüssig oder zumindest unwahrscheinlich wurde, obwohl diese unter ökonomischen Gesichtspunkten voraussichtlich kostengünstiger gewesen wären, nämlich die Kapazitätserhöhung der Bratstvo-Pipeline, der Bau eines zweiten Strangs der Jamal-Europa-Pipeline sowie die Entwicklung der Amber-Pipeline, die russisches Erdgas über Lettland, Litauen, Kaliningrad und Polen nach Deutschland transportieren sollte (vgl. Aalto 2009: 170; Schmidt-Felzmann 2011: 587).

Rigorose Kritik an der Nord Stream-Pipeline äußerten demgegenüber diejenigen Staaten, die eine Diversifizierungsstrategie unter Abgrenzung von Russland verfolgen, insbesondere Polen und die baltischen Staaten. Zum einen widerspricht die Pipeline dem Bestreben, die Abhängigkeit von russischem Erdgas zu reduzieren und stattdessen andere Quellen für die EU zu erschließen. Des Weiteren unterminiert sie die Relevanz vieler osteuropäischer Staaten, u.a. Polens und Tschechiens, als Transitland für russisches Erdgas, so dass sie zwar die Interdependenz zwischen Russland und Westeuropa stärken mag, die potentiellen Risiken Russlands gegenüber Osteuropa aber vergrößert (vgl. Binhack/Tichý 2012: 57–58; Checchi et al. 2009: 39; Grzeszak 2012: 3; Vetter 2010: 21). Die Nord Stream-Pipeline eröffnet Russland schließlich die Möglichkeit, die Erdgaslieferungen an die osteuropäischen Staaten zu unterbrechen ohne dabei die westeuropäischen Erdgasmärkte zu beeinträchtigen:

> The pipeline is viewed [...] as a means for Russia to exert political pressure on Poland and other CEE and CIS states. By enabling Russia to cut off energy supplies and circumvent the smaller CEE energy markets while continuing to supply its largest markets, especially Germany, and other Western European states, Russia could, it is feared, punish the former Eastern Bloc countries for policies that contradict Russian interests. This would allow the expansion (or reassertion) of political influence through 'blackmail'. (Schmidt-Felzmann 2011: 586–587)

Die Kritik an der Nord Stream-Pipeline kulminierte 2006 in dem Vergleich der Projektplanungen mit dem Hitler-Stalin-Pakt durch den damaligen polnischen Verteidigungsminister Radosław Sikorski, da die Pipeline Polen und das Baltikum bewusst umgehe (vgl. SZ vom 07.11.2009b).

Insgesamt veranschaulichen die Ausführungen, dass die Debatte um die Nord Stream-Pipeline in der EU maßgeblich durch die divergierenden Strategien bezüglich Russland als Erdgasexporteur geprägt worden ist (siehe auch Checchi et al. 2009: 39–

40; Proedrou 2012: 123–124; Schmidt-Felzmann 2011: 589). Aus diesem Grund wurde Nord Stream mitunter als Konkurrenzprojekt zur Nabucco-Pipeline interpretiert, da mit dieser das Ziel verbunden ist, den russischen Einfluss auf die Erdgasversorgung der EU zu reduzieren, indem diversifizierte Quellen erschlossen werden (vgl. Schmidt-Felzmann 2011: 585). Die Grundzüge des Nabuccoprojekts werden im Folgenden erläutert.

Nabucco-Pipeline

Die Nabucco-Pipeline wurde 2002 von der EU-Kommission vorgeschlagen, die konkrete Entwicklungsphase des Projekts begann 2005 (vgl. Afifi et al. 2013: 20; Fernandez 2011: 70). Die Nabucco-Pipeline sollte Europa mit Erdgasquellen im Kaspischen Raum (Aserbaidschan, Turkmenistan und Kasachstan), im Nahen Osten (Irak und Iran) und in Ägypten verbinden. Die ursprünglich geplante Route der ca. 3300 km langen Pipeline, die in Abbildung 18 illustriert ist, begann an der georgisch-türkischen und/oder der iranisch-türkischen Grenze und verlief über die Türkei, Bulgarien, Rumänien und Ungarn nach Baumgarten (Österreich).

Abbildung 18: Die Route der Nabucco-Pipeline

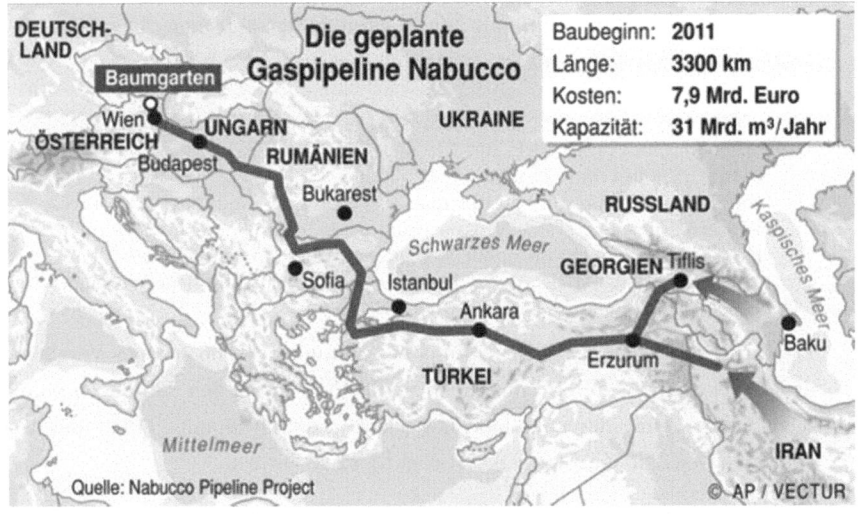

Quelle: AP/Vectur (2009), zit. n. bpb

Baumgarten gilt als wichtiger Knotenpunkt für das Pipelinenetzwerk in der EU. Für die Nabucco-Pipeline wurde eine Kapazität von 31 Milliarden Kubikmetern Erdgas pro Jahr vorgesehen. Anteilseigner des Nabucco-Projekts waren OMV (Österreich), MOL (Ungarn), Transgaz S.A. (Rumänien), Bulgarian Energy Holding EAD (Bulgarien), BOTAŞ Petroleum Pipeline Corporation (Türkei) und RWE (Deutschland, seit 2008), je mit einem Anteil von 16,67%. Die Investitionskosten wurden auf 7,9 Billionen Euro geschätzt (vgl. Afifi et al. 2013: 20; Fernandez 2011: 70; Schmidt-Felzmann 2011: 590).

Der Projektvorschlag durch die EU-Kommission war vornehmlich politisch motiviert. Er beabsichtigte die Förderung einer gemeinsamen, europäischen Energiepolitik mit dem Ziel der Diversifizierung von Erdgasexporteuren in die EU: „The basis of Nabucco is to bring gas to Europe from new suppliers." (Piebalgs, zit. n. French 2008) Die Pipeline galt als Grundpfeiler der europäischen Diversifizierungspolitik (vgl. Proedrou 2012: 95). Entsprechend unterstützte die EU-Kommission das Projekt in vielfacher Hinsicht:

> By the so-called Policy of Priority Projects, the European Commission directly promotes projects for transit in order to help diversification towards new sources. It is within this foreign policy framework that the Southern Corridor Initiative including Nabucco has been decided in 2006. And after the Second Strategic Energy Review (Europäische Kommission 2008), an initiative was taken to encourage European companies in developing common ventures with Caspian companies so as to expand gas and oil fields, the so-called Caspian Development Corporation. (Finon 2011: 50)

Die EU-Mitgliedstaaten waren hinsichtlich der Beurteilung des Projekts jedoch gespalten. Wie bei der Nord Stream-Pipeline lag der Fokus der Debatte auf der Rolle von Russland als Erdgasexporteur für die EU. So fand die Nabucco-Pipeline maßgeblich Unterstützung von denjenigen Staaten, die die hohe Abhängigkeit der EU von russischen Erdgasimporten kritisieren und eine engere Anbindung an Russland als Gefahr für ihre Versorgungssicherheit ansehen.[71] In der Nabucco-Pipeline sahen sie daher die Möglichkeit, die Abhängigkeit von Russland sowie die damit verbundenen Transitrisiken zu verringern (vgl. Afifi et al. 2013: 24; Fernandez 2011: 70; Schmidt-Felzmann 2011: 589). So weist Fernandez darauf hin,

---

[71] Nichtsdestotrotz sind die Positionierungen der osteuropäischen Staaten bezüglich der Nabucco-Pipeline nicht vollkommen identisch. Dies wird in Abschnitt 4.3 noch näher ausgeführt.

dass die Kapazität der Nabucco-Pipeline (31 Milliarden Kubikmeter Erdgas) 40%
des Erdgasverbrauchs in den mittel- und osteuropäischen Staaten entspricht und
daher einen signifikanten Beitrag zur Diversifizierung in diesen Staaten geleistet
hätte (vgl. Fernandez 2011: 70).

Während die Befürworter der Nabucco-Pipeline die Zusammensetzung verschiedener Versorgungsquellen als Gewinn hinsichtlich ihrer Diversifizierungsstrategie
ansahen, stellte dieses Faktum für andere Mitgliedstaaten – u.a. Deutschland und
Italien – im Gegensatz dazu einen zentralen Kritikpunkt an dem Projekt dar. Sie
befürchteten, die Region werde nicht ausreichend Erdgas fördern und bereitstellen,
um die Kapazität der Pipeline vollständig auszulasten. Zwar verfügen die Anbie-
terstaaten über einen großen Umfang an Erdgasreserven, es mangelt ihnen jedoch
an Infrastruktur zur Förderung sowie zum Transport des Erdgases. Würde die
Kapazität der Pipeline nicht ausgelastet, könnte sie nur einen geringen Beitrag zum
Erdgasbedarf in der EU leisten und wäre zudem unter ökonomischen Gesichtspunkten unrentabel (vgl. Afifi et al. 2013: 21, 24). Des Weiteren seien die für das Projekt
vorgesehenen Export- und Transitstaaten, insbesondere Iran, Irak und Georgien,
politisch instabil, was ein Risiko für die Versorgungssicherheit der EU darstellt:

> In addition to the well-known problems associated with Iraq, Iran's assertive
> policy towards the 'West' and the generally volatile political situation in the
> region turn it into a difficult partner which is likely to use energy supply as a
> bargaining tool. Turkey could, as an EU membership candidate, be expected
> to be a reliable and cooperative partner, but experts believe it will use its
> position as a key transit country for gas from the Middle East to bargain both
> with the EU and with Russia, with a possibility that the EU could lose out.
> Furthermore, its own gas needs are significant which means that large volumes
> of gas intended for transit may stay in Turkey rather than transit further on to
> EU member states. Consequently, critics view Turkey as a transit country that
> could prove to be as 'troublesome' as Ukraine for the EU. (Schmidt-Felzmann
> 2011: 591)

Die Debatten um die Nabucco-Pipeline verdeutlichen, dass anhand dieses Falls die
Perspektive derjenigen Staaten beleuchtet wird, die im Rahmen der europäischen
Erdgaspolitik Diversifizierungsbemühungen anstoßen möchten. Eine zusätzliche
Dringlichkeit verlieh der Auseinandersetzung um die Nabucco-Pipeline die Initi-
ierung des South Stream-Projekts durch Russland und Italien, das – neben Nord
Stream – als Konkurrenzprojekt zur Nabucco-Pipeline gilt, da es auf den glei-
chen Absatzmarkt zielt, Russland jedoch als alleiniger Anbieter vorgesehen ist

(vgl. Proedrou 2012: 95). Die grundlegenden Charakteristika dieses Projekts und der Zusammenhang mit der Debatte um die Nabucco-Pipeline werden im Folgenden erläutert.

South Stream-Pipeline

Die South Stream-Pipeline war ein Projekt von Gazprom und dem italienischen Energiekonzern Eni S.p.A., die 2007 ein Abkommen zur Entwicklung einer Pipeline, die Russland und Italien direkt verbindet, unterzeichneten. Im Verlauf der Projektplanung wurden verschiedene Routen für die Pipeline diskutiert. Bis Dezember 2014 wurde eine Verlegung von Russland über Bulgarien, Serbien, Ungarn und Slowenien nach Italien angestrebt. Für die Zukunft wurden zudem Optionen für weitere Stränge erörtert, die Österreich, Griechenland, Kroatien und die Republika Srpska einbezogen. Die Hauptroute nach Italien sowie die im Juni 2014 vereinbarte zusätzliche Abzweigung nach Österreich (vgl. FAZ vom 26.06.2014) sind in Abbildung 19 grafisch dargestellt.

Abbildung 19: Routenoptionen der South Stream-Pipeline

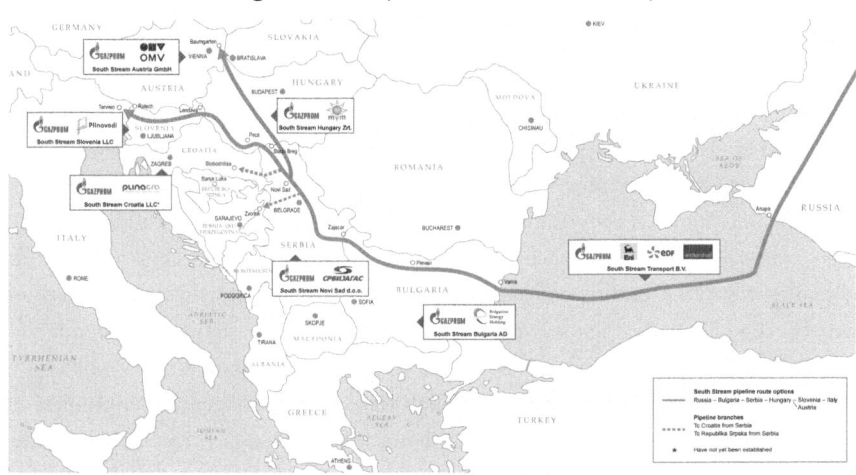

Quelle: South Stream Transport B.V. (o. J.)

Für die Pipeline war eine Kapazität von 63 Milliarden Kubikmetern Erdgas pro Jahr vorgesehen. Anteilseigner für die Offshore-Sektion der Pipeline sind OAO Gazprom (Russland, 50%), Eni S.p.A. (Italien, 20%), EdF SA (Frankreich, 15%)

und die Wintershall Holding GmbH (Deutschland, 15%). Für die Verlegung der Pipeline auf den jeweiligen Territorien der Transitstaaten wurden zwischen 2008 und 2009 intergouvernementale Abkommen zwischen der russischen Regierung sowie den Regierungen von Bulgarien, Serbien, Ungarn, Griechenland, Slowenien, Kroatien und Österreich verabschiedet (vgl. Schmidt-Felzmann 2011: 590; South Stream Transport B.V. o. J.).[72]

Die Projektentwicklung begann nur wenige Jahre nach der Initiierung des Nabucco-Pipelineprojekts, das ebenfalls die Erdgasversorgung Mittel- und Südeuropas vorsah. Vor dem Hintergrund dieses Zusammenhangs war die Debatte um das Pipelineprojekt hinsichtlich der europäischen Strategie gegenüber Russland als Erdgasexporteur besonders virulent: Das Bestreben der beteiligten Staaten am South Stream-Projekt zielte darauf ab, den Zufluss von russischem Erdgas unter Umgehung von als problematisch bewerteten Transitstaaten langfristig zu sichern (vgl. Pollack et al. 2010: 94). Auch Russland begründete das Projekt mit dem Interesse, Transitrisiken zu verringern. Kritiker der South Stream-Pipeline vermuten jedoch, dass ein weiteres Ziel Russlands darin bestand, die Implementierung der Nabucco-Pipeline zu unterbinden, indem Russland die an der Nabucco-Pipeline beteiligten Staaten für das South Stream-Projekt „abwirbt" (vgl. Schmidt-Felzmann 2011: 591; Schuller/Triebe 2013). Da beide Projekte für zum Teil identische Märkte ausgelegt waren, galten sie als wechselseitig ausschließend (vgl. Finon 2011: 55; Proedrou 2012: 84, 95; Schmidt-Felzmann 2011: 589; Westphal 2013a: 43). Von Staaten, die enge Verflechtungen mit Russland als Gefahr für ihre Versorgungssicherheit ansehen, wurde daher die Sorge geäußert, die South Stream-Pipeline werde den russischen Einfluss auf die europäische Erdgasversorgung zusätzlich stärken und gleichzeitig die Diversifizierungspolitik ebendieser Staaten unterwandern. Die Nord Stream- und South Stream-Pipeline würden die EU im Norden sowie im Süden flankieren. Russland hätte damit die Möglichkeit – und dies ist die Sorge vieler osteuropäischer Staaten – die osteuropäischen Staaten im Falle von Krisen mittels Lieferunterbrechungen zu sanktionieren, ohne dabei die beiden größten Nachfragemärkte Russlands – Deutschland und Italien – zu beeinträchtigen. Die beiden Pipelines wurden daher von Befürwortern

---

72 Österreich hat sich dem South Stream-Projekt 2010 angeschlossen (vgl. Schmidt-Felzmann 2011: 590).

des Nabucco-Projekts als „anti-EU-Projekte" interpretiert, mit denen Russland den Zweck verfolgte, die EU zu spalten (vgl. Finon 2011: 54; Schmidt-Felzmann 2011: 589, 591).

Von Kritikern des South Stream-Projekts wurde zudem die Rentabilität der Pipeline in Frage gestellt, da die russische Erdgasförderung aufgrund mangelnder Investitionen in die Erschließung neuer Erdgasfelder und eines steigenden Eigenbedarfs rückläufig ist. Einige EU-Staaten fürchteten daher Reduzierungen von Erdgaslieferungen über das bestehende Pipelinenetz, um die Kapazität der South Stream-Pipeline vollständig auszulasten, was wiederum die Bedeutung sowie die finanziellen Einnahmen von Transitstaaten wie Polen und Tschechien eingeschränkt hätte: „This has reinforced the suspicion among critics in the CEE states that the pipelines will simply divert Russian gas from the overland pipelines, thereby negatively impacting the traditional transit states." (Schmidt-Felzmann 2011: 591; siehe auch Binhack/Tichý 2012: 57–58)

Die Darstellung der drei Pipelineprojekte sowie die Skizzierung der damit verbundenen Auseinandersetzungen verdeutlichen, inwiefern sich die Strategien der Diversifizierung und der Interdependenz in ebendiesen Projekten materialisieren: Nord Stream und South Stream spiegeln das Bestreben wider, die Energiebeziehungen mit Russland im Sinne einer Energiepartnerschaft zu intensivieren und die Interdependenz ebendieser zu verfestigen; die Nabucco-Pipeline gilt hingegen als Grundpfeiler einer Diversifizierungspolitik, die den russischen Einfluss auf die europäische Erdgasversorgung verringern soll. Aus der Widersprüchlichkeit der Politikansätze folgt die Konkurrenz der Pipelineprojekte. Abbildung 20 fasst den Zusammenhang von Wahrnehmung der EU-Russland-Erdgasbeziehung, Politikansatz und bevorzugten Infrastrukturmaßnahmen in der EU-Erdgasaußenpolitik gegenüber Russland zusammen:

Vor dem Hintergrund des großen Anteils von Pipelineimporten gegenüber *LNG*-Importen in die EU, resultiert aus der skizzierten Konkurrenz und der zum Teil wechselseitigen Ausschließlichkeit der Pipelineprojekte wiederum die große Bedeutung der fehlenden Einigkeit in der Erdgasaußenpolitik gegenüber Russland für die Versorgungssicherheit der einzelnen EU-Mitgliedstaaten. Die Kontroverse um Russland hat daher eine weitere Konfliktlinie innerhalb der EU generiert: die Verhandlungen um den Grad der Vergemeinschaftung in der Energiepolitik der EU. Im Folgenden wird gezeigt, inwiefern die Herausforderungen auf dem Feld der

Abbildung 20: Zusammenhang von Wahrnehmung, Politikansatz und Infrastrukturmaßnahmen in der EU-Erdgasaußenpolitik gegenüber Russland

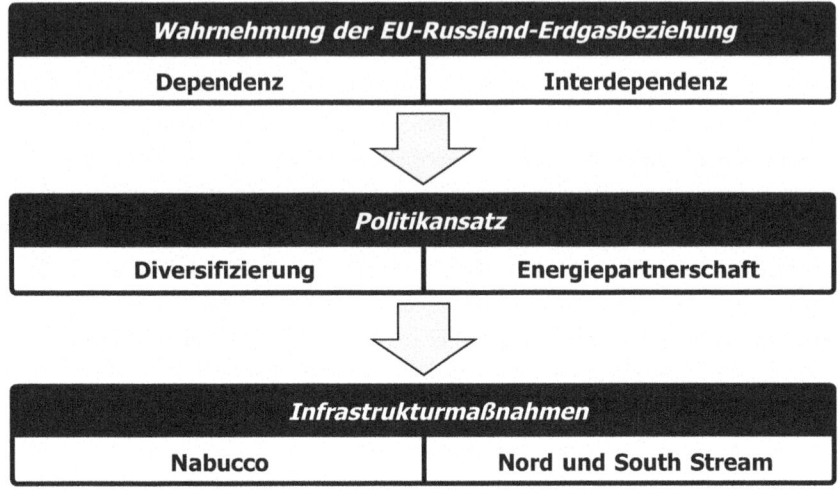

Quelle: Eigene Darstellung

Erdgasaußenpolitik die Bemühungen um eine kohärente Energiepolitik in der EU
zwar maßgeblich mit angestoßen haben, der Antagonismus der nationalen Interessen
in diesem Policy-Subsystem gleichzeitig aber auch ein höchst relevanter Faktor ist,
der eine solche Entwicklung blockiert.

3.3 Erdgasaußenpolitik – Triebfeder und Bremse von Kohärenz in der EU-Energiepolitik

In den beiden vorangegangenen Unterkapiteln wurde erläutert, dass die EU im Erdgassektor mit der Herausforderung einer wachsenden Importabhängigkeit bei einer gleichzeitig zunehmenden globalen Konkurrenz um Erdgasressourcen konfrontiert ist. Dies führte im vergangenen Jahrzehnt dazu, dass Kommission und Mitgliedstaaten für das gesamte Politikfeld Energie mehr Kohärenz forderten, um den Herausforderungen in koordinierter und dadurch effizienterer Form zu begegnen. Trotz dieses Vorhabens wirkte sich die Interessendivergenz zwischen den Mitgliedstaaten, die besonders im Erdgassektor vorherrschte, aber als verbleibendes Hemmnis hinsichtlich ihrer Bereitschaft aus, Souveränität auf die supranationale Ebene zu übertragen. In diesem Abschnitt wird jener Widerspruch, der sich für die Vergemeinschaftung der europäischen Energiepolitik aus den Bedingungen der Erdgasaußenpolitik ergibt, erläutert und zugleich auf die Grundzüge des erdgasaußenpolitischen Entscheidungsprozesses hingewiesen, die sich aus der Auseinandersetzung zwischen den Mitgliedstaaten ableiten lassen. Sie stellen einen wichtigen Bezugspunkt für die in Abschnitt 4.1 erfolgende Modellauswahl dar.

In der Europäischen Union galt das Feld der Energiepolitik bis in die 1980er Jahre als „spectacular failure" (Andersen 2001: 106) der Europäischen Integration (siehe auch George 1985: 100; Solorio Sandoval/Morata 2012: 2; Solorio Sandoval/Zapater 2012: 97). Die EU-Mitgliedstaaten waren über lange Zeit kaum dazu bereit, in der Energiepolitik Souveränität an die supranationalen Institutionen der EU abzugeben. Aufgrund des großen Einflusses einer sicheren und kostengünstigen Energieversorgung auf die Entwicklung nationaler Volkswirtschaften wurde Energiepolitik von den EU-Mitgliedstaaten zu großen Teilen als nationale Aufgabe behandelt, was in der heterogenen Ausgestaltung dieses Politikfeldes in den verschiedenen Mitgliedstaaten resultierte (vgl. u.a. Egenhofer/Behrens 2011: 124; Geden et al. 2006; Morata/Solorio Sandoval 2012: 223; Pollack et al. 2010: 61–62, 105; Solorio Sandoval/Morata 2012: 2; Solorio Sandoval/Zapater 2012: 97):

Until recently, the EU energy sector was by and large characterised by highly regulated national markets and policies dominated – often – by vertically integrated companies. While energy played an important role in European integration with the European Coal and Steel Community (ECSC) and the Euratom Treaty, there has been no or almost no EU authority (competencies in Eurospeak) in energy in the EC Treaty. All subsequent attempts to strengthen EU authority (competencies in Eurospeak) in energy failed on several occasions. (Egenhofer/Behrens 2008: 2)

In den vergangenen Jahren sind die Bedingungen der Energiepolitik für die EU-Staaten allerdings zunehmend ungünstiger geworden: Die Importabhängigkeit der EU steigt bei sich gleichzeitig verschärfender, weltweiter Konkurrenz um Energieressourcen, der Klimawandel beschränkt die Möglichkeiten in der Gestaltung des staatlichen Energie-Mixes und politische Krisen in und zwischen Energieexport- und Transitstaaten erhöhen die Gefahr von Lieferunterbrechungen. Vor diesem Hintergrund äußerten die politischen Akteure vieler EU-Mitgliedstaaten in öffentlichen Stellungnahmen zunehmend das Urteil, eine intensivere Koordination zwischen nationalen und EU-Energiepolitiken, d.h. die Entwicklung einer kohärenten europäischen Energiepolitik, könne einen Beitrag zur Energiesicherheit in der EU leisten: „EU member states appear to realize the possible benefits or even the need for a more integrated EU energy policy." (Egenhofer/Behrens 2008: 2, siehe auch 2011: 125; Geden et al. 2006: 9; Machowiak 2012; Proedrou 2012: 58; Solorio Sandoval/Zapater 2012: 99) Dementsprechend riefen die europäischen Staats- und Regierungschefs bei einem informellen Gipfeltreffen in Hampton Court im Jahr 2005 die Europäische Kommission dazu auf, eine neue europäische Energiepolitik zu entwickeln (vgl. Egenhofer/Behrens 2011: 126).

Das Feld der Erdgasaußenpolitik bildete für diesen schrittweisen Wahrnehmungswandel einen substantiellen Bezugspunkt. Hier spitzten sich die zuvor genannten Herausforderungen – insbesondere die wachsende Importabhängigkeit – angesichts der EU-Osterweiterung noch weiter zu. Aus diesem Grund kamen die Teilnehmer des Gipfeltreffens in Hampton Court 2005 mit Bezug auf die Erdgasaußenpolitik darin überein, dass die EU gegenüber ihren wichtigsten Lieferanten in „stärker zusammenhängender Weise" (zit. n. FAZ vom 30.12.2006) auftreten solle. Einen richtungsweisenden Anstoß stellten zudem die Gaskrisen in den Jahren 2006 und 2009 dar:

> Yet after the successive Russo-Ukrainian crises in 2006 and 2009, the EU decided on two orientations: an internal policy aiming both to limit the effects of eventual interruptions for each member state and to improve solidarity between member-states, and also a determined foreign energy policy focused

on gas vulnerability and on the EU relationship with Russia. (Finon 2011: 50; siehe auch Machowiak 2012: 120; Schmidt-Felzmann 2014: 47–48; Westphal 2012: 425–426)

Insbesondere die EU-Kommission, die seit Jahrzehnten danach strebte, Kompetenzen im Energiesektor zu erwerben und dieses Politikfeld zumindest partiell von der nationalen auf die supranationale Ebene zu heben, nutzte die Gaskrisen als „window of oppourtunity" und argumentierte in diesem Zusammenhang, dass die Gefährdung von Energiesicherheit ein Problem von europäischer Reichweite darstelle und dementsprechend gemeinsame europäische Lösungen bedinge (vgl. Maltby 2013: 437–438).[73] Diesbezügliche Überlegungen bezogen sich u.a. auf die größere Verhandlungsmacht gegenüber Drittstaaten durch eine koordinierte Erdgasaußenpolitik in der EU, gemeinsame Diversifizierungsbemühungen sowie den Bau einer wachsenden Zahl von Verbindungspipelines, um auf politisch oder technisch bedingte Versorgungsengpässe flexibel reagieren zu können (vgl. Egenhofer/Behrens 2011: 125–126; Geden et al. 2006: 2, 9; Harsem/Harald Claes 2013: 786; Schmidt-Felzmann 2011: 583). Basierend auf derlei Kooperationen könne die EU mit einem neuen Selbstbewusstsein in Energieverhandlungen mit Russland eintreten. Stellvertretend für diese veränderte Wahrnehmung erklärte der damalige deutsche Außenminister Frank-Walter Steinmeier 2007, „[d]ie EU sei als einer der größten Binnenmärkte der Welt mit einer enormen Nachfragemacht ausgestattet: ‚Und sie muss im Bewusstsein dieser Macht mit klaren Zielvorstellungen in die Gespräche mit Russland gehen.'" (Zit. n. Handelsblatt vom 20.01. 2007)

Zwar ist die Vorstellung, im Energiesektor seien in den vergangenen Jahren keinerlei Beschlüsse auf EU-Ebene gefasst worden, nicht zutreffend. Die EU-Kommission hat bereits seit den 1990er Jahren im Sinne einer indirekten Europäisierung über verknüpfte Bereiche wie Umweltschutz oder Binnenmarkt nationale Energiepolitiken beeinflusst (vgl. Egenhofer/Behrens 2011; Solorio Sandoval/Zapater 2012: 97; Zapater 2009; siehe auch Fußnote 8.) Dennoch gelten das 2006 von der EU-Kommission veröffentlichte Grünbuch „Eine europäische Strategie für nachhaltige, wettbewerbsfähige und sichere Energie" (Europäische Kommission 2006) sowie die im Anschluss

---

73 Maltby (2013) zeichnet nach, inwiefern es der Europäischen Kommission gelungen ist, die wachsende Importabhängigkeit der EU von Russland bei einer wachsenden Anzahl von Mitgliedstaaten als Problem der Versorgungssicherheit zu *framen* und die Gaskrisen 2006 und 2009 als *policy window* zu nutzen, um sich gegenüber den Mitgliedstaaten als Schlüsselspieler für eine zukünftige europäische Energiegovernance zu präsentieren.

veröffentlichten Schlussfolgerungen des Europäischen Rates und der darin enthaltenen „Festlegung einer Energiepolitik für Europa" (Europäischer Rat 2006: 4) als
Geburtsstunde einer europäischen Energiepolitik (vgl. Egenhofer/Behrens 2011: 126;
Kurze 2009). Im Grünbuch von 2006 bezieht sich die Kommission u.a. explizit auf
die Zielsetzung einer kohärenten Energieaußenpolitik, um gegenüber Drittstaaten
künftig mit „einer Stimme" zu sprechen:

> In this paper the need for a coherent external policy is identified, and the
> member states are called upon to support such a position. A number of key goals
> are set out including: a clear policy on securing and diversifying energy supplies,
> energy partnerships with producers, transit countries and other international
> actors, reacting effectively to external crisis situations, and integrating energy
> into other policies with an external dimension. (Harsem/Harald Claes 2013:
> 786; siehe auch Checchi et al. 2009: 40; Egenhofer/Behrens 2008: 9).

Die institutionelle Verankerung dieser Konzeptionen erfolgte schließlich – wenngleich
in gemäßigter Form, wie im Folgenden noch zu zeigen sein wird – im Lissabon-
Vertrag (vgl. Solorio Sandoval/Zapater 2012: 97). Artikel 194 AEUV verschafft
der europäischen Energiepolitik eine rechtliche Grundlage und erklärt sie zu einem
Bereich der geteilten Zuständigkeit zwischen der Gemeinschaft und den Mitgliedstaaten (Art. 4 Abs. 2 AEUV). Die Ratifizierung des Lissabon-Vertrags gilt daher als
„window of opportunity" (Solorio Sandoval/Morata 2012: 10) für die Ausgestaltung
einer kohärenten europäischen Energiepolitik, die die drei durch die EU deklarierten
Ziele Versorgungssicherheit, Wettbewerbsfähigkeit und Nachhaltigkeit verfolgen soll
(vgl. Percebois 2008: 33). Entsprechend euphorisch vermerkte der EU-Kommissar

für Energie, Günther Oettinger: „Today's leaders have come back to the philosophy which Europe started off with in the 1950ies – namely that the best way to deal with energy challenges is European cooperation." (Oettinger 2010)[74]

Obwohl die Aufnahme der Energiepolitik in den Lissabon-Vertrag eine wichtige Wende darstellt und ein Umdenken der Mitgliedstaaten in der Auseinandersetzung mit den Herausforderungen des Energiesektors symbolisiert, waren die Versuche der EU-Kommission hinsichtlich einer Zusammenführung der nationalen Energiepolitiken bislang jedoch nur bedingt erfolgreich. Fortschritte sind in erster Linie im Bereich des Strom- und Erdgasbinnenmarktes zu verzeichnen, für deren Regulierung die Kommission zusätzliche Kompetenzen erhalten hat (vgl. Aalto 2009: 161; Proedrou 2012: 52; Solorio Sandoval/Morata 2012: 9–12; Solorio Sandoval/Zapater 2012: 102). Für die geopolitische Komponente der Energiepolitik gilt dies jedoch nicht. Politische Entscheidungen, die das Ziel der Versorgungssicherheit im Kontext der europäischen Energieaußenpolitik betreffen, werden weiterhin überwiegend auf der nationalen Ebene getroffen und in bilateralen Verträgen umgesetzt: „[...] Member States retain a pivotal role in designing, implementing and monitoring energy security." (Proedrou 2012: 52; siehe auch Herranz-Surrallés/Natorski 2012: 132; Morata/Solorio Sandoval 2012: 210; Solorio Sandoval/Morata 2012: 9) Dieses Spannungsfeld zwischen der Einsicht in den Mehrwert einer europäischen Energiepolitik und dem gleichzeitigen Zögern der Mitgliedstaaten, Kompetenzen an supranationale Organe abzugeben, wird durch den Lissabon-Vertrag aufrechterhalten, da in diesem die Souveränität der Mitgliedstaaten hinsichtlich fundamentaler Einflussfaktoren in

---

74 Auch in der Wissenschaft wird der Nutzen einer kohärenten EU-Energiepolitik zunehmend diskutiert. Viele Autoren nehmen in dieser Debatte ebenfalls die Position ein, dass Energiepolitik durch eine geteilte anstelle nationaler Zuständigkeiten bestimmt sein sollte; insbesondere im Bereich der Versorgungssicherheit (vgl. Proedrou 2012: 53; siehe auch Aalto 2006: 101–102; Egenhofer/Behrens 2008: 3; Lévèque et al. 2010: ix; Röller et al. 2007: 25–27, 39–42; Umbach 2010: 1239). So argumentieren beispielsweise Egenhofer und Behrens, dass die mangelnde Koordination der nationalen Erdgasaußenpolitiken den russischen Einfluss auf die EU zusätzlich gestärkt hat: „Who wants to blame Russia for playing EU member states against each other, if the latter allow?" (Egenhofer/Behrens 2008: 8) Ein entwickelter Erdgasbinnenmarkt sowie eine darauf aufbauende EU-Erdgasaußenpolitik würden die Versorgungssicherheit der Mitgliedstaaten hingegen stärken: „A European integrated and flexible gas market would make eastern Europe more secure, just as it would make the relationship between Gazprom and large utility importers in Germany, Italy or France less cosy. This is a better position from which to speak with one voice to Moscow. This would to some extent remove the debilitating effect of the EU-Russia gas relationship on EU foreign policy towards Russia." (Egenhofer/Behrens 2008: 9)

der Gestaltung ihrer Energieversorgung festgehalten wird, nämlich „[...] a Member State's right to determine the conditions for exploiting its energy resources, its choice between different energy sources and the general structure of its energy supply, [...].“ (Art. 194 Abs. 2 AEUV) Der Untersuchungsgegenstand der vorliegenden Arbeit, die europäische Erdgasaußenpolitik gegenüber Russland, wird durch den Lissabon-Vertrag somit nicht direkt tangiert. Die EU-Mitgliedstaaten waren in diesem Bereich nicht bereit, Kompetenzen an die EU-Organe abzugeben: „All proposals for a supranational authority that will regulate and monitor the energy mix, overall consumption and imports in the EU have been dashed.“ (Proedrou 2012: 49) Der Entwicklung einer europäischen Energieaußenpolitik werden durch den Lissabon-Vertrag, der eigentlich die rechtliche Basis dafür darstellt, um Energiepolitik in eine geteilte Zuständigkeit zwischen Mitgliedstaaten und EU-Organen zu verwandeln, auf diese Weise deutliche Grenzen gesetzt; nationale Interessen werden weiterhin begünstigt:

> In terms of formal instruments and competence, the decision-making in the policy area relies on intergovernmental cooperation and remains dominated by national preferences. The Lisbon Treaty reiterated existing decision-making rules in the sphere of energy. [...] Despite the evident shift in perception and priority relating to the development of the EU's energy security identified in this chapter, binding regulation upon Member States with regard to *external* energy security policy is lacking. Here the Commission's competence remains limited. (Maltby 2013: 440; siehe auch Egenhofer/Behrens 2008: 3; Solorio Sandoval/Morata 2012: 3; Solorio Sandoval/Zapater 2012: 109)

Für die europäische Energiepolitik lässt sich bis hierhin somit konstatieren, dass sie durch eine Diskrepanz zwischen Rhetorik und Realität gekennzeichnet ist: Während Einvernehmen darüber herrscht, dass es vor dem Hintergrund zahlreicher Herausforderungen im Energiesektor von Nutzen für die EU-Mitgliedstaaten ist, mit „einer Stimme“ aufzutreten und gemeinsam eine kohärente Energiepolitik zu gestalten, besteht weiterhin Uneinigkeit hinsichtlich der konkreten Ausgestaltung dieser „einen Stimme“ und somit hinsichtlich des zusätzlichen Nutzens, den sie für die beteiligten Staaten zu bringen vermag (siehe auch Egenhofer/Behrens 2008: 9–10). Als Erklärungsansatz für diesen stockenden Prozess wird in der Literatur vielfach auf die divergierenden Interessen der Mitgliedstaaten verwiesen, die aus der Heterogenität ihrer jeweiligen nationalen Energiepolitik und ihres bisherigen Energie-Mixes resultieren. Dementsprechend resümiert Pointvogl:

> [W]ithin the various areas of policy-making in the European Union (EU),
> hardly any can be found to be as contested, controversially discussed and
> characterised by national opposition, as it is the case in the field of energy
> policy. Even though the Union took off with the integration of its member
> states' most vital economic domain, by establishing the European Coal and
> Steel Community and the Euratom Treaty some half century ago, today's
> Union is still without what could be called Common Energy Policy. (Pointvogl
> 2009: 5704)

Der Erdgassektor sowie die virulente Auseinandersetzung um die Politik gegenüber
Russland spielen zur Erklärung des Zusammenhangs von widerstreitenden nationalen
Interessen und dem geringen Integrationsgrad der europäischen Energiepolitik eine
Schlüsselrolle.

In Abschnitt 3.2 wurde gezeigt, dass die EU-Mitgliedstaaten gegenüber Russland
keine einheitliche Position vertreten, sondern ihre politischen Strategien vielmehr
Widersprüche aufweisen. Begründet wurde die Differenz der Interessen u.a. mit der
Heterogenität der Versorgungssituation der einzelnen Staaten. An diesem Policy-
Subsystem zeigt sich daher, dass die zuvor genannten Herausforderungen in der
Energiepolitik zwar für die EU in ihrer Gesamtheit gelten, weiterhin aber Unterschie-
de hinsichtlich ihrer Intensität und Qualität je nach Mitgliedstaat bestehen, was
wiederum zu divergierenden Politikansätzen führt. Daraus folgt die Schwierigkeit,
in der Erdgasaußenpolitik mit „einer Stimme" aufzutreten, die tatsächlich bei allen
Mitgliedstaaten Vorteile für ihre Versorgungssicherheit bewirkt:

> Since the EU is not a government, member states have fundamental doubts
> that the abandonment of their strategic external energy interests tot he supra-
> national level of the EU will be able to deliver security for their societies.
> As long as these doubts are a fact of life it will not be possible to resolve
> the struggle [...] and replace this conflict with a straightforward, loud and
> crystal-clear single EU voice. (de Jong/Weeda 2007: 51–52)

Zur Veranschaulichung dieser Problematik wird häufig auf die Konkurrenz zwischen
der Nord Stream- sowie der Nabucco-Pipeline verwiesen: Der Ausgangspunkt ist für
die an der Diskussion beteiligten Staaten identisch. Die europäische Erdgasförderung
sinkt, während die Erdgasnachfrage und damit auch die Importabhängigkeit der
EU steigen. Dies gefährdet die Versorgungssicherheit der EU. Im Grünbuch der
Kommission wird die besondere Problematik der Erdgasversorgung aufgegriffen
und eine koordinierte Diversifizierung der Erdgasversorgung sowie ein gemeinsamer
Ansatz gegenüber Erzeuger- und Transitländern – insbesondere gegenüber Russland

– eingefordert, um eine Energiepartnerschaft mit diesen Ländern zu entwickeln, die die EU als Ganze mit „einer Stimme" umfasst und somit alle Mitgliedstaaten berücksichtigt. Den Mitgliedstaaten würde durch eine solche kohärente Erdgasaußenpolitik eine wirksamere internationale Rolle bei der Gestaltung ihrer Energieversorgung zukommen (vgl. Europäische Kommission 2006: 16–18). An den Debatten um die Nord Stream- und Nabucco-Pipeline zeigt sich jedoch, dass die widersprüchlichen Interessen einem gemeinsamen Ansatz entgegenstehen: Für Deutschland und weitere westeuropäische Staaten besteht ein Lösungsansatz in engeren Energiebeziehungen mit Russland, was sich in der Nord Stream-Pipeline materialisiert. Ziel ist es, Russland in eine enge Partnerschaft einzubinden und russische Erdgasimporte langfristig zu sichern, da eine Diversifizierung Russlands in den asiatischen Raum als Gefährdung der europäischen Versorgungssicherheit beurteilt wird. Diese Politik widerspricht aber dem Interesse Polens und der baltischen Staaten, die ihre Versorgungssicherheit durch die hohe Abhängigkeit von russischem Erdgas gefährdet sehen und deren Lösungsansatz bezüglich der wachsenden Importabhängigkeit der EU daher eine Reduzierung des russischen Importanteils sowie Diversifizierungsmaßnahmen beinhaltet. Die Durchsetzung der nationalen Interessen gegenüber anderen Mitgliedstaaten, d.h. die Implementierung der Pipeline bzw. die Verhinderung ebendieser, bestimmt in dem vorliegenden Fall ganz maßgeblich deren jeweilige Versorgungssicherheit – in positiver sowie in negativer Hinsicht: Politische Entscheidungen, die für eine Staatengruppe von Nutzen sind, schädigen die Interessen der anderen Staatengruppe. Es mag also zutreffen, dass eine koordinierte Erdgasaußenpolitik die Verhandlungsmacht gegenüber Drittstaaten wie Russland stärkt, was das besonders große Interesse von eher kleineren Mitgliedstaaten an einer gesteigerten Kohärenz erklärt. Die Mitgliedstaaten scheinen aber nicht bereit zu sein, zur Erlangung dieses Vorteils Souveränität an supranationale Organe abzugeben, solange erhebliche Interessendivergenzen in der Erdgasaußenpolitik verbleiben. Diesen Zusammenhang verdeutlicht auch das Zitat des ehemaligen EU-Handelskommissars Peter Mandelson, wenngleich dieser sich nicht explizit auf den Energiesektor bezieht: „[N]o other country reveals our differences as does Russia. This is a failure of Europe as a whole, not any Member State in particular. But it does our interests no good." (Mandelson 2007; zit. n. David et al. 2011: 184) Die widersprüchliche Interessenlange der EU-Mitgliedstaaten setzt der Entwicklung einer *gemeinsamen*

Energieaußenpolitik und dem damit verbundenen Nutzen bislang somit deutliche Grenzen (vgl. Aalto 2009: 167, 175; Checchi et al. 2009: 40; Egenhofer/Behrens 2008: 9–10; Proedrou 2012: 49; Umbach 2010: 1237).

Nachdem das Policy-Subsystem der europäischen Erdgasaußenpolitik gegenüber Russland in seinen Grundzügen erläutert, seine wichtigsten Charakteristika und Konfliktlinien gekennzeichnet und seine Implikationen für eine kohärente europäische Energiepolitik aufgezeigt worden sind, wird im Folgenden die *post-diction* der EU-Erdgasaußenpolitik vor der Ukraine-Krise erstellt.

.

KAPITEL 4

Entwicklung und *performance test* des *Gas Game I*

In Kapitel 3 wurde die europäische Erdgasaußenpolitik als Policy-Subsystem vorgestellt und die zentrale Konfliktlinie zwischen den EU-Mitgliedstaaten in diesem Feld – die Politik gegenüber Russland als Erdgasexporteur – näher betrachtet. Dazu wurden die beiden grundlegenden Interpretationen der Energiebeziehung zwischen der EU und Russland – *Dependenz* und *Interdependenz* – sowie die damit verknüpften Politikansätze – *Diversifizierung* und *Energiepartnerschaft* – skizziert. Letztere wurden beispielhaft an den drei Pipelineprojekten Nord Stream, Nabucco und South Stream veranschaulicht. Der Fokus wurde somit auf die beobachtbaren politischen Phänomene in der Erdgasaußenpolitik gelegt. Im Folgenden wird nun versucht, auf Grundlage dieser Beobachtungen in Form einer Simulation eine korrespondierende virtuelle Welt zu entwickeln, die die genannte Konfliktlinie in der Erdgasaußenpolitik unter Fokussierung auf den Politikansatz der EU gegenüber Russland als Erdgasexporteur möglichst genau abbildet. Dadurch soll ermöglicht werden, aufbauend auf der Analyse der virtuellen Welt Rückschlüsse auf die der europäischen Erdgasaußenpolitik zugrundeliegende Kausalstruktur ziehen zu können sowie in Kapitel 8 ein Zukunftsszenario für die europäische Erdgasaußenpolitik gegenüber Russland nach der Ukraine-Krise zu generieren.

Wie im Rahmen der methodischen Anmerkungen in Abschnitt 2.4 erläutert, erfolgen Entwicklung und *performance test* der Simulation mittels einer *post-diction* der europäischen Erdgasaußenpolitik vor der Ukraine-Krise. Die Regeln der Simulation sind durch die Wahl des PG bereits gegeben (vgl. Abschnitt 2.3). Um es auf das Feld der Erdgasaußenpolitik zu übertragen, müssen nun die Entscheidungsakteure identifiziert und Werte für die Inputvariablen festgelegt werden.[75] Wenngleich der Simulationsansatz eine Reduktion von Komplexität stets impliziert, so besteht das Ziel angewandter Modellierungen doch darin, die reale Welt möglichst analog abzubilden. Die Bestimmung der Werte für die Inputvariablen ist für das Erreichen dieses Ziels daher von ebenso großer Bedeutung wie die Übereinstimmung der Simulationsregeln mit der Kausalstruktur der wirklichen Welt. Damit ein möglichst adäquates Abbild der Wirklichkeit generiert werden kann, werden Daten aus der realen Welt für die Inputvariablen der Simulation operationalisiert. Über die empirische Grundlage und methodische Erhebung von derlei Daten besteht in der Literatur zu formalen Modellierungen europäischer Politik bislang keine Einigkeit. Zwar wird nicht bezweifelt, dass die Adäquatheit der Vorgehensweise stets von der Forschungsfrage abhängt. Dennoch herrscht eine lebhafte Debatte über generelle Vor- und Nachteile verschiedener empirischer Quellen. Die vorliegende Arbeit will einen Beitrag zu diesem Diskurs leisten. Aufbauend auf bestehenden Erkenntnissen über Entscheidungsprozesse in der EU-Erdgasaußenpolitik gegenüber Russland (vgl. Abschnitt 3.3) wird im Folgenden zunächst die Modellauswahl begründet. Daran anschließend wird die Datenauswahl für die Zusammensetzung der Spieler sowie die vier Inputvariablen Policyposition, Priorität, Einfluss und Kompromissbereitschaft erläutert und für die Simulation operationalisiert. Die Datenauswahl basiert jeweils auf einer Diskussion der Erkenntnisse aus früheren Studien zur Bestimmung der Inputvariablenwerte und einer daraus abgeleiteten Methode, die für den Untersuchungsgegenstand der vorliegenden Arbeit als besonders sinnvoll erachtet wird.

4.1 Begründung der Modellauswahl

Wie in Kapitel 2 erläutert, wird in der vorliegenden Arbeit das PG von Bueno de Mesquita (2010, 2011) als Modell angewendet, um die Erdgasaußenpolitik abzubilden und zu analysieren. In diesem Kontext wurde aufgezeigt, dass das PG bereits zur Simulation von Entscheidungsprozessen in der EU angewandt wurde. Als empirische Grundlage diente der DEU-Datensatz. Daran konnte demonstriert werden, dass das PG gegenüber den in Thomson et al. (2006b) getesteten Modellen eine sehr hohe Prognosefähigkeit besitzt, insbesondere in weniger kooperativen Settings. Das

---

75   Für eine ausführliche Darlegung der methodischen Vorgehensweise siehe Abschnitt 2.4.

PG besitzt demnach das Potential, einen substantiellen Beitrag zur Anwendung von formalen Modellen in EU-Studien zu leisten (vgl. Abschnitt 2.3). Nachdem in Kapitel 3 das Untersuchungsfeld – die europäische Erdgasaußenpolitik gegenüber Russland – skizziert worden ist, wird im Folgenden begründet, inwiefern das PG in besonderem Maße geeignet ist, ebendieses abzubilden und entsprechend als Analyseinstrument zu dienen. Die Argumentation basiert auf den in Abschnitt 2.2 präsentierten Forschungsergebnissen der DEU-Studie, den theoretischen Grundlagen des PG und seiner Anwendung auf den DEU-Datensatz (vgl. Abschnitt 2.3) sowie auf den in Kapitel 3 dargelegten Erkenntnissen über Entscheidungsprozesse in der europäischen Erdgasaußenpolitik.

Zunächst ist festzuhalten, dass sich der Forschungsgegenstand der vorliegenden Arbeit in einer Hinsicht substanziell von denen des DEU-Projekts unterscheidet: Es handelt sich bei der europäischen Erdgasaußenpolitik nicht um tägliche Politikentscheidungen in der EU, deren finale Beschlussfassung im Rahmen formaler Gesetzgebungsprozesse erfolgt. Die abzubildenden Verhandlungen finden somit nicht in einem juristisch festgelegten Verfahren statt. Sie entsprechen vielmehr den Aushandlungen, die im Rahmen des DEU-Projekts als dem formalen Gesetzgebungsprozess vorgelagert beschrieben werden. Unter Bezug auf die in Kapitel 2 veranschaulichten Modellkategorien kann die europäische Erdgasaußenpolitik daher ausschließlich durch Verhandlungsmodelle abgebildet werden.

Die Verhandlungsmodelle unterscheiden sich maßgeblich darin, ob sie der kooperativen oder der nicht-kooperativen Spieltheorie zuzuordnen sind. Die DEUI-Studie hat ergeben, dass kooperative Verhandlungsmodelle insgesamt eine größere Prognosefähigkeit bei der Analyse von EU-Entscheidungsprozessen aufweisen als nicht-kooperative Verhandlungsmodelle. Grundsätzlich handelt es sich bei der EU somit um ein kooperatives, gemeinschaftliches Setting. Die Autoren der DEUI-Studie führen den hohen Kooperationsgrad u.a. auf die regelmäßigen Interaktionen der EU-Akteure auf diversen Politikfeldern und die damit verbundene Abhängigkeit von Kooperationen und Zugeständnissen durch andere Akteure in zukünftigen Entscheidungsprozessen zurück. Wie in Abschnitt 3.3 bereits ausführlich erläutert wurde, gilt diese Prämisse für das Feld der Erdgasaußenpolitik jedoch nur bedingt. Zwar treffen auch hier die gleichen Akteure aufeinander, die in anderen Bereichen ebenfalls in Verhandlungen stehen. Zudem ist eine Zusammenarbeit teilweise aus geographischen und/oder ökonomischen Gründen notwendig – insbesondere bei Infrastrukturmaßnahmen wie Erdgaspipelines, die häufig über die Territorien verschiedener Mitgliedstaaten verlaufen und hohe Investitionen sowie zur Gewährleistung der wirtschaftlichen Rentabilität bestimmte Nachfragevolumina durch die Abnehmer erfordern. Gleichzeitig wurde aber aufgezeigt, dass in der Erdgasaußenpolitik zwischen den EU-Mitgliedstaaten überaus widersprüchliche Interessen und daraus resultierende Konflikte bestehen, die eine kohärente EU-Politik in diesem Feld bislang blockieren. Kooperationen zwischen den Mitgliedstaaten gestalten sich hier trotz des grundsätzlich kooperativen Settings in der EU – von einzelnen Interessenkoalitionen abgesehen – insgesamt äußerst schwierig. Anstelle einer koordinierten EU-Politik finden die Entscheidungsprozesse vielmehr auf intergouvernementaler Ebene statt.

Bueno de Mesquita (2011) hat im Rahmen des Tests auf den DEU-Datensatz aufgezeigt, dass das PG gerade in konfliktiven EU-Entscheidungsprozessen als Analyse- und Prognoseinstrument gut geeignet ist. Demnach sei die Prognosefähigkeit des Modells umso höher, je stärker es vom kooperativen Setting der EU abweicht. Gleichzeitig ermöglicht das Modell durch die Integration der Variable „Kompromissbereitschaft", den nicht-kooperativen Charakter der Simulation zu relativieren (vgl. Abschnitt 2.3). Vor diesem Hintergrund wird in dieser Arbeit angenommen, dass das PG für die Abbildung und Analyse der europäischen Erdgasaußenpolitik sehr gut geeignet ist: Die Regeln des Spiels reflektieren zum einen die in politikwissenschaftlichen Studien ermittelten konfliktiven Charakteristika des institutionellen Settings in der europäischen Erdgasaußenpolitik. Zum anderen berücksichtigt es mittels der Evaluierung der Kompromissbereitschaft der Spieler, dass einzelne Politikfelder bzw. Policy-Subsysteme wie die Erdgasaußenpolitik nicht vollkommen losgelöst von den institutionellen, durch Kooperation gekennzeichneten Strukturen europäischer Entscheidungsprozesse in anderen Politikfeldern betrachtet werden können, sondern institutions- und akteursbedingte Interdependenzen bestehen, von denen Rückwirkungen auf die europäische Erdgasaußenpolitik zu erwarten sind (vgl. Heinelt 2014: 133).

Trotz seiner hohen Prognosefähigkeit (vgl. Abschnitt 2.3); siehe zudem Feder 2002, 1995) und der anzunehmenden Eignung für die Abbildung der Erdgasaußenpolitik muss allerdings zugleich darauf hingewiesen werden, dass das PG in der politikwissenschaftlichen Literatur auch Kritik erfahren hat. Zum einen wird von verschiedenen Autoren angemerkt, dass das Modell nicht dazu eingesetzt werden

könne, den genauen Eintrittszeitpunkt von Ereignissen zu prognostizieren (siehe
z. B. Brandt et al. 2011: 43–44; Chadefaux 2014: 7) – eine Kritik, die allerdings nicht
nur auf das PG, sondern auf spieltheoretische Modelle im Allgemeinen zutrifft. Des
Weiteren sei es nicht möglich, Eintrittswahrscheinlichkeiten für die Modellprognosen
zu generieren (siehe Zambernardi 2016). Die größte Schwierigkeit in der Anwendung
des PG besteht jedoch darin, dass Bueno de Mesquita den Programmierungscode
seiner Simulation aus kommerziellen Gründen nicht veröffentlicht (vgl. Bueno de
Mesquita o. J.; Ueng 2012: 43–44). Verschiedene Autoren kritisieren daher, dass
seine Forschungsergebnisse nicht reproduzierbar seien (siehe z. B. Sniedovich 2012:
278; Zambernardi 2016; siehe auch die Stellungnahmen von Donald Green und
Stephen Walt in Thomson 2009a). Dieser Kritik ist zu entgegnen, dass Bueno de
Mesquita die mathematischen Berechnungen, die dem PG zugrunde liegen, in einer
Vielzahl von Publikationen sehr weitreichend dargestellt hat (siehe u.a. Bueno de
Mesquita 1980, 1981, 1984, 1985, 1994, 1997, 2002, 2010, 2011). Sie ermöglichen
es – wie in Abschnitt 2.3 demonstriert –, die Prozesse im PG nachzuvollziehen
und aus diesen nach erfolgtem *performance test* des Modells Rückschlüsse auf die
Wirklichkeit abzuleiten. Zur Beantwortung der in dieser Untersuchung aufgestellten
Forschungsfragen sind die von Bueno de Mesquita bereitgestellten Informationen
somit ausreichend. Vor diesem Hintergrund und angesichts der zuvor erläuterten
Argumente, die zeigen, dass das PG zur Analyse der europäischen Erdgasaußenpolitik sehr gut geeignet ist, ist seine Anwendung in der vorliegenden Untersuchung
trotz der erläuterten Schwierigkeiten sinnvoll. Nichtsdestotrotz wird die Kritik an
der mangelnden Reproduzierbarkeit des PG in der methodischen Reflexion im Fazit
dieser Arbeit noch einmal ausführlich berücksichtigt (vgl. Abschnitt 10.3).

Nachdem die Modellauswahl nun begründet wurde, wird im Folgenden die Wahl
der relevanten Entscheidungsakteure erläutert.

4.2 Begründung der Akteursauswahl

Zur Anpassung der Simulation an das zu simulierende Policy-Subsystem muss zunächst festgelegt werden, welche Akteure als Spieler in der Simulation berücksichtigt
werden, um diese anschließend mittels der vier Inputvariablen in ihren grundlegenden Eigenschaften und Fähigkeiten zu bestimmen. Es ist somit folgende Frage
zu beantworten: Welche Akteure entscheiden in der EU über die Ausgestaltung
der Erdgasaußenpolitik gegenüber Russland? Als Richtlinie für die Spielerauswahl

schlägt Bueno de Mesquita vor: „Identify every individual or group with a meaningful interest in trying to influence the outcome." (Bueno de Mesquita 2010: 50) In dieser Arbeit wird der Fokus aufgrund des Hinweises der „*meaningful* interests" [eigene Hervorhebung] auf diejenigen Akteure gelegt, die tatsächlich an dem Aushandlungsprozess, der in der Simulation abgebildet wird, teilnehmen und dessen Verlauf mitgestalten. Um dennoch zu berücksichtigen, dass bei politischen Entscheidungsprozessen häufig versucht wird, das Verhandlungsergebnis mittelbar über die relevanten Entscheidungsträger zu beeinflussen, wird bei der Auswahl der Akteure zugleich versucht, implizit eine Bündelung verschiedener Interessen in einzelnen Spielern vorzunehmen. Die konkrete Auswahl der Spieler erfolgt mittels theoretischer Überlegungen auf Grundlage der vorherigen Kapitel und energiepolitischer Studien sowie einer darauf aufbauenden Auswertung empirischer Daten.

Um zu ermitteln, welche Akteure als Spieler in der Simulation zu berücksichtigen sind, damit ein möglichst adäquates Abbild der realen Welt erstellt werden kann, ist es sinnvoll, das zu untersuchende Policy-Subsystem und die damit verbundenen Konfliktlinien präzise zu bestimmen.[76] Wie in Kapitel 3 dargelegt, ist der zu simulierende Forschungsgegenstand der externen Dimension europäischer Erdgaspolitik zuzuordnen. Sie umfasst die Beziehungen zu Nicht-Mitgliedstaaten, in der Regel Export- und Transitstaaten. Diese besitzen gerade im Erdgassektor einen großen Stellenwert für die Versorgung der EU, da die europäische Importabhängigkeit gegenwärtig bei ca. 70 % liegt und in der Zukunft voraussichtlich weiter ansteigen wird. Diese Entwicklung stellt eine zentrale Herausforderung europäischer Erdgasaußenpolitik dar, da eine große Abhängigkeit von Energieimporten von den EU-Mitgliedstaaten grundsätzlich als Gefährdung ihrer Versorgungssicherheit erachtet wird: „Increasing dependence is directly correlated with growing insecurity, defined as the likelihood that gas exporting countries will cut off, or threaten to cut off, supplies to importing countries in support of their commercial and political (foreign policy) demands." (Stern 2010: 56) Das Handlungsfeld, das in der Simulation abgebildet werden soll, kann in einem ersten Schritt somit näher bestimmt werden als Gewährleistung von Versorgungssicherheit im Rahmen des Handels mit Export- und Transitstaaten im Erdgassektor, wobei nicht der tatsächliche Handel mit Letzteren simuliert werden soll, sondern der Entscheidungsprozess innerhalb der EU über die Ausgestaltung

---

76 Dazu ist teilweise eine Wiederholung der Ausführungen aus Kapitel 3 notwendig, die für die Argumentation der Spielerauswahl jedoch unerlässlich ist.

der Energiebeziehungen mit Drittstaaten. Die Hervorhebung der Versorgungssicherheit trägt dazu bei, den Akteurskreis näher zu bestimmen. Schließlich wurde in Kapitel 3 bereits erläutert, dass die große Relevanz dieses Ziels aus der elementaren Bedeutung einer flächendeckenden und sicheren Bereitstellung von Energie für das erfolgreiche Funktionieren einer Volkswirtschaft resultiert. Dies begründet wiederum die Besonderheit des Policy-Subsystems Erdgasaußenpolitik und die damit verbundene mangelnde Bereitschaft von staatlichen Akteuren, Energieträger als freie Waren auf einem Weltmarkt ohne politische Eingriffe handeln zu lassen. Aus diesen Überlegungen lässt sich eine Fokussierung auf politische Akteure ableiten, die zudem durch politikwissenschaftliche Studien zur europäischen Energiepolitik gestützt wird. So verweisen zahlreiche Autoren auf die Dominanz von staatlichen Akteuren bei der Initiierung und Ausgestaltung des Energiehandels mit Export- und Transitstaaten zur Gewährleistung der nationalen Versorgungssicherheit:

> Governments have to ensure that their people enjoy steady flow of energy to cover their energy needs and that the national economy will further develop. They thus insist on retaining a central role in key negotiations with external suppliers in order to secure supplies and avoid energy shortages. As a result, external relations remain basically intergovernmental in nature. (Proedrou 2012: 52; siehe auch de Jong/Weeda 2007: 51)

Noch deutlicher formulieren es Morata und Solorio Sandoval: „[C]oncerns about energy supply remain "hostage" to the geopolitical and bilateral preferences of the member states." (Morata/Solorio Sandoval 2012: 211) Zur Veranschaulichung führt Pointvogl folgende Beispiele an:

> With only a few empirical examples, due to a limited amount of events of relevant magnitude, one may say that governments would attempt to secure all productive capacities at their disposal to maintain their national supply security. A case underlining this view is the first Gulf War, when besides the USA, Italy, France and the UK sought to maintain Kuwaiti and other Gulf countries production. In general, the three ways to achieve this are (a) to redistribute natural resources, (b) to secure supply routes, and (c) to secure production abroad and at home. Countries like France or Sweden give clear indications that these matters of energy policy fall into the domain of defence and security policy through '[. . .] control of energy resources and their distribution, and competition for energy resources' (Schwedisches Verteidigungsministerium 2007), to avoid experiencing weakness such as during the energy crises of the 1970's. (Pointvogl 2009: 5709)

Die Dominanz politischer Akteure gilt insbesondere für den Erdgassektor, da in diesem die geopolitische Lage aus der Perspektive der EU zunehmend problematisch wird (vgl. Stern 2010: 57).[77] Die europäische Versorgungssicherheit wird hier nicht aufgrund eines Mangels an Erdgasreserven in – aus ökonomischer Perspektive – „rentabler Reichweite" als grundsätzlich gefährdet angesehen:

> [S]ufficient reserves exist in a range of countries within economic reach of European gas markets – Russia, North Africa, Middle East, Caspian, and a number of intercontinental LNG suppliers – to bring sufficient gas supplies to Europe to meet the projected levels of demand. But such imports, far from being seen as the solution to European gas security, are almost universally seen as 'the problem'. [..T]he new – less favorable – security outlook is fundamentally due to something else: a worsening geopolitical environment in both the short and longer terms. (Stern 2010: 57–58)

Die Sorge der EU und ihrer Mitgliedstaaten richtet sich also vielmehr auf die *Politik* der Exportstaaten und deren Einfluss auf den Erdgashandel. Unter ebendiesem Gesichtspunkt ist Russland als besonders anteilsstarker Erdgaslieferant in den Fokus der europäischen Erdgasaußenpolitik gerückt: „This is based on an increasingly popular view of Russian foreign policy which holds that the Putin administration sees energy trade as an important means – perhaps the principal means at Russia's disposal – of projecting its political power and influence internationally." (Stern 2010: 60) Bei der Beurteilung von Russland als Exportstaat – und dies wurde auch in Abschnitt 3.2 verdeutlicht – handelt es sich somit um eine *politische* Sachfrage, die dementsprechend von *politischen* Akteuren diskutiert und bearbeitet wird.

Zusammenfassend sind damit zwei Argumente für die Wahl politischer Akteure angeführt worden: Zum einen ist die Gewährleistung von Versorgungssicherheit im Energiesektor von so großer Bedeutung für Nationalstaaten, dass mit diesem Ziel verbundene Energieprojekte im Erdgassektor von staatlichen Akteuren initiiert und maßgeblich gestaltet werden. Zum anderen besteht gegenwärtig kein Mangel an Erdgasreserven, die von der EU importiert werden könnten. Als Gefährdung einer sicheren Versorgung mit Erdgas gelten hingegen die politischen Verhältnisse in den jeweiligen Exportstaaten bzw. die politischen Beziehungen zwischen Import- und Exportstaaten sowie Transit- und Exportstaaten. Dies führt ebenfalls dazu, dass

---

77 Dies war bereits vor der Ukraine-Krise und dem damit verbundenen Konflikt zwischen der EU und Russland der Fall. Man bedenke beispielsweise die politischen Entwicklungen in (potentiellen) Erdgasexportstaaten wie Ägypten, Algerien, Libyen, Iran und Irak.

politische Akteure eine Schlüsselrolle in der Ausgestaltung des Erdgasaußenhandels einnehmen, da die Energiebeziehungen auf beiden Seiten von staatlichen Interessen dominiert werden.

Die Betonung dieser beiden Punkte soll die Abgrenzung gegenüber wirtschaftlichen Akteuren begründen. Schließlich mag an dieser Stelle eingewandt werden, dass der Erdgassektor im vergangenen Jahrzehnt im Hinblick auf das Verhältnis von Staat und Wirtschaft signifikanten Veränderungen unterzogen wurde. Als Ausdruck dieses Paradigmenwechsels gilt in der europäischen Erdgaspolitik die Richtlinie 98/30/EG. Sie wurde mit dem Ziel erlassen, die in den Mitgliedstaaten weitgehend vorherrschenden Monopolwirtschaften durch eine schrittweise Marktöffnung aufzubrechen und einen europaweiten und integrierten Erdgasbinnenmarkt zu entwickeln. Erdgas wurde in diesem Rahmen die Wareneigenschaft zugeschrieben (vgl. Pollack et al. 2010: 101, 115–129). Die Liberalisierung beeinflusst den analytischen Umgang mit Energieunternehmen als Akteure im Erdgassektor. Zuvor handelte es sich bei der überwiegenden Mehrzahl von Energieunternehmen in der EU um monopolistische, staatseigene Unternehmen, weshalb eine Interessenidentität zwischen Energieunternehmen und Regierung angenommen werden konnte. Im Zuge der Liberalisierung wurden die nationalen Regierungen in der EU rechtlich dazu veranlasst, ihre Anteile partiell zu verkaufen. Je nach Unternehmensstruktur ist es daher notwendig, eine analytische Trennung zwischen Energieunternehmen und Regierungen vorzunehmen und die Unternehmen als autonome Akteure zu bewerten (vgl. Aalto 2009: 162–163; Finon/Locatelli 2002: 3; Proedrou 2012: 49–50).

Dies gilt grundsätzlich auch im Feld der Erdgasaußenpolitik. Es ist nicht zu bestreiten, dass Energieunternehmen als wirtschaftliche Organe den Handel mit externen Unternehmen betreiben. Gleichwohl wird in dieser Arbeit der Standpunkt vertreten, dass die Energieunternehmen keine ausschlaggebenden Akteure für die Ausrichtung der nationalen Erdgasaußenpolitik sind. Neben dem Verweis auf die vorigen Erläuterungen zur politischen Gestaltung von Energiebeziehungen mit Export- und Transitstaaten verdeutlichen auch die Entscheidungsprozesse um die europäischen Pipelineprojekte, dass die entscheidenden Rahmenbedingungen für die Energiebeziehungen mit Russland von den Mitgliedstaaten geschaffen werden: Sie waren stets Initiatoren der Projekte, eröffneten mittels Regierungsabkommen überhaupt die Möglichkeit für die Pipelineverlegung, unterstützen einzelne Projekte finanziell oder agierten zumindest temporär als Kreditgeber, kurz: „[F]or securing oil and gas flows, [...] government-to-government relations are a crucial part of business-to-business deals." (de Jong/Weeda 2007: 51) Des Weiteren wird der Diskurs um diese Projekte von politischen Akteuren dominiert. Aus diesen Gründen wird in der Simulation auf eine Einbeziehung wirtschaftlicher Akteure verzichtet.

In einem zweiten Schritt wird bestimmt, *welche* politischen Akteure als relevante Entscheidungsträger in die Simulation integriert werden. Dazu wird auf die Erläuterungen in Abschnitt 3.2 verwiesen. Hier wurde dargelegt, dass es in der EU zwar seit den 1990er Jahren Bestrebungen bezüglich einer koordinierten Energiepolitik gibt. Im Bereich der Außenpolitik sind die Mitgliedstaaten aber nicht dazu bereit, Souveränität im größeren Maßstab auf die EU-Institutionen zu übertragen, was sich im Lissabon-Vertrag auch rechtlich widerspiegelt (siehe auch Pointvogl 2009: 5705). An der Erdgasaußenpolitik gegenüber Russland wird die Dominanz der Mitgliedstaaten im geopolitischen Bereich des Energiefeldes besonders deutlich: Aufgrund der großen Bedeutung russischer Erdgasimporte für den Energie-Mix in der EU beeinflusst die Ausgestaltung der Energiebeziehungen mit Russland die Versorgungssicherheit einer großen Zahl der Mitgliedstaaten signifikant. Gleichzeitig verfolgen die Mitgliedstaaten in ihrer Erdgasaußenpolitik widersprüchliche Interessen, deren Durchsetzung die nationale Versorgungssicherheit der jeweils anderen Staaten gefährden kann. Die Kombination dieser Faktoren führt dazu, dass die EU-Mitgliedstaaten trotz des Arguments der EU-Institutionen, eine gemeinsame Erdgasaußenpolitik würde die Verhandlungsmacht der EU gegenüber Russland stärken, keine Souveränität an supranationale Organe abgeben. Die nationalen Interessen der Mitgliedstaaten und die Aushandlungen zwischen ebendiesen dominieren daher die europäische Erdgasaußenpolitik gegenüber Russland. Zur Veranschaulichung dienen hier ebenfalls die zuvor präsentierten Pipelineprojekte: Es besteht keine koordinierte europäische Politik, die durch Kooperation der Mitgliedstaaten die über Importe gewährleistete Erdgasversorgung für die EU ausarbeitet. Stattdessen existieren verschiedene, zueinander in Konkurrenz stehende Projekte über deren Implementierung die Mitgliedstaaten vornehmlich auf intergouvernementaler Ebene im Widerstreit nationaler Interessen verhandeln.

Da die Modellierung der europäischen Erdgasaußenpolitik u.a. dazu dienen soll, potentielle zukünftige Veränderungen zu simulieren, ist für die Bewertung der relevanten Akteure neben einer Betrachtung des Status Quo im Untersuchungszeitraum zwischen 2000 und 2010 aber auch eine Berücksichtigung der jüngsten

Entwicklungen notwendig, die das Potential von Machtverschiebungen zwischen den Akteuren in sich bergen. Die supranationale Institution, die sich in den vergangenen Jahren am intensivsten um eine Ausweitung ihrer Kompetenzen im europäischen Erdgassektor bemüht hat, ist die Europäische Kommission (vgl. Checchi et al. 2009: 39–40; Egenhofer/Behrens 2008: 5; Herranz-Surrallés/Natorski 2012: 132; Maltby 2013; Morata/Solorio Sandoval 2012: 210–211; Pollack et al. 2010: 63, 100; Solorio Sandoval/Zapater 2012: 97–99). Sie wird in der Literatur als wichtigste supranationle Instanz im europäischen Energiesektor bewertet (vgl. Proedrou 2012: 50). Wenngleich es auf den ersten Blick so scheinen mag, widerspricht dieses Urteil nicht den im vorangegangenen Absatz ausgeführten Erläuterungen zur Dominanz der Mitgliedstaaten in der Erdgasaußenpolitik. Es beruht nämlich in erster Linie auf den Kompetenzen der EU-Kommission bezüglich des Erdgasbinnenmarkts, d.h. der sogenannten *internen* Dimension der Erdgaspolitik. Seit Inkrafttreten des Dritten Energiepakets am 3. November 2011 ist jedoch eine zunehmende Aufweichung von interner und externer Dimension der Erdgaspolitik zu verzeichnen.[78] Von konkreter Bedeutung für die Identifizierung der relevanten Akteure in der europäischen Erdgasaußenpolitik gegenüber Russland ist die mit dem Dritten Energiepaket verbundene Kompetenz der EU-Kommission zur Überprüfung der Umsetzung der Liberalisierungsrichtlinien im jeweiligen nationalen Recht der Mitgliedstaaten sowie – und dies ist der wichtigste Punkt – zur Gewährung von Abweichungen von ebendiesen. Denn die Liberalisierungsrichtlinien schränken den Handlungsrahmen von Exportstaaten in der EU und somit den Handel zwischen EU-Mitgliedstaaten und Erdgaslieferanten ein: Die Vorgaben zum regulierten Netzzugang Dritter sowie zur Entflechtung von vertikal integrierten Unternehmen implizieren, dass Erdgaslieferanten nicht zugleich als Produzent und als Betreiber einer Pipeline tätig sein dürfen, sofern die zuständigen nationalen Regulierungsbehörden und die EU-Kommission keine Ausnahme gewähren. Die EU-Kommission kann somit das bisherige Geschäftsmo-

---

78 Der Liberalisierungsprozess wurde bereits 1998 mit dem Ersten Energiepaket initiiert, erhielt aber erst mit dem Dritten Energiepaket Relevanz für den Untersuchungsgegenstand der vorliegenden Arbeit. In Abschnitt 7.2.2 werden die Entwicklung der Liberalisierung im Erdgassektor und ihre Auswirkungen auf die externe Dimension der europäischen Erdgaspolitik näher erläutert.

dell von Gazprom, im Rahmen dessen das Unternehmen sowohl Produzent als auch Betreiber der in der EU gebauten Pipelines ist, blockieren, indem sie keine Ausnahme für die oben genannten Vorgaben gewährt (vgl. Abschnitt 7.2.2).

Als Zwischenfazit kann festgehalten werden: Schon vor 2011 hat die EU-Kommission versucht, mit finanziellen und verhandlungspolitischen Instrumenten die Erdgasaußenpolitik der EU gegenüber Russland zu beeinflussen, über die entscheidungspolitische Potenz verfügten jedoch in erster Linie die Mitgliedstaaten. Mit Inkrafttreten des Dritten Energiepakets wird der Kommission nun eine Kompetenz verliehen, die sie ebenfalls zu einem relevanten Akteur in der europäischen Erdgasaußenpolitik gegenüber Russland werden lässt. Es wird auf Grundlage der bisherigen Analyse und Literaturstudien somit angenommen, dass die Erdgasaußenpolitik der EU gegenüber Russland das Ergebnis bilateraler Verhandlungen zwischen den EU-Mitgliedstaaten ist, deren Handlungsrahmen von der EU-Kommission aber seit 2011 in zunehmendem Maße begrenzt wird. Aus diesen Gründen werden in der vorliegenden Arbeit die EU-Mitgliedstaaten sowie die Europäische Kommission als relevante Akteure für die Ausgestaltung der europäischen Erdgasaußenpolitik gegenüber Russland erachtet und als Spieler in die Simulation integriert.[79]

Die EU-Kommission und die Mitgliedstaaten werden als abgeschlossene Einheit, d.h. als einzelner Akteur gefasst. Zwar besteht in der Politikwissenschaft eine seit Jahrzehnten andauernde Debatte, ob Mitgliedstaaten tatsächlich in dieser Form analytisch behandelt werden sollten (vgl. Johnson 1999: 1518–1519). Begründet wird diese Vorgehensweise in der vorliegenden Arbeit aber mit dem Ausschnitt der realen Welt, der simuliert werden soll. Selbstverständlich setzt sich ein Staat aus sehr heterogenen Akteuren mit divergierenden Interessen zusammen. Für die Entwicklung der Simulation muss aber berücksichtigt werden, zu welchem Zeitpunkt das Spiel beginnt: Das Modell bildet die intergouvernementalen Verhandlungen ab, im Rahmen derer schließlich entschieden wird, welche nationalen Interessen sich durchsetzen und die europäische Erdgasaußenpolitik formen. Zu diesem Zeitpunkt treten die Regierungen mit *einer* Position als Vertreter ihres Staates in die Verhandlungen ein. Natürlich ist davon auszugehen, dass zuvor von verschiedenen Akteuren versucht wird, die Entscheidungsträger zu beeinflussen. Es wird aber für die Simu-

---

79 Die zeitliche Abfolge der Ausweitung der Kommissionskompetenzen wird mittels divergierender numerischer Bestimmungen des Einflusses in *Gas Game I* und *II* berücksichtigt (vgl. Abschnitte 4.4 und 8.5).

lation angenommen, dass diese interne Debatte zum Beginn des Spiels zumindest
insofern abgeschlossen ist, dass sie den intergouvernementalen Entscheidungsprozess
nicht mehr beeinflusst, sondern lediglich die von der jeweiligen Regierung vertre-
tene Position für die simulierten Verhandlungen ausschlaggebend ist. Eine solche
Einflussnahme findet also vor den Verhandlungen statt, die im Modell simuliert
werden. Akteursinteressen, die erfolgreich auf die Entscheidungsträger einwirken,
sind unter diesen Annahmen in der Position der Mitgliedstaaten ebenfalls gebündelt,
werden aber nicht als eigenständige Akteure in die Simulation integriert. Gleiches
gilt für die Zusammenfassung der EU-Kommission als abgeschlossene Einheit. Diese
Vorgehensweise entspricht auch der Akteurauswahl im DEU-Projekt: „The bargaining models in the present volume assume that only actors with formal voting
power matter. National and cross-national interest groups may have shaped the
positions adopted by the member states, for example, but that activity is prior
to the starting point of the data set under study." (Schneider et al. 2006: 301;
vgl. auch Abschnitt 2.2 in dieser Arbeit)

Wenngleich die Dominanz der Mitgliedstaaten in der Energieaußenpolitik nun
erläutert wurde, können mit Bezug auf den Erdgassektor zwei weitere Regeln
zur Orientierung bei der Spielerauswahl festgelegt werden, die den ausgewählten
Akteurskreis zusätzlich eingrenzen. *Erstens* ist anzumerken, dass sich die EU-
Mitgliedstaaten hinsichtlich ihrer nationalen Energie-Mixe deutlich unterscheiden.
Zwar wurde in Abschnitt 3.1 darauf hingewiesen, dass Erdgas der drittwichtigste
Energieträger in der EU ist, dies gilt aber nicht für alle Mitgliedstaaten. So verbrauchen Zypern und Malta beispielsweise keinerlei Erdgas. Es ist deshalb davon
auszugehen, dass nicht alle Mitgliedstaaten ein Interesse daran haben, die Erdgasaußenpolitik der EU zu beeinflussen. Um die „meaningful interests" (Bueno
de Mesquita 2010: 50) zu identifizieren, hilft die Betrachtung der zentralen Konfliktlinie im simulierten Handlungsfeld: Als grundlegende Strategien wurden eine
Diversifizierung der Erdgasimporte mit dem Ziel einer Verringerung des Anteils
russischen Erdgases gegenüber einem Aufbau bzw. einer Intensivierung der Energiepartnerschaft mit Russland als Erdgasexporteur skizziert. Diese Debatte um
die Erdgasimportstruktur in der EU betrifft in erster Linie diejenigen Staaten, die
große Mengen an Erdgas importieren. Als erste Regel für die Identifikation der
relevanten EU-Mitgliedstaaten wird daher aufgestellt, dass eine Orientierung an
den absoluten Erdgasimportmengen der Staaten im Untersuchungszeitraum von

2000-2010 erfolgen soll. Gegen diese Vorgehensweise könnte eingewandt werden, dass bevölkerungsschwache EU-Mitgliedstaaten voraussichtlich übergangen werden, da sie in der Regel weniger Energie und somit auch weniger Erdgas verbrauchen, ihre Importmengen für die nationale Versorgung aber dennoch von großer Bedeutung sein mögen, da deren Anteil am nationalen Gesamtenergieverbrauch möglicherweise sehr hoch ist. Ein Beispiel sind die baltischen Staaten. Gleichzeitig kann allerdings die Umkehrung dieser Überlegung als zusätzliches Argument angeführt werden, weshalb die absoluten Importmengen der Mitgliedstaaten anstelle des Anteils von Erdgas an ihrem jeweiligen nationalen Energiemix als Auswahlkategorie dienen sollten: Gerade *weil* große Importmengen in der Regel mit verhältnismäßig großen Mitgliedstaaten verbunden sind, dienen sie als sinnvolle Auswahlkategorie, schließlich verfügen große Mitgliedstaaten – wie in Abschnitt 4.4 noch ausführlich erläutert wird – über größere Einflussmöglichkeiten auf die politische Entscheidungsfindung in der EU und weisen im Erdgassektor überhaupt das Potential auf, kostenintensive Infrastrukturprojekte, die die Erdgasaußenpolitik maßgeblich bestimmen, zu initiieren und umzusetzen. Da bei der Akteursauswahl eben nicht nur relevant ist, wer Entscheidungen in der Erdgasaußenpolitik beeinflussen *will*, sondern vielmehr, wer derlei Entscheidungen auch beeinflussen *kann*, erscheint die Orientierung an absoluten Importmengen grundsätzlich sinnvoll.

Gleichwohl soll die Auswahlkategorie um eine zweite Regel ergänzt werden. Schließlich wurde in Abschnitt 3.2 erläutert, dass die oben benannte Konfliktlinie *Diversifizierung vs. Energiepartnerschaft* – von wenigen Ausnahmen abgesehen – in erster Linie zwischen ost- und westeuropäischen Mitgliedstaaten verläuft. Allerdings weisen die osteuropäischen Mitgliedstaaten aufgrund ihrer vergleichsweise geringen Bevölkerungszahl und ihres damit verbundenen geringen Energieverbrauchs in absoluten Zahlen geringere Erdgasimporte auf als viele westeuropäische Staaten. Nun könnte mit Verweis auf die erste Auswahlkategorie argumentiert werden, dass sie vor diesem Hintergrund auch nicht als „meaningful interests" berücksichtigt werden müssen. Betrachtet man aber die Skizzierung der Debatten um die Pipelineprojekte Nord Stream, South Stream und Nabucco und die daran beteiligten Mitgliedstaaten (vgl. Abschnitt 3.2), so scheint dies nicht der Realität zu entsprechen. Vielmehr zeichnet sich daraus ab, dass vor dem Hintergrund des „Ost-West-Konfliks" in der Erdgasaußenpolitik der EU zumindest die größten osteuropäischen Mitgliedstaaten als einflussreichste Advokaten dieser Staatengruppe im Entscheidungsprozess von den großen westeuropäischen Mitgliedstaaten berücksichtigt werden. Die Orientierung an den absoluten Erdgasimportmengen für die Auswahl der Entscheidungsakteure erscheint somit weiterhin als sinnvoll, wegen der vorangegangenen Erläuterungen werden ost- und westeuropäische Mitgliedstaaten aber gesondert evaluiert.

Zur Umsetzung dieser Überlegungen wird zunächst ein Ranking der west- und osteuropäischen EU-Mitgliedstaaten anhand ihrer Erdgasimportvolumina zwischen 2000 und 2010 erstellt. Als rangordnende Größe wird der jeweilige Durchschnittswert der Importe der einzelnen Mitgliedstaaten in dieser Periode ausgewählt. Die sich daraus ergebenden Aufstellungen für West- sowie für Osteuropa werden in den Tabellen 6 und 7 aufgeführt.

Tabelle 6: Erdgasimporte der westeuropäischen EU-Mitgliedstaaten (2000–2010)

	2000	2001	2002	2003	2004	2005	2006	2007	2008	2009	2010	Durchschnitt
DE	75767	78728	81341	84478	90109	90700	93730	88355	91991	94557	88662	87 128,91
IT	57447	54775	59291	62794	67908	73460	77399	73950	76867	69250	75354	68 045,00
FR	41041	40156	42090	43419	45289	48085	45501	43816	46446	47134	48745	44 702,00
ES	16934	17328	20725	23177	26951	33118	36553	36386	40750	36576	36721	29 565,36
NL	17417	21393	26771	25488	18851	22939	25174	26093	26459	25657	25749	23 817,36
GB	2382	2754	5490	7851	12106	15742	22274	30737	36991	41233	53769	21 029,91
BE	15564	15395	16003	16695	17066	17369	17618	17464	18175	21098	22910	17 759,73
AT	6218	6296	6553	8050	8407	9340	10244	10013	10192	11634	12417	9033,09
FI	4209	4559	4531	5023	4859	4425	4767	4578	4739	4270	4703	4605,73
IE	2827	3384	3472	3635	3440	3498	4187	4552	4798	4628	5119	3958,18
PT	2300	2553	3110	3026	3760	4464	4200	4319	4763	4896	5160	3868,27
GR	2048	2018	2128	2418	2623	2820	3294	4025	4220	3555	3851	3000,00
LU	757	748	1191	1205	1361	1339	1403	1312	1255	1269	1364	1200,36
SE	882	968	986	983	979	932	967	1007	914	1220	1631	1042,64
DK	0	0	0	0	0	0	0	0	0	0	152	13,82
CY	0	0	0	0	0	0	0	0	0	0	0	0,00
MT	0	0	0	0	0	0	0	0	0	0	0	0,00

Rangordnung gemäß der durchschnittlichen jährlichen Importvolumina in der Periode zwischen 2000–2010 in Millionen Kubikmetern
*Quelle: International Energy Agency (2001b, 2002, 2003c, 2004c, 2005b, 2006c,
2007b, 2008, 2009e, 2010b, 2011d, 2012b, 2013a, 2014a); eigene Berechnung*

Im Anschluss an die vorangegangenen theoretischen Überlegungen und die Erstellung des Rankings muss nun festgelegt werden, welche Mitgliedstaaten konkret
als Spieler in der Simulation berücksichtigt werden sollen. Für die osteuropäischen
Mitgliedstaaten ergibt sich eine sehr deutliche Einteilung unter der Vorgabe, dass die
Höhe der Importmenge die Relevanz der Mitgliedstaaten hinsichtlich ihrer Interessen
und ihrer Möglichkeiten, diese in den erdgasaußenpolitischen Entscheidungsprozess

Tabelle 7: Erdgasimporte der osteuropäischen EU-Mitgliedstaaten (2000–2010)

	2000	2001	2002	2003	2004	2005	2006	2007	2008	2009	2010	Durchschnitt
HU	9047	9587	10700	12176	11418	12004	11531	10497	11403	9635	9637	10 694,09
PL	8097	8782	8202	9200	9963	10463	10922	10124	11202	9954	10895	9800,36
CZ	9209	9521	9734	9525	8817	9359	9804	8628	9573	9683	8510	9305,73
SK	7036	7002	7255	6795	6949	6698	6940	6268	6266	5878	6098	6653,18
RO	3394	2879	3772	5321	5129	5259	6013	4851	4432	2006	2279	4121,36
BG	3442	3424	3126	2944	3010	3065	3249	3370	3432	2604	2608	3115,82
LT	2581	2682	2711	2944	2929	3116	3100	3720	3125	2737	3106	2977,36
LV	1385	1350	1425	1750	2170	1790	1910	1645	1368	1743	1125	1605,55
HR	1108	1083	1084	1139	1054	1134	1127	1055	1227	1044	1070	1102,27
SI	1007	1038	1001	1109	1099	1137	1101	1120	1076	1019	1053	1069,09
EE	826	887	743	847	966	996	1009	986	946	642	689	867,00

Rangordnung gemäß der durchschnittlichen jährlichen Importvolumina in der Periode zwischen 2000–2010 in Millionen Kubikmetern
*Quelle: International Energy Agency (2001b, 2002, 2003c, 2004c, 2005b, 2006c,
2007b, 2008, 2009e, 2010b, 2011d, 2012b, 2013a, 2014a); eigene Berechnung*

einzubringen, maßgeblich mitbestimmt. So weisen Ungarn, Polen und Tschechien ähnlich hohe Importmengen auf und setzen sich damit von dem nächstfolgenden Mitgliedstaat, der Slowakei, sichtbar ab. Daraus lässt sich schließen, dass diese drei Mitgliedstaaten in der Gruppe der Osteuropäer sowohl über Interesse an als auch über den größten Einfluss auf die Erdgasaußenpolitik der EU verfügen. Bei den westeuropäischen Staaten sind Einteilung und Auswahl hingegen schwieriger. Deutschland, Italien und Frankreich bilden gemessen an den durchschnittlichen Importmengen eine Gruppe, die sich von den anderen Staaten deutlich absetzt. In der daran anschließenden Gruppe mit Durchschnittswerten zwischen 20 000 und 30 000 Millionen Kubikmetern sind mit den Niederlanden und Großbritannien allerdings zwei Mitgliedstaaten enthalten, die aufgrund ihrer nationalen Erdgasre-serven in der Vergangenheit eine wichtige Rolle in der europäischen Erdgaspolitik gespielt haben und aufgrund der rückläufigen nationalen Reserven und dem damit verbundenen starken Importanstieg, der insbesonders bei Großbritannien sichtbar ist, auch in der Zukunft voraussichtlich spielen werden. Dies spiegelt sich auch in ihrem Engagement in der Nord Stream-Pipeline wider (vgl. Abschnitte 3.2, 4.3.5 und 4.3.6). Sie sollten in der Analyse daher nicht unberücksichtigt bleiben. Zudem erscheint die Auswahl einer größeren Anzahl von westeuropäischen gegenüber den osteuropäischen Mitgliedstaaten angesichts der Debatten um die Dominanz westeuropäischer Mitgliedstaatsinteressen in der Erdgasaußenpolitik der EU durchaus gerechtfertigt. Von den westeuropäischen Mitgliedstaaten werden somit die Top 6 der Erdgasimporteure und von den osteuropäischen Mitgliedstaaten die Top 3 der Erdgasimporteure in die Simulation integriert.

Die zuvor dargelegten theoretischen Überlegungen sowie die darauf aufbauende Auswertung der empirischen Daten führen zu der Auswahl folgender Spieler: Deutschland, Italien, Frankreich, Spanien, Großbritannien, Niederlande, Ungarn, Polen, Tschechien und die Europäische Kommission. Mit Ausnahme von Spanien und Polen handelt es sich dabei um Mitgliedstaaten, die an den drei Pipelineprojekten Nord Stream, South Stream und Nabucco beteiligt waren bzw. diese sogar initiiert haben. Polen war zwar nicht an diesen beteiligt, hat sich aber sehr aktiv in die Auseinandersetzungen innerhalb der EU eingebracht. Die Orientierung an den Erdgasimportmengen der Mitgliedstaaten erscheint für die Auswahl der Entscheidungsakteure somit zunächst gerechtfertigt. Nichtsdestominder birgt eine solche Vorgehensweise stets die Gefahr, dass in der Analyse letzlich doch einflussreiche Interessen übersehen werden. Aus diesem Grund soll die Akteursauswahl am Ende der Untersuchung einer kritischen Reflexion unterzogen werden.

In den folgenden Unterkapiteln wird die Wertbestimmung der vier Inputvariablen – Policyposition, Einfluss, Priorität und Kompromissbereitschaft – für diese Spieler erläutert.

4.3 Policypositionen

Das folgende Unterkapitel befasst sich mit der Bestimmung der Policypositionen der neun EU-Mitgliedstaaten sowie der EU-Kommission. Dazu wird zunächst die Definition der Variablen durch Bueno de Mesquita angeführt und gegenüber abweichenden Interpretationen abgegrenzt. Danach wird entsprechend der Voraussetzungen eindimensionaler räumlicher Modellierungen der Zahlenraum zur Abbildung der möglichen Policypositionen in der europäischen Erdgasaußenpolitik gegenüber Russland – von Bueno de Mesquita als „issue continuum" (Bueno de

Mesquita o. J.) bezeichnet – entwickelt. Abschließend werden die Policypositionen
für die zehn Akteure mittels einer qualitativen Inhaltsanalyse der überregionalen
deutschen Zeitungen *Frankfurter Allgemeine Zeitung* und *Süddeutsche Zeitung*, der
britischen Zeitung *Financial Times* und von Sekundärliteratur erhoben (Abschnitte 4.3.1 bis 4.3.10). Da in der EU-Forschung noch immer große Unzufriedenheit
bezüglich der Erhebung der Inputdaten, speziell der Policypositionen, herrscht, geht
der Präsentation der inhaltsanalytischen Ergebnisse eine Diskussion über Vor- und
Nachteile verschiedener methodischer Vorgehensweisen zur Erhebung von Policypositionen sowie eine Begründung des methodischen Vorgehens in dieser Arbeit
voraus.

Wie in Abschnitt 2.3 erläutert unterscheiden sich *Rational Choice*-Modelle in der
Bestimmung der Positionsvariablen dahingehend, ob diese als Idealposition oder als
Verhandlungsposition interpretiert wird. Im PG ist bei der Bewertung der Policyposition sowohl die Berücksichtigung der Idealposition als auch die der geäußerten
Verhandlungsposition möglich. Da Erstere jedoch in der Regel nur dem Entschei-
dungsakteur selbst bekannt ist, werden gewöhnlich die Verhandlungspositionen der
Spieler erhoben und anschließend anhand numerischer Werte in das Kontinuum
eingeordnet. Entsprechend definiert Bueno de Mesquita die Positionsvariable wie
folgt:

> The position preferred by each stakeholder on the issue, taking constraints
> into account. This position is not likely to be the outcome the stakeholder
> expects or is prepared to accept, nor is it likely to be what the player wants in
> his or her heart of hearts. It is the position the stakeholder favors or advocates
> within the context of the situation. (Bueno de Mesquita o. J.)

Bevor die Werte für die Positionsvariable festgelegt werden können, muss der
Zahlenraum für das Modell definiert werden. Dafür gelten die in den Abschniten
2.2 und 2.3 skizzierten methodischen Voraussetzungen, die an dieser Stelle nicht
wiederholt werden. Der Politikraum, der im Modell abgebildet werden soll, ist
definiert als Erdgasaußenpolitik der EU gegenüber Russland. Die konkrete Frage
nach den Policypositionen der Spieler lautet daher: Welche politische Strategie
verfolgt der Akteur gegenüber Russland als Erdgasexporteur im Hinblick auf die
Erdgasversorgung der EU? Die politischen Positionen innerhalb dieses Raums lassen
sich nicht direkt mit Zahlen identifizieren. Zwar bietet der gewünschte prozentuale
Anteil der russischen Importe an den europäischen Gesamtimporten durchaus eine

förderliche Orientierung für die Untergliederung des Zahlenraums, da diese Komponente in den Debatten um die europäische Erdgasaußenpolitik stets impliziert ist. Gleichwohl haben die Ausführungen zur europäischen Erdgasaußenpolitik gezeigt, dass der Konflikt um die politische Strategie jenseits der rein quantitativen Fassung von Erdgasimporten in erster Linie durch die abstrakten Dimensionen der Energiepartnerschaft sowie der Diversifizierung charakterisiert ist. Diskutiert werden somit nicht nur Fragen nach der *Quantität*, sondern vor allem nach der *Qualität* der Ausgestaltung der Energiebeziehungen mit Russland. Selbstverständlich stehen die quantitative und die qualitative Ebene hier in einem engen Zusammenhang, tatsächlich resultieren die quantitativen Komponenten der Erdgasaußenpolitik aber maßgeblich aus den qualitativen Elementen. Die angestrebten Importmengen lassen daher häufig Rückschlüsse auf die strategische Ebene der Politik zu, dienen aber insofern eher als unterstützendes Instrument in der Interpretation der Ergebnisse denn als wirklicher Forschungsgegenstand der Untersuchung. Bei der numerischen Darstellung des Politikraums werden daher die Strategien von Energiepartnerschaft und Diversifizierung auf einer Skala gegenübergestellt, wobei die mit den jeweiligen Strategien korrespondierenden prozentualen Anteile russischer Importe an den Gesamtimporten als Hilfsinstrument für die Skalierung eingesetzt werden.

Die Skala umfasst Werte zwischen 0 und 100. Anfang und Ende der Skala, d.h. die Werte 0 und 100, repräsentieren die radikalsten denkbaren Positionen.[80] Die weiteren Positionen werden als Abstufungen von diesen Extremwerten auf die Skala übertragen. Im *Gas Game* sind die beiden Extrempole durch die jeweils fundamentalsten Lesarten der Dimensionen *Energiepartnerschaft* und *Diversifizierung* gegeben. Daraus lässt sich die in Abbildung 21 illustrierte Skala ableiten.

---

[80] Bueno de Mesquita gibt für die Skalierung des *issue continuums* vor, dass die Extremwerte am oberen und unteren Ende des Kontinuums den radikalsten Verhandlungspositionen entsprechen, die von den in der Simulation berücksichtigten Entscheidungsakteuren vertreten werden (Bueno de Mesquita o. J.; vgl. auch die Erläuterungen zum PG in Abschnitt 2.3). In der vorliegenden Untersuchung werden abweichend von dieser Vorgabe auch Verhandlungspositionen in die Skala integriert, die zwar in der für den *performance test* entwickelten Version des *Gas Game* von keinem Akteur vertreten werden, aufbauend auf dem theoretischen Kenntnisstand über die EU-Erdgasaußenpolitik und die Dimensionen *Diversifizierung/Energiepartnerschaft* aber hypothetisch denkbar wären. Begründet ist dies in dem Zweck der Modellentwicklung: Das *Gas Game* soll dazu genutzt werden, um Zukunftsszenarien der EU-Erdgasaußenpolitik zu erstellen. Dies impliziert, dass auch Verhandlungspositionen bzw. -ergebnisse, die zwar in der Vergangenheit noch nicht vertreten wurden, für zukünftige Szenarien nichtsdestotrotz operationalisierbar sein müssen.

Abbildung 21: Issue continuum

Numerischer Wert Policyposition

100 Umfassendes Vertrauen in Russland als Erdgasexporteur; Erdgas soll im Rahmen einer engen Energiepartnerschaft ausschließlich aus Russland importiert werden

90 Sehr großes Vertrauen in Russland als Erdgasexporteur; Erdgas soll im Rahmen einer engen Energiepartnerschaft zum Großteil aus Russland importiert und daneben sollen nur wenige Diversifizierungsprojekte verfolgt werden

80 Großes Vertrauen in Russland als Erdgasexporteur; Russland ist der wichtigste Vertragspartner für Pipelineprojekte; weitere Diversifizierungsprojekte– insbesondere *LNG*-Terminals–sind notwendig; Russland wird aber als Erdgasquelle die höchste Priorität gegenüber anderen Exportstaaten verliehen

70 Vertrauen in Russland als Erdgasexporteur; Streben nach einer langfristigen Kooperation; alternative Pipelineprojekte werden mit dem Zweck der Diversifizierung von Erdgasquellen zwar befürwortet, aber nicht so intensiv gefördert wie Pipelineprojekte mit Russland

60 Bedingte Intensität der Energiepartnerschaft; Streben nach einem ausbalancierten Anteil von Importen aus Russland und anderen Erdgasquellen; wenn letztere Projekte nur geringe Realisierungschancen aufweisen, werden Pipeline-projekte mit Russland priorisiert

50 Ausbalancierter Anteil von Importen aus Russland und anderen Erdgasquellen

40 Mäßiges Vertrauen in Russland als Erdgasexporteur; ausbalancierter Anteil von Exportquellen mit einer Präferenz für alternative Erdgasquellen neben Russland

30 Mäßiges Vertrauen in Russland als Erdgasexporteur; Russland soll weiterhin zur europäischen Erdgasversorgung beitragen, alternative Erdgasquellen haben aber Priorität

20 Geringes Vertrauen in Russland als Erdgasexporteur; der Anteil von russischem Erdgas an den Gesamtimporten soll relativ gering sein, alternative Erdgasquellen haben deutliche Priorität

10 Sehr geringes Vertrauen in Russland als Erdgasexporteur; die Abhängigkeit von russischem Erdgas soll minimiert und alternative Erdgasquellen ermittelt werden

0 Kein Vertrauen in Russland als Erdgasexporteur; Russland soll als Erdgasexporteur für die EU ausgeschlossen werden

Energiepartnerschaft

Diversifizierung

Die Policypositionen sind auf der Skala kurz zusammengefasst und maßgeblich in technischen Termini ausgedrückt. Zur besseren Übersicht sollen sie daher im Folgenden unter Bezugnahme auf die Konzepte *Diversifizierung – Energiepartner-*

schaft gebündelt kategorisiert werden.[81] Die Policypositionen zwischen 100 und 70 werden Staaten zugeschrieben, die sich um eine relativ intensive Energiepartnerschaft mit Russland bemühen. Sie sehen ihre Versorgungssicherheit am besten dadurch gewährleistet, dass sie eine wechselseitige Abhängigkeit zwischen sich und Russland generieren, die durch kooperative diplomatische Beziehungen ausgestaltet wird. Russland soll eine wichtige und dauerhafte Säule für die Erdgasversorgung darstellen. Die Positionen zwischen 69 und 50 werden Staaten zugeordnet, die im Vergleich zur ersten Gruppe ein etwas geringeres Vertrauen in die Erdgaslieferungen aus Russland hegen und sich stärker als die erste Gruppe um Diversifizierungsprojekte bemühen. Gleichwohl versuchen sie die Erdgasbeziehungen zu Russland kooperativ und partnerschaftlich auszugestalten und verleihen dieser Partnerschaft gegenüber alternativen Erdgasquellen unter bestimmten Kontextbedingungen durchaus Priorität. Staaten, denen die Policypositionen zwischen 49 und 30 zugeordnet werden, sind hinsichtlich der Lieferzuverlässigkeit Russlands skeptisch und befürchten, Russland könne seine Energiemacht gegenüber der EU geltend machen. Sie unterstützen Diversifizierungsprojekte daher wesentlich intensiver als den Ausbau der Energiebeziehungen mit Russland. Die Positionen zwischen 29 und 0 werden schließlich Staaten zugeordnet, die eine Abhängigkeit von russischen Importen als äußerst große Gefahr für ihre Versorgungssicherheit ansehen und sich besonders intensiv um eine Diversifizierung ihrer Erdgasquellen bemühen. Russland wird in dieser Staatenkategorie unter Sicherheitsaspekten ausschließlich als negativer Faktor im Erdgassektor beurteilt.

---

81 In der Beschreibung der Policypositionen und der daraus folgenden Skalierung des Politikraums erfolgt der Fokus auf die Interessen der Akteure hinsichtlich der *konkreten Ausgestaltung des Policy-Subsystems*. Begründet ist dies in der Art des Policy-Outputs, der in der realen Welt generiert und mit dem das Modell zur Überprüfung seiner Analogietauglichkeit konfrontiert wird: Modelliert werden die konkreten Policy-Strategien, mit denen die Akteure in die Verhandlungen eintreten und im Entscheidungsprozess ein konkretes Politikergebnis – Diversifizierung oder Interdependenz – generieren. Für die weitere Analyse, insbesondere die im zweiten Teil dieser Arbeit durchgeführte Evaluierung der Policy-Variation infolge der Ukraine-Krise, ist zweifellos interessant, welche abstrakten Konzepte – *Dependenz* oder *Interdependenz* – diesen Strategieentscheidungen zugrundelagen und sie prägten. Dementsprechend werden sie bei der ausführlichen Beschreibung der Policypositionen berücksichtigt (vgl. Abschnitte 4.3.1 bis 4.3.10 sowie Abschnitte 8.4.1 bis 8.4.10). Für die quantitative Fassung der Policypositionen in Form des *issue continuums* sind sie aber zunächst zurückzustellen.

Dass der Forschungsgegenstand keine von sich natürlicherweise gegebene numerische Übersetzung ermöglicht, birgt nicht nur Schwierigkeiten bei der Skalierung des Zahlenraums, sondern auch hinsichtlich der Frage, wie die Policypositionen erhoben und in numerische Kategorien transformiert werden können. Seit der zunehmenden Anwendung formaler Modellierungen in EU-Studien, herrscht eine rege Debatte um Vor- und Nachteile verschiedener Methoden zur Datenerhebung von Policypositionen, die u.a. durch neue Entwicklungen in der computergestützten quantitativen Textanalyse zusätzlich angetrieben wurde. Beständigkeit und Umfang dieses Diskurses resultieren aus der großen Relevanz der Inputdaten, um aussagekräftige Rückschlüsse aus der virtuellen auf die reale Welt ziehen zu können, und der gleichzeitig vorherrschenden Unzufriedenheit hinsichtlich der Qualität ebendieser Daten. So wird die insgesamt geringe Prognosefähigkeit von Modellen in EU-Studien von vielen Autoren auf die mangelnde Präzision der Inputdaten zurückgeführt:

> Various formal models of EU decision-making have been developed, yielding a remarkable degree of sophistication in the theoretical literature. Empirical testing, however, as suggested by Hörl et al. (2005), has largely been unsuccessful. For models that were empirically evaluated, a substantial mismatch between theoretical predictions and empirical outcomes has been observed, possibly because of a lack of accurate data. (Sullivan/Veen 2009: 465; siehe auch Schneider et al. 2011; Veen 2011a, 2011b)

Die Optimierung bereits angewandter sowie die Überprüfung neuer Methoden zur Erhebung der Inputdaten erfordert aus diesen Gründen weitere Forschung. Allerdings muss angemerkt werden, dass es sich dabei nicht um die Suche nach *der einen richtigen* Methode handelt. Schließlich herrscht in der Auseinandersetzung um die Erhebung von Inputvariablen in einer Hinsicht weitgehende Einigkeit: Die optimale Methode gibt es nicht. Stattdessen muss über ein angemessenes Erhebungsverfahren stets für den Einzelfall entschieden werden. Untersuchungsgegenstand, Forschungsfragen und das zur Verfügung stehende Datenmaterial müssen bei der Wahl berücksichtigt werden. Von diesen Voraussetzungen ist letztlich abhängig, wie geeignet eine Erhebungsmethode in einer spezifischen Untersuchung ist. Im Folgenden werden daher verschiedene Methoden zunächst hinsichtlich ihrer generellen Charakteristika erörtert und anschließend diskutiert, welche Vorzüge oder Schwierigkeiten sich speziell in Bezug auf die Anwendbarkeit für das *Gas Game* ergeben.

Die in EU-Studien bislang angewendeten Methoden zur Erhebung von Informationen über EU-Akteure umfassen Experteninterviews, Expertenumfragen, aus dem Abstimmungsverhalten von Akteuren abgeleitete Idealpunktschätzungen, öffentliche Umfragen und quantitative Text- bzw. Dokumentanalysen (vgl. Veen 2011b: 267–268). In den DEU-Studien werden die Policypositionen mittels Experteninterviews erhoben. Thomson bezeichnet dies als einzig valide Methode, um an entsprechende Informationen zu gelangen. Dies ist auch die von Bueno de Mesquita bevorzugte Vorgehensweise (vgl. Bueno de Mesquita 2010: 50–51; Bueno de Mesquita et al. 1985: 13; Thomson 2011: 32). Tatsächlich stellen Experten ein für formale Modelle notwendiges Wissen bereit, sofern sie über ausreichenden Zugang zu den relevanten Entscheidungsakteuren verfügen. Sie ermöglichen die Generierung von Informationen jenseits öffentlicher Stellungnahmen bzw. Dokumente. Entsprechend betont Selck die hohe Validität, die Experteninterviews zur Bestimmung von Policypositionen aufweisen (vgl. Selck 2005: 373–374). Gleichwohl weist der Ansatz erhebliche Schwächen und Grenzen auf, die auch mit gesondertem Blick auf das *Gas Game* gelten. Eine große Zahl dieser Schwierigkeiten stellt die Reliabilität von Experteninformationen infrage (vgl. Selck 2005: 373–374). So bezieht sich eine geläufige Kritik auf die individuelle Perspektive bzw. Interpretation, die die durch Befragung einzelner Experten gewonnenen Informationen prägen. Diesem Argument hält Bueno de Mesquita jedoch entgegen, dass in Interviews, in denen die für formale Modelle notwendigen Informationen erhoben werden, nicht die Meinung des Experten thematisiert, sondern nach konkreten Fakten gefragt werde. Zudem zeige die Erfahrung, dass Experten, die zu den gleichen Themen befragt werden, in der Regel sehr ähnliche Einschätzungen abgeben, d.h. die Werte verschiedener Experten weichen meist nicht signifikant voneinander ab (vgl. Bueno de Mesquita 1997: 254). Für die Analyse von Entscheidungsprozessen zu sehr spezifischen Sachfragen mag dieses Argument zwar gelten. Die Problematik der subjektiven Perspektive wird jedoch offensichtlich, sofern der Politikraum, in dem die zu untersuchenden Akteure positioniert werden sollen, durch abstrakte Dimensionen gekennzeichnet ist. Als Beispiel sei an dieser Stelle an das Links-Rechts-Kontinuum von Downs erinnert (vgl. Abschnitt 2.2). Es ist anzunehmen, dass in solchen Fällen die Auffassungen der Experten von der genauen Bestimmung derartiger Dimensionen partiell voneinander abweichen und auf diese Weise inkorrekte oder widersprüchliche Werte

generiert werden (vgl. Thomson 2011: 34).[82] Dies gilt zu einem gewissen Grad
auch für das *Gas Game*, das keinen *a priori* gegebenen quantitativen Zahlenraum
aufweist; vielmehr wäre für die Datenerhebung mittels Experteninterviews notwendig vorausgesetzt, dass die Experten identische Auffassungen der Konzepte
Energiepartnerschaft und *Diversifizierung* vorweisen. Eine weitere Schwäche von
Experteninterviews, die in hohem Maße für das *Gas Game* von Belang ist, besteht
in dem bereits in Abschnitt 2.3 thematisierten Risiko der „post-dictive bias", wonach die Einschätzungen von Experten zu vergangenen Ereignissen durch *ex post*
erworbenes Wissen beeinflusst sein können (vgl. Bueno de Mesquita 2004: 129). So
wird angenommen, dass Experteninformationen umso unzuverlässiger werden, je
größer die Zeitspanne zwischen dem zu beurteilenden Ereignis und der Äußerung
des Urteils ist:

> Expert information becomes increasingly unreliable with increasing time be-
> tween the event and the moment of their judgement. Over time, judgements
> become tainted by events that took place since the initial event. Consequently,
> an expert becomes gradually incapable to provide an accurate and reliable
> estimate. (Veen 2011a: 30–31)

Das *Gas Game* wird mittels der in dem vorliegenden Kapitel durchgeführten *post-
diction* entwickelt und einem *performance test* unterzogen. Es wird also überprüft,
ob das Modell mit Inputdaten aus der Vergangenheit dazu in der Lage ist, die gegenwärtige europäische Erdgasaußenpolitik zu prognostizieren. Im weiteren Verlauf
dieses Unterkapitels wird erläutert, dass die empirische Grundlage zur Generierung
der Policypositionen die Pipelineprojekte *Nord Stream, South Stream* und *Nabucco*
darstellen. Die Experten müssten somit die *Ausgangs*positionen der Mitgliedstaaten
zu Verhandlungen bestimmen, die in den Jahren 2004, 2005 und 2007 begannen
und sich bis ins nächste Jahrzehnt erstreckten. Das Risiko, dass die von Experten
angegebenen Werte durch ihr Wissen über den anschließenden Verhandlungsverlauf
geprägt wären, ist vor diesem Hintergrund äußerst hoch.

---

82 In diesem Kontext argumentiert Thomson, dass die in der Literatur diskutierten Schwächen
von Experteninterviews der Methode selbst nicht inhärent sind, sondern durch die konkrete
methodische Ausgestaltung determiniert sind und mittels einer geeigneten Verfahrensweise
relativiert bzw. aufgehoben werden können. Letzteres gelte auch für die DEU-Studien, in
denen u.a. nach den Positionen zu konkreten politischen Gesetzen und nicht zu abstrakten
Dimensionen gefragt wurde, *face-to-face*-Interviews durchgeführt wurden sowie insgesamt eine
große Zahl an Experten befragt wurde (vgl. Thomson 2011: 34–36).

Neben diesen theoretischen, weisen Experteninterviews für das *Gas Game* zudem die praktische Durchführbarkeit betreffende Schwierigkeiten auf. Da es sich bei den zu untersuchenden Akteuren um die EU-Mitgliedstaaten handelt, ist es voraussichtlich schwierig, die führenden Entscheidungsträger als Experten für die vorliegende Studie zu gewinnen. In vergleichbaren Fällen werden diese häufig durch Mitarbeiter ersetzt, denen es aber an entsprechendem Insider-Wissen mangeln mag, so dass die von ihnen benannten Schätzungen ungenau sein könnten (vgl. Achen 2006b: 120–121). Zum anderen sind Experteninterviews in neun Staaten mit hohen Kosten sowie einem hohen Zeitaufwand verbunden (vgl. Veen 2011a: 31). Führt man die Interviews hingegen nicht mit nationalen Entscheidungsträgern, sondern mit Akteuren durch, die in dem Feld der europäischen Erdgasaußenpolitik auf anderer Ebene Wissen erlangt haben, besteht aufgrund der großen Zahl an in der Simulation berücksichtigten EU-Mitgliedstaaten das Risiko, dass einzelne Experten zu manchen Staaten nur wenig bzw. kein Wissen haben und sich in der anschließenden Untersuchung das Problem fehlender oder zumindest nicht reliabler Werte ergibt (vgl. Veen 2011a: 30). Es bleibt an dieser Stelle zu betonen, dass die obigen Ausführungen die große Relevanz des mittels Experteninterviews erhobenen DEU-Datensatzes nicht infrage stellen wollen. Dieser stellt zweifellos einen überaus wertvollen Beitrag zu empirischen Erkenntnissen über EU-Entscheidungsprozesse dar. Gleichwohl wurde insgesamt verdeutlicht, dass Experteninterviews als Methode zur Ermittlung der Policypositionen für das *Gas Game* ungeeignet sind.

Eine weitere Methodenkategorie, die am Ende des letzten Jahrzehnts zunehmendes Interesse in EU-Studien erfuhr, umfasst computergestützte text-analytische Instrumente. Begründet ist dies durch das Zusammenwirken zweier paralleler Entwicklungen: Zum einen wurden jüngst Primärdokumente zum Gesetzgebungsprozess im Rat, speziell die Ratsprotokolle sowie der Datensatz Eur-Lex, zur Veröffentlichung freigegeben (vgl. Sullivan/Veen 2009: 119). In den Ratsprotokollen werden in den Fällen, in denen der Rat als Gesetzgeber tätig wird,

> die Abstimmungsergebnisse sowie die Erklärungen zur Stimmabgabe und die Protokollerklärungen veröffentlicht. [...] In den Protokollen über die Ratstagungen werden die gefassten Beschlüsse und gelegentlich der Inhalt der Erörterungen, die auf der betreffenden Tagung stattgefunden haben, zusammengefasst. [...] Im Protokoll wird in der Regel zu jedem Punkt der Tagesordnung für die Ratstagung dreierlei angegeben:
>
> • die dem Rat vorgelegten Schriftstücke;

- die gefassten Beschlüsse oder die Schlussfolgerungen, zu denen der Rat gelangt ist;
- die vom Rat abgegebenen Erklärungen, deren Aufnahme von einem Ratsmitglied oder von der Kommission beantragt worden ist.

[...] Daneben kann auch eine monatliche Aufstellung der Rechtsaktes des Rates eingesehen werden. (Rat der Europäischen Union o. J.)

Eur-Lex ist eine Datenbank der EU, die Zugang zu den Rechtsvorschriften der Europäischen Union und anderen als öffentlich eingestuften Dokumenten bietet. Die wichtigste Quelle stellt in diesem Kontext das Amtsblatt der EU dar. Des Weiteren werden Informationen zu EU-Verträgen, internationalen Abkommen, geltendem Unionsrecht, konsolidierten Rechtsakten, Vorarbeiten, EU-Rechtsprechungen und parlamentarischen Abkommen sowie der Haushaltsplan der EU und die Register der Institutionen bereitgestellt (vgl. Amt für Veröffentlichungen der Europäischen Union 2014). Zum anderen sind die vergangenen Jahre durch signifikante Fortschritte in der textbasierten quantitativen Datengenerierung gekennzeichnet (vgl. Slapin/Proksch 2014: 126; Sullivan/Veen 2009: 120–123). Diese Entwicklung hat dazu geführt, dass in EU-Studien zunehmend computergestützte quantitative Textanalyseverfahren hinsichtlich ihrer Fähigkeit zur Erhebung von Policypositionen und anderen Inputdaten für formale Modellierungen getestet wurden (siehe z. B. Bunea/Ibenskas 2015; Hagemann 2007; Klüver 2009; König/Luig 2012; Veen 2011a, 2011b).

Die Analyse von durch den Rat bereitgestellten Primärquellen birgt den Vorteil, dass die auf diese Weise erhobenen Daten nicht durch die individuelle Perspektive von Experten geprägt und potentiell verfälscht sind, sondern durch die zu untersuchende Institution selbst emittiert werden. Dies gilt gleichzeitig für die Seite des Wissenschaftlers: An der computergestützten quantitativen Textanalyse wird in Abgrenzung zu qualitativen Erhebungsverfahren positiv hervorgehoben, dass sie nicht durch die Perspektive des Wissenschaftlers tangiert wird, transparent und reproduzierbar sei (vgl. Hagemann 2007: 292–293; Sullivan/Veen 2009: 113–114). Im Vergleich zu Informationen, die aus Experteninterviews gewonnen werden können, hält Selck (2005: 373–374) hinsichtlich der quantitativen Datengenerierung aus Primärdokumenten daher den Zugewinn an Reliabilität der empirischen Informationen fest. Gerade letzteres Gütekriterium wurde im Zusammenhang mit Experteninterviews häufig angezweifelt.

Wenngleich computergestützte quantitative Inhaltsanalysen von EU-Dokumenten eine hohe Reliabilität behaupten, wird ihre Validität jedoch häufig infrage gestellt (siehe z. B. Bunea/Ibenskas 2015). Begründet ist dies insbesondere darin, dass mit der Anwendung von computergestützten quantitativen Inhaltsanalyseverfahren bestimmte Ansprüche an das Datenmaterial verbunden sind, die im Forschungsprozess nicht immer ausreichend reflektiert werden (vgl. Bunea/Ibenskas 2015; Slapin/Proksch 2014: 132–133). Slapin und Proksch (2008), die das vielfach angewandte Erhebungsverfahren *Wordfish* entwickelt haben, erläutern fünf zentrale Merkmale, die Forschungsdesigns erfüllen müssen, um computergestützte quantitative Inhaltsanalyseverfahren anwenden zu können. Diese umfassen u.a. die Identität und damit verbundene Vergleichbarkeit der Texte hinsichtlich ihres Datengenerierungsprozesses: Sie sollten in einem ähnlichen institutionellen Kontext, von ähnlichen Autorentypen für denselben Kommunikationszweck, dieselben Adressaten, in ähnlicher Terminologie und in derselben Sprache geschrieben sein (vgl. Slapin/Proksch 2014: 135–138):

As the approach is unsupervised and relies on the available data without requiring reference documents or a dictionary, the demands for data quality are quite high. [...] In short, techniques such as *Wordfish* or *Wordscores* have the potential to estimate positions for large collections of political text documents, but researchers should be aware of the assumptions behind these techniques in applied work. (Slapin/Proksch 2014: 132–133)

Die von Slapin und Proksch erläuterten Bedingungen mögen auf nationaler Ebene in vielen Fällen zu erfüllen sein, auf EU-Ebene bereiten sie jedoch häufig Schwierigkeiten, schließlich handelt es sich hierbei um ein Mehrebenensystem. So mögen Stellungnahmen und Pressemitteilungen durch den Rat zwar die oben genannten Kriterien von Identität und Vergleichbarkeit des Datengenerierungsprozesses der zu analysierenden Texte erfüllen, sie geben aber keinen Aufschluss über die einzelnen nationalen Standpunkte, die in die Erstellung des Dokuments eingeflossen sind. Dies gilt auch für die Ratsprotokolle sowie den Datensatz Eur-Lex. Selck, Yardımcı und Kathan (2009) argumentieren, dass diese Dokumente zwar eine Vielzahl an Informationen über Entscheidungsprozesse im Rat bereitstellen, nicht aber die notwendigen Einblicke in die *initialen* Policypositionen der EU-Mitgliedstaaten gewährleisten:

These online resources undoubtedly provide valuable information on the EU legislative process. However, the Council's Public Register only provides summaries of the decisions taken. In most cases these are no longer than two sentences at most, and do not represent transcripts of the discussions. The information in Eur-Lex refers to the application of particular procedures, the voting rules in specific sectors and general trends about the number of type of legislative decisions over time. Both sources lack information regarding member states' policy preferences and how these have shifted over time, and are therefore inadequate to test bargaining models. (Selck et al. 2009: 466–467; siehe auch Thomson 2011: 32–34)

Des Weiteren zeichnen sich EU-Dokumente häufig durch den Gebrauch technischer Termini aus, was es für die computergestützte quantitative Inhaltsanalyse, die Wörter als Analyseeinheit fasst, erschwert, die politischen Positionen aus dem Text abzuleiten:

[Q]uantitative text analysis estimates positions based on the frequency of words in texts. This is a key aspect when analysing party manifestos and political speeches, by their very nature ideological texts in which the frequency of specific words has a substantive meaning. However, this aspect is problematic when analysing EU policy position documents because these texts employ a technical language that does not use the emphasis of certain word (by repetition) as a way of conveying a political or ideological message. Both EU scholars and practitioners agree on the technical nature of European policymaking, documentation and legislative acts, in which a significant amount of relevant information is transmitted with the help of few technical words. In some cases, positions are articulated entirely with the help of numbers that convey the substantive difference between positions expressed in documents. Quantitative content analysis does not capture these differences because it estimates positions based on word counts and not based on the observation of differences in numerical values stated in the documents. (Bunea/Ibenskas 2015: 434)

Die erläuterten Schwierigkeiten gelten in besonderem Maße für das *Gas Game*, da in diesem Modell intergouvernementale Verhandlungen abgebildet werden sollen und die von der EU bereitgestellten Primärdokumente auf diese nicht Bezug nehmen. Aus diesem Grund sind auch die u.a. von Hagemann (2007) getesteten Idealpunktschätzungen auf Grundlage namentlicher Abstimmungen im Rat nicht auf das *Gas Game* übertragbar. Es lässt sich somit festhalten, dass die computergestützte quantitative Inhaltsanalyse von EU-Dokumenten zwar eine hohe Reliabilität aufweisen mag, sie speziell für das *Gas Game* aufgrund ihrer geringen Validität aber nicht geeignet ist.

Aufgrund der Problematik, dass EU-Dokumente nur begrenzte Informationen über Policypositionen der EU-Mitgliedstaaten bereitstellen, ermittelt Veen (2011a, 2011b) diese auf Grundlage der Daten des „Euromanifestos"-Projekts, das Wahlprogramme, die Parteien vor den Wahlen zum EU-Parlament veröffentlichen, per Hand codiert. Da die Parteiprogramme jeweils nur einmal codiert werden, ist die Reliabilität der Daten allerdings begrenzt. Zudem bestehen Schwierigkeiten, aus den einzelnen Parteiprogrammen *eine* Regierungsposition abzuleiten. Anhand des Vergleichs mit Policypositionen, die aus anderen Quellen erhoben worden sind, konnte den aus Parteiprogrammen erhobenen Daten aber eine hohe Validität zugesprochen werden (vgl. Veen 2011a: 57–58, 2011b: 265, 269). Hinsichtlich der potentiellen Übertragung der Methode auf das *Gas Game* sind jedoch Grenzen in Bezug auf die inhaltliche sowie die zeitliche Dimension der Daten festzuhalten. Wie in den Abschnitten 3.3 und 4.2 erläutert, verfügen weder das Europäische Parlament noch der Rat über Souveränitätsrechte in der Erdgasaußenpolitik. Es ist daher unwahrscheinlich, dass für diese Institutionen erstellte Wahlprogramme umfassende inhaltliche Beiträge zu diesem Politikfeld – und ganz speziell zur Erdgasaußenpolitik gegenüber Russland – enthalten. In diesem Zusammenhang ist zusätzlich anzuführen, dass Wahlprogramme für Europawahlen ganz grundsätzlich einen geringeren Umfang aufweisen als für nationale Wahlen erstellte Programme. Die Analyse von Europawahlprogrammen mag daher zur Positionsbestimmung in sehr abstrakten Politikräumen, die ein Politikfeld im Ganzen umfassen – z. B. Finanzpolitik und Sozialpolitik – oder sich auf abstrakte Dimensionen wie das Links-Rechts-Kontinuum oder den Grad der Europäischen Integration beziehen, geeignet sein. Um Positionen bezüglich eines spezifischeren Politikraums, der Erdgasaußenpolitik gegenüber Russland, zu ermitteln, scheint die Datengrundlage jedoch nicht umfassend genug. Zur Veranschaulichung sei an dieser Stelle auf die Wahlprogramme der deutschen Regierungsparteien CDU und SPD für die Europawahl 2014 verwiesen. Überprüft man diese mit Bezug auf entsprechende Informationen, lassen sich ausschließlich folgende Textausschnitte anführen:

> Es braucht vor allem eine Verständigung über den Ausbau der erneuerbaren Energien. Diese können einen wichtigen Beitrag zum wirtschaftlichen und technologischen Fortschritt in Europa leisten, um die Treibhausgasemissionen und **die Abhängigkeit von Energieimporten aus Drittstaaten zu verringern.** (CDU 2014: 37–38)

Wir streben ein gutes, nachbarschaftliches Verhältnis zu einem politisch und wirtschaftlich modernen Russland an. Die Tiefe und Breite der Beziehungen hängt aber wesentlich davon ab, inwieweit Russland seine internationalen Verpflichtungen erfüllt, sich einerseits um gutnachbarschaftliche Beziehungen bemüht und vereinbarte demokratische und rechtsstaatliche Standards einhält. (CDU 2014: 76)

Russland ist ein wichtiger Partner für Europa. Wir wollen Russland für gemeinsame Problemlösungen bei drängenden internationalen Herausforderungen gewinnen und die Partnerschaft entlang einer erneuerten politischen Agenda weiterentwickeln. (SPD 2014: 12)

Die Beispiele zeigen, dass die Stellungnahmen in Wahlprogrammen für das *Gas Game* zu unspezifisch sind. Einen größeren Umfang an relevanten Informationen stellen voraussichtlich die nationalen Wahlprogramme bereit, da diese grundsätzlich umfangreicher sind und zudem die nationalen Regierungen die Souveränitätsrechte über die Erdgasaußenpolitik gegenüber Russland besitzen. Problematisch ist aufgrund der Vielzahl der berücksichtigten Mitgliedstaaten im *Gas Game* jedoch die zeitliche Dimension: Die formalen Modelle erfordern Angaben zu den Policypositionen der Spieler zu einem ganz bestimmten Zeitpunkt, nämlich zum Beginn der Verhandlungen – im *Gas Game* zu Beginn der Verhandlungen über die Pipelineprojekte Nord Stream, South Stream und Nabucco, wie im Folgenden noch erläutert wird. Die Wahlprogramme werden je nach Zeitpunkt der Wahl in den jeweiligen Mitgliedstaaten allerdings zu unterschiedlichen Zeitpunkten veröffentlicht. Es ist daher keineswegs gewährleistet, dass die Quellen zum notwendigen Zeitpunkt vorliegen und die Positionen der Spieler auf dieser Grundlage verglichen und skaliert werden können.

Auch Brutschin (2015) skizziert in ihrem Aufsatz über Agenda-Setting von osteuropäischen Mitgliedstaaten bezüglich der Liberalisierung des Erdgasbinnenmarktes in der EU, dass es an geeigneten EU-Dokumenten zur Bestimmung von diesbezüglichen Policypositionen der EU-Mitgliedstaaten mangelt. Sie unternimmt daher den Versuch, die Verhandlungspositionen der Staaten aus ihren materiellen Interessen abzuleiten und entwickelt dazu ein zweidimensionales Klassifizierungsraster, das den Anteil von Erdgas am Energiemix der jeweiligen Mitgliedstaaten sowie den Grad der Marktkonzentration in dem jeweiligen Staat umfasst. Ersterer indiziere – so Brutschins Überlegung – die Priorität, die die Mitgliedstaaten den Liberalisierungsrichtlinien verleihen und letzterer die Ausrichtung im politischen Raum, die die jeweiligen Staaten bezüglich der Liberalisierung des Erdgasbinnenmarktes einnehmen. Zur Kontrolle ihrer Ergebnisse erhebt sie die Policypositionen einzelner Mitgliedstaaten, für die ausreichend empirisches Material zur Verfügung steht, mittels Sekundärliteratur und öffentlichen Medien. Der Vergleich offenbart bei manchen Staaten jedoch Abweichungen zwischen den aus materiellen Interessen abgeleiteten sowie mittels Sekundärliteratur und Medien erhobenen Positionen, was schließen lässt, dass zumindest in der Erdgasinnenpolitik der EU kein allgemeingültiger Determinismus zwischen den materiellen Interessen der Mitgliedstaaten und ihrer Positionierung im politischen Raum besteht.

Es zeigt sich insgesamt, dass die in EU-Studien etablierten Methoden zur Erhebung von Policypositionen – Experteninterviews sowie quantitative Analysen von Primärdokumenten und Wahlprogrammen – für das *Gas Game* nicht geeignet sind. Auch die von Brutschin getestete Erhebungsweise hat sich als unzuverlässig erwiesen. Stattdessen verweist sie mit ihrem Kontrolldatensatz aber auf eine Quelle, auf die in EU-Studien zur Erhebung von Inputdaten für formale Modellierungen bislang nicht zurückgegriffen wurde, nämlich überregionale Zeitungen (vgl. Selck et al. 2009: 463). Sofern es sich um einen Konflikt mit großer öffentlicher Beachtung handelt, informieren Zeitungen ausführlich über Akteurspräferenzen und ihre zugrundeliegenden Ursachen, ihre Erwartungen an die anderen Teilnehmer im Entscheidungsprozess und den Einfluss verschiedener Kontextfaktoren auf die konkrete Verhandlungsposition (vgl. Selck et al. 2009: 469). Sie haben den Vorteil, dass die Archive in der Regel zugänglich sind; es steht somit – gegeben der Dokumentation des gesamten Verhandlungsverlaufs durch die entsprechenden Zeitungen – eine sehr umfangreiche Quelle zur Verfügung, die in die Vergangenheit hinein reicht. Letzterer Aspekt ist insbesondere für die Entwicklung und Überprüfung von Modellen mittels *post-dictions*, für die die ursprüngliche Verhandlungsposition von Akteuren rekonstruiert werden muss, von Bedeutung. Da Zeitungen es ermöglichen, die Stellungnahmen der zu untersuchenden Akteure in einem bestimmten, abgeschlossenen Zeitraum der Vergangenheit zu betrachten, verringert eine solche Textanalyse das Risiko von *post-dictive bias*. Des Weiteren werden in Zeitungen häufig Stellungnahmen der führenden Entscheidungsträger dokumentiert; es stehen somit direkte Wortbeiträge der zu analysierenden Akteure bereit, während in Experteninterviews häufig nur mittelbar Informationen durch Mitarbeiter oder externe Experten gesammelt werden können. Mittels der Analyse von Zeitungsartikeln scheinen daher ohne hohe Kosten- und Zeitinvestitionen valide Daten gewonnen werden zu können. Veen und Sullivan (2009) führen jedoch drei Argumente gegen Zeitungsartikel als Datenquelle zur Erhebung von Policypositionen an: Erstens stellen sie die Verlässlichkeit der Daten infrage, da die Journalisten selbst einen Informationsfilter darstellten. Sie entscheiden letztlich, welche Informationen an die Öffentlichkeit weitergegeben werden und welche nicht. Zweitens liege es im Ermessen der Zeitung, in welchem Umfang, über welchen Zeitraum hinweg und wie detailliert über eine politische Sachfrage berichtet werde. Davon hänge schließlich ab, ob ausreichend Daten zur Verfügung ständen. Drittens sei keine der etablierten computergestützten quantitativen Analyseinstrumente für die Untersuchung von Zeitungen geeignet (vgl. Veen/Sullivan 2009: 473–474).

Gegen erstere Kritik ist einzuwenden, dass ein höherer Grad an Objektivität gewährleistet werden kann, indem nicht nur eine, sondern verschiedene Zeitungen als Quelle genutzt werden (vgl. Selck et al. 2009: 468). Bezüglich des zweiten Punkts ist anzumerken, dass der mangelnde Umfang der Berichterstattung für alltägliche Politikentscheidungen in der EU tatsächlich eine Schwierigkeit darstellen mag.[83] Für das *Gas Game* stellt sich diese jedoch nicht, da über die Erdgasaußenpolitik der EU gegenüber Russland im vergangenen Jahrzehnt im Kontext der Pipelinedebatten und gegenwärtig im Zusammenhang mit der Ukraine-Krise in deutschen Tageszeitungen überaus detailliert berichtet wurde. Es stellt sich jedoch – dies betrifft den dritten Einwand – die Schwierigkeit einer adäquaten Analysemethode. Viele computergestützte Inhaltsanalyseinstrumente sind darauf ausgelegt, die Positionen der *Autoren* von Texten zu analysieren (vgl. Genovese 2014: 624; Veen 2011a: 32; Veen/Sullivan 2009: 474). Zeitungstexte stellen jedoch ein Konglomerat aus politischem Text – die direkten Zitate der politischen Akteure – und nicht-politischem Text – die Darstellung durch den Journalisten – dar. Eine quantitative Analyse müsste sich daher auf den politischen Anteil beschränken, wodurch aber wichtige Informationen verloren gehen könnten. Dies gilt auch hinsichtlich der Wahl der Zeitungen, da computergestützte quantitative Erhebungsverfahren eine einheitliche

---

83 Selck, Yardımcı und Kathan (2009: 467) verweisen demgegenüber auf Zeitungen, die ihren Schwerpunkt auf alltägliche Arbeiten der EU legen, wie z. B. „Agence Europe", die entsprechende Sektion der „Financial Times", „Europolitics" und „European Voice". Da es sich beim *Gas Game* nicht um alltägliche EU-Entscheidungen handelt, wird auf diese Debatte allerdings nicht weiter eingegangen.

Sprache erfordern. Die Identität und Vergleichbarkeit des Textmaterials hinsichtlich dessen Datengenerierungsprozesses, die eine Voraussetzung für die Anwendung von computergestützten quantitativen Inhaltsanalyseverfahren darstellen, ist somit nicht gegeben. Diese Problematik kann umgangen werden, indem eine *qualitative* Inhaltsanalyse durchgeführt wird:

> Die qualitative Inhaltsanalyse wertet Texte aus, indem sie ihnen in einem systematischen Verfahren Informationen entnimmt. Zu diesem Zweck wird der Text mit einem Analyseraster auf relevante Informationen hin durchsucht. Die dem Text entnommenen Informationen werden den Kategorien des Analyserasters zugeordnet und relativ unabhängig vom Text weiterverarbeitet, d.h. umgewandelt, mit anderen Informationen synthetisiert, verworfen usw. (Gläser/Laudel 2010: 46)

Mittels der qualitativen Inhaltsanalyse können somit verschiedene Textarten im Rahmen derselben Untersuchung auf relevante Inhalte hin untersucht werden, da die Weiterverarbeitung dieser Textdaten unabhängig vom Originaltext erfolgt. Dies ermöglicht zugleich die Einbeziehung von Texten aus verschiedenen Sprachen, was für Studien, die eine Vielzahl an Staaten einschließen, vorteilhaft sein kann. Die qualitative Inhaltsanalyse ist daher in besonderem Maße dazu geeignet, um Zeitungsartikeln relevante Informationen über die Policypositionen der Spieler zu entnehmen (vgl. Gläser/Laudel 2010: 47).

Die hohe Validität, die mit der Analyse von Zeitungsartikeln verbunden ist, wurde für das *Gas Game* bereits erläutert (s.o.). Die Objektivität der Daten wird durch die Berücksichtigung verschiedener Zeitungen gewährleistet. Daneben existiert bereits ein großer Umfang an Sekundärliteratur über den Forschungsgegenstand. Diese ermöglicht es, die Ergebnisse der Zeitungsanalyse auf Fehler und Widersprüche zu prüfen. Allerdings ist in qualitativen Untersuchungen in der Regel die Reliabilität der Daten infrage gestellt. Die qualitative Inhaltsanalyse versucht aber durch die theorie- und regelgeleitete Vorgehensweise in der Datenauswertung eine möglichst hohe Reliabilität zu gewährleisten: Das Kategoriensystem, d.h. das Analyseraster, wird aus den theoretischen Vorstudien abgeleitet, so dass der „Zusammenhang zum existierenden Wissen über den Untersuchungsgegenstand und zu den die Untersuchung strukturierenden theoretischen Vorüberlegungen hergestellt" ist. (Gläser/Laudel 2010: 204) Das Regelsystem gibt Reihenfolge und Inhalte der Untersuchungsschritte

– theoretische Vorüberlegungen, Vorbereitung der Extraktion, Extraktion, Aufbereitung, Auswertung – genau vor, so dass u.a. gewährleistet ist, dass das gesamte qualitative Material gleichberechtigt in die Analyse einbezogen wird:

> Alle Texte werden gelesen, es wird für jeden Absatz entschieden, ob er relevante Informationen enthält, diese werden Auswertungskategorien zugeordnet und extrahiert. Dieses Vorgehen zwingt den Auswertenden, bei jeder Information explizit zu entscheiden, ob sie relevant ist. Relevante, aber nicht „ins Bild passende" Informationen auszuschließen ist jeweils ein bewusster Verstoß gegen die Regeln des Verfahrens und damit sehr unwahrscheinlich. (Gläser/Laudel 2010: 204)

Des Weiteren wird zumindest eine *intersubjektive Reproduzierbarkeit* der Daten sichergestellt, indem jeder Interpretationsschritt durch den Wissenschaftler aufgezeigt und seine Konsequenzen für die Untersuchung explizit gemacht wird (vgl. Gläser/Laudel 2010: 206). Es ist aus diesen Gründen zu erwarten, dass die qualitative Inhaltsanalyse von Zeitungen und Sekundärliteratur zur Erhebung von Policypositionen für das *Gas Game* insgesamt valide, objektive und reliable Daten generiert.

Als Quellen wurden die überregionalen deutschen Tageszeitungen *Frankfurter Allgemeine Zeitung* und *Süddeutsche Zeitung* sowie die britische Zeitung *Financial Times* ausgewählt. Erstere haben sehr ausführlich über die ausgewählten Pipelineprojekte berichtet und liefern daher eine umfassende Datenmenge für die Erhebung der Policypositionen. Die *Financial Times* liefert aufgrund ihres Wirtschaftsschwerpunkts insgesamt eine geringere Datenmenge. Die Einbeziehung dieser zusätzlichen Quelle wird aber dennoch als notwendig erachtet, um zu überprüfen, dass die Berichterstattung in den deutschen Tageszeitungen nicht durch einen nationalen *bias* gekennzeichnet und die daraus abgeleiteten Policypositionen fehlerhaft sind.

Zur Erstellung des Analyserasters erfolgt eine Orientierung an den Belief-Systemen des *Advocacy Coalition Framework* (im Folgenden: ACF). Dies ist ein Analyserahmen für die Policy-Forschung, der von Paul A. Sabatier entwickelt wurde und der Untersuchung langfristiger politischer Entwicklungen und sich darin vollziehenden Umwandlungsprozessen dient (vgl. Bandelow 2015: 305–307; Jenkins-Smith et al.

2014: 201).[84] Das ACF umfasst drei Kernaspekte: die Identifikation von Policy-Subsystemen, die Analyse von politischen Positionen als *Belief*-System der Akteure sowie die Untersuchung von *Advocacy Coalitions* (vgl. Bandelow 2015: 307–312). An dieser Stelle erfolgt eine alleinige Fokussierung auf das Element der *Belief*-Systeme. Der Analyserahmen ist somit nicht selbst *Gegenstand* der Untersuchung, schließlich ist die vorliegende Arbeit in den RCI einzuordnen. Die Orientierung an den *Belief*-Systemen wird lediglich als *Instrument* eingesetzt, um die Policypositionen der Entscheidungsakteure in der europäischen Erdgasaußenpolitik zu erheben und im zweiten Teil der Untersuchung die Hierarchie der *Belief*-Systeme als Maßstab für einen potentiellen Wandel in den Positionen zu operationalisieren.[85]

---

84 Der Analyserahmen wurde bereits in den 1980er Jahren entwickelt und hat seitdem eine stete Weiterentwicklung erfahren, da sowohl theoretische Überlegungen als auch Erkenntnisse aus empirischen Anwendungen in Überarbeitungen integriert wurden (vgl. Bandelow 2015: 305). Die grundlegenden Entwicklungsschritte können über folgende Publikationen nachfolzogen werden: Sabatier (1987), Sabatier und Jenkings-Smith (1993, 1999), Sabatier und Weible (2007) sowie Jenkins-Smith u.a. (2014).

85 Der Verweis auf den Verwendungszweck des ACF in dieser Arbeit als *Instrument* zur Bearbeitung der Forschungsfrage soll an dieser Stelle verdeutlichen, dass eine Anpassung der Methode hinsichtlich des der Arbeit zugrundeliegenden Erkenntnisinteresses erfolgt. Ziel ist es an dieser Stelle nicht, die Erdgasaußenpolitik der EU als alleinige Konsequenz aus *Belief*-Systemen und *Advocacy Coalitions* der Entscheidungsakteure zu erklären, sondern die *Belief*-Systeme als Ausgangspunkt zu nehmen, von denen aus im Verlauf des Entscheidungsprozesses kontextabhängige Anpassungen erfolgen, die die Verhandlungsstrategie der Akteure prägen. Dieser Hinweis ist auch deshalb von Bedeutung, als das ACF und der RCI durchaus Differenzen in der Erklärung von Politikwandel aufweisen (vgl. Bandelow 2015; Jenkins-Smith u.a. 2014: 184). Diese sind jedoch nicht von Relevanz, sofern die Annahmen des ACF nur zur Erhebung der Policypositionen sowie als Maßstab für darin vollzogene Wandlungen angewandt werden, nicht aber als Erklärungsansatz von ebendiesen. Im weiteren Verlauf des Kapitels wird ausgeführt, inwiefern das ACF und der RCI sich in dieser Form sinnvoll ergänzen können.

Im ACF werden die politischen Positionen der Akteure in einem dreistufigen *Belief*-System.[86] erfasst: Die Entscheidungsakteure verfügen über ein „in sich widerspruchsfreies Set an Überzeugungen." (Bandelow 2015: 308) Es besteht aus *deep core beliefs*, *policy beliefs* und *secondary aspects*.[87]

> The belief system of the ACF is a three-tiered structure. Deep core beliefs are the fundamentally normative values and ontological axioms; [...] Normatively, policy core beliefs may reflect basic orientation and value priorities for the policy systems or whose welfare in the policy subsystem is of utmost concern. Empirically, policy core beliefs include overall assessments of the seriousness of the problem, its basic causes, and preferred solutions for addressing it [...]. Secondary beliefs deal with a subset of the policy subsystem or the specific instrumental means for achieving the desired outcomes in policy core beliefs. (Jenkins-Smith et al. 2014: 191)

Die drei Ebenen weichen hinsichtlich Reichweite und Stabilität voneinander ab, wobei erstere den höchsten Grad der beiden Dimensionen einnehmen. Die Akteure sind in ihrer Betrachtung des Policy-Subsystems nach Annahme des ACF somit voreingenommen, ihre Wahrnehmung ist durch die eigenen normativen und kognitiven Grundannahmen geprägt (vgl. Bandelow 2015: 308–310, 316; Jenkins-Smith et al. 2014: 185, 191, 201). Vor diesem Hintergrund erscheint das ACF als Orientierung für die Entwicklung des Analyserasters in zweierlei Hinsicht geeignet: Zum einen stimmt die Annahme von widerspruchsfreien, stabilen Präferenzen über lange Zeitperioden hinweg (vgl. Hegelich 2010: 343) mit der *Rational Choice*-Annahme von widerspruchsfrei geordneten, konsistenten und stabilen Präferenzen überein. Des Weiteren ist die Anwendung des ACF insbesondere in denjenigen Fällen geeignet, in denen „politische Konflikte wesentlich auf unterschiedlichen Überzeugungen basieren und Politikfelder einen Reifegrad erreicht haben, der zur Herausbildung konkurrierender Koalitionen auf Grundlage von unterschiedlichen Kernüberzeugungen geführt

---

86 Das *Belief*-System des ACF wurde in den 1990er Jahren signifikant überarbeitet (vgl. Jenkins-Smith et al. 2014: 187). Um die Entwicklung zur gegenwärtigen dreistufigen Struktur nachzuvollziehen siehe die Publikationen von Sabatier und Jenkins-Smith (1993, 1999) sowie Sabatier (1998).

87 Da zur Bewertung des Politikwandels in der Erdgasaußenpolitik der EU in Abschnitt 9.2 eine Orientierung am Konzept von Rüb (2014a, 2014b) erfolgt, der das *Belief*-System zur Operationalisierung von Politikwandel anwendet, werden in der vorliegenden Arbeit die von Rüb gewählten Begriffe „policy beliefs" (2014b: 16) und „secondary aspects" in Abgrenzung zu der Bezeichnung „policy core policy preferences" und „secondary beliefs" durch Jenkins-Smith et al. (2014: 191) gewählt.

hat." (Bandelow 2015: 321) Dies gilt für die Erdgasaußenpolitik der EU, schließlich
wurde in Abschnitt 3.2 sowie in Abbildung 20 aufgezeigt, inwiefern die Wahrnehmung der Erdgasbeziehungen zwischen der EU und Russland als Dependenz oder
Interdependenz den Politikansatz der Mitgliedstaaten sowie dessen Umsetzung in
Form der Infrastrukturmaßnahmen prägt, wobei einschränkend angeführt werden
muss, dass an dieser Stelle zwar ein vielfach beobachteter Zusammenhang, aber
kein Determinismus behauptet werden soll. Die theoretischen Vorüberlegungen
zum Policy-Subsystem der europäischen Erdgasaußenpolitik gegenüber Russland
lassen sich daher auf die *Belief*-Systeme des ACF übertragen. Im Folgenden werden
die drei Ebenen kurz erläutert, mit Beispielen illustriert und schließlich mit der
Erdgasaußenpolitik der EU in Beziehung gesetzt:

- *Dependenz* vs. *Interdependenz* als *deep core beliefs*: Die oberste Ebene der
  Belief-Systeme bilden *deep core beliefs*. Dabei handelt es sich um grundlegende Glaubenssysteme bzw. Ideologien, die sich in abstrakter Form auf das
  gesamte Policy-Subsystem oder sogar darüber hinaus beziehen. Rüb führt als
  Beispiele gegenüberliegende Pole wie Staat versus Markt, Eigenverantwortung
  versus Solidarität sowie Pro und Kontra zur Kernenergie an. Im Kontext von
  räumlichen Modellierungen entspricht das bekannte links-rechts-Kontinuum
  den *deep core beliefs* von Parteien (vgl. Rüb 2014b: 16; Sabatier/Weible 2007:
  194). Diese allgemeinen Kernüberzeugungen weisen eine hohe Reichweite sowie eine besonders hohe Stabilität auf (vgl. Bandelow 2015: 308–309). Im
  Policy-Subsystem europäische Erdgasaußenpolitik gegenüber Russland sind
  die *deep core beliefs* durch die in Abschnitt 3.2 beschriebenen Pole *Dependenz*
  und *Interdependenz* gekennzeichnet. Sie entsprechen der Wahrnehmung der
  EU-Russland-Erdgasbeziehungen aus der Perspektive des jeweiligen Akteurs
  und sind somit entscheidend für die Frage, ob Russland als Gefahr für die
  nationale bzw. europäische Versorgungssicherheit im Erdgassektor oder als
  unverzichtbarer Partner angesehen wird. Dieses Urteil entspricht der „biased
  perception" (Bandelow 2015: 316), unter der die Prozesse im Policy-Subsystem
  betrachtet werden.

- *Diversifizierung* vs. *Energiepartnerschaft* als *policy beliefs*: Die *policy beliefs*
  stellen auf der zweiten, darunter liegenden Ebene Anwendungen der *deep core
  beliefs* dar, die durch grundsätzliche Policy-Entscheidungen charakterisiert
  sind und sich ebenfalls auf das gesamte Policy-Subsystem erstrecken (vgl. Sa-

batier/Weible 2007: 194). Rüb beschreibt sie als „bestimmte Grundsätze einer Policy, die eine Konkretisierung und Engführung des ‚deep core' in Bezug auf eine spezifische Policy darstellen" (Rüb 2014b: 16). Als Beispiele führt er das Sozialversicherungsprinzip in der Sozialpolitik an, das beitrags- und umlagefinanzierte Systeme favorisiert und politisch definierte Bedarfe, konkret lohn- bzw. statusorientierte Einkommensersatzleistungen, garantiert. Wenngleich *policy beliefs* als konkrete Anwendungen der übergeordneten Ebene definiert sind, besteht nicht immer eine direkte Übereinstimmung mit den *deep core beliefs*: „For example, while conservatives generally have a strong preference for market solutions, some of them recognize significant market failure (e.g., externalities) in water pollution problems and thus are willing to support much more governmental intervention in this policy area compared with other policy areas." (Sabatier/Weible 2007: 195) In der europäischen Erdgasaußenpolitik gegenüber Russland sind die grundsätzlichen Ausgestaltungsmöglichkeiten des Policy-Subsystems durch die Pole *Diversifizierung* und *Energiepartnerschaft* definiert (vgl. Abschnitt 3.2). Wenngleich – wie oben erläutert – kein Determinismus zwischen bestimmten *deep core* und *policy beliefs* besteht, so wird in der Literatur zu EU-Russland-Beziehungen dennoch eine häufige Entsprechung von Dependenz als Bewertung der EU-Russland-Erdgasbeziehungen (*deep core*) und Diversifizierung als daraus folgende grundlegende Strategie zur Reduzierung der Abhängigkeit von russischen Erdgasimporten (*policy belief*) bzw. von Interdependenz als Bewertung der EU-Russland-Erdgasbeziehungen (*deep core*) und der Energiepartnerschaft mit Russland für Ausbau und Festigung der wechselseitigen Abhängigkeit (*policy belief*) angenommen (siehe z. B. Proedrou 2012; Schmidt-Felzmann 2011).

- *Zustimmung/Ablehnung + Eingliederung des Projekts in das Importportfolio* als *secondary aspects*: Die unterste Ebene besteht aus *secondary aspects*. Im Gegensatz zu den ersten beiden Ebenen erstrecken sich diese nicht über das gesamte Policy-Subsystem, sondern stellen Detailfragen, d.h. konkrete Ausformungen der übergeordneten politischen Strategie eines Akteurs in dem entsprechenden Policy-Subsystem, dar wie z. B. eine spezifische Ausprägung der Rentenformel oder Anpassungstechniken von Sozialleistungen (vgl. Rüb 2014b: 16; Sabatier/Weible 2007: 196). In der europäischen Erdgasaußenpolitik umfassen sie die Beteiligung an bzw. Ablehnung von Infrastrukturmaßnahmen

für die Erdgasversorgung, wie die in der vorliegenden Arbeit untersuchten
Pipelineprojekte Nord Stream, South Stream und Nabucco, schließlich gelten
diese in der Literatur zur europäischen Erdgasaußenpolitik als Symbole für die
divergierenden Politikansätze der EU-Mitgliedstaaten (vgl. Abschnitt 1.2.1).

Die drei Ebenen dienen in der Inhaltsanalyse als Katgorien, um die relevanten
Informationen aus dem Textmaterial zu extrahieren. Ihnen werden zur weiteren
Spezifizierung jeweils fünf identische Dimensionen zugeordnet. Abbildung 22 fasst
das Analyseraster für die inhaltsanalytische Untersuchung des Datenmaterials
zusammen.

Abbildung 22: Analyseraster der inhaltsanalytischen Untersuchung, Gas Game I

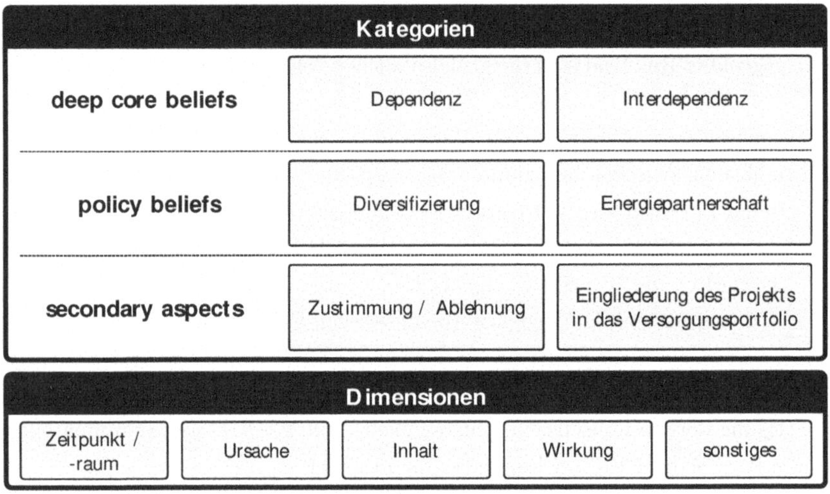

Die Untergliederung soll dazu beitragen, eine möglichst allumfassende Darstellung der Policypositionen zu erarbeiten, indem alle drei hierarchisch strukturierten
Ebenen des Policy-Subsystems EU-Erdgasaußenpolitik gegenüber Russland inhaltlich abgedeckt werden. Gleichzeitig soll mit ihr die Möglichkeit aufrecht erhalten
werden, zwischen den verschiedenen Ebenen zu differenzieren, um die tatsächliche
initiale *Verhandlungs*position – in Abgrenzung zu der *Ideal*position – der Spieler
zu identifizieren. Schließlich sind zur Bestimmung der Policyposition diejenigen
empirischen Daten von größter Relevanz, die mittels der zweiten Kategoriengruppe

– *policy beliefs* – extrahiert werden, da sie eine direkte Entsprechung mit der zuvor entwickelten Skalierung des Politikraums aufweisen. Aufgrund der Wechselwirkungen zwischen den drei Ebenen tragen die Informationen aus der ersten sowie der dritten Kategoriengruppe aber zu einer Präzisierung der *policy beliefs* bei, weshalb ihre Berücksichtigung in der Inhaltsanalyse sinnvoll ist.

In den folgenden Unterkapiteln werden die aus der Inhaltsanalyse ermittelten Policypositionen der ausgewählten EU-Mitgliedstaaten sowie der Europäischen Kommission erläutert. Dazu werden zunächst die für den Untersuchungszeitraum relevanten Akteure – die jeweiligen nationalen Regierungen bzw. Kommissionspräsident und Energiekommissar in der Periode zwischen 2000 und 2010 – aufgeführt. Daran anschließend wird anhand statistischer Berechnungen aufgezeigt, welchen Anteil Erdgas am jeweiligen nationalen Energiemix im Untersuchungszeitraum einnahm und von welchen Staaten die Erdgasimporte in den untersuchten Mitgliedstaaten anteilig bezogen wurden. Für den Fall der Europäischen Kommission werden jene Daten für die EU-28 präsentiert. In einem dritten Schritt wird die Politik der Mitgliedstaaten bzw. der Kommission gegenüber Russland als Erdgasexporteur ausführlich erläutert und abschließend unter Rückbezug auf die Policy-Skala in einem numerischen Wert zusammengefasst.

4.3.1 Deutschland

Akteure

In Deutschland regierten folgende Koalitionen im Untersuchungszeitraum zwischen 2000 und 2010:

- 1998–2002: Koalition aus Sozialdemokratischer Partei Deutschlands (SPD) und Bündnis 90/Die Grünen unter Bundeskanzler Gerhard Schröder

- 2002–2005: Koalition aus Sozialdemokratischer Partei Deutschlands (SPD) und Bündnis 90/Die Grünen unter Bundeskanzler Gerhard Schröder

- 2005–2009: Koalition aus Christlich Demokratischer Union (CDU) / Christlich-Sozialer Union in Bayern (CSU) und Sozialdemokratischer Partei Deutschlands (SPD) unter Bundeskanzlerin Angela Merkel

- 2009–2013: Koalition aus Christlich Demokratischer Union (CDU) / Christlich-Sozialer Union in Bayern (CSU) und Freien Demokraten (FDP) unter Bundeskanzlerin Angela Merkel

Erdgas im deutschen Energiemix

Der Anteil von Erdgas am deutschen Energiemix stieg im Untersuchungszeitraum geringfügig von 21 % auf 22,66 % an (siehe Abbildung 23). Die ansteigende Tendenz ist unter anderem in dem zunehmenden Einsatz von Erdgas zur Elektrizitätserzeugung begründet. Deutschland stellt insgesamt den größten Erdgasmarkt in der EU dar (vgl. International Energy Agency 2007a: 20, 93).

Abbildung 23: Deutscher Energiemix in der Periode zwischen 2000–2010 in Prozent

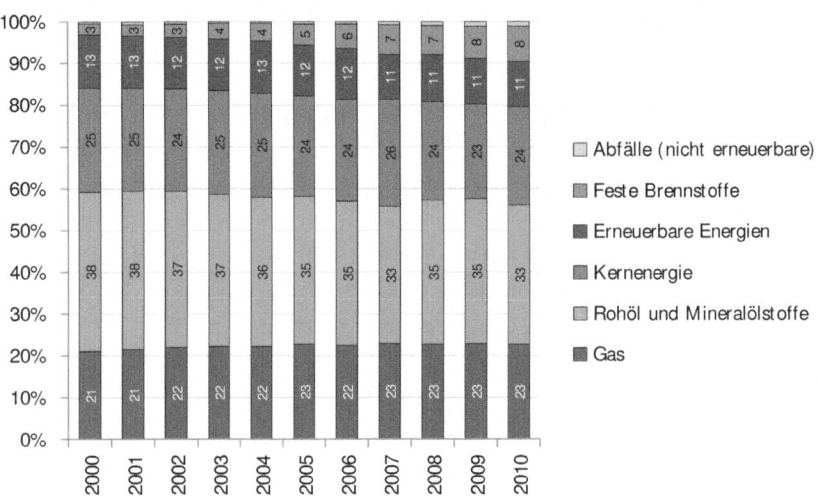

Quelle: Eurostat (o. J.); eigene Berechnungen

Deutschland verfügt insgesamt über ein diversifiziertes Importportfolio. Die Importe sind zum Großteil in Langzeitverträgen festgehalten, in denen der Erdgaspreis an den Ölpreis gekoppelt ist (vgl. International Energy Agency 2007a: 96). Russisches Erdgas umfasst den größten Anteil an den deutschen Gesamtimporten. Im Untersuchungszeitraum lag dieser zwischen 33,67 % und 45,75 % (siehe Abbildung 24).

Abbildung 24: Deutsches Importportfolio im Erdgassektor (2000–2010)

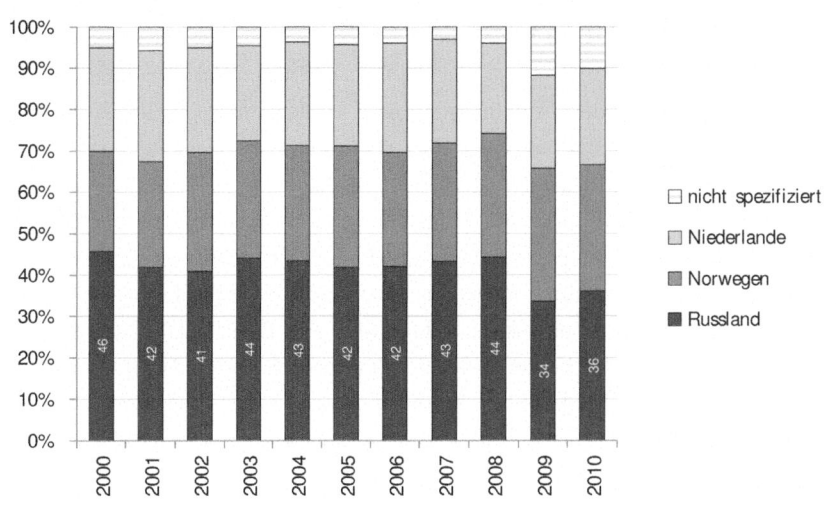

Anteile der Exporteure an Gesamtimporten in Prozent in der Periode zwischen 2000–2010
Quelle: International Energy Agency (2001b, 2002, 2003c, 2004c, 2005b, 2006c, 2007b, 2008, 2009e, 2010b, 2011d, 2012b, 2013a); eigene Berechnungen

Policyposition gegenüber Russland als Erdgasexporteur

Deutschland und Russland gelten als strategische Partner (vgl. Leonard/Popescu 2007: 2). Das Fundament ihrer Partnerschaft besteht aus engen wirtschaftlichen Verflechtungen, auf denen die stabilen politischen Beziehungen zwischen den beiden Staaten aufbauen (vgl. David et al. 2011: 186). Im Folgenden wird aufgezeigt, dass die strategische Partnerschaft auf jahrzehntelange zwischenstaatliche Verbindungen zurückzuführen ist und sich in der Erdgasaußenpolitik im Untersuchungszeitraum durch das Streben nach einer Festigung der Interdependenz zwischen Deutschland und Russland auszeichnet.

Deutschland stellte für Russland im Untersuchungszeitraum gemessen am zwischenstaatlichen Handel sowie an ausländischen Investitionen den wichtigsten Handelspartner innerhalb der EU dar (vgl. Timmins 2005: 67). Dieser Status ist das Ergebnis der historischen Entwicklungen in der Beziehung zwischen Deutschland und Russland. Bereits während des Kalten Krieges strebte Deutschland im Zuge der Ostpolitik unter dem damaligen Bundeskanzler Willy Brandt in den 1980er Jahren engere wirtschaftliche Beziehungen mit der Sowjetunion zur Öffnung neuer Märkte sowie zu einer Reduzierung der politischen Spannungen zwischen Ost und West an. Diese Politik der „Annäherung durch Verflechtung" (Verhoeff/Niemann 2011: 1278) setzte die SPD am Ende der 1990er Jahre mit derselben Motivation fort: Vor dem Hintergrund hoher Arbeitslosenzahlen bot Russland aus Sicht der SPD einen wachsenden Markt mit umfassenden Investitions- und Exportmöglichkeiten. Gleichzeitig bestand der Wunsch, durch enge wirtschaftliche Verflechtungen auf die politische Entwicklung Russlands einzuwirken. Das Streben nach stabilen bilateralen Beziehungen entwickelte sich für den von 1998 bis 2005 amtierenden Bundeskanzler Gerhard Schröder schließlich zum bedeutendsten Ziel der deutschen Außenpolitik. Entsprechend wird die erste Hälfte des Untersuchungszeitraums, das heißt die Zeitspanne zwischen 2000 und 2005, als „goldene Periode" hinsichtlich der Vertiefung der wirtschaftlichen und politischen Beziehungen zwischen Deutschland und Russland erachtet (vgl. Timmins 2007: 172–176).

Die Energiepartnerschaft zwischen Deutschland und Russland gilt als bedeutendster Inhalt ihrer strategischen Beziehungen (vgl. Götz 2005: 4; Timmins 2007: 178–179). Deren Initiierung und Ausgestaltung reicht ebenfalls in die Geschichte des Kalten Krieges zurück. Sie war von Beginn an durch das wechselseitige Interesse der Staaten aneinander motiviert: Deutschland benötigte große Mengen an Erdgasimporten, die Sowjetunion suchte nach großen Absatzmärkten, da ihre Rohstoffe eine notwendige Einnahmequelle für den Staat darstellten. Beide Staaten waren somit auf die Verlässlichkeit des jeweiligen Handelspartners angewiesen. Aus diesem Grund sind die russischen Importe nach Deutschland seit Jahrzehnten in Langzeitverträgen festgeschrieben. Der Umfang sowie die Dauerhaftigkeit des Erdgashandels resultierten in diversen Infrastrukturmaßnahmen, die Deutschland und Russland noch immer aneinander binden. Auf diese Weise wurde seit dem Kalten Krieg eine interdependente Struktur aufgebaut:

> In Deutschland war die Gaswirtschaft rund dreißig Jahre geprägt durch langfristige Erdgaslieferbeziehungen vor allem mit der Sowjetunion bzw. Russland. [...] Der auf langfristigen Importverträgen beruhende Gashandel wirkte sich positiv auf das Gleichgewicht zwischen Versorgungs- und Nachfragesicherheit aus und stabilisierte die bilateralen Beziehungen. Russland erfüllte seine vertraglichen Lieferpflichten, eine enorme Gasinfrastruktur entstand, die die

beiden Länder verbindet. Russlands deutsche Partnerfirmen kamen ihren Zah-
lungsverpflichtungen nach, das heißt sie unterschritten die vereinbarten Minde-
stabnahmemengen – in der Regel etwa 80 Prozent der Lieferverpflichtungen –
nicht. Russland tätigte die notwendigen Investitionen in die Gasproduktion und
in die erforderliche Infrastruktur, um seine Vertragsverpflichtungen erfüllen zu
können. [...] Tragende Säule der Gasbeziehungen waren die auf 20, 25 oder 30
Jahre abgeschlossenen ölindexierten Langfristverträge, die Abnahmeverpflichtungen von mindestens 75 bis 85 Prozent der vereinbarten Mengen enthielten.
Diese „take-or-pay"-Klauseln stellen das Gegengewicht zur Verpflichtung der
Lieferanten auf Vorhaltung der entsprechenden Mengen dar. Das erlaubt eine
Verteilung der Risiken zwischen den beiden Partnern. (Westphal 2012: 423).

Das in dieser Form entwickelte Vertrauen zwischen Deutschland und Russland
wirkt sich auf die Erdgasaußenpolitik in den 2000er Jahren aus. Das prioritäre Ziel
der deutschen Erdgaspolitik stellte im Untersuchungszeitraum die Gewährleistung
von Versorgungssicherheit dar (vgl. International Energy Agency 2007a: 7). Wie
zuvor verdeutlicht, verfügt Deutschland nur über geringe Mengen an heimischen
Erdgasressourcen, so dass es große Erdgasvolumina importieren muss. Aufgrund
der historisch gewachsenen Beziehungen und der damit verbundenen Infrastruktur
sowie des Mangels an alternativen Anbietern sei eine Abhängigkeit von russischen
Importen – so die durchgesetzte Meinung in der deutschen Politik – in ihrem
Grundsatz unvermeidlich. Diesen Zustand will die deutsche Politik – wenngleich er
auf den ersten Blick für Deutschland nachteilig erscheinen mag – nicht grundlegend
ändern, sondern vielmehr den hohen Anteil russischen Erdgases an den deutschen
Importen zum eigenen Vorteil ausgestalten. So führt die hohe Abhängigkeit in
Deutschland nicht dazu, dass die Politik sich um eine möglichst große Diversifizierung der Erdgasquellen bemüht, um den Anteil russischen Erdgases an den
deutschen Importen so umfassend wie möglich reduzieren zu können. Stattdessen
sieht Deutschland das Ziel der Versorgungssicherheit am besten dadurch erreicht,
dass die Energiebeziehungen zwischen Deutschland und Russland intensiviert werden, um auf diese Weise einen hohen Grad an Interdependenz zwischen den beiden
Staaten zu generieren: Sofern Russland auf deutsche Energieimporte als wichtige
Quelle seines Wirtschaftswachstums angewiesen ist – und dies wird umso besser
gewährleistet, je größer die Importmengen und je enger entsprechend die Erdgasbeziehungen zwischen den beiden Staaten ausgestaltet sind –, ist zu erwarten, dass das
Risiko von Lieferunterbrechungen gering ist, da Russland ebenfalls ein notwendiges
Interesse am Bestand der Energiebeziehungen hat. Die negative Bestimmung der
wechselseitigen Abhängigkeit wird von der deutschen Politik somit positiv umge-

deutet in die Etablierung von wechselseitigem Vertrauen. Entsprechend setzt sich Deutschland in der Erdgaspolitik für eine enge Kooperation mit Russland und einen Ausbau des zwischenstaatlichen Handels ein, um mittels Interdependenz Vertrauen zwischen den beiden Staaten und in der Folge eine größere Versorgungssicherheit im Erdgassektor zu generieren (vgl. Aalto 2009: 162; Barysch 2010: 2; International Energy Agency 2007a: 7; Sander 2007: 22–23).

Diese Strategie Deutschlands äußert sich zum einen in der Initiierung eines deutsch-russischen Energiedialogs (vgl. Aalto 2009: 167; Sander 2007: 22–23). Noch anschaulicher wird sie allerdings anhand einer Betrachtung der deutschen Pipelinepolitik. Deutschland ist neben Russland der maßgebliche Initiator des Nord Stream-Pipelineprojekts. Mit dieser Pipeline verband die deutsche Politik unter den Bundeskanzlern Gerhard Schröder und Angela Merkel zwei Ziele:

1. Die Nord Stream-Pipeline sollte zur Versorgungssicherheit beitragen, indem Transportwege diversifiziert und Transitrisiken entsprechend verringert werden. Dieses Argument unterstrich die deutsche Regierung nach den Gaskrisen 2006 und 2009. In diesem Kontext betonte Bundeskanzlerin Angela Merkel, dass Nord Stream die *europäische* Abhängigkeit des Transits durch die Ukraine verringern und somit nicht nur einen bedeutenden Beitrag zur deutschen, sondern zur gesamteuropäischen Versorgungssicherheit leisten werde, weshalb Merkel die „politische Rückendeckung" (zit. n. SZ vom 29.01.2009) aller EU-Mitgliedstaaten für das Nord Stream-Projekt forderte (vgl. FAZ vom 05.11.2008, 15.08.2009, 22.12.2009, 24.12.2009, 10.04.2010; Süddeutsche.de vom 31.10.2009; SZ vom 17.07.2009, 08.08.2009, 07.11.2009b, 08.04.2010).

2. Die Nord Stream-Pipeline wird als zentrales Element und Symbol zur Festigung der deutsch-russischen Energiepartnerschaft angesehen (vgl. FT vom 16.05.2007, 20.11.2008; Götz 2005: 4; SZ vom 10.04.2010a). Die Notwendigkeit dieser Partnerschaft ergebe sich daraus, dass es in Europa an Alternativen zu Gaslieferungen aus Russland mangele, schließlich handele es sich bei den anderen potentiellen Partnern der europäischen Energieversorgung – wie Libyen, Algerien oder Iran – um politisch weniger stabile Staaten als Russland (vgl. SZ vom 08.02.2007). Mit Verweis auf die seit Jahrzehnten zu verzeichnende Zuverlässigkeit von russischen Erdgaslieferungen nach Deutschland betont die Politik zudem, dass es keinen Anlass für Zweifel an der Liefertreue Russlands gebe (vgl. Süddeutsche.de vom 09.04.2010; SZ vom 08.02.2007).

Die deutsche Politik ist aus diesem Grund um stabile Energiebeziehungen
mit Russland bemüht. Die Nord Stream-Pipeline trage dazu maßgeblich bei,
da sie die wechselseitige Abhängigkeit zwischen Deutschland und Russland
erhöhe und gewährleiste, dass Russland und Deutschland auf Jahrzehnte miteinander verbunden bleiben. Dies führe somit zu einer langfristig angelegten
und gleichberechtigten Energiepartnerschaft zwischen Deutschland und Russland, die die Gasversorgungssicherheit in ganz Europa fördere (vgl. FT vom
16.01.2009, 26.10.2009; FAZ vom 08.01.2009a, 10.04.2010; SZ vom 04.02.2008,
09.11.2011b). Das Projekt verhindere zudem, dass Russland als Exporteur die
Erdgasmärkte in China oder den USA erschließe (vgl. SZ vom 05.07.2008). Entsprechend beurteilte der damalige Bundeskanzler Schröder die Unterzeichnung
der Bauvereinbarung zur Nord Stream-Pipeline im Jahr 2005 als „historischen
Moment" (SZ vom 09.11.2011b). Die deutsche Politik unterstützte das Projekt
neben der politischen Ausgestaltung des Implementierungsprozesses mittels
Kreditgarantien in Milliardenhöhe (vgl. SZ vom 19.12.2009).

Die auf Energiepartnerschaft abzielende deutsche Erdgasaußenpolitik wird aber
auch an der Positionierung gegenüber den Pipelineprojekten South Stream und Nabucco deutlich. So befürwortete Bundeskanzlerin Angela Merkel den Bau der South
Stream-Pipeline, da diese ebenfalls dazu beitrage, die europäische Abhängigkeit
vom Transit durch die Ukraine zu verringern (vgl. SZ vom 29.01.2009, 30.01.2009).
Die Unterstützung der Nabucco-Pipeline, die für Deutschland die Möglichkeit geliefert hätte, Erdgas aus dem Kaspischen Raum zu importieren, war hingegen

wesentlich geringer. Zwar war mit E.ON ein deutsches[88] Energieunternehmen an dem Pipelineprojekt beteiligt und es lassen sich durchaus Stellungnahmen der Bundesregierung finden, in denen sie die Nabucco-Pipeline als interessantes Projekt zur Förderung der europäischen Versorgungssicherheit bewertet (vgl. FT vom 16.05.2007; FAZ vom 05.11.2008a, 16.02.2009). Diese Befürwortungen relativierte sie jedoch stets mit dem Hinweis auf politische und wirtschaftliche Hindernisse: Aufgrund dieser sei es „äußerst schwierig, Lieferverträge für eine ausreichende Menge von Gas abzuschließen, um die Wirtschaftlichkeit dieser Gasleitung sicherzustellen." (Zit. n. FAZ vom 5.11.2008) Diese Zurückhaltung materialisierte sich 2009, als Deutschland die Umsetzung eines Konjunkturpakets über 5 Milliarden Euro bis zur Ausarbeitung eines Kompromisses ablehnte. Das Konjunkturpaket umfasste verschiedene Energieprojekte, die zur europäischen Versorgungssicherheit beitragen sollten, u.a. die Nabucco-Pipeline. Deutschland lehnte die Förderung der Nabucco-Pipeline in diesem Zusammenhang zunächst ab, da deren Umsetzung noch einige Jahre entfernt sei, so dass sie nicht dazu geeignet sei, die Wirtschaft zeitnah zu stimulieren (vgl. FT vom 20.03.2009, 21.03.2009). Der Umgang der deutschen Politik mit dem Nabucco-Projekt verdeutlicht somit, dass Deutschland Diversifizierungsprojekte, die Erdgasquellen jenseits von Russland erschließen sollen, nicht ablehnt, die Unterstützung für diese aber durch ein geringes Engagement gekennzeichnet ist

---

88   Bei einer Vielzahl von Energieunternehmen handelt es sich mittlerweile um multinationale Konzerne. Die im weiteren Verlauf der Arbeit vorgenommenen nationalen Zuschreibungen erfolgen in Anlehnung an Pointvogl (2009: 5705) auf Grundlage des offiziellen Firmensitzes sowie historischer Entwicklungen. Die Möglichkeit der nationalen Zuordnung ist für die folgende Analyse von Bedeutung, da die in dieser Arbeit aufgeführten Energieunternehmen in der Regel vielfältige politische Unterstützung in ihren Geschäftstätigkeiten im Erdgassektor erfahren und ihre Beteiligung an Infrastrukturprojekten daher Rückschlüsse auf die Interessen der Mitgliedstaaten ermöglicht: „[The energy companies] benefit for example from support and safeguard for large-scale foreign investments, receive particular emission permits or are being protected from hostile takeover. [...] ties between national governments and national champions imply prohibitively high costs of being unwind due to sufficiently high mutual dependencies on both sides. Examples such as *Golden Shares*, significant governmental shareholding, or governmental support and sponsoring in exploration and production projects let this assumption reflect a not too distorted reality. [...] Examples for government's Golden Shares in national energy-champions are found in Belgium, France, Germany, Italy, Portugal, Spain and the UK. Cases of significant shareholding in Majors are present in Austria, Finland, France, Greece, Italy, Portugal and Sweden. Worth mentioning is the support multinationals like Royal Dutch Shell and BP received for projekts in Russia (e.g. with the fields Sakhalin-II and Kovykta) from the Dutch and British government, respectively." (Pointvogl 2009: 5705) Pointvogl beschränkt sich in diesen Beispielen auf die EU-15-Mitgliedstaaten.

und eine klare Priorität für Pipelineprojekte mit Russland offenbart: „Ms. Merkel's government has sought to diversify energy supplies but, as the example of the Nabucco pipeline shows, such efforts have been half-hearted and progress in this area is by nature slow." (FT vom 16.05.2007) Ähnlich argumentiert Spencer Gilbert (2009: 131): „Thus while a German company is an important shareholder in the project, the German government will likely not overextend itself to see Nabucco finished. In brief, Nord Stream is a vastly more important policy issue in Germany than Nabucco."

Ein dominanter Interpretationsstrang der deutschen Russlandpolitik beurteilt die Energiepartnerschaft und speziell die Nord Stream-Pipeline als Resultat der freundschaftlichen Beziehung zwischen Gerhard Schröder und Putin. Die kurze Skizzierung der deutschen Erdgasaußenpolitik in den 1980er und 90er Jahren zeigt jedoch, dass Gerhard Schröder auf bereits etablierte Verbindungen zwischen Deutschland und Russland aufbaute, seine Politik also keine Besonderheit war, sondern der vorherigen deutschen Strategie entsprach. Zudem hielt auch Bundeskanzlerin Angela Merkel an dieser Linie gegenüber Russland – entgegen ihrer zunächst kritischen Ankündigungen hinsichtlich der engen Verflechtungen mit Russland im Zuge ihrer Regierungsübernahme 2005 (vgl. FT vom 26.10.2009) – fest. Sie äußert sich zwar skeptischer als die SPD bezüglich der politischen Entwicklung Russlands, förderte die strategische Partnerschaft mit Russland aber dennoch aufgrund des daraus erwachsenen wirtschaftlichen Nutzens für Deutschland, insbesondere im Energiebereich. Ihr Politikansatz gegenüber Russland ist somit besonders stark durch wirtschaftlichen Pragmatismus geprägt:

> German chancellor Angela Merkel fully appreciates the opportunities that German and European businesses have in the fast-growing Russian economic market. She thus remains committed to the strategic partnership between Germany and Russia, particularly on energy issues. Having grown up in East Germany during the Soviet occupation, however, she is skeptical about Russia's democratic prospects as well as their human rights record and seems to share many of the post-Soviet states' anti-Russian sentiments. As a result, Merkel takes a cautious and pragmatic approach to cooperation with Russia and the countries of the post-Soviet space. (Rahr 2007: 141–142)

Entsprechend drängte sie auch auf die Implementierung des Nord Stream-Projekts (vgl. u.a. Süddeutsche.de vom 09.04.2010; SZ vom 29.01.2009, 30.01.2009, 10.04.2010b).

Die Energiepartnerschaft zwischen Deutschland und Russland beruht auf bilateralen Beziehungen und ist dementsprechend nach den Interessen dieser beiden Staaten ausgestaltet. Gleichzeitig hat die deutsche Politik aber stets versucht, ihre Position bezüglich Russland in der gemeinsamen EU-Politik zu etablieren und die strategische Partnerschaft mit Russland auf die EU auszuweiten (vgl. Aalto 2009: 175; David et al. 2011: 185–185; Rahr 2007: 138, 139; Timmins 2007: 177; Verhoeff/Niemann 2011: 1277). Von zahlreichen EU-Staaten – insbesondere osteuropäischen – wird Deutschland allerdings vorgeworfen, es würde „wegen des Interesses an guten Energiebeziehungen über Fehlentwicklungen in Russlands inneren Verhältnissen" (Götz 2006: 1) hinwegsehen und die eigenen wirtschaftlichen und energiepolitischen Interessen prioritär behandeln – auch auf Kosten bzw. gegen die Interessen anderer Mitgliedstaaten. Die Nord Stream-Pipeline wird häufig als Beispiel für den Egoismus der deutschen Politik angeführt, da sie gegen den Willen einzelner EU-Mitgliedstaaten durchgesetzt wurde (vgl. David et al. 2011: 185–186; Schmidt-Felzmann 2011: 586).

Zusammenfassend lässt sich festhalten, dass Deutschland in der Erdgasaußenpolitik gegenüber Russland nach einem hohen Grad an Interdependenz strebt, da es seine Versorgungssicherheit durch wechselseitige Abhängigkeit zwischen den beiden Staaten am besten gewährleistet sieht. Das sich daraus ergebende Vertrauen in die Liefer- und Abnahmetreue zwischen den Staaten wird durch die Langfristigkeit des Handels zusätzlich gestärkt. Dieser Ansatz hat sich über Jahrzehnte zu einem *deep core belief* der deutschen Russlandpolitik entwickelt und wurde auf Ebene der *policy beliefs* in das Bemühen um eine Energiepartnerschaft mit Russland übersetzt. Praktisch äußert sich dieses Interesse in der deutschen Politik durch gemeinsame Infrastrukturmaßnahmen von Deutschland und Russland (*secondary aspects*): Das Nord Stream-Projekt gilt als Kulmination ihrer Energiepartnerschaft. Da Deutschland Diversifizierungsprojekte aber nicht vollkommen ausschließt (*policy beliefs* und *secondary aspects*) – siehe das Nabucco-Projekt – ist die Erdgasaußenpolitik zwar im oberen Bereich der für die Simulation entwickelten Skala einzuordnen, allerdings nicht gänzlich am Rand. Die deutsche Erdgasaußenpolitik wird daher mit dem Wert 85 evaluiert und lässt sich somit zwischen folgenden Positionen einordnen:

numerischer Wert	Policyposition
80	Großes Vertrauen in Russland als Erdgasexporteur; Russland ist der wichtigste Vertragspartner für Pipelineprojekte; weitere Diversifizierungsprojekte – insbesondere LNG-Terminals – sind notwendig; Russland wird aber als Erdgasquelle die höchste Priorität gegenüber anderen Exportstaaten verliehen
90	Sehr großes Vertrauen in Russland als Erdgasexporteur; Erdgas soll im Rahmen einer engen Energiepartnerschaft zum Großteil aus Russland importiert und daneben sollen nur wenige Diversifizierungsprojekte verfolgt werden

4.3.2 Italien

Akteure

In Italien regierten folgende Koalitionen im Untersuchungszeitraum zwischen 2000 und 2010:

- 2000–2001: Mitte-Links-Koalition aus Democratici di Sinistra (DS), Partito Popolare Italiano (PPI), Democratici (Dem), Popolari-Unione Democratici per l'Europa, Partito die Comunisti Italiani (PdCI), Federazione die Verdi (FdV), Rinnovamento Italiano (RI) und Socialisti Democratici Italiani (SDI) unter Ministerpräsident Giuliano Amato

- 2001–2005: Koalition aus Forza Italia (FI), Alleanza Nazionale (AN), Lega Nord (LN), CCD-CDU/UDC, NPSI und PRI unter Ministerpräsident Silvio Berlusconi

- 2005–2006: Koalition aus Forza Italia (FI), Alleanza Nazionale (AN), Lega Nord (LN), UDC, NPSI und PRI unter Ministerpräsident Silvio Berlusconi

- 2006–2008: Koalition aus DS-DL/PD, PRC, RnP, PdCI, IdV, FdV, SDI, RI, UDEUR, SI, DCU, LAL, SD, LD, MRE unter Ministerpräsident Romano Prodi

- 2008–2011: Koalition aus Popolo della Libertà (PdL), Lega Nord (LN), Futuro e Libertà per l' Italia (FLI) und Movimiento per le Autonomie (MpA)[89] unter Ministerpräsident Silvio Berlusconi.

Erdgas im italienischen Energiemix

Erdgas ist in Italien der wichtigste Energieträger für die Elektrizitätserzeugung (vgl. International Energy Agency 2009b: 99). Entsprechend ist der Anteil von Erdgas am italienischen Energiemix äußerst hoch. Im Untersuchungszeitraum lag er zwischen 34 % und 39,8 % mit einer stets ansteigenden Tendenz (siehe Abbildung 25).

Abbildung 25: Italienischer Energiemix in der Periode zwischen 2000–2010 in Prozent

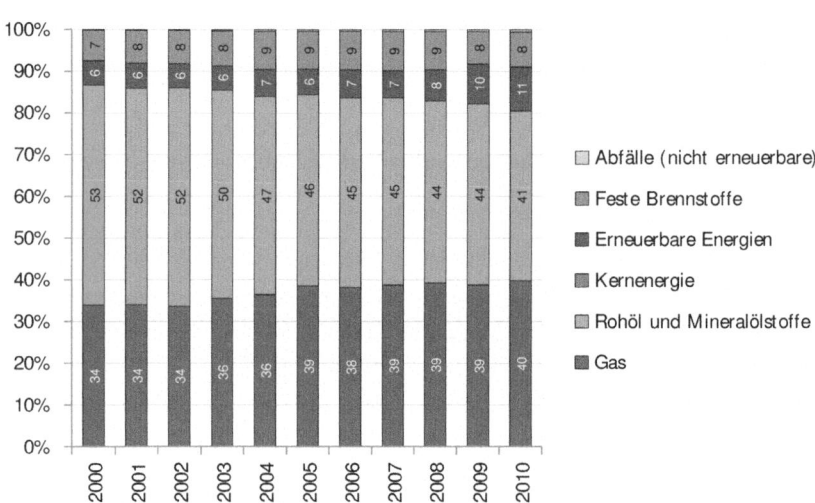

Quelle: Eurostat (o. J.); eigene Berechnungen

Aufgrund der wachsenden Importabhängigkeit im Erdgassektor und dem zu Beginn des Jahrhunderts vergleichsweise wenig diversifizierten Importportfolio hat Italien in der Periode zwischen 2000 und 2010 eine Vielzahl an Diversifizierungs-

---

89 Die Regierungsmitglieder von FLI und MpA legten am 15. November 2010 ihre Ämter nieder.

maßnahmen umgesetzt. Gleichwohl stellen Russland und Algerien weiterhin die bedeutendsten Erdgaslieferanten dar. Der Anteil russischen Erdgases an den Gesamtimporten lag im Untersuchungszeitraum zwischen 19,9 % und 36,6 %. Der geringe Anteil im Jahr 2010 ist auf die Gasschwemme und das große Angebot an *LNG* zurückzuführen. Es handelt sich dabei um ein einmaliges Ereignis in Italien. In den darauffolgenden Jahren stieg der Anteil von russischem Erdgas, wie in Abbildung 26 zu sehen ist, wieder deutlich an und näherte sich den Werten der Jahre 2000 bis 2009.

Abbildung 26: Italienisches Importportfolio im Erdgassektor (2000–2010)

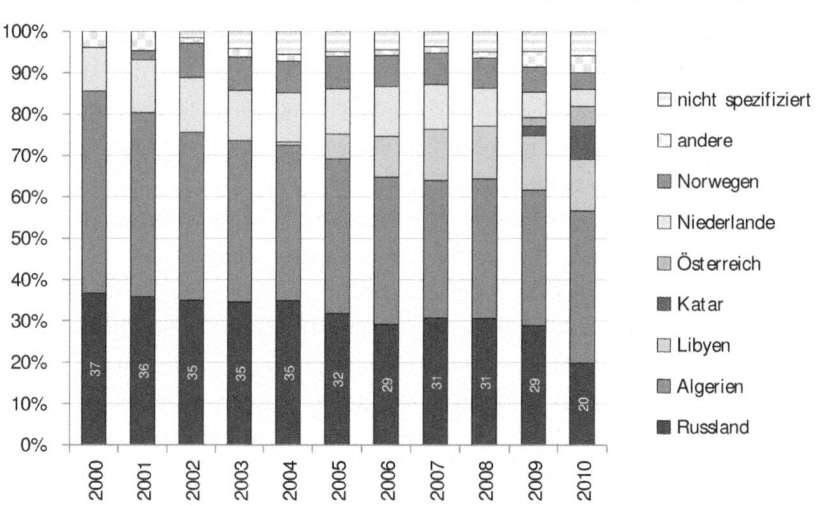

Anteile der Exporteure an Gesamtimporten in Prozent in der Periode zwischen 2000–2010
Quelle: International Energy Agency (2001b, 2002, 2003c, 2004c, 2005b, 2006c, 2007b, 2008, 2009e, 2010b, 2011d, 2012b, 2013a); eigene Berechnungen

Policyposition gegenüber Russland als Erdgasexporteur

So wie im Falle Deutschlands gelten auch Italien und Russland als strategische
Partner (vgl. Leonard/Popescu 2007: 2). Im Folgenden wird skizziert, wie die bilateralen Beziehungen zwischen Italien und Russland auf der Grundlage wirtschaftlicher
Interessen nach dem Kalten Krieg aufgebaut worden sind und sich in Form einer
stabilen Energiepartnerschaft in der italienischen Erdgasaußenpolitik widerspiegeln.

Die Kooperation zwischen Italien und Russland wurde nach dem Ende des Kalten
Krieges aufgebaut. Treibende Kraft waren die italienischen Wirtschaftsinteressen
an dem neuen russischen Markt (vgl. Collina 2008: 25–26). Im Verlauf der 1990er
Jahre wurden die bilateralen Beziehungen zwischen den beiden Staaten intensiviert.
Gesteuert wurde dieser Prozess durch die politische Elite Italiens und 1994 in Form
eines Freundschafts- und Kooperationsvertrags mit Russland unter dem damaligen
Ministerpräsidenten Silvio Berlusconi formell materialisiert. Der treibende Motor
dieser Entwicklung war auch in dieser Periode der wirtschaftliche Nutzen, den der
Handel mit Russland versprach. Gleichzeitig erhielt die Partnerschaft aber eine
ideologische Komponente durch den „Brückenansatz" der italienischen Regierung:
„Italy had to help Russia recover from the communist experience and join the
free *Western* world." (Collina 2008: 26) Italien bemühte sich, die Kooperation
mit Russland in bedeutenden europäischen und transatlantischen Institutionen
wie der G7 und insbesondere in der EU zu etablieren. Zu Beginn der 2000er
Jahre gestalteten sich die politischen Beziehungen zwischen Italien und Russland
unter der Politik Putins allerdings zunächst schwieriger, da Putin die russische
Transformationsphase für beendet erklärte und die Konsolidierung des russischen
Staates sowie die Verteidigung russischer Interessen in den Mittelpunkt seiner Politik
rückte. Auch in diesem Jahrzehnt hielt Italien aber am Brückenansatz und dem
Ziel, Russland in die EU und die NATO zu integrieren, fest. Die italienische Politik
vernachlässigte jedoch die ideologische Komponente der Partnerschaft zugunsten
eines pragmatischeren Ansatzes, in dem der Fokus deutlich auf den wirtschaftlichen
Interessen lag, wohingegen Kritik an den inneren Verhältnissen Russlands nur selten
geäußert wurde (vgl. Collina 2008: 26–31). Infolge dieser Strategie entwickelte Italien
sich zu einem der wichtigsten Partner Russlands in der EU: „Italy was part of a
network of primary relations between Russia and the European countries, becoming

Russia's second European partner after Germany and developing a high level of foreign investment in Russia." (Collina 2008: 31; siehe auch Schmidt-Felzmann 2011: 591)

Die Partnerschaft zwischen Russland und Italien spiegelt sich auch in der italienischen Erdgasaußenpolitik wider: „One of the main fields of bilateral cooperation was that of energy [...]." (Collina 2008: 32) Wie oben gezeigt, ist der Anteil von Erdgas am italienischen Energiemix sehr hoch und zwischen 2000 und 2010 um fast 6 % gestiegen. Italien ist dadurch nach Deutschland und Großbritannien der drittgrößte Gasmarkt in Europa. Dies ist maßgeblich in dem zunehmenden Ersatz von Erdöl durch Erdgas seit den Ölschocks der 1970er Jahre sowie dem damit verbundenen umfassenden Einsatz von Erdgas zur Stromerzeugung begründet. Italien verfügt nur über geringe eigene Erdgasressourcen, die zum Großteil bereits verbraucht worden sind, weshalb es in hohem Maße von Importen abhängig ist (vgl. Honoré 2010: 355–356, 2013: 1, 6, 77; International Energy Agency 2009b: 99, 2010c: 129). Vor diesem Hintergrund besitzt das Ziel der Versorgungssicherheit in der italienischen Erdgaspolitik Priorität. Die italienische Regierung sieht dieses durch Langzeitverträge, besonders aber durch eine größere Diversifizierung der Energieträger, der Exporteure und der Transportwege sowie eine bessere infrastrukturelle Vernetzung mit den Nachbarländern gewährleistet. Einige Maßnahmen wurden im Verlauf der 2000er Jahre bereits umgesetzt, weitere diesbezügliche Pläne bildeten aber auch noch am Ende des Untersuchungszeitraums einen zentralen Bestandteil der italienischen Energiestrategie. Im Erdgassektor ist u.a. ein zunehmender Ersatz von Pipeline- durch *LNG*-Importe geplant (vgl. Honoré 2013: 2, 42, 72, 76–77; International Energy Agency 2003b: 9, 35, 38, 2009b: 11, 19, 101).

Das Streben nach Diversifizierung richtet sich allerdings nicht gezielt gegen Russland. Italien ist der zweitgrößte Importeur von russischem Erdgas in der EU. Umgekehrt ist Russland neben Algerien der wichtigste Erdgasexporteur für Italien und soll als zentrales Fundament für die italienische Erdgasversorgung fortbestehen (vgl. Aalto 2009: 166; Schmidt-Felzmann 2011: 591). Auch im Falle von Italien und Russland kann somit von einem interdependenten Verhältnis im Erdgassektor gesprochen werden, das Italien in eine Partnerschaft einbettet, um seine Versorgungssicherheit hinsichtlich russischem Erdgas zu gewährleisten (vgl. Roth 2011: 613). So war Berlusconi während seiner Amtszeiten stets darum bemüht, wirtschaftliche Kooperationen mit Russland im Energiesektor anzustoßen und aufrechtzuerhalten (vgl. Gilbert 2009: 132). Unter seinem Nachfolger Romano Prodi wurde diese Politik der Energiepartnerschaft fortgeführt:

> [A]fter replacing Berlusconi in April 2006, Prodi paid a visit to Putin (20-21 June 2006) to confirm Italy's will to go ahead with cooperation. [...] During his visit Prodi signed a series of important energy agreements assuring reciprocal access to the energy market and fostering the cooperation between ENI and Gazprom that had been the result of talks held over previous years. (Collina 2008: 32)

So wurden 2006 u.a. Langzeitverträge zum Import russischen Erdgases verlängert (vgl. FT vom 26.06.2007). Besonders deutlich wird Italiens Interesse an einer stabilen Energiepartnerschaft mit Russland aber an der italienischen Pipelinepolitik. Hier sind deutliche Parallelen zur deutschen Erdgasaußenpolitik zu erkennen. So unterstützte die italienische Regierung das von Deutschland und Russland initiierte Nord Stream-Projekt mit einer Bürgschaft (vgl. FAZ vom 10.04.2010). Wichtigstes Element der italienischen Erdgasaußenpolitik gegenüber Russland ist aber das 2007 ins Leben gerufene South Stream-Projekt (vgl. Abschnitt 3.2). Mit dieser Pipeline wird zum einen das Ziel verbunden, die Transitrisiken bei Importen von russischem Erdgas zu verringern, indem der Trassenverlauf als problematisch angesehene Transitländer umgeht. Aus diesem Grund trägt sie nach Ansicht des damaligen Ministerpräsidenten Berlusconi zur Versorgungssicherheit in Westeuropa bei (vgl. FAZ vom 08.12.2007, 11.10.2010). Zum anderen betont die italienische Politik, dass die South Stream-Pipeline Resultat und Förderung der Energiepartnerschaft zwischen Italien und Russland bzw. den jeweiligen nationalen Energieunternehmen ENI[90] und Gazprom sei, da sie die wirtschaftlichen und politischen Interessen beider Staaten begünstige (vgl. FT vom 25.06.2007, 26.06.2007, 18.04.2008, 25.06.2009, 04.12.2009b). Dass Italien der Energiepartnerschaft mit Russland in ihrer Erdgasaußenpolitik trotz der angekündigten Diversifizierungsmaßnahmen einen äußerst hohen Stellenwert einräumt, wird umso offensichtlicher, wenn man die weiteren Implikationen der South Stream-Pipeline für alternative europäische Pipelineprojekte berücksichtigt: Schließlich gelten das South Stream- sowie das Nabucco-Projekt als wechselseitig

---

90 ENI war über einen langen Zeitraum hinweg ein genuin staatliches Unternehmen; im Zuge der Liberalisierung des Erdgasmarktes wurde es teilweise privatisiert und der staatliche Anteil am Unternehmen reduziert (vgl. International Energy Agency 2003b: 7).

ausschließend, da sie auf nahezu identische Abnehmermärkte ausgerichtet sind (vgl. Schmidt-Felzmann 2011: 589). Es wurde angenommen, dass letztlich nur eine der beiden Pipelines gebaut werden kann, was zu einem Implementierungswettlauf zwischen den beiden Projekten führte (vgl. Proedrou 2012: 83–84). In diesem Kontext ist auch die italienische Politik zu beurteilen, die stets darum bemüht war, alle Hindernisse für das South Stream-Projekt zu beseitigen: So unterzeichneten Berlusconi und Putin 2009 ein Abkommen, in dem beide Regierungen ihren Willen ausdrücken, das South Stream-Projekt zu beschleunigen; 2010 reiste Berlusconi für einen Besuch beim damaligen bulgarischen Ministerpräsidenten Bojko Borissow nach Sofia, um die von den USA geäußerten Bedenken gegenüber dem South Stream-Projekt auszuräumen und er forderte im selben Jahr deutsche Unternehmen auf, sich an dem Projekt zu beteiligen (vgl. FT vom 20.10.2009, 05.11.2009; FAZ vom 11.10.2010). Vor diesem Hintergrund wurde Italien schließlich vorgeworfen, es würde die Realisierung der Nabucco-Pipeline aktiv unterwandern (vgl. Gilbert 2009: 133).

Die Skizzierung der politischen Beziehungen zwischen Italien und Russland sowie der italienischen Erdgasaußenpolitik verdeutlicht, dass der Energiepartnerschaft zwischen den beiden Staaten ein vergleichbares Niveau wie der Partnerschaft zwischen Deutschland und Russland zuzuschreiben ist (*deep core belief*). Italien hegt auf der Basis der interdependenten Beziehungen ein großes Vertrauen in die Liefertreue Russlands im Erdgassektor (*deep core* und *policy beliefs*) (siehe auch Aalto 2009: 166). Dies wird auch dadurch unterstrichen, dass das South Stream-Projekt nach der Gaskrise 2006, von der Italien in erheblichem Maße durch Lieferunterbrechungen betroffen war (vgl. International Energy Agency 2009b: 114, 117), initiiert wurde (*secondary aspects*). Auch nach diesem Zwischenfall sah die italienische Politik ihre Versorgungssicherheit durch einen Ausbau des Erdgashandels mit Russland am besten gewährleistet. Da Italien aber – genau wie Deutschland – nicht ausschließlich auf russische Importe setzt, sondern in offiziellen Dokumenten zur zukünftigen Gestaltung seiner Erdgaspolitik auf Diversifizierungsmaßnahmen hinweist (*policy beliefs* und *secondary aspects*), ist Italien auf der für das *Gas Game* entwickelten Skala als strategischer Partner Russlands zwar im oberen Bereich, nicht aber an ihrem Ende anzuordnen. Die Policyposition Italiens gegenüber Russland als Erdgasexporteur wird daher mit dem Wert 85 definiert, der zwischen folgenden Policypositionen einzuordnen ist:

numerischer Wert	Policyposition
80	Großes Vertrauen in Russland als Erdgasexporteur; Russland ist der wichtigste Vertragspartner für Pipelineprojekte; weitere Diversifizierungsprojekte – insbesondere LNG-Terminals – sind notwendig; Russland wird aber als Erdgasquelle die höchste Priorität gegenüber anderen Exportstaaten verliehen
90	Sehr großes Vertrauen in Russland als Erdgasexporteur; Erdgas soll im Rahmen einer engen Energiepartnerschaft zum Großteil aus Russland importiert und daneben sollen nur wenige Diversifizierungsprojekte verfolgt werden

4.3.3 Frankreich

Akteure

In Frankreich regierten folgende Parteien bzw. Koalitionen im Untersuchungszeitraum von 2000–2010:

- 1997–2002: Koalition aus Parti socialiste français (PS) und Rassemblement pour la République (RPR) unter Premierminister Lionel Jospin und Staatspräsident Jacques Chirac

- 2002–2007: Union pour un mouvement populaire (UMP) unter Premierminister Jean-Pierre Raffarin und Staatspräsident Jacques Chirac

- 2004–2005: Union pour un mouvement populaire (UMP) unter Premierminister Jean-Pierre Raffarin und Staatspräsident Jacques Chirac

- 2005–2007: Union pour un mouvement populaire (UMP) unter Premierminister Dominique de Villepin und Staatspräsident Jacques Chirac

- 2007–2012: Koalition aus Union pour un mouvement populaire (UMP) und Nouveau Centre (NC) unter Premierminister François Fillon und Staatspräsident Nicolas Sarkozy

Erdgas im französischen Energiemix

Aufgrund der deutlichen Fokussierung auf Kernenergie ist der Anteil von Erdgas am französischen Energiemix relativ gering. Im Untersuchungszeitraum stieg er von 13,57 % im Jahr 2000 auf 15,77 % im Jahr 2010 an (siehe Abbildung 27). Die IEA erwartet, dass sich dieser Trend nach 2010 fortsetzen wird, da Erdgas zunehmend zur Elektrizitätserzeugung eingesetzt wird (vgl. International Energy Agency 2009a: 12).

Abbildung 27: Französischer Energiemix in der Periode zwischen 2000–2010 in Prozent

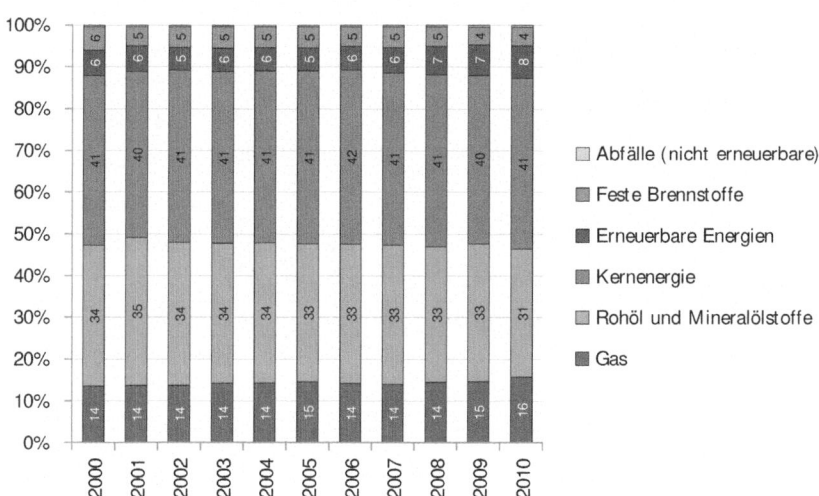

Quelle: Eurostat (o. J.); eigene Berechnungen

Frankreich führte zwischen den 1970er und dem Ende der 1990er Jahre eine große Zahl an Diversifizierungsmaßnahmen durch und verfügte daher im Untersuchungszeitraum über ein sehr diversifiziertes Importportfolio (vgl. International Energy Agency 2000a: 26). Norwegen, die Niederlande, Algerien und Russland sind die wichtigsten Erdgaslieferanten für Frankreich. Während der Anteil von russischem Erdgas im Untersuchungszeitraum allerdings von 29,3 % auf 15,4 % sank, nahm der Anteil von norwegischem Erdgas stetig zu (siehe Abbildung 28). Des Weiteren verzeichnete Frankreich am Ende des Untersuchungszeitraums eine zunehmende

Menge an *LNG*-Importen. Die Importe aus Norwegen, den Niederlanden, Algerien und Russland sind durch Langzeitverträge abgesichert (vgl. International Energy Agency 2000a: 70).

Abbildung 28: Französisches Importportfolio im Erdgassektor (2000–2010)

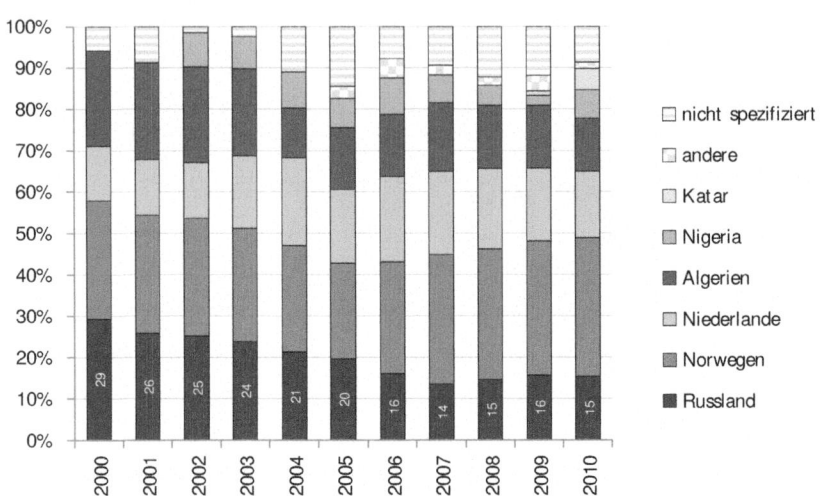

Anteile der Exporteure an Gesamtimporten in Prozent in der Periode zwischen 2000–2010
Quelle: International Energy Agency (2001b, 2002, 2003c, 2004c, 2005b, 2006c, 2007b, 2008, 2009e, 2010b, 2011d, 2012b, 2013a); eigene Berechnungen

Policyposition gegenüber Russland

Frankreich und Russland gelten ebenfalls als strategische Partner (vgl. Leonard/Popescu 2007: 2). Diese Partnerschaft basiert in erster Linie auf dem gemeinsamen Interesse an einer multipolaren Weltordnung und äußerte sich bislang nur bedingt in wirtschaftlicher Kooperation. Im Untersuchungszeitraum war Frankreich jedoch bemüht, der Partnerschaft mit Russland größere Substanz in Form von politischen und wirtschaftlichen Kooperationsprojekten zu verleihen, was sich auch in der Erdgasaußenpolitik und speziell in der französischen Pipelinepolitik widerspiegelt. Im Folgenden wird dieser Zusammenhang erläutert und die französische Policyposition gegenüber Russland abgeleitet.

In Publikationen, die die strategische Partnerschaft einzelner EU-Mitgliedstaaten mit Russland thematisieren, wird neben Deutschland und Italien stets Frankreich angeführt. Einige Autoren beurteilen Frankreich sogar als wichtigsten *politischen* Partner für Russland innerhalb der EU und verweisen dabei auf entsprechende Stellungnahmen russischer und französischer Politiker (vgl. Newton 2007: 197). Damit wird eine bedeutende Differenz hinsichtlich der französischen Motivation für die strategische Partnerschaft mit Russland in Abgrenzung zu Deutschland und Italien angesprochen. So wurde in den beiden vorangegangenen Unterkapiteln erläutert, dass zwar auch die deutsche und italienische Partnerschaft mit Russland politische Komponenten aufweisen, der Fokus aber stets auf dem wirtschaftlichen Nutzen dieser Beziehungen lag (vgl. Abschnitt 4.3.1 und Abschnitt 4.3.2). Das französische Interesse an Russland ist hingegen durch das Streben nach einer multipolaren Weltordnung bestimmt. Frankreich kritisiert die bestehende, durch die USA dominierte unipolare Weltordnung und richtet seine Außenpolitik seit der Mitte der 1990er Jahre danach aus jene aufzulösen. Zur Erlangung dieses Ziels ist Russland für Frankreich ein Partner mit herausragender Bedeutung (vgl. Gomart 2007: 147; Mommsen 2008: 287; Newton 2007: 185). Entsprechend erläuterte der ehemalige französische Ministerpräsident Jacques Chirac: „France and Russia have a common vision of the future [. . .], a certain vision of a multipolar world that takes fully into account the end of the Cold War and the process of reunification of the European continent." (Zit. n. Newton 2007: 185) Schließlich strebt auch Russland nach dem Zusammenbruch der Sowjetunion wieder einen mächtigeren Status in der Welt an, der ein Gegengewicht zur Dominanz der USA darstellt. Frankreich und Russland sehen sich in diesem Bestreben als Partner an, die sich gemeinsam für eine multipolare Weltordnung einsetzen. Dies ist das Fundament ihrer bilateralen Beziehungen:

> These two countries genuienely see each other as like-minded pioneers in the struggle for multipolarity. Each views itself as a vanguard power, indeed a great power, with a universal mission to help erect a new, multipolar system of international relations. Each envisions this future system as one in which emerging poles of power – including the European Union (EU) (inspired by France), Eurasia (Russia), China, India and Latin America (Brazil) – would join the highest ranks of the international stage within a multilateral, law-based framework, putting an end to 'unjust' and 'unequal' American unipolarity. Moreover, their multipolar quest even lies at the heart of their bilateral relationship. (Newton 2007: 185)

Dementsprechend betonen Frankreich und Russland im Untersuchungszeitraum regelmäßig bei offiziellen Terminen ihre strategische Partnerschaft (vgl. Newton 2007: 197). Diese versucht Frankreich – ähnlich wie Deutschland – als einheitliche Strategie auf die EU zu übertragen. So war Frankreich gemeinsam mit Deutschland als „wirtschaftlichem Schwergewicht" der EU stets darum bemüht, die EU-Russland-Beziehungen zu institutionalisieren (vgl. Newton 2007: 199). Die enge Beziehung zwischen den drei Staaten äußerte sich zudem durch die Etablierung einer „Euro-Troika" (Rahr 2007: 138–139).

Die Partnerschaft zwischen Russland und Frankreich spiegelt sich bislang allerdings nicht in einem umfangreichen gemeinsamen Handel wider. In diesem Bereich weisen Deutschland, Großbritannien und Italien eine engere Beziehung zu Russland auf. Öffentlichen Stellungnahmen zufolge strebt Frankreich aber danach, der strategischen Partnerschaft mittels Kooperationen im Wirtschafts-, Technologie-, Energie-, Raumfahrt- und Atomsektor zusätzliche Substanz zu verleihen (vgl. Mommsen 2008: 288; Newton 2007: 198–199). Dieser Widerspruch zwischen strategischer Partnerschaft auf der einen und verhältnismäßig geringem gemeinsamen Handel auf der anderen Seite sowie das Bemühen, ebendiesen durch Kooperationen mit Russland zu überwinden, zeigen sich auch in der Erdgasaußenpolitik Frankreichs, deren Grundzüge im Folgenden erläutert werden.

Die französische Energiepolitik ist seit Jahrzehnten vom übergeordneten Ziel nach Unabhängigkeit und damit verbundener Versorgungssicherheit geprägt. Bereits nach dem Ersten Weltkrieg herrschte in Frankreich die Idee vor, dass ein Land mit Machtambitionen in der Weltpolitik bei der Versorgung mit einem strategisch so wichtigen Produkt wie Energie nicht zu abhängig von anderen Staaten sein dürfe. Erhöhte Priorität erhielt das Ziel der energiepolitischen Unabhängigkeit seit den 1970er Jahren aufgrund der Ölkrisen, die die damalige Regierung in Ermangelung an alternativen nationalen Energieträgern zu einem umfangreichen Nuklearprogramm veranlassten. Dies wertete die französische Politik als einzige Möglichkeit, um einen akzeptablen Grad an Unabhängigkeit zu erreichen (vgl. Percebois 2008: 5, 6). Als Konsequenz aus dieser Politik ist der Anteil von Erdgas am französischen Energiemix relativ gering. Schließlich verfügt Frankreich lediglich über geringe eigene Erdgasressourcen; das im Untersuchungszeitraum konsumierte Erdgas wurde fast ausschließlich importiert. Das unbedingte Streben nach Versorgungssicherheit äußert sich bei den Erdgasimporten zudem in einem – insbesondere im Vergleich zu den anderen EU-Staaten – hohen Grad an Diversifizierung (vgl. International Energy Agency 2009a: 7). Eine Vielzahl an Diversifizierungsmaßnahmen wurde zwischen den 1970er Jahren und dem Ende der 1990er Jahre vollzogen. 1973 wurden nahezu 82 % des Erdgases aus den Niederlanden importiert, der restliche Anteil aus Algerien. Mit Norwegen und Russland wurden in den darauf folgenden Jahren zwei weitere wichtige Quellen erschlossen, so dass im Untersuchungszeitraum Norwegen, die Niederlande, Russland und Algerien die wichtigsten Erdgaslieferanten für Frankreich waren. Die Importe wurden alle mittels Langzeitverträgen abgesichert (vgl. International Energy Agency 2000a: 26). Die französische Diversifizierungspolitik richtete sich zwischen 1970 und 2000 somit nicht gegen Russland; vielmehr stellte russisches Erdgas eine neue Quelle zur Erhöhung der Versorgungssicherheit dar. Im Untersuchungszeitraum sank der Anteil russischen Erdgases jedoch u.a. durch den größeren Anteil an *LNG*-Importen im französischen Importportfolio (vgl. International Energy Agency 2004a: 115, 2009a: 11–12, 30). Das dominante Ziel der Versorgungssicherheit in der französischen Energiepolitik und das damit einhergehende Streben nach Diversifizierung in der Erdgasaußenpolitik verhinderten dennoch nicht, dass Frankreich im Untersuchungszeitraum stets die strategische Partnerschaft mit Russland betonte und diese durch Kooperationen im Energiesektor weiter zementieren wollte.

Diese zweigleisige Erdgasaußenpolitik zeigte sich in der französischen Pipelinepolitik. So bekundete Frankreich an allen untersuchten Pipelineprojekten Interesse: Das französische Energieunternehmen Gaz de France Suez (im Folgenden: GdF Suez) bewarb sich 2007 um eine Beteiligung an der Nabucco-Pipeline, wofür der damalige Ministerpräsident Sarkozy seine Unterstützung aussprach (vgl. FAZ.NET vom 21.09.2007; FT vom 17.09.2007; FAZ vom 06.02.2008a; SZ vom 06.02.2008b); 2009 leitete das Energieunternehmen Électricité de France SA (im Folgenden: EdF) seine Beteiligung am South Stream-Projekt ein, was ebenfalls Unterstützung durch die französische Regierung fand (vgl. FT vom 04.12.2009a; SZ vom 28.11.2009); 2010 unterzeichnete GdF Suez im Beisein des damaligen Ministerpräsidenten Sarkozy ein Abkommen zur Beteiligung an der Nord Stream-Pipeline (vgl. FAZ vom 03.03.2010; SZ vom 02.03.2010a, 02.03.2010b). Frankreich verfolgt somit weiterhin die Idee, insgesamt über ein diversifiziertes Importportfolio zu verfügen. Mittels des Engagements in den Nord Stream- und South Stream-Projekten strebte es aber dennoch an, die Gaslieferungen aus Russland zu erhöhen. Die Gründe für dieses

Vorgehen werden insbesondere anhand der Debatten um die Nord Stream-Pipeline deutlich. So erfolgte die Unterzeichnung des Abkommens zwischen GdF Suez und Gazprom während eines Staatsbesuchs des damaligen Präsidenten Medwedjews in Frankreich. In diesem Rahmen zielten beide Regierungen darauf ab, ihre strategische Partnerschaft in verschiedenen Sektoren auszubauen und zu manifestieren. Dies galt auch für den Erdgassektor (vgl. SZ vom 02.03.2010a), denn Frankreich sieht seine Versorgungssicherheit in Bezug auf russisches Erdgas am besten durch ein auf Interdependenz beruhendes Vertrauen zwischen den beiden Staaten gewährleistet. Die französische Politik argumentierte daher gegen eine anti-russische Energie-NATO, wie sie zeitweise von einigen osteuropäischen Mitgliedstaaten gefordert wurde, und optierte hingegen für kooperative Sicherheitskonzepte im Dialog zwischen Export- und Importstaaten. Die Pipelineprojekte Nord Stream und South Stream sollen insofern zu wechselseitigem Vertrauen und Respekt zwischen Frankreich und Russland beitragen (vgl. Barysch 2010: 2; Roth 2011: 613; Schmidt-Felzmann 2011: 588–589).

Zusammenfassend lässt sich somit festhalten, dass die französische Energiepolitik sich zwar seit Jahrzehnten durch ein Streben nach Unabhängigkeit und Diversifizierung auszeichnet, die Erdgasaußenpolitik gegenüber Russland aber auf ein interdependentes Verhältnis abzielt, das Vertrauen zwischen den beiden Staaten generiert, zur französischen Versorgungssicherheit beiträgt und zugleich die wiederholt betonte Partnerschaft zwischen Frankreich und Russland ausbaut (*deep core* und *policy beliefs*). Im Falle Frankreichs kann somit von einer zwar noch sehr jungen, aber bereits äußerst engen Energiepartnerschaft mit Russland gesprochen werden, die aufgrund der gleichzeitig stattfindenden Diversifizierungsbemühungen ein ähnliches Niveau aufweist wie die Partnerschaften Deutschlands und Italiens.[91] Die französische Policyposition gegenüber Russland als Erdgasexporteur lässt sich daher wie folgt einordnen:

---

[91] Mit dem etwas geringeren Wert wird berücksichtigt, dass sich die Energiepartnerschaft zwischen Frankreich und Russland in materieller Hinsicht noch im Aufbau befindet, während die Energiepartnerschaften von Deutschland und Italien über historische Wurzeln verfügen und auf Ebene der *secondary aspects* aufgrund der Initiierung gemeinsamer Infrastrukturprojekte ein höheres Niveau verzeichnen.

numerischer Wert	Policyposition
80	Großes Vertrauen in Russland als Erdgasexporteur; Russland ist der wichtigste Vertragspartner für Pipelineprojekte; weitere Diversifizierungsprojekte – insbesondere LNG-Terminals – sind notwendig; Russland wird aber als Erdgasquelle die höchste Priorität gegenüber anderen Exportstaaten verliehen

4.3.4 Spanien

Akteure

In Spanien regierten folgende Parteien im Untersuchungszeitraum von 2000–2010:

- 1996–2004: Partido Popular (PP) unter Ministerpräsident José Maria Aznar
- 2004–2011: Partido Socialista Obrero Español (PSOE) unter Ministerpräsident José Luis Rodríguez Zapatero

Erdgas im spanischen Energiemix

Der Anteil von Erdgas am spanischen Energiemix hat sich im Untersuchungszeitraum nahezu verdoppelt. Im Jahr 2000 betrug er 12,38 %, im Jahr 2010 24 % (siehe Abbildung 29). Dieser deutliche Anstieg ist maßgeblich in dem zunehmenden Einsatz von Erdgas zur Elektrizitätserzeugung begründet. Erdgas entwickelte sich auf diese Weise in Spanien zur zweitwichtigsten Energiequelle (vgl. International Energy Agency 2009c: 15, 61).

Algerien ist der wichtigste Erdgaslieferant für Spanien. Zu Beginn des Untersuchungszeitraums betrug der Anteil von algerischem Erdgas an den Gesamtimporten 60,28 %. Durch den Bau von *LNG*-Terminals konnten die Importe im Untersuchungszeitraum jedoch deutlich diversifiziert und der Anteil von algerischem Erdgas im Jahr 2010 auf 32,7 % gesenkt werden (siehe Abbildung 30). Aufgrund der geographischen Lage Spaniens und des mangelnden infrastrukturellen Anschlusses an Europa importiert Spanien kein Erdgas aus Russland (vgl. International Energy Agency 2005a: 9, 2009c: 7, 19, 61, 76).

Abbildung 29: Spanischer Energiemix in der Periode zwischen 2000–2010 in Prozent

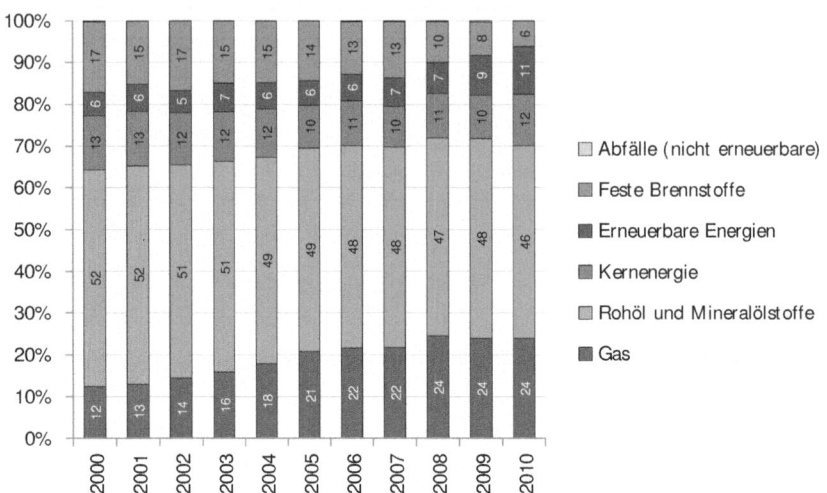

☐ Abfälle (nicht erneuerbare)

▨ Feste Brennstoffe

▧ Erneuerbare Energien

▧ Kernenergie

☐ Rohöl und Mineralölstoffe

▨ Gas

Quelle: Eurostat (o. J.); eigene Berechnungen

Policyposition gegenüber Russland

Spanien und Russland gelten als strategische Partner (vgl. Leonard/Popescu 2007: 2). Für die spanische Erdgasaußenpolitik ist Russland aus geographischen Gründen allerdings nur von geringer Relevanz. Im Folgenden wird erläutert, wie sich die bilateralen Beziehungen zwischen Spanien und Russland im Untersuchungszeitraum generell intensiviert haben, inwiefern Spanien aber dennoch – zumindest mittelbar – von einer russlandkritischen Position der EU im Erdgassektor profitieren könnte.

Im Gegensatz zu den zentral gelegenen EU-Mitgliedstaaten wie Deutschland, Frankreich und Italien beruht die strategische Partnerschaft zwischen Spanien und Russland nicht auf jahrzehntelangen Interaktionen. Stattdessen wurden die bilateralen Beziehungen zwischen Spanien und Russland erst seit dem Ende der 1990er Jahre vertieft und im Laufe der 2000er Jahre stetig verbessert (vgl. David et al. 2011: 186; Simão 2011: 218). Der Mangel an historischen Verflechtungen wurde in der Sekundärliteratur als förderlich für die Entwicklung der bilateralen Beziehungen gewertet, da das Verhältnis zwischen Russland und Spanien aus diesem Grund

Abbildung 30: Spanisches Importportfolio im Erdgassektor (2000–2010)

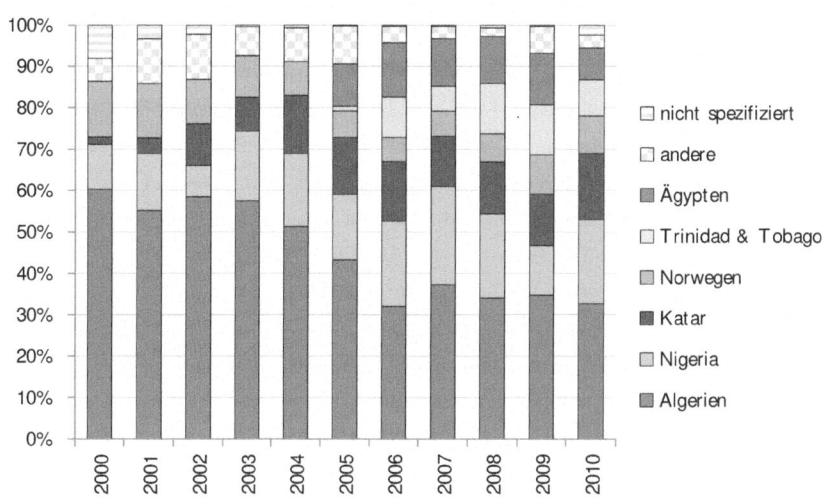

Anteile der Exporteure an Gesamtimporten in Prozent in der Periode zwischen 2000–2010
Quelle: International Energy Agency (2001b, 2002, 2003c, 2004c, 2005b, 2006c, 2007b, 2008, 2009e, 2010b, 2011d, 2012b, 2013a); eigene Berechnungen

noch weitgehend unbelastet war: „Finally, the lack of geographical, historical and geostrategic proximity has also facilitated a friendly and problem-free interaction with Russia; an important resource for EU-Russia relations, considering the often tense state of relations." (Simão 2011: 214) Die umfassendere Ausrichtung der spanischen Außenpolitik auf Russland hatte verschiedene Ursachen: Erstens erfolgte im Zuge der EU-Osterweiterung eine stärkere Schwerpunktsetzung der EU-Agenda auf Osteuropa und die Beziehung zu Russland, so dass dieses Thema auch für Spanien aufgrund seiner EU-Mitgliedschaft an Relevanz gewann. Zweitens sah sich Spanien aufgrund der Finanzkrise gezwungen, sich in wirtschaftlicher Hinsicht nicht auf den europäischen Binnenmarkt zu beschränken, sondern sich verstärkt um Handelspartner jenseits der EU-Grenzen zu bemühen. In der zweiten Hälfte des Untersuchungszeitraums trugen diese Kontextbedingungen zu einem exponentiellen Anstieg der Handelsbeziehungen zwischen Spanien und Russland bei. Drittens übernahm Spanien innerhalb der OSZE eine bedeutendere Rolle und vertiefte in diesem Rahmen die Beziehungen mit Russland in sicherheitspolitischen Bereichen. Viertens verband Spanien und Russland das Interesse an einer multipolaren Weltordnung mittels der Förderung von multilateralen Institutionen (vgl. Simão 2011: 213–214, 216, 218–219). Aufgrund der intensivierten bilateralen Beziehungen zwischen Spanien und Russland und der gleichzeitigen Orientierung der spanischen Außenpolitik an Frankreich und Deutschland innerhalb der EU wurde Spanien 2004 in die Troika bestehend aus Deutschland, Frankreich und Russland integriert. Im Jahr 2009 kulminierte die Kooperation zwischen Spanien und Russland schließlich in der Unterzeichnung eines Abkommens über eine strategische Partnerschaft der beiden Staaten (vgl. Newton 2007: 198; Simão 2011: 218).

Für die spanische Erdgasaußenpolitik spielt Russland als Exporteur allerdings keine unmittelbare Rolle, wenngleich Erdgas im spanischen Energiemix eine sehr wichtige Position einnimmt (s.o.). So ist der Erdgasverbrauch in Spanien seit der Mitte der 1990er Jahre deutlich angestiegen. Ursachen dafür sind der spanische Wirtschaftsaufschwung, der Ersatz von Erdöl durch Erdgas sowie der zunehmende Einsatz von Erdgas zur Elektrizitätserzeugung. Da Spanien nur über eine äußerst geringe Menge an eigenen Erdgasreserven verfügt, ist die spanische Importabhängigkeit sehr hoch. Dies ist aufgrund der geographischen Lage Spaniens besonders problematisch, schließlich handelt es sich bei Spanien im Gegensatz zu zentral gelegenen Staaten wie Deutschland und Frankreich um eine „Energieinsel". Im Untersuchungszeitraum war Spanien daher mit zwei Problemen konfrontiert, die die spanische Erdgasaußenpolitik maßgeblich prägten: Zum einen ist Spanien von einer sehr geringen Anzahl an Exportstaaten abhängig, insbesondere von Algerien. Zum anderen ist Spanien hinsichtlich der Infrastruktur nur geringfügig in das europäische Gasnetz integriert, es mangelt an Verbindungsleitungen (vgl. Andrés Pérez/Vaquer i Fanés 2008: 3; International Energy Agency 2005a: 9, 2009c: 15; Isbell 2006: 1–2). Vor diesem Hintergrund strebte die spanische Politik im Untersuchungszeitraum einerseits danach, die algerischen Importe durch den Aufbau einer interdependenten, partnerschaftlichen Beziehung zwischen den beiden Staaten abzusichern. Schließlich gelten die algerischen Importe trotz der bisher verlässlichen Lieferungen aufgrund der politischen Verhältnisse in Algerien als unsicher. Die Interdependenz und das darauf aufbauende Vertrauen sollten durch einen Ausbau der infrastrukturellen Verbindungen zwischen Algerien und Spanien gewährleistet werden (vgl. Escribano 2012: 5). Gleichzeitig hat sich die spanische Politik aber intensiv um eine Diversifizierung ihrer Erdgaslieferanten bemüht, um die alleinige Abhängigkeit von einem einzigen Erdgaslieferanten zu vermeiden. Dies gelang im Untersuchungszeitraum in erster Linie durch den Zuwachs an *LNG*-Importen, so dass der Anteil des algerischen Erdgases an den Gesamtimporten im Untersuchungszeitraum deutlich sank: „Diversification of natural gas sources through liquefied natural gas (*LNG*) has been particularly successful and Spain is now the world's third-largest *LNG* user, after Japan and South Korea. It receives gas from more than half a dozen countries and has limited the maximum share of any given country to 50 % of total imports." (International Energy Agency 2009c: 19; siehe auch Andrés Pérez/Vaquer i Fanés 2008: 3–4; Escribano 2006: 13–14, 2014: 7)

Da Russland erst seit 2009 *LNG* exportiert (vgl. Dickel et al. 2014: 59), besaß das Land als Erdgasexporteur für Spanien im Untersuchungszeitraum keine unmittelbare Relevanz. Die spanische Politik versucht jedoch, den dominanten „russischen Faktor" in der europäischen Energiepolitik in der Argumentation gegenüber anderen Mitgliedstaaten für die eigenen Interessen einzusetzen. Wie zuvor erwähnt, wird neben der hohen Importabhängigkeit – bzw. gerade *wegen* ebendieser – die mangelhafte infrastrukturelle Anbindung Spaniens an das europäische Gasnetz als Gefährdung der spanischen Versorgungssicherheit beurteilt. Die spanische Politik ist daher stets darum bemüht, in der europäischen Energiepolitik die Idee der Energiesolidarität zwischen den Mitgliedstaaten im Falle von Krisen sowie den Ausbau von innereuropäischen Verbindungsleitungen durchzusetzen. Dazu argumentiert sie stets mit dem Verweis auf das eigene Importportfolio, da durch die Pipelineverbindungen zu Algerien sowie die verhältnismäßig große Zahl an *LNG*-Terminals mittels des Transits via Spanien alternative Erdgaslieferanten für den europäischen Erdgasmarkt gewonnen werden könnten. In ihrer Argumentation wurde die spanische Politik von diversen osteuropäischen Staaten unterstützt, die in dem spanischen Angebot eine Möglichkeit sahen, ihre hohe Abhängigkeit von russischen Erdgasimporten durch eine entsprechende Diversifizierung zu verringern. Durch die intensivere Einbindung Algeriens in den europäischen Erdgasmarkt als europäische Diversifizierungsquelle könnte Spanien zudem seine Position in der interdependenten Beziehung mit Algerien stärken (vgl. Andrés Pérez/Vaquer i Fanés 2008: 4; Escribano 2012: 10). Bislang ist der Einfluss Spaniens auf die europäische

Energiepolitik aufgrund der geographischen Isolation allerdings noch sehr gering. Entsprechend wurde die spanische Regierung in die in dieser Arbeit untersuchten Pipelinedebatten nicht eingebunden (vgl. Andrés Pérez/Vaquer i Fanés 2008: 3–4). Zusammenfassend lässt sich festhalten, dass Spanien im Untersuchungszeitraum zwar eine strategische Partnerschaft mit Russland eingegangen ist (*deep core beliefs*), Russland aber in der Erdgasaußenpolitik aus geographischen Gründen von geringer Relevanz für Spanien war. Der Bezug zu Russland als Erdgaslieferant bestand ausschließlich darin, dass die spanische Regierung die Diversifizierungsbestrebungen osteuropäischer Staaten nutzen wollte, um die infrastrukturelle Isolation im Erdgassektor zu überwinden (*policy beliefs*). Dazu warb die spanische Regierung für einen umfangreicheren europäischen Import von algerischem Erdgas und den Transit via Spanien, der den Bau zusätzlicher Verbindungspipelines nach Frankreich notwendig gemacht hätte (*secondary aspects*). Letztlich positionierte Spanien sich aber nicht dezidiert gegen die Idee einer Energiepartnerschaft der EU mit Russland (*policy beliefs*). Insgesamt ist die Policyposition Spaniens gegenüber Russland als Erdgasexporteur somit vornehmlich durch Indifferenz bzw. Neutralität gekennzeichnet. Ihr wird daher folgender Wert zugeordnet:

numerischer Wert	Policyposition
50	Ausbalancierter Anteil von Importen aus Russland und anderen Erdgasquellen

4.3.5 Niederlande

Akteure

In den Niederlanden regierten folgende Koalitionen im Untersuchungszeitraum von 2000-2010:

- 1998–2002: Koalition aus Partij van de Arbeid (PvdA), Volkspartij voor Vrijheid en Democratie (VVD) und Democraten 66 (D66) unter Ministerpräsident Wim Kok

- 2002–2010: Koalition aus Christen Democratisch Appèl (CDA), Volkspartij voor Vrijheid en Democratie (VVD) und Lijst Pim Fortuyn (LPF) unter Ministerpräsident Jan Peter Balkenende

- 2003–2006: Koalition aus Christen Democratisch Appèl (CDA), Volkspartij voor Vrijheid en Democratie (VVD) und Democraten 66 (D66) unter Ministerpräsident Jan Peter Balkenende

- 2006–2007: Koalition aus Christen Democratisch Appèl (CDA) und Volkspartij voor Vrijheid en Democratie (VVD) unter Ministerpräsident Jan Peter Balkenende

- 2007–2010: Koalition aus Christen Democratisch Appèl (CDA), Partij van de Arbeid (PvdA) und ChristenUnie (CU) unter Ministerpräsident Jan Peter Balkenende

- 2010–2012: Koalition aus Volkspartij voor Vrijheid en Democratie (VVD) und Christen Democratisch Appèl (CDA) unter Ministerpräsident Mark Rutte

Erdgas im niederländischen Energiemix

Da die Niederlande neben Großbritannien die größten Mengen an Erdgas in der EU fördern, ist der Anteil von Erdgas am Energiemix sehr hoch (vgl. International Energy Agency 2009d: 50). Im Untersuchungszeitraum schwankte er zwischen 40,35 % und 46,33 % (siehe Abbildung 31). Erdgas stellt damit den wichtigsten Energieträger für den niederländischen Energiemix dar.

Abbildung 31: Niederländischer Energiemix in der Periode zwischen 2000–2010 in Prozent

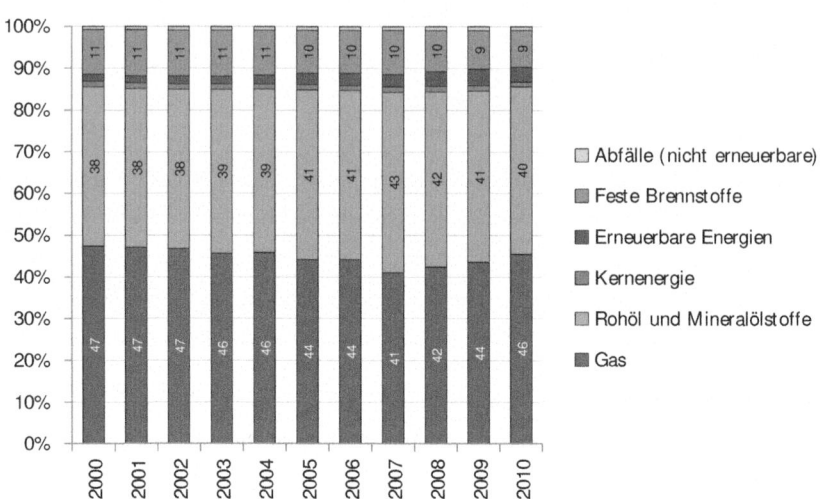

Quelle: Eurostat (o. J.); eigene Berechnungen

Aufgrund sinkender heimischer Reserven sind die Niederlande zunehmend auf Erdgasimporte angewiesen. Neben Großbritannien und Norwegen ist Russland seit 2006 ein wichtiger Erdgaslieferant für die Niederlande (siehe Abbildung 32).

Policyposition gegenüber Russland

Die Beziehung zwischen den Niederlanden und Russland ist durch die wirtschaftlichen Interessen der beiden Staaten determiniert. Dies gilt insbesondere für den Energiesektor. Im Folgenden wird gezeigt, inwiefern Russland als Erdgasexporteur für die Niederlande aufgrund der sinkenden eigenen Erdgasreserven und dem gleichzeitigen Bestreben der niederländischen Politik, für die europäische Energieversorgung auch in Zukunft eine Schlüsselrolle zu spielen, an Bedeutung gewinnt.

Leonard und Popescu bezeichnen die Niederlande hinsichtlich ihres Politikansatzes gegenüber Russland als „frosty pragmatists" (Leonard/Popescu 2007: 2). Dies widerspricht jedoch der eigenen Bestimmung durch die niederländische Politik, die ihre Beziehung zu Russland als exzellent bezeichnet. Berücksichtigt man diesbezüg-

Abbildung 32: Niederländisches Importportfolio im Erdgassektor (2000–2010)

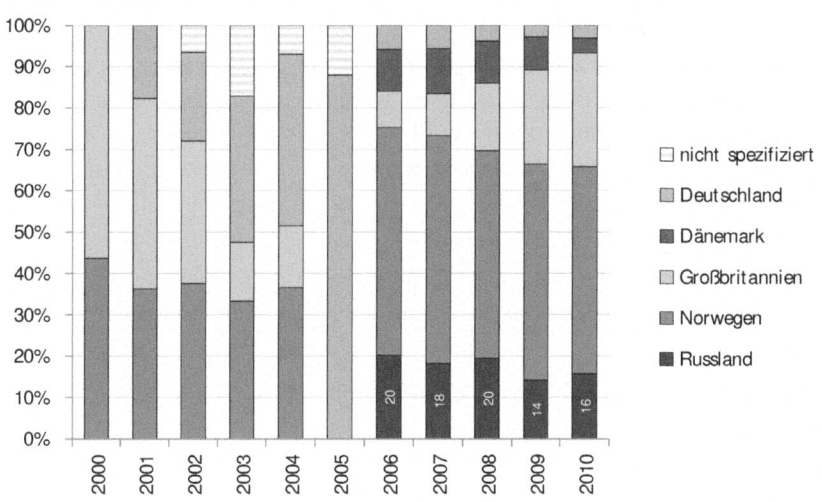

Anteile der Exporteure an Gesamtimporten in Prozent in der Periode zwischen 2000–2010
*Quelle: International Energy Agency (2001b, 2002, 2003c, 2004c, 2005b,
2006c, 2007b, 2008, 2009e, 2010b, 2011d, 2012b, 2013a); eigene Berechnungen*

liche Studien in der Sekundärliteratur, erscheint die Kombination dieser Urteile
am besten geeignet, um die Beziehungen zwischen Russland und den Niederlanden
im Allgemeinen zu charakterisieren: Da es sich bei den Niederlanden um einen
sehr kleinen Staat handelt, ist er in hohem Maße von Im- und Exporten und somit
von den globalen Kontextbedingungen im Wirtschaftssektor abhängig (vgl. Casier
2011a: 241, 243). Aus diesem Grund sind die Niederlande um umfassende, durch die
wirtschaftlichen Interessen dominierte Beziehungen mit anderen Staaten bemüht,
was sich in einem intensiven Handel mit Russland äußert:

As mentioned earlier, commercial interests feature prominently in the external
relations of all three Benelux countries. Relations with Russia are no exception: economic and business issues dominate the bilateral agenda. All three
governments actively pursue opportunities for investments in and trade with
Russia. The importance of economic relations, however, differs. First, the
Netherlands has a considerably higher degree of economic involvement in and

with Russia, both in trade and investments. Among the EU member states it is Russia's second trading partner (after Germany), accounting for 9.7 per cent of the trade in goods [...]. The country is also the most important cumulative foreign investor in Russia, while Russia is a very important investor in the Netherlands. (Casier 2011a: 242; siehe auch Gilbert 2009: 131–132)

Die niederländische Politik gegenüber Russland ist somit zweifellos durch Pragmatismus gekennzeichnet. Eine zusätzliche negative Bestimmung dieses Verhältnisses erscheint allerdings nicht notwendig. Vielmehr besteht die niederländische Strategie darin, die wirtschaftliche Verflechtung durch eine möglichst konstruktive Politik zu unterstützen. Dies wird insbesondere im Energiesektor deutlich, in dem Russland einen überaus wichtigen Handelspartner für die Niederlande darstellt (vgl. Casier 2011a: 242–243, 246).

Der Anteil von Erdgas am niederländischen Energiemix ist sehr hoch. Dies ist in den umfangreichen heimischen Erdgasreserven begründet: 1950 wurde in Groningen das größte Erdgasfeld in den Niederlanden entdeckt. Seit den 1960er Jahren wuchs die Nachfrage nach Erdgas stetig an. Erdgas ersetzte zunehmend die Energieträger Öl und Kohle, insbesondere in der Elektrizitätsgenerierung. Erst seit den 1990er Jahren ist die Nachfrage weitgehend konstant, es lassen sich lediglich je nach Jahreszeit Nachfrageschwankungen feststellen. Die niederländische Politik hat im Laufe der Jahrzehnte regelmäßig versucht, die Fördermengen zu reduzieren, so dass die heimischen Reserven über einen längeren Zeitraum zur Verfügung stehen. Im Untersuchungszeitraum äußerte sich diese Strategie in der Förderung kleiner Erdgasfelder und der Begrenzung der Erdgasförderung in Groningen. Letzteres Erdgasfeld ist von essentieller Bedeutung für die Versorgungssicherheit der Niederlande, da es Erdgas sehr kurzfristig und flexibel bereitstellen und somit Nachfrageschwankungen ausgleichen kann. Trotz dieser Maßnahmen ist die Erdgasförderung in den Niederlanden seit den 1980er Jahren rückläufig. Obwohl das Land seit Jahrzehnten ein wichtiger Erdgasexporteur für die EU ist, steigt die niederländische Importabhängigkeit nun gleichzeitig an (vgl. Honoré 2010: 127–128, 365–368; International Energy Agency 2000b: 7, 2009d: 50, 57, 59, 68).

Vor diesem Hintergrund stellte sich für die niederländische Politik im Untersuchungszeitraum die Frage, wie die Versorgungssicherheit im Erdgassektor zukünftig gewährleistet werden kann. Sie setzt dazu auf eine Diversifizierung der Erdgasquellen. Aus diesem Grund plante und implementierte sie im Untersuchungszeitraum diverse Infrastrukturmaßnahmen, u.a. den Bau von *LNG*-Terminals. Dieses Vorgehen verhindert zum einen hohe Abhängigkeiten von einem einzigen Exportstaat; zum anderen streben die Niederlande mit dieser Politik an, in der Form eines „Gas Hubs" weiterhin eine Schlüsselrolle für die europäische Erdgasversorgung einzunehmen:

> Domestic reserves and production are in decline, but the Netherlands wishes to maintain a leading role in European gas markets through enhanced gas trading and by providing gas flexibility through increased storage capacity. The Netherlands has the ambition of becoming a gas hub or roundabout in north-western Europe. (International Energy Agency 2009d: 72)

Neben Norwegen, Großbritannien und Dänemark gewinnt daher auch Russland an Bedeutung für die niederländische Erdgasaußenpolitik. Bis in die jüngste Vergangenheit bestanden die niederländisch-russischen Verflechtungen maßgeblich aus Investitionen niederländischer Energieunternehmen in den russischen Erdgassektor, insbesondere von Gasunie. Seit 2006 importieren die Niederlande aber auch russisches Erdgas und planen die importierten Mengen noch weiter auszubauen. Schließlich ist Russland aufgrund des Mangels an alternativen Erdgasquellen und der Energiepartnerschaften mit einzelnen Ländern als Erdgasexporteur für die EU von herausragender Bedeutung. Wollen die Niederlande zu einer zentralen Verteilerstation von Erdgas werden, so ist der Import von russischem Erdgas in die Niederlande daher besonders wichtig (vgl. Casier 2011a: 242–243). Entsprechend konkurrierten die Niederlande mit Belgien um den Bau eines Gas Hubs, der die russischen Erdgasfelder mit Nordwesteuropa verbinden sollte:

> While the Dutch government promoted Rotterdam as the gas hub [linking the gas fields of Russia with North-Western Europe; M.G.], Belgium supported the case of Antwerp. The Netherlands was successful in winning the contract with the Russians, using its heavy involvement in the Russian energy sector and the deal between Gasunie and Gazprom on reciprocal participation in pipeline projects as leverage. (Casier 2011a: 346)

Das Interesse der niederländischen Politik an einer Erhöhung der Erdgasimporte aus Russland zeigte sich zudem an der Beteiligung am Nord Stream-Projekt (vgl. FT vom 05.10.2006, 07.11.2007a; SZ vom 06.10.2006, 07.11.2007; siehe auch Casier 2011a: 242–243; Gilbert 2009: 131–132). Auch mit diesem Projekt war das Interesse verbunden, zum einen auf die wachsende niederländische Importabhängigkeit zu reagieren und zum anderen für die Rolle als Verteilerstation über umfassende Mengen an Erdgas zu verfügen (vgl. Deutsch 2014).

Die politische Ausgestaltung der Beziehungen zu Russland im Erdgassektor sind in den Niederlanden – wie auch in anderen Sektoren – durch Pragmatismus geprägt. So erläutert die niederländische Politik in ihrem Energiereport von 2002, dass sie sich aufgrund der Unumgänglichkeit von Erdgasimporten in der Zukunft für gute Beziehungen zu den Erdgasexportierenden Staaten – und somit auch zu Russland – einsetzen will. Schließlich sei die Versorgungssicherheit im Erdgassektor am besten durch internationale Kooperationen und ein gutes Investitionsklima für die Energieunternehmen gewährleistet:

> The world's reserves of oil and gas are still sufficient to satisfy global consumption for many decades to come. However, the worldwide distribution of these stocks is uneven and some are located in politically-sensitive regions. Because Europe, and the Netherlands, will increasingly have to import energy, we have an interest in maintaining good relations with energy-exporting countries. (Zit. n. International Energy Agency 2004b: 23)

An dieser politischen Strategie hielt sie im gesamten Untersuchungszeitraum fest, was u.a. in ein Informationsaustauschprogramm zwischen den Energieunternehmen Gasunie und Gazprom sowie die Förderung des EU-Russland-Energiedialogs mündete (vgl. International Energy Agency 2004b: 23–24, 78).

Zusammenfassend lässt sich festhalten: Die Erdgasaußenpolitik der Niederlande ist durch das Ziel geprägt, in der Zukunft der größte „gas hub" in Nordwesteuropa zu werden. Russland stellt dafür eine wichtige Erdgasquelle dar, die in zunehmendem Maße erschlossen werden soll (*policy beliefs*). Dies zeigt sich an der Priorisierung Russlands in der niederländischen Pipelinepolitik (*secondary aspects*). Um die Risiken einer aus dieser Politik resultierenden Abhängigkeit von Erdgasimporten aus Russland für die niederländische Versorgungssicherheit möglichst gering zu halten, sind die Niederlande darum bemüht, die politischen Beziehungen zu Russland auf ein gutes, freundschaftliches Niveau zu heben. Sie erreichen allerdings nicht die Ebene einer mit der deutschen, italienischen und französischen Politik vergleichbaren Energiepartnerschaft (*deep core beliefs*), sondern sind vielmehr durch Pragmatismus gekennzeichnet. Aufgrund des Strebens nach Diversifizierung für die Funktion als „gas hub", aber der gleichzeitig bestehenden Tendenz, die Erdgasimporte aus Russland deutlich auszuweiten, ist der niederländischen Politik folgende Position zuzuordnen:

numerischer Wert	Policyposition
70	Vertrauen in Russland als Erdgasexporteur; Streben nach einer langfristigen Kooperation; alternative Pipelineprojekte werden mit dem Zweck der Diversifizierung von Erdgasquellen zwar befürwortet, aber nicht so intensiv gefördert wie Pipelineprojekte mit Russland

4.3.6 Großbritannien

Akteure

In Großbritannien regierten folgende Parteien im Untersuchungszeitraum von 2000–2010:

- 1997–2007: Labour Party unter Premierminister Tony Blair
- 2007–2010: Labour Party unter Premierminister Gordon Brown
- seit 2010: Koalition aus Conservative Party und Liberal Democrats unter David Cameron

Erdgas im britischen Energiemix

Da Großbritannien über umfangreiche eigene Erdgasreserven verfügt, ist der Anteil von Erdgas am Energiemix seit den 1990er Jahren sehr hoch. Im Untersuchungszeitraum schwankte er zwischen 35,17 % und 40,16 % (siehe Abbildung 33). Diese Schwankungen sind auf Preis- sowie Temperaturunterschiede in den jeweiligen Jahren zurückzuführen. Insgesamt stellte Erdgas im Untersuchungszeitraum neben Erdöl aber stets den wichtigsten Energieträger für die britische Energieversorgung dar (vgl. Honoré 2010: 331; International Energy Agency 2006b: 24).

Aufgrund des Rückgangs der eigenen Erdgasreserven stieg die britische Importabhängigkeit im Untersuchungszeitraum stetig an. Wichtigster Erdgaslieferant war Norwegen (siehe Abbildung 34). Im Untersuchungszeitraum wurden allerdings zahlreiche Investitionen in den Ausbau der Erdgasinfrastruktur – insbesondere in *LNG*-Terminals – getätigt, um den Produktionsrückgang zu kompensieren. Entsprechend verfügte Großbritannien am Ende des Untersuchungszeitraums über

Abbildung 33: Britischer Energiemix in der Periode zwischen 2000–2010 in Prozent

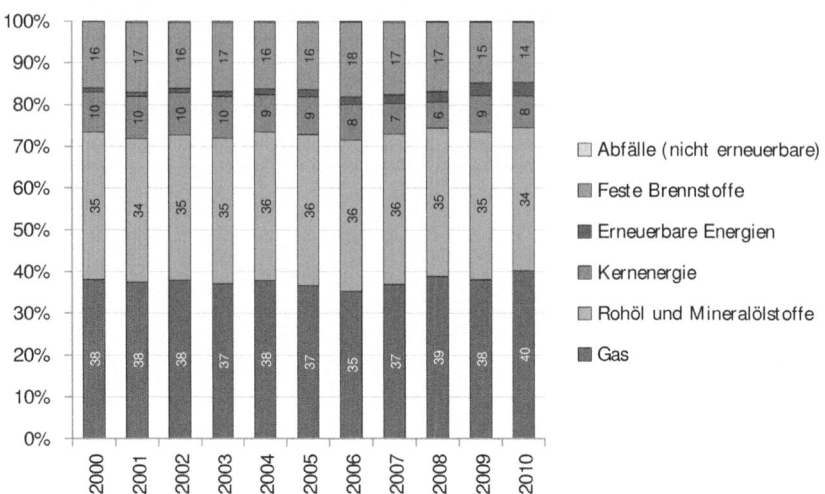

Quelle: Eurostat (o. J.); eigene Berechnungen

ein relativ diversifiziertes Importportfolio. Zwischen 2000 und 2010 importierte Großbritannien kein Erdgas aus Russland (vgl. International Energy Agency 2006b: 140, 2012a: 14, 26, 67–72, 83).

Policyposition gegenüber Russland

Die politischen Beziehungen zwischen Großbritannien und Russland waren über Jahrzehnte hinweg äußerst angespannt. In den letzten Jahren des Untersuchungszeitraums nahm Großbritannien aufgrund wirtschaftlicher Interessen jedoch eine pragmatische Position gegenüber Russland ein. Im Folgenden wird zunächst die Entwicklung der politischen Dispute zwischen den beiden Staaten seit dem Kalten Krieg skizziert. Daran anschließend wird erläutert, inwiefern und aus welchen Gründen sich in der britischen Erdgasaußenpolitik trotz dieser Spannungen schon zu Beginn des Untersuchungszeitraums eine pragmatische Position gegenüber Russland abzeichnete.

Abbildung 34: Britisches Importportfolio im Erdgassektor (2000–2010)

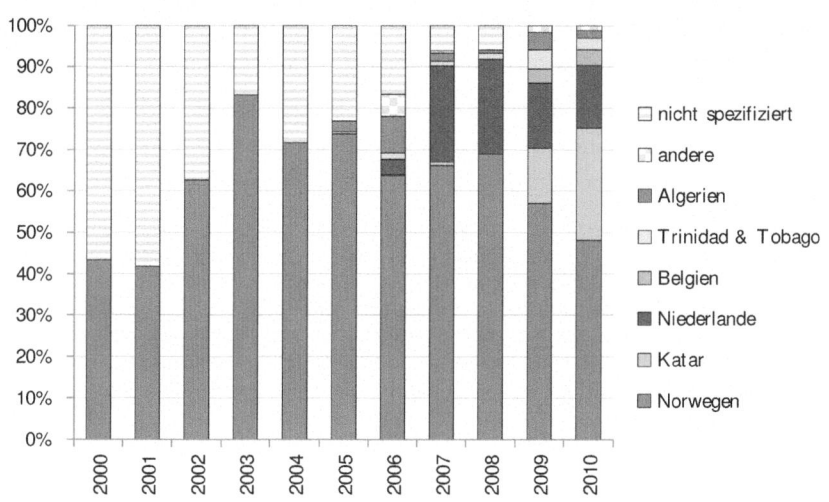

Anteile der Exporteure an Gesamtimporten in Prozent in der Periode zwischen 2000–2010
Quelle: International Energy Agency (2001b, 2002, 2003c, 2004c, 2005b, 2006c, 2007b, 2008, 2009e, 2010b, 2011d, 2012b, 2013a); eigene Berechnungen

Leonard und Popescu charakterisieren Großbritannien und Russland als „frosty pragmatists" (Leonard/Popescu 2007: 2). Während im vorangegangenen Unterkapitel mit Bezug auf die Niederlande gegen dieses Urteil argumentiert wurde, so scheint es im vorliegenden Fall durchaus zuzutreffen. Nach dem Ende des Kalten Krieges blieb das Verhältnis zwischen Großbritannien und Russland aufgrund der engen Bindung Großbritanniens an die USA sowie diverser weiterer Dispute auf politischer Ebene äußerst angespannt. Zu Beginn des Untersuchungszeitraums erfolgte unter dem damaligen Ministerpräsidenten Tony Blair zunächst eine Annäherung an Russland; 2003 verschlechterte sich das Verhältnis der beiden Staaten jedoch erneut wegen ihrer divergierenden Positionen bezüglich des Irak-Krieges. Aufgrund verschiedener Zwischenfälle in den darauffolgenden Jahren – u.a. die Gewährung von politischem Asyl für den tschetschenischen Oppositionellen Akhmad Zakayev und die Ermordung von Alexander Litvinenko in London – gelten die Jahre zwischen 2006 und 2008 als Krisenjahre in den politischen Beziehungen zwischen Großbritannien und Russland. Die Handelsbeziehungen zwischen den beiden Staaten wurden durch die politischen Kontroversen jedoch nur geringfügig belastet. Sie wurden nach dem Zusammenbruch der Sowjetunion auf- und während des Untersuchungszeitraums stetig ausgebaut (vgl. Aalto 2009: 173; David 2011: 202–207). Entsprechend begründeten die wirtschaftlichen Interessen der beiden Staaten auch die am Ende des Untersuchungszeitraums beginnende Verbesserung der bilateralen Beziehungen, die von Großbritannien nun maßgeblich durch Pragmatismus geprägt waren:

> The movement into the third phase of UK-Russian relations mirrored events in the outside world and is summarised by an intention to continue to build relations with Russia but to do this emphasizing interests and not values – 'hard-headed pragmatic engagement', which nevertheless does not shy away from having 'difficult' conversations. [. . .] As EU Trade Commissioner, Lord Peter Mandelson (2008) had argued that perceptions of exploitation (Russian) and disappointment (EU) troubled EU-Russia relations and blinded both sides to 'the strategic importance of our common interests', and that Russia was a necessary priority and partner not only for the EU but for the UK. [. . .] Thus, it was at the level of a long and prosperous history in trade that Russia and the UK appeared to be seeking rapprochement [. . .]. (David 2011: 207–208)

Diese Entwicklung zum Pragmatismus zeichnete sich in der Erdgasaußenpolitik bereits zu Beginn des Untersuchungszeitraums ab. Die Ursache für eine solche Position bestand in den problematischen Kontextbedingungen, die sich für die britische Politik im Erdgassektor zu Beginn des Untersuchungszeitraums ergaben: Der Anteil von Erdgas am Energiemix ist seit den 1990er Jahren sehr hoch. Aufgrund des großen Umfangs an heimischen Erdgasreserven war Erdgas in Großbritannien über lange Zeit hinweg sehr günstig. Neben weiteren Faktoren begründete dies in den 1990er Jahren den „dash-for-gas", im Zuge dessen die private Elektrizitätswirtschaft zunehmend Erdgas anstelle von Kohle oder Atomkraft zur Generierung von Elektrizität einsetzte. Im Jahr 2000 wurde jedoch die nationale Produktionsspitze erreicht, seitdem ist die Erdgasförderung in Großbritannien rückläufig. Zwar versucht die Regierung die Rentabilität der britischen Erdgasförderung mittels der Vergabe neuer Lizenztypen zu erhöhen, die heimischen Reserven werden aber weiterhin deutlich sinken. Für Großbritannien impliziert dies einen radikalen Wandel hinsichtlich seiner Rolle im europäischen Erdgassektor: Zwischen 1998 und 2003 war Großbritannien ein Nettoexporteur und exportierte große Mengen an Erdgas in andere EU-Mitgliedstaaten. Seit 2004 ist es zur Ergänzung der eigenen Reserven jedoch auf Erdgasimporte aus anderen Staaten angewiesen; die Importabhängigkeit steigt aufgrund der sinkenden heimischen Reserven stetig an (vgl. Honoré 2010: 331, 338; International Energy Agency 2006b: 24, 128–131, 139–140, 2012a: 69). Großbritannien befand sich im Untersuchungszeitraum somit in einer ähnlichen Situation wie die Niederlande: Nach vielen Jahren der Autarkie war die britische Politik mit der Schwierigkeit konfrontiert, den hohen Erdgasverbrauch zunehmend durch Importe zu befriedigen. Im Untersuchungszeitraum wurden die zusätzlich notwendigen Erdgasvolumina zum Großteil aus Norwegen importiert. In der Zukunft muss Großbritannien jedoch weitere Erdgasquellen erschließen. Vor diesem Hintergrund identifizierte die britische Politik russisches Erdgas als einen wichtigen – und mitunter unausweichlichen – Beitrag zur zukünftigen Erdgasversorgung Großbritanniens. Sie initiierte daher bereits zum Ende der 1990er Jahre eine Annäherung an Russland im Erdgassektor, die 2003 in einem Memorandum zur Beteiligung von Großbritannien am Nord Stream-Projekt und dem Bau eines Zweigs der Pipeline nach Großbritannien kulminierte. Durch den Anschluss an dieses Projekt sollte das aufgrund der hohen Transitgebühren sehr teure russische Erdgas für Großbritannien rentabel werden (vgl. Aalto 2009: 173, 176; Lee 2007: 29). Aufgrund der sinkenden eigenen Reserven, sprach der damalige Ministerpräsident Tony Blair der Nord Stream-Pipeline und der damit verbundenen intensivierten Energiebeziehung mit Russland strategische Bedeutung zu: „For this country, we at present more or less break even on exporting/importing energy, but over the next decade or so we are going to become net importers again of energy. [...] So our relationship with Russia is not simply an ordinary commercial relationship: it' s going to be of fundamental strategic importance to this country." (Wright 2003) An diesem Projekt verdeutlicht sich somit der Pragmatismus der britischen Politik in der Erdgasaußenpolitik gegenüber Russland: Da Importe aus Russland für Großbritannien in der Zukunft unausweichlich werden, war die britische Politik schon früh darum bemüht, Infrastrukturmaßnahmen für den Import russischen Erdgases einzuleiten und die Energiebeziehungen zwischen den beiden Staaten gleichzeitig zu stabilisieren, um auf diese Weise Versorgungssicherheit zu gewährleisten. Entsprechend setzte Großbritannien sich während der EU-Ratspräsidentschaft auch für den Energiedialog der EU mit Russland ein (vgl. Timmins 2006: 53).

Trotz dieser schrittweisen Verbesserung der Energiebeziehungen zwischen Großbritannien und Russland im Untersuchungszeitraum wurden die bestehenden Spannungen zwischen den beiden Staaten in der Erdgasaußenpolitik jedoch nicht vollständig ignoriert. Es bestanden weiterhin Zweifel hinsichtlich der Lieferverlässlichkeit Russlands: Mit der näher rückenden Realisierung von russischen Importen wuchs die Sorge, dass Russland seine Energiemacht in der EU politisch nutzen und Erdgaslieferungen unterbrechen könne. Großbritannien wäre in einem solchen Fall aufgrund seiner geographischen Lage und der damit verbundenen großen Zahl an Transitstaaten, die zwischen Russland und Großbritannien liegen, in besonders hohem Maße von Lieferausfällen gefährdet. Aus diesem Grund war Großbritannien äußerst bemüht, die Erdgasimporte zu diversifizieren, um hohe Abhängigkeiten von einzelnen Staaten zu vermeiden. Die britische Politik initiierte im Untersuchungszeitraum eine große Zahl an Infrastrukturmaßnahmen, u.a. den Bau von vier *LNG*-Häfen, da diese in besonderem Maße zur Flexibilität hinsichtlich der Erdgasquellen und dadurch zur Versorgungssicherheit beitragen. Die skizzierte Position spiegelte sich auch in der britischen Pipelinepolitik wider. Zwar war Großbritannien nicht am Nabucco-Projekt beteiligt, die britische Politik sprach aber durchaus ihre Unterstützung für die Pipeline aus, schließlich stelle sie ein wichtiges Gegengewicht zum russischen Einfluss auf die europäische Versorgungssituation dar (vgl. FT vom 05.09.2008; Gilbert 2009: 132; 2012a: 14, 70; Thornton 2006: 171). An den Stellungnahmen des damaligen britischen Premierministers Gordon Brown wird deutlich, dass die Forderung nach alternativen Routen nicht nur durch die für Großbritannien zunehmend ungünstigen Bedingungen im Erdgassektor, sondern auch durch die politischen Dispute zwischen Großbritannien und Russland geprägt waren: „The American and British governments have been holding out hopes this week of the European Union curbing its reliance on Russian gas. Dick Cheney, the US vice-president, and Gordon Brown, prime minister, have stressed the importance of alternative energy supply routes following Russia's clash with Georgia last month." (Zit. n. FT vom 05.09.2008)

Es lässt sich zusammenfassend festhalten, dass Russland aufgrund der sinkenden Erdgasreserven Großbritanniens für die britische Erdgasaußenpolitik an Relevanz gewann (*policy beliefs*). Der geplante Anschluss an die Nord Stream-Pipeline ist der bedeutendste Ausdruck dieser Entwicklung (*secondary aspects*). Gleichzeitig warnt Großbritannien aber vor der russischen Energiemacht in der EU (*deep core* beliefs) und unterstützt aus diesem Grund Diversifizierungsmaßnahmen, die den russischen Einfluss auf den europäischen Erdgassektor verringern (*policy beliefs*). Der tendenziell pragmatischen, aber weiterhin skeptischen Haltung Großbritanniens kann daher folgende Policyposition zugeordnet werden:

numerischer Wert	Policyposition
40	Mäßiges Vertrauen in Russland als Erdgasexporteur; ausbalancierter Anteil von Exportquellen mit einer Präferenz für alternative Erdgasquellen neben Russland

4.3.7 Ungarn

Akteure

In Ungarn regierten folgende Parteien im Untersuchungszeitraum von 2000–2010:

- 1998–2002: Koalition aus Fidesz – Magyar Polgári Szövetség, Fügettlen Kisgazda- Földmunkás- és Polgári Párt (FKgP) und Magyar Demokrata Fórum (MDF) unter Ministerpräsident Viktor Orbán

- 2002–2004: Koalition aus Magyar Szocialista Párt (MSZP) und Szabad Demokraták Szövetsége (SZDSZ) unter Ministerpräsident Péter Medgyessy

- 2004–2009: Koalition aus Magyar Szocialista Párt (MSZP) und Szabad Demokraták Szövetsége (SZDSZ) unter Ministerpräsident Ferenc Gyurcsány

- 2009–2010: Koalition aus Magyar Szocialista Párt (MSZP) und Szabad Demokraták Szövetsége (SZDSZ) unter Ministerpräsident Gordon Bajnai

- 2010–2011: Koalition aus Fidesz – Magyar Polgári Szövetség und Kereszténydemokrata Néppárt (KDNP) unter Ministerpräsident Viktor Orbán

Erdgas im ungarischen Energiemix

Erdgas ist der wichtigste Energieträger im ungarischen Energiemix. Im Untersuchungszeitraum schwankte der Anteil von Erdgas zwischen 36,38 % und 45 % (siehe Abbildung 35), wobei er in der zweiten Hälfte des Untersuchungszeitraums durch den wachsenden Einsatz von Kernenergie und erneuerbaren Energieträgern tendenziell sank. Letztere wurden durch die ungarische Politik gefördert, um die hohe Importabhängigkeit im Erdgassektor zu reduzieren (vgl. Szlavik/Csete 2012: 496).

Abbildung 35: Ungarischer Energiemix in der Periode zwischen 2000–2010 in Prozent

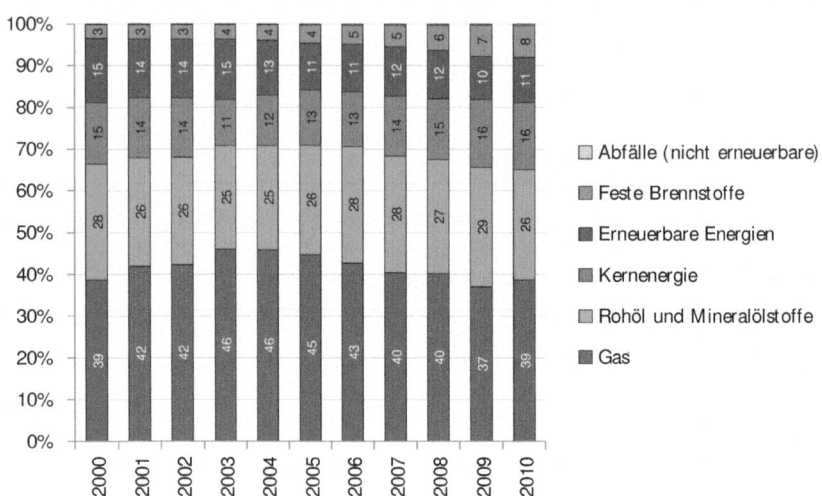

Quelle: Eurostat (o. J.); eigene Berechnungen

Russland ist der dominante Erdgaslieferant im ungarischen Importportfolio. Zwischen 2000 und 2010 schwankte der Anteil des russischen Erdgases an den Gesamtimporten zwischen 70,26 % und 90,71 % (siehe Abbildung 36). In der zweiten Hälfte des Untersuchungszeitraums konnte Ungarn das Portfolio durch Importe über Pipelineverbindungen mit Österreich geringfügig diversifizieren (vgl. International Energy Agency 2003a: 28, 2006a: 15, 17, 2011b: 58, 61).

Policyposition gegenüber Russland

Seit dem Ende des Kalten Krieges sind die Beziehungen zwischen den osteuropäischen EU-Mitgliedstaaten und Russland in der Regel distanziert und spannungsgeladen. Auch Ungarn hat im Untersuchungszeitraum stets deutlich gemacht, dass es sich politisch unbedingt in der EU verortet und in dieser fest verankert sieht. So ratifizierte Ungarn den Vertrag von Lissabon 2007 als erster EU-Mitgliedstaat und unterstrich in diesem Zusammenhang offiziell seine pro-europäische Haltung (vgl. Ágh 2009; Fischer 2007: 2). In der Erdgasaußenpolitik weicht die ungarische

Abbildung 36: Ungarisches Importportfolio im Erdgassektor (2000–2010)

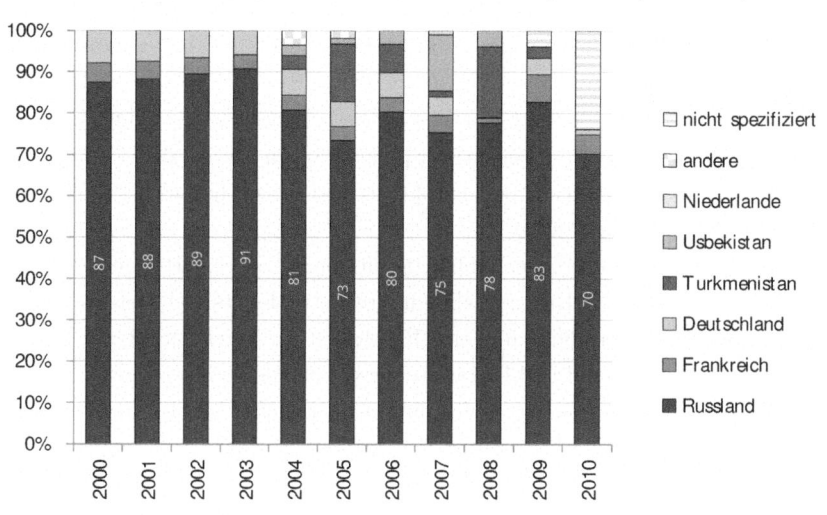

Anteile der Exporteure an Gesamtimporten in Prozent in der Periode zwischen 2000–2010
Quelle: International Energy Agency (2001b, 2002, 2003c, 2004c, 2005b,
2006c, 2007b, 2008, 2009e, 2010b, 2011d, 2012b, 2013a);eigene Berechnungen

Regierung allerdings von dieser entschiedenen Haltung ab, was auch die Kategorisierung von Ungarn und Russland als „friendly pragmatists" durch Leonard und Popescu (2007: 2) begründet. Im Folgenden wird zunächst die problematische Versorgungssituation Ungarns im Erdgassektor skizziert und darauf aufbauend anhand der Positionierung in den Pipelinedebatten erläutert, welche Rolle Russland in der ungarischen Erdgasaußenpolitik einnimmt.

Der Anteil von Erdgas am ungarischen Energiemix ist äußerst hoch. Da Ungarn nur über begrenzte Erdgasreserven verfügt, gilt dies auch für die ungarische Importabhängigkeit im Erdgassektor. Im Jahr 2000 wurden 74 % des konsumierten Erdgases durch Importe bereitgestellt. Dieser Anteil wird in der Zukunft wegen der rückläufigen nationalen Erdgasförderungen voraussichtlich weiter ansteigen. Wie in Abbildung 36 zu sehen ist, wird der Großteil der Importe aus Russland geliefert; im Untersuchungszeitraum lag der Anteil des russischen Erdgases an den Gesamtimporten zwischen 70 % und 90 %. Diese Importe bezieht Ungarn über eine einzige Transportroute, so dass zugleich eine hohe Abhängigkeit von der Zuverlässigkeit der Transitstaaten besteht. Aufgrund dieser Zusammenhänge wird dem Ziel der Versorgungssicherheit durch die ungarische Politik eine hohe Priorität verliehen (vgl. International Energy Agency 2003a: 8, 28, 2006a: 15, 17, 2011b: 9, 16; Szlavik/Csete 2012: 496–497). Zur Gewährleistung dieses Ziels verfolgt Ungarn – wie im Folgenden gezeigt wird – einen sehr pragmatischen Ansatz, der sich in der Beteiligung an konkurrierenden Pipelineprojekten und der wechselnden Priorisierung ebendieser im Zeitverlauf äußert.

Ungarn ist aufgrund der hohen Abhängigkeit von *einem* Exporteur einerseits an einer Diversifizierung der Erdgasquellen interessiert. Bereits 1993 verabschiedete die damalige ungarische Regierung eine Resolution zur Verringerung der Importabhängigkeit von Russland und bestätigte diese Zielvorgabe in weiteren offiziellen Stellungnahmen im Untersuchungszeitraum, insbesondere nach der Gaskrise 2006, von der Ungarn signifikant betroffen war (vgl. International Energy Agency 2003a: 18, 24, 30, 2011b: 9, 20, 57, 63, 66).[92] In diesem Zusammenhang gab die ungarische Regierung bekannt, sie wolle „eine federführende Position hinsichtlich der Diversifizierung des Gasangebots" in der EU einnehmen (zit. n. FAZ vom 23.01.2006, siehe auch FAZ vom 03.04.2007). Aus diesem Grund unterzeichnete sie im Juni 2006 gemeinsam mit den anderen am Nabucco-Projekt beteiligten Staaten eine Erklärung, die den politischen Willen zu diesem Projekt dokumentierte (vgl. FAZ vom 28.06.2006). Wenige Wochen später bestätigte sie zudem, das Projekt beschleunigt vorantreiben zu wollen (vgl. FAZ vom 16.07.2006). Zu diesem Zweck erstellte die ungarische Regierung 2008 den Entwurf eines multilateralen Rahmenvertrags für die Pipeline und ernannte einen Sonderbotschafter, der als Koordinator für das Abkommen zwischen den beteiligten Staaten wirken sollte (vgl. FAZ vom 21.02.2008, 28.02.2008, 19.03. 2008e). 2009 organisierte sie eine internationale Konferenz mit den am Nabucco-Projekt beteiligten Staaten, wenig später unterzeichnete sie mit selbigen Akteuren die Regierungsvereinbarung zum Bau der Pipeline und ratifizierte diese im Oktober 2009 (vgl. FAZ vom 05.09.2008, 14.07.2009a; SZ vom 13.07.2009a, 13.07.2009c). Für Ungarn stellte das Nabucco-Projekt einen wichtigen Beitrag zum Streben nach Unabhängigkeit von Russland in der Energieversorgung dar (vgl. FT vom 18.09.2007; FAZ vom 30.04.2007). Dies galt nach Ansicht der ungarischen

---

92 Die Regierung meldete zwischenzeitlich einen um 20 % verringerten Bezug (vgl. FAZ vom 23.01.2006).

Regierung aber auch auf der europäischen Ebene: Eine solche Diversifikation mittels Nabucco sei für die gesamte EU das wichtigste strategische Ziel (vgl. SZ vom 28.01.2009).

Die Erläuterungen zeigen, dass die ungarische Politik wirkungsvolle Schritte unternahm, um das Nabucco-Projekt in Kooperation mit den beteiligten Staaten zu verwirklichen. Dennoch wurde die Aufrichtigkeit des ungarischen Engagements von anderen EU-Mitgliedstaaten immer wieder angezweifelt, da sich Ungarn gleichzeitig in zwei Pipelineprojekten mit Russland engagierte: Zunächst erörterte die ungarische Regierung mit Russland eine Verlängerung der Blue Stream-Pipeline, die russisches Erdgas durch das Schwarze Meer in die Türkei transportiert, nach Ungarn. Dieses Projekt wurde im Verlauf des Untersuchungszeitraums allerdings verworfen und durch die Beteiligung von Ungarn an der South Stream-Pipeline ersetzt, die als Konkurrenzprojekt zur Nabucco-Pipeline gilt (vgl. Grätz 2013: 378). Bereits im Januar 2006, wenige Tage nach Beendigung der Gaskrise, kündigte die ungarische Regierung zwar an, ihre Diversifizierungsbemühungen im Erdgassektor zu stärken (s.o.). Sie betonte aber zugleich, dass Russland sich stets als berechenbarer Partner für Ungarn erwiesen habe und daher kein Zweifel daran bestehe, dass russisches Erdgas weiterhin eine Säule der europäischen Versorgung bleiben werde (vgl. FAZ vom 23.01.2006). 2007 reiste der damalige ungarische Premierminister Ferenc Gyurcsány mehrfach für bilaterale Gespräche zum damaligen russischen Präsidenten Putin, um energiepolitische Kooperationen zu erörtern (vgl. Fischer 2007: 2). 2008 unterzeichneten Gyurcsány und Putin schließlich ein bilaterales Abkommen zum Bau der South Stream-Pipeline (vgl. FAZ vom 11.03.2008). 2009 initiierten sie die Gründung eines Gemeinschaftsunternehmens von Gazprom und ungarischer Entwicklungsbank, das den Bau des ungarischen Abschnitts der Pipeline übernehmen sollte (vgl. FAZ vom 11.03.2009). Für Ungarn waren mit der South Stream-Pipeline verschiedene Vorteile verbunden: Zum einen implizierte sie eine Diversifizierung der Transportrouten. Ungarn könnte auf diese Weise russisches Erdgas unter Umgehung der Ukraine importieren (vgl. FAZ vom 28.02.2008). Zum anderen würde der Bau der South Stream-Pipeline Ungarns Bedeutung als Transitland für Russland erhöhen, was eine gewichtigere Verhandlungsmacht gegenüber Russland zur Folge hätte (vgl. Schmidt-Felzmann 2011: 591–592).

Aufgrund der Beteiligung am South Stream-Projekt wurde der ungarischen Regierung von Befürwortern des Nabucco-Projekts Verrat an einer gemeinsamen europäischen Energiepolitik vorgeworfen (vgl. Fischer 2007: 5). Dieser Kritik entgegnete Gyurcsány jedoch stets, dass keine Interessenkonflikte zwischen den beiden Projekten bestünden. Die Fortschritte im South Stream-Projekt würden keine negativen Auswirkungen auf das Nabucco-Projekt haben. Ungarn sei an beiden interessiert, da es aufgrund seines hohen Gasbedarfs sowohl eine diversifizierte Streckenführung als auch diversifizierte Herkunftsquellen benötige (vgl. FT vom 10.03.2008; FAZ vom 18.02.2008). Es lassen sich aber auch Stellungnahmen von Regierungsmitgliedern finden, die Zusammenhänge zwischen der ungarischen Position zur South Stream-Pipeline und den mangelnden Entwicklungsschritten des Nabucco-Projekts belegen. Besondere Beachtung fand in den Medien die Aussage Gyurcsánys während eines Besuchs in Russland im März 2007, dass South Stream eine vernünftige Investition sei, die Nabucco-Pipeline hingegen ein irrealer Traum (vgl. FT vom 17.09.2007, 18.09.2007; FAZ vom 30.04.2007, 05.05.2007, 07.05.2007, 14.06.2007, 15.12.2007, 28.02.2008). Vor dem Hintergrund der umfassenden Kritik, die an dieser Positionierung von anderen Mitgliedstaaten sowie der USA geäußert wurde, relativierte Gyurcsány diese Aussage wenig später, indem er betonte, dass er das Nabucco-Projekt prinzipiell befürworte und alles tun werde, um es voranzutreiben. Das Problem sei allerdings, dass der Implementationsprozess bislang zu langsam voranschreite, man in Ungarn aber auch in zwei Jahren noch heizen müsse (vgl. FT vom 17.09.2007; 03.04.2007, FAZ vom 05.05.2007). Mit dem Nabucco-Projekt seien bislang noch zu viele ungeklärte Fragen verbunden (vgl. Fischer 2007: 5–6): „Was soll ich den Wählern sagen, wenn ich jahrelang auf etwas warte, das vorerst nur auf dem Papier existiert, und ich die Gelegenheit ausgelassen hätte, die vor unserer Nase lag?" (Zit. n. FAZ vom 03.04.2007)[93] Tatsächlich bestanden zu diesem Zeitpunkt berechtigte Zweifel, ob das Nabucco-Projekt ausreichende Erdgasmengen erschließen könnte, um zu einer dauerhaften und sicheren Versorgung beizutragen:

---

93 Unklar ist, ob Gyurcsány mit dieser Stellungnahme auf die Verlängerung der Blue Stream-Pipeline hinwies oder bereits auf das South Stream-Projekt. Dies ist für die vorliegende Untersuchung aber insofern irrelevant, als es sich in beiden Fällen um eine Bevorzugung eines russischen Projekts gegenüber der Nabucco-Pipeline handelt.

Feste Lieferzusagen hat das Betreiberkonsortium bisher nur aus Aserbaidschan erhalten, doch reichen dessen Kapazitäten bei weitem nicht aus um die Pipeline mit genügend Gas zu versorgen. Als weitere Lieferländer würden sich die zentralasiatischen Staaten Usbekistan, Kasachstan und Turkmenistan anbieten, doch scheint Gazprom sich diesen Markt bereits frühzeitig gesichert zu haben, so dass auf kurze Sicht keine direkten Gaslieferungen aus diesen Ländern zu erwarten sind. Schließlich erscheint der Iran als letzter potenzieller Lieferstaat, dessen außenpolitische Reputation und Zuverlässigkeit jedoch nicht erst seit dem Konflikt mit der IAEA und den USA zu wünschen übrig lässt. Somit kann die Angst vor dem Bau einer teuren Pipeline ohne gesicherte Gaslieferungen nicht voreilig als haltlos abgetan werden. (Fischer 2007: 6)

Der Zusammenhang zwischen der geringen Realisierungswahrscheinlichkeit der Nabucco-Pipeline und dem ungarischen Engagement im South Stream-Projekt wurde schließlich auch im März 2008 bei der Unterzeichnung des Vertrags mit Russland zum Bau der South Stream-Pipeline entlang einer Route durch Ungarn deutlich. In diesem Kontext habe Gyurcsány gegenüber Putin geäußert, Russland sei eben schneller gewesen als die Nabucco-Projektanten. Gleichwohl betonte die ungarische Regierung im Anschluss an die Vertragsunterzeichnung, dass das Abkommen mit Russland das ungarische Engagement im Nabucco-Projekt nicht beeinträchtigen werde (vgl. FAZ vom 11.03.2008).

Der skizzierte Prozessverlauf verdeutlicht, dass Ungarns Position gegenüber Russland in der Erdgasaußenpolitik durch einen positiv konnotierten Pragmatismus geprägt ist. Einerseits zeigen das Engagement Ungarns im Nabucco-Projekt (*secondary aspects*) sowie verschiedene öffentliche Stellungnahmen, dass Ungarn an einer Diversifizierung der Erdgasquellen sehr interessiert ist (*policy beliefs*), um die hohe Abhängigkeit von russischem Erdgas zu verringern (*deep core beliefs*). Dies wird auch daran deutlich, dass sich die ungarische Regierung nach der Vertragsunterzeichnung zum Bau der South Stream-Pipeline weiterhin intensiv für das Nabucco-Projekt eingesetzt und ein entsprechendes multilaterales Regierungsabkommen entwickelt und unterzeichnet hat (*secondary aspects*). Andererseits muss auch der ungarischen Regierung trotz widersprechender Stellungnahmen bewusst gewesen sein, dass das Abkommen mit Russland das Nabucco-Projekt vielleicht nicht verunmöglicht, aber zumindest deutlich schwächt. Schließlich ist der Konkurrenzcharakter der beiden Projekte in der öffentlichen Debatte weitgehend unbestritten. Daraus lässt sich ableiten, dass Ungarn trotz des Strebens nach Diversifizierung weiterhin eine spannungsfreie Beziehung zu Russland im Erdgassektor erhalten will, da es für Ungarn aufgrund der gegenwärtigen Versorgungssituation gar nicht möglich ist, auf

Russland als Erdgasexporteur zu verzichten (*policy beliefs*). In dem Moment, in dem die Realisierungschancen der Diversifizierungsmaßnahme deutlich sanken, war Ungarn daher in erhöhtem Maße darum bemüht, diesen potentiellen Verlust durch zusätzliche Pipelineprojekte mit Russland zu kompensieren. Zu diesem Zweck war die ungarische Regierung sogar dazu bereit, die Entwicklung des wichtigsten europäischen Diversifizierungsprojekts, die Nabucco-Pipeline, durch ihre Beteiligung an der South Stream-Pipeline zu gefährden. Die ungarische Politik wird dementsprechend mit dem Wert 60 quantifiziert:

numerischer Wert	Policyposition
60	Bedingte Intensität der Energiepartnerschaft; Streben nach einem ausbalancierten Anteil von Importen aus Russland und anderen Erdgasquellen; wenn letztere Projekte nur geringe Realisierungschancen aufweisen, werden Pipelineprojekte mit Russland priorisiert

4.3.8 Polen

Akteure

In Polen regierten folgende Parteien im Untersuchungszeitraum von 2000–2010:

- 1997–2001: Koalition aus Akcja Wyborcza Solidarność (AWS) und Unia Wolności (UW) unter Ministerpräsident Jerzy Buzek (ab 2000 Minderheitsregierung der AWS)

- 2001–2004: Koalition aus Sojusz Lewicy Demokratycznej (SLD), Unia Pracy (UP) und Polskie Stronnictwo Ludowe (PSL) unter Ministerpräsident Leszek Miller

- 2004–2005: Koalition aus Sojusz Lewicy Demokratycznej (SLD) und Unia Pracy (UP) unter Ministerpräsident Marek Belka

- 2005–2006: Prawo i Sprawiedliwość (PiS) unter Ministerpräsident Kazimierz Marcinkiewicz

- 2006: Koalition aus Prawo i Sprawiedliwość (PiS), Liga Polskich Rodzin (LPR) und Samoobrona Rzeczpospolitej Polskiej unter Ministerpräsident Kazimierz Marcinkiewicz

- 2006–2007: Koalition aus Prawo i Sprawiedliwość (PiS), Liga Polskich Rodzin (LPR) und Samoobrona Rzeczpospolitej Polskiej unter Ministerpräsident Jarosław Kaczyński

- 2007–2011: Koalition aus Platforma Obywatelska (PO) und Polskie Stronnictwo Ludowe (PSL) unter Ministerpräsident Donald Tusk

Erdgas im polnischen Energiemix

Der polnische Energiemix wird maßgeblich durch fossile Energieträger geprägt. Erdgas nimmt unter diesen den geringsten Anteil ein. Im Untersuchungszeitraum betrug er zwischen 11,2 % und 13,22 % (siehe Abbildung 37). Während der Anteil von Kohle in der Periode zwischen 2000 und 2010 deutlich zurückging, ist der Erdgasverbrauch und dementsprechend der Anteil von Erdgas am Energiemix jedoch stetig angestiegen (vgl. International Energy Agency 2011c: 19, 97).

Abbildung 37: Polnischer Energiemix in der Periode zwischen 2000–2010 in Prozent

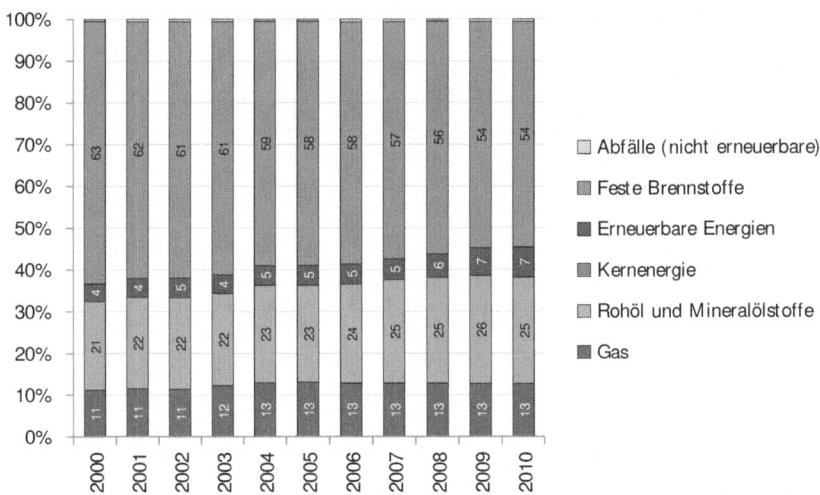

Quelle: Eurostat (o. J.); eigene Berechnungen

Die polnische Erdgasinfrastruktur ist weitgehend auf Einfuhren aus dem Osten ausgerichtet. Wie in Abbildung 38 zu sehen ist, besteht die größte Abhängigkeit von russischem Erdgas, dessen Anteil an den Erdgasgesamtimporten im Untersuchungszeitraum zwischen 62,46 % und 89,55 % lag (vgl. International Energy Agency 2011c: 24, 26, 98; Vetter 2010: 21).

Abbildung 38: Polnisches Importportfolio im Erdgassektor (2000–2010)

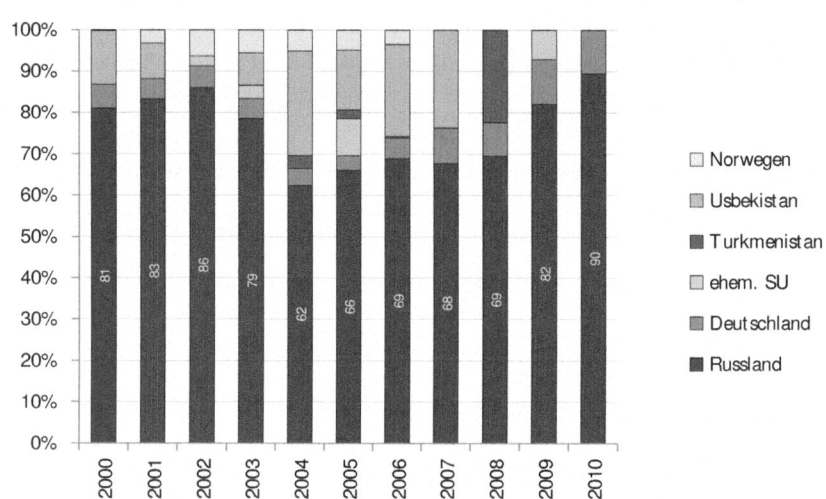

Anteile der Exporteure an Gesamtimporten in Prozent in der Periode zwischen 2000–2010
Quelle: International Energy Agency (2001b, 2002, 2003c, 2004c, 2005b, 2006c, 2007b, 2008, 2009e, 2010b, 2011d, 2012b, 2013a);eigene Berechnungen

Polens Policyposition gegenüber Russland als Erdgasexporteur

Polen gehört neben dem Baltikum zu den Staaten, die Russland in seiner Funktion als Erdgasexporteur besonders skeptisch gegenüberstehen (vgl. u.a. Aalto 2009: 166). Leonard und Popescu charakterisieren Polen hinsichtlich der Position gegenüber Russland daher als „New Cold Warrior" (Leonard/Popescu 2007: 2). Im Folgenden wird zunächst die Versorgungssituation Polens im Erdgassektor skizziert. Daran anschließend wird erläutert, inwiefern diese dazu beiträgt, dass Polens Erdgasaußenpolitik maßgeblich durch Sicherheitsinteressen geprägt ist. Abschließend wird die polnische Policyposition gegenüber Russland in den virulenten Debatten um die Nord Stream-Pipeline konkretisiert.

Wie in Abbildung 37 zu sehen ist, war der Anteil von fossilen Energieträgern am polnischen Energiemix im Untersuchungszeitraum sehr hoch und betrug zwischen 92,31 % und 95,88 %. Während Polen über große Mengen an Kohle verfügte, musste Erdgas zu einem erheblichen Anteil – zur beispielhaften Veranschaulichung: 2007 betrug dieser 68 % – importiert werden. Die hohe Importabhängigkeit im Erdgassektor wird in der Zukunft voraussichtlich weiter ansteigen, da Polen den Kohleverbrauch, der hohe Emissionen verursacht, zunehmend senken muss, um die Kriterien des Energie- und Klimapakets der EU von 2008 zu erfüllen. Dies impliziert den sukzessiven Ersatz von Kohle durch Erdgas und somit einen stetigen Anstieg des Erdgasverbrauchs, der bereits in der Periode zwischen 2000 und 2010 zu verzeichnen war (vgl. Götz 2012: 452–453; Parmigiani 2012: 10; Piechocki 2011: 98).

Polen importierte Erdgas im Untersuchungszeitraum ausschließlich via Pipelines. Aus historischen Gründen ist die Pipelineinfrastruktur weitgehend auf die Einfuhr aus dem Osten ausgerichtet, was im Untersuchungszeitraum einen überaus hohen Anteil von russischem Erdgas an den polnischen Gesamtimporten zur Konsequenz hatte (siehe Abbildung 38; vgl. Grzeszak 2012: 3; International Energy Agency 2011c: 98; Vetter 2010: 21). Diese Sachlage wird von der polnischen Politik als große Gefährdung für die Versorgungssicherheit des Landes beurteilt, da die Sorge besteht, dass Russland die hohe Abhängigkeit Polens als diplomatisches Instrument in Form von politisch motivierten Versorgungsunterbrechungen einsetzen könnte: „In politischen Diskussionen wird Russland als die größte Gefahr für die Energiesicherheit Polens angesehen. Es herrscht die Überzeugung, dass der Kreml danach strebt, mit Hilfe der wirtschaftlichen Waffen wie Erdöl und Gas die Dominanz zu gewinnen." (Grzeszak 2012: 2–3) Die Gaskrisen 2006 und 2009 wurden von der polnischen Politik als Bestätigung ihres Urteils über Russland als Erdgasexporteur und die damit verbundene prekäre Versorgungssituation Polens bewertet. Der „russische Faktor" steht daher im Fokus der polnischen Erdgasaußenpolitik, die somit weniger durch ökonomische, sondern in erster Linie durch sicherheitspolitische Abwägungen geprägt ist. Eine hohe Versorgungssicherheit ist das wichtigste Ziel, das ausschließlich durch eine signifikante Reduzierung des russischen Anteils an den

Erdgasimporten mittels einer Diversifizierung der Erdgasquellen als gewährleistet angesehen wird (vgl. Aalto 2009: 166; Bouzarovski/Konieczny 2010: 8; Grzeszak 2012: 3; International Energy Agency 2011c: 10, 24; Johnson/Boersma 2013: 396; Lang 2004: 203–204, 206, 210, 213; Roth 2011: 601–602).

Die Skepsis Polens gegenüber Russland als Erdgasexporteur zeigte sich besonders deutlich in den virulenten Debatten um das Nord Stream-Projekt. Die polnische Regierung nutzte verschiedene internationale Plattformen, um ihre scharfe Kritik an der geplanten Pipeline zu äußern (vgl. Bouzarovski/Konieczny 2010: 10). Mitarbeiter des polnischen Wirtschafts- sowie des Verteidigungsministeriums stellten in öffentlichen Stellungnahmen die wirtschaftliche Rentabilität der Pipeline aufgrund der hohen Investitionskosten infrage. Daraus leiteten sie die Vermutung ab, das Projekt werde von russischer Seite weniger aus ökonomischen, sondern vielmehr aus verdeckten geopolitischen Gründen verfolgt. Der Kauf von Gas, das nicht aus Russland stammt, werde durch die Nord Stream-Pipeline erschwert. Demnach diene die Pipeline dazu, die Abhängigkeit der EU von russischem Erdgas und damit verbunden die politische Kontrolle Russlands über die EU zu erhöhen (vgl. Bouzarovski/Konieczny 2010: 10–11; Piechocki 2011: 108; SZ vom 13.02.2010). Um die Risiken einer mit der Nord Stream-Pipeline verbundenen wachsenden Abhängigkeit von Russland zu veranschaulichen, verwies der ehemalige polnische Europaminister Mikolaj Dowgielewicz auf die Gaskrise 2009: „Die Gaskrise hat uns in unserer Ablehnung der Ostseepipeline bestärkt. Die Pipeline verbessert Europas Energieversorgungssicherheit nicht, sie macht uns noch abhängiger von russischem Gas." (Zit. n. 30.01. 2009c)

Neben dieser grundsätzlichen Kritik, zusätzliche Erdgaspipelines zum Import von russischem Gas in die EU zu bauen, richtete sich die polnische Politik ganz konkret gegen den Routenverlauf der Pipeline. Schließlich sah der Projektplan vor, dass die Pipeline die osteuropäischen Staaten umgehe und das Erdgas direkt von Russland nach Deutschland und von da aus weiter nach Westeuropa liefere. Dies könne Polens Bedeutung als Transitland für die Weiterleitung von russischem Erdgas nach Westeuropa durch die Jamal-Europe-Pipeline verringern: Sofern der Bau der Nord Stream-Pipeline dazu führe, dass weniger Erdgas durch die Jamal-Pipeline geleitet bzw. die geplante Ausweitung von letzterer nicht durchgeführt werde, impliziere dies ökonomische Einbußen für Polen aufgrund geringerer Transitgebühren. Zugleich verschlechtere es die Verhandlungsmacht Polens gegenüber Russland, da die Abhängigkeit Russlands vom Transit durch Polen sinken würde:

> Polen ist wie andere Transitländer darauf bedacht, der rußländischen [sic!] Politik der Transportdiversifizierung entgegenzuwirken und durch Trassenführungen über das eigene Territorium Interdependenz zu schaffen. Anders als bei der Lieferung von Energieträgern aus Rußland [sic!], wo eine Reduktion des Imports avisiert wird, hat Polen beim Transfer von Energieträgern Interesse an einem möglichst hohen Volumen und an der Sicherung der bestehenden und geplanten Liefertrassen über das eigene Staatsgebiet. (Lang 2004: 219; siehe auch FT vom 26.06.2007, 07.11.2007b, 18.11.2008; Süddeutsche.de vom 07.01.2009; Vetter 2010: 21)

Des Weiteren stelle der Routenverlauf der Pipeline auch deshalb eine Verringerung der Versorgungssicherheit der gesamten osteuropäischen Mitgliedstaaten dar, weil er Russland ermögliche, in politischen Konfliktfällen zwischen Russland und Osteuropa die Lieferungen in die osteuropäischen Mitgliedstaaten einzustellen, ohne die westeuropäischen Mitgliedstaaten zu beeinträchtigen: „In Tallin, Riga, Vilnius und Warschau argwöhnt man, Russland wolle die vier Länder mit der Ostsee-Leitung umgehen, um sie dann leichter unter Druck setzen zu können." (Zit. n. FAZ vom 12.04.2007) Die Nord Stream-Pipeline berge nach Ansicht der polnischen Politik somit das Potential, die genannten Staaten energiepolitisch zu isolieren und ihre Erpressbarkeit durch Russland zu erhöhen. Die Pipeline gefährde daher die europäische Einheit. Die polnische Politik befürchtete zudem, dass Russland die Pipeline als Vorwand nutze, seine militärische Präsenz im Ostseeraum mit Verweis auf den Schutzbedarf der Pipeline auszuweiten. Aus diesen Gründen bezeichnete die polnische Politik das Nord Stream-Projekt als geopolitisches Desaster (vgl. SZ vom 13.11.2008; siehe auch Bouzarovski/Konieczny 2010: 2, 10–11; FT vom 15.01.2009; FAZ vom 13.11.2008; Grzeszak 2012: 3; Roth 2011: 608; Süddeutsche.de vom 09.04.2010; SZ vom 07.11.2009a, 30.11.2007).

Die polnische Kritik richtete sich aber nicht nur gegen Russland, sondern auch gegen die deutsche Regierung, die das Projekt trotz der polnischen Bedenken im Untersuchungszeitraum weiter vorantrieb. Einige Politiker warfen der deutschen Regierung vor, sie würde die deutsch-russische geopolitische Achse auf Kosten Polens wieder neu beleben und vermuteten hinter dem Projekt eine russisch-deutsche Konspiration gegen Polen (vgl. Bouzarovski/Konieczny 2010: 2, 11); so betonte der damalige Verteidigungsminister Radosław Sikorski in einer öffentlichen Stellungnahme, die Vereinbarung zwischen Russland und Deutschland zum Bau der Nord Stream-Pipeline erinnere an den Hitler-Stalin-Pakt, da sie Polen und das Baltikum bewusst umgehe (vgl. SZ vom 08.04.2010). Um die Implementierung der Nord Stream-Pipeline zu verhindern, nutzte die polnische Politik das internationale Seerecht und reklamierte das Gebiet bis an die Südgrenze der dänischen Insel Bornholm als polnische Wirtschaftszone (vgl. FAZ vom 02.08.2007). Sie betonte in diesem Kontext, dass die Nord Stream-Pipeline bei dem geplanten Trassenverlauf die Fahrrinne für Schiffe, die den Hafen von Swinemünde ansteuerten, kreuze und eine flache Verlegung der Gaspipeline daher die Möglichkeit einschränken würde, dass Schiffe mit großem Tiefgang in den Hafen gelangten (vgl. Grzeszak 2012: 4). Der polnische Seehafen Swinemünde klagte schließlich aufgrund der Beeinträchtigung der Hafenzufahrt gegen die Routenführung der Pipeline (vgl. FAZ vom 04.11.2011). Die polnischen und baltischen Abgeordneten setzten im EU-Parlament zudem eine kritische Resolution zum Bau der Pipeline durch (vgl. SZ vom 05.07.2008).

Die Ausführungen zeigen, dass das Nord Stream-Projekt in Polen zu umfassenden und scharfen Reaktionen führte, die die entschiedene Ablehnung eines Ausbaus der Erdgasbeziehungen mit Russland verdeutlichen. Diese Positionierung zeigte sich auch im Zusammenhang mit den anderen Pipelineprojekten. So würdigte der damalige polnische Ministerpräsident den Bau der Nabucco-Pipeline als wichtiges EU-Projekt, um den russischen Einfluss auf den europäischen Erdgassektor einzuschränken und dadurch die europäische Versorgungssicherheit zu erhöhen: „It's the best way for diversification and, consequently, for the energy security of Europe." (Zit. n. FT vom 20.03.2009) Gleichzeitig sprach sich die polnische Regierung gegen den Bau der South Stream-Pipeline aus. Den an dem Projekt beteiligten europäischen Regierungen warf die polnische Politik vor, den russischen Versuch zu dulden, mittels der South Stream-Pipeline ein Projekt durchzusetzen, das mit dem Nabucco-Projekt um dieselben Märkte konkurriere und jenes sowie eine gemeinsame EU-Energiepolitik entsprechend unterminiere (vgl. Roth 2011: 608).

Als Reaktion auf die geplanten russischen Pipelineprojekte sowie die Gaskrisen intensivierte die polnische Politik ihre Diversifizierungsanstrengungen. Bereits angedachte Projekte wie z. B. das *LNG*-Terminal im Hafen von Swinemünde, das als

„Durchbruch bei der Diversifizierung von Gaslieferungen nach Polen" (Grzeszak 2012: 4) galt, gewannen im Verlauf des Untersuchungszeitraums an Dringlichkeit und Popularität:

Aside from its growing importance in the domain of foreign policy and international political relations, Nord Stream also left its mark on the formulation of national development policies and energy investment initiatives in the Baltic region. As a result, the political discourses provoked by a non-material object that has existed only in the minds of its planners gradually became embedded into a specific set of policy initiatives aimed at transforming the material realities of surrounding regions and cities. In the case of Poland, it is worth mentioning that some of these initiatives were on the drawing board well before the official announcement for the construction of Nord Stream. The pipeline gave them a new public impetus and increased their strategic significance, since it emboldened the projects' proponents with new arguments about the need for an urgent diversification of Polish energy supplies. Thus, in late 2006, PGNiG decided to build a Liquefied Natural Gas (LNG) terminal in the port of Świnoujście, located next to an older, commercial port near the German border. (Bouzarovski/Konieczny 2010: 12; siehe auch International Energy Agency 2011c: 10, 26; Parmigiani 2012: 10; Piechocki 2011: 102; Vetter 2010: 22)

Polen hat im Untersuchungszeitraum versucht, die distanzierten Beziehungen zu Russland als gemeinsame Strategie in der EU durchzusetzen. So schlug die polnische Regierung u.a. 2006 die Gründung einer „Energie-NATO" vor, die in erster Linie Staaten einschließen sollte, die über keine eigenen Energiequellen verfügen. Lediglich Norwegen sollte als wichtiger Energieexporteur integriert, Russland hingegen ausgeschlossen werden (vgl. Aalto 2009: 171–172; Johnson/Boersma 2013: 396; Piechocki 2011: 100). Des Weiteren versuchte es EU-Initiativen, die auf eine engere Kooperation mit Russland abzielten, zu blockieren: „Poland's fierce dislike for Russia has made it a spoiler on many EU proposals which require compromise in order for progress to be made." (Gilbert 2009: 133)

Zusammenfassend ist festzuhalten, dass Polen in Relation zu den anderen in dieser Arbeit untersuchten Mitgliedstaaten die kritischste Position gegenüber Russland als Erdgasexporteur einnimmt. Die polnische Politik beurteilt eine enge Energiebeziehung mit Russland als Gefahr für die nationale sowie die osteuropäische Versorgungssicherheit, da es Russland die Möglichkeit verschaffe, die Abhängigkeit der EU-Staaten von den russischen Erdgasimporten als politische Waffe zu nutzen (*deep core beliefs*). Das aus diesem Urteil resultierende polnische Interesse, die

Abhängigkeit von russischen Importen durch Diversifizierungsmaßnahmen zu reduzieren (*policy beliefs*), äußert sich sowohl in den analysierten Infrastrukturprojekten als auch in den Versuchen, eine gemeinsame EU-Energiepolitik, die sich von Russland distanziert, zu etablieren (*secondary aspects*). Polens Policyposition gegenüber Russland als Erdgasexporteur lässt sich daher folgendermaßen zusammenfassen:

numerischer Wert	Policyposition
10	Sehr geringes Vertrauen in Russland als Erdgasexporteur; die Abhängigkeit von russischem Erdgas sollte minimiert und alternative Erdgasquellen ermittelt werden

4.3.9 Tschechien

Akteure

In Tschechien regierten folgende Parteien im Untersuchungszeitraum von 2000–2010:

- 1998–2002: Česká strana sociálně demokratická (ČSSD) unter Ministerpräsident Miloš Zeman (Minderheitsregierung toleriert von Občanská demokratická strana, ODS)

- 2002–2004: Koalition aus Česká strana sociálně demokratická (ČSSD), Křesťanská a demokratická unie – Československá strana lidová (KDU-ČSL) und Unie svobody – Demokratická unie (US-DEU) unter Ministerpräsident Vladimir Špidla

- 2004–2005: Koalition aus Česká strana sociálně demokratická (ČSSD), Křesťanská a demokratická unie – Československá strana lidová (KDU-ČSL) und Unie svobody – Demokratická unie (US-DEU) unter Ministerpräsident Stanislav Gross

- 2005–2006: Koalition aus Česká strana sociálně demokratická (ČSSD), Křesťanská a demokratická unie – Československá strana lidová (KDU-ČSL) und Unie svobody – Demokratická unie (US-DEU) unter Ministerpräsident Jiří Paroubek

- 2006–2007: Občanská demokratická strana (ODS) unter Ministerpräsident Mirek Topolánek

- 2007-2009: Občanská demokratická strana (ODS), Křesťanská a demokratická unie – Československá strana lidová (KDU-ČSL) und Strana zelených (SZ) unter Ministerpräsident Mirek Topolánek

- 2009–2010: parteilose Übergangsregierung unter Ministerpräsident Jan Fischer

- 2010–2013: Koalition aus Občanská demokratická strana (ODS), TOP 09 und LIDEM unter Ministerpräsident Petr Nečas

Erdgas im tschechischen Energiemix

Wie in Abbildung 39 zu sehen ist, spielt Erdgas im tschechischen Energiemix lediglich eine komplementäre Rolle. Dies gilt insbesondere für den Elektrizitätssektor, in dem die Energieträger Kohle und Kernenergie dominieren (vgl. International Energy Agency 2001a: 10, 65).

Abbildung 39: Tschechischer Energiemix in der Periode zwischen 2000–2010 in Prozent

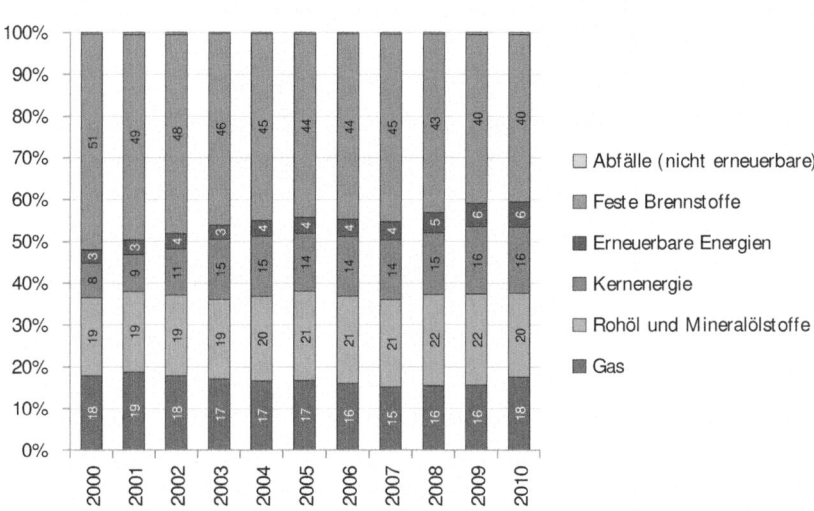

Quelle: Eurostat (o. J.); eigene Berechnungen

Russland ist für Tschechien der wichtigste Erdgaslieferant. Bis 1996 importierte Tschechien ausschließlich russisches Erdgas. Seit 1997 konnte das Importportfolio durch Erdgaslieferungen aus Norwegen etwas diversifiziert werden (vgl. Binhack/Tichý 2012: 56–57; International Energy Agency 2001a: 106, 2010a: 66–67). Gleichwohl lag der Anteil von russischem Erdgas an den Gesamtimporten im Untersuchungszeitraum weiterhin zwischen 69,02 % und 87,58 % (siehe Abbildung 40).

Abbildung 40: Tschechisches Importportfolio im Erdgassektor (2000–2010)

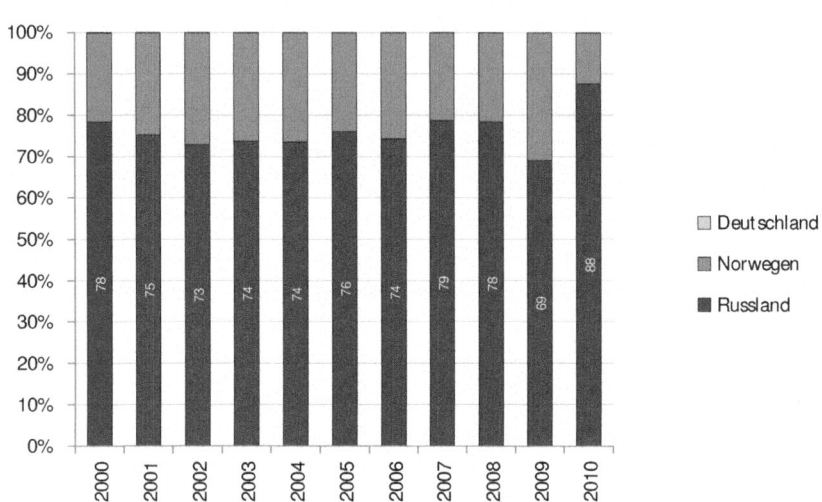

Anteile der Exporteure an Gesamtimporten in Prozent in der Periode zwischen 2000–2010
Quelle: International Energy Agency (2001b, 2002, 2003c, 2004c, 2005b, 2006c, 2007b, 2008, 2009e, 2010b, 2011d, 2012b, 2013a);eigene Berechnungen

Tschechische Policyposition gegenüber Russland

Die tschechische Politik ist in ihrer Energieversorgung um größtmögliche Autarkie bemüht. Dies spiegelt sich auch in der Erdgasaußenpolitik gegenüber Russland wider. Im Folgenden wird zunächst die historisch begründete tschechische Abhängigkeit von Russland im Erdgassektor skizziert und im Anschluss die damit verbundene Diversifizierungspolitik erläutert. Letztere wird an der tschechischen Pipelinepolitik beispielhaft veranschaulicht.

Leonard und Popescu kategorisieren Tschechien hinsichtlich der Politik gegenüber
Russland als „frosty pragmatist" (Leonard/Popescu 2007: 2), schließlich unterhält Tschechien äußerst distanzierte diplomatische Beziehungen mit Russland,
die durch die im Untersuchungszeitraum geplante Stationierung eines Raketen-
abwehrsystems auf tschechischem Territorium zusätzlich an Spannung gewannen
(vgl. Binhack/Tichý 2012: 59; Gilbert 2009: 134). Auch in der Erdgasaußenpolitik
war Tschechien nach dem Zusammenbruch der Sowjetunion früh darum bemüht, sich
aus der russischen Einflusssphäre zu lösen, die aufgrund der historischen Verflechtungen im Untersuchungszeitraum noch immer sehr ausgeprägt war: Tschechien verfügt
nur über sehr geringe nationale Erdgasreserven. Der Großteil des verbrauchten Erdgases wird durch Importe bereitgestellt (vgl. Binhack/Tichý 2012: 56; International
Energy Agency 2001a: 95). Bis 1989 war die Sowjetunion der alleinige Erdgasexporteur für die Tschechoslowakei; ihr Pipelinenetz diente ausschließlich dem Import aus
der Sowjetunion und dem Transit nach Westeuropa (vgl. Weichsel 2004: 180). Dies
begründet sowohl den im Untersuchungszeitraum noch immer hohen Anteil von
russischem Erdgas an den tschechischen Gesamtimporten als auch den Status als
Transitland für russisches Erdgas nach Westeuropa, dessen Bedeutung 2001 durch
die Inbetriebnahme der Jamal-Pipeline, die Erdgas von Russland über Polen nach
Deutschland transportiert, jedoch etwas gemindert wurde (vgl. Weichsel 2004: 187).
Zwar wird die tschechische Abhängigkeit von russischem Erdgas dadurch relativiert,
dass der Anteil von Erdgas am Energiemix relativ gering ist, da Tschechien über
große Mengen an Kohle und Atomenergie verfügt (vgl. International Energy Agency
2010a: 10, 65). Dennoch kann Russland der tschechischen Volkswirtschaft durch
Preiserhöhungen oder Lieferunterbrechungen erheblichen Schaden zufügen – auch
wenn dieser letztlich geringer ausfallen würde als in Staaten mit einem sehr hohen
Anteil von Erdgas an ihrem Energiemix, wie z. B. Ungarn (vgl. Binhack/Tichý 2012:
55).

Aufgrund der Risiken, die mit der skizzierten Importabhängigkeit im Erdgassektor
verbunden sind, bemüht Tschechien sich seit der Mitte der 1990er Jahre intensiv
um eine Diversifizierung seiner Erdgasquellen und strebt in diesem Zusammenhang
nach einer Anbindung an Westeuropa. Das Pipelinenetz für Erdgas, das bis 1989
ausschließlich für den *Export* nach Westeuropa ausgelegt war, sollte nun auch
für *Importe* erweitert werden. Zu diesem Zweck wurde 1991 das tschechische
Leitungsnetz im Erzgebirge mit dem deutschen verbunden (vgl. Weichsel 2004:

180, 182, 187–188). Des Weiteren importiert Tschechien seit 1997 Erdgas aus Norwegen. Der in diesem Kontext geschlossene Liefervertrag sah vor, dass die norwegischen Importe 25 % des tschechischen Erdgasverbrauchs abdecken. Durch weitere Diversifizierungsmaßnahmen sollte der Anteil der russischen Importe an den Gesamtimporten schließlich bei 65 % bis 70 % liegen und auf diesem Niveau ab dem Jahr 2010 stabilisiert werden (vgl. Binhack/Tichý 2012: 56; International Energy Agency 2001a: 96, 106).

In den Jahren 2004 und 2010 wurden die Ziele einer möglichst autarken Energieversorgung – unabhängig von ausländischen Energiequellen – und die Diversifizierung der Erdgasquellen, die den Anteil von einem einzigen Erdgasexporteur an den Gesamtimporten auf höchstens 65 % begrenzen sollten, in den staatlichen Strategiepapieren zur Energiepolitik erneut offiziell bestätigt (vgl. International Energy Agency 2010a: 9, 22, 29–30). Die Argumentation für diese politische Ausrichtung umfasste stets drei Punkte: *Erstens* lehnte die tschechische Politik die Abhängigkeit von einem einzigen Exportstaat im Erdgassektor grundsätzlich ab. *Zweitens* sah sie es als notwendig an, Erdgas mindestens über zwei Versorgungsrouten zu beziehen, um nicht von einzelnen Transitstaaten abhängig zu sein (vgl. International Energy Agency 2010a: 22; Schmidt-Felzmann 2011: 585). *Drittens* richtete sie das Ziel der Diversifizierung auch ganz konkret gegen Russland als Erdgasexporteur, da sie der Ansicht war, Russland sei stets dazu bereit, seine Energiemacht strategisch einzusetzen. Das damit verbundene Sicherheitsrisiko zeige sich am Umgang Russlands mit den Nachfolgestaaten der Sowjetunion. Entsprechend erläuterte der ehemalige tschechische stellvertretende Ministerpräsident für Europäische Angelegenheiten, Alexandr Vondra: „Unjust manipulation of energy supplies is as much a security threat as is military action. Post-Soviet countries have been experiencing that on a daily basis, as Russia's appetite for using energy as a political weapon is growing." (Zit. n. Aalto 2009: 166; siehe auch Binhack/Tichý 2012: 56–57, 59; Weichsel 2004: 188) Diese Skepsis gegenüber Russland sah Tschechien durch die Gaskrise 2009 bestätigt. Zwar konnten die geringeren Erdgaslieferungen aus Russland durch zusätzliche – wenngleich teurere – Lieferungen aus Norwegen sowie gespeicherte Vorräte ausgeglichen werden (vgl. Binhack/Tichý 2012: 57), gleichwohl gewann das Ziel der Diversifizierung von Erdgasquellen durch diesen Konflikt für Tschechien an Relevanz:

The 2009 gas crisis was the worst one in terms of length and impact on
gas importing states in Central Europe. However, Czech Republic got some
political points out of it. Not only in terms of EU Presidency in the first half
of 2009, but also as a gas bridge between old and new member states acting
as a transit country for reverse gas flows to struggling Slovakia. Thanks to
its underground gas storage capacities Czech Republic was ready for almost
three weeks of disruptions and was even ready to support its eastern neighbors
in gesture of solidarity. However, Czech Republic was not intact by the crisis
lethally; the conflict turns gas dependency into an acute problem for the EU in
general but also for new member states, including Czech Republic in particular.
The crisis accelerated political efforts to decrease it. (Binhack/Tichý 2012: 60)

In ihrem Streben nach einer Diversifizierung der Erdgasquellen war die tschechische Politik an einer Einbindung in die Energiepolitik der EU bemüht. Dies zeigt sich
auch an ihrer Pipelinepolitik. Die tschechische Politik sprach sich zu verschiedenen
Gelegenheiten – ganz besonders deutlich nach der Gaskrise 2009 – entschieden für
den Bau der Nabucco-Pipeline aus, die nach Ansicht der damaligen tschechischen
Regierung ein wichtiges strategisches Projekt für die gesamte EU darstelle, um
die Abhängigkeit von russischem Erdgas und somit die Verletzlichkeit Europas zu
mindern (vgl. FAZ vom 08.01.2009a, 28.01.2009; SZ vom 28.01.2009). Entsprechend
wurde während der tschechischen Ratspräsidentschaft die Regierungsvereinbarung
der am Nabucco-Projekt beteiligten Staaten zum Bau der Pipeline unterzeichnet.
Der damalige Ministerpräsident Mirek Topolánek beurteilte diese Unterzeichnung als
ein einmaliges, historisches Ereignis (vgl. FT vom 17.06.2009; FAZ vom 09.05.2009;
SZ vom 09.05.2009). Zur Erhöhung der nationalen Versorgungssicherheit plante
Tschechien daher selbst eine Anbindung an die Nabucco-Pipeline (vgl. International
Energy Agency 2010a: 68).

Aufgrund der großen Bedeutung, die Topolánek der Nabucco-Pipeline zusprach,
kritisierte er das South Stream- sowie das Nord Stream-Projekt als russische Konkurrenzvorhaben, da sie eine direkte Bedrohung für das Nabucco-Projekt seien. Anstelle
einer Diversifizierung der Erdgasquellen werde mit jenen beiden Projekten die hohe
Abhängigkeit der EU von russischen Gaslieferungen aufrechterhalten. Die Kritik
an den beiden russischen Pipelineprojekten resultierte aber auch daraus, dass die
tschechische Politik befürchtete, im Falle ihrer Umsetzung erneut an Bedeutung als
Transitland für Russland zu verlieren, was geringere Einnahmen an Transitgebühren
sowie eine geringere Verhandlungsmacht gegenüber Russland zur Folge hätte. Zudem
bestünde für Russland durch die Nord Stream- sowie die South Stream-Pipeline die
Möglichkeit, die Erdgaslieferungen nach Tschechien zu unterbrechen, ohne die für

Russland wichtigen westeuropäischen Abnehmer zu schädigen (vgl. Binhack/Tichý 2012: 57–58). Trotz dieser Kritik hielt die tschechische Politik an der Nord Stream-Pipeline jedoch positiv fest, dass sie zu einer Diversifizierung der Transportwege beitrage. Die EU werde dadurch weniger anfällig für Konflikte zwischen Russland und der Ukraine. Als sich die Realisierung der Nord Stream-Pipeline immer weiter konkretisierte, bemühte sich die tschechische Politik daher um den Bau einer Anschlussleitung an die Nord Stream-Pipeline an der deutsch-tschechischen Grenze (vgl. FAZ vom 08.01.2009a, 21.07.2009, 10.04.2010; siehe auch Binhack/Tichý 2012: 58; Schmidt-Felzmann 2011: 592).

Die Erläuterungen zeigen, dass Tschechien die hohe Importabhängigkeit von Russland grundsätzlich als Gefährdung der nationalen Versorgungssicherheit betrachtet und davon ausgeht, dass Russland stets dazu bereit ist, seine Energiemacht als politisches Instrument gegen Tschechien einzusetzen (*deep core beliefs*). Aus diesem Grund war Tschechien um eine Diversifizierung seiner Erdgasquellen und Reduzierung des russischen Importanteils bemüht (*policy beliefs*). Dieses Ziel versuchte die tschechische Politik in eine gemeinsame europäische Energiepolitik einzubinden. Obwohl sie diese Zielsetzung im Untersuchungszeitraum stets wiederholte, zeigte sie sich aufgrund der Schwierigkeiten, den russischen Einfluss signifikant zu verringern, aber zugleich äußerst pragmatisch: Als sich abzeichnete, dass das Nord Stream-Projekt nicht zu verhindern ist, war die tschechische Politik trotz der zunächst geäußerten Kritik an dieser Pipeline an einer Anbindung interessiert, um zumindest die Versorgungsrouten der russischen Erdgasimporte zu diversifizieren. An ihrer Kritik bezüglich des South Stream-Projekts hielt sie aber dennoch fest (*secondary aspects*). Die Priorität der tschechischen Politik liegt somit eindeutig auf einer Diversifizierung der Erdgasquellen und einer Verringerung der russischen Importe. Einzelne Abweichungen von dieser Strategie lassen sich auf Ebene der *secondary aspects* gleichwohl finden. Die tschechische Policyposition gegenüber Russland wird daher folgendermaßen zusammengefasst:

numerischer Wert	Policyposition
40	Mäßiges Vertrauen in Russland als Erdgasexporteur; ausbalancierter Anteil von Exportquellen mit einer Präferenz für alternative Erdgasquellen neben Russland

4.3.10 EU-Kommission

Akteure

- 1999–2004: Kommissionspräsident Romano Prodi (Italien), Kommissar für Energie Loyola de Palacio (Spanien)

- 2004–2010: Kommissionspräsident José Manuel Barroso (Portugal), Kommissar für Energie Andris Piebalgs (Lettland)

- 2010–2014: Kommissionspräsident José Manuel Barroso (Portugal), Kommissar für Energie Günther Oettinger (Deutschland)

Erdgas im europäischen Energiemix

Der Erdgasverbrauch der EU-28 ist zwischen 2000 und 2010 stetig von 23 % auf 25,4 % angewachsen (siehe Abbildung 41). Demgegenüber ist der Anteil von russischem Erdgas an den Gesamtimporten der EU-28 im Verlauf des Jahrzehnts von ca. 41 % auf 27 % gesunken (siehe Abbildung 42).[94]

Policyposition gegenüber Russland als Erdgasexporteur

Im Untersuchungszeitraum zwischen 2000 und 2010 verfügte die Europäische Kommission in erster Linie über Kompetenzen zur Ausgestaltung des Erdgasbinnenmarkts. Daneben hat sie sich aber um den Erwerb zusätzlicher Kompetenzen in der Erdgasaußenpolitik bemüht und sich in verschiedenen Formen in der Pipelinepolitik der EU engagiert. Obwohl dieses Engagement maßgeblich durch Diversifizierungsbemühungen geprägt war, betonte sie gleichzeitig den Nutzen der europäischen Energiepartnerschaft mit Russland. Dieses Zusammenspiel wird im Folgenden an den Stellungnahmen der Europäischen Kommission bezüglich der drei Pipelineprojekte Nabucco, Nord und South Stream erläutert.

Die Europäische Kommission bewertete im Untersuchungszeitraum zwischen 2000 und 2010 die Gewährleistung von Versorgungssicherheit als größte Herausforderung der europäischen Energiepolitik (vgl. FAZ vom 11.10.2007). Um diese zu erlangen, legte sie im Erdgassektor einen deutlichen Schwerpunkt auf die Diversifizierung von Bezugsquellen und Lieferwegen und kennzeichnete diese als wichtigstes strategisches Ziel der EU (vgl. SZ vom 28.01.2009; siehe auch Ciambra 2012: 155; Proedrou 2012: 94). Sie begründete diese Schwerpunktsetzung mit der hohen Abhängigkeit der EU

---

94 Für eine ausführliche Erläuterung zur Erdgasversorgung der EU-28 siehe Abschnitt 3.1.

Abbildung 41: Energiemix der EU-28 in der Periode zwischen 2000–2010 in Prozent

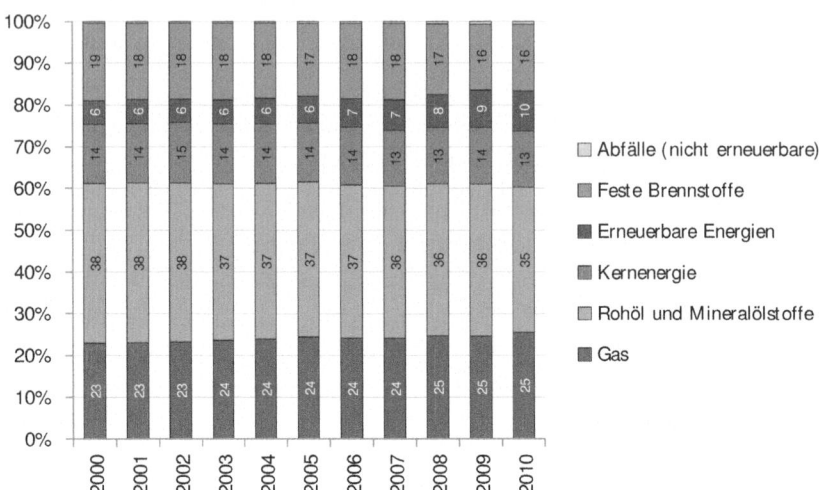

Quelle: Eurostat (o. J.); eigene Berechnungen

von russischen Erdgasimporten, die zu Erpressbarkeit führe und dementsprechend mittels Diversifizierungsmaßnahmen verringert werden solle (vgl. SZ vom 05.01.2006, 06.02.2008a). Vor diesem Hintergrund schlug sie 2002 das Nabucco-Projekt vor, das es ermöglichen sollte, Erdgas aus Zentralasien direkt, d.h. ohne den Transit über Russland, in die EU zu liefern (vgl. FAZ vom 15.04.2008; 28.06.2007, SZ vom 27.02.2008). Die Kommission bewertete die Nabucco-Pipeline als wichtigstes Infrastrukturprojekt der EU, da sie aufgrund ihres Beitrags zur Diversifizierung der Bezugsquellen die Energiesicherheit der EU erhöhen könne (vgl. FAZ vom 16.07.2006; 05.01.2006, SZ vom 28.06.2006). Diese Einschätzung sah sie durch die russisch-ukrainischen Gaskrisen 2006 und 2009, die in einigen EU-Mitgliedstaaten Lieferunterbrechungen bewirkten, bestätigt (vgl. FAZ vom 28.06.2006, 03.04.2007) und intensivierte infolgedessen ihre Bemühungen zur Implementierung des Projekts: Im Juni 2006 unterzeichnete der damalige EU-Energiekommissar Andris Piebalgs mit den für Energie zuständigen Vertretern der Regierungen Österreichs, Bulgariens, Ungarns, Rumäniens und der Türkei eine Absichtserklärung, in der der gemein-

Abbildung 42: Importportfolio der EU-28 im Erdgassektor (2000–2010)

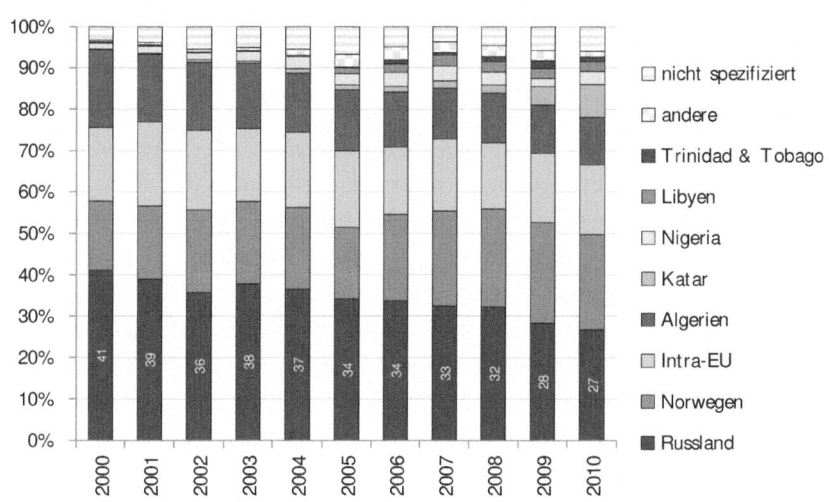

Anteile der Exporteure an Gesamtimporten in Prozent in der Periode zwischen 2000–2010
Quelle: International Energy Agency (2001b, 2002, 2003c, 2004c, 2005b, 2006c, 2007b, 2008, 2009e, 2010b, 2011d, 2012b, 2013a);eigene Berechnungen

same politische Wille zur Entwicklung des Projekts erstmals dokumentiert wurde (vgl. FAZ vom 28.06.2006, 16.07.2006). Im August 2007 setzte sie einen Koordinator – den ehemaligen niederländischen Außenminister Jozias Van Aarsten – zur Organisation des Projekts ein, da der Implementierungsprozess bis dahin nur geringfügige Fortschritte verzeichnen konnte (vgl. FAZ vom 21.08.2007). Im April 2008 traf sich der damalige Kommissionspräsident José Manuel Barroso mit dem damaligen irakischen Ministerpräsidenten Nuri al-Maliki, um eine Absichtserklärung für irakische Erdgaslieferungen über die Nabucco-Pipeline nach Europa vorzubereiten (vgl. SZ vom 17.04.2008). Wenige Monate später reiste Piebalgs in die Türkei sowie nach Aserbaidschan, um weitere Lieferanten für das Nabucco-Projekt zu gewinnen und zu demonstrieren, dass man das Projekt trotz des Georgienkrieges weiterhin verfolge (vgl. FAZ vom 05.11.2008a). Im Januar 2009 kündigte die Kommission an, im Rahmen eines Konjunkturpakets 200 Millionen Euro für das Nabucco-Projekt zur Verfügung zu stellen, schließlich habe die jüngste Gaskrise gezeigt, wie wichtig In-

vestitionen im Erdgassektor seien (vgl. FAZ vom 29.01.2009, 21.03.2009, 05.03.2010;
SZ vom 05.03.2010, 25.03.2010). Im Mai 2009 unterzeichnete die Kommission eine
Absichtserklärung mit Regierungsvertretern aus Aserbaidschan, Ägypten, Georgien
und der Türkei, in dem sich die Türkei und die EU u.a. darauf verpflichteten,
bis Ende Juni ein Abkommen zum Bau des Nabucco-Projekts zu unterzeichnen
(vgl. SZ vom 09.05.2009). Dies gelang schließlich im Juli 2009: In Anwesenheit von
Barroso unterzeichneten Regierungsvertreter der Türkei sowie Bulgariens, Rumäniens, Ungarns und Österreichs ein Regierungsabkommen, das einen Rechtsrahmen
sowie regulatorische Detailfragen für das Nabucco-Projekt umfasste (vgl. FAZ.NET
vom 18.07.2009; FAZ vom 14.07.2009a; Hoffmann 2012: 305; SZ vom 13.07.2009a,
14.07.2009, 08.08.2009). Die Kritiker der Pipeline würden nun eines Besseren belehrt,
kommentierte Barroso die Unterzeichnung (vgl. SZ vom 14.07.2009), schließlich
verdeutliche das Abkommen, dass alle Beteiligten die Pipeline so schnell wie möglich bauen wollten: „Das Nabucco-Projekt ist von entscheidender Wichtigkeit für
Europas Energiesicherheit." (Zit. n. FAZ vom 14.07.2009a)

Die Nabucco-Pipeline stellte im Untersuchungszeitraum das „Prestigeprojekt
der Europäischen Kommission" – so Oettinger (zit. n. SZ vom 25.03.2010) – dar,
mit dem im Rahmen einer gemeinsamen europäischen Energiepolitik die Bezugsquellen der EU diversifiziert und dadurch die europäische Versorgungssicherheit
erhöht werden sollte. Entsprechend erläuterte Piebalgs 2007: „Nabucco was the
first attempt at forging a common energy policy due to reduce its dependence
on Russian gas. The basis of Nabucco is to bring gas to Europe from new suppliers." (Zit. n. French 2008; siehe auch FAZ vom 11.10.2007) Die Kommission
bekräftigte regelmäßig ihre Priorisierung der Nabucco-Pipeline gegenüber anderen
Infrastrukturprojekten im Erdgassektor (vgl. u.a. FAZ vom 12.01.2009, 13.07.2010;
SZ vom 28.01.2009, 26.06.2009, 12.10.2010). Nichtsdestotrotz betonte sie, dass sich
das Nabucco-Projekt nicht gegen Russland richte (vgl. FAZ vom 14.07.2009a), da
zugleich das Interesse bestehe, die europäische Energiepartnerschaft mit Russland
im Erdgassektor aufrechtzuerhalten (vgl. FAZ vom 20.09.2010). Dieses Bestreben
manifestierte sich in ihrem Umgang mit dem South Stream- und insbesondere mit
dem Nord Stream-Projekt.

Da die EU-Kommission eine eindeutige Priorität auf den Bau der Nabucco-
Pipeline zur Diversifizierung der Bezugsquellen setzte, unterstützte sie die South
Stream-Pipeline zwar nicht, schließlich galt diese als Konkurrenzprojekt zur Nabucco-

Pipeline, das den Bau von letzterer potentiell verhindern könnte. Barroso versicherte gegenüber Putin allerdings ausdrücklich, dass er das South Stream-Projekt akzeptiere (vgl. SZ vom 07.02.2009). Die Kommission gab dem Nabucco-Projekt somit Vorrang, um die Dominanz Russlands im europäischen Erdgassektor zu reduzieren, ohne aber grundsätzlich die Energiepartnerschaft mit Russland aufgeben zu wollen. Dementsprechend erklärte Oettinger:

> Russland ist ein wichtiger Partner für uns. Wir müssen aber Russland nicht zum zentralen Großhändler für das Gas anderer Staaten machen, wenn man in Deutschland schon zu 38 Prozent Importabhängigkeit von Russland hat und in der EU zu 25 Prozent. Deshalb unterstützen wir Alternativen, wie die Nabucco-Pipeline, mit allen Kräften. (Zit. n. FAZ vom 20.09.2010)

Während die Unterstützung der Nabucco-Pipeline den Aspekt der Diversifizierung in der Kommissionspolitik symbolisierte, drückte sich das daneben bestehende Interesse an partnerschaftlichen Beziehungen mit Russland besonders deutlich anhand der Position der EU-Kommission gegenüber dem Nord Stream-Projekt aus, das sie explizit befürwortete. Zwar seien die Verhandlungen zum Projekt „sehr undiplomatisch" verlaufen, so Oettinger, das Projekt sei nun aber „auf einem guten Weg" (zit. n. SZ vom 25.03.2010). Die Nord Stream-Pipeline sei ein beispielhaftes Projekt für eine grenzüberschreitende Energiepartnerschaft. Jede weitere Leitung erhöhe die Energiesicherheit in Europa (vgl. FAZ vom 10.04.2010; SZ vom 10.04.2010a). Kommissionssprecher Ferran Tarradellas fügte im gleichen Sinne hinzu: „Es ist gut, wenn Russland in Europa investiert, das sichert den Nachschub an Gas." (Zit. n. SZ vom 04.02.2008; siehe auch FAZ vom 13.11.2008; SZ vom 05.07.2008)

Zusammenfassend ist festzuhalten, dass die Europäische Kommission die Abhängigkeit der EU von russischen Erdgasimporten als zu groß beurteilte. Sie vertraute somit nicht auf eine auf Interdependenz basierende Stabilität im Erdgashandel, sondern bewertete die Energiebeziehungen im Untersuchungszeitraum vielmehr als Dependenz oder zumindest als asymmetrische Interdependenz, die Russland gegenüber der EU ein Erpressungspotential im Erdgassektor verlieh (*deep core beliefs*), was sie durch die Gaskrisen 2006 und 2009, die der EU die negativen Implikationen von russischen Lieferunterbrechungen aufzeigten, bestätigt sah. Sie zog aus diesem Urteil den praktischen Schluss, die Bezugsquellen der EU im Erdgassektor zu diversifizieren (*policy beliefs*), was sich in ihrer finanziellen und organisatorischen Förderung des Nabucco-Projekts manifestierte (*secondary aspects*). Diese Förderung stellte den Schwerpunkt ihrer Arbeit in der Erdgasaußenpolitik dar. Ihr Ziel bestand allerdings nicht darin, den Anteil von russischem Erdgas an den Importen der EU so gering wie möglich zu halten – wie dies beispielsweise Polen anstrebte. Vielmehr wird an ihren Stellungnahmen bezüglich des Nord und des South Stream-Projekts deutlich, dass sie ein *ausgeglichenes* Importportfolio mit verschiedenen Bezugsquellen anstrebte, in dem Russland weiterhin eine wichtige Rolle spielen sollte – und zwar als Energie*partner* (*deep core* und *policy beliefs*). Sie wollte die Abhängigkeit von russischen Importen aber so weit verringern, dass Russland Erdgasexporte nicht mehr als politisches Instrument gegen die EU einsetzen könne (*policy beliefs*). Das Zusammenspiel von Diversifzierung und Energiepartnerschaft im Rahmen eines ausgeglichenen Importportfolios wird daher mit dem Wert 50 evaluiert:

numerischer Wert	Policyposition
50	Ausbalancierter Anteil von Importen aus Russland und anderen Erdgasquellen

Nachdem nun die Policypositionen aller relevanten Mitgliedstaaten sowie der Europäischen Kommission erläutert und numerisch bestimmt worden sind, werden sie zur besseren Übersicht in Abbildung 43 zusammengefasst.

Abbildung 43: Policypositionen der Spieler für das Gas Game I

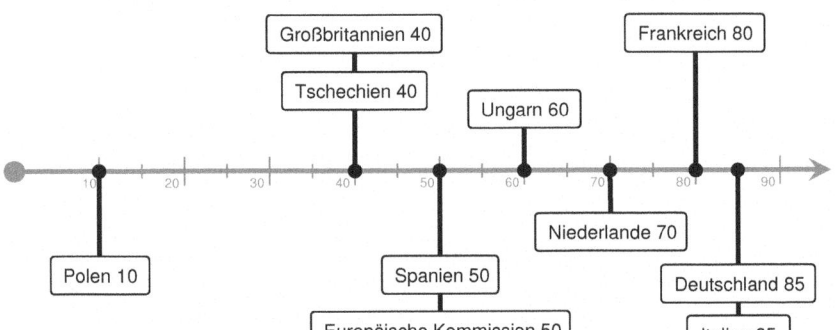

4.4 Einfluss

In diesem Abschnitt wird die Einflussvariable operationalisiert. Dazu wird zunächst die Definition dieser Variable von Bueno de Mesquita erläutert. Im Anschluss wird die politikwissenschaftliche Debatte um die Messung von Macht in der EU skizziert, um daraus eine für die in dieser Arbeit entwickelte Simulation geeignete Operationalisierung abzuleiten. Dabei wird zunächst der Fokus auf die Mitgliedstaaten gelegt und die Europäische Kommission aufgrund ihrer gesonderten Stellung als supranationale Institution im Anschluss separat betrachtet.

Der Wert der Einflussvariablen gibt die relative Fähigkeit eines Spielers an, die anderen Spieler dazu zu bewegen, ihre Policyposition zu verändern. Die Werte variieren in der Regel auf einer Skala zwischen 0 und 100, wobei sie von den technischen Möglichkeiten der Simulation her nicht auf diese Spannbreite begrenzt sind. Da aber nicht die absoluten Größen, sondern die Relation der Einflusswerte der verschiedenen Spieler zueinander für die Modellierung entscheidend ist, empfiehlt Bueno de Mesquita den einflussreichsten Spieler mit dem Wert 100 zu versehen und alle anderen Spieler in Relation zu diesem Wert einzuordnen. Bestehen Koalitionen zwischen einzelnen Spielern, erzielen diese durch die Kombination ihrer Werte in der Summe ein größeres Einflusspotential (vgl. Bueno de Mesquita 2010: 50,53–54, o. J.). Die Einflusswerte dürfen daher nicht als Prozentzahlen interpretiert werden:

> So, two stakeholders with 40 and 60 would equal the one stakeholder at 100 in a head to head contest with no one else involved if each of these three stakeholders tried as hard as they can. Two groups at 15 and 30 would, if they shared a common position, be very close in potential influence to a group at 40 and probably would just barely persuade the 40 to accept their point of view if there were no other players involved. The influence scores should not be thought of as percentages. A decision maker with a score of 100 does not have 100 percent of the potential influence and may, in fact, have only a small percentage of the total. The total, of course, is the sum of all of the potential influence across all of the groups or decision makers. (Bueno de Mesquita o. J.)

Die in Zahlen ausgedrückte Abbildung der Machtverhältnisse ist innerhalb der EU eine stetig andauernde Debatte, da sie die Zusammensetzung der EU-Institutionen berührt (vgl. Duff 2012: 74; Moberg 2012: 78). Gleiches gilt für den wissenschaftlichen Diskurs, in dem noch keine Einigkeit besteht: Den Ausgangspunkt der Forschung in EU-Studien stellt hier in der Regel die Frage dar, welche Faktoren in welchem Maß – z. B. Verhandlungsmacht, Priorität des Themas, die Übereinstimmung mit anderen Policypositionen oder eher Glück – zum Verhandlungserfolg in EU-Entscheidungsprozessen beitragen. Zahlreiche Studien legen ihren Fokus in diesem Kontext auf die Analyse der Verhandlungsmacht der Mitgliedstaaten im Rat der Europäischen Union als Resultat ihrer Stimmrechte: „[T]he voting-power tradition [. . .] tries to assess the impact that different vote shares of the member states have had on the negotiations within the Council of Ministers since the 1970s." (Schneider et al. 2010a: 88) Wenngleich insgesamt eine Vielzahl an Machtindizes[95] entwickelt worden ist, lässt sich für den Rat der Europäischen Union nach Veen (2011a: 45) eine grundlegende Vorgehensweise bei der Erstellung ebendieser identifizieren:

> These [cooperative power voting indices; M.G.] estimate power in the Council according to the following: the institutional decision rules grant each government a certain amount of votes under qualified majority voting (QMV). These roughly correlate with the countries' population size and economic power. Voting power indices then take these raw votes and convert them into scores that yield the governments' formal power to influence Council decision-making. (Veen 2011a: 45)

Eine der *voting power*-Tradition gegenläufige Strömung kritisiert an diesen Indizes jedoch die ausschließliche Fokussierung auf die Stimmverteilung. So argumentieren u.a. Garrett und Tsebelis (1996) aufbauend auf der Kritik von Axelrod (1970), dass die Machtverhältnisse in der EU nicht allein durch Stimmanteile determiniert sind. Ob Mitgliedstaaten in Entscheidungsprozessen eine Schlüsselrolle einnehmen können, hänge zugleich von ihrer Policyposition ab, die in Relation zu den Positionen der anderen Staaten nicht zu extrem sein dürfe. (Zit. n. Schneider et al. 2010a: 88; Veen 2011a: 45) Entsprechend wurden auch Machtindizes entwickelt, die das Zusammenspiel von Policypositionen und der Abstimmungsmacht der Akteure berücksichtigen (siehe u.a. Pajala/Widgrén 2004). Jene wurden wiederum dafür kritisiert, die Analyse von Macht und Präferenzen durcheinander zu bringen (siehe u.a. Braham/Holler 2005a, 2005b).[96]

---

95 Der Begriff „Machtindex" wird in dieser Arbeit stellvertretend für den im angelsächsischen Raum verbreiteten Begriff „voting power index" verwendet und verweist im Folgenden stets auf Indizes, die die „Abstimmungsmacht" von Akteuren widerspiegeln.

96 Umfassende Überblicke über den Diskurs zu Erfolgsfaktoren in EU-Verhandlungen, an denen sich der vorangegangene Abschnitt orientiert, bieten Bailer 2010, Schneider, Finke und Bailer (2010a) sowie Veen (2011a).

Einen weiteren Ansatz, der an die DEUI-Studie anschließt und die Auswirkungen von verschiedenen Machtressourcen auf den Verhandlungserfolg in der EU analysiert, liefert Bailer (2004). Sie unterscheidet in ihrer Untersuchung zwei Kategorien: exogene sowie endogene Machtressourcen. Exogene Ressourcen umfassen die Wirtschaftskraft sowie die Stimmanzahl eines Mitgliedstaates im Rat; diese Ressourcen bleiben im Verhandlungsprozess konstant. Endogene Ressourcen umfassen das Verhandlungsgeschick der Akteure, die Informationsmenge, über die sie verfügen, die Priorität, die sie dem Thema verleihen sowie die inhaltliche Positionierung. Aufbauend auf dem DEUI- sowie dem Power, Skill, Information (PSI)-Datensatz[97] führt Bailer eine multivariate Analyse durch. Aus den Ergebnissen folgert sie, dass exogene Machtressourcen insgesamt nur geringfügig zum Verhandlungserfolg beitragen, wobei dies je nach Politikfeld divergiert. In der Agrarpolitik trägt die Wirtschaftskraft eines Staates beispielsweise signifikant zum Verhandlungserfolg bei, in anderen Politikfeldern scheint dieser Zusammenhang hingegen nicht zu bestehen (vgl. Bailer 2004: 100–101, 106, 114–117). Von besonderer Relevanz für den Verhandlungserfolg ist nach Bailer die Positionierung der Mitgliedstaaten: „Locating oneself close to the agenda-setting Commission and in a not too extreme position promises positive returns from negotiations." (Bailer 2004: 116–117) In einer späteren Studie revidiert sie diese Ergebnisse jedoch teilweise und schlussfolgert aus neuen Untersuchungsergebnissen, dass die exogenen Machtressourcen, d.h. der Stimmanteil im Rat und die Wirtschaftsstärke, die beiden ausschlaggebenden Ressourcen zur Beeinflussung von Verhandlungsprozessen im Rat darstellen (vgl. Bailer 2010a: 374).

Einen weiteren Beitrag zur oben genannten Forschungsfrage, der ebenfalls auf dem DEUI-Datensatz aufbaut, leisten Schneider, Finke und Bailer (2010), indem sie verschiedene Verhandlungsmodelle mit Blick auf ihre Prognosefähigkeit vergleichen. Diese Modelle divergieren hinsichtlich der Frage, welche Faktoren den Verhandlungserfolg von Akteuren in EU-Entscheidungsprozessen beeinflussen. Aus den Ergebnissen des Vergleichs schließen sie, welche in den Modellen formalisierten Annahmen über wirkmächtige Verhandlungsressourcen das Setting in der EU am besten abbilden. Sie betonen die große Bedeutung der Priorität, die die Akteure dem Verhandlungsgegenstand zuschreiben, weisen aber zugleich darauf hin, dass der Einfluss der Stimmverteilung zwischen den EU-Akteuren –

---

97 Der PSI-Datensatz basiert auf Experteninterviews. Für weitere Erläuterungen zu seiner Erhebung siehe Bailer (2004: 106–109).

so wie dies von Kritikern der Machtindizes angedeutet wird – zumindest nicht
unterschätzt werden sollte (vgl. Schneider et al. 2010a: 98–99). Dieses Ergebnis
korrespondiert mit weiteren Studien, die durch den Vergleich der Prognosefähigkeit
von divergierenden Formalisierungen von Verhandlungsmacht darauf hindeuten,
dass Machtindizes trotz theoretischer und konzeptioneller Schwierigkeiten nach
bisherigem Kenntnisstand insgesamt am geeignetsten sind, um die Machtverteilung
in EU-Entscheidungsprozessen abzubilden. Nichtsdestotrotz wurde bislang kein
Konsens in der Debatte um die Anwendbarkeit von Machtindizes erzielt (siehe dazu
Veen 2011a: 46).

Genauso wenig Einigkeit herrscht unter Autoren, die die Entwicklung von Machtindizes grundsätzlich befürworten, hinsichtlich der Frage, *welcher* Index die Machtverteilung in der EU am adäquatesten widerspiegelt. Die in der Politikwissenschaft
– und speziell für die Entscheidungsanalyse im Rat – am häufigsten angewandten
Indizes sind der Shapley-Shubik-Index (Shapley/Shubik 1954) sowie der Banzhaf-
Index (Banzhaf 1965). Bei den Modellen der DEUI-Studie, die den Einfluss bzw. die
Fähigkeiten der Akteure quantifizieren, wurde ihre Prognosefähigkeit mit Werten basierend auf Expertenschätzungen sowie auf zwei Varianten des Shapley-Shubik-Index
getestet. Dies gilt auch für Verhandlungsmodelle, die zwar den informellen Bestandteil des Verhandlungsprozesses abbilden, aber auf der Annahme basieren, dass die
formalen Abstimmungsregeln bestimmen, welche Akteure an diesen informellen Verhandlungen teilnehmen und welches Gewicht ihren Positionen zukommt (vgl. Bailer
2004: 102; Thomson/Stokman 2006: 43–44; Veen 2011a: 46). Der Shapley-Shubik-
Index wurde bereits in zahlreichen früheren Studien zu Entscheidungsprozessen
in anderen Settings angewandt. Auf Grundlage der Abstimmungsregeln berechnet
er, wie häufig ein Akteur die ausschlaggebende Position für siegreiche Koalitionen
einnimmt:

> The SSI score [Shapley-Shubik-Index; M.G.] focuses on the number of times
> an actor is pivotal in a coalition, in the sense that it turns a losing coalition
> into a winning one. It is based solely on information regarding the voting
> rules. To apply this index, a list is first compiled of all possible permutation of
> actors, the actor that turns a losing coalition into a winning one is identified,
> and said to be pivotal. The number of times an actor is pivotal divided
> by the total number of times all actors are pivotal is the actor's SSI power
> score. (Thomson/Stokman 2006: 48)

Unter Anwendung einer Variante des Shapley-Shubik-Index haben die Modelle in der DEUI-Studie insgesamt die akkuratesten Prognosen generiert (vgl. Thomson/Stokman 2006: 44). Dieses Resultat gilt allerdings nicht für das PG. Im Rahmen der Anwendung des PG auf den DEUI-Datensatz testet Bueno de Mesquita die Prognosefähigkeit des Modells mit zwei verschiedenen Ansätzen zur Bestimmung der Einflussvariablen: In einem ersten Durchgang wertet er den Einfluss der Spieler bei Entscheidungen, die Einstimmigkeit erfordern, identisch und in allen anderen Fällen mittels des Shapley-Shubik-Index. In einem zweiten Durchgang wertet er den Einfluss der Spieler in allen Fällen identisch, da er davon ausgeht, dass in einem kooperativen Setting wie der EU alle Mitglieder gleichermaßen respektiert werden. Wie in Abschnitt 2.3 bereits dargelegt, ist die Prognosefähigkeit des PG insgesamt höher, wenn der Einfluss der Spieler in allen Fällen identisch gewertet wird. Die Kombination des Shapley-Shubik-Index und der identischen Wertung generiert insgesamt schlechtere Prognosen (vgl. Bueno de Mesquita 2011: 77).

In der DEUII-Studie widmet Thomson der Frage nach der relativen Macht der EU-Akteure zwei Kapitel. In diesen testet er ebenfalls die Adäquatheit verschiedener Machtverteilungen, indem er diese als Varianten der Nash-Verhandlungslösung formalisiert und anhand ihrer Prognosefähigkeit schlussfolgert, welche modellierte Machtverteilung der realen Welt der EU am deutlichsten entspricht. In jener Untersuchung liefert das Modell die akkuratesten Prognosen, wenn der Einfluss der Mitgliedstaaten identisch gewertet oder eine regressive Machtverteilung angenommen wird. Thomson berechnet die regressive Machtverteilung mittels des Banzhaf-Index, basierend auf der im Vertrag von Nizza festgelegten Stimmverteilung bei Entscheidungen, die einer qualifizierten Mehrheit bedürfen:

To calculate the Banzhaf index, first list all of the combinations of member states that pass the qualified majority threshold, based on the three Nice criteria (at least a majority of member states holding at least 225 of the 345 votes and at least 62 per cent of the EU's population). For each member state in each coalition, identify whether the exit of that member state from the coalition would turn the winning coalition into a losing coalition. There may be one or more states that are such 'swing' states. Then, for each state calculate the number of times that it is a 'swing' state divided by the total number of 'swings'. (Thomson 2011: 214)

Der Banzhaf-Index liefert ähnliche Werte wie der Shapley-Shubik-Index. Zudem weisen die berechneten Werte eine äußert hohe Korrelation mit der Stimmverteilung zwischen den Mitgliedstaaten bei Entscheidungen mit qualifizierter Mehrheit im Rat auf. Auch die Einschätzungen der Experten bezüglich der Machtverteilung zwischen den Mitgliedstaaten korrespondieren nach Thomson weitgehend mit der Stimmverteilung im Rat bei Entscheidungen mit qualifizierter Mehrheit (vgl. Thomson 2011: 188–226).

Wenngleich die Modelle mit gleicher sowie regressiver Machtverteilung zwischen den Mitgliedstaaten sehr ähnliche Prognosen generieren, die zudem hinsichtlich ihrer Vorhersagekraft weitgehend übereinstimmen, argumentiert Thomson dennoch, dass die regressive Verteilung die tatsächliche Machtverteilung zwischen den Mitgliedstaaten wahrscheinlich wesentlich adäquater abbildet. Schließlich lassen sich diverse Argumente für eine wirkungsvollere Verhandlungsmacht von großen Mitgliedstaaten anführen: Bevölkerungsstarke Mitgliedstaaten verfügen in der Regel über größere Bürokratien, die für Lobby-Aktivitäten eingesetzt werden können, über mehr wirtschaftliche Ressourcen, um den Verhandlungsprozess zu ihren Gunsten zu beeinflussen, sie besitzen einen größeren Stimmanteil in den EU-Institutionen gegenüber bevölkerungsschwachen Mitgliedstaaten und sie werden tendenziell häufiger in informellen Verhandlungen konsultiert (vgl. Cross 2013: 78; Thomson 2011: 224–225, 237). Dass die Modelle mit einfacher und regressiver Machtverteilung dennoch ähnliche Prognosen generieren, ist nach Thomson in den divergierenden Policypositionen der großen Mitgliedstaaten begründet, die in vielen Entscheidungsprozessen ein repräsentatives Abbild der Policypositionen aller Mitgliedstaaten bilden:

> So why does this naïve equal distribution predict as well as the regressive distribution? The answer lies in the nature of the inputs into the decision-making process [...]. There are relatively few controversies on which states with large populations take different positions to those with small populations; most policy demands are supported by a mixture of large and small states. This means that on most issues, taking large member states' positions gives a reasonably sample of all states' positions. As a result, any differences among member states' power that may exist do not have clearly observable implications for decision outcomes. (Thomson 2011: 225)

Mit Blick auf die Ausgangsfrage – Welche Faktoren tragen zum Verhandlungserfolg der Mitgliedstaaten innerhalb der EU bei? – betont Thomson allerdings, wie andere zuvor zitierte Autoren auch, dass die Eigenschaften von Mitgliedstaaten wie ihre Größe, ihr Stimmanteil in formalen Abstimmungen und ihre Wirtschaftskraft letztlich weniger ausschlaggebend für ihre erfolgreiche Durchsetzung sind als die Extremität ihrer Policyposition sowie die Priorität, die sie einem Thema verleihen. Damit soll nicht argumentiert werden, exogene Machtressourcen spielten in EU-Verhandlungen keine Rolle; inwiefern sie das Verhandlungsergebnis beeinflussen hängt aber ganz maßgeblich davon ab, in welchem Maß diese Ressourcen in den Verhandlungen auch tatsächlich eingesetzt werden (vgl. Thomson 2011: 250–251).

Die Skizzierung der Debatte um die relative Macht der Mitgliedstaaten in der EU verweist auf die großen Differenzen, die sowohl in der Praxis als auch in der Politikwissenschaft zwischen den Autoren in diesem Forschungszweig noch immer bestehen (siehe auch Thomson 2011: 187). Ein einschlägiger Index für die Machtverteilung zwischen den EU-Mitgliedstaaten lässt sich aus diesem Diskurs nicht deduzieren. Vielmehr ist es notwendig, die aufgeführten Erkenntnisse und Argumente auf den Fall der Erdgasaußenpolitik zu beziehen und aus diesen theoretischen Überlegungen eine Operationalisierung der Einflussvariablen abzuleiten, die für die vorliegende Arbeit am geeignetsten erscheint. Dabei ist zunächst auf eine Schwierigkeit bezüglich der Übertragung der skizzierten Debatte auf die in dieser Arbeit entwickelte Simulation hinzuweisen. Einige der aufgeführten Publikationen beschäftigen sich generell mit der Frage, welche Faktoren den Verhandlungserfolg in der EU bzw. im Rat determinieren und betonen in diesem Zusammenhang regelmäßig die Bedeutung der inhaltlichen Positionierung der Mitgliedstaaten sowie der Priorität, die sie dem Verhandlungsgegenstand zuschreiben. Der Sinngehalt der Einflussvariablen ist im PG aber wesentlich zugespitzter. An dieser Stelle soll ganz konkret die relative Gewichtung des potentiellen Einflusses der Mitgliedstaaten auf die Verhandlungen gemessen werden – unabhängig von ihren Positionen sowie ihrer Prioritätensetzung. Schließlich sind sowohl die Policyposition als auch die Prioritätensetzung der Spieler bereits in den Modellregeln sowie der Zusammensetzung der Inputvariablen als Determinanten des Verhandlungsergebnisses enthalten (vgl. Abschnitt 4.3 sowie Abschnitt 4.5). Dementsprechend grenzt Bueno de Mesquita die Begriffe Macht und Einfluss voneinander ab. Die Einflussvariable bezieht sich – wie oben erläutert – ausschließlich auf die *Potenz* eines Spielers, die Positionierung der anderen Spieler zu beeinflussen. Der Einfluss ist somit *a priori* gegeben, wird aber von den Spielern nicht zwangsläufig eingesetzt. Erst aus der Multiplikation des Einflusswerts mit dem Prioritätswert ergibt sich die Macht eines Spielers, die er in der Verhandlung dann auch tatsächlich geltend macht (vgl. Hegelich 2011: 105).

Zur Festlegung der Einflussvariablen ist es daher sinnvoll, sich an Studien zu orientieren, die ganz konkret die Machtverteilung zwischen den EU-Mitgliedstaaten analysieren. Besonders relevant sind daher die DEUI-Studie, die Anwendung des PGs auf den DEUI-Datensatz durch Bueno de Mesquita sowie die DEUII-Studie von Thomson. Diese generieren jedoch widersprüchliche Ergebnisse. In der DEUI-Studie generiert eine Variante des SSI-Index die akkuratesten Prognosen; in der DEUII-Studie werden die akkuratesten Prognosen sowohl mit einer regressiven Machtverteilung erstellt, die anhand des Banzhaf-Index berechnet wurde und den Werten des SSI-Index sowie der Stimmverteilung im Rat weitgehend entspricht, als auch mit einer gleichen Machtverteilung zwischen den Mitgliedstaaten. Letztere generiert bei der Anwendung des PGs auf den DEUI-Datensatz ebenfalls die akkuratesten Prognosen und erweist sich in der Studie von Bueno de Mesquita somit als geeigneter als der SSI-Index. Aus diesen Ergebnissen lässt sich die Frage ableiten, ob eine mittels Machtindizes berechnete regressive oder eine identische Einflussverteilung die Verhältnisse zwischen den EU-Mitgliedstaaten geeigneter abbildet. Für beide Ansätze lassen sich mit Bezug auf die europäische Erdgasaußenpolitik Gegenargumente anführen: Zum einen ist es unwahrscheinlich von einer gleichrangigen Verteilung des Einflusses auszugehen, wenn man bedenkt, wie konfliktreich dieses Policy-Subsystem ist. Aufgrund der mangelnden Bereitschaft der Mitgliedstaaten Souveränität auf EU-Institutionen zu übertragen und gleichzeitig verschiedene Konkurrenzprojekte zu initiieren, ist zu vermuten, dass es sich nicht um ein Policy-Subsystem handelt, das durch Kompromissfindung und die gleichrangige Berücksichtigung aller Positionen gekennzeichnet ist. Des Weiteren lässt sich die von Thomson (2011: 225; s.o.) angeführte Relativierung der Aussagekraft einer modellierten gleichen Einflussverteilung zwischen den Mitgliedstaaten aufgrund der repräsentativen Positionierung von großen Mitgliedstaaten auch auf die Studie von Bueno de Mesquita übertragen, da diese auf demselben Datensatz basiert. Die Anwendung von Machtindizes ist jedoch ebenfalls problematisch, da Entscheidungsprozesse in der Erdgasaußenpolitik nicht durch ein formelles Abstimmungsverfahren abgeschlossen werden, so dass *ex ante* nicht berechnet werden kann, welche Koalitionen zur Durchsetzung ihrer Positionen ausreichen und welche Mitgliedstaaten in diesen Koalitionen eine Schlüsselrolle einnehmen können.

Wenn wir aber auf Grundlage der genannten Studien – und auch die Untersuchungen von Bailer (2010) sowie Schneider, Finke und Bailer (2010) weisen darauf hin – annehmen, dass Machtindizes für Entscheidungsprozesse im Rat grundsätzlich eine geeignete Abbildung der Realität generieren, ist dann davon auszugehen, dass sie für intergouvernementale Verhandlungen tatsächlich ohne Relevanz sind? Als Argument für die Anwendung von Machtindizes in Verhandlungsmodellen wurde von den Autoren der DEUI-Studie angeführt, dass die Stimmverteilung in formalen Abstimmungsverfahren die vorgelagerten informellen Verhandlungen beeinflusst. Dies gilt für die europäische Erdgasaußenpolitik selbstverständlich nicht, da in diesem Policy-Subsystem kein formelles Abstimmungsverfahren existiert. Im Verlauf der Arbeit wurde aber bereits auf die Besonderheit der EU verwiesen: Es handelt sich hier um einen Zusammenschluss von Nationalstaaten, die in zahlreichen Politikfeldern fortwährend in Verhandlungen aufeinander treffen und in dem viele Verhandlungen daher miteinander verflochten sind. Ist eine bestimmte Machtverteilung in den EU-Institutionen also einmal durchgesetzt, ist auch zu erwarten, dass sie auf die Machtverhältnisse in intergouvernementalen Politikbereichen „ausstrahlt".

Sowohl die bisherigen Erkenntnisse aus empirischen Studien als auch die darauf aufbauenden theoretischen Überlegungen lassen somit insgesamt vermuten, dass eine regressive Einflussverteilung zwischen den EU-Mitgliedstaaten auch in intergouvernementalen Verhandlungen gilt. Es wird somit angenommen, dass bevölkerungsstarke Mitgliedstaaten zwar über eine größere Verhandlungsmacht verfügen, bevölkerungsschwächere Mitgliedstaaten im kooperativen Setting der EU aber in überproportionalem Maße berücksichtigt werden. Für die vorliegende Arbeit wird der Wert der Einflussvariablen daher anhand der Sitzverteilung im Europäischen Parlament berechnet, da diese ausgehend von der Bevölkerungszahl nach dem Prinzip der degressiven Proportionalität für die einzelnen Mitgliedstaaten berechnet wird. Analog zur Vorgehensweise bei der Spielerauswahl werden die Durchschnittswerte der Sitze in der Periode von 2000 bis 2010 gewählt, wobei dem größten Mitgliedstaat in Anlehnung an Bueno de Mesquita der Wert 100 zugeordnet wird und die Werte der restlichen Spieler nach dem genannten Prinzip in Relation zum größten Mitgliedstaat berechnet werden.

Dabei gilt mit

- x = Sitzplatzanzahl des Mitgliedstaats mit der Mehrzahl der Sitzplätze,
- n = jeweilige Sitzplätze der restlichen Mitgliedstaaten und
- z = Einflusswert

folgender Zusammenhang:

Sitze	Einflusswert
x	100
1	$\frac{100}{x} = y$
n	$y \cdot n = z$

Für die Europäische Kommission ist eine solche Berechnung des Einflusswerts nicht möglich, da sie nicht Mitglied des Europäischen Parlaments, sondern eine eigenständige supranationale Institution ist. Wie in Abschnitt 4.2 erläutert wurde, haben bisherige Studien auf die Dominanz der Mitgliedstaaten im Entscheidungsprozess der europäischen Erdgasaußenpolitik und die geringen Kompetenzen der Institutionen auf supranationaler Ebene hingewiesen. Es wurde ausgeführt, dass Einflussmöglichkeiten jenseits der finanziellen und verhandlungspolitischen Unterstützung von Pipelineprojekten sowie der Strategievorschläge in Form von Grünbüchern und Aktionsplänen erst mit Inkrafttreten des Dritten Liberalisierungspakets im Jahr 2011 und somit nach Ende des Untersuchungszeitraums (2000-2010) entstanden sind. Die wirkmächtigen Entscheidungen über die Ausrichtung der europäischen Erdgasaußenpolitik wurden im *Gas Game I* durch die Mitgliedstaaten getroffen. Dementsprechend ist der Einfluss der Europäischen Kommission in der Periode zwischen 2000 und 2010 auf die europäische Erdgasaußenpolitik nicht vollständig zu negieren, aber deutlich niedriger anzusetzen als der Einfluss der Mitgliedstaaten. Er wird daher mit dem Wert 10 quantifiziert.

Die sich daraus ergebenden Einflusswerte für die zehn Spieler werden in Tabelle 8 zusammengefasst.

Tabelle 8: Einflusswerte der Spieler (Gas Game I)

Spieler	Einfluss
Deutschland	100,0
Italien	76,8
Frankreich	76,8
Spanien	53,2
Niederlande	26,6
Großbritannien	76,8
Ungarn	23,5
Polen	53,2
Tschechien	23,5
Europäische Kommission	10,0

Quelle: eigene Berechnung

4.5 Priorität

Im vorliegenden Abschnitt wird die Operationalisierung der Prioritätsvariablen erläutert. Dazu wird zunächst die Definition von Bueno de Mesquita in Abgrenzung zu anderen politikwissenschaftlichen Konzeptionen dargelegt. Daran anschließend werden verschiedene methodische Möglichkeiten zur Datenerhebung diskutiert, um abschließend die in dieser Arbeit gewählte Operationalisierung zu begründen.

In der politikwissenschaftlichen Literatur lassen sich verschiedene Konzeptionierungen von Priorität finden. Ein bedeutender Strang in den Internationalen Beziehungen verknüpft den Begriff der Priorität mit der Zeitdimension. Die grundlegende Vorstellung ist, dass eine hohe Priorität zu weniger Geduld in Verhandlungen führt, was in der Regel ein schlechteres Verhandlungsergebnis für den jeweiligen Akteur zur Konsequenz hat (vgl. Schneider et al. 2010a: 92).[98] Die in den Modellen der DEUI-Studie entwickelten Begriffsfassungen weichen von diesem Ansatz deutlich ab. Hier können grundsätzlich zwei Interpretationen unterschieden werden: Zum einen wird Priorität mit den Einflussfähigkeiten in Verbindung gebracht, so

---

98   Einschlägige Publikationen sind in diesem Kontext u.a. Keohane und Nye (1977), Osborne und Rubinstein (1990) sowie Moravcsik und Vachudova (2003).

dass die Priorität den Grad darstellt, in dem ein Akteur diese Fähigkeiten in den Verhandlungen mobilisiert; zum anderen wird die Priorität als Maßstab für den Nutzenverlust, den Akteure erfahren, wenn das Verhandlungsergebnis von ihrer Policyposition abweicht, konzeptionalisiert (vgl. Thomson/Stokman 2006: 41–42). Die Definition von Bueno de Mesquita ist ersterer Kategorie zuzuordnen[99]:

> Salience assesses how focused a stakeholder is on the issue. Its value is best thought of in terms of how prepared the stakeholder is to work on the issue when it comes up rather than some other issue on his or her plate. Would the stakeholder drop everything else to deal with the issue? Would the player work on it on a weekend day, come back from vacation, etc.? The more confidently it can be said that this issue takes priority over other matters in the stakeholder's professional life [...], the higher the salience value. (Bueno de Mesquita o. J.)

Die Bewertungsskala der Priorität umfasst im PG Werte zwischen 0 und 100 (vgl. Bueno de Mesquita 2010: 53, o. J.).

Es wurden bereits verschiedene methodische Ansätze angewandt, um Daten zu erheben und das Konzept der Priorität messbar zu machen. In einem Überblick über den bisherigen Forschungsstand listet Warntjen (siehe auch Veen 2011a: 8; 2012: 170) folgende Quellen zur Datenerhebung auf: „expert interviews, secondary sources, text analysis, public opinion surveys, media coverage and procedural information".[100] Für den DEU-Datensatz wurden die Prioritätswerte mittels Experteninterviews erhoben (vgl. Thomson/Stokman 2006: 41–43). Die Nachteile dieser Vorgehensweise wurden in Abschnitt 4.3 bereits diskutiert. Um die Anwendbarkeit eines alternativen Ansatzes zu testen, erhebt Veen (2011a, 2011b) die Daten zur Bestimmung der Priorität, die Regierungen einer politischen Sachfrage zuordnen, indem er Parteiprogramme für Wahlen im Europäischen Parlament codiert und auswertet (vgl. den methodischen Ansatz von Veen 2011a, 2001b zur Erhebung von Policypositionen in Abschnitt 4.3). Die Priorität, die eine Partei einem bestimmten Thema verleiht, berechnet er anhand des Umfangs, die die Partei in dem Programm dem jeweiligen

---

99 Vgl. dazu auch Abschnitt 4.4, in dem erläutert wird, dass sich die Verhandlungsmacht eines Akteurs im PG aus der Multiplikation des Einfluss- sowie des Prioritätswerts ergibt.

100 Warntjen differenziert zwischen einer akteurspezifischen und einer themenspezifischen Komponente von Priorität. Erstere gibt an, welche Priorität ein Akteur einer bestimmten Sachfrage zumisst; letztere zeigt an, wie hoch die Relevanz eines Themas in der EU allgemein ist (vgl. Warntjen 2012: 169). Die von Warntjen aufgelisteten Methoden umfassen daher auch Ansätze, die ausschließlich zur Analyse der themenspezifischen Komponente eingesetzt werden können.

Thema in Relation zum Gesamtumfang des Parteiprogramms widmet. Je umfangreicher sich eine Partei zu einer politischen Sachfrage äußert, desto größer ist die Priorität, die sie ebendieser verleiht – so die Annahme von Veen (vgl. Veen 2011a: 75–78, 2011b: 278–279).

Warntjen (2012) diskutiert in seiner Publikation zur Messung von Priorität in der EU-Politik Vor- und Nachteile der zuvor gelisteten methodischen Ansätze. Darauf aufbauend vergleicht er die Messwerte von Priorität, die mit drei verschiedenen Methoden – seiner Ansicht nach die vielversprechendsten Ansätze – generiert worden sind: Experteninterviews, die Anzahl von Erwägungsgründen bei der Einführung von Gesetzgebungsvorschlägen und die mediale Aufmerksamkeit, die einem Thema verliehen wird.[101] Die Anzahl von Erwägungsgründen sowie die quantitative Analyse der Berichterstattung lassen jedoch nur auf die themenspezifische, nicht auf die akteurspezifische Priorität schließen, d.h. sie können lediglich Informationen über die generelle Relevanz einer politischen Sachfrage generieren. Warntjens Untersuchung ergibt, dass die generierten Messwerte in Abhängigkeit von der Methode deutlich voneinander abweichen. Eine besonders große Differenz besteht zwischen dem Umfang der Berichterstattung und den in Experteninterviews generierten Prioritätswerten. Warntjen nimmt an, dass Experteninterviews die geeignetste Methode sind, um verlässliche Werte für die Bestimmung der Priorität eines Themas zu ermitteln. Daraus schließt er wiederum, dass die quantitative Analyse der Berichterstattung dazu keinen aussagekräftigen Beitrag leisten kann. Grund dafür ist seiner Ansicht nach, dass der Umfang der Berichterstattung u.a. von der Nachfrage durch die Rezipienten der Medien, die nicht zwangsläufig mit der Relevanz eines Themas korrelieren muss, sowie von dessen Geltungsbereich abhängt und somit vielmehr als Indikator anderer Faktoren, nicht der Priorität, dient (vgl. Warntjen 2012: 170–173, 178–180).

Warntjen hat getestet, inwiefern der Umfang der Berichterstattung als Indikator für die *allgemeine* Relevanz einer politischen Sachfrage gewertet werden kann. Da im PG die akteurspezifische Priorität berücksichtigt wird, erscheint diese Untersuchung zunächst unbedeutend für die vorliegende Arbeit. Warntjen verweist aber auf eine zentrale Schwäche des Medienansatzes zur Bestimmung von Priorität, die auch in

---

101 Um Daten zu evaluieren, die mittels Experteninterviews erhoben worden sind, greift Warntjen auf den DEUI-Datensatz zurück. Für eine ausführliche Erläuterung zu den beiden alternativen Erhebungsmethoden siehe Warntjen (2012: 173, 175–176).

den Überlegungen zur Operationalisierung der Prioritätsvariablen im PG berücksichtigt werden muss. So ließe sich erwägen, dass die Häufigkeit der Stellungnahmen durch die Vertreter der Mitgliedstaaten zu den untersuchten Pipelineprojekten einen Hinweis auf deren Prioritätssetzung bezüglich der Erdgasaußenpolitik geben könnte. Einem ähnlichen Gedanken folgt Veen, der den themenspezifischen Anteil in Parteiprogrammen als Indikator für Priorität wählt. Der bedeutende Unterschied ist jedoch, dass die politischen Akteure ausschließliche Emittenten von derlei Programmen sind, wohingegen sie keinen Einfluss darauf haben, wie häufig in der Zeitung über sie berichtet wird, bzw. sie zitiert werden. Auch eine qualitative Inhaltsanalyse ist nicht durchführbar, da die Regierungsvertreter in ihren Stellungnahmen nicht ausreichend auf die Bedeutung der Erdgasaußenpolitik für den jeweiligen Mitgliedstaat eingehen. Die Zeitungsanalyse, die sich als wirkungsvoller Ansatz zur Erhebung der Policypositionen erwiesen hat, stößt bei der Bestimmung der Prioritätsvariablen somit erneut an seine Grenzen. Die weitere von Warntjen getestete Methode, die Quantifizierung von Erwägungsgründen bei der Einführung von Gesetzgebungsvorschlägen, ist zum einen nicht auf die vorliegende Arbeit übertragbar, da sie lediglich die themenspezifische Priorität berücksichtigt und es sich bei der Erdgasaußenpolitik zudem um intergouvernementale Verhandlungen anstelle von EU-Gesetzgebungsprozessen handelt. Dies impliziert ebenfalls die mangelnde Übertragbarkeit des Ansatzes von Veen, der für die Wahlen zum Europäischen Parlament entwickelte Parteiprogramme analysiert, das in der europäischen Erdgasaußenpolitik bislang jedoch nicht über Souveränitätsrechte verfügt. Eine für das Policy-Subsystem mögliche Alternative stellen nationale Parteiprogramme dar. Diese werden – je nach Wahlperiode in den einzelnen Mitgliedstaaten – jedoch nur im Abstand mehrerer Jahre und zudem zu unterschiedlichen Zeitpunkten in den Mitgliedstaaten erstellt, was es erschwert, einen vergleichbaren Datensatz für einen begrenzten Untersuchungszeitraum – in diesem Fall die Periode der Pipelinedebatten – zu erheben (vgl. Abschnitt 4.3).

Die Skizzierung zeigt, dass die in anderen Untersuchungen angewendeten Methoden – jenseits der generell bestehenden Kritikpunkte an ebendiesen – für den Fall der Erdgasaußenpolitik große Schwierigkeiten hinsichtlich ihrer Übertragbarkeit aufweisen. In dieser Arbeit wird jedoch in Anlehnung an Brutschin (2015) die These vertreten, dass die Werte für die Priorität auch auf Grundlage theoretischer Überlegungen hinsichtlich des Politikfeldes bzw. des Policy-Subsystems, der materiellen

Kontextbedingungen der Mitgliedstaaten und einer darauf aufbauenden Auswertung bereits vorliegender quantitativer Daten bestimmt werden können. Im Folgenden wird daher ein eigenständiger Indikator für die Bemessung der Priorität in der europäischen Erdgasaußenpolitik anhand quantitativer Daten entwickelt, indem aus der Forschungsfrage geschlossen wird, welcher materielle Faktor für die Mitgliedstaaten Realitäten schafft, denen sie sich – ob sie wollen oder nicht – stellen müssen und daher die Prioritätssetzung der Mitgliedstaaten mit großer Wahrscheinlichkeit bestimmt. Orientierung leistet dazu Abschnitt 4.2: In diesem Abschnitt wurde die Auswahl der Akteure ebenfalls unter Berücksichtigung bestehender Erkenntnisse über das Policy-Subsystem argumentativ hergeleitet. Es wurde die Hypothese aufgestellt und begründet, dass die absolute Menge an Erdgasimporten der entscheidende Faktor ist, welche Staaten an einer Mitwirkung in dem zu analysierenden Entscheidungsprozess interessiert und gleichzeitig dazu in der Lage sind. Die für die Simulation geforderten „meaningful interests" (Bueno de Mesquita 2010: 50) wurden also bereits identifiziert. An dieser Stelle geht es nun darum, ebendiese zu gewichten, also noch genauer zwischen den Staaten zu differenzieren: Welcher der Mitgliedstaaten hat ein besonders großes Interesse, den Entscheidungsprozess zu beeinflussen? Welcher Mitgliedstaat verleiht dem Konflikt eine hohe Priorität und mobilisiert entsprechend viele Machtressourcen? Zur Beantwortung dieser Fragen ist es notwendig, den Kern des Konflikts in der europäischen Erdgasaußenpolitik, d.h. seinen Ausgangspunkt zu betrachten, denn wenn man den inhaltlichen Auslöser der zwischenstaatlichen Auseinandersetzung identifiziert, dann ist es auch möglich – so die These dieses Kapitels – einen Indikator zu entwickeln, der bemisst, welchen Stellenwert der Entscheidungsprozess für den jeweiligen Mitgliedstaat hat.[102]. In der Simulation soll die Position der ausgewählten Mitgliedstaaten gegenüber Russland als Erdgasexporteur abgebildet werden – konkreter: ihre politische Strategie gegenüber Russland zur Gewährleistung von Versorgungssicherheit im Erdgassektor. Der Konflikt zwischen den Mitgliedstaaten erwächst aus dem großen Anteil russischen Erdgases an den gesamten Erdgasimporten in der EU. Dies ist der sachliche Ausgangspunkt, der überhaupt bedingt, dass die politische Strategie gegenüber Russland von solch großer Relevanz in der EU ist. Die sich daraus entwickelnde Konfliktlinie – die Auseinandersetzung um Diversifizierung und Energiepartnerschaft –

---

102 Für eine ausführliche Herleitung des Konfliktgegenstands zwischen den Mitgliedstaaten, auf die die Argumentation in dem vorliegenden Abschnitt aufbaut, siehe Abschnitt 4.2

ist seine Verlaufsform. Da der hohe Anteil russischen Erdgases an den EU-Importen der Kern des Konflikts um die politische Strategie gegenüber Russland ist, lässt sich schließen, dass die Priorität, die die einzelnen Mitgliedstaaten dieser Sachfrage verleihen, von der prozentualen Größe dieses Anteils an ihren Erdgasimporten abhängt. Der Wert der Priorität wird in dieser Simulation daher anhand des prozentualen Anteils von russischen Importen an den gesamten Gasimporten je Mitgliedstaat berechnet. Für die Europäische Kommission als supranationaler Institution und gesamteuropäischem Akteur erfolgt diese Berechnung anhand des prozentualen Anteils von russischen Importen an den gesamten Gasimporten der EU. Wie in den vorangegangenen Unterkapiteln werden dazu Daten aus der Periode zwischen 2000 und 2010 ausgewählt und der jeweilige Durchschnittswert für jeden Akteur berechnet. Die sich daraus ergebenden Prioritätswerte für die Spieler werden in Tabelle 9 zusammengefasst.

Tabelle 9: Prioritätswerte der Spieler (Gas Game I)

Spieler	Priorität
Deutschland	42,0
Italien	31,3
Frankreich	20,1
Spanien	$0,1^{103}$
Niederlande	6,1
Großbritannien	0,1
Ungarn	81,5
Polen	78,1

Quelle: International Energy Agency (2001b, 2002, 2003c, 2004c, 2005b, 2006c, 2007b, 2008, 2009e, 2010b, 2011d, 2012b, 2013a)

---

103 Da Spanien und Großbritannien im Untersuchungszeitraum kein Erdgas aus Russland importiert haben, müsste der Wert der Inputvariablen eigentlich 0 entsprechen. Die Simulation erfordert aus mathematischen Gründen jedoch einen Wert größer als 0. Aus diesem Grund wurde der Wert 0.1 gewählt, der das Verhandlungsergebnis aber nicht signifikant beeinflusst.

4.6 Kompromissbereitschaft

Die Berücksichtigung der Kompromissbereitschaft der Spieler ist ein Element, das Bueno de Mesquita in die jüngste Version des PG integriert hat. Im Folgenden wird die Inputvariable zunächst definiert. Daran anschließend wird auf der Grundlage von Erfahrungen mit früheren Anwendungen des PG sowie den in der DEUI-Studie gewonnenen Erkenntnissen über EU-Entscheidungsprozesse ein Kompromissbereitschaftswert für die Mitgliedstaaten und die Europäische Kommission abgeleitet.

Die von Bueno de Mesquita als „resolve" bezeichnete Inputvariable zeigt an, inwiefern ein Akteur im Entscheidungsprozess zu Kompromissen bereit ist: „Flexibility/Resolve evaluates the stakeholder's preference for reaching an agreement as compared to sticking to his or her preferred position even if it means failing to reach an agreement." (Bueno de Mesquita o. J.) Die Werte umfassen eine Skala von 0 bis 100. Der Wert 0 zeigt an, dass ein Akteur zu keinerlei Kompromiss bereit ist: „The stakeholder is almost completely intransigent so that there are very few issue resolutions s/he will agree to and they must be very near the stakeholder's preferred position." (Bueno de Mesquita o. J.) Ein Akteur, dem der Wert 100 zugeordnet wird, hat hingegen ein bedingungsloses Interesse an einer finalen Einigung, weshalb er hinsichtlich des konkreten Inhalts der Entscheidung zu umfassenden Zugeständnissen bereit ist: „Overwhelmingly prefers reaching an agreement and being a party to it. The stakeholder is prepared to accept almost any outcome on the continuum if it means resolving the issue." (Bueno de Mesquita o. J.)

Zur Bestimmung der Werte führt Bueno de Mesquita bei der Anwendung seiner Simulation in der Regel Experteninterviews durch (vgl. Bueno de Mesquita 1997: 50–51). Für die Übertragung der Simulation auf den DEUI-Datensatz war dies jedoch nicht möglich. Die ältere Version der Simulation, das in der DEUI-Studie angewandte *expected utility model* enthält diese Inputvariable nicht. Dies gilt auch für die anderen in der DEUI-Studie umfassten Modelle, so dass der DEUI-Datensatz keine diesbezüglichen Werte liefert. Abgesehen von neun Fällen von EU-Entscheidungsprozessen, die Thomson Bueno de Mesquita für den Test des PG bereitstellt, setzt Bueno de Mesquita in Ermangelung an Daten für alle Spieler den Wert 50, d.h. den mittleren Wert der Skala, fest (vgl. Abschnitt 2.3).

In den Fällen, in denen Bueno de Mesquita über Werte für die Kompromissbereitschaft der Spieler verfügt, weist das PG eine höhere Prognosefähigkeit auf als in den Fällen, in denen er alle Spieler mit dem Wert 50 versieht. Es stellt sich somit die

Frage, ob aus den für diese Arbeit vorliegenden Daten – konkret: den qualitativen
Daten der Inhaltsanalyse – Werte für die Kompromissbereitschaft abgeleitet werden
können, da diese die Prognosefähigkeit voraussichtlich erhöhen würden. Bei Sichtung
der Daten mit diesem Fokus lassen sich zwar Statements finden, aus denen auf die
Flexibilität bzw. Kompromissbereitschaft der Mitgliedstaaten geschlossen werden
kann. Möglich ist dies, wenn Akteure sich besonders entschieden für ein Pipeline-
Projekt aussprechen oder sich stattdessen für andere Projekte offen zeigen bzw.
auf die Argumente von Akteuren konkurrierender Projekte eingehen. Als Beispiel
für eine relativ hohe Kompromissbereitschaft hinsichtlich der Implementation der
konkurrierenden Pipelineprojekte dient der ehemalige ungarische Ministerpräsident
Gyurcsány, der sich aufgrund der Kritik von nationaler Opposition sowie anderen
Mitgliedstaaten mehrfach rechtfertigen musste, dass sein Land sowohl an den Plä-
nen zur Nabucco- als auch zur South Stream-Pipeline beteiligt war und sich nicht
eindeutig zugunsten der Nabucco-Pipeline positioniert hat:

> Gyurcsány bestritt nach seiner Rückkehr von einem Besuch in Moskau Ende
> März die Existenz einer geheimen Vereinbarung zwischen beiden Staaten
> [Russland und Ungarn; M.G.], wies aber darauf hin, dass man „in Ungarn auch
> in zwei Jahren noch heizen" müsse: „Was soll ich den Wählern sagen, wenn
> ich jahrelang auf etwas warte, das vorerst nur auf dem Papier existiert, und
> ich die Gelegenheit ausgelassen hätte, die vor unserer Nase lag?" (FAZ vom
> 03.04.2007)

> Der ungarische Ministerpräsident Gyurcsány, durch dessen Land sowohl Nabuc-
> co als auch „South Stream" führen werde, spielt mögliche Interessenkonflikte
> herunter: „,South Stream' wird keine negativen Auswirkungen auf ,Nabucco'
> haben, wir sind an beiden Projekten interessiert." Ungarn benötige für seinen
> Gasbedarf – mehr als 90 Prozent aller Haushalte heizen mit Gas – nicht nur
> eine diversifizierte Streckenführung, sondern auch diversifizierte Herkunftsquel-
> len. (FAZ vom 28.02.2008)

Demgegenüber beweist die deutsche Regierung in einigen Stellungnahmen eine
relativ geringe Kompromissbereitschaft:

> Die Bundesregierung drängt trotz des Widerstands Amerikas und einiger Ostsee-
> Anrainer auf den Bau der Ostsee-Pipeline von Russland nach Deutschland. Die
> Diversifizierung der Transportwege sei für ein von Energieimporten abhängiges
> Land wie Deutschland wichtig, heißt es im Regierungsbericht zur Öl- und
> Gasmarktstrategie, den das Kabinett an diesem Mittwoch verabschieden will.
> „Die Ostsee-Pipeline Nord Stream ist ein wesentlicher Beitrag dazu", heißt
> es in dem Dokument. Sie sei „unverzichtbar, um auch künftig den Transport
> steigender Gasmengen nach Europa sicherzustellen". (FAZ vom 05.11.2008b)

Die Beispiele verdeutlichen, dass eine qualitative Inhaltsanalyse von Zeitungen durchaus das Potential birgt, die Kompromissbereitschaft von Akteuren zu bestimmen. Gleichwohl sind mit diesem Ansatz im vorliegenden Fall Schwierigkeiten verbunden: Erstens ist die Datengrundlage in quantitativer Hinsicht nicht sehr umfassend. Die Stellungnahmen, aus denen auf die Kompromissbereitschaft der Akteure geschlossen werden kann, sind nur in geringer Anzahl und zudem nicht für alle Akteure vorhanden. Zwar bestand dieses Problem ebenfalls bei der Bestimmung der Policypositionen, hier konnten jedoch alternativ Informationen aus der Sekundärliteratur gewonnen werden, was für die Bestimmung der Kompromissbereitschaft aufgrund des Mangels an Literatur zu diesem spezifischen Gegenstand nicht möglich ist. Zweitens besteht bei offiziellen Aussagen von Regierungsvertretern bezüglich der Dringlichkeit und strategischen Bedeutung eines Projekts das Risiko, dass es sich um diplomatisches Taktieren zum Überzeugen von konkurrierenden oder noch nicht überzeugten Akteuren handelt. Die qualitative Inhaltsanalyse würde daher einen hohen Grad an Interpretation der zu untersuchenden Texte durch den Wissenschaftler erfordern. Diese Problematik ließe sich möglicherweise mittels einer größeren Datenmenge relativieren, da auf diese Weise beispielsweise inkonsistente Informationen, die auf diplomatische Strategien hindeuten, identifiziert und daher in der Analyse unberücksichtigt bleiben könnten. Für diese Arbeit liegt eine entsprechende Datenmenge allerdings nicht vor.

Aufgrund der oben angeführten methodischen Schwierigkeiten folgt diese Arbeit dem Ansatz von Bueno de Mesquita, allen Mitgliedstaaten einen identischen Wert für ihre Kompromissbereitschaft zuzuordnen, modifiziert ihn jedoch hinsichtlich des konkreten numerischen Werts auf der Grundlage bisheriger Erfahrungen mit der Anwendung des PG in anderen Kontexten sowie von im DEU-Projekt gewonnenen Erkenntnissen über EU-Entscheidungsprozesse. Die Europäische Kommission wird separat betrachtet. In früheren Anwendungen des PG, in denen die Werte für die Kompromissbereitschaft mittels Experteninterviews erhoben worden sind, lag die Kompromissfähigkeit der Akteure in der Regel zwischen 0 und 30 bzw. 35.[104] In der vorliegenden Simulation wird für alle Mitgliedstaaten der Wert 30 ausgewählt. Dieser Wert ist somit relativ hoch, zieht man die Erfahrungswerte früherer Anwendungen

---

104 Diese Information basiert auf der E-Mail-Korrespondenz mit Bueno de Mesquita vom 25.09.2013.

des PG in Betracht; er ist jedoch niedriger als der von Bueno de Mesquita gewählte Wert – 50 – bei der Anwendung des PG auf den DEUI-Datensatz. Diese Wahl wird im Folgenden begründet.

In der DEUI-Studie wurde ermittelt, dass Kompromisse und das Bemühen um Konsensentscheidungen von großer Relevanz für EU-Entscheidungsprozesse sind – auch in Entscheidungsprozessen, in denen eine einheitliche Abstimmung nicht erforderlich ist. Diese Erkenntnis stimmt mit den Ergebnissen qualitativer EU-Studien überein: „The conclusion that bargaining and compromise are central to EU decision-making will come as no surprise to political practitioners and participant observers. The case study literature has repeatedly emphasized the role of compromise and the striving for unanimity in EU decision-making." (Achen 2006a: 297) Zwar bezieht sich die DEUI-Studie auf die Entscheidungsfindung im Rat, es wurde aber bereits an früherer Stelle in dieser Arbeit erläutert, dass das Argument für die hohe Kompromissfähigkeit der Mitgliedstaaten innerhalb der EU auch jenseits formaler Entscheidungsprozesse gilt: Die hohe Frequenz an Verhandlungen zwischen denselben Akteuren auf diversen Politikfeldern führt dazu, dass die Regierungen von EU-Mitgliedstaaten stets auf Kooperationspartner angewiesen sind, um ihre Interessen durchzusetzen bzw. wissen, dass diese Fälle auch in der Zukunft weiterhin eintreten können. Diese Gewissheit – so die Annahme – stimuliert die Kompromissbereitschaft der Mitgliedstaaten (vgl. Abschnitt 2.2)

Ein weiteres Argument, das für eine relativ große Kompromissbereitschaft der Mitgliedstaaten angeführt werden kann, ergibt sich aus dem Gegenstand, der in der Erdgasaußenpolitik verhandelt wird: Alle Mitgliedstaaten, die in der Simulation als Spieler berücksichtigt werden, importieren große Erdgasvolumina. Um die notwendige Infrastruktur für diese Importe zu implementieren, benötigen sie Kooperationspartner – dies umfasst sowohl zusätzliche Energieunternehmen, die sich an Planung und Bau der Pipeline beteiligen, als auch die entsprechenden Genehmigungen von Staaten, sofern die Infrastruktur über ihre Territorien verläuft. Dies wurde beispielhaft am Genehmigungsverfahren zur Implementierung der Nord Stream-Pipeline verdeutlicht (vgl. Abschnitt 3.2). Zumindest für den

Ausbau der Infrastruktur in Form von Erdgaspipelines gilt somit,[105] dass diese ohne die Kooperation anderer Mitgliedstaaten nicht erstellt werden können. Einzelne Mitgliedstaaten sind daher nicht in der Lage, ihre Interessen ohne jegliche Berücksichtigung der Interessen anderer Mitgliedstaaten durchzusetzen. Ein gewisser Grad an Kompromissbereitschaft wird daher durch den Verhandlungsgegenstand selbst vorausgesetzt. Diese Argumente gelten auch für die Europäische Kommission: Zum einen ist sie als supranationale Institution ohnehin dazu bestimmt, die gesamteuropäischen Interessen zu vertreten. Zum anderen verfügt sie selbst nur über begrenzte Einflussmöglichkeiten auf die europäische Erdgasaußenpolitik (vgl. Abschnitte 3.3 und 4.2) und ist somit auf die Kooperation der Mitgliedstaaten angewiesen.

Die genannten Argumente lassen sich zu Gunsten eines hohen Kompromissbereitschaftswerts der Spieler im *Gas Game* anführen. Bei seiner Festlegung dürfen jedoch die bereits bestehenden empirischen Erkenntnisse über Entscheidungsfindungen in der europäischen Erdgasaußenpolitik nicht unberücksichtigt bleiben: In Abschnitt 3.3 wurde erläutert, dass die europäische Energieaußenpolitik durch mangelnde Kohärenz gekennzeichnet ist. Insbesondere hinsichtlich der Politik gegenüber Russland weisen die EU-Mitgliedstaaten trotz gegenteiliger Bekundungen in gemeinsamen Absichtserklärungen große Schwierigkeiten auf, mit einer Stimme zu sprechen. Dies ist maßgeblich in den Wechselwirkungen zwischen der Energieaußenpolitik und dem hoch priorisierten Ziel der Versorgungssicherheit begründet. Letzteres ist von solch großer Bedeutung für die Mitgliedstaaten, dass sie in der Energieaußenpolitik, die einen signifikanten Beitrag zur Versorgungssicherheit leistet, keine Souveränitätsrechte an die supranationalen Organe der EU abgeben. Bislang ist die Kompromissbereitschaft der Mitgliedstaaten daher nicht ausreichend, um die überaus divergenten Positionen in der Erdgasaußenpolitik gegenüber Russland in eine gemeinsame, kohärente Politik zusammenzuführen.

Die Ausführungen verdeutlichen, dass hinsichtlich der Kompromissbereitschaft der Mitgliedstaaten ein Spannungsfeld existiert. Einerseits besteht eine durch den institutionellen Kontext und den Verhandlungsgegenstand bedingte Notwendig-

---

105 Beim Bau von *LNG*-Terminals gelten die folgenden Erläuterungen in Abhängigkeit von der geografischen Lage der jeweiligen Mitgliedstaaten nur in sehr eingeschränktem Maße. Die nationale Eigenständigkeit ist bei derlei Projekten stärker gewahrt. Gleichwohl vermindert dies nicht das Gewicht des im Folgenden ausgeführten Arguments, da die europäische Erdgasversorgung maßgeblich via Pipelines geleistet wird.

keit zu Kooperationen und eine sich daraus potentiell ergebende Erfordernis von Kompromissen, andererseits ist eine mangelnde Bereitschaft zur Entwicklung einer kohärenten europäischen Erdgasaußenpolitik durch die Mitgliedstaaten zu beobachten. Wenngleich also ein gewisser Grad an Kompromissbereitschaft unerlässlich ist, scheint eine Kompromissbereitschaft, die *alle* Positionen integriert, in der Erdgasaußenpolitik unter den Mitgliedstaaten somit nicht vorzuherrschen. Vor diesem Hintergrund versucht der ausgewählte Wert 30 beide Pole zu reflektieren, da es sich hierbei zwar um einen hohen Wert im Verhältnis zu Erfahrungswerten basierend auf Anwendungen des PG in anderen Kontexten handelt, dieser Wert aber gleichzeitig die durchschnittliche Spannbreite von ebendiesen Anwendungen nicht übersteigt, das Grundcharakteristikum von Kompromissfindung in EU-Entscheidungsprozessen also geringer gewichtet als Bueno de Mesquita bei der Anwendung des PG auf den DEUI-Datensatz. Der Europäischen Kommission wird aufgrund ihrer besonderen Stellung als supranationale Organisation, die das Ziel einer kohärenten Erdgasaußenpolitik im Vergleich zu den Mitgliedstaaten äußert intensiv verfolgt und diesem einen hohen Stellenwert zumisst, der Wert 50 zugeordnet.

Für die Kompromissbereitschaftsvariable ergibt sich damit folgende Übersicht:

Tabelle 10: Kompromissbereitschaftswerte der Spieler (Gas Game I)

Spieler	Kompromissbereitschaft
Deutschland	30
Italien	30
Frankreich	30
Spanien	30
Niederlande	30
Großbritannien	30
Ungarn	30
Polen	30
Tschechien	30
Europäische Kommission	50

KAPITEL 5

Policy-Output

Nachdem im vorangegangenen Kapitel für alle Spieler die Werte für die vier Input-variablen festgelegt worden sind, kann die Simulation nun durchgeführt und der von der Simulation generierte Policy-Output ermittelt werden. Im Folgenden wird zunächst das Simulationsergebnis des *Gas Game I* mit den in Kapitel 4 ermittelten Werten vorgestellt (Abschnitt 5.1). Daran anschließend wird in Abschnitt 5.2 das Simulationsergebnis mit dem Status der realen EU-Erdgasaußenpolitik gegenüber Russland vor der Ukraine-Krise verglichen. Da die Pipelineprojekte Nord Stream, South Stream und Nabucco die Grundlage für die Bestimmung der Policypositionen darstellten, werden deren Entwicklungsstadien im November 2013 als Vergleichs-maßstab angeführt.[106] Die Gegenüberstellung dient als erster Schritt, um zu testen, inwiefern die Simulation als Abbild der Realität gewertet werden kann. In einem zweiten Schritt wird die Validität der Simulation anhand dreier Zukunftsszenarien überprüft (Abschnitt 5.3).[107]

5.1 Simulationsergebnis

Im vorangegangenen Kapitel wurden die EU-Mitgliedstaaten Deutschland, Italien, Frankreich, Spanien, Niederlande, Großbritannien, Ungarn, Polen und Tschechien sowie die Europäische Kommission als relevante Akteure für die Gestaltung der europäischen Erdgasaußenpolitik gegenüber Russland identifiziert. Daran anschließend wurden mittels quantitativer und qualitativer Daten die jeweiligen Werte für vier

---

106 Die Auswahl dieses Zeitpunkts wird in Abschnitt 5.2 begründet.
107 Die Vorgehensweise zur Überprüfung der Validität der Simulation wurde in Abschnitt 2.3 bereits erläutert.

Inputvariablen – Policyposition, Einfluss, Priorität und Kompromissbereitschaft
– bestimmt. Es handelte sich dabei um Daten, die in der Vergangenheit generiert
worden sind – konkret in der Periode zwischen 2000 und 2010. Mit der Wahl von
Daten aus einer bereits abgeschlossenen Zeitperiode wird der Zweck verbunden, den
Status der EU-Erdgasaußenpolitik gegenüber Russland vor der Ukraine-Krise *ex*
post vorherzusagen. Die erhobenen Werte werden in Tabelle 11 zusammengefasst.

Tabelle 11: Inputvariablen der Spieler für das Gas Game I

	Policyposition	Einfluss	Priorität	Kompromissbereitschaft
Deutschland	85	100,0	42,0	30
Italien	85	76,8	31,3	30
Frankreich	80	76,8	20,1	30
Spanien	50	53,2	0,1	30
Niederlande	70	26,6	6,1	30
Großbritannien	40	76,8	0,1	30
Ungarn	60	23,5	81,5	30
Polen	10	53,2	78,1	30
Tschechien	40	23,5	76,2	30
Europäische Kommission	50	10,0	37,8	50

Auf dieser Grundlage kann die Simulation entsprechend der in Abschnitt 2.3
erläuterten Regeln des Spiels nun durchgeführt werden. Die Simulation generiert
eine „point prediction", d.h. *ein* spezifisches Policy-Ergebnis. Es wird in Form
einer Zahl generiert, die rückbezogen auf die in Abschnitt 4.3 entwickelte Skala zur
Abbildung des Politikraums angibt, welche Erdgasaußenpolitik der EU gegenüber
Russland als Ergebnis aus den Werten für die Inputvariablen der Spieler sowie den
Spielregeln resultiert. Der Policy-Output bezieht sich somit – dies soll an dieser
Stelle noch einmal dezidiert betont werden – nicht auf die Erdgasaußenpolitik der
EU als Institution, sondern auf die Ergebnisse, die aus den nationalen Strategien der
EU-Mitgliedstaaten sowie der Europäischen Kommission und den Verhandlungen
zwischen ebendiesen insgesamt hervorgehen.

Wie in Abschnitt 2.3 erläutert, wird der gewichtete Mittelwert der Spielerpositionen in der letzten Verhandlungsrunde als Simulationsergebnis ausgewählt. Das auf diese Weise spezifizierte *Gas Game* endet nach zwölf Runden. Es generiert den Wert 63,09. Da der Politikraum in 10er-Schritten skaliert ist, wird zur Vereinfachung eine tendenzielle Entsprechung dieses Werts mit der nächstgelegenen Policyposition angenommen:

numerischer Wert	Policyposition
60	Bedingte Intensität der Energiepartnerschaft; Streben nach einem ausbalancierten Anteil von Importen aus Russland und anderen Erdgasquellen; wenn letztere Projekte nur geringe Realisierungschancen aufweisen, werden Pipelineprojekte mit Russland priorisiert

Die Beschreibung der Policyposition stellt die durch das *Gas Game* generierte *post-diction* der Erdgasaußenpolitik gegenüber Russland dar. Im folgenden Unterkapitel wird dieses Simulationsergebnis mit dem Status der realen EU-Erdgasaußenpolitik vor der Ukraine-Krise verglichen, um zu ermitteln, ob eine Analogie zwischen ebendiesen besteht und somit eine erste Bedingung erfüllt ist, um davon auszugehen, dass die Modellregeln des *Gas Game* die Kausalstruktur der Wirklichkeit adäquat abbilden.

5.2 Vergleich von virtueller und realer Welt

Im Folgenden wird das Policy-Ergebnis der virtuellen Welt mit dem Policy-Ergebnis der realen Welt verglichen. Die Daten für die *post-diction* wurden in der Periode zwischen 2000 und 2010 generiert. Das Simulationsergebnis ist eine *point-prediction* und muss daher dem Status der europäischen Erdgasaußenpolitik gegenüber Russland zu einem spezifischen Zeitpunkt gegenübergestellt werden. Da es sich bei der Erdgasaußenpolitik der EU gegenüber Russland nicht um ein einzelnes abgeschlossenes Ereignis, sondern um ein Policy-Subsystem handelt, das potentiell einem stetigen Wandel unterliegt, müssen der Zeitpunkt sowie der Maßstab des Vergleichs zunächst ausgewählt und begründet werden. In einem zweiten Schritt wird der auf dieser Grundlage gewählte Ausschnitt der realen Welt beschrieben und abschließend diskutiert, inwiefern dieser dem Simulationsergebnis entspricht.

In Abschnitt 3.2 wurde erläutert, dass sich die Positionen, die die EU-Mitglied-staaten gegenüber Russland als Erdgasexporteur einnehmen, in erster Linie in den Debatten um gemeinsame Infrastrukturprojekte im Erdgassektor äußern und demzufolge in der Implementierung bzw. dem Scheitern von ebendiesen Projekten resultieren. Als bedeutendste Projekte des vergangenen Jahrzehnts wurden die Pipelineprojekte Nord Stream, South Stream und Nabucco identifiziert und daher auf Grundlage der innereuropäischen Diskussionen um diese Projekte die Policypositionen der EU-Mitgliedstaaten bestimmt. Vor diesem Hintergrund werden nun *vice versa* die Entwicklungsstadien dieser Pipelineprojekte zusammenfassend als Maßstab für die Zustandsbeschreibung der realen EU-Erdgasaußenpolitik gegenüber Russland vor der Ukraine-Krise operationalisiert. Als Zeitpunkt wird der 20. November des Jahres 2013 ausgewählt. Dies ist darin begründet, dass aus der abgelehnten Unterzeichnung des EU-Assoziierungsabkommens durch die ukrainische Regierung am 21. November 2013 ein politischer Konflikt zwischen der EU und Russland entsprang, der eine Zäsur in den diplomatischen Beziehungen zwischen diesen Mächten darstellt und das Potential birgt, eine neue Epoche in der europäischen Erdgasaußenpolitik einzuleiten (vgl. Kapitel 7). Es ist somit festzuhalten: Das *Gas Game* wird mit Daten aus der Periode zwischen 2000 und 2010, mittels derer die Verhandlungspositionen, der Einfluss, die Prioritätssetzung und die Kompromissbereitschaft der EU-Mitgliedstaaten *zu Beginn der Verhandlungen* ermittelt werden sollten, spezifiziert und auf dieser Grundlage ein Simulationsergebnis generiert, das dazu dienen soll, die Erdgasaußenpolitik der EU gegenüber Russland im November 2013 *ex post* zu prognostizieren.

Im Folgenden werden nun die Entwicklungsstadien der drei Pipelineprojekte Nord Stream, Nabucco und South Stream bis zum 20. November 2013 umrissen, um aus diesen zusammenfassend eine Zustandsbeschreibung der EU-Erdgasaußenpolitik vor der Ukraine-Krise abzuleiten:

- *Nord Stream-Pipeline*: Die Nord Stream-Pipeline verläuft von Wyborg (Russland) nach Lubmin nahe Greifswald (Deutschland). Sie symbolisiert die Strategie Deutschlands und der beteiligten westeuropäischen Staaten, eine interdependente Energiebeziehung mit Russland aufzubauen und dadurch Vertrauen zwischen Importeuren und Exporteur zu schaffen. Die mit der Pipeline verbundene Intensivierung der Energiepartnerschaft mit Russland als Erdgasexporteur wird in diesem Kontext als Steigerung der Versorgungssicherheit angesehen. Wie in Abschnitt 3.2 deutlich geworden ist, wurde das Pipelineprojekt hingegen von Staaten, die eine Diversifizierung der Erdgasquellen befürworteten, in weiten Teilen kritisiert, da es die Abhängigkeit der EU von russischen Erdgasimporten zusätzlich erhöhe.

Trotz der umfassenden Kritik setzten sich die Staaten, die die Nord Stream-Pipeline befürworteten, schließlich durch. Bis Februar 2010 wurden die Genehmigungen von denjenigen Staaten, durch deren Hoheitsgewässer und/oder ausschließliche Wirtschaftszonen die Pipeline verläuft – Russland, Finnland, Schweden, Dänemark und Deutschland –, erteilt (vgl. Nord Stream AG o.J.). Bis Juni 2010 haben alle in das Projekt integrierten Energieunternehmen im Beisein der jeweiligen nationalen Regierungschefs die Verträge zur Beteiligung am Bau der Pipeline unterzeichnet (vgl. SZ vom 07.11.2007, 2.3.2010b, 09.11.2011b). Im November 2011 wurde der erste Pipelinestrang in Betrieb genommen. An der Eröffnungsfeier nahmen die Regierungschefs der an der Pipeline beteiligten nationalen Energieunternehmen teil (vgl. SZ vom 09.11.2011b). In diesem Kontext betonte die damalige deutsche Bundeskanzlerin Angela Merkel, die Nord Stream-Pipeline sei ein Zeichen dafür, dass die EU auf eine sichere und belastbare Zusammenarbeit mit Russland in der Zukunft setze und Russland trotz aller Bemühungen, die Herkunft von Energie möglichst weit zu streuen, einer der Hauptpartner für die europäische Energieversorgung sei (vgl. SZ vom 09.11.2011a). Durch das Projekt blieben beide Seiten auf Jahrzehnte miteinander verbunden. Die deutsche Regierung sah den erfolgreichen Abschluss des Projekts als wichtiges Signal an, dass Russland sich verstärkt in Richtung der westeuropäischen und nicht der asiatischen Märkte orientiere (vgl. SZ vom 09.11.2011a, 09.11.2011b). Im Mai 2011 begann der Bau des zweiten Strangs der Nord Stream-Pipeline; er wurde im Oktober 2012 in Betrieb genommen (vgl. Nord Stream AG o.J.). Das Projekt sah zudem zwei Anschlussleitungen vor: zum einen nach Tschechien, zum anderen in Richtung Niederlande und Großbritannien (vgl. FAZ vom 04.11.2011). Im August 2011 wurde die Ostsee-Pipeline-Anbindungsleitung „OPAL" fertiggestellt. Sie verläuft von Lubmin (Deutschland) nach Brandov (Tschechien) und gewährleistet die Anbindung Tschechiens an die Nord Stream-Pipeline (vgl. FAZ vom 21.07.2009; OPAL Gastransport GmbH & Co. KG 2015).

- *Nabucco-Pipeline*: Die Nabucco-Pipeline galt als wichtigstes Diversifizierungsprojekt der EU, um den Einfluss Russlands als Erdgasexporteur zu verringern.
Sie sollte gebaut werden, um die EU mit Erdgasquellen im Kaspischen Raum,
im Nahen Osten und in Ägypten zu verbinden. Der konkrete Routenverlauf
wurde in der Planungsphase, die sich insgesamt sehr langsam vollzog, mehrfach umgeändert. Im Juli 2009 wurde schließlich ein Regierungsabkommen
zwischen der Türkei, Bulgarien, Rumänien, Ungarn und Österreich als Absichtserklärung zum Bau der Pipeline unterzeichnet (vgl. FAZ vom 14.07.2009a;
13.07.2009, SZ vom 13.07.2009b). In den darauffolgenden Jahren bestanden
aber weiterhin große Herausforderungen, die die Implementierung des Projekts
behinderten. Zum einen gelang es nicht, verbindliche Zusagen der potentiellen
Lieferländer einzuholen, obwohl die EU-Mitgliedstaaten der EU-Kommission
2010 ein Mandat für Verhandlungen mit Aserbaidschan und Turkmenistan
über einen Rechtsrahmen für ein transkaspisches Gas-Pipeline-System erteilt
hatten, um die Bedingungen für die Lieferungen von Erdgas aus den beiden
Ländern nach Europa durch die Nabucco-Pipeline zu schaffen (vgl. FAZ vom
17.09.2011; SZ vom 13.09.2011, 24.09.2011). Stattdessen beschlossen die Türkei
und Aserbaidschan im Dezember 2011 den Bau der Trans Anatolian Natural
Gas Pipeline (TANAP), die von Aserbaidschan zur türkischen Westküste
führen und somit einen Abschnitt der geplanten Nabucco-Route ersetzen sollte
(vgl. FAZ vom 25.02.2012). Zum anderen wuchsen die Kosten für die Pipeline
im Verlauf der Planungsphase signifikant an (vgl. SZ vom 08.06.2012). Der damalige ungarische Ministerpräsident Viktor Orbán kündigte aus diesen beiden
Gründen im Frühjahr 2012 an, dass der teilstaatliche ungarische Energiekonzern MOL aus dem Nabucco-Projekt aussteigen werde. Gleichzeitig verwies
Orbán auf die Beteiligung von MOL am South Stream-Projekt, das durch
das Engagement Russlands deutliche Fortschritte verzeichne (vgl. FAZ vom
25.04.2012; SZ vom 26.04.2012a, 26.04.2012b). Wenige Wochen später teilte
auch das deutsche Energieunternehmen RWE mit, dass es sein Engagement im
Nabucco-Projekt überprüfen werde. Als Gründe wurden ebenfalls der Mangel
an Lieferländern sowie die steigenden Kosten des Projekts angeführt. Im
Dezember 2012 trat RWE daher in Verhandlungen mit dem österreichischen
Unternehmen OMV und verkaufte 2013 seine Anteile am Projekt (vgl. FAZ
vom 14.05.2012, 08.12.2012b; 04.12.2012, SZ vom 15.04.2013).

Der Ausstieg von RWE und MOL wurden als deutliche Rückschläge für das Nabucco-Projekt beurteilt und die Planungen zum Bau der ursprünglichen Route, die den gesamten Südkorridor umfasste, aufgegeben. Die weiterhin im Projekt verbleibenden Akteure versuchten stattdessen eine reduzierte Variante – Nabucco-West – zu implementieren. Die kürzere Variante der Nabucco-Pipeline sollte über die TANAP-Pipeline an das Shah Deniz-Gasfeld in Aserbaidschan angeschlossen werden und von der türkischen Grenze über Bulgarien, Rumänien und Ungarn nach Österreich führen. Sie konkurrierte nun jedoch mit der Trans Adriatic Pipeline (TAP), die angeschlossen an die TANAP-Pipeline von der türkischen Grenze über Griechenland und Albanien nach Italien führen sollte (vgl. FAZ vom 29.06.2012, 11.01.2013, 21.01.2013, 24.01.2013; SZ vom 15.02.2013). Im Juni 2013 entschied sich das Gaskonsortium Shah Deniz II schließlich gegen die Zusammenarbeit mit dem Nabucco West-Projekt und für die Beteiligung an der TAP-Pipeline. Das Nabucco-Projekt galt mit diesem Schritt als gescheitert (vgl. SZ vom 27.06.2013). Es wurde zugleich als Symbol für eine erfolglose gemeinsame Energiepolitik der EU interpretiert, da es an finanzieller sowie politischer Unterstützung für das Projekt gefehlt habe (vgl. SZ vom 04.12.2012).

- *South Stream*: Die South Stream-Pipeline ist ein italienisch-russisches Projekt. Wie im Falle von Nabucco wurden auch im South Stream-Projekt verschiedene Routen diskutiert. Die im Jahr 2013 gültige Variante sah eine Verlegung von Russland über Bulgarien, Serbien, Ungarn und Slowenien nach Norditalien vor. Zudem wurden weitere Abzweigungen nach Kroatien und in die Republika Srpska sowie eine zweite Route über Serbien und Ungarn nach Österreich diskutiert. Aufgrund des Routenverlaufs, der dem der Nabucco-Pipeline sehr ähnelte, galt die South Stream-Pipeline als russisches Konkurrenzprojekt zur Nabucco-Pipeline und somit als Behinderung der europäischen Diversifizierungsbemühungen (vgl. Abschnitt 3.2).

Während das Nabucco-Projekt zwischen 2010 und 2012 diverse Rückschläge erlitt und 2013 schließlich scheiterte, konnten die South Stream-Projektanten in diesem Zeitraum zahlreiche Fortschritte verzeichnen. Bereits 2009 unterzeichneten der damalige russische Ministerpräsident Putin und der damalige türkische Ministerpräsident Recep Tayyip Erdoğan ein Abkommen zum Bau eines Abschnitts der South Stream-Pipeline, der durch türkische Hoheitsge-

wässer führt (vgl. SZ vom 07.08.2009). 2010 genehmigte die österreichische
Regierung den Bau eines Teilstücks der South Stream-Pipeline auf österrei-
chischem Territorium (vgl. SZ vom 26.04.2010a, 26.04.2010b). 2011 trat das
deutsche Energieunternehmen Wintershall dem South Stream-Konsortium bei.
Die Beteiligung eines deutschen Unternehmens wurde als wichtiger Baustein
gewertet, um dem Projekt mehr Solidität und eine höhere Anerkennung in
der EU zu verleihen (vgl. FAZ vom 22.03.2011). Die russische Regierung
interpretierte die Beteiligung als wichtige politische Unterstützung durch
Deutschland (vgl. SZ vom 23.03.2011). Im September 2011 unterzeichneten
die beteiligten Energieunternehmen Gazprom, Eni, Wintershall und EdF
einen Aktionärsvertrag für den Offshore-Abschnitt der Pipeline durch das
Schwarze Meer (vgl. FAZ vom 17.09.2011), im November 2012 verkündeten
sie ihre endgültige Investitionsentscheidung für den Bau dieses Abschnitts
(vgl. FAZ vom 16.11.2012). Des Weiteren wurden von Oktober bis November
2012 die endgültigen Investitionsentscheidungen für den Bau der Abschnitte in
Serbien, Ungarn, Slowenien und Bulgarien getroffen (vgl. FAZ vom 2.11.2012,
16.11.2012). Im Dezember 2012 begann der Bau der South Stream-Pipeline
in Russland (vgl. FAZ vom 08.12.2012a), im Oktober 2013 in Bulgarien
(vgl. OAO Gazprom 2013) und im November 2013 in Serbien (vgl. SZ vom
20.11.2013). Die Fertigstellung der gesamten Pipeline wurde für das Jahr
2015 vorgesehen (vgl. FAZ vom 18.03.2014). Im November 2013, dem in
dieser Arbeit ausgewählten Vergleichszeitpunkt, waren somit alle notwendigen
Genehmigungen für die Pipeline erteilt sowie alle Investitionsentscheidungen
getroffen und der Bau der Pipeline hatte bereits begonnen.

Der Entwicklungsstatus der europäischen Pipelineprojekte im November 2013 lässt
sich somit folgendermaßen zusammenfassen: Das russische Nord Stream-Projekt
war zu diesem Zeitpunkt bereits in Betrieb, das russische South Stream-Projekt
befand sich im Bau, das europäische Diversifizierungsprojekt Nabucco war hingegen
gescheitert. Eine ausschließliche Betrachtung des Policy-Ergebnisses lässt daher auf
eine deutliche Dominanz der Befürworter einer Energiepartnerschaft mit Russland
in der Erdgasaußenpolitik der EU schließen. Dies würde übertragen auf die für
das *Gas Game* entwickelte Skala des Politikraums einem hohen Wert, nahe der
Policypositionen von Deutschland, Frankreich und Italien entsprechen. Schließlich
haben sich diese Staaten im Rahmen der Nord Stream- und South Stream-Projekte

für eine intensive und langfristige Energiepartnerschaft mit Russland eingesetzt. Das Simulationsergebnis würde unter diesem engen Blickwinkel keine Analogie zur realen Welt darstellen. Es erscheint aber – wenngleich es sich bei dem Simulationsergebnis um eine *point prediction* handelt – dennoch notwendig, nicht nur das Policy*ergebnis*, sondern auch den damit verbundenen Policy*prozess* in die Beurteilung der realen Welt mit einzubeziehen. Schließlich ist in dem Simulationsergebnis eine Bedingung formuliert, deren Analogie zur realen Welt nur mittels einer ergänzenden prozessualen Betrachtung überprüft werden kann. Dazu werden die Pipelineprojekte im Gesamtkontext evaluiert: Das Nord Stream-Projekt wurde gegen die Interessen einzelner EU-Mitgliedstaaten durchgesetzt, spiegelt also auch im Prozess eine mächtige Koalition wider, die eine partnerschaftliche Position in der Erdgasaußenpolitik gegenüber Russland verfolgte. Gleichzeitig existierte daneben aber eine Staatenkoalition – unterstützt durch die EU-Kommission –, die sich in Form des Nabucco-Projekts für eine Diversifizierung der Erdgasquellen einsetzte und die Implementierung der Pipeline daher mit – wenngleich nicht ausreichenden – finanziellen und politischen Mitteln förderte. Es besteht in der EU somit ein sichtbarer Gegenpol zu den Befürwortern einer Energiepartnerschaft mit Russland, der versucht hat, mittels eines großen Infrastrukturprojektes seine Interessen an einer Diversifizierung der Erdgasquellen und der damit verbundenen Verringerung des russischen Einflusses im Erdgassektor zu materialisieren und die Erdgasaußenpolitik der EU auf diese Weise in eine andere Richtung zu lenken. Dass dieses Projekt existierte, gefördert und die Absichtserklärung zum Bau der Pipeline von den beteiligten Mitgliedstaaten unterzeichnet wurde, muss für die Beurteilung der europäischen Erdgasaußenpolitik berücksichtigt werden. Erst als bedeutende Stakeholder des Nabucco-Projekts – das ungarische Energieunternehmen MOL sowie das deutsche Energieunternehmen RWE – aufgrund der wachsenden Kosten und der Schwierigkeiten bei der Akquise von verbindlichen Lieferzusagen die Realisierungschancen des Projekts als gering einschätzten und den Nutzen der Pipeline zunehmend in Frage stellten, wurde das endgültige Scheitern dieser Koalition eingeleitet. Gefördert wurde der Austritt des ungarischen Unternehmens aber wirkungsvoll – dies belegen die Stellungnahmen des damaligen ungarischen Ministerpräsidenten – durch die Fortschritte des South Stream-Projekts, das eine – wenngleich nicht in erster Instanz priorisierte – Alternative zur Nabucco-Pipeline darstellte. Umgekehrt beschleunigte und begünstigte das Misslingen des Nabucco-Projekts den Fortschritt des South

Stream-Projekts sowie die Unterstützung der EU-Mitgliedstaaten von ebendiesem zusätzlich. Es ist daher für die Erdgasaußenpolitik der EU gegenüber Russland im November 2013 festzuhalten, dass sich zwei Koalitionen gegenüberstanden, die jeweils stärker das Interesse einer Energiepartnerschaft mit Russland bzw. einer Diversifizierungspolitik vertraten. Gleichzeitig spielte aber bei einigen Mitgliedstaaten – insbesondere bei denjenigen, die eher letzterer Koalition zuzuordnen waren – der pragmatische Faktor in der strategischen Ausrichtung der Erdgaspolitik eine so große Rolle, dass trotz des Strebens nach Diversifizierung eine Beteiligung an langfristigen Infrastrukturprojekten, die die Energiebeziehungen zu Russland im Erdgassektor weiter intensivierten und ausbauten, in Kauf genommen wurde, um überhaupt eine ausreichende Erdgasversorgung gewährleisten zu können – auch wenn die Energiepartnerschaft mit Russland als geringerer Beitrag zur Versorgungssicherheit beurteilt wurde als eine Diversifizierung der Erdgasquellen. Dies hatte zur Konsequenz, dass die Erdgasaußenpolitik der EU trotz der Existenz und Aktivität dieser beiden Pole im November 2013 letztlich stärker in Richtung einer Energiepartnerschaft mit Russland tendierte. Es ist somit festzuhalten, dass das Policy-Ergebnis in Form der Implementierung der Nord Stream- und der beginnenden Implementierung der South Stream-Pipeline der Strategie derjenigen Staaten entsprach, die eine intensive und langfristig angelegte Energiepartnerschaft mit Russland zum Zwecke einer interdependenten Beziehung zwischen Importeuren und Exporteur anstrebten. Die Analyse des Prozesses relativiert dieses auf den ersten Blick eindeutige Ergebnis jedoch insofern, als das Scheitern des Nabucco- und der Erfolg des South Stream-Projekts nicht ausschließlich Ausdruck des europäischen Willens zu einer Energiepartnerschaft mit Russland waren, sondern einige Akteure die russischen Infrastrukturmaßnahmen aus pragmatischen, den Kontextbedingungen geschuldeten Überlegungen unterstützten.

Abschließend soll nun erneut das Simulationsergebnis aufgegriffen werden: Es prognostiziert mit dem Wert 63,09 eine Erdgasaußenpolitik, die durch ein Streben nach einem ausgeglichenen Importportfolio für die EU gekennzeichnet ist, letztlich aber Infrastrukturprojekte mit Russland gegenüber Diversifizierungsprojekten priorisiert, sofern letztere so große Herausforderungen bergen, dass eine Realisierung zunehmend schwierig erscheint. Vergleicht man diese Prognose mit den zuvor erläuterten Entwicklungen in der realen Welt, so kann das Simulationsergebnis als analog zur realen europäischen Erdgasaußenpolitik gegenüber Russland vor der Ukraine-Krise gewertet werden. Schließlich spiegelt das Simulationsergebnis das Bestreben der zuvor beschriebenen, gegensätzlichen Koalitionen wieder, indiziert aber zugleich eine unter bestimmten Bedingungen deutlich zu beobachtende Tendenz der EU zu einer Priorisierung von Infrastrukturprojekten mit Russland.

Nachdem nun die Analogie zwischen der erstellten *post-diction* sowie der Erdgasaußenpolitik der EU gegenüber Russland vor der Ukraine-Krise nachgewiesen werden konnte, wird im folgenden Unterkapitel ein weiterer Validitätstests des *Gas Game* durchgeführt.

5.3 Validitätstest des *Gas Game*

Mit der Analogie von *post-diction* und realer EU-Erdgasaußenpolitik gegenüber Russland vor der Ukraine-Krise ist eine *notwendige* Bedingung erfüllt, um die Simulation als Abbild und darauf aufbauend als Analyseinstrument der Realität einzusetzen. Diese einmalig ermittelte Konkordanz ist für diesen Zweck allerdings noch keine *hinreichende* Bedingung, da es sich auch um ein zufällig übereinstimmendes Ergebnis handeln könnte und demzufolge keineswegs gewährleistet ist, dass die Simulation auch in anderen Szenarien ihre Funktion als Abbild der Realität bestätigt. Die Validität des *Gas Game* muss daher mittels weiterer Szenarien zusätzlich überprüft werden. Dieser Test erfolgt wie in Abschnitt 2.4 beschrieben: Während in den Abschnitte 5.1 und 5.2 zunächst das Simulationsergebnis generiert und daran anschließend geprüft wurde, ob dieses dem Zustand der realen Erdgasaußenpolitik der EU vor der Ukraine-Krise entspricht, bildet nun die wirkliche Welt den Ausgangspunkt der Überprüfung. So werden auf Grundlage der durch die vorangegangene Analyse ermittelten Erkenntnisse über die europäische Erdgasaußenpolitik weitere mögliche Zukunftsszenarien für die Realität entworfen: Wie würde sich die Realität *aller Voraussicht nach* verändern, wenn sich bestimmte, für die europäische Erdgasaußenpolitik relevante Faktoren verändern würden? Sind diese Testszenarien erstellt, erfolgt der Rückschluss auf das *Gas Game*: Wie können die in den Testszenarien veränderten Ausgangsbedingungen der Realität im Modell nachgebildet werden? Welchen Einfluss haben diese Modifizierungen auf das Simulationsergebnis? Entsprechen die auf diese Weise modifizierten Simulationsergebnisse des *Gas Game* ebenfalls dem in dem korrespondierenden Testszenario der Realität vermuteten Politikwandel, ist davon auszugehen, dass die Simulation *insgesamt* ein geeignetes Abbild der wirklichen Erdgasaußenpolitik der EU gegenüber Russland darstellt. Im Folgenden werden drei Szenarien für den Validitätstest entwickelt. Dabei handelt es sich um sehr extreme Faktoränderungen, die in der Realität voraussichtlich einen deutlich erkennbaren Politikwandel zur Folge hätten. Dies erleichtert den anschließenden Vergleich mit den durch das modifizierte *Gas Game* generierten Simulationsergebnissen.

- Fall 1 = Russlandfreundlicher Regierungswechsel in Polen: In den Debatten um die drei Pipelineprojekte Nord Stream, South Stream und Nabucco war Polen der kritischste Gegner einer Politik, die danach strebt, die Energiebeziehungen mit Russland in Form einer Partnerschaft zu intensivieren und auszubauen. Die polnische Politik hat als einziger der analysierten Akteure konsequent gegen die Implementierung der Nord Stream-Pipeline argumentiert und versucht, das Projekt durch rechtliche Maßnahmen zu verhindern. Aus diesem Grund ist davon auszugehen, dass ein Regierungswechsel und ein damit verbundener drastischer Strategiewandel in der polnischen Erdgasaußenpolitik gegenüber Russland einen sichtbaren Einfluss auf die Erdgasaußenpolitik der EU hätten. In diesem Szenario wird daher angenommen, dass sich in Polen ein radikaler Umschwung von einer bedingungslosen Diversifizierungspolitik hin zu einem Bemühen um eine Energiepartnerschaft mit Russland vollziehe, der den Politikansätzen Deutschlands und Italiens entspricht. Damit würde sich ein wichtiger Akteur, der bislang gemeinsamen Schritten der EU-Mitgliedstaaten bezüglich einer EU-Energiepartnerschaft mit Russland am entschiedensten entgegen getreten ist, dem entgegengesetzten Pol zuwenden und sich in einen Akteur verwandeln, der sich für intensivierte Energiebeziehungen mit Russland einsetzt. Es ist mit hoher Wahrscheinlichkeit zu erwarten, dass die EU-Erdgasaußenpolitik in der Konsequenz noch ausgeprägter auf eine Stärkung der Rolle Russlands als Erdgasversorger in der EU ausgelegt sein würde und die russischen Pipelineprojekte ebenfalls eine größere Unterstützung erfahren würden.

Wie kann dieser polnische Strategiewechsel in der Simulation abgebildet werden? Die Spielregeln des *Gas Game* bleiben stets identisch. Die Modifizierungen werden ausschließlich an den Werten der Inputvariablen vorgenommen.

In diesem Fall bleiben die Werte zur Bestimmung von Einfluss, Priorität und Kompromissbereitschaft unverändert, schließlich fanden in dem Realitätsszenario keine Veränderungen hinsichtlich des Anteils des russischen Erdgases an den polnischen Importen sowie an der Sitzverteilung im Europäischen Parlament statt. Auch die in Abschnitt 4.6 ausgeführten Überlegungen zur Quantifizierung der Kompromissbereitschaft werden in dem Szenario nicht tangiert. Der Strategiewechsel verändert aber die polnische Policyposition und muss in einer entsprechenden Wertänderung dieser Inputvariablen widergespiegelt werden. In der Beschreibung des Realitätsszenarios wurde die neue polnische Strategie mit der Erdgasaußenpolitik von Deutschland und Italien gegenüber Russland verglichen. Daher wird der Wert von 10 auf 85 – analog zu den Policypositionen der beiden Vergleichsstaaten – erhöht. Nun wird das *Gas Game* erneut gespielt, wobei alle Werte gegenüber der ursprünglichen *post-diction* mit Ausnahme der polnischen Policyposition unverändert bleiben. Das modifizierte Spiel endet bereits nach einer Runde mit dem Simulationsergebnis 76.31. Aufgrund der Abänderung der polnischen Position wird somit eine Erdgasaußenpolitik der EU prognostiziert, die zwar weiterhin Diversifizierungsmaßnahmen vornimmt, der Energiepartnerschaft mit Russland aber einen wesentlich höheren Stellenwert zuschreibt als dies im ursprünglichen *Gas Game* der Fall war:

Tabelle 12: Gegenüberstellung der Simulationsergebnisse von Gas Game
I und Gas Game Variation Fall 1

Gas Game I	60	Bedingte Intensität der Energiepartnerschaft; Streben nach einem ausbalancierten Anteil von Importen aus Russland und anderen Erdgasquellen; wenn letztere Projekte nur geringe Realisierungschancen aufweisen, werden Pipelineprojekte mit Russland priorisiert
Gas Game Variation Fall 1	80	Großes Vertrauen in Russland als Erdgasexporteur; Russland ist der wichtigste Vertragspartner für Pipelineprojekte; weitere Diversifizierungsprojekte – insbesondere *LNG*-Terminals – sind notwendig; Russland wird aber als Erdgasquelle die höchste Priorität gegenüber anderen Exportstaaten verliehen

Die Simulation generiert in dieser Variante somit ein Ergebnis, das im Testszenario für die wirkliche Welt ebenfalls erwartet wird, nämlich eine Stärkung der Rolle Russlands als Erdgasexporteur für die EU und eine intensivere Förderung der russischen Infrastrukturprojekte. Für den ersten Fall ist somit eine Analogie von Simulationsergebnis und „wirklicher" Welt festzuhalten.

- Fall 2 = Deutschland fördert Schiefergas: In Deutschland wird seit 2010 eine intensive Debatte über Vor- und Nachteile der Förderung von inländischen Schiefergasreserven geführt. Deutschland verfügt nach Schätzungen der Bundesanstaltung für Geowissenschaften und Rohstoffe (BGR) über „beträchtliche Potenziale an Schiefergas" (Bundesanstalt für Geowissenschaften und Rohstoffe 2012: 48). Die Bereitstellung von Schiefergas würde der deutschen Energieversorgung eine größere Flexibilität verleihen, die sie vor dem Hintergrund der Energiewende und dem Ausstieg aus der Kernenergie in zunehmendem Maße benötigt. Dennoch setzen sich einige Akteure aufgrund der potentiellen Umweltrisiken, die mit der Fördertechnik des *hydraulic fracturing* verbunden sind, für ein Verbot der Schiefergasförderung ein. So wurde in

Nordrhein-Westfalen im Jahr 2011 ein entsprechendes Moratorium verabschiedet. In der deutschen Bundesregierung herrschte lange Zeit die Meinung vor, über Verbot bzw. Erlaubnis von *hydraulic fracturing* erst dann zu entscheiden, wenn durch wissenschaftliche Studien weitere Erkenntnisse über die Risiken der Fördertechnik gesammelt worden sind. Dennoch wurden in Norddeutschland bereits Probebohrungen durchgeführt (vgl. Buchan 2013: 3–4; Fleming 2013: 31; Umbach 2013: 312). 2014 wurde ein Gesetzentwurf erarbeitet, der die kommerzielle Förderung von Schiefergas mittels *hydraulic fracturing* nach einer von einer Expertenkommission begleiteten Phase von Probebohrungen unter strengen Auflagen erlaubt (vgl. FAZ vom 17.11.2014). 2015 beschloss die Bundesregierung, dass diese Expertenkommission ab 2018 überprüfen soll, ob kommerzielle Bohrungen genehmigt werden können (vgl. Bundesministerium für Wirtschaft und Energie 2015).

Deutschland gehört zu den mächtigsten Staaten in der EU. Die deutsche Politik setzte sich bislang entschieden für eine Energiepartnerschaft mit Russland im Erdgassektor ein, was in dem deutsch-russischen Nord Stream-Projekt kulminierte. Es besteht somit kein Zweifel, dass die deutsche Politik die europäische Erdgasaußenpolitik maßgeblich prägt. Welcher Politikwandel ist vor diesem Hintergrund in der EU zu erwarten, wenn Deutschland beginnt die inländischen Schiefergasreserven zu fördern? Deutschland könnte die Importabhängigkeit aufgrund der Verfügung über nationale Reserven reduzieren, weshalb Deutschlands Interesse an russischen Importen voraussichtlich auch sinken würde. Daraus abgeleitet ist zu vermuten, dass Deutschland sich in geringerem Maße für eine Energiepartnerschaft mit Russland und gemeinsame Infrastrukturprojekte einsetzen würde. Damit würde ein Schlüsselakteur, der die Erdgasaußenpolitik der EU bislang sehr erfolgreich mit dem Ziel der Etablierung einer Energiepartnerschaft mit Russland geprägt hat, ausscheiden oder zumindest seinen Einfluss weniger geltend machen. Es ist daher sehr wahrscheinlich, dass Russland in der europäischen Erdgasaußenpolitik eine unwichtigere Rolle spielen würde, wohingegen Diversifizierungsprojekte an Bedeutung gewinnen würden.

Wie lassen sich diese veränderten Ausgangsbedingungen im *Gas Game* abbilden? Die Entscheidung, trotz umweltpolitischer Bedenken die nationalen Schiefergasreserven zu fördern, spiegelt einen Wandel in der politischen Strategie Deutschlands wider, die nun offensichtlich auf ein größeres Maß an Diversifizierung der Erdgasquellen abzielt. Diese Strategieänderung betrifft die Positionsvariable, deren Wert für Deutschland daher auf 50^{108} und somit auf eine Position, die um ein ausgeglichenes Importportfolio bemüht ist, heruntergesetzt wird. Gleichzeitig wird angenommen, dass sich Deutschland nun weniger intensiv für eine Energiepartnerschaft mit Russland einsetzt, seinen Einfluss in dieser Sachfrage also weniger geltend macht. Der Wert der Einflussvariablen bleibt entsprechend unverändert, schließlich ist das Einfluss*potential* Deutschlands gleich geblieben. Der Faktor, mit dem der Einfluss multipliziert und letztlich die Macht eines Spielers definiert wird, nämlich die Priorität, die der Spieler einer Sachfrage verleiht, ist durch diese Veränderung aber tangiert. Aus diesem Grund wird der Wert der Prioritätsvariablen für Deutschland auf den Wert 30 reduziert. Die Kompromissbereitschaftsvariable bleibt wie in Fall 1 unverändert. Das auf diese Weise modifizierte *Gas Game* endet nach drei Verhandlungsrunden und generiert den Wert 48,41. Es prognostiziert nun eine Erdgasaußenpolitik, die ein ausbalanciertes Importportfolio anstrebt bzw. mit einem Wert kleiner als 50 sogar zu einer Stärkung von Diversifizierungsmaßnahmen gegenüber der Energiepartnerschaft mit Russland tendiert. Letztere verliert im Vergleich zum Simulationsergebnis der ursprünglichen Variante des *Gas Game* damit an Bedeutung:

---

108 Die konkreten Wertveränderungen der Inputvariablen in der modifizierten Simulation sind zur Überprüfung der Validität des *Gas Game* im Detail nicht von Bedeutung. Es handelt sich hier schließlich nicht um spezifische, auf empirischen Daten beruhende Fälle, sondern um erfundene – wenn auch sehr wahrscheinliche – *Testszenarien*, mit denen der Zweck verbunden ist zu überprüfen, ob das *Gas Game* auch in anderen Szenarien in der Tendenz plausible Ergebnisse generiert. Entscheidend ist dafür in erster Linie, dass die Auswahl der Inputvariablen, anhand derer die veränderten Bedingungen der „realen" Welt widergespiegelt werden sollen, nachvollziehbar ist. Bei der Wertveränderung ebendieser Variablen ist hingegen lediglich wichtig, dass sie die veränderten Bedingungen der „realen" Welt *in ihrer Tendenz* adäquat abbildet und auf dieser Grundlage der prognostizierte Politikwandel in der Realität und das Simulationsergebnis des modifizierten *Gas Game* verglichen werden können.

Tabelle 13: Gegenüberstellung der Simulationsergebnisse von Gas Game
I und Gas Game Variation Fall 2

Gas Game **I**	60	Bedingte Intensität der Energiepartnerschaft; Streben nach einem ausbalancierten Anteil von Importen aus Russland und anderen Erdgasquellen; wenn letztere Projekte nur geringe Realisierungschancen aufweisen, werden Pipelineprojekte mit Russland priorisiert
Gas Game **Variation Fall 2**	50	Ausbalancierter Anteil von Importen aus Russland und anderen Erdgasquellen

Eine wachsende Bedeutung von Diversifizierungsprojekten und ein geringeres Streben nach einer Energiepartnerschaft mit Russland wurden auch im „realen" Testszenario erwartet. Für den zweiten Fall ist daher ebenfalls eine Analogie von Simulationsergebnis und „wirklicher" Welt zu konstatieren.

- Fall 3 = Radikaler Politikwandel in Deutschland, Italien und Frankreich: In den ersten beiden Fällen wurde getestet, ob die Simulation dazu in der Lage ist, die europäische Erdgasaußenpolitik adäquat abzubilden sofern ein einzelner Mitgliedstaat eine Variation der Kontextbedingungen herbeiführt. Um die weitere Spannbreite der Erklärungen zu testen, die die Simulation liefern kann, wird nun ein Testszenario entwickelt, in dem eine Gruppe von Mitgliedstaaten ihre Politik gegenüber Russland signifikant abändert.

Die Analyse der Policypositionen anhand der drei Pipelineprojekte Nord Stream, South Stream und Nabucco hat gezeigt, dass Deutschland, Italien und Frankreich die größten Befürworter einer europäischen Erdgasaußenpolitik sind, die sich auf eine Energiepartnerschaft mit Russland und dementsprechend auf gemeinsame Infrastrukturprojekte stützt. Gleichzeitig handelt es sich bei den drei Staaten um besonders einflussreiche Akteure, die – sofern sie ihren Einfluss auch geltend machen – gemeinsam in einer Koalition über äußerst viel Macht verfügen, um die Erdgasaußenpolitik der EU nach ihren Interessen zu gestalten. Dies wird auch deutlich, wenn man die erfolgreiche Implementierung ihrer Pipelineprojekte betrachtet: Deutschland war der wichtigste europäische Akteur in der Entwicklung der Nord Stream-Pipeline, die bereits in Betrieb ist, Italien initiierte die South Stream-Pipeline, die sich im November 2013 bereits im Bau befand, und Frankreich engagierte sich in beiden Projekten. Vor diesem Hintergrund ist zu erwarten, dass sich ein Politikwandel dieser drei Staaten signifikant auf die Ausgestaltung der europäischen Erdgasaußenpolitik auswirken würde. In diesem Fall wird daher ein Szenario erwogen, in dem Deutschland, Frankreich und Italien danach streben, den russischen Einfluss auf den europäischen Erdgassektor signifikant zu senken und stattdessen alternative Erdgasquellen zu erschließen. Eine solche Strategie würde dem Ansatz der polnischen Regierung im Untersuchungszeitraum zwischen 2000 und 2010 entsprechen. In der Konsequenz wäre eine Ausgestaltung der europäischen Erdgasaußenpolitik zu erwarten, im Rahmen derer Russland grundlegend an Bedeutung verlieren und in erster Linie Diversifizierungsprojekte verfolgt würden. Dieser Wandel der europäischen Politik würde sich wahrscheinlich als wesentlich extremer erweisen als in Fall 2, schließlich ändert in dem vorliegenden Fall nicht nur ein einzelner Staat, sondern eine einflussreiche Staatenkoalition ihre politische Strategie.

Wie lassen sich diese veränderten Kontextbedingungen nun im *Gas Game* abbilden. Wie im ersten Fall, der den Politikwandel eines Akteurs beinhaltet, bleiben auch in der vorliegenden Variation, der Einfluss, die Prioritätensetzung und die Kompromissbereitschaft der Spieler gegenüber der ursprünglichen Simulation unverändert. Die Variation kann ausschließlich durch die Werte der Positionsvariablen von Deutschland, Italien und Frankreich widergespiegelt werden. In der Beschreibung der „realen" Welt wird die veränderte politische Strategie der drei Staaten mit dem polnischen Ansatz gleichgesetzt. Die Policypositionen von Deutschland, Italien und Frankreich werden daher durch den Wert 10 ausgedrückt. Eine solche Veränderung generiert nach einer Verhandlungsrunde ein Simulationsergebnis mit dem Wert 20.64. Dieser Wert entspricht einer europäischen Erdgasaußenpolitik, die darum bemüht ist den Stellenwert Russlands als Erdgasexporteur für die EU deutlich zu verringern und alternative Erdgasquellen in zunehmendem Maße zu erschließen.

Tabelle 14: Gegenüberstellung der Simulationsergebnisse von Gas Game
I und Gas Game Variation Fall 3

Gas Game I	60	Bedingte Intensität der Energiepartnerschaft; Streben nach einem ausbalancierten Anteil von Importen aus Russland und anderen Erdgasquellen; wenn letztere Projekte nur geringe Realisierungschancen aufweisen, werden Pipelineprojekte mit Russland priorisiert
Gas Game **Variation Fall 3**	20	Geringes Vertrauen in Russland als Erdgasexporteur; der Anteil von russischem Erdgas an den Gesamtimporten soll relativ gering sein, alternative Erdgasquellen haben deutliche Priorität

Im dritten Fall besteht somit auch eine Analogie von Simulationsergebnis und realem Testszenario, in dem ein Bedeutungsverlust Russlands als Erdgasexporteur für die EU und ein größerer Stellenwert von Diversifizierungsprojekten erwartet wurde, der deutlich schwerwiegender ist als in der zuvor besprochenen zweiten Variation des *Gas Game*.

Welcher Schluss kann aus diesen drei Szenarien hinsichtlich der Validität des *Gas Game* gezogen werden? In allen drei Fällen generiert die modifizierte Simulation ein Policy-Ergebnis, das in dieser Form auch in den realen Testszenarien erwartet wird. Es ist somit festzuhalten, dass die Simulation sowohl eine Analogie zwischen *postdiction* und realer Erdgasaußenpolitik vorweist als auch in drei weiteren Szenarien plausible Ergebnisse erstellt. Sie erfüllt damit zwei wichtige Bedingungen zur Verifizierung ihrer Validität. Daraus kann geschlossen werden, dass das *Gas Game* insgesamt sehr gut dazu geeignet ist, die tatsächliche Wirklichkeit abzubilden. Im Folgenden werden die Ergebnisse des ersten Abschnitts der vorliegenden Arbeit zusammengefasst.

KAPITEL 6

Zwischenfazit

Das Ziel dieses ersten Abschnitts bestand darin, in Form des *Gas Game* eine Simulation zu entwickeln, die die reale Erdgasaußenpolitik der EU gegenüber Russland möglichst adäquat abbildet, so dass Rückschlüsse von der virtuellen Welt auf die reale Welt gezogen werden können. Dazu wurden in das Modell empirische Daten aus der Periode zwischen 2000 und 2010 eingearbeitet, um im Rahmen einer *post-diction* zu testen, ob das *Gas Game* dazu in der Lage ist, den Status der europäischen Erdgasaußenpolitik im November 2013 *ex post* vorherzusagen. Die damit zu ermittelnde Konkordanz zwischen Simulationsergebnis und realem Policy-Output gilt als notwendige Bedingung, dass eine Analogie zwischen virtueller und realer Welt besteht. Im Folgenden werden die Entwicklung sowie der *performance test* der Simulation kurz nachgezeichnet und gezeigt, dass von einer Analogie zwischen virtueller und realer Welt ausgegangen werden kann. Darauf aufbauend werden aus der Simulation Annahmen über die reale EU-Erdgasaußenpolitik gegenüber Russland vor der Ukraine-Krise abgeleitet. Abschließend erfolgt eine kurze Reflexion der methodischen Vorgehensweise, um aus der Entwicklung des *Gas Game* nützliche Erkenntnisse für Modellierungen von EU-Entscheidungsprozessen im Allgemeinen sowie Optimierungsvorschläge für den zweiten Abschnitt der vorliegenden Arbeit, das Zukunftsszenario der europäischen Erdgasaußenpolitik, abzuleiten.

Aufgrund des hohen Konfliktgrads, das dieses Policy-Subsystem aufweist und der guten Prognosen, die das PG bei der Analyse von EU-Entscheidungsprozessen zu konfliktreichen Verhandlungsgegenständen generiert, wurde das PG zur Anpassung auf den Untersuchungsgegenstand dieser Arbeit ausgewählt (vgl. Abschnitt 2.3, sowie Abschnitt 4.1). Für die Selektion der Akteure wurden die EU-Mitgliedstaaten hinsichtlich ihrer durchschnittlichen jährlichen Erdgasimporte in der Periode zwischen 2000 und 2010 geordnet und nach einer Unterteilung in ost- und westeuropäische Staaten entsprechend festgelegter Grenzwerte in die Simulation integriert. Zudem wurde die Europäische Kommission als einflussreichster supranationaler Akteur ausgewählt (vgl. Abschnitt 4.2). Die Werte für die Inputvariablen wurden mittels quantitativer und qualitativer Daten festgelegt: Die Policypositionen der Akteure wurden durch eine qualitative Inhaltsanalyse von zwei überregionalen deutschen Zeitungen (*Frankfurter Allgemeine Zeitung* und *Süddeutsche Zeitung*) und einer britischen Zeitung (*Financial Times*) sowie Sekundärliteratur mit Bezug auf die Pipelineprojekte Nord Stream, South Stream und Nabucco ermittelt (vgl. Abschnitt 4.3); der Einfluss der EU-Mitgliedstaaten wurde durch eine regressive Verteilung, angelehnt an die Sitzverteilung im Europäischen Parlament, bestimmt; die Bewertung des Einflusses der EU-Kommission erfolgte auf Grundlage theoretischer Überlegungen hinsichtlich ihres Handlungskorridors vor und nach Inkrafttreten des Dritten Energiepakets im Jahr 2011 (vgl. Abschnitt 4.4); die Priorität, die die Akteure dem Verhandlungsgegenstand verleihen, wurde indirekt durch den relativen Anteil von russischem Erdgas an den Gesamtimporten des jeweiligen Mitgliedstaates erhoben (vgl. Abschnitt 4.5); für die Kompromissfähigkeit wurde auf Grundlage theoretischer Überlegungen und bestehender Erkenntnisse aus bereits erfolgten Anwendungen des PG für alle Mitgliedstaaten ein identischer Wert festgelegt; die Kompromissfähigkeit der Europäischen Kommission wurde in Relation zu diesem aufgrund ihres Charakters als supranationale Institution, die sich um eine kohärente Erdgasaußenpolitik bemüht, höher bewertet (vgl. Abschnitt 4.6). In Kapitel 5 wurde gezeigt, dass das *Gas Game* ein Simulationsergebnis generiert, das als Analogie zur realen Erdgasaußenpolitik im November 2013 gewertet werden kann. Um den potentiellen Zufallscharakter dieser Konkordanz auszuschließen, wurde aufbauend auf die *post-diction* mittels weiterer Zukunftsszenarien die Validität der Simulation erfolgreich überprüft (vgl. Abschnitt 5.3). Aufgrund der stets verbleibenden Trennung von virtueller und realer Welt, können aus der Analyse der Simulation zwar keine Beweise für kausale Erklärungen über die Wirklichkeit abgeleitet werden. Auf Grundlage der zuvor erläuterten methodischen Schritte ist aber davon auszugehen, dass die Simulation mit *hoher Wahrscheinlichkeit* dazu geeignet ist, die Wirklichkeit sehr adäquat abzubilden. Es lassen sich aus diesem ersten Abschnitt der vorliegenden Arbeit daher begründete Annahmen über das Forschungsfeld, die Erdgasaußenpolitik der EU gegenüber Russland, schlussfolgern.

Abgeleitete Annahmen über die Erdgasaußenpolitik der EU gegenüber Russland
Das *Gas Game* knüpft an einige Aspekte an, die bereits in der in Abschnitt 3.2 und 3.3 skizzierten Literatur über die europäische Erdgasaußenpolitik diskutiert worden sind. Im Folgenden wird gezeigt, dass aus der Simulation Rückschlüsse über die grundlegenden Charakteristika von Entscheidungsprozessen in der europäischen Erdgasaußenpolitik, die mangelnde Kohärenz der europäischen Energiepolitik sowie den pragmatischen Faktor als ausschlaggebende Variable für Investitionsentscheidungen neben den Strategien Diversifizierung und Energiepartnerschaft gezogen werden können.

Viele Autoren gehen davon aus, dass die europäische Erdgasaußenpolitik in erster Linie von den EU-Mitgliedstaaten und ihren nationalen Standpunkten geprägt wird, die EU-Institutionen, d.h. Kommission und Parlament, den Entscheidungsprozess hingegen nicht oder nur geringfügig beeinflussen können (vgl. Abschnitt 4.2). Die Spielregeln des PG und die gewählten Einflusswerte bestätigen diese Annahme. Schließlich bildet die Simulation bilaterale Verhandlungen nach, in denen die EU-Mitgliedstaaten – und die mit einem sehr geringen Einfluss bewertete Europäische Kommission – versuchen, ihre Policypositionen gegen die anderen Staaten in einem insgesamt eher konfliktreichen Setting durchzusetzen. Es ist daher zu vermuten, dass die grundlegenden Mechanismen der Entscheidungsfindung in der europäischen Erdgasaußenpolitik verändert werden müssen, um den Weg für eine kohärente EU-Energiepolitik zu ebnen. Gleichzeitig relativiert das Modell aber Interpretationen, die den mächtigen westeuropäischen Nationalstaaten vorhalten, ihre Interessen in der europäischen Erdgasaußenpolitik rücksichtslos gegen die Interessen der anderen Mitgliedstaaten durchzusetzen. Schließlich wurden die Akteure in der Simulation mit einem verhältnismäßig hohen Kompromissbereitschaftswert versehen (vgl. Abschnitt 4.6). Schließt man aus diesem auf die realen Verhandlungen, so ist zu vermuten, dass alle EU-Mitgliedstaaten durchaus mit einem gewissen Grad an Kompromissbereitschaft in die Verhandlungen eintreten. Entsprechend scheinen die bei der Modellauswahl aufgestellten Hypothesen zuzutreffen: Bei der europäischen Erdgasaußenpolitik gegenüber Russland handelt es sich um ein Policy-Subsystem, das grundsätzlich zu Spannungen zwischen den EU-Mitgliedstaaten führt und aus diesem Grund eher den Regeln eines nicht-kooperativen Spiels entspricht. Gleichzeitig ist aufgrund des hohen Kompromissbereitschaftswerts zu vermuten, dass die im DEU-Projekt gewonnenen Erkenntnisse zum grundsätzlich kooperativen Setting von EU-Entscheidungsprozessen, das u.a. durch die wiederholten Verhandlungen zwischen denselben Akteuren in verschiedenen Sektoren erklärt wird, zu einem geringeren Grad auch für intergouvernementale Verhandlungen in der EU gelten – konkret für die Erdgasaußenpolitik gegenüber Russland.

In der Literatur wird der Mangel an Kohärenz in der Erdgasaußenpolitik gegenüber Russland häufig mit den widersprüchlichen Interessen der Mitgliedstaaten, insbesondere der west- und osteuropäischen, erklärt. Dazu wurde die Konfliktlinie um *Dependenz* und *Interdependenz* bzw. *Diversifizierung* und *Energiepartnerschaft* nachgezeichnet (vgl. Abschnitt 3.2). Zu dieser Erklärung können mit Bezug auf das *Gas Game* als Analyseinstrument zwei wichtige Anmerkungen gemacht werden: Durch die räumliche Darstellung der politischen Positionen konnte veranschaulicht werden, dass es durchaus eine starke westeuropäische Koalition gibt, die sich für eine Energiepartnerschaft mit Russland einsetzt. Demgegenüber steht eine Opposition aus osteuropäischen Staaten – in dem Modell wurden Polen, Tschechien und Ungarn berücksichtigt – die sich unter Verweis auf die hohe Abhängigkeit von Russland und das damit verbundene Erpressungspotential für Diversifizierungsmaßnahmen im Erdgassektor aussprechen bzw. diese direkt unterstützen. Bei beiden Koalitionen lassen sich aber deutliche Abstufungen erkennen, so dass eine eindeutige Trennlinie in der EU nicht gezogen werden kann. So unterstützte Ungarn zwar das Nabucco-Projekt, zeigte sich im Grundsatz aber wesentlich weniger skeptisch gegenüber weiteren Pipelineprojekten mit Russland als Tschechien und Polen. Demgegenüber bestand in Großbritannien ein westeuropäischer Mitgliedstaat, der sich zwar aufgrund wirtschaftlicher Interessen zunehmend an Russland annäherte, insgesamt aber noch ein sehr spannungsreiches Verhältnis mit Russland unterhielt. Spanien war zwar ein strategischer Partner Russlands, profitierte in der Erdgasaußenpolitik aufgrund geographischer Faktoren aber von der Anti-Russlandpolitik einiger osteuropäischer Staaten. Und auch die Niederlande sind zwar um konfliktfreie Energiebeziehungen mit Russland bemüht, trieben die Energiepartnerschaft mit Russland aber nicht so entschieden voran wie Deutschland, Italien und Frankreich. Diese Differenzierungen machen deutlich, dass sich zwar gemeinsame Tendenzen in den Gruppen der west- und osteuropäischen Staaten hinsichtlich ihrer Erdgasaußenpolitik identifizieren lassen, letztlich aber kein Determinismus zwischen diesen Faktoren besteht. Gleiches gilt für den Zusammenhang des relativen Anteils von russischen Erdgasimporten an den nationalen Gesamtimporten und der Policyposition gegenüber Russland. Des Weiteren hat die prozessuale Betrachtung der europäischen Erdgasaußenpolitik gezeigt, dass die ideologische Komponente der Policyposition, die im vorangegangenen Abschnitt thematisiert wurde, für die letztliche Ausrichtung der europäischen Politik und speziell für den Erfolg bzw. Misserfolg einzelner Pipelineprojekte nicht allein ausschlaggebend war. Besonders interessante Erkenntnisse lieferte hier der „Konkurrenzkampf" zwischen dem Nabucco- sowie dem South Stream-Projekt. Schließlich war der Bau der Nord Stream-Pipeline trotz der intensiven Debatte um das Projekt sehr schnell entschieden. Die große Macht der daran beteiligten Staaten konnte durch die Gegner des Projekts offensichtlich nicht relativiert werden. Interessant ist daher die Frage, welche Faktoren letztlich den Ausschlag für die South Stream- und gegen die Nabucco-Pipeline gegeben haben. Während die Nord Stream- und die Nabucco-Pipeline voraussichtlich beide hätten gebaut werden können, da sie auf unterschiedliche Absatzmärkte abzielten, bestand zwischen dem Nabucco- und dem South Stream-Projekt ein Implementierungswettlauf, im Kontext dessen sich die Strategien von Diversifizierung und Energiepartnerschaft gegenüberstanden. Letztlich war aber die ideologische Komponente gar nicht die entscheidende Ursache für das Policy-Ergebnis. Russland war in dem Wissen um den Wettbewerb zwischen der Nabucco- und der South Stream-Pipeline frühzeitig darum bemüht, europäische Partner in das South Stream-Projekt einzubinden, insbesondere sehr einflussreiche westeuropäische Staaten wie Italien, Frankreich und Deutschland, aber auch Mitgliedstaaten, die bereits in dem Nabucco-Projekt engagiert waren. Russland stand somit von Beginn des Projekts an als Erdgasexporteur zur Verfügung, im Nabucco-Projekt mangelte es hingegen an verbindlichen Zusagen von potentiellen Erdgaslieferanten. Zudem wuchsen die Kosten des Projekts gegenüber der ursprünglichen Kalkulation stetig an. Der Austritt von Ungarn aus dem Nabucco-Projekt stieß schließlich das Scheitern von ebendiesem an. Ungarns Entscheidung war in jenem Moment aber nicht von dem grundsätzlichen Streben nach einer Energiepartnerschaft mit Russland geprägt, sondern durch pragmatische Gründe: Ungarns Energiemix ist durch einen hohen Anteil von Erdgas gekennzeichnet, entsprechend benötigte der Staat für die nahe Zukunft verbindliche Lieferzusagen. Diese konnte Russland bieten. Eine ähnliche Verfahrensweise ließ sich auch beim Nord Stream-

Projekt identifizieren: So war Tschechien eigentlich ein Gegner des Projekts, da der Staat um eine Diversifizierung der Erdgasquellen und um ein Ausbrechen aus der russischen Einflusssphäre bemüht war. Als sich jedoch abzeichnete, dass die Nord Stream-Pipeline in jedem Fall gebaut werde, engagierte sich Tschechien dennoch für eine Anschlussleitung an ebendiese, um sich eine zusätzliche Erdgasquelle zu sichern, auch wenn diese keinen Beitrag zur Diversifizierung darstellte.

Die Veranschaulichung zeigt, dass bei der Betrachtung der Policypositionen der EU-Mitgliedstaaten mit Bezug auf Russland als Erdgasexporteur nicht ausschließlich die Gegenüberstellung der Strategien von Diversifizierung und Energiepartnerschaft in der Analyse von EU-Entscheidungsprozessen berücksichtigt werden darf. Vielmehr spielen pragmatische Aspekte in den Strategien der einzelnen Mitgliedstaaten eine große Rolle, die somit ebenfalls entscheidende Faktoren für die Ausrichtung der europäischen Erdgasaußenpolitik darstellen können. Dies scheint insbesondere bei denjenigen Staaten der Fall zu sein, die eine Diversifizierung der Erdgasquellen priorisieren, in diesem Streben aber stets mit der Schwierigkeit des Mangels an alternativen Erdgasexporteuren neben Russland konfrontiert sind.

Methodische Anmerkungen

Nachdem die erfolgreiche Passung des PG für die Analyse der europäischen Erdgasaußenpolitik gegenüber Russland demonstriert worden ist, können des Weiteren einige methodische Erkenntnisse aus der Modellentwicklung abgeleitet werden. In Abschnitt 2.2 wurde erläutert, dass Entscheidungsprozesse in der EU durch Kooperation und Kompromissfindung gekennzeichnet sind und sich für die Analyse von ebendiesen daher kooperative Verhandlungsmodelle als besonders geeignet erwiesen haben. Es konnte im ersten Abschnitt dieser Arbeit jedoch gezeigt werden, dass das PG durchaus auf das grundsätzlich kooperative Setting der EU angewandt werden kann, sofern der Verhandlungsgegenstand einen hohen Konfliktgrad aufweist. Hier scheint sich insbesondere die Kombination aus nicht-kooperativen Spielregeln und der Möglichkeit, die Kompromissfähigkeit der Spieler davon unabhängig zu bestimmen, für Verhandlungen innerhalb der EU zu bewähren.

Des Weiteren konnte ein Beitrag zur Debatte um die empirischen Quellen für die Inputvariablen von formalen Modellen geleistet werden. So wurde gezeigt, dass Zeitungsartikel in Kombination mit Sekundärliteratur zur Bestimmung von Policypositionen geeignet sind, sofern der Konfliktgegenstand eine ausreichende

Beachtung in Wissenschaft und Öffentlichkeit erfahren hat.[109] Für die anderen Variablen gilt dies allerdings nicht, hier wurden die Grenzen des Zeitungsansatzes aufgezeigt. Stattdessen wurden die Einfluss- sowie die Prioritätsvariable mittels indirekter, quantitativer Daten operationalisiert. Auch dieser Ansatz hat sich als sinnvoll erwiesen, da mit diesem eine signifikante Zeitersparnis sowie eine hohe Transparenz gegenüber der bislang häufig angewandten Methode, den Experteninterviews, verbunden ist. Damit soll nicht behauptet sein, dass die in dieser Arbeit genutzten empirischen Quellen grundsätzlich geeigneter für die Bestimmung der Inputvariablen von formalen Modellen zur Analyse von EU-Entscheidungsprozessen sind. Vielmehr ist für die Anwendbarkeit und Qualität der Datenquellen letztlich der Forschungsgegenstand entscheidend. Es soll im Rahmen dieser methodischen Anmerkungen aber versucht werden, die in EU-Studien bislang starke Fokussierung auf Experteninterviews als Datenquelle aufzubrechen und den Blick für weitere Quellen zu öffnen.

Nachdem das *Gas Game* im ersten Abschnitt der vorliegenden Arbeit mittels einer *post-diction* entwickelt und einem *performance test* unterzogen worden ist, wird die Simulation im zweiten Abschnitt dazu genutzt, ein Zukunftsszenario der EU-Erdgasaußenpolitik gegenüber Russland zu entwickeln. Dieses Szenario soll zur Hypothesenbildung hinsichtlich der Fragen dienen, inwiefern die Ukraine-Krise eine Zäsur in der europäischen Erdgasaußenpolitik darstellt und ein Politikwandel der EU gegenüber Russland im Erdgassektor zu erwarten ist.

---

109 Es ist allerdings anzumerken, dass die überregionalen deutschen Tageszeitungen gegenüber der britischen Zeitung *Financial Times* wesentlich umfassendere Daten bereitgestellt haben, weshalb bei der Modellierung des *Gas Game II* eine alternative internationale Datenquelle, die ebenfalls täglich erscheint, gewählt werden sollte.

Gas Game II: *Prediction* der EU-Erdgasaußenpolitik nach der Ukraine-Krise

Im November 2013 lehnte die ukrainische Regierung die Unterzeichnung eines seit 2007 mit der EU ausgehandelten Assoziierungsabkommens ab. Daraus entwickelte sich ein Konflikt, der nicht nur die Beziehungen zwischen der EU und der Ukraine, sondern insbesondere die Beziehungen zwischen der EU und Russland maßgeblich beeinflusste, da er die bereits seit Jahren bestehende Integrationskonkurrenz zwischen den beiden Akteuren in Osteuropa am Fall Ukraine eskalieren ließ. Aufgrund der großen Bedeutung, die die politische Stabilität der Energiebeziehungen zwischen Import-, Export- und Transitstaaten für die Versorgungssicherheit der Importstaaten impliziert (vgl. Kapitel 3), wurde in Politik und Wissenschaft ein Schwerpunkt der Debatte um den Ukraine-Konflikt auf die potentiellen Wechselwirkungen der zwischenstaatlichen Krise und den Erdgashandel zwischen der EU und Russland gelegt. Von besonderer Relevanz für die vorliegende Arbeit ist in diesem Kontext der Abbruch des South Stream-Projekts, den der russische Präsident Putin im Dezember 2014 verkündete, schließlich wurde das Projekt für die Entwicklung und den *performance test* des *Gas Game I* als Indikator für das europäische Interesse an einer Energiepartnerschaft mit Russland bewertet. Der Projektabbruch wurde zudem von der russischen Ankündigung begleitet, von nun an die Strategie zur Versorgung des europäischen Erdgasmarktes grundlegend zu ändern und auf Belieferungen der Endverbraucher sowie damit verbundene Infrastrukturmaßnahmen auf europäischem Territorium zukünftig zu verzichten. Es handelt sich beim Abbruch des South Stream-Projekts somit nicht „nur" um das Scheitern eines geplanten russisch-europäischen Infrastrukturvorhabens, sondern markiert den Ankündigungen der russischen Akteure zufolge eine Zäsur in den EU-Russland-Erdgasbeziehungen und das Ende ihrer strategischen Partnerschaft. Wenngleich dieser Schritt durch die russische Regierung erfolgte, ist der alleinige Blick auf die russischen Akteure zur Erklärung der gravierenden Implikationen des Ukraine-Konflikts auf den europäischen Erdgassektor allerdings nicht ausreichend. Zum einen kennzeichneten die russischen Akteure ihre Entscheidung als *Reaktion* auf die Blockadehaltung der EU-Kommission, die vor dem Hintergrund der Bestimmungen des Dritten Energiepakets Neuverhandlungen der Projektverträge forderte. Zum anderen evozierte der Ukraine-Konflikt in der EU einen Diskurs über die zukünftige Ausgestaltung des Erdgashandels mit Russland, der die strategische Partnerschaft infrage stellte und das Potential barg, die russische Versorgungssicherheit aus Exportperspektive zu gefährden. Anhand einer Modifizierung des *Gas Game* soll in diesem Abschnitt daher untersucht werden, inwiefern dem Entschluss des russischen Präsidenten zum Projektabbruch eine aus dem Ukraine-Konflikt resultierende Veränderung in der europäischen Erdgasaußenpolitik vorausging bzw. sich ein europäischer Policy-Wandel zumindest abzeichnete.

In einem ersten Schritt wird der Verlauf der Ukraine-Krise von November 2013 bis Dezember 2014 in ihren Grundzügen umrissen, um das Ausmaß der Krise in den EU-Russland-Beziehungen zu veranschaulichen (Abschnitt 7.1). In einem zweiten Schritt werden die unmittelbar sichtbaren Auswirkungen der Ukraine-Krise auf den europäischen Erdgassektor skizziert: Die ukrainisch-russische Gaskrise 2014 (Abschnitt 7.2.1) und der russische Abbruch des South Stream-Projekts (Abschnitt 7.2.2). Aus einer näheren Betrachtung der russischen Strategie bezüglich des South Stream-Projekts wird die Hypothese abgeleitet, dass die Entscheidung des russischen Präsidenten eine Reaktion auf einen sich abzeichnenden Policy-Wandel in der europäischen Erdgasaußenpolitik gegenüber Russland darstellt. Diese Hypothese soll anhand einer modifizierten Variante des *Gas Game* überprüft werden, was folgende Arbeitsschritte umfasst: Zunächst werden die Kernaspekte des europäischen Diskurses an der Schnittstelle von Erdgasaußenpolitik und Ukraine-Krise identifiziert und Identitäten mit den skizzierten Konfliktlinien des ersten Abschnitts – *Dependenz/Interdependenz, Diversifzierung/Energiepartnerschaft* – aufgezeigt, um die Übertragbarkeit des *Gas Game* auf die im Kontext der Ukraine-Krise geführte Auseinandersetzung zwischen den europäischen Akteuren bezüglich der zukünftigen Ausgestaltung der europäischen Erdgasaußenpolitik nachzuweisen (Abschnitt 8.1). Daran anschließend wird der politikwissenschaftliche Forschungsstand zum Zusammenhang von Ukraine-Krise und europäischem Erdgassektor aufgearbeitet (Abschnitt 8.2) und die Akteursauswahl für das *Gas Game II*, die mit dem *Gas Game I* übereinstimmt, begründet (Abschnitt 8.3). In einem vierten Schritt werden die Werte für die Inputvariablen Policyposition (Abschnitt 8.4), Einfluss (Abschnitt 8.5), Priorität (Abschnitt 8.6) und Kompromissbereitschaft (Abschnitt 8.7) aus empirischen Daten erhoben. Da das Modell bereits entwickelt und einem *performance test* unterzogen wurde, erfolgt die Datenerhebung analog zu der Vorgehensweise im ersten Abschnitt dieser Arbeit. Gleichwohl werden für die Inputvariablen jeweils kurze Erläuterungen angeführt, die die weiterhin bestehende Adäquanz der Operationalisierungsverfahren begründen. Im anschließenden Kapitel wird das Simulationsergebnis des *Gas Game II* präsentiert (Abschnitt 9.1) und es werden Rückschlüsse aus der virtuellen Welt auf die reale Welt gezogen (Abschnitt 9.2), wobei die Forschungsergebnisse im Kontext methodischer Anmerkungen zu modellierten Vorhersagen von politischen Entwicklungen kritisch reflektiert werden (Abschnitt 9.3).

KAPITEL 7

Die Zusammenhänge zwischen der Ukraine-Krise 2014 und den Energiebeziehungen zwischen der EU und Russland

Der Ukraine-Konflikt begann im November 2013 infolge der Nichtunterzeichnung des EU-Assoziierungsabkommens durch den damaligen ukrainischen Präsidenten Wiktor Janukowytsch und entwickelte sich zur größten zwischenstaatlichen Krise in Europa seit dem Ende des Zweiten Weltkriegs. Im folgenden Unterkapitel soll zunächst erläutert werden, inwiefern die Auseinandersetzungen zwischen EU, Russland und Ukraine um das ukainische Assoziierungsabkommen im Kontext der Integrationskonkurrenz zwischen der EU und Russland im postsowjetischen Raum betrachtet werden müssen, um die Implikationen des Abkommens und des sich aus diesem entwickelnden Konflikts für die Beziehungen zwischen der EU und Russland nachvollziehen zu können. Daran anschließend wird die Chronologie des Ukraine-Konflikts mit besonderem Fokus auf die Handlungen der europäischen Akteure gegenüber Russland dargelegt. (Abschnitt 7.1). Im zweiten Abschnitt (Abschnitt 7.2) werden die unmittelbaren Implikationen des Ukraine-Konflikts für den europäischen Erdgassektor skizziert: die ukrainisch-russische Gaskrise 2014 (Abschnitt 7.2.1) und der Abbruch des South Stream-Projekts (Abschnitt 7.2.2).

7.1 Die Ukraine-Krise im Kontext der Integrationskonkurrenz zwischen der EU und Russland – eine Chronologie

Die Integrationskonkurrenz zwischen der EU und Russland um die Ukraine

Am 21. November 2013 kündigte die ukrainische Regierung unter dem damaligen Präsidenten Wiktor Janukowytsch an, ein für den EU-Gipfel am 28. November 2013 ausgearbeitetes Assoziierungsabkommen mit der EU, dessen Aushandlungen bereits im Jahr 2007 begonnen hatten, entgegen ursprünglicher Planungen vorerst nicht zu unterschreiben (vgl. Biersack/O'Lear 2014: 2; Hedenskog 2014: 20; Rinke 2014: 34). Das Assoziierungsabkommen der EU mit der Ukraine ist ein Bestandteil der von der EU konzipierten Strategie der „Östlichen Partnerschaft", einem 2009 initiierten Teilprojekt der Europäischen Nachbarschaftspolitik (ENP) (vgl. Adomeit 2012: 385; Vogel 2014: 52): „Das Hauptziel der Östlichen Partnerschaft besteht darin, die notwendigen Voraussetzungen für die Beschleunigung der politischen Assoziierung und der weiteren wirtschaftlichen Integration zwischen der Europäischen Union und interessierten Partnerländern zu schaffen." (Rat der Europäischen Union 2009: 6) Das für November 2013 ausgearbeitete Assoziierungsabkommen setzt sich demgemäß aus politischen sowie wirtschaftlichen Elementen zusammen. Letztere sind in einem tiefen und umfassenden Freihandelsabkommen (Deep and Comprehensive Free Trade Agreement, DCFTA)[110] zusammengefasst, mit dessen Implementierung die Ukraine einen Großteil des EU-Rechtsbestands, des *acquis communitaire*, übernehmen würde:

> Sukzessive Integration findet bereits in den laufenden Verhandlungen zum freien Visaregime, zur Aufnahme in den Schengen-Raum in die Euro-Zone und zur Energiegemeinschaft, zur Mitgliedschaft in bestimmten Gemeinschaftsprogrammen und EU-Agenturen sowie zur Beteiligung am Instrument zur verstärkten Zusammenarbeit in der Gemeinsamen Außen- und Sicherheitspolitik statt. Die Aushandlungen zum Freihandelsabkommen implizieren bereits die Übernahme von bis zu 80% des acquis communautaire. Die sukzessive Teilnahme am Binnenmarkt und weiteren Gemeinschaften bedeutet faktisch die Übernahme eines großen Teils des rechtlichen Besitzstands der EU. (Meckel et al. 2012: 4)

---

110 Für eine Skizzierung der Kernelemente des Freihandelsabkommens siehe u.a. Havlik (2014: 27–28).

Die Ausführungen verdeutlichen die mit der „Östlichen Partnerschaft" verbundene grundlegende Idee der EU, „auch ohne den Nachbarländern eine Mitgliedschaft in der EU anzubieten, aber auch ohne sie auszuschließen, die EU *de facto* zu erweitern, Demokratie, Rechtsstaatlichkeit, eine freie Marktwirtschaft mit fairem Wettbewerb und eine lebendige Zivilgesellschaft zu errichten." (Adomeit 2012: 385) Zwar berge das Assoziierungsabkommen und die damit verbundene beiderseitige Öffnung der Märkte sowie die Harmonisierung von Gesetzen für die Ukraine nach Ansicht der EU zunächst Herausforderungen: „Of course, there will be a struggle for economic survival for some sectors currently protected from competition." (European External Action Service o. J.: 10) Das Abkommen mit der EU zahle sich auf lange Sicht aber trotzdem aus:

> The experiences of the New Member States show that the ever-closer relations with the EU are beneficial. The pessimistic scenarios of a collapse of the Visegrad or Baltic countries' economies after opening up their markets (rise of inflation, unemployment, mass bankruptcies etc.) did not materialize. Instead, we have witnessed a relatively high rate of GDP growth in the region during the last 15 years, albeit with ups and downs in some countries. (European External Action Service o. J.: 7)

Trotz dieser Bekundungen der EU lehnte der damalige ukrainische Präsident Janukowytsch die Unterzeichnung des Abkommens im November 2013 mit der Begründung ab, die Ukraine sei wirtschaftlich noch nicht reif. Sie könne einen solchen Vertrag erst unterschreiben, wenn sie selbst stark sei: „Sobald wir ein Niveau erreichen, das uns bequem erscheint, wenn es unseren Interessen entspricht, wenn wir unter normalen Bedingungen verhandeln können, dann können wir über eine Unterzeichnung sprechen." (Süddeutsche.de vom 27.11.2013) Zahlreiche Autoren aus der Wissenschaft sowie den öffentlichen Medien vermuteten jedoch, dass die Maßnahmen der russischen Regierung, die darauf abzielten, das Assoziierungsabkommen zu verhindern, die maßgebliche Ursache für die Entscheidung von Janukowytsch darstellten (siehe z. B. Biersack/O'Lear 2014; Havlik 2014; Malygina 2013; Rinke 2014; Simon 2014). So erließ die russische Regierung zwischen Juli und Oktober 2013 Handelssanktionen gegen die Ukraine, die den Import von ukrainischen Waren behinderten. Des Weiteren kündigte die russische Regierung neue Grenzkontrollen an und drohte, die Ukraine aus der GUS-Freihandelszone auszuschließen, falls sie das EU-Freihandelsabkommen unterzeichne (vgl. Malygina 2013: 2; Rinke 2014: 35). Auch der Erdgassektor wurde nach Ansicht von Havlik und Rinke für das russische

Interesse instrumentalisiert. Im Oktober 2013 erwog das Unternehmen Gazprom öffentlich, der Ukraine Gas nur noch gegen Vorkasse zu liefern, sollte das ukrainische Unternehmen Naftogaz seine Gasschulden gegenüber Gazprom nicht begleichen (vgl. Rinke 2014: 35). Im November 2013 unterstrich der russische Ministerpräsident Medvedev diese Option:

> The latest serious and immediate threat was expressed by Mr Medvedev at the beginning of November in connection with Ukraine's payment arrears for Russian gas deliveries (amounting to nearly USD 900 million as of August 2013). Prime Minister Medvedev required prompt debt repayment, rejected new Russian credit and required a pre-payment for additional gas deliveries (envisaged by the existing contract with Gazprom) while suggesting that, if necessary, Ukraine should ask the EU for financial assistance instead. (Havlik 2014: 24)

Die erläuterten Sanktionsmaßnahmen der russischen Regierung richteten sich somit auf Kernbereiche der ökonomischen Abhängigkeit der Ukraine vom Handel mit Russland und zeigten Konsequenzen auf, die die russische Regierung im Falle der Unterzeichnung des Assoziierungsabkommens gegen die Ukraine durchsetzen könne. Die These zum Zusammenhang zwischen ebendiesen und der Entscheidung der ukrainischen Regierung zur Nicht-Unterzeichnung des Abkommens mit der EU stützt auch die Rede des damaligen ukrainischen Premierministers Mykola Asarow im ukrainischen Parlament vom 22. November 2013, in der er Statistiken zum Umfang des Handels mit Russland vorlegt und die negativen Implikationen erläutert, die die ukrainische Wirtschaft infolge eines reduzierten Handels mit Russland zu fürchten hätte (vgl. Asarow 2013).

Die Agitation von russischen und europäischen Akteuren für bzw. gegen das Assoziierungsabkommen zwischen der Ukraine und der EU verweist auf eine übergeordnete Ebene des Konflikts, die begründet, warum die Ukraine-Krise so nachhaltig auf die Beziehungen zwischen der EU und Russland einwirkt: Im postsowjetischen Raum herrscht eine Integrationskonkurrenz zwischen der EU und Russland vor. Dem Integrationsprojekt der EU, im Rahmen dessen die Länder der „Östlichen Partnerschaft" als Teil eines erweiterten Europas angesehen werden, auf den die Werte und Normen der EU übertragen werden sollen, steht die Position der russischen Regierung gegenüber, die den postsowjetischen Raum als eigene Einflusssphäre erachtet (vgl. Adomeit 2012: 383; Meister 2015: 77). Dementsprechend deutlich kritisierte der russische Außenminister Sergei Lavrow die „Östliche Partnerschaft" kurz vor ihrer offiziellen Verkündung: „Wir werden beschuldigt, über Einflusssphären zu verfügen. Aber was ist die Östliche Partnerschaft anderes als ein Bemühen, die europäische Einflusssphäre auszudehnen?" (Zit. n. Adomeit 2012: 393) Vor diesem Hintergrund hat die russische Regierung in den vergangenen Jahren verschiedene Integrationsvorhaben initiiert, die der „Östlichen Partnerschaft" der EU entgegenwirken. So ist die russische Regierung darum bemüht, die Ukraine in die bereits bestehende Zollunion mit Belarus und Kasachstan sowie den „Einheitlichen Wirtschaftsraum" (EWR) einzubinden, der schließlich in eine noch zu gründende „Eurasische Union" münden soll. Entsprechend erläuterte der russische Präsident Putin 2011: „Wir schlagen das Modell einer starken übernationalen Vereinigung vor, die fähig ist, einen der Pole der heutigen Welt zu bilden. Auf Basis der Zollunion und des Einheitlichen Wirtschaftsraums muss man zu einer engeren Koordinierung der Wirtschafts- und Währungspolitik übergehen und eine vollwertige Wirtschaftsunion herstellen." Die Kooperation solle aber nicht auf wirtschaftliche Elemente begrenzt werden: „Wir setzen uns ein ambitioniertes Ziel: ein nächstes und höheres Niveau der Integration in einer Eurasischen Union [zu erreichen]." (Zit. n. Adomeit 2012: 391)

Die Ukraine kann in der Integrationskonkurrenz zwischen Russland und der EU als wichtigstes Land gewertet werden. Begründet ist dies in ihrem großen Territorium, ihrer vergleichsweise hohen Bevölkerungszahl, der geographisch zentralen Lage zwischen Russland, mehreren EU-Mitgliedsländern und dem Schwarzen Meer mit Seewegen zum Kaukasus und zur Türkei sowie den strategischen Interessen, die Russland mit der Ukraine verbindet. Letztere beziehen sich insbesondere auf die Bedeutung der Ukraine als Transitland für russisches Erdgas und die Präsenz der russischen Schwarzmeerflotte in der Ukraine (vgl. Adomeit 2012: 383, 389, 398–399, 405; Götz 2015: 3–4; Mearsheimer 2014; Meister 2014: 81; Vogel 2014: 60–61). Vor diesem Hintergrund kann der Ukraine-Konflikt als vorläufiger Kulminationspunkt in der Integrationskonkurrenz zwischen der EU und Russland im postsowjetischen Raum beurteilt werden.

Im Folgenden wird der Konfliktverlauf skizziert, wobei der Schwerpunkt der chronologischen Darstellung dem Forschungsthema der vorliegenden Arbeit entsprechend auf die Handlungen der europäischen Akteure gegenüber Russland gelegt wird.

Der Verlauf der Ukraine-Krise von November 2013 bis Dezember 2014

Auf die vorläufige Ablehnung des Assoziierungsabkommens durch die ukrainische Regierung folgten Demonstrationen der ukrainischen Bevölkerung sowie der Oppositionsparteien, die später aufgrund ihres Standorts, dem zentralen Maidan-Platz in Kiew, sowie der Forderung nach einer Anbindung an die EU als „Euro-Maidan" bezeichnet wurden. Die Proteste wurden in den darauffolgenden Wochen fortgeführt, im Rahmen derer es regelmäßig zu Auseinandersetzungen zwischen den Demonstranten und der Polizei kam. Am 17. Dezember 2013 bewilligte die russische Regierung der Ukraine eine Finanzhilfe in Höhe von 15 Milliarden Dollar, die aus dem russischen Staatsfonds in ukrainische Staatsanleihen investiert werden sollten. Zudem unterzeichnen die Unternehmen Gazprom und Naftogaz in Anwesenheit von Putin und Janukowitsch ein Abkommen, demzufolge der Gaspreis von zuvor \$400 / 1000 m^3 auf \$268,50 / 1000 m^3 sinken sollte (vgl. SZ vom 18.12.2013). Gleichzeitig sprachen verschiedene EU-Akteure ihre Unterstützung für die pro-westlichen Demonstranten auf dem Maidan-Platz aus. Vor diesem Hintergrund äußerten die russische Regierung sowie die EU-Mitgliedstaaten wechselseitig Vorwürfe, die jeweils andere Seite mische sich in innerukrainische Angelegenheiten ein. Deswegen entschlossen sich zahlreiche EU-Akteure, u.a der deutsche Bundespräsident Joachim Gauck, die EU-Kommissarin Viviane Reding und der französische Präsident Holland, dazu, die Olympischen Winterspiele in Sotschi in Form von Abwesenheit zu boykottieren (vgl. EurActiv vom 20.12.2013, 16.01.2014). Daneben versuchten die russischen und europäischen Akteure im Rahmen des EU-Russland-Gipfels am 29. Januar 2014 sowie bilateraler Gespräche zwischen dem damaligen deutschen Außenminister Frank-Walter Steinmeier, Lawrow und Putin eine diplomatische Lösung zu erarbeiten (vgl. Biersack/O'Lear 2014: 2; Hedenskog 2014: 20–22; Rinke 2014: 36–37).

Im Februar eskalierten die Proteste auf dem Maidan-Platz. Zwischen dem 18. und dem 20. Februar 2014 starben ungefähr 100 Personen in den Auseinandersetzungen zwischen den Demonstranten und der Polizei. Es konnte nicht geklärt werden, welche Akteure für den Beschuss der Demonstranten verantwortlich waren (vgl. SZ vom 19.02.2015). Als Reaktion auf die Eskalation erarbeitete die ukrainische Regierung mit den politischen Oppositionspartien am 21. Februar 2014 ein Abkommen, das die Rückkehr zur Verfassung von 2004 und der damit verbundenen Beschränkung der Rechte des Präsidenten sowie die Einigung über vorgezogene Präsidentschaftswahlen und die Bildung einer Übergangsregierung beinhaltete. An den Verhandlungen nahmen die Außenminister Deutschlands, Frankreichs und Polens sowie der russische Menschenrechtsbeauftragte Lukin teil (vgl. Hedenskog 2014: 21; Portnoy 2014: 20; SZ vom 22.02.2014). In der Nacht zum 22. Februar 2013 floh Janukowitsch jedoch nach Russland. In der Ukraine wurde daraufhin eine pro-westliche Übergangsregierung eingerichtet, die u.a. die Absetzung Janukowitschs als Präsidenten, die Ausstellung eines Haftbefehls, die – später revidierte – Abschaffung von Russisch als zweiter Amtssprache, die Freilassung Timoschenkos sowie das Vorziehen der Präsidentschaftswahl auf den 25. Mai 2014 beschloss (vgl. Biersack/O'Lear 2014: 2–3; Hedenskog 2014: 21–22; Rinke 2014: 38). Die Beurteilung der neuen Regierung durch die europäischen und russischen Akteure offenbarte erneut die Integrationskonkurrenz, die den Ukraine-Konflikt prägte: Während die EU ihre Unterstützung für die neue Regierung aussprach, kritisierte die russische Regierung sie als „puppets of a EU/US-backed coup" (Biersack/O'Lear 2014: 2).

Als Reaktion auf die neue Übergangsregierung und die damit verbundene Umorientierung der Ukraine zur EU folgten Ereignisse, die die russische Annektierung der Halbinsel Krim einleiteten. Bereits am 22. Februar 2014 äußerte die Bevölkerung auf der Krim Widerstand gegen die neue ukrainische Regierung, am 27. Februar 2014 besetzten pro-russische Demonstranten in Simferopol, der Hauptstadt der Krim, das Regionalparlament und hissten die russische Flagge. Am 28. Februar 2014 nahmen bewaffnete Uniformierte, deren Zugehörigkeit zu den Konfliktparteien zunächst ungeklärt blieb, die Flughäfen von Simferopol und Sewastopol ein. Am 2. März 2014 räumte Putin in einem Telefonat mit der damaligen Bundeskanzlerin Merkel jedoch ein, dass die auf der Krim tätigen Milizen direkte Verbindung zu russischen Truppen hatten. Die EU sowie die USA nahmen in der Konsequenz eine distanziertere Haltung gegenüber der russischen Regierung ein. Die deutsche Regierung warf der russischen Regierung vor, mit der russischen Intervention auf der Krim gegen das Völkerrecht verstoßen zu haben und forderte sie auf, die Grenzen der Ukraine zu respektieren. Die USA erwägten bereits die Implementierung von Sanktionen und drohten mit einem Ausschluss Russlands aus dem G-8-Format (vgl. Rinke 2014: 38–41).

Am 6. März 2014 beschloss die Autonomiebehörde der Krim, am 16. März 2014 ein Referendum zur Abspaltung der Krim von der Ukraine und zum Beitritt zu Russland abzuhalten. Während insbesondere die deutsche Regierung bis zu diesem

Zeitpunkt darum bemüht war, in Gesprächen mit der russischen Regierung mittels der Einrichtung einer internationalen Kontaktgruppe eine diplomatische Lösung der Krimkrise herbeizuführen, konzipierten die Staats- und Regierungschefs der EU aufgrund des angekündigten Referendums nun ein dreistufiges Sanktionsverfahren gegen Russland (vgl. Rinke 2014: 41–43):

- Stufe 1: Diplomatische Sanktionen – Aussetzung von Verhandlungen über Visaerleichterungen sowie über die Erneuerung des Grundlagenabkommens zwischen der EU und Russland

- Stufe 2: Individuelle Sanktionen – Reisebeschränkungen und Kontensperrungen für bestimmte Personen aus der Macht- und Wirtschaftselite Russlands

- Stufe 3: Selektive Sanktionen[111] – Sektorale Wirtschaftssanktionen (vgl. Dolidze 2015: 1; Emerson 2014: 2; Götz 2014a: 24)

Ungeachtet der angekündigten Sanktionspolitik stimmte am 16. März 2014 im Rahmen des Abspaltungsreferendums nach Angabe der Organisatoren eine deutliche Mehrheit der Bevölkerung für die Angliederung der Krim an Russland. Am 18. März 2014 gab Putin die Aufnahme der Krim in das russische Staatsgebiet bekannt, die er mit der bloßen Umsetzung des russischen Volkswillens legitimierte:

> Verehrte Freunde, wir sind heute hier zusammengekommen, um ein Thema zu besprechen, das für uns alle von vitaler, von historischer Bedeutung ist. Am 16. März hat auf der Krim ein Referendum stattgefunden. Die Durchführung dieses Referendums entsprach in jeder Hinsicht den demokratischen Regeln und den Normen des Völkerrechts. An der Abstimmung haben über 82 Prozent der Wahlberechtigten teilgenommen. Über 96 Prozent davon sprachen sich für einen Anschluss an Russland aus. Das sind äußerst überzeugende Zahlen. [...] Was sagen die Menschen in Russland dazu heute? [...] Sie kennen die jüngsten Umfragen, die buchstäblich in den letzten Tagen erst in Russland durchgeführt wurden: Ungefähr 95 Prozent der Bürger meinen, dass Russland die Interessen der Russen und der Angehörigen anderer Nationalitäten, die auf der Krim wohnen, verteidigen muss. [...] Somit unterstützen sowohl die überwältigende Mehrheit der Einwohner der Krim als auch die absolute Mehrheit der Bürger der Russländischen Föderation eine Wiedervereinigung der Krim und der Stadt Sevastopol mit der Russländischen Föderation. Jetzt muss eine politische Entscheidung Russlands folgen. Diese kann nur auf dem Willen des Volkes

---

111 Für eine Definition der Sanktionskategorien und historische Beispiele ihrer Implementierung siehe Götz (2014a: 21–24).

beruhen, denn vom Volk allein geht alle Macht aus. [...] Gestützt auf die Ergebnisse des Referendums auf der Krim und auf den Willen des Volkes lege ich heute der Föderalversammlung mit Bitte um Prüfung ein Verfassungsgesetz zur Aufnahme zweier neuer Subjekte in die Russländische Föderation vor – der Republik Krim und der Stadt Sevastopol. (Putin 2014a: 87, 99)

Als Reaktion auf die Krimannexion erließ die EU gegen Russland Sanktionen der Stufen 1 und 2. Zudem sagte sie das G-8-Treffen in Sotschi sowie die deutsch-russischen Regierungskonsultationen ab und Russland verlor sein Stimmrecht in der Parlamentarischen Versammlung des Europarats. Die Implementierung von Sanktionen der dritten Stufe wurde an die Bedingung geknüpft, dass Russland weitere Landesteile der Ukraine destabilisiert (vgl. Rinke 2014: 42, 44, 2015a: 9). Des Weiteren unterzeichneten die EU sowie die ukrainische Regierung am 21. März 2014 den politischen Bestandteil des Assoziierungsabkommens (vgl. FAZ vom 22.03.2014).

In den darauffolgenden Monaten erweiterte die EU stets unter Berufung auf von ihr verurteilte Handlungen der russischen Regierung die Liste der Personen und Unternehmen, die mit Sanktionen belegt werden (vgl. Wychiszkiewicz 2014: 193). Die Politik der EU gegenüber Russland bestand somit nun aus drei Säulen: erstens, Sanktionen gegen Russland; zweitens, finanzielle und politische Unterstützung der ukrainischen Regierung; drittens, diplomatische Gespräche mit Russland (vgl. Buras 2014: 43). Des Weiteren trugen die EU-Mitgliedstaaten den Entschluss mit, dass die NATO ihre Luftraumüberwachung im Baltikum verstärkt und weitere Manöver im Osten abhält (vgl. Rinke 2015a: 10). Damit reagierten sie auf eine Destabilisierung der Ostukraine: In den Städten Donezk und Luhansk besetzten pro-russische Separatisten im April öffentliche Gebäude (vgl. Hedenskog 2014: 22). Da sie immer größere Gebiete erschloss, fanden die Präsidentschaftswahlen am 25. Mai 2014 nur in der Westukraine statt. Petro Poroschenko wurde zum neuen Präsidenten der Ukraine gewählt (vgl. Rinke 2015a: 13). Daran anschließend übernahmen die deutsche und die französische Regierung eine immer wichtigere Rolle im Friedensprozess. Gemeinsam mit der russischen und der ukrainischen Regierung gründeten sie das „Normandie"-Format, um eine diplomatische Lösung für den Konflikt zu erarbeiten. Den diplomatischen Bemühungen stand jedoch die militärische Eskalation in der Ostukraine entgegen, die nach Ansicht der EU auf die Unterstützung der pro-russischen Separatisten durch die russische Regierung zurückzuführen war. Vor diesem Hintergrund entwickelte sich zwischen den EU-Mitgliedstaaten eine Debatte um die Ausweitung der Sanktionen gegen Russland, in der sich Befürworter und Gegner über den gesamten Verlauf der Ukraine-Krise gegenüberstanden (vgl. Rinke 2015a: 13–15).

Am 27. Juni 2014 unterzeichnete die EU Assoziierungsabkommen mit der Ukraine,[112] Moldau und Georgien. Zu einer deutlichen Verschärfung der Spannungen zwischen der EU und Russland kam es infolge des Abschusses des Flugs MH 17 über ukrainischem Territorium mit 298 zivilen, vornehmlich niederländischen Todesopfern. Es wurde nicht geklärt, ob die ukrainische Armee oder die pro-russischen Separatisten für den Absturz verantwortlich waren. Dennoch implizierte das Ereignis eine Wende in der europäischen Sanktionsdebatte: Am 1. August 2014 implementierte die EU Wirtschaftssanktionen (Stufe 3) gegen russische Banken, Rüstungs- und Energiekonzerne, die im September ausgeweitet wurden (vgl. Rinke 2015a: 15–16). Die Sanktionen im Energiebereich betrafen in erster Linie den Erdölsektor: Zum einen richteten sie sich gegen die Erdölunternehmen *Rosneft, Transneft* und *Gazpromneft*, deren Zugriff auf Kapitalmärkte der EU und der USA stark beschränkt wurde. Zum anderen verhängte die EU ein Verbot unmittelbar oder mittelbar in Russland zu erbringender Dienstleistungen in Zusammenhang mit der Erdölexploration oder -förderung von Tiefseeöl, arktischem Öl oder Schieferöl. Die Energiesanktionen resultierten in sichtbar negativen Konsequenzen für die sanktionierten Unternehmen, die sich mittelbar auch auf die russische Wirtschaft auswirkten: Die Erdölunternehmen verzeichneten starke Schwankungen in ihren Aktienkursen; die geringeren Einnahmen erzwangen den zeitweisen Aufschub bzw. Verzicht von geplanten Investitionsvorhaben, was es u.a. für *Rosneft* erforderlich machte, die Regierung um staatliche Subventionen zu bitten. Als besonders verlustreich galt der im September 2014 verkündete Ausstieg des Ölkonzerns *ExxonMobil* aus dem mit *Rosneft* betriebenen Bohrprojekt in der Arktis. Daneben litt der Erdölsektor wirtschaftlich unter dem äußerst niedrigen Erdölpreis. Die Sanktionen im Finanz- und Technologiesektor und die insgesamt ungünstige Weltwirtschaftslage verstärkten sich somit wechselseitig und ließen Verzögerungen oder gar die notwendige Aufgabe weiterer Explorationsprojekte im Energiesektor erwarten (vgl. Rinke 2015a: 18; Wychiszkie-

---

112 Hierbei handelt es sich um das am 21. März 2014 noch nicht unterzeichnete Freihandelsabkommen.

wicz 2014: 194–196). Die Kombination der genannten Wirtschaftssanktionen mit den ohnehin niedrigen Erdölpreisen auf dem Weltmarkt führte schließlich zu einer wirtschaftlichen Rezession in Russland:

> [E]conomically speaking, individual sanctions could not have brought about similar sectoral fallouts that the present western sanctions policy has brought to the Russian economy. The financial sector has already been hit hard by sanctions: Russia is experiencing capital flight, stock prices have gone down, investors have fled the country and the ruble has also depreciated (note also the link with the sharp decline in global oil prices!). As suggested by the figures in Table 1, a sharp drop in oil prices with sanctions still in place will lead to recession in 2015. What is more, the ramifications of the trade sanctions are still to come. With the impact of the sanctions expected to become more and more apparent during the next two years, the latest World Bank report on the Russian economy predicted stagnation in its baseline scenario (World Bank 2014). Even more, the economic situation in Russia is getting closer to the World Bank's pessimistic scenario as Russia seems to be entering the recession phase. (Dolidze 2015: 4)

Gleichzeitig beschloss die NATO Anfang September die Verstärkung der schnellen Eingreiftruppe und den Ausbau des osteuropäischen Hauptquartiers in Stettin (vgl. Rinke 2015a: 16). Als Reaktion auf die Sanktionen der EU gegen Russland implementierte die russische Regierung Gegenmaßnahmen: Am 6. August 2014 erließ sie ein Einfuhrverbot für Agrarerzeugnisse aus der EU, den USA, Kanada, Australien und Norwegen (vgl. Europäische Kommission 2014a). Am 3. September 2014 informierte die Europäische Kommission über die potentiellen Auswirkungen des russischen Embargos:

> These restrictions put a serious pressure on our agriculture and food sector:
> - because of the temporary loss of a significant commercial market (the banned products on the Russian market represent 4,2 % of all EU agri-food exports). Some sectors and Member States are more heavily affected – i.e. 29 % of EU fruits and vegetables exports, 33 % of cheese, 28 % butter;
> - and because of possible cascade effects leading to oversupply on the internal market given the volumes involved, and the quantity of perishable products banned in full harvesting season.
>
> Alternative market opportunities will exist for some of these EU products but rerouting will take time. The overall temporary restrictions currently applied by Russia potentially jeopardise 5 billion EUR worth of trade and affects the income of 9.5 million people in the EU working on the holdings most concerned. (Europäische Kommission 2014c: 1)

Die Stellungnahme verdeutlicht, dass auch die EU negative Konsequenzen aus den russischen Sanktionen für die Wirtschaft der Mitgliedstaaten erwartete. Zudem warnte das russische Außenministerium mit Bezug auf die Sanktionen im Energiesektor vor einem Anstieg der Energiepreise für europäische Verbraucher:

> Die Wirtschaften Russlands und der Europäischen Union sind kommunizierende Gefäße und der von Brüssel begonnene Übergang zur „dritten Sanktionswelle" wird sich auf die wirtschaftliche Lage in der EU nicht weniger auswirken als auf die Russlands. [...] Im Sanktionswesen schafft Brüssel aus eigenem Antrieb Hindernisse für die weitere Zusammenarbeit mit Russland in so einem wichtigen Bereich wie der Energiewirtschaft. Das ist ein gedankenloser, unverantwortlicher Schritt. Dieser führt unausweichlich zu Preiserhöhungen auf dem europäischen Energiemarkt. (Außenministerium der Russischen Föderation 2014)

Am 19. September 2014 handelten Vertreter Russlands, der Ukraine und der prorussischen Separatisten unter Vermittlung der OSZE ein Waffenstillstandsabkommen in Minsk aus (im Folgenden: Minsk-Abkommen I), das wenige Wochen später jedoch wieder gebrochen wurde (vgl. Rinke 2015a: 18). Zudem ratifizierten das ukrainische und das EU-Parlament das gemeinsame Assoziierungsabkommen, das am 1. November 2014 in Kraft trat. Die Implementierung des wirtschaftlichen Bestandteils, des Freihandelsabkommens, wurde allerdings auf den 1. Januar 2016 verschoben (vgl. Vogel 2014: 65). Am 26. Oktober 2014 fanden in der Westukraine Parlamentswahlen statt, die in der Ostukraine durch eine für den 2. November 2014 angekündigte separate Abstimmung unterlaufen wurden. In letzterer sprach sich eine signifikante Mehrheit für die Eigenständigkeit der Volksrepubliken Donezk und Luhansk aus. Während die EU die Abstimmung als illegitim bewertete, erkannte die russische Regierung sie an, was zu einer erneuten Verschärfung der Sanktionsdebatte zwischen den EU-Mitgliedstaaten führte, die aber keine Einigung über weitere Sanktionen gegen Russland zur Folge hatte. Stattdessen bemühten sich insbesondere die französische und die deutsche Regierung in bilateralen Gesprächen mit der russischen Regierung um die Umsetzung des Minsk-Abkommen I (vgl. Rinke 2015a: 19–20). Schließlich fand am 11. und 12. Februar 2015 in Minsk ein erneutes Treffen im „Normandie"-Format mit Hollande, Merkel, Putin und Poroschenko statt, im Rahmen dessen wiederum ein Waffenstillstandsabkommen (im Folgenden: Minsk II) zwischen den Konfliktparteien ausgehandelt wurde. Auch die Separatistenführer

Aleksandr Sachartschenko und Igor Plotnizkij unterzeichneten das Abkommen (vgl. FAZ vom 13.02.2015a, 13.02.2015b). Die wechselseitigen Sanktionen zwischen der EU und Russland wurden bis zu diesem Zeitpunkt aufrechterhalten. Es lässt sich für den Zeitraum zwischen November 2013 und Dezember 2014 somit festhalten, dass die EU sich in der Integrationskonkurrenz um die Ukraine zwar gegen Russland durchgesetzt hat. Schließlich ist es ihr gelungen, das zu Beginn dieser Periode abgelehnte Assoziierungsabkommen letztlich doch unterzeichnen und ratifizieren zu lassen. Mit diesem Erfolg der Europäischen Nachbarschaftspolitik waren jedoch gravierende Konsequenzen in Form der deutlichen Verschlechterung der EU-Russland-Beziehungen verbunden: Die Auseinandersetzung um die Ukraine ist in einem solch hohen Grad eskaliert, dass diverse institutionalisierte Dialogformate zwischen der EU und Russland, wie z. B. die G8-Treffen, der EU-Russland-Dialog im Energiesektor sowie der Petersburger Dialog zwischen Russland und Deutschland vorübergehend ausgesetzt wurden und der Konflikt zudem in einen Wirtschaftskrieg mündete. Einige Autoren bewerteten die Auseinandersetzungen zwischen der EU und Russland gar als einen erneuten Kalten Krieg. Diese Spannungen wirkten sich auch auf den Erdgassektor auf. In den beiden folgenden Unterkapiteln werden die unmittelbaren Folgen des Konflikts für den europäischen Erdgashandel aufgezeigt.

7.2 Unmittelbare Auswirkungen der Ukraine-Krise auf den europäischen Erdgassektor

Die engen Verflechtungen zwischen der EU, der Ukraine und Russland im Erdgassektor und die große strategische Bedeutung von ebendiesem für alle beteiligten Akteure und deren Volkswirtschaften ermöglichten es, den Erdgassektor in einen Austragungsort des übergeordneten zwischenstaatlichen Konflikts zu verwandeln. Unmittelbar sichtbare Folgen dieses Transfers waren die ukrainisch-russische Gaskrise 2014 und der Abbruch des South Stream-Projekts. In Abschnitt 7.2.1 erfolgt eine chronologische Darstellung der Gaskrise. In Abschnitt 7.2.2 wird der Konflikt zwischen der EU-Kommission sowie Russland um das South Stream-Projekt zwischen Dezember 2013 und Dezember 2014 illustriert, der juristische Hintergrund der Auseinandersetzung mit Bezug auf das Dritte Energiepaket erläutert und schließlich aus einer analytischen Betrachtung der russischen Strategie die Hypothese abgeleitet, dass die russische Entscheidung zum Projektabbruch die Reaktion auf einen sich abzeichnenden Wandel in der europäischen Erdgasaußenpolitik darstellt.

7.2.1 Die Russland-Ukraine-Gaskrise 2014

Wie in Abschnitt 7.1 aufgezeigt, drohten die russische Regierung und Gazprom bereits im Oktober 2013, der Ukraine nur noch Erdgas gegen Vorkasse zu liefern, wenn das ukrainische Unternehmen Naftogaz seine Gasschulden nicht begleiche. Zu diesem Zeitpunkt wurde die Drohung Russlands von zahlreichen Akteuren bereits als Maßnahme der russischen Regierung interpretiert, das Assoziierungsabkommen zwischen der Ukraine und der EU zu verhindern. Im Zuge der Eskalation des Ukraine-Konflikts, verschärfte sich dieser Disput um die Gasschulden, so dass sich der Erdgashandel zwischen Russland und der Ukraine ab Februar 2014 endgültig in einen zusätzlichen Austragungsort des übergeordneten militärischen Konflikts verwandelte und stets Risiken für die europäische Versorgungssicherheit implizierte (vgl. Westphal 2014c: 1).

Der Gasliefervertrag zwischen der Ukraine und Russland wurde 2009 ausgehandelt und ist bis 2019 gültig. Er umfasst die vereinbarten ukrainischen Gaspreise, die die Gaspreise für die Kunden in der EU deutlich übersteigen, sowie die ukrainischen Abnahmeverpflichtungen. Gazprom hat 2010 und 2013 allerdings Preis- und Mengenabschläge als Gegenleistung für politische Zugeständnisse gewährt (vgl. Westphal 2014b: 1). 2010 handelte es sich dabei um die Verlängerung der Verweildauer des strategisch wichtigen russischen Stützpunktes für die Schwarzmeer-flotte bis 2042 (siehe auch Abschnitt 7.1): Während Janukowitschs Vorgänger, der ehemalige ukrainische Präsident Wiktor Juschtschenko, die Schwarzmeerflotte als Präsenz feindlicher Truppen auf ukrainischem Boden ansah, beschloss Janukowitsch nach seiner Amtsübernahme 2010 den 2017 auslaufenden Pachtvertrag für den Stützpunkt auf der Krim bis 2042 zu verlängern. Als Gegenleistung einigten sich die Unternehmen Gazprom und Naftohaz darauf, dass die Ukraine in den folgenden zehn Jahren einen Preisnachlass von etwa 30 Prozent auf Erdgas aus Russland erhält.[113] Die Periode zwischen den Jahren 2010 und 2013 war dennoch von stetigen Debatten um den Gaspreis sowie die Abnahmeverpflichtung geprägt, da der Gaspreis bis 2012 von \$230 auf \$416/1000 m^3 Erdgas anstieg und die Ukraine vor diesem Hintergrund die Abnahmeverpflichtung verringern wollte, wofür der Vertrag jedoch keine Möglichkeit lieferte (vgl. Adomeit 2012: 399–400, 402). Bis zum Jahr

---

113 Gazprom räumte Naftogaz einen Rabatt von maximal 100 Dollar pro Tausend Kubikmeter Erdgas ein, wenn der Preis über 333 Dollar lag bzw. einen Diskont von 30 Prozent, wenn der Preis über 333 Dollar pro tausend Kubikmeter lag (vgl. Adomeit 2012: 402).

2013 akkumulierte Naftogaz gegenüber Gazprom schließlich Schulden im Wert von 3,3 Mrd. $. Am 17. Dezember 2013 einigten sich Janukowitsch und Putin auf ein Abkommen, dem zufolge Russland 15 Mrd. $ in ukrainische Staatsanleihen investiert und der Gaspreis im ersten Quartal 2014 von $268,50/1000 m³ Erdgas auf etwa $405/1000 m³ Erdgas reduziert wurde. Dieses Angebot wird im wissenschaftlichen Diskurs und der öffentlichen Besprechung als Gegenleistung für die vorangegangene Ablehnung des Assoziierungsabkommens zwischen der Ukraine und der EU angesehen. Russland investierte jedoch zunächst nur einen Teil des vereinbarten Kredits – $3 Mrd. – in ukrainische Staatsanleihen. Am 14. Februar 2014 zahlte Naftogaz $1,28 Mrd. an Gazprom, akkumulierte bis März aber erneut ca. $2 Mrd. Dollar Schulden. Am 4. März 2014 – und somit *nach* Beginn der pro-russischen Proteste auf der Krim – verkündete Putin, dass das russische Kreditangebot vom 17. Dezember 2013 an die Bedingung geknüpft war, dass die Ukraine ihre Gasschulden bezahle und dementsprechend auch die Fortsetzung des Kredits an diese Bedingung geknüpft sei (vgl. Pirani et al. 2014: 4). Am gleichen Tag kündigte der Gazprom-Vorsitzende Miller an, ab April 2014 wieder den im Vertrag ursprünglichen Preis von $406 statt $268,50/1000 m³ zu verlangen, sollten die Schulden nicht beglichen werden (vgl. Westphal 2014b: 2). Hinsichtlich beider Ankündigungen war Putin zu diesem Zeitpunkt noch darum bemüht, einen Zusammenhang mit der Ukraine-Krise zu negieren und sie ausschließlich mit ökonomischen Interessen Gazproms zu begründen:

Gazprom and the Government of the Russian Federation agreed that Gazprom would introduce a discount by reducing gas prices to $268.50 per 1,000 cubic metres. The Government of Russia provides the first tranche of the loan, which is formally not a loan but a bond purchase – a quasi-loan, $3 billion dollars in the first stage. And the Ukrainian side undertakes to fully repay its debt that arose in the second half of last year and to make regular payments for what they are consuming – for the gas. The debt has not been repaid, regular payments are not being made in full. Moreover, if the Ukrainian partners fail to make the February payment, the debt will grow even bigger. Today it is around $1.5–1.6 billion. And if they do not fully pay for February, it will be nearly $2 billion. Naturally, in these circumstances, Gazprom says, 'Listen guys, since you don't pay us anyway, and we are only seeing an increase in your debt, let's lock into the regular price, which is still reduced.' This is a purely commercial component of Gazprom's activities, which plans for revenues and expenditures in its investment plans like any other major company. If they do not receive the money from their Ukrainian partners on time, then they are undercutting their own investment programmes; this is a real problem for

them. And incidentally, this does not have to do with the events in Ukraine or
any politics. There was an agreement: 'We give you money and reduced gas
rates, and you give us regular payments.' They gave them money and reduced
gas rates, but the payments are not being made. So naturally, Gazprom says,
'Guys, that won't work.' (Putin 2014b)

Am 7. März 2014 drohte Gazprom mit einem Lieferstopp in die Ukraine, sollte
Naftogaz seine Schulden gegenüber Gazprom nicht begleichen. Dazu prognostizierte
der Gazprom-Vorsitzende Miller ein ähnliches Szenario wie bei der Gaskrise 2009:
„Entweder die Ukraine begleicht ihre Schulden und zahlt für die laufenden Lieferunterbrechungen oder es besteht das Risiko, dass wir zu einer Lage wie Anfang
2009 zurückkehren." (Zit. n. Süddeutsche.de vom 07.03.2014b) Am 21. März 2014
erklärte die russische Regierung, dass der Ukraine nach dem Anschluss der Krim
an Russland kein Rabatt auf den Import von Gas mehr gewährt werden könne, da
dieser Rabatt auf der Stationierung der russischen Schwarzmeerflotte auf der Krim
basiert habe (vgl. Biersack/O'Lear 2014: 15; Dollbaum 2014: 30). Im April ver-
schickte Putin einen Brief an 18 EU-Mitgliedstaaten, die Importeure von russischem
Erdgas sind (vgl. Süddeutsche.de vom 10.04.2014). Er bestätigte in diesem die
vorherige Warnung Millers, der Ukraine Gas nur noch gegen Vorkasse zu liefern und
warnte vor Lieferengpässen oder gar einem Lieferstopp, der sich auf die europäische
Energieversorgung auswirke, sollte Naftogaz die Gasschulden nicht begleichen. Um
eine solche Situation zu verhindern, forderte er die Zusammenarbeit der russischen,
ukrainischen und europäischen Regierungen, damit eine diplomatische Lösung der
Gaskrise erarbeitet werden könne:

The debt of NAK Naftogaz Ukraine for delivered gas has been growing monthly
this year. [...] Here I would like to draw your attention to the fact that in
March there was still a discount price applied, i.e., 268.5 US dollars per 1,000
cubic meters of gas. And even at that price, Ukraine did not pay a single dollar.
In such conditions, in accordance with Articles 5.15, 5.8 and 5.3 of the contract,
Gazprom is compelled to switch over to advance payment for gas deliveries, and
in the event of further violation of the conditions of payment, will completely
or partially cease gas deliveries. In other words, only the volume of natural gas
will be delivered to Ukraine as was paid for one month in advance of delivery.
Undoubtedly, this is an extreme measure. We fully realize that this increases
the risk of siphoning off natural gas passing through Ukraine's territory and
heading to European consumers. [...] However, the fact that our European
partners have unilaterally withdrawn from the concerted efforts to resolve the
Ukrainian crisis, and even from holding consultations with the Russian side,
leaves Russia no alternative. There can be only one way out of the situation

that has developed. We believe it is vital to hold, without delay, consultations at the level of ministers of economics, finances and energy in order to work out concerted actions to stabilize Ukraine's economy and to ensure delivery and transit of Russian natural gas in accordance with the terms and conditions set down in the contract. We must lose no time in beginning to coordinate concrete steps. It is towards this end that we appeal to our European partners. (Putin 2014c)

Die EU willigte in das Angebot ein (vgl. FAZ.NET 17.04.2014; Süddeutsche.de vom 23.04.2014). Im Mai begannen trilaterale Beratungen zwischen der ukrainischen Regierung, der russischen Regierung sowie des EU-Energiekommissars Oettinger zur Lösung der Gaskrise (vgl. Süddeutsche.de vom 01.05.2014). Zwar ergaben die Gespräche, dass Gazprom ein großes Interesse daran hatte, die Lieferverpflichtungen für die Märkte der Mitgliedstaaten der EU zu erfüllen (vgl. FAZ vom 03.05.2014) und sich bereit erklärte, vor dem Hintergrund der rückläufigen Erdgasförderung in Europa zukünftig noch größere Mengen an Erdgas nach Europa zu liefern – z. B. über Nord und South Stream oder ein *LNG*-Terminal, das Gazprom an der Ostseeküste bauen will – (vgl. FAZ.NET vom 22.04.2014a), gleichzeitig beharrte die russische Regierung, vertreten durch Energieminister Alexander Novak, aber auf der Begleichung der ukrainischen Gasschulden und konkretisierte die Drohung von Lieferunterbrechungen: „If we don't receive pre-payment for June by 31 May, then it is possible Gazprom will reduce gas supplies to Ukraine or provide it with the capacity it has paid for by 31 May." (Zit. n. EurActiv vom 05.05.2014) Nach mehreren ergebnislosen trilateralen Treffen wiederholte der Gazprom-Vorsitzende Miller die Drohung, betonte aber ebenfalls erneut das Interesse Gazproms, die EU-Mitgliedstaaten weiterhin mit Erdgas zu beliefern, möglicherweise durch erhöhte Liefermengen über die Nord Stream-Pipeline: „If Ukraine pays for no [gas] volumes at all, it means that [...] gas shipments to Ukraine will be zero. [...] We will do everything to provide uninterrupted gas supplies to European consumers." (Zit. n. EurActiv vom 13.06.2014) Am 16. Juni 2014 erklärte Gazprom schließlich, das Unternehmen habe die Lieferungen für die Ukraine auf ein Vorauszahlungssystem umgestellt. Dies implizierte einen Lieferstopp, da Naftogaz bis zu diesem Zeitpunkt keine Zahlungen für zukünftige Lieferungen geleistet hatte:

Gazprom führte um zehn Uhr früh für die NAK Naftogaz of Ukraine, für die Gaslieferungen in die Ukraine Vorauszahlungen ein. Bei Gazprom funktioniert nun ein Einsatzstab, der seine Sitzungen täglich abhalten wird. Unter anderem

analysierten wir in unserem Einsatzstab sicherlich auch die Situation, die
unsere Gaslieferungen an die europäischen Abnehmer betrifft. Wir werden an
die Grenze zwischen Russland und der Ukraine genau so viel Gas liefern, wie
unsere Partner in Europa anfordern. Momentan beträgt die angeforderte Menge
mit Transit durch die Ukraine knapp mehr als 185 Millionen Kubikmeter. Was
unser weiteres Vorgehen für den Fall anbetrifft, dass wir feststellen, dass Gas
auf dem Territorium der Ukraine bleibt — wir können es als nichtsanktionier-
te Entnahme, wir können es mit irgendwelchen noch härteren Definitionen
bezeichnen — so werden wir in diesem Fall die Lieferungen durch die Nord
Stream Pipeline und durch die Jamal-Europa-Pipeline vergrößern. Wir werden
die Einspeicherung in die Untergrundspeicher in Europa vergrößern. Und wir
werden selbstverständlich fortfahren, die South Stream Pipeline zu bauen. Ich
will betonen, dass der Bau momentan strikt nach Zeitplan läuft. Im Dezember
2015 kommen die ersten Gasmengen nach Bulgarien. (Miller 2014a)

Zudem reichten Gazprom und Naftogaz wechselseitig Klagen vor dem Internationalen Schiedsgericht in Stockholm ein. Gazprom klagte gegen Naftogaz wegen der
Einforderung der Schulden in Höhe von $4,5 Mrd. (vgl. OAO Gazprom 2014b);
Naftogaz klagte gegen Gazprom wegen einer Reduzierung des Gaspreises und entsprechender Rückzahlungen seit 2010: „The company is seeking establishment of a
fair price for gas supplied to Ukraine by Gazprom. Naftogaz's claim also seeks to
rectify USD$6 billion of overpayment for gas which the Russian state monopoly
has supplied to Ukraine since 2010." (Abteilung für Öffentlichkeitsarbeit von Naftogaz of Ukraine 2014) Es lassen sich in der Gaskrise 2014 somit drei wesentliche
Konfliktpunkte zwischen Russland und der Ukraine festhalten:

There are three major points of conflict:

1. Ukraine's debts arising from past gas deliveries: Ukraine acknowledges
   $3.1 billion; Russia claims at least7 $5.3 billion. The differences stem
   from different prices acknowledged for past deliveries.

2. The nature of the price agreement: Ukraine wants to revise the 2009
   supply contract it claims was only signed under huge pressure and because
   of substantial changes in market conditions, while Russia wants longer-
   term confirmation of the contracted price formula and agrees only to
   discretionary and thus reversible reductions in export taxes.

3. Conditions of gas transit via Ukraine: Russia wants Ukraine to provide
   gas and storage facilities to ensure a smooth gas transit and to stick
   to the terms of the 2009 transit contract, while Ukraine wants to treat
   gas storage as a separate service, and aims to renegotiate its gas transit
   agreement with Russia and align it to EU law.

> In essence, Ukraine wanted to use the negotiations in 2014 to modify the 2009 gas contract that required it to buy excessive volumes (contractual minimum offtake is 41.6 billion cubic metres (bcm), while 2013 import demand was 29 bcm) at excessive prices from Gazprom. (Loskot-Strachota/Zachmann 2014: 3)

Wenngleich in der Öffentlichkeit eine mögliche Wiederholung der Gaskrise von 2009 und damit verbundene Risiken für die europäischen Importeure von russischem Erdgas diskutiert wurde, sah EU-Energiekommissar Oettinger infolge der Lieferunterbrechungen kurzfristig keine Gefährdung der europäischen Erdgasversorgung:

> Eine Gefahr für die EU geht von der Unterbrechung der Gaslieferungen an das wichtige Transitland Ukraine nach Oettingers Ansicht nicht aus. „Die nächsten Wochen werden kein Problem sein, da werden wir unsere Gasmengen bekommen", sagte Oettinger. Aber je nachdem, wie sich die Ukraine verhalte, „hätten wir bei einem kalten Winter ein Problem". Das wäre etwa dann der Fall, wenn die Ukraine auf die für die EU bestimmten Winter-Gasvorräte in ihren Speichern zurückgreift. (FAZ vom 17.06.2014)

Aus diesem Grund regte er weitere trilaterale Verhandlungen zwischen der ukrainischen und russischen Regierung unter Vermittlung der EU-Kommission an (vgl. FAZ vom 23.06.2014). Zur Unterstützung der Ukraine sowie aus wirtschaftlichen Interessen lieferten deutsche, polnische, ungarische und slowakische Energieunternehmen zudem Gasrückflüsse in die Ukraine. Mit diesen Rückflüssen, die sich ausschließlich aus russischen Importen zusammensetzten, waren jedoch zwei Probleme verbunden: Zum einen verstießen sie nach Angabe von Gazprom gegen die zwischen den europäischen Unternehmen und Gazprom ausgehandelten Verträge; zum anderen konnten diese Rückflüsse nur geleistet werden, solange die EU-Mitgliedstaaten ausreichend Erdgaslieferungen aus Russland erhielten. Andernfalls würde das Erdgas in der EU selbst benötigt (vgl. EurActiv vom 07.04.2014, 16.04.2014b, 28.04.2014, 24.10.2014; FAZ.NET vom 15.04.2014a; Westphal 2014c: 1). Eine solche Situation deutete sich im September 2014 an, da sowohl das polnische Energieunternehmen PGNiG als auch das deutsche Energieunternehmen E.ON zwischenzeitlich verringerte Liefermengen von russischem Erdgas meldeten (vgl. FAZ.NET vom 10.09.2014, 11.09.2014). Gazprom wies die Vorwürfe bewusster Reduzierungen jedoch zurück. Das Unternehmen habe lediglich erhöhte Nachfragen der europäischen Mitgliedstaaten nicht vollständig erfüllen können, da es gegenwärtig auch die eigenen Speicher auffüllen müsse:

Die Gazprom [sic!] nimmt stabile tägliche Gaslieferungen an die europäischen Verbraucher vor. Wir kommen unseren Vertragsverpflichtungen im vollen Maße nach. Es ging um so genannte zusätzliche Mengen. Und es bestehen keine Zweifel daran, dass wir nach dem Abschluss der Periode der Einspeisung, der aktiven Anreicherung von notwendigen Gasvorräten in unseren unterirdischen Speichern dazu fähig sein werden, die zusätzliche Nachfrage unserer europäischen Verbraucher zu befriedigen. (OAO Gazprom 2014c)

Am 30. Oktober 2014 gelang es schließlich im Rahmen erneuter trilateraler Gespräche einen vorläufigen Kompromiss für die Gaskrise zu erarbeiten: Für die Periode zwischen dem 30. Oktober 2014 und dem 31. März 2015 vereinbarten die russischen und ukrainischen Vertreter einen Gaspreis von ca. \$385/1000 m^3. Die Ukraine musste zudem denjenigen Teil der Gasschulden begleichen, den beide Parteien anerkennen, d.h. \$3,1 Mrd.. Über die zusätzlich von Russland eingeforderten Gasschulden über \$2,2 Mrd. sollte das Internationale Schiedsgericht in Stockholm entscheiden. Des Weiteren musste die Ukraine in der genannten Periode keine Abnahmeverpflichtungen erfüllen (vgl. Europäische Kommission 2014d; FAZ vom 20.10.2014; Loskot-Strachota/Zachmann 2014: 3). Die EU-Kommission bewertete das Abkommen als Vermittlungserfolg der EU sowie als wichtigen Beitrag zu einer Deeskalation des Ukraine-Konflikts:

> José Manuel Barroso, President of the European Commission who witnessed today's signing of the winter package, said: 'I am delighted that I can announce a major success at the end of my mandate as President of the European Commission. With our strong support, Ukraine and Russia have today found agreement on their outstanding energy debt issues, and on an interim solution that enables supplies to continue this winter. I am glad that political responsibility, the logic of cooperation and simple economic sense have prevailed.'
>
> Günther H. Oettinger, Vice-President of the European Commission, said: 'This breakthrough will not only make sure that Ukraine will have sufficient heating in the dead of the winter. It is also a contribution to the de-escalation between Russia and Ukraine.' (Europäische Kommission 2014d)

Bis Ende März 2015 konnte das Risiko von Lieferunterbrechungen und die damit verbundene Gefahr, dass die Ukraine Erdgas, das eigentlich für den Transit in die EU vorgesehen war, zum eigenen Gebrauch nutzte, durch das ausgehandelte Interimsabkommen somit zumindest aufgeschoben werden. Im folgenden Abschnitt wird eine zweite unmittelbare Folge der Ukraine-Krise für den europäischen Erdgassektor dargelegt, die für die vorliegende Arbeit von besonderer Relevanz ist: Der Abbruch des South Stream-Projekts durch die russische Regierung.

7.2.2 Der Abbruch des South Stream-Projekts 2014

In Abschnitt 5.2 wurde der Status des South Stream-Projekts im November 2013 dargelegt: In Russland, Serbien und Bulgarien hatten die Bauarbeiten an dem Pipelineprojekt bereits begonnen. Damit ignorierten die Projektpartner jedoch die von der EU-Kommission zuvor angemahnten rechtlichen Schwierigkeiten, die mit der South Stream-Pipeline aufgrund des 2011 in Kraft getretenen Dritten Liberalisierungspakets der EU verbunden waren. Im Verlauf der Ukraine-Krise verschärfte sich diese Debatte zwischen der russischen Regierung, Gazprom und der EU und führte schließlich zum Abbruch des South Stream-Projekts durch die russische Regierung im Dezember 2014. Wenngleich die EU-Kommission sich stets auf juristische Faktoren berief, erklärte sie zugleich, dass der Ukraine-Konflikt ihr Handeln in Bezug auf das South Stream-Projekt durchaus beeinflusste. Der Abbruch des South Stream-Projekts kann somit als unmittelbare Implikation des Ukraine-Konflikts für den europäischen Erdgassektor gewertet werden. Im Folgenden wird der Verlauf der Auseinandersetzung zwischen der EU und den russischen Akteuren skizziert.

Am 4. Dezember 2014, wenige Tage nachdem der damalige ukrainische Präsident Janukowitsch verkündet hatte, das Assoziierungsabkommen mit der EU vorerst nicht zu unterzeichnen, erklärte die EU-Kommission, dass die intergouvernementalen Abkommen, die Russland zum Bau von South Stream mit Bulgarien, Serbien, Ungarn Griechenland, Slowenien, Kroatien und Österreich geschlossen hatte, im Konflikt mit dem EU-Gesetz stünden. Sie forderte die entsprechenden EU-Mitgliedstaaten daher auf, die Abkommen mit Russland neu zu verhandeln und sie auf diese Weise in Vereinbarkeit mit geltendem EU-Recht zu bringen. Andernfalls dürfe die Pipeline auf dem Territorium der EU nicht betrieben werden (vgl. EurActiv vom 04.12.2014; SZ vom 06.12.2013). Dementsprechend erläuterte Klaus-Dieter Borchardt, Direktor für Internationale Angelegenheiten I der EU-Kommission:

> What I can say is the intergovernmental agreements will not be the basis for the construction or the operation of South Stream. Because if the member states or states concerned are not renegotiating, then the Commission has the ways and means to oblige them to do so. And South Stream cannot operate under these agreements. (Zit. n. EurActiv vom 04.12.2013)

Das Pipelineprojekt widerspreche dem geltenden EU-Recht in drei Punkten:

First, the EU's so-called network ownership 'unbundling' rules need to be observed, he said. This means that Gazprom, which is both a producer and a supplier of gas, cannot simultaneously own production capacity and its transmission network; Secondly, non-discriminatory access of third parties to the pipeline needs to be ensured. There cannot be an exclusive right for Gazprom to be the only shipper; and Thirdly, the tariff structure needed to be addressed. (EurActiv vom 04.12.2013)

Hinsichtlich des potentiellen Ausgangs der Neuverhandlungen wollte Borchardt keine Angaben machen. Selbst wenn die Verhandlungen erfolgreich seien, werde es aber mehrere Jahre dauern, bis eine Entsprechung der South Stream-Pipeline mit geltendem EU-Recht ausgearbeitet sei. Zum gleichen Zeitpunkt schickte Oettinger einen Brief an den russischen Energieminister Alexander Novak, in welchem er ihm die Schwierigkeiten bezüglich des South Stream-Projekts erläuterte und ihn aufforderte, die Möglichkeit von Neuverhandlungen zu erörtern (vgl. EurActiv vom 04.12.2013).

Die EU erließ seit 1998 drei Energiepakete, die die Struktur des europäischen Erdgasmarktes signifikant verändern sollten (vgl. Proedrou 2012: 60). Eingeleitet wurde dieser Prozess durch die Richtlinie 98/30/EG. Sie wurde mit dem Ziel erlassen, die in den Mitgliedstaaten weitgehend vorherrschenden Monopolwirtschaften durch eine schrittweise Marktöffnung aufzubrechen und einen europaweiten und integrierten Erdgasbinnenmarkt zu entwickeln. Die wichtigsten Eckpunkte der Richtlinie bezogen sich auf die Interoperabilität der Netze (Art. 5 RL 98/30/EG),

Entflechtung und Transparenz der Buchführung (Art. 12–13 RL 98/30/EG),[114] den diskriminierungsfreien Netzzugang Dritter (Art. 14–16 RL 98/30/EG) sowie auf die Einrichtung einer unabhängigen Streitschlichtungsstelle (Art. 23 RL 98/30/EG) (vgl. Pollack et al. 2010: 116). Aus Sicht der Europäischen Kommission wurde die Richtlinie in zahlreichen Mitgliedstaaten aber nur unbefriedigend umgesetzt. Zudem war die Kommission in Bezug auf die in der Richtlinie festgeschriebene Entflechtung der Ansicht, dass das Modell des verhandelten Netzzugangs „keinen wirksamen Zugang neuer Anbieter zu den Strom- und Gasnetzen ermöglichte und dass die bloße getrennte Rechnungsführung der Netzbereiche eine Diskriminierung von Wettbewerbern beim Netzzugang nicht zu verhindern vermochte." (Koppenfels 2010: 79) Deshalb wurde 2003 zur Beschleunigung des Liberalisierungsprozesses eine weitere Richtlinie erlassen (2003/55/EC; vgl. Wittinghofer 2008: 82, 91), die inhaltlich auf Entflechtung und Transparenz der Rechnungslegung (Art. 16 RL 2003/55/EG), die Organisation des Netzzugangs (Art. 18 RL 2003/55/EG) sowie die Errichtung von Regulierungsbehörden (Art. 25 RL 2003/55/EG) fokussierte (vgl. Pollack et al. 2010: 117–118). Auch die Implementierung dieser sogenannten Beschleunigungsrichtlinie erfolgte in zahlreichen Mitgliedstaaten jedoch nicht ordnungsgemäß oder – der Kommission zufolge – lediglich „minimalistisch". Deshalb beschrieb die Kommission in ihrem 2007 publizierten Abschlussbericht den Energiebereich in der EU als von

---

114 Im Erdgassektor der EU dominierten bis zur Umsetzung des Dritten Liberalisierungspakets der EU vertikal integrierte Monopole und Oligopole, die einen freien Wettbewerb innerhalb der EU behinderten (vgl. Pritzkow 2011: 15). Im Erdgassektor gilt ein Unternehmen als vertikal integriert, „wenn es sowohl Fernleitung, Verteilung, LNG oder Speicherung und Gewinnung oder Lieferung von Erdgas wahrnimmt" (Pollack et al. 2010: 121). Die 1. Gasrichtlinie von 1998 schrieb diesbezüglich vor, dass vertikal integrierte Unternehmen in ihrer Buchführung getrennte Konten für Fernleitungs-, Verteilungs- und Speicheraktivitäten führen. Die Gründung von separaten Gesellschaften für diese Aktivitäten war darin noch nicht vorgesehen. Dies schrieb aber die 2. Gasrichtlinie von 2003 in Form der gesellschaftsrechtlich vorgeschriebenen Entflechtung vor, von der sich die EU-Kommission mehr Effektivität bei der Beseitigung von Markteintrittsbarrieren als bei der reinen Trennung von Konten in der Buchführung versprach. Dies führte zwar zur Gründung von separaten Gesellschaften zum Transport und Handel von Erdgas, die nun eine eigene Gewinn- und Verlustrechnung sowie Bilanz führen, weiterhin aber Tochtergesellschaften der großen Gasunternehmen waren. Als Beispiele führt Schumacher die nun separat geführten Gesellschaften E.ON Gastransport GmbH und E.ON Ruhrgas AG oder das niederländische Gastransportunternehmen Gasunie und die Gashandelsgesellschaft GasTerra an. Die 3. Gasrichtlinie, der virulente Debatten um die von der EU-Kommission gewünschte eigentumsrechtliche Entflechtung vorausgingen, sieht nun eine weitere Entflechtung von Transport und Verkauf von Erdgas vor (vgl. Schumacher 2011: 138–141).

Marktkonzentration, Marktaufteilungsabsprachen, vertikaler Integration von Liefe-rung, Erzeugung und Infrastruktur sowie dem Fehlen zeitgerechter Investitionen gekennzeichnet (vgl. Europäische Kommission 2007; Pollack et al. 2010: 119–120). Aus diesen Gründen arbeitete sie ein drittes Legislativpaket aus, das 2009 nach erheblichen Überarbeitungen vom Rat und dem Europäischen Parlament angenom-men wurde (RL 2009/73/EG). Es trat am 3. März 2011 in Kraft (vgl. Kerebel 2014). Mit den drei Energiepaketen wird das Ziel verfolgt, den Wettbewerbsgedanken und gleichzeitig die innereuropäische Zusammenarbeit auf dem Erdgasmarkt zu stärken (vgl. Schumacher 2011: 140). Gleichzeitig veränderten sie aber auch die Geschäfts-bedingungen für Exporteure. Dementsprechend enthält das dritte Energiepaket drei Punkte, die für die Auseinandersetzung um die South Stream-Pipeline relevant sind:

1. *Third-Party-Access* (TPA): Die Regelung gibt vor, dass Pipelinebesitzer an-deren Erdgasversorgern einen diskriminierungsfreien und transparenten Zu-gang zu ihren Erdgasnetzen gewähren, wenn es freie Kapazität im Netz gibt (vgl. Schumacher 2011: 139). Damit der Inhaber eines Netzes von einem ande-ren Unternehmen kein verhältnismäßig hohes Netzzugangsentgelt verlangen kann und dem Netzinhaber zudem die Möglichkeit genommen wird, die vom Dritten gewünschte Einspeisungskapazität zu verweigern oder zu verzögern, wurde ein System etabliert, womit Dritte einen Zugang zu Fernleitungsnetzen sowie zu Verteilernetzen auf der Grundlage veröffentlichter, von der natio-nalen Regulierungsbehörde genehmigter Tarife erhalten (vgl. Pollack et al. 2010: 117–118). Um Befürchtungen entgegenzutreten, dass die im Erdgas-markt aktiven Unternehmen nicht mehr genügend Anreize für Investitionen in das Pipelinesystem haben würden, wenn nicht gewährleistet ist, dass sie diese ausschließlich für den eigenen Transport von Erdgas nutzen können, gewähren die Energiepakete eine Ausnahmeregelung für neue Infrastruktur: Sofern die neue Infrastruktur den Wettbewerb und die Versorgungssicherheit verbessert und das Risiko der Investition so groß ist, dass die Umsetzung mit Regulierung gefährdet ist, kann die Pipeline temporär vom regulierten Netzzugang ausgenommen werden (vgl. Schumacher 2011: 139–141). Eine solche Ausnahme muss von der jeweiligen nationalen Regulierungsbehörde sowie von der Europäischen Kommission gewährt werden (vgl. Stern et al. 2015: 3).

2. *Entflechtung vertikaler Unternehmen:* Um den in Punkt 1 erläuterten Netzzugang Dritter zu gewährleisten, schreibt das Energiepaket des Weiteren die Entflechtung vertikal integrierter Unternehmen vor (vgl. Schumacher 2011: 139). Nach Vorgabe des Dritten Energiepakets kann zur Trennung der Netzaktivitäten von den Versorgungs- und Gewinnungsaktivitäten zwischen drei Entflechtungsmodellen gewählt werden: (1) die eigentumsrechtliche Entflechtung; (2) der unabhängige Netzbetrieb (Independent System Operator, ISO – dieser ist zuständig für den Netzunterhalt, während die Einrichtungen im Eigentum des integrierten Unternehmens verbleiben); (3) unabhängige Übertragungs- bzw. Fernleitungsnetzbetreiber (Independent Transmission Operator, ITO) (vgl. Kerebel 2014; Pollack et al. 2010: 122–123).

3. *Drittstaatenklausel:* Die nationale Regulierungsbehörde hat auf Antrag eines Fernleitungsnetzeigentümers oder Fernleitungsnetzbetreibers, der von Staatsangehörigen aus Drittstaaten kontrolliert wird, zu prüfen, ob eine Zertifizierung gewährt werden kann. [...] Eine Zertifizierung ist zu verweigern, wenn der potentielle Netzbetreiber den Entflechtungsvorgaben (siehe Punkt 2) nicht genügt oder im Falle der Zertifizierung eine mögliche Gefährdung der Sicherheit der Energieversorgung des betreffenden Mitgliedstaates oder der Union besteht (vgl. Lecheler/Germelmann 2010: 81–82; Pollack et al. 2010: 123–124).

Bezogen auf den EU-Russland-Gashandel implizieren die Vorgaben zum regulierten Netzzugang Dritter sowie zur Entflechtung von vertikal integrierten Unternehmen, dass Gazprom nicht zugleich als Produzent und als Betreiber einer Pipeline tätig sein darf, sofern die zuständigen nationalen Regulierungsbehörden sowie die EU-Kommission keine Ausnahme gewähren (vgl. Pirani et al. 2014: 17–18). Dies widerspricht jedoch dem von Gazprom angestrebten Modell, im South Stream-Projekt sowohl die Produktion als auch den Betrieb des Fernleitungsnetzes zu übernehmen. Zudem wurde in den intergouvernementalen Abkommen vereinbart, dass die Nutzungsgebühren der Pipeline von der Betreiberfirma erhoben werden, was im Widerspruch zu den Kompetenzen der nationalen Regulierungsbehörden steht, die die Gebühren für die Übertragung im Einklang mit EU-Recht zunächst genehmigen müssen (vgl. EurActiv vom 02.06.2014a, 02.06.2014b).

Die Konsequenzen dieser Regulierungen für Gazprom zeigten sich bereits an der Ostsee-Pipeline-Anbindungsleitung OPAL: Eigentümer der Opal-Pipeline ist zu 80% die Wingas GmbH & Co KG, ein Gemeinschaftsunternehmen der BASF-Tochtergesellschaft Wintershall und des russischen Unternehmens Gazprom (vgl. FAZ vom 15.10.2010). Um die Pipeline für den Transport von Erdgas nutzen zu können, hat Gazprom bei der deutschen Bundesnetzagentur sowie der Kommission eine Ausnahme ersucht. Bereits 2009 hat die Bundesnetzagentur eine Ausnahme genehmigt, wonach die OPAL-Pipeline für den Zeitraum von 22 Jahren ab Inbetriebnahme weitestgehend von der Netzzugangs- und Entgeltregulierung ausgenommen wird. Die Bundesnetzagentur begründete ihre Entscheidung mit dem Hinweis darauf, dass die landseitige Anbindung der Ostseepipeline einen wesentlichen Beitrag zur Versorgungssicherheit in Europa leiste. Zudem habe die Bundesnetzagentur für OPAL ein besonders hohes Investitionsrisiko festgestellt (vgl. Bundesnetzagentur 2009). Die Europäische Kommission, deren Genehmigung ebenfalls erforderlich war, erlaubte Gazprom jedoch nur eine Nutzung von 50% der Pipelinekapazität. Aus diesem Grund, konnte Gazprom bislang lediglich 50% der Pipelinekapazität nutzen, obwohl kein Interesse von dritten Parteien an der verbleibenden Kapazität bestand. (Vgl. Pirani et al. 2014: 17) Daran anschließend handelten Gazprom und die Kommission einen Kompromiss aus, wonach Gazprom 100% der OPAL-Pipelinekapazität benutzen dürfe, sofern keine dritte Partei Interesse an ebendieser bekundet. Die Bundesnetzagentur hat diese Ausnahme bereits im November 2013 genehmigt. Dies wurde von der Kommission im März 2014 ebenfalls erwartet. Die Kommission vertagte die Entscheidung jedoch immer wieder mit dem Verweis auf technische Faktoren sowie die Verschlechterung der EU-Russland Beziehungen im Kontext der Ukraine-Krise. (Vgl. Stern et al. 2015: 4)

Vor dem Hintergrund dieser Schwierigkeiten ist zu erklären, weshalb Gazprom zunächst keine Ausnahme für die South Stream-Pipeline von den Regulierungen des Dritten Energiepakets beantragte,[115] sondern versuchte, diese mittels intergouvernementaler Abkommen zu umgehen (vgl. Dickel et al. 2014: 66). Die russische Regierung erklärte, die intergouvernementalen Abkommen stellten die grundlegenden Rechtsdokumente für das South Stream-Projekt dar, da die Gesetzgebung der EU nicht rückwirkend die Verwirklichung älterer Vereinbarungen verhindern

---

115 Dies wäre mit der Begründung möglich gewesen, dass das Risiko der Investition so groß ist, dass dessen Umsetzung mit Regulierung gefährdet sei (siehe oben).

dürfe (vgl. FAZ vom 08.07.2014). Sie reichte Ende April zudem eine formale Beschwerde gegen die EU bei der Welthandelsorganisation (WTO) wegen des Dritten Energiepakets ein (vgl. Dickel et al. 2014: 66; EurActiv vom 02.05.2014). Trotz dieser Entgegensetzungen der russischen Regierung beharrte die EU-Kommission auf der Notwendigkeit, die intergouvernementalen Abkommen neu zu verhandeln. Im Dezember 2013 traf sich Oettinger diesbezüglich mit den Energieministern der betroffenen EU-Mitgliedstaaten. Sie übergaben der Kommission das Mandat, die Neuverhandlungen mit den russischen Verhandlungspartnern zu führen und auf diese Weise alle notwendigen Änderungen an den bilateralen Abkommen vorzunehmen (vgl. EurActiv vom 13.12.2013). Am 10. März 2014 verkündete Oettinger jedoch, die Kommission werde die Gespräche über das South Stream-Projekt mit den russischen Verhandlungspartnern aufgrund der politischen Entwicklungen auf der Krim zunächst vertagen. Die EU werde in der Zwischenzeit zwar weiterhin die rechtlichen und technischen Aspekte des Projekts diskutieren, da die Kommission das Mandat der Mitgliedstaaten für Verhandlungen mit Russland habe. Aber zunächst müsse die politische Krise, die die Beziehungen zwischen der EU und Russland beeinflusse, berücksichtigt werden: „The Commission is interested in a solution. We've also been given the political mandate by member states to do so, but of course we need to take into account the broader developments as regards the overall relations between the EU and Russia." (EurActiv vom 11.03.2014a)

Wenige Tage nach der Durchführung des Krim-Referendums deutete die Pressesprecherin Oettingers dementsprechend an, dass die Kommission infolge der Abstimmung und der Stellungnahme Putins, die Krim zu annektieren, die Verhandlungen mit den russischen Akteuren noch weiter aufschieben werde (vgl. EurActiv vom 31.03.2014).[116] Im April 2014 erklärte auch der damalige Kommissionspräsident José Manuel Barroso, das South Stream-Projekt sei „eingefroren" (zit. n. FAZ vom 16.04.2014a). Gleichzeitig drohte Oettinger den russischen Akteuren mit rechtlichen Schritten, sollten sie dennoch versuchen, die South Stream-Pipeline unter Bruch von EU-Recht zu bauen und zu betreiben (vgl. EurActiv vom 25.04.2014; FAZ vom 15.05.2014). So erklärte seine Pressesprecherin: „If the South Stream pipeline will be built in violation of EU laws, including on public procurement, or if it will be

---

116 Zum gleichen Zeitpunkt vertagte die Kommission zudem kurzfristig die Entscheidung über den Ausnahmeantrag zur Nutzung von 100% der OPAL-Pipelinekapazität durch Gazprom (vgl. SZ vom 19.03.2014).

operated in violation of EU laws, the Commission will take the necessary steps to ensure EU legislation will be applied." (Zit. n. EurActiv vom 25.04.2014) Mit dieser Warnung richtete er sich aber nicht nur an die russische Regierung und Gazprom, sondern – wie sich in den folgenden Monaten offenbarte – auch gegen diejenigen EU-Mitgliedstaaten, die weiterhin Interesse an dem Projekt bekundeten. Dieser Konflikt wurde in erster Linie zwischen der EU-Kommission und der bulgarischen Regierung ausgetragen. Bulgarien importiert 100% seines verbrauchten Erdgases aus Russland über die Ukraine. Im Falle von Lieferunterbrechungen aufgrund von Auseinandersetzungen zwischen Russland und der Ukraine besteht daher das Risiko, dass Bulgarien ebenfalls geringere Liefermengen erhält. Trotz der Verkündung der EU-Kommission zur Aussetzung der Neuverhandlungen erklärte der bulgarische Energieminister stellvertretend für die Regierung in März und April vor diesem Hintergrund, dass sie am South Stream-Projekt festhalte, da es für Bulgarien von strategischer Bedeutung sei:

> South Stream is a long-term infrastructure project of strategic importance. Now they want to stop South Stream. How are we to develop? This crisis [die Gaskrise 2014; M.G.] shows that we do not have security of natural gas supplies for Bulgaria. [...] Why, for example, do we not cut gas supplies through Nord Stream? This is one concrete measure. But it seems that South Stream should be sacrificed, and we have to put up with it. No, Bulgaria, this government will stand up for the national interest. (Zit. n. EurActiv vom 18.04.2014, siehe auch EurActiv vom 25.04.2014; SZ vom 29.03.2014)

Um dieses Ziel zu verfolgen, definierte die bulgarische Regierung Anfang April mittels einer Änderung des Energiegesetzes die South Stream-Pipeline zur „Seepipeline" um, da diese nicht unter EU-Recht falle. Gazprom unterstützte sie beim Entwurf dieses Gesetzes (vgl. SZ vom 22.08.2014). Diesem Vorgehen entgegnete Barroso jedoch, dass die EU-Kommission ein Vertragsverletzungsverfahren gegen die bulgarische Regierung eröffnen würde, sofern sie die gegen EU-Recht verstoßende South Stream-Pipeline bauen werde (vgl. EurActiv vom 28.05.2014a). Die bulgarische Regierung ließ die Arbeiten an der Pipeline zunächst aber weiterhin fortsetzen. Am 2. Juni 2014 forderte die EU-Kommission die bulgarische Regierung daher zum zwischenzeitlichen Abbruch der Arbeiten auf, solange nicht darüber entschieden sei, ob sie mit EU-Recht vereinbar ist (vgl. EurActiv vom 03.06.2014; FAZ.NET vom 03.06.2014; FAZ vom 04.06.2014). Da die bulgarische Regierung daraufhin dennoch erklärte, sie werde an dem Projekt festhalten und die Entscheidung zum

Bau endgültig umsetzen (vgl. FAZ vom 04.06.2014), leitete die EU-Kommission am 4. Juni 2014 ein Vertragsverletzungsverfahren gegen die bulgarische Regierung ein. In diesem Zusammenhang betonte sie, dass sie auf diese Weise auch gegen andere Mitgliedstaaten vorgehen werde, wenn diese mit dem Bau der South Stream-Pipeline begännen. So erklärte Barroso: „We have just launched an infringement procedure against Bulgaria, which shows that we mean business. Other infringement procedures related to other countries will follow, if some of the obstacles to the respect of our internal market are not removed meanwhile." (Zit. n. EurActiv vom 05.06.2014) Der bulgarische Ministerpräsident Plamen Orescharski ordnete daraufhin an, den Bau an der South Stream-Pipeline auszusetzen (vgl. SZ vom 09.06.2014). Oettinger betonte diesbezüglich zwar, dass die Kommission die South Stream-Pipeline nicht blockieren, sondern lediglich sicherstellen wolle, dass sie im Einklang mit EU-Recht stehe. Er verknüpfte die Vertagung der Neuverhandlungen über die South Stream-Pipeline mit den russischen Akteuren aber auch ganz offen mit dem Ukraine-Konflikt und verwies somit neben den juristischen auf politische Schwierigkeiten:

> Die Gespräche stocken in diesen Tagen. Erstens, weil die Russen unsere Vorschriften im Energiebereich nicht akzeptieren wollen und sogar gegen diese vor die Welthandelsorganisation ziehen. Und zweitens, weil die Krise in der Ukraine alles überlagert. Wir werden die Gespräche fortführen, wenn die russischen Partner sich wieder an völkerrechtliche Gepflogenheiten halten und zu konstruktiver Zusammenarbeit auf der Basis unseres Energierechts bereit sind. Hängt die Zukunft von South Stream an der Krim? South Stream hat für einige Mitgliedstaaten Vorteile, wir blockieren die Leitung als solche nicht. Wir erwarten aber, dass sich South Stream auf dem Hoheitsgebiet der EU vollständig an europäisches Recht anpasst. Auf Arbeitsebene werden strittige Punkte besprochen. In der jetzigen Lage mit bürgerkriegsähnlichen Zuständen in der Ostukraine und ohne eine Anerkennung der Regierung in Kiew durch Moskau werden wir aber sicher nicht zu einem politischen Abschluss unserer Verhandlungen kommen. (Zit. n. FAZ vom 01.06.2014)

Oettinger wehrte sich jedoch gegen den Vorwurf, die EU setze Energie als politisches Druckmittel gegen Russland ein: „Die Gasleitungen durch die Ukraine spielen eine' wichtige Rolle in unseren Beziehungen zu Russland. Je eher wir klären, welche Funktion diese Leitungen künftig haben werden, desto früher können wir über South Stream entscheiden." (Zit. n. FAZ vom 01.06.2014)

Gazprom kritisierte die EU am 6. Dezember 2013 dafür, dass die Kommission erst jetzt – nach Baubeginn – Neuverhandlungen über die South Stream-Pipeline einfordere, schließlich seien die Vertragsinhalte seit Jahren bekannt gewesen:

> We are not a signatory to these agreements, but their contents have been public for years. This is why we are surprised and disappointed that the Commission voices its concerns only now, after construction works have begun. This unfortunate timing is even less comprehensible given that South Stream has been granted national priority status in several EU member states. (Zit. n. EurActiv vom 06.12.2013)

Die russische Regierung erklärte sich dazu bereit, mit der EU-Kommission über die South Stream-Pipeline zu verhandeln – allerdings lediglich hinsichtlich der Frage, wie das Dritte Energiepaket an die bereits abgeschlossenen intergouvernementalen Verträge angepasst werden könne, nicht andersherum. Sie werde den Bau der Pipeline aber keinesfalls unterbrechen (vgl. EurActiv vom 14.01.2014). Gazprom und die russische Regierung setzten die notwendigen Maßnahmen zur Fertigstellung des Projekts in den folgenden Wochen demonstrativ weiter durch: Am 29. Januar 2014 entwarfen Gazprom und drei Subunternehmen einen Vertrag zum Bau des ersten Abschnitts des Unterwasserteilstücks der Pipeline (vgl. EurActiv vom 29.01.2014). Am 14. März 2014, wenige Tage vor dem Krim-Referendum, unterzeichneten die Gesellschafter den entsprechenden Vertrag. Kurz zuvor hatte die russische Regierung den Bau des Unterwasserteilstücks offiziell genehmigt (vgl. FAZ vom 12.03.2014, 18.03.2014). Am 29. April 2014 unterzeichneten Gazprom und das österreichische Unternehmen OMV ein Memorandum zum Bau des österreichischen Teilstücks der Pipeline (vgl. EurActiv vom 30.04.2014). Zwischen Mai und Juli 2014 bekräftigten Gazproms Vorstandsvorsitzender Miller und die russische Regierung ihre Entschlossenheit, die South Stream-Pipeline zu bauen und bemühten sich in Gesprächen mit den Regierungen der am Projekt beteiligten Mitgliedstaaten sowie der Kommission um eine Kompromisslösung: Am 31. Mai 2014 verkündete Miller, die EU-Kommission könne die Implementierung der South Stream-Pipeline nicht stoppen. Der Bau werde in diesem Sommer beginnen und das erste Erdgas im Dezember 2015 nach Bulgarien geliefert (vgl. EurActiv vom 02.06.2014a). Ende Juni erklärte Miller, er stehe im wöchentlichen, fast täglichen Kontakt mit Oettinger, um einen Kompromiss zu finden (vgl. EurActiv vom 25.06.2014; SZ vom 25.06.2014). Daneben reiste der russische Außenminister Lawrow im Juni und Juli nach Serbien,

Bulgarien und Slowenien, um mit den jeweiligen Regierungen die Probleme des South Stream-Projekts zu erörtern. Er teilte nach seinem Besuch in Serbien mit, dass die russische Regierung davon ausgehe, dass South Stream wie geplant gebaut werde und sie erwarte, dass der Baustopp in Bulgarien nur temporär sei, schließlich sei South Stream eine einmalige Lösung für die Erdgasversorgung von Südosteuropa (vgl. EurActiv vom 18.06.2014; SZ vom 18.06.2014). Im Juli reiste auch Putin nach Serbien, um mit dem serbischen Ministerpräsidenten Aleksandar Vučić über die South Stream-Pipeline zu verhandeln. Zugleich bekräftigte Putin, dass Russland weiterhin für die Umsetzung des South Stream-Projekts werben werde, da der russischen Regierung das Ansehen Russlands als verlässlicher Erdgaslieferant, das in der EU aufgrund der Ukraine-Krise zunehmend zur Disposition stehe, sehr wichtig sei:

> We have always held high our reputation of a reliable supplier of energy resources and invested in the development of gas infrastructure. Together with European companies, as you may know, we have built a new gas transportation system called Nord Stream under the Baltic Sea. Despite certain difficulties, we will promote the South Stream project, especially since ever more European politicians and businessmen are coming to understand that someone simply wants to use Europe in their own interests, that it is becoming a hostage of someone's near-sighted ideologised approaches. (EurActiv vom 02.07.2014b)

Auch der russische Botschafter bei der EU, Vladimir Chizhov, kritisierte, dass die EU-Kommission sich weniger von rechtlichen, sondern viel mehr von politischen Gründen leiten lasse und die Blockade des South Stream-Projekts als erster Schritt zu Wirtschaftssanktionen gegen Russland interpretiert werden könne: „It is hard to shake off the feeling that the European Commission's blocking of the start of work on the construction of Bulgaria's key section of South Stream has been done for purely political purposes." (EurActiv vom 10.06.2014). Der russische Außenminister erklärte vor diesem Hintergrund, dass sich die russische Regierung zur Lösung der Schwierigkeiten im Zusammenhang mit der South Stream-Pipeline um einen „konstruktiven Dialog mit allen interessierten Seiten" bemühe (zit. n. FAZ vom 08.07.2014). Auch Gazprom bekräftigte im September noch einmal seine Entschlossenheit zum Bau der Pipeline: Ein Vertreter der Unternehmensführung erklärte, der serbische Abschnitt der South Stream-Pipeline werde ab Oktober gebaut – unabhängig vom zwischenzeitlichen Baustopp in Bulgarien. Gazprom sei sich sicher, dass die bulgarische Regierung nach den Neuwahlen im Oktober dem Bau zustimmen werde (vgl. EurActiv vom 17.09.2014). Russischen Medien zufolge offerierte der russische Energieminister Nowak in den Verhandlungen um den Gaskonflikt zwischen der Ukraine und Russland (vgl. Abschnitt 7.2.1) zudem, der Ukraine einen günstigeren Gaspreis anzubieten, wenn die EU-Kommission im Gegenzug das South Stream-Projekt genehmige (vgl. FAZ.NET vom 25.09.2014). Die Skizzierung der russischen Stellungnahmen verdeutlichen, dass sowohl die russische Regierung als auch Gazprom bis Ende September 2014 darum bemüht waren, ihre Entschlossenheit bezüglich der Umsetzung des South Stream-Projekts zu bekunden. Gleichzeitig demonstrierten sie gegenüber der EU-Kommission Gesprächsbereitschaft, um eine Kompromisslösung hinsichtlich der rechtlichen Dispute zu erarbeiten. Im Dezember rückten die russischen Akteure von dieser Position ab und verkündeten am 1. Dezember 2014 den Abbruch des South Stream-Projekts. Putin begründete dies mit der fehlenden Erlaubnis der bulgarischen Regierung zum Bau des Teilstücks auf bulgarischem Territorium sowie des destruktiven Widerstands der EU-Kommission gegen das Projekt. Er kennzeichnete seine Entscheidung somit als *Reaktion* auf die Politik der EU-Kommission:

> [...] we feel Russia cannot continue implementing this project under the existing circumstances. [...] We feel that the European Commission's position was unconstructive. It's not that the European Commission has helped implement this project – it's that we see obstacles being created in its implementation. If Europe does not want to implement it, then it will not be implemented. [...] We feel that this does not correspond to Europe's economic interests and is detrimental to our cooperation. But that was our European friends' choice; there's nothing special about this; ultimately, they are the buyers and it is their choice. But it makes no sense to start this project now, while we still have not received permission from Bulgaria to bring this project into Bulgaria's exclusive economic zone, onto its territory, as you yourself understand. Would we invest hundreds of millions of dollars in a project, move across the Black Sea, and stop in front of the Bulgarian border? How do our colleagues imagine this? So we will not implement anything. Though the company that was supposed to build it is ready to start works already today, or even yesterday, and everything is ready for it. (Putin 2014d)

Gazproms Vorstandsvorsitzender Miller bestätigte den Abbruch des Projekts. Er erläuterte, dass dies ein persönlicher Entscheid von Putin gewesen sei, verdeutlichte aber auch die Unterstützung von ebendiesem. Er verwies ebenfalls auf die Blockadehaltung der EU-Kommission sowie die Verantwortung der bulgarischen Regierung, die keine Bauerlaubnis gegeben habe und betonte, dass die Entscheidung zum Abbruch des Projekts endgültig sei. Gleichzeitig verkündeten Gazprom und Putin Pläne zum Bau einer neuen Pipeline durch das Schwarze Meer, die in die Türkei führen und die South Stream-Pipeline ersetzen solle („Turkish Stream"). Miller erklärte, dass die Turkish Stream-Pipeline an derjenigen Küste beginnen solle, an der ursprünglich der Beginn der South Stream-Pipeline geplant war, und danach möglicherweise parallel zur Blue Stream-Pipeline verlaufen, da Gazprom bereits ca. 4 Milliarden Euro in South Stream investiert habe (vgl. EurActiv vom 10.12.2014; FAZ vom 08.12.2014). Der Abbruch des South Stream-Projekts und die Planung der Turkish Stream-Pipeline seien zudem Bestandteil einer grundsätzlichen Strategiewende im russischen Erdgashandel mit Europa und markierten das Ende des bisherigen Geschäftsmodells: „Das ist der Anfang vom Ende unseres Modells, bei dem wir uns auf Lieferungen bis zum Endverbraucher auf dem europäischen Markt orientieren." (Zit. n. SZ vom 09.12.2014) Gazprom wende sich künftig vom Ziel ab, in Europa Endverbraucher mit Erdgas zu beliefern. Stattdessen müssten die Versorger in Europa ihre Leitungen zu den Verbrauchern ab sofort selbst verlegen. Er begründete diese Entscheidung mit den Schwierigkeiten, die die EU-Bürokratie dem russischen Gashandel bereitet und seiner Ansicht nach auch das Scheitern des South Stream-Projekts verursacht habe (vgl. SZ vom 09.12.2014). Sobald die Turkish Stream-Pipeline fertigstellt sei, könnten die europäischen Verbraucher das russische Erdgas an der türkisch-griechischen Grenze abholen: „Once the pipeline reaches the EU, European consumers can pick up gas at the Turkish-Greece border. In this case, the Third Energy Package norms will not be applied to these deliveries." (Zit. n. EurActiv vom 10.12.2014)

Putin erläuterte, dass sich die Türkei auf diese Weise zu einem Gashub für Südosteuropa entwickeln könne (vgl. Putin 2014d). Er verband die Pipelineentscheidungen zudem mit der Ankündigung, dass Russland seine Erdgasexporte zukünftig diversifizieren und die Energiekooperation mit der Türkei und China weiter ausbauen wolle: „We will focus our energy resource flows on other regions of the world, including through promotion and accelerated implementation of liquefied natural gas projects. We will promote them in other markets, and Europe will not receive those volumes – at least, from Russia." (Putin 2014d; siehe auch SZ vom 02.12.2014) Er begründete die angestrebten Diversifizierungsmaßnahmen mit dem sinkenden Erdgasverbrauch der EU, dem Dritten Energiepaket, den Transitrisiken durch die Ukraine und der wachsenden Nachfrage in Asien: „Traditionell hat Russland den Löwenanteil seiner

Rohstoffe in den Westen exportiert. Nun aber wird der Konsum in Europa immer geringer, während die politischen und regulatorischen Risiken und diejenigen des Transits steigen. Zur selben Zeit wachsen die asiatischen Volkswirtschaften rasch. Deshalb sind wir natürlich daran interessiert, die Märkte für unsere Energielieferungen zu diversifizieren. Wir wollen uns die Rolle eines verlässlichen Energielieferanten in den asiatischen Märkten sichern." (Zit. n. FAZ vom 11.12.2014) Die angestrebte strategische Partnerschaft mit der Türkei verglich er mit der Energiepartnerschaft zwischen Russland und Deutschland: „The way we built relations with Germany is that Gazprom has gained access to the network there, so the gas prices are lower than in other European nations. This is a natural choice by our partners. I am confident that we will reach the same level of cooperation with Turkey." (Putin 2014d) Miller ergänzte, dass die Implementierung der Turkish Stream-Pipeline signifikante Auswirkungen für die Rolle der Ukraine als Transitland haben werde: „[It] will be reduced to zero. Gas will not pass through Ukraine or Bulgaria, but will be delivered to the EU from another side." (Zit. n. EurActiv vom 10.12.2014)

Die EU zeigte keine einheitliche Reaktion auf den Abbruch des South Stream-Projekts. Maroš Šefčovič, seit dem 1. November 2014 EU-Vizepräsident für die Energieunion, erklärte, dass der neue Streit mit Russland die EU ohnehin darin bestärke, sich in ihrer Energieversorgung unabhängiger von Moskau zu machen. Sie werde alles daran setzen, die Energieversorgung zu diversifizieren. Eine Sprecherin der Kommission fügte hinzu, dass die Kommission den Vorwurf der russischen Akteure, sie habe Hindernisse für das Projekt geschaffen, als ungerechtfertigt zurückwies. Die Kommission sei nie gegen das Projekt gewesen, sie habe lediglich darauf beharrt, dass die Pipeline im Einklang mit den EU-Regeln gebaut werde (vgl. FAZ vom 03.12.2014b). Der kurz zuvor gewählte neue Kommissionspräsident Jean-Claude Juncker betonte allerdings, dass die South Stream-Pipeline noch immer gebaut werden könne. Die mit der Pipeline verbundenen Schwierigkeiten seien nicht unüberwindbar (vgl. EurActiv vom 05.12.2014).

Mit Bezug auf Abschnitte 3.2 und 5.2 wird deutlich, dass der Abbruch des South Stream-Projekts einen bedeutenden Wandel für den europäischen Erdgassektor implizierte, schließlich wurde die Pipeline in der Analyse der vergangenen europäischen Erdgasaußenpolitik gegenüber Russland als adäquater Maßstab identifiziert, um die Tendenz der europäischen Erdgaspolitik in Richtung einer Energiepartnerschaft mit Russland aufzuzeigen. Der Baubeginn der South Stream-Pipeline und das gleichzeitige Scheitern des Nabucco-Projekts demonstrierten die größere Durchsetzungsfähigkeit derjenigen Akteure, die darum bemüht waren, interdependente Energiebeziehungen mit Russland aufzubauen bzw. zu stärken. Aus dem Abbruch des South Stream-Projekts kann jedoch kein unmittelbarer Rückschluss auf einen Wandel der europäischen Erdgasaußenpolitik erfolgen, da die Entscheidung nicht durch europäische Akteure, sondern die russische Regierung getroffen wurde. Politikwissenschaftliche Publikationen zum South Stream-Projekt fokussierten sich daher in erster Linie auf die Frage, inwiefern dem Projektabbruch eine grundsätzliche Änderung der russischen Erdgasstrategie zugrunde lag (vgl. z. B. Behrens 2014; Belyi 2015; Biersack/O'Lear 2014; Krastev/Leonhard 2015; Lukin 2014; Pynnöniemi 2014; Stern et al. 2015). In der vorliegenden Arbeit wird jedoch die These vertreten, dass eine einseitige Betrachtung des russischen Handelns in der Analyse des Projektabbruchs zu kurz greift. Es ist vielmehr davon auszugehen, dass die veränderten Kontextbedingungen im Jahr 2014 auslösende Momente der russischen Entscheidung implizierten. Im Folgenden wird daher argumentiert, dass dem Abbruch des South Stream-Projekts durchaus ein Wandel in der *europäischen* Erdgasaußenpolitik *voraus*ging,[117] auch wenn die europäischen Mitgliedstaaten die finale Entscheidung zum Projektabbruch nicht selbst aktiv vollzogen haben. Dazu wird der Fokus der folgenden Analyse in einem ersten Schritt auf die russischen Interessen am South Stream-Projekt und die Motive gelegt, die die russische Regierung laut ihrer öffentlichen Stellungnahmen dazu bewegten, das South Stream-Projekt trotz dessen strategischer Bedeutung dennoch abzubrechen. Daraus werden in einem zweiten Schritt Hypothesen über zusätzliche Einflussfaktoren abgeleitet und auf diese Weise schließlich Zusammenhänge zwischen einem Wandel der europäischen Erdgasaußenpolitik und der Beendigung des South Stream-Projekts aufgezeigt.

Wenngleich die EU-Vertreter – wie oben gezeigt – darum bemüht waren, hinsichtlich des Abbruchs des South Stream-Projekts Gelassenheit zu demonstrieren, so löste die russische Entscheidung in Politik und Öffentlichkeit doch große Verwunderung aus. Schließlich waren die wichtigen strategischen Interessen, die die russische Regierung und Gazprom mit der South Stream-Pipeline verbanden, bekannt. Diese sollen im Folgenden skizziert werden: Ein großer Vorteil, der gegenüber dem bestehenden russischen Pipelinenetz mit der South Stream-Pipeline für Russland

---

117 Bzw. die *Ankündigung* eines Politikwandels, schließlich ist die tatsächliche Implementierung von politischen Maßnahmen im Erdgassektor bekanntlich sehr zeitintensiv.

verbunden gewesen wäre, bestand in der Reduzierung von Transitrisiken, die in der Lieferung des Erdgases nach Europa über die Ukraine oder Belarus impliziert sind. Dementsprechend begannen die Gespräche zur Initiierung des South Stream-Projekts kurz nach der Gaskrise 2006, in der es aufgrund von Disputen zwischen der Ukraine und Russland erstmals zu Lieferunterbrechungen in der EU kam (vgl. Stern et al. 2015: 3). Nach der Gaskrise 2009 beschloss Gazprom zudem, die für die South Stream-Pipeline ursprünglich vorgesehene Kapazität von 31bcm/year (zwei Leitungsstränge) auf 63 bcm/year (vier Leitungsstränge) zu verdoppeln (vgl. Dickel et al. 2014: 65). Von Gazprom wurde vorgesehen, mindestens zwei Drittel der Kapazität der South Stream-Pipeline zu nutzen, um Erdgas nach Europa zu liefern, das gegenwärtig über die Ukraine geleitet wird (vgl. Dreyer/Grätz 2014: 2).

Mit der Implementierung der South Stream-Pipeline und der vollständigen Kapazitätsauslastung der Nord Stream-Pipeline hätte Gazprom den Transit über die Ukraine nahezu vollständig ersetzen können (vgl. Adomeit 2012: 403). Auch Modellrechnungen zum wirtschaftlichen Kalkül von Gazproms Investition in das South Stream-Projekt bestätigen die These, dass die Reduktion von Transitrisiken das Hauptmotiv für die Konzipierung des Projekts darstellte. Nach Chyong und Hobbs (2014: 208–209) wäre die South Stream-Pipeline für Gazprom lediglich in denjenigen Szenarien rentabel, in denen die Ukraine ihre Transitmacht einsetzt und Lieferunterbrechungen nach Europa bewirkt: „Thus, our analysis shows that Gazprom's strategy of investing in bypass pipelines is unlikely to be motivated by a desire to meet future demand in Europe while eliminating transit risks. Rather its value lies in eliminating Ukraine's transit monopoly while preserving the value of Ukraine's gas market as much as possible without risking Gazprom's access to the EU gas market." (Chyong/Hobbs 2014: 209)

Aus der ständigen Bedrohung der europäischen Staaten, aufgrund von Disputen zwischen der Ukraine und Russland Lieferunterbrechungen zu erleiden – so wie dies in den Jahren 2006 und 2009 der Fall war – leiteten Gazprom und die russische Regierung wiederum die Sorge ab, in Europa als unzuverlässiger Lieferant zu gelten und dadurch Diversifizierungsbemühungen in den EU-Mitgliedstaaten zu verstärken (vgl. Dickel et al. 2014: 67). Die russischen Akteure hatten bis Dezember 2014 ein großes Interesse daran bekundet, die EU als Absatzmarkt zu bewahren, da Gazprom bereits hohe Investitionen in den Bau von Infrastruktur nach Europa getätigt hat und die Einnahmen aus dem Erdgashandel mit Europa einen signifikanten

Bestandteil an Gazproms Umsatz und daraus folgend den russischen Steuereinnahmen ausmachen. Durch den Bau der South Stream-Pipeline hätte Gazprom
das Risiko von Lieferunterbrechungen für die europäischen Kunden infolge von
Gasdisputen mit der Ukraine minimiert und zugleich die eigene Energiemacht in
Europa gestärkt, da die südosteuropäischen Staaten weiterhin zu einem Großteil
von russischen Erdgasimporten abhängig gewesen wären, während die Pipeline den
Südlichen Korridor, das Diversifizierungs- und somit Konkurrenzprojekt der EU,
unterminiert hätte (vgl. Buchan 2014: 2; Dickel et al. 2014: 57, 67; Koranyi 2014:
68–69; Westphal 2014c: 2).

Die Gaskrise 2014 zeigte Gazprom nun erneut die Risiken auf, die mit dem
Transit des Erdgases über die Ukraine nach Europa verbunden sind und bestärkte
die strategischen Interessen der russischen Akteure an der South Stream-Pipeline.
Dementsprechend schien Gazprom – unterstützt durch die russische Regierung –
die Bemühungen um die Implementierung der South Stream-Pipeline nach Beginn
des Ukraine-Konflikts zunächst weiter zu intensivieren und zu demonstrieren, dass
Gazprom trotz der politischen Spannungen zwischen der EU und Russland als
verlässlicher Lieferant angesehen werden kann (vgl. Dickel et al. 2014: 67). Wie oben
gezeigt unterstrich die Unternehmensführung noch im September das unbedingte
Interesse am Bau der Pipeline. Im Dezember führten die russische Regierung
und Gazprom für ihren einschneidenden Positionswandel drei Argumente an: die
kompromisslose Haltung der EU-Kommission hinsichtlich des Dritten Energiepakets,
die wachsende Erdgasnachfrage in Asien und der Türkei sowie den prognostizierten
Nachfragerückgang in der EU. Bei genauerer Betrachtung erscheint es aber nicht
plausibel, dass diese Ursachen allein ausschlaggebend für eine solch tiefgreifende
Entscheidung waren. Schließlich sind diese Faktoren nicht erst in bzw. kurz vor
dem Zeitraum, in dem die russischen Akteure ihren Positionswandel vollzogen
haben, d.h. zwischen Oktober und Dezember 2014, aufgetreten, sondern waren
schon seit mehreren Jahren bekannt. So trat das Dritte Energiepaket bereits im Jahr
2011 in Kraft und die Kommission demonstrierte Russland die daraus erfolgenden
Konsequenzen für Erdgaslieferanten zum einen an den Beschränkungen hinsichtlich
der Kapazitätsauslastung der OPAL-Pipeline für Gazprom. Zum anderen wies sie
Gazprom schon im November 2011 darauf hin, dass die geforderte Trennung von
Produktion und Netzbetrieb auch für die South Stream-Pipeline gelte (vgl. FAZ.NET
vom 24.11.2011). Diesen Hinweis wiederholte sie in den Jahren 2012 und 2013

(vgl. FAZ vom 08.12.2012, 16.01.2013). Der zukünftige signifikante Nachfrageanstieg in Asien und der vergleichsweise geringe Nachfragezuwachs in Europa gelten ebenfalls als unbestritten, sie werden seit Jahren von der IEA im „World Energy Outlook" betont (vgl. beispielhaft International Energy Agency 2010d). Daraus folgt, dass die fundamentale Änderung des russischen Geschäftsmodells im Dezember 2014 nicht allein durch die von den russischen Akteuren offiziell verkündeten Gründe erklärt werden kann. Sie mögen die russische Entscheidung zweifellos mitbestimmt haben; es ist aber mit hoher Wahrscheinlichkeit anzunehmen, dass es einer zusätzlichen erklärenden Variablen bedarf, die jüngere Entwicklungen berücksichtigt.

Einige Autoren vermuteten, dass der wahre Grund für die russische Entscheidung in den wirtschaftlichen Schwierigkeiten, die aus der Ukraine-Krise, den europäischen Sanktionen sowie dem niedrigen Ölpreis (vgl. Abschnitt 7.1) resultierten, bestand. Demnach könnten die russischen Akteure das Projekt nicht mehr finanzieren (vgl. u.a. Behrens 2014). Dagegen argumentieren aber Stern et al. (2015: 6), dass Gazprom bereits ca. 40% der vorgesehenen Investitionssumme für die ersten beiden Pipelinestränge verausgabt habe und die „Uminvestition" in die Turkish Stream-Pipeline demonstriere, dass Gazprom darum bemüht war, diese Ausgaben im Rahmen eines neuen Projekts zu revitalisieren.

Viele Autoren führen in der Analyse des russischen Strategiewandels wiederum an, dass bereits vor dem Abbruch des South Stream-Projekts in der russischen Erdgaspolitik eine stärkere Orientierung nach Osten zu verzeichnen war, im Rahmen derer die russischen Akteure sich um die Diversifizierung ihrer Erdgasexportmärkte bemühten (vgl. u.a. Belyi 2015; Biersack/O'Lear 2014; Dickel et al. 2014). Als zentraler Baustein dieser Entwicklung gilt das Erdgasabkommen zwischen China und Russland, das im Mai 2014 unterzeichnet wurde, aber bereits seit Jahrzehnten ausgehandelt und 2006 in einem Memorandum festgehalten wurde (vgl. Biersack/O'Lear

2014: 15–16; Buchan 2014: 2).[118] Es soll an dieser Stelle nicht widersprochen werden, dass sich der Abbruch des South Stream-Projekts in die langfristig angelegte Umorientierung Russlands nach Osten eingliedern lässt. Dies kann aber ebenfalls nicht als auslösender Faktor für den sehr kurzfristigen Positionswandel der russischen Akteure bezüglich der South Stream-Pipeline gewertet werden.

In dieser Arbeit wird stattdessen die These vertreten, dass die verschlechterten Beziehungen zwischen der EU und Russland und die damit verbundene Infragestellung der strategischen Energiepartnerschaft von Seiten der EU sowie die intensivierte Diversifizierungsrhetorik durch die EU-Mitgliedstaaten als wichtige erklärende Variable für den Abbruch des South Stream-Projekts berücksichtigt werden muss. Schließlich ist mit Investitionen in Erdgasinfrastruktur die Besonderheit verbunden, dass sich diese lediglich rentieren, wenn über einen langen Zeitraum hinweg eine hohe Nachfrage durch die Verbraucher gesichert ist. Daher dominierten im europäischen Erdgassektor bisher Langzeitlieferverträge: Sie gewährleisteten Versorgungssicherheit sowohl für die Import- *als auch* für die Exportstaaten. Folglich würden sich die russischen Investitionen in den Bau der South Stream-Pipeline nur rentieren, „wenn in den bis dahin verbleibenden Jahrzehnten der Erdgasexport nach Westen so erfolgt, wie von Gazprom und Russlands Regierung geplant." (Götz 2014b: 291–292) Der im Zuge des Ukraine-Konflikts evozierte Diversifizierungsdiskurs der EU steht dieser Notwendigkeit entgegen, da er die Einschätzungen der zukünftigen Nachfrage nach russischem Erdgas in der EU erschwert oder sogar verunmöglicht.

---

118 In zahlreichen Publikationen wird allerdings der Gehalt des Abkommens hinsichtlich seiner Funktion zur Diversifizierung und der damit verbundenen Implikationen für das russische Erdgasangebot in der EU relativiert: Zum einen aufgrund der im China-Abkommen berücksichtigten Erdgasfelder, die für die EU aufgrund mangelnder Infrastruktur nicht relevant sind (vgl. dazu Fußnote 69); zum anderen aufgrund der vergleichsweise geringen Einnahmen aus dem Erdgashandel mit China für Gazprom, die die Einnahmen aus dem Erdgashandel mit der EU keineswegs ersetzen können: „The immediate impact of the deal is actually small, even if the deal is estimated to be valued at US$400 bn and has been communicated by Russia as a break-through in Sino-Russian energy relations. The 38 bn cubic meters Russia plans to export to China is just a fourth of what Russia exported to Europe in 2013 and roughly corresponds to the present gas export to Ukraine. Russia will also have to find the means to pay to build the pipeline infrastructure to China, and gas will only be transported from 2018. It is likely that China received concessions on price as the price has been a major obstacle in the negotiations and China has other options. Thus, Russian exports to China will not replace the revenue that Russia gets from its European customers." (Malmlöf et al. 2014: 76; siehe auch Koranyi 2014: 68).

Es ist vor diesem Hintergrund anzunehmen, dass die oben ausgeführten Ursachen – die grundsätzliche Orientierung in Richtung asiatischer Märkte aufgrund der stark anwachsenden asiatischen Erdgasnachfrage gegenüber der geringer wachsenden europäischen Erdgasnachfrage und die Regulierungen des Dritten Energiepakets – die russische Entscheidung zum Projektabbruch zwar maßgeblich begünstigt haben, der modifizierte Diskurs um die zukünftige Ausrichtung der europäischen Erdgasaußenpolitik aber ebenfalls als wichtige erklärende Variable für den Projektabbruch berücksichtigt werden muss. Zur Erhärtung dieser Hypothese soll im folgenden Kapitel untersucht werden, inwiefern sich zwischen November 2013 und Dezember 2014 ein Wandel in der europäischen Erdgasaußenpolitik abzeichnete. Dazu wird auf Grundlage empirischer Daten aus dem genannten Untersuchungszeitraum eine Variation des *Gas Game I* entwickelt und überprüft, inwefern von dem generierten Simulationsergebnis in der virtuellen Welt auf einen Wandel in der realen europäischen Erdgasaußenpolitik geschlossen werden kann.

KAPITEL 8

Entwicklung des Zukunftsszenarios (*Gas Game II*)

In Kapitel 3 wurde aufgezeigt, dass die hohe Abhängigkeit der EU von russischem Erdgas eine stete Quelle von Auseinandersetzungen zwischen den EU-Mitgliedstaaten über die Ausgestaltung der europäischen Erdgasaußenpolitik war. Im vergangenen Jahrzehnt wurde diese Problematik insbesondere im Kontext der Pipelineprojekte Nord Stream, South Stream und Nabucco sowie der Gaskrisen 2006 und 2009 diskutiert. Im gegenwärtigen Jahrzehnt rückten der Ukraine-Konflikt (Abschnitt 7.1) und die mit diesem verbundene dritte russisch-ukrainische Gaskrise (Abschnitt 7.2.1) die Erdgasbeziehungen zwischen der EU und Russland wieder auf die politische Agenda. Die trilateralen Verhandlungen zwischen der EU-Kommission, Russland und der Ukraine um die ukrainischen Gasschulden generierten in der EU eine Debatte um die Konsequenzen einer Lieferunterbrechung von russischem Erdgas für die EU-Mitgliedstaaten. Diese Debatte ging im Zuge der anwachsenden Instabilität der EU-Russland-Beziehungen über den Einzelfall hinaus und entwickelte sich zu einer grundsätzlichen Auseinandersetzung zwischen den EU-Mitgliedstaaten sowie der Kommisison um die zukünftige Ausgestaltung der europäischen Erdgasaußenpolitik. Im vorangegangenen Unterabschnitt wurde die Hypothese aufgestellt, dass sich aus dieser Auseinandersetzung der Beginn eines europäischen Policy-Wandels ableiten lässt und die europäischen Akteure auf diese Weise indirekt den Abbruch des South Stream-Projekts, das als Symbol der EU-Russland-Energiepartnerschaft galt, begünstigt haben. Um diese Hypothese zu überprüfen, wird im folgenden Kapitel anhand von empirischen Daten aus dem Untersuchungszeitraum von Dezember 2013 bis Dezember 2014 eine modifizierte Version des *Gas Game* erstellt, das einer *prediciton* für die europäische Erdgasaußenpolitik entspricht. Auf Grundlage eines Vergleichs der Simulationenoutputs von *Gas Game I* und *II* soll anschließend erläutert werden, inwiefern aus der Analyse der virtuellen Welt Erwartungen über einen Wandel in der realen europäischen Erdgasaußenpolitik gegenüber Russland abgeleitet werden können. Um das *Gas Game* auf den genannten Untersuchungszeitraum zu übertragen, müssen zwei Bedingungen erfüllt sein:

1) Der Diskurs um die europäische Erdgasaußenpolitik muss sich in demselben politischen Raum bewegen, der für das vergangene Jahrzehnt identifiziert und in Form des *issue continuums* operationalisiert worden ist.

2) Die dem Entscheidungsprozess zugrundeliegenden Kausalstrukturen, die im *Gas Game* emuliert werden, müssen unverändert geblieben sein.

Zur Überprüfung der ersten Bedingung werden zunächst die zentralen Konfliktlinien der Auseinandersetzung um die Erdgasaußenpolitik zwischen den relevanten Entscheidungsakteuren während der Ukraine-Krise identifiziert und ihre Identität mit den Konfliktlinien des vergangenen Jahrzehnts – *Dependenz/Interdependenz, Diversifizierung/Energiepartnerschaft* – aufgezeigt (Abschnitt 8.1). Anschließend wird das *Gas Game II* erstellt. Um einen möglichst engen Rückbezug der Simulation auf die Wirklichkeit zu ermöglichen, entspricht die methodische Vorgehensweise dem Verfahren zur Entwicklung des Ursprungmodells (*Gas Game I*): In einem ersten Schritt wird der politikwissenschaftliche Forschungsstand zur europäischen Erdgasaußenpolitik gegenüber Russland im Kontext der Ukraine-Krise aufgearbeitet (Abschnitt 8.2). In einem zweiten Schritt wird die Akteursauswahl begründet (Abschnitt 8.3). Danach wird die Variation des *Gas Game I* mittels empirischer Daten aus dem Untersuchungszeitraum von Dezember 2013 bis Dezember 2014 entwickelt.[119] Die Policypositionen der Spieler werden auf Basis einer qualitativen Inhaltsanalyse der Stellungnahmen der Mitgliedstaaten sowie der EU-Kommission im Kontext der Diskursstränge *Dependenz/Interdependenz* sowie *Diversifizierung/Energiepartnerschaft*, die im Untersuchungszeitraum aus der *Süddeutschen Zeitung*, der *Frankfurter Allgemeinen Zeitung* und dem Internet-Nachrichtenportal *EurActiv* erhoben worden sind, bestimmt (Abschnitt 8.4). Die quantitativen Daten zur Festlegung der Werte für

---

119 Die Erhebungszeiträume für die qualitativen und die quantitativen Daten divergieren. Eine Begründung erfolgt in den jeweiligen Unterkapiteln zu den Inputvariablen (vgl. Abschnitte 4.3 bis 4.6).

die Einfluss- und Prioritätsvariable werden ebenfalls an den neuen Untersuchungszeitraum angepasst (Abschnitte 8.5 und 8.6). Die Werte der Kompromissfähigkeitsvariablen bleiben unverändert (Abschnitt 8.7). Die auf diese Weise modifizierte
Simulation generiert ein Ergebnis, das die zukünftige Erdgasaußenpolitik der EU
gegenüber Russland prognostiziert (Abschnitt 9.1. Unter Einbeziehung einer Typologisierung von Policy-Variationen durch Rüb (2014a, 2014b) erfolgt eine Evaluierung
des prognostizierten Policy-Wandels (Abschnitt 9.2). Da die Kenntnis über die Policypositionen der relevanten Entscheidungsakteure für die Überprüfung der zweiten
Bedingung zur Übertragbarkeit des *Gas Game* – der Konstanz des konfliktiven
Settings im Entscheidungsprozess bzw. der Kausalstruktur des Policy-Subsystems
europäische Erdgasaußenpolitik – äußerst hilfreich ist, wird die Erfüllung dieser
Bedingung im Anschluss an die Analyse des Simulationsergebnisses anhand der
Reaktionen der Mitgliedstaaten auf den polnischen Vorschlag einer europäischen
Energieunion nachgewiesen (Abschnitt 9.3). Abschließend wird die Aussagekraft
von *predicitons* über politische Entwicklungen im Energiesektor im Rahmen einer
kritischen Methodenreflexion diskutiert (Abschnitt 9.3).

8.1 Der Diskurs der politischen Akteure zur zukünftigen Ausrichtung der EU-Erdgasaußenpolitik im Kontext der Ukraine-Krise

Eine notwendige Bedingung für die Übertrabarkeit des im ersten Abschnitt entwickelten *Gas Game* auf die Debatte um die europäische Erdgasaußenpolitik während
der Ukraine-Krise besteht in der Verortung ebendieser im identischen politischen
Raum wie die Konfliktlinien des vergangenen Jahrzehnts und der damit verbundenen
Abbildung des zwischen 2013 und 2014 geführten Diskurses auf dem in Abschnitt 4.3
entwickelten *issue continuum*. Daher werden im Folgenden die Konfliktlinien der
während der Ukraine-Krise in der EU geführten Debatte um die Erdgasaußenpolitik
aufgezeigt und die Identität mit den Konfliktlinien des vergangenen Jahrzehnts
nachgewiesen.

Die Versorgungssicherheit von Importstaaten hängt im Erdgassektor maßgeblich
von stabilen politischen Beziehungen und darauf aufbauendem Vertrauen zwischen
Import-, Export- und Transitstaaten ab. Im Kontext der Gaskrisen 2006 und 2009
erlitt die EU Lieferunterbrechungen aufgrund von Disputen zwischen Russland und
der Ukraine und somit zwischen Export- und Transitstaat. In der Ukraine-Krise
stellte sich die Situation nun anders dar: Die EU war selbst *Subjekt* eines Konflikts,

der nicht nur auf die Ukraine und Russland begrenzt war und dementsprechend zu einer deutlichen Anspannung und nachhaltigen Verschlechterung in den Beziehungen *zwischen der EU und Russland* geführt hat (vgl. Buchan 2014: 2). Dies wurde durch verschiedene politische Akteure in der EU bestätigt, wie an beispielhaften Stellungnahmen illustriert werden kann: Der frühere polnische Botschafter Janusz Reiter erklärte, die gegenwärtige Situation sei „ein Einschnitt in der Geschichte Polens seit 1989". Zum ersten Mal seit 25 Jahren gebe es in Polen ein Gefühl, dass die Sicherheit bedroht sei. „Das Sicherheitsgefühl ist wieder fragil." (Zit. n. FAZ.NET vom 25.04.2014) Der deutsche Außenminister Frank-Walter Steinmeier sowie der französische Außenminister Laurent Fabius bewerteten den Konflikt ebenfalls als die schwerste Krise seit dem Mauerfall. Steinmeier fügte hinzu, die Gefahr einer erneuten Spaltung Europas sei real (vgl. EurActiv vom 18.03.2014; SZ vom 04.03.2014). Auch die deutsche Verteidigungsministerin Ursula von der Leyen erklärte, Putin habe mit der Annexion der Krim viel Vertrauen zerstört: „Es wird lange dauern, das wieder aufzubauen. Voraussetzung ist vor allem anderen, dass Russland dazu beiträgt, dass sich die Lage wieder entspannt." (Zit. n. FAZ.NET vom 07.04.2014) Ähnlich betonte die deutsche Bundeskanzlerin Merkel: „Trust has been lost. We all have to adjust ourselves to the new conditions and we must give a clear response." (Zit. n. EurActiv vom 18.03.2014)

Wenngleich der Konflikt zwischen der EU und Russland seinen Ursprung in der Integrationskonkurrenz um die Ukraine hatte, wirkte sich das in diesem Kontext entwickelte, grundsätzliche Misstrauen zwischen den beiden Akteuren auf den Erdgassektor aus und ließ in der EU die Frage aufkommen, ob Russland weiterhin als verlässlicher Erdgaslieferant angesehen werden könne. Kirsten Westphal beschreibt diesen Zusammenhang im November 2014 folgendermaßen:

> The annexation of Crimea and the destabilization of Eastern Ukraine have resulted in a severe crisis of confidence between Russia and the EU, in turn shaking up the political order on the continent as a whole. Mistrust, misperceptions and misunderstandings reign on both sides. [...] Because of the deterioration in political relations, Russian gas supplies are no longer perceived as reliable by the political elite in the EU – fears that Russia will use natural gas deliveries as a political tool grow more pronounced, whereas voices noting that Russia has never cut off a (well-)paying customer become more subdued. (Westphal 2014c: 1)

Westphal verweist damit auf eine Debatte, die in den Gaskrisen 2006 und 2009 zwischen den EU-Mitgliedstaaten bereits geführt wurde und im Kontext der Ukraine-Krise nun erneut aufkam: Die politischen Akteure in der EU diskutierten, ob Russland angesichts der zwischenstaatlichen Konflikte seine „Gaswaffe" einsetzen, d.h. die Abhängigkeit der EU und der Ukraine von russischen Erdgasimporten als politisches Druckmittel nutzen werde, indem Russland Lieferunterbrechungen implementiert (vgl. Basedau/Schultze 2014: 1). Besondere Dringlichkeit erfuhr diese Problematik durch die Auseinandersetzungen zwischen der Ukraine und Russland um die ukrainischen Gaspreise zwischen März und Oktober 2014. Wie im vergangenen Jahrzehnt (vgl. Abschnitt 3.2) waren die Positionierungen der Mitgliedstaaten hinsichtlich dieser Bedrohung durch die in der Erdgasaußenpolitik stets präsente Frage nach der Beurteilung der Abhängigkeit von russischen Erdgasimporten in den Kategorien *Dependenz* und *Interdependenz* geprägt: Akteure, die die EU-Russland-Erdgasbeziehungen als Interdependenz bewerteten, verwiesen auf die Abhängigkeit Russlands von Einnahmen aus dem Erdgashandel mit der EU und leiteten daraus ab, dass Russland die Lieferverträge mit der EU aus diesem Grund auch unter den 2014 herrschenden Krisenbedingungen mit hoher Wahrscheinlichkeit erfüllen werde (vgl. Basedau/Schultze 2014: 1). Viele Akteure – u.a. Merkel und Oettinger – verwiesen zur Stützung dieser Argumentation auf die Lieferzuverlässigkeit der Sowjetunion während des Kalten Krieges. Nach der russischen Annexion der Krim erklärte Merkel dementsprechend mit Bezug auf mögliche russische Lieferunterbrechungen, das jüngste russische Vorgehen habe zwar Verunsicherung ausgelöst, sie verwies aber zugleich darauf, dass nicht einmal während des Kalten Krieges je die Energielieferungen aus der damaligen Sowjetunion unterbrochen worden seien (vgl. Süddeutsche.de vom 21.03.2014). In gleicher Weise argumentierte auch Oettinger: Russland wolle „ja Geld verdienen und nicht leere Gasleitungen unterhalten." Er glaube deshalb, dass Russland nicht weniger verlässlich sein werde als die Sowjetunion im Kalten Krieg und „dass auch jetzt niemand Gas als Waffe für diese krisenhafte Entwicklung einsetzen will." (Zit. n. SZ vom 20.03.2014) Akteure, die den Erdgashandel mit Russland hingegen als einseitige Abhängigkeit der EU bzw. des entsprechenden Mitgliedstaates beurteilten – eine Meinung, die nun überwog –, leiteten daraus eine hohe Wahrscheinlichkeit von Lieferunterbrechungen ab und forderten entsprechende politische Maßnahmen zur Erhöhung der Versorgungssicherheit. So erklärte beispielsweise der polnische Außenminister Sikorski im Mai 2014: „Wir müssen uns auf eine dauerhafte Instabilität im Osten einstellen und als Konsequenz auf mögliche Störungen bei Öl- und Gaslieferungen nach Europa." (Zit. n. Buras 2014: 42–43)

Innerhalb der EU bestanden somit weiterhin Differenzen hinsichtlich der Zuordnung des EU-Russland-Handels zu den Kategorien *Dependenz* und *Interdependenz*. Sie mündeten wie im vergangenen Jahrzehnt in eine Diskussion um die zukünftige Ausgestaltung der europäischen Energiepolitik entlang der beiden Pole *Energiepartnerschaft* und *Diversifizierung*. Durch die veränderten Kontextbedingungen erfuhr dieser Diskursstrang allerdings eine Modifizierung, da der Schwerpunkt nun deutlich auf die Möglichkeiten der Diversifizierung von Erdgaslieferanten gelegt wurde (vgl. Belyi 2015: 1; Buchan 2014: 2; Dickel et al. 2014: 2, 68; Koranyi 2014: 66; Medlock et al. 2014: 14). Die stärkere Fokussierung auf Diversifizierungsnotwendigkeiten und -möglichkeiten galt partiell auch für Akteure, die im vergangenen Jahrzehnt noch entschieden für die Entwicklung und Verfestigung einer Energiepartnerschaft mit Russland eingetreten waren bzw. die interdependenten Beziehungen zu Russland im Moment der Krise als Einschränkung der russischen Gaswaffe bewerteten. Besonders offenkundig waren hier die Stellungnahmen der deutschen Regierung, die im vergangenen Jahrzehnt im Kontext der Pipelinedebatten von Kritikern enger Beziehungen mit Russland am häufigsten mit der russischen Energiepartnerschaft assoziiert wurde. Als Reaktion auf die russische Krimannexion kündigte Merkel das Bemühen um eine Reduzierung der europäischen Abhängigkeit von russischen Energielieferungen an. Die EU sei in hohem Maße von russischem Öl und Gas abhängig. Es werde nun eine neue Betrachtung der gesamten Energiepolitik geben (vgl. Süddeutsche.de vom 27.03.2014). Die Fokussierung auf Diversifizierungsmöglichkeiten im Erdgassektor implizierte somit eine graduelle Verschiebung in diesem Diskursstrang, letztlich aber keine vollständige Abkehr von der Idee einer Energiepartnerschaft mit Russland. So wiesen einige europäische Akteure weiterhin auf den ökonomischen Nutzen des Handels mit Russland hin; die mit dem interdependenten Handel verbundene ideologische Komponente der politischen Annäherung rückte jedoch verstärkt in den Hintergrund (siehe z. B. EurActiv vom 26.08.2014, 02.09.2014b; FAZ vom 16.05.2014, 27.08.2014; SZ vom 20.12.2014).

Die im Rahmen des Ukraine-Konflikts identifizierten Stränge des politischen Diskurses zwischen den Mitgliedstaaten mit Bezug auf den europäischen Erdgassektor können somit folgendermaßen zusammengefasst werden: Die Verschlechterung der EU-Russland-Beziehungen gilt unter den EU-Mitgliedstaaten als unbestritten. Aus diesem Grund wurde die Verlässlichkeit Russlands als Erdgaslieferant infrage gestellt, da das Risiko besteht, dass Russland die europäische Abhängigkeit von russischen Erdgasimporten als politisches Druckmittel einsetzt. Die Einschätzungen hinsichtlich der Eintrittswahrscheinlichkeit dieses Risikos divergierten zwischen den Mitgliedstaaten in Abhängigkeit ihrer Bewertung des Erdgashandels mit Russland als *Dependenz* oder *Interdependenz*. Daraus erwuchs wiederum eine Debatte über die zukünftige Ausgestaltung der europäischen Erdgasaußenpolitik, die sich inhaltlich zwischen den Polen *Diversifizierung* und *Energiepartnerschaft* bewegte, wobei aufgrund der Krisenbedingungen eine deutliche Tendenz in Richtung eines Diversifizierungsdiskurses zu verzeichnen war. Vergleicht man diese Diskussionspunkte mit den in Abschnitt 3.2 ausgeführten Konfliktlinien zwischen den Mitgliedstaaten bezüglich ihrer Erdgasaußenpolitik gegenüber Russland im Untersuchungszeitraum zwischen 2000 und 2010, so wird deutlich, dass der im Kontext des Ukraine-Konflikts geführte Diskurs zur europäischen Erdgasaußenpolitik keineswegs neu war. Die während der Ukraine-Krise bestehenden Diskursstränge waren identisch mit dem im vergangenen Jahrzehnt identifizierten Politikraum und werden dementsprechend in dem in Abschnitt 4.3 entwickelten *issue continuum* widergespiegelt. Die erste notwendige Bedingung zur Übertragbarkeit des *Gas Game* ist somit erfüllt.

Bevor das *Gas Game II* erstellt wird, soll im Folgenden der politikwissenschaftliche Forschungsstand zu den identifizierten Diskurssträngen skizziert werden.

8.2 Der politikwissenschaftliche Forschungsstand

Bei den Publikationen, die mit Bezug auf den europäischen Erdgassektor im Kontext der Ukraine-Krise veröffentlicht worden sind, handelt es sich zu einem Großteil um sogenannte *Policy briefs*, die in der Regel eine Beschreibung des politischen Konflikts und seiner (potentiellen) Implikationen für den europäischen Erdgassektor, eine Bewertung von letzteren sowie daraus abgeleitete Handlungsempfehlungen beinhalten. Im Folgenden werden die politikwissenschaftlichen Besprechungen der im vorausgegangenen Abschnitt identifizierten Diskursstränge dargelegt.

Wie zwischen den Mitgliedstaaten (vgl. Abschnitt 8.1), herrscht auch im politikwissenschaftlichen Diskurs weitgehend Einigkeit darüber, dass die EU-Russland-Beziehungen durch den Ukraine-Konflikt eine nachhaltige Verschlechterung erfahren haben.[120] Dies wirke sich nach Ansicht vieler Autoren auf das Vertrauen der EU in Russland als Erdgaslieferant aus. Die Krise sei so dramatisch eskaliert, dass eine Rückkehr zum „status quo ante" der Energiebeziehungen nicht mehr möglich sei, sondern die über Jahrzehnte aufgebauten Handelsbeziehungen, die auf beiderseitigem Interesse beruhten, nun gravierend beschädigt seien und in dieser Form vorerst nicht mehr weitergeführt werden können (vgl. Engerer et al. 2014: 479; Granholm/Malminen 2014: 9; Major/Puglierin 2014: 62–63, 68; Rinke 2014, 2015a; Schmidt-Felzmann 2014: 49; Westphal 2014c: 1–2). Dickel et al. führen zwar relativierend an, dass die These verschlechterter EU-Russland-Beziehungen und daraus gefolgerter negativer Auswirkungen auf den Erdgashandel in den vergangenen Jahrzehnten schon häufig zu Unrecht aufgebracht wurde. Sie nennen aber drei Argumente, weshalb im Kontext der Ukraine-Krise tatsächlich ein fundamentaler Wandel in den EU-Russland-Beziehungen mit Konsequenzen für den Erdgassektor zu verzeichnen ist:

> Similar geopolitical arguments have been repeated many times during the past 40 years of European gas trade with Russia. However, the 2014 Ukrainian crisis has fundamentally changed the political and strategic relationships of the post-Soviet period between Russia and the European states in ways which may not be quickly reversed:
>
> - European countries (as well as the USA) have imposed quite substantial sanctions; and in response Russia has imposed counter-sanctions; creating (what in September 2014 seemed to be) an escalating trade war;
> - NATO, to which most European countries belong, has accused Russia of invading Ukraine; and in addition to political and military events in eastern Ukraine, the Russian annexation of Crimea will remain a divisive issue for many years;
> - The gas sector has (thus far) been excluded from sanctions, but the general deterioration in the relationship has had a strong impact at the political level, where there is a reluctance on the part of the European Union and individual member states to conduct any dialogue with Russia on natural gas. This means that moving forward on pipeline projects such as South Stream (already complicated even before the Ukraine crisis), has become even more difficult, and the reaction to events in Ukraine has contributed to undermining the gas relationship.

(Dickel et al. 2014: 68)

---

120 Legvold (2014) spricht gar von einem neuen Kalten Krieg. Ob diese Bezeichnung tatsächlich zutrifft, ist aber umstritten (siehe z. B. Braithwaite 2014).

Diese Einschätzung führte im politikwissenschaftlichen Diskurs ebenfalls zu der Frage, ob Russland den Erdgashandel mit der EU als politisches Instrument ansieht und bereit ist, dieses einzusetzen. Die Bewertungen dieses Risikos divergieren in der Literatur deutlich. Während manche Autoren der Ansicht sind, Putin betrachte den Energiehandel grundsätzlich als imperialistisches Instrument und die Gaskrise 2014 erinnere an die Krisen 2006 und 2009, weshalb die EU erneut mit einer großen Wahrscheinlichkeit Lieferunterbrechungen einkalkulieren müsse (vgl. Grigore et al. 2014: 46–48; Koranyi 2014: 66), bestreiten bzw. relativeren viele Autoren diese Gefahr. Sie begründen diese Relativierung mit dem Verweis auf die interdependenten Energiebeziehungen zwischen der EU und Russland; da Russland auf Kooperation mit der EU angewiesen sei, werde es mit großer Wahrscheinlichkeit auch keinen Gaskrieg geben. Zudem sei Russland stets ein zuverlässiger Erdgaslieferant gewesen (vgl. Götz 2014b: 278–279, 282; Schubert et al. 2014: 4).[121] Wie bei den politischen Akteuren ist die Debatte um die russische „Gaswaffe" in der Politikwissenschaft daher ebenfalls mit der Frage verknüpft, wie hoch die Abhängigkeit der EU von russischen Erdgasimporten tatsächlich ist und inwiefern es sich um (a)symmetrische interdependente Beziehungen handelt. Selbst im politikwissenschaftlichen Diskurs ist bislang keine einvernehmliche Antwort gefunden worden. Viele Autoren verweisen aber durchaus auf den großen Anteil der Einnahmen aus russischen Erdgasexporten in die EU am Umsatz Gazproms und dadurch an den russischen Steuereinnahmen sowie die kurz- und mittelfristig geringen Möglichkeiten von Gazprom, alternative Absatzmärkte zu erschließen (vgl. Brutschin et al. 2014: 2; Dickel et al. 2014: 57; Dreyer/Grätz 2014: 1; Götz 2014b: 281–282; Laaser/Schrader 2014: 343; Legvold 2014: 79; Meister 2013; Schubert et al. 2014: 2; Umland 2013; Westphal 2014b: 2–3, 2014c: 2). Einige betonen jedoch, dass der Grad der Interdependenz je nach Mitgliedstaat divergiert (vgl. u.a. Buchan 2014: 7; Kratochvíl/Tichý 2013: 391–392). Dies wurde vor allem in denjenigen Publikationen deutlich, die die Konsequenzen einer potentiellen Lieferunterbrechung als Folge des Gasdisputs zwischen Russland und der Ukraine berechneten und auf die besonders gravierenden Konsequenzen für (süd-)osteuropäische Länder, die in hohem Maße vom Transit über die Ukraine abhängen, hinwiesen (vgl. u.a. Götz 2014b: 279; Pirani et al. 2014: 9, 20; Richter/Holz

---

121 Für eine Skizzierung der politikwissenschaftlichen Debatte um den Einsatz der russischen „Gaswaffe" im Kontext der Gaskrise 2006 siehe Feklyunina (2012: 449–450).

2015; Schuppe 2014: 42–43).[122] Insgesamt besteht aber Einigkeit darüber, dass die
EU auf Lieferunterbrechungen von russischem Erdgas besser vorbereitet ist als 2009.
Zwar hat ein „Stresstest" der EU-Kommission im Mai 2013 ergeben, dass einige
Mitgliedstaaten die Verordnung zur Erdgasversorgungssicherheit (994/2010), die
die Kommission 2010 als Reaktion auf die Gaskrise 2009 erlassen hat, teilweise
in ungenügender Weise umgesetzt haben. Seit 2009 ist die Anzahl an *LNG*-Häfen
und Verbindungsleitungen innerhalb der EU aber gestiegen, was eine flexiblere
Reaktion auf Lieferunterbrechungen ermöglichen würde. Zudem würde eine erhöhte
Auslastung der Nord Stream-Pipeline einen partiellen Ersatz des Ukrainetransits
erlauben (vgl. Brutschin et al. 2014: 2; Buchan 2014: 6–7; Dreyer/Grätz 2014: 2;
Engerer et al. 2014: 482–483; Götz 2014b: 280; Kemfert 2014: 264; Noël 2013: 5–8;
Pirani et al. 2014: 8, 20; Schubert et al. 2014: 2).

Wenngleich die Einschätzung des Interdependenzgrads in den EU-Russland-
Beziehungen bzw. des Risikos von Lieferunterbrechungen als politisches Instrument
der russischen Regierung divergierten, leiteten die Autoren aus ihren Analysen
ähnliche Handlungsempfehlungen für die europäische Energiepolitik ab, die darauf
zielten, die Abhängigkeit von russischem Erdgas sowie die negativen Implikationen
von Lieferunterbrechungen zu verringern. Die Mehrheit der Autoren plädierte für
folgende Punkte:

- *Vollendung des Binnenmarktes*: Insbesondere der Ausbau von Verbindungspipelines kann dazu beitragen, die Vulnerabilität bzw. die Schadenshöhe im
  Falle von Versorgungsunterbrechungen zu verringern, da die Mitgliedstaaten
  flexibler reagieren und Erdgas in diejenigen Staaten umleiten könnten, die von
  den Versorgungsunterbrechungen am stärksten betroffen wären. Dies wäre –
  wie oben bereits ausgeführt – in erster Linie für die (süd-)osteuropäischen
  Mitgliedstaaten relevant (vgl. u.a. Basedau/Schultze 2014: 6; Buchan 2014: 8,

---

122 Für die vorliegende Arbeit sind die konkreten Berechnungen nicht relevant, da hier der Fokus
auf den politischen Positionen der Mitgliedstaaten sowie der Kommission und ihrer daraus
abgeleiteten Politik gelegt wird. Es soll an dieser Stelle dennoch auf die Publikation von
Dickel et al. (2014) hingewiesen werden. Die Autoren erläutern in jener Fehlerquellen, die
sich häufig in Kalkulationen zu den kurzfristigen Möglichkeiten des Ersatzes von russischem
Erdgas finden lassen.

10; Dreyer/Grätz 2014: 4; Geden/Grätz 2014: 1; Gros/Teusch 2013: 27–28; Leal-Arcas et al. 2015; Medlock et al. 2014: 25; Richter/Holz 2014: 23–24, 2015: 187–188; Westphal 2014c: 3).

- *Energieunion*: Eine gemeinsame Energieunion könnte entsprechend der in Abschnitt 3.3 ausgeführten Argumente für eine kohärente EU-Energiepolitik die Verhandlungsmacht der EU stärken. Allerdings besteht in der Literatur noch keine Einigkeit darüber, wie die Energieunion ausgestaltet sein bzw. wie hoch der Integrationsgrad in der Energiepolitik weiterentwickelt werden sollte. Viele Vorschläge weichen von Tusks Konzept ab (vgl. u.a. Brutschin et al. 2014: 4; Hedberg 2015; Schubert et al. 2014: 6).

- *Diversifizierung der Energieträger*: In einigen Publikationen werden erneuerbare Energien als langfristige Möglichkeit angesehen, um die Erdgasnachfrage in der EU zu senken. Viele Autoren empfehlen zudem, Schiefergas als Quelle zur Diversifizierung zu berücksichtigen, um zumindest den Rückgang der europäischen Erdgasförderung zu reduzieren (vgl. u.a. Basedau/Schultze 2014: 6; Buchan 2014: 8; Goldthau/Westphal 2015: 115; Leal-Arcas et al. 2015; Pirani et al. 2014: 19).

- *Diversifizierung der Erdgaslieferanten*: Eine Diversifizierung von Erdgaslieferanten wird in der Literatur am häufigsten empfohlen, um die Abhängigkeit von russischen Erdgasimporten mittel- und langfristig zu reduzieren. Dementsprechend diskutieren zahlreiche Beiträge, mit welchen Exportstaaten der Handel in Zukunft verstärkt – z. B. mit Algerien – bzw. mit welchen Staaten er erstmalig aufgenommen werden sollte – z. B. mit Aserbaidschan, Turkmenistan und den USA. Dazu könnte in erster Linie der Ausbau der *LNG*-Infrastruktur beitragen. Hinsichtlich der Diversifizierungsmöglichkeiten führen viele Autoren allerdings drei Relativierungen an: Erstens verweisen sie auf die kurz- und mittelfristige Bindung der EU-Mitgliedstaaten an Russland aufgrund bestehender Langfristverträge; zweitens auf die politische Instabilität, die alternative Exportstaaten teilweise (ebenfalls) kennzeichnet (z. B. Libyen, Ägypten, Irak und Iran); drittens auf die umfangreichen Kosten, die mit dem Ausbau von Infrastruktur sowie dem gegenwärtig hohen *LNG*-Erdgaspreis, der u.a. aus der großen Nachfragekonkurrenz aus Japan resultiert, verbunden wären (vgl. u.a. Basedau/Schultze 2014: 1; Behrens/Wieczorkiewicz 2014: 2; Belkin et al. 2013: 18–28; Blackwill/O'Sullivan 2014; Brutschin et al. 2014: 3;

Buchan 2014: 7; Dickel et al. 2014: 5, 17–31; Dreyer/Grätz 2014: 4; Grigore
et al. 2014: 49; Koranyi 2014: 68–71; Major/Puglierin 2014: 70; Pirani et al.
2014: 19–20; Schuppe 2014: 31–37; Westphal 2014a: 48–49, 2014b: 4).

- *South Stream*: Wenngleich eine deutliche Mehrzahl an Autoren sich für eine Diversifizierung der europäischen Erdgaslieferanten ausspricht, herrscht
  hinsichtlich der Beurteilung der South Stream-Pipeline Uneinigkeit, da sie
  zwar die Abhängigkeit der EU von russischen Erdgasimporten weiter steigere
  (vgl. Behrens 2014: 2; Geden/Grätz 2014: 2; Wieczorkiewicz/Behrens 2014:
  3), vor dem Hintergrund der Gaskrise 2014 aber einen wichtigen Beitrag zur
  Diversifizierung der Transitrouten leisten könne – insbesondere für die bei
  Lieferunterbrechungen über die Ukraine am stärksten betroffenen südosteuropäischen Staaten (vgl. Pirani et al. 2014: 17; Schubert et al. 2014: 6; Westphal
  2014c: 2; Wieczorkiewicz/Behrens 2014: 3).

- *Interdependenz*: Da eine weitreichende Diversifizierung der Lieferstaaten aus
  den oben genannten Gründen erst in ungefähr zehn Jahren möglich erscheint,
  empfiehlt eine geringe Zahl an Autoren der EU, die interdependenten Energiebeziehungen mit Russland zunächst aufrechtzuerhalten. Schließlich sei die
  EU in diesem Zeitraum weiterhin in hohem Maße von russischen Erdgasimporten abhängig. Die Erdgasbeziehungen sollten daher stabilisiert werden,
  sonst drohe eine wesentlich aggressivere Politik der russischen Regierung
  (vgl. u.a. Brutschin et al. 2014: 3–4; Dreyer/Grätz 2014: 4; Schubert et al.
  2014: 2, 4).

Die Vorschläge zur Aufrechterhaltung der Interdependenz werden durch die gleichzeitigen Verweise auf ihre zeitliche Begrenzung – den Zeitraum, den die EU zum
Aufbau neuer Infrastruktur benötige – relativiert, denn in der politikwissenschaftlichen Literatur dominiert nun das Urteil, dass die Strategie „Wandel durch Handel"
gescheitert sei. Wie in Abschnitt 3.2 ausgeführt, wird in der Literatur zu Interdependenz argumentiert, dass wechselseitige Abhängigkeit in der Wirtschaft zwischen zwei
oder mehreren Staaten Konflikte zwischen ebendiesen verringere und stattdessen zu
kooperativen Beziehungen führe. Die deutsche Politik gegenüber der Sowjetunion
bzw. Russland gilt als praktisches Exempel für diesen Ansatz (vgl. Abschnitt 4.3.1).
Die Eskalation der Ukraine-Krise wird nun als Argument für die mangelnde Gültigkeit der Interdependenztheorie in der politischen Praxis angeführt, schließlich haben

die engen Wirtschafts- und insbesondere Energiebeziehungen zwischen der EU und
Russland den Konflikt nicht verhindern können. Auch eine positive Einwirkung auf
die russische Politik zur Durchsetzung demokratischer Werte sei offensichtlich nicht
erfolgt (vgl. Koranyi 2014: 66; Krastev/Leonhard 2015: 42–45; Krickovic 2015: 4,
19; Kundnani 2014; Westphal 2014c: 2). Andrej Krickovic begründet das Scheitern
dieses Prinzips u.a. damit, dass zwischen der EU und Russland keine komplexe
Interdependenz bestand, die sich auf verschiedene Sektoren verteilte, sondern auf
einen besonders sensiblen Bereich, den Energiesektor, begrenzt war. Dies habe
dazu geführt, dass beide Seiten aus Sorge vor einer Auflösung des Gleichgewichts
zugunsten der anderen Partei stets darum bemüht waren, die eigene Abhängigkeit
zu reduzieren, was aber zwangsläufig auf Kosten der anderen Partei geschehen sei
und schließlich ein Sicherheitsdilemma generierte:

> Both sides have adopted a range of policies designed to improve their energy
> security and their position on energy markets. But any gains that either
> side makes invariably come at the expense of the other side. [...] What
> once promised to be an area where both sides could benefit from cooperation
> increasingly takes on the characteristics of a classic security dilemma, where
> neither side can improve its security without threatening the security of the
> other. [...] Because of their uncertainty about the future, both sides are wary
> that, what is currently a relationship of symmetrical interdependence may
> become one of symmetrical dependence. As a result, each side has taken steps to
> lessen their dependence on the other. This awakens fears that the relationship
> will move from being one of symmetrical to becoming one of asymmetrical
> interdependence: that is, that one side will be less dependent on the relationship
> than the other and will use this dependence to take advantage of the other
> side. As a result energy relations are increasingly securitized. (Krickovic 2015:
> 18–20)

Dies habe nicht nur dazu geführt, dass die interdependenten Energiebeziehungen
zwischen der EU und Russland den Ukraine-Konflikt nicht verhindern konnten. Das
Sicherheitsdilemma habe vielmehr zu einer Verschärfung der Krise geführt:

> The experience of EU-Russian energy interdependence should help to dispel
> simple notions about the salubrious effects that interdependence can have on
> relations between states. Interdependence does not always lead to improved
> relations and can exacerbate conflict and tensions, particularly in situations
> where interdependence revolves around sensitive issues that directly impact
> security (such as energy) or is focused on just one area and falls short of
> complex interdependence. (Krickovic 2015: 20)

Krickovic hat die Faktoren, die ihm zufolge den Konflikt im Erdgassektor initiierten immanent aus der Energiebeziehung zwischen der EU und Russland abgeleitet. Ein an den Interdependenzdiskurs anknüpfender Diskursstrang, der – wie oben gezeigt – auch in der zwischenstaatlichen Debatte existiert, fragt nach den Beschränkungen, die sich aus den interdependenten Energiebeziehungen hinsichtlich der Handlungsfähigkeit der EU in der politischen Auseinandersetzung mit Russland ergeben. So interpretieren manche Autoren die zunächst diplomatische Krisenpolitik einiger Mitgliedstaaten und die Zurückhaltung bei der Implementierung von Sanktionen – z. B. Deutschlands, Italiens sowie mancher osteuropäischer Staaten wie Bulgarien – als Konsequenz aus der Abhängigkeit von russischen Erdgasimporten und der damit verbundenen Sorge, die russische Regierung könne ihre Energiemacht in Europa als politisches Druckmittel einsetzen und der zwischenstaatliche Konflikt könne der nationalen Wirtschaft schaden. Demnach hätten die interdependenten Erdgasbeziehungen zwischen der EU und Russland die Eskalation des Ukraine-Konflikts nicht verhindern können und zudem noch die Handlungsfähigkeit der EU gegenüber Russland eingeschränkt:

> Außerdem entlarvt sie einen fundamentalen Trugschluss westeuropäischer Wirtschaftspolitik gegenüber Russland: Denn diese basierte spätestens seit den siebziger Jahren auf dem Glauben, durch wirtschaftliche Verflechtung, gegenseitige Abhängigkeiten und Verwundbarkeiten militärische Eskalationen unmöglich zu machen. Das Konzept von „Wandel durch Handel" verfolgte das Ziel, politische und wirtschaftliche Reformen in der Sowjetunion und später in Russland anzustoßen, die eine Annäherung an den Westen zur Folge hätten. Die Ukraine-Krise lehrt uns, dass diese Annahme hier nicht zutrifft. Offensichtlich führen wirtschaftliche Interdependenz und gegenseitige Verwundbarkeit nicht immer zu stabilen und friedlichen Kooperationsbeziehungen. Die enorme wirtschaftliche Verflechtung zwischen Russland und dem Westen verhindert jedenfalls nicht, dass Konflikte auch militärisch ausgetragen werden. Sie erschwert aber sehr wohl, dass die Europäer auf diese Eskalation geschlossen und schlagkräftig reagieren können, weil die heimischen Industrien Sturm laufen gegen geplante Sanktionen oder den Bevölkerungen potenzielle Erhöhungen der Energiepreise nicht vermittelbar sind. Die Interdependenz mit Russland beeinträchtigt gerade den Einsatz der besten und schlagkräftigsten Mittel der EU: Wirtschaftssanktionen. Denn die EU-Staaten würden selber darunter leiden. (Major/Puglierin 2014: 65; siehe auch Basedau/Schultze 2014: 3; Blockmans 2014: 2; Dickel et al. 2014: 68; Kundnani 2014; Malmlöf et al. 2014: 79; Westphal 2014c: 2)

Mit dem Verweis auf einen Mangel an Geschlossenheit in der Krisenpolitik der EU-Mitgliedstaaten gegenüber den russischen Akteuren tangieren Claudia Major und Jana Puglierin einen weiteren Diskursstrang aus der politikwissenschaftlichen Literatur, der im Kontext der Ukraine-Krise erneut aufgenommen wurde, nämlich die Frage, inwiefern die neuen Kontextbedingungen zu einem höheren Grad an Kohärenz in der europäischen Energieaußenpolitik bzw. zu einer Renationalisierung von ebendieser führen. Bezugnehmend auf die in Abschnitt 3.3 dargestellte Argumentation zur Genese der europäischen Energiepolitik als Folge der Gaskrise 2006 könnten die sich verschlechternden Beziehungen zwischen der EU und Russland und die damit verbundene wachsende Gefährdung der europäischen Versorgungssicherheit nun als potentieller Antrieb für eine Zusammenführung der europäischen Energieaußenpolitik beurteilt werden (siehe für eine solche Argumentation Schmidt-Felzmann 2014). Demgegenüber wertete aber die Mehrheit der Autoren die Auseinandersetzungen zwischen den EU-Mitgliedstaaten um die Sanktionspolitik gegenüber Russland, die Diversifizierung der Energieträger und Exportstaaten, die Energieunion sowie das South Stream-Projekt als Beweise für die bestehende Dominanz der nationalen gegenüber den europäischen Interessen in der Energieaußenpolitik unter den Bedingungen der Ukraine-Krise (vgl. Blockmans 2014: 2; Dickel et al. 2014: 70, 75; Geden/Grätz 2014: 3–4; Major/Puglierin 2014: 66–67; Rinke 2015a: 15; Schubert et al. 2014: 1; Vogel 2014: 65). Als weiterer Indikator für die Tendenz zur Renationalisierung gilt zudem, dass die EU-Kommission in der Gaskrise zwar eine wichtige Rolle als Mediator eingenommen hat, bei der Lösung des übergeordneten Ukraine-Konflikts aber die Mitgliedstaaten – speziell Deutschland, Frankreich und zu einem geringeren Maß auch Polen – führende Akteure sind (vgl. Rinke 2015a: 8–9; Sundberg/Eellend 2014: 36; Vogel 2014: 64–65).

Die politikwissenschaftliche Bewertung der nationalstaatlichen Dominanz liefert bereits wichtige Argumente für die Konstanz des nicht-kooperativen institutionellen Settings in der europäischen Erdgasaußenpolitik, die als Bedingung für die Kongruenz von virtueller und realer Welt in Abschnitt 9.3 noch ausführlich überprüft wird. Sie weist des Weiteren auf die relevanten Entscheidungsakteure hin, die im *Gas Game II* berücksichtigt werden sollten. Im folgenden Abschnitt wird dementsprechend die Akteursauswahl für das *Gas Game II* näher ausgeführt und die Analogie zur Akteursauswahl im *Gas Game I* begründet. Daran anschließend wird die Simulation der europäischen Erdgasaußenpolitik im Kontext der Ukraine-Krise durchgeführt und mittels Rückschlüssen auf die reale Welt diskutiert, inwiefern ein Policy-Wandel zu erwarten ist. In diesem Zusammenhang werden zudem die Entsprechungen, Widerlegungen und Ergänzungen, die die spieltheoretische Analyse zum politikwissenschaftlichen Forschungsstand leistet, aufgezeigt.

8.3 Begründung der Akteursauswahl

Die Auswahl der Akteure, die als Spieler ins *Gas Game* integriert werden sollen, wurde im Rahmen der *post-diction*, dem *Gas Game I*, in zwei Schritten vollzogen. In einem ersten Schritt wurde begründet, weshalb *politische* Akteure als besonders relevante für die europäische Erdgasaußenpolitik identifiziert wurden. In einem zweiten Schritt wurde ausgeführt, *welche* politischen Akteure in der Simulation berücksichtigt werden sollen. Im Folgenden wird auf diese Begründungen aufgebaut und erläutert, inwiefern diese Akteursauswahl auch unter den neuen Kontextbedingungen der Ukraine-Krise weiterhin sinnvoll erscheint.

Zur Begründung der Auswahl von politischen Akteuren wurden für das *Gas Game I* mit Verweis auf die Besonderheiten des Policy-Subsystems zwei Argumente angeführt: Zum einen ist die Gewährleistung von Versorgungssicherheit im Energiesektor von solch großer Wichtigkeit für Nationalstaaten, dass mit diesem Ziel verbundene Kontextbedingungen und Projekte im Erdgassektor von den politischen Akteuren maßgeblich bestimmt und nicht wirtschaftlichen Akteuren überlassen werden. Zum anderen wird von den EU-Mitgliedstaaten als Gefährdung der Versorgungssicherheit im Erdgassektor weniger ein Mangel an Erdgasreserven, die die EU importieren könnte, angesehen, sondern die politischen Verhältnisse in den jeweiligen Exportstaaten bzw. die politischen Beziehungen zwischen Import- und Export- sowie Transit- und Exportstaaten. Diese beiden Faktoren führten in den vergangenen Jahrzehnten bereits dazu, dass politische Akteure ein großes Gewicht in der Ausgestaltung des Erdgasaußenhandels besaßen (vgl. Abschnitt 4.2). Im Untersuchungszeitraum des *Gas Game II* gelten diese weiterhin und werden durch den Ausbruch der Ukraine-Krise zusätzlich bestärkt. Schließlich bestand der Auslöser für die erneute Intensivierung der Debatte um die europäische Erdgasaußenpolitik gegenüber Russland in einem politischen Konflikt zwischen der EU und Russland – der Integrationskonkurrenz um die Ukraine (vgl. Abschnitt 7.1) –, der von den EU-Mitgliedstaaten als gravierende Verschlechterung in den EU-Russland-Beziehungen bewertet wurde (vgl. Abschnitt 8.1) und sich vor diesem Hintergrund auf den Erdgashandel auswirkte. So warf das neue politische Misstrauen in den zwischenstaatlichen Beziehungen die Frage nach der Verlässlichkeit Russlands als Erdgaslieferant in modifizierter Form auf und evozierte eine Debatte, ob es aufgrund der veränderten Kontextbedingungen einer Neuausrichtung der europäischen Erdgasaußenpolitik bedürfe. Dieser Diskurs wurde somit von politischen Akteuren initiiert und dominiert.

Hinsichtlich der Frage, *welche* politischen Akteure im *Gas Game II* berücksichtigt werden sollten, wird auf den zuvor skizzierten politikwissenschaftlichen Forschungsstand (vgl. Abschnitt 8.2) sowie auf die in Abschnitt 9.3 noch erfolgende Darlegung der Auseinandersetzung der europäischen Akteure um die Energieunion verwiesen. In diesen wird erläutert, dass die Auseinandersetzung um die europäische Erdgasaußenpolitik weiterhin von den EU-Mitgliedstaaten dominiert wird. Die im *Gas Game I* vorgenommenen weiteren Spezifizierungen erscheinen ebenfalls sinnvoll: Erstens besteht die Sorge vor einer Instrumentalisierung des Erdgashandels durch Russland im Kontext der Ukraine-Krise natürlich in erster Linie in denjenigen Mitgliedstaaten, die einen besonders hohen Importbedarf haben, da sich für sie die Frage stellt, auf welche Bezugsquellen sie zukünftig setzen wollen. Zweitens war die Betrachtung der Ukraine-Krise und der potentiellen Rückwirkungen auf den Erdgassektor in vielen osteuropäischen Mitgliedstaaten durch die historischen Erfahrungen und Befürchtungen einer Ausweitung der russischen Einflusssphäre geprägt, was erneut eine Trennung von west- und osteuropäischen Staaten begründet. Analog zur Akteursauswahl für das *Gas Game I* wird daher im Folgenden ein Ranking der EU-Mitgliedstaaten anhand ihrer Erdgasimportvolumina zwischen 2011 und 2013 erstellt, in dem der jeweilige Durchschnittswert der Importe der einzelnen Mitgliedstaaten in dieser Periode als rangordnende Größe fungiert. Die sich daraus ergebenden Aufstellungen für Ost- sowie für Westeuropa sind in Tabelle 15 und 16 dargestellt.

Tabelle 15: Erdgasimporte der osteuropäischen EU-Mitgliedstaaten (2011–2013)

	2011	2012	2013	Durchschnitt
PL	11790	12248	12473	12 170,33
CZ	9321	7471	8479	8423,67
HU	8019	8173	8176	8122,67
SK	5907	4801	5579	5429,00
LT	3407	3320	2707	3144,67
BG	2764	2485	2708	2652,33
RO	3092	2884	1448	2474,67
LV	1755	1716	1734	1735,00
HR	876	1358	1269	1167,67
SI	904	870	847	873,67
EE	627	670	678	658,33

Rangordnung gemäß der durchschnittlichen jährlichen Importvolumina in der Periode zwischen 2011–2013 in Millionen Kubikmetern
Quelle: *International Energy Agency (2012b, 2013a, 2014a); eigene Berechnungen*

Analog zum *Gas Game I* werden die Top 6 der westeuropäischen EU-Mitgliedstaaten und die Top 3 der osteuropäischen EU-Mitgliedstaaten ausgewählt: Deutschland, Italien, Großbritannien, Frankreich, Spanien, Niederlande, Ungarn, Polen und Tschechien.

Die im *Gas Game I* bereits implizierte Berücksichtigung der Europäischen Kommission, die durch das Dritte Energiepaket Kompetenzen erworben hat, die auch die externe Dimension der europäischen Erdgaspolitik tangieren, hat sich ebenfalls als adäquat erwiesen, wie die Handlungsmöglichkeiten der Europäischen Kommission im Konflikt um das South Stream-Projekt belegen (vgl. Abschnitt 7.2.2). Die Europäische Kommission wird daher als Spieler in das *Gas Game II* integriert und die erworbenen Kompetenzen bei der Bestimmung der Einflussvariable berücksichtigt. Im folgenden Abschnitt werden die Policypositionen der ausgewählten Akteure dargelegt.

Tabelle 16: Erdgasimporte der westeuropäischen EU-Mitgliedstaaten (2011–2013)

	2011	2012	2013	Durchschnitt
DE	89645	88401	94911	90 985,67
IT	70369	67725	61966	66 686,67
GB	53437	49796	48990	50 741,00
FR	48255	47710	47873	47 946,00
ES	35489	35062	34994	35 181,67
NL	23009	26088	26994	25 363,67
BE	22069	22883	23333	22 761,67
AT	13517	14170	10407	12 698,00
PT	5184	4508	4420	4704,00
IE	4632	4522	4401	4518,33
GR	4759	4377	3866	4334,00
FI	4118	3683	3482	3761,00
SE	1302	1130	1086	1172,67
LU	1183	1210	1030	1141,00
DK	832	877	1363	1024,00
CY	0	0	0	0,00
MT	0	0	0	0,00

Rangordnung gemäß der durchschnittlichen jährlichen Importvolumina in der Periode zwischen 2011–2013 in Millionen Kubikmetern
Quelle: *International Energy Agency (2012b, 2013a, 2014a); eigene Berechnungen*

8.4 Policypositionen

Die Erhebung der Policypositionen für das *Gas Game II* erfolgt mit wenigen Änderungen in methodischer Analogie zum *Gas Game I*. Als Untersuchungszeitraum
zur Erhebung der initialen Verhandlungspositionen der Entscheidungsakteure für
die zukünftige europäische Erdgasaußenpolitik wird die Periode zwischen dem 28.
November 2013 und Dezember 2014 gewählt. Sie beginnt mit dem EU-Gipfeltreffen,
auf dem die Nicht-Unterzeichnung des ukrainischen Assoziierungsabkommens erstmals thematisiert wird und endet in dem Monat, in dem der russische Präsident
Putin den Abbruch des South Stream-Projekts bekannt gab. Die Berichterstattung

zur Ukraine-Krise und den EU-Russland-Energiebeziehungen war im Untersuchungszeitraum sehr umfangreich und liefert somit eine zweckmäßige Grundlage für eine
qualitative Inhaltsanalyse. Als Quellen werden erneut die überregionalen Tageszeitungen *Frankfurter Allgemeine Zeitung* und *Süddeutsche Zeitung* ausgewählt,
da sich diese im Untersuchungszeitraum zwischen 2000 und 2010 hinsichtlich des
Umfangs an extrahierbarem Material und der Berücksichtigung aller Akteure als
sehr geeignet erwiesen haben. Die Zeitung *Financial Times* hat demgegenüber
nur ein sehr geringes Datenmaterial geliefert. Auf diese wird im Folgenden daher
verzichtet. Stattdessen wird als europäisches Medium das Internetportal *EurActiv*
ausgewählt. Dabei handelt es sich – nach eigenen Angaben – um die meistgenutzte
Online-Plattform zur EU-Politik. Sie ist als Datenquelle für die Erhebung von
initialen Verhandlungspositionen in Verhandlungsmodellen sachgerecht (vgl. Abschnitt 2.2), da sie ihre Berichterstattung auf die Policypositionen der EU-Akteure
fokussiert, die sie vor Beginn des formalen Entscheidungsprozesses einnehmen und
mittels derer sie versuchen, Einfluss auf die Gestaltung politischer Maßnahmen
auszuüben: „EurActiv's coverage of EU affairs concentrates on policy positions by
EU Actors trying to influence policies already in the pre-legislative phase, before a
Commission proposal." (EurActiv o. J.) Des Weiteren dient es zur Überprüfung
eines potentiellen nationalen *bias* der deutschen Tageszeitungen (vgl. Abschnitt 4.3).

Das Analyseraster für die inhaltsanalytische Untersuchung des *Gas Game II*
entspricht in der Struktur dem Analyseraster des *Gas Game I*, schließlich wurde in Abschnitt 8.1 die Konstanz der zentralen Konfliktlinien, an denen sich das
Analyseraster orientiert, in beiden Untersuchungszeiträumen nachgewiesen. Es werden lediglich Anpassungen bei den Kategorien vorgenommen: Auf der Ebene der
deep core beliefs wird die Kategorie „Bewertung der Ukraine-Krise" hinzugefügt.
Die Skizzierung der Konfliktlinien während der Ukraine-Krise hat verdeutlicht,
dass die Bewertung der EU-Russland-Erdgasbeziehungen und der Zuverlässigkeit
Russlands als Erdgaslieferant davon beeinflusst wird, wie die Mitgliedstaaten den
zwischenstaatlichen Konflikt und die damit verbundene Instabilität in den politischen Beziehungen zu Russland beurteilen. Es wird aus diesem Grund angenommen,
dass die Bewertung der Ukraine-Krise Änderungen auf der Ebene der *deep core
beliefs* evozieren kann. Auf Ebene der *secondary aspects* wird die Kategorie Zu-
stimmung/Ablehnung nun ausschließlich auf das South Stream-Projekt bezogen,
schließlich sind das Nord Stream- und das Nabucco-Projekt bereits implementiert

bzw. gescheitert. Die Kategorie „Eingliederung der Pipeline in das Importportfolio" wird durch die Kategorie „Sanktionspolitik" ersetzt, da diese konkrete Maßnahmen gegenüber Russland beinhaltet, aus denen mitunter Rückschlüsse auf die energiepolitische Position des jeweiligen Mitgliedstaates gegenüber Russland geschlossen werden kann.[123] Die Kategorien auf Ebene der *policy beliefs* und die Dimensionen, die jeder Kategorie zugeordnet werden, bleiben unverändert. Abbildung 44 illustriert das Analyseraster der inhaltsanalytischen Untersuchung des *Gas Game II*.

Abbildung 44: Analyseraster der inhaltsanalytischen Untersuchung, Gas Game II

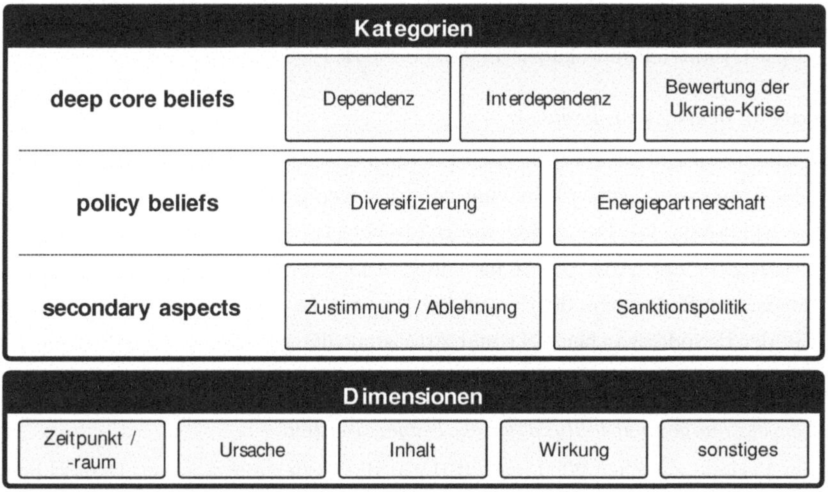

Kategorien			
deep core beliefs	Dependenz	Interdependenz	Bewertung der Ukraine-Krise
policy beliefs	Diversifizierung		Energiepartnerschaft
secondary aspects	Zustimmung / Ablehnung		Sanktionspolitik

Dimensionen				
Zeitpunkt / -raum	Ursache	Inhalt	Wirkung	sonstiges

Quelle: Eigene Darstellung

Im Folgenden werden die Policypositionen für die zehn Entscheidungsakteure dargelegt.

---

123 Diese Kategorie wurde im Verlauf der Analyse hinzugefügt. Es wurde erkannt, dass die Bereitschaft von Mitgliedstaaten, Sanktionen gegen Russland durchzusetzen, obwohl sie potentiell zum Schaden der eigenen nationalen Wirtschaft sind, Rückschlüsse auf verbleibende Differenzen zwischen den Akteuren in ihren erdgasaußenpolitischen Policypositionen ermöglichen.

8.4.1 Deutschland

Akteure

In Deutschland regierten folgende Koalitionen im Untersuchungszeitraum von 2011 bis 2014:

- 2009–2013: Koalition aus Christlich Demokratischer Union (CDU) / Christlich-Sozialer Union in Bayern (CSU) und Freien Demokraten (FDP) unter Bundeskanzlerin Angela Merkel

- seit 2013: Koalition aus Christlich Demokratischer Union (CDU) / Christlich-Sozialer Union in Bayern (CSU) und Sozialdemokratischer Partei Deutschlands (SPD) unter Bundeskanzlerin Angela Merkel

Erdgas im deutschen Energiemix

Der Anteil von Erdgas am deutschen Energiemix blieb zwischen 2011 und 2013 im Vergleich zum vergangenen Jahrzehnt nahezu unverändert, er lag bei ungefähr 22 % (siehe Abbildung 45). Der Anteil von russischem Erdgas am Importportfolio stieg zwischen 2011 und 2013 von 36,65 % auf 42,43 % an,[124] während der Anteil von norwegischem Erdgas von 30,6 % auf 20,94 % sank (siehe Abbildung 45). Russland war in der Periode zwischen 2011 und 2013 somit der wichtigste Erdgaslieferant für Deutschland.

Policyposition gegenüber Russland als Erdgasexporteur

In der Periode zwischen 2000 und 2010 war die Beziehung zwischen Deutschland und Russland im Erdgassektor durch eine strategische Partnerschaft gekennzeichnet. In der Ukraine-Krise bekundete die deutsche Politik jedoch eine Verschlechterung in den Beziehungen mit Russland und zog entsprechende Schlüsse hinsichtlich der zukünftigen Ausgestaltung der europäischen Energiepolitik. Wenngleich sie sich vor diesem Hintergrund für zahlreiche Diversifizierungsmaßnahmen einsetzte, wird in der folgenden Analyse der deutschen Policyposition deutlich, dass das Urteil von Interdependenz die Gefährdungswahrnehmung in der Ukraine-Krise dennoch positiv beeinflusste und trotz geplanter Diversifizierung das gleichzeitige Streben nach einem Erhalt partnerschaftlicher Erdgashandelsbeziehungen begründete.

---

124 Bei dem Wert für 2013 handelt es sich allerdings um einen Schätzwert der IEA. Dies gilt auch für die Importportfolios der anderen Akteure.

Abbildung 45: Energiemix und Importportfolio Deutschlands (2011-2013)

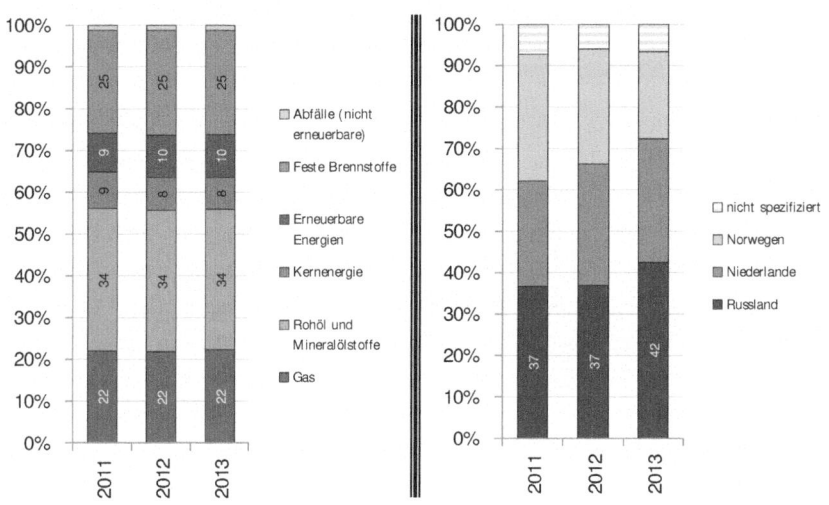

Quelle: Eurostat (o. J.); eigene Berechnungen und
International Energy Agency (2012b, 2013a, 2014a); eigene Berechnungen

Verschiedene Vertreter der deutschen Regierung bekannten, dass das Vertrau-
en zwischen der EU und Russland aufgrund der Ukraine-Krise erschüttert und
das Verhältnis auf längere Sicht beschädigt sei (vgl. dazu die Stellungnahmen in
Abschnitt 8.1; siehe auch Rinke 2015b: 36). Unterstrichen wurde diese Position
insbesondere infolge der Krimannexion sowie des Abschusses eines malaysischen Flugzeugs über ukrainischem Territorium (vgl. u.a. EurActiv vom 01.04.2014, 19.08.2014;
FAZ.NET vom 21.03.2014, 07.04.2014; FAZ vom 14.03.2014; Süddeutsche.de vom
21.03.2014). Die deutsche Regierung folgerte aus diesen veränderten Kontextbedingungen die Notwendigkeit einer Neugestaltung der europäischen Erdgaspolitik,
mittels derer die europäische Abhängigkeit von russischen Erdgasimporten gesenkt
werden könne:

Bundeskanzlerin Angela Merkel hat die Einschätzung geäußert, dass Europa
als langfristige Konsequenz aus der Krim-Krise die Abhängigkeit von russischen
Energieträgern verringern werde. „Es wird eine neue Betrachtung der gesamten

Energiepolitik geben", sagte sie am Donnerstag nach einem Gespräch mit dem kanadischen Premierminister Stephen Harper in Berlin. In der EU gebe es „zum Teil eine sehr hohe Abhängigkeit" von russischem Öl und Gas. Das betreffe gar nicht so sehr Deutschland. Die Abhängigkeit Deutschlands sei dabei „längst nicht die höchste in Europa". (Zit. n. FAZ.NET vom 27.03.2014)

Die deutsche Regierung diskutierte vor diesem Hintergrund verschiedene Diversifizierungsoptionen für die EU. Erstens bat Bundeskanzlerin Merkel den US-Präsidenten Barack Obama, die amerikanischen Exportrestriktionen für Schiefergas zu verringern (vgl. EurActiv vom 26.03.2014b, 26.03.2014c; FAZ.NET vom 27.03.2014). Zweitens sei Kanada als rohstoffreiches Land ein interessanter Partner für die EU (vgl. SZ vom 28.03.2014). Drittens erörterte die deutsche Regierung die Möglichkeit Schiefergasförderung mittels *hydraulic fracturing* unter strengen Umweltauflagen zu genehmigen und erarbeitete im November 2014 einen entsprechenden Gesetzentwurf (vgl. EurActiv vom 02.07.2014a; FAZ vom 20.11.2014; SZ vom 12.05.2014, 06.06.2014, 20.11.2014). Viertens sah sie die Krise als Bestätigung ihrer Forderung an, in Europa zunehmend erneuerbare Energien zu erschließen (vgl. FAZ.NET 06.05.2014; SZ vom 07.05.2014). Fünftens forderte sie eine Erhöhung der Energieeffizienz in Europa. Nach der Verkündung des South Stream-Abbruchs durch die russische Regierung erklärte das Wirtschaftsministerium zudem, dass der sogenannte Südliche Korridor nun an Bedeutung gewinnen werde (vgl. FAZ vom 03.12.2014b). Die deutsche Regierung kündigte zur Verringerung der europäischen Abhängigkeit von russischen Erdgasimporten somit ein Bemühen um zusätzliche Erdgaslieferanten zur Diversifizierung sowie die in- und extensivere Förderung von nationalen Ressourcen zur grundsätzlichen Verringerung der Importabhängigkeit an. Wirtschaftsminister Gabriel betonte jedoch stets, dass es sich dabei lediglich um langfristige Optionen handle, es aber keine kurzfristigen Alternativen zu russischem Erdgas gebe (vgl. FAZ.NET vom 28.03.2014, 06.05.2014; SZ vom 07.05.2014, 09.05.2014).

In der Analyse des deutschen Diversifizierungsdiskurses fällt auf, dass die Regierung in der Regel von der *europäischen* Abhängigkeit von russischen Erdgasimporten und dementsprechend von der Notwendigkeit einer *europäischen* Diversifizierung sprach. Besonders deutlich wird dies in dem oben aufgeführten Zitat von Merkel, die die deutsche Abhängigkeit und folglich die Notwendigkeit von Diversifizierung in Deutschland im Vergleich zu anderen EU-Staaten als relativ gering ansieht. Diese Positionierung korrespondiert mit den Analyseergebnissen des Interdependenz-

bzw. Energiepartnerschaftsdiskurses. Die deutsche Regierung befürchtete trotz der Ukraine-Krise keine akute Gefährdung der eigenen Versorgungssicherheit im Erdgassektor durch politisch motivierte Lieferunterbrechungen oder erhöhte Gaspreise (vgl. SZ vom 11.03.2014). Zum einen hätten die Langzeitlieferverträge mit Russland weiterhin Bestand, die russischen Akteure könnten den Gaspreis daher nicht in einer Weise erhöhen, die diese Verträge verletzen würde (vgl. SZ vom 02.08.2014). Zum anderen habe Russland bzw. die damalige Sowjetunion selbst in Zeiten des Kalten Krieges die Lieferverträge stets eingehalten (vgl. Süddeutsche.de vom 21.03.2014). Wirtschaftsminister Sigmar Gabriel warnte vor diesem Hintergrund umgekehrt vor „Panikmache" hinsichtlich eines russischen Lieferstopps (zit. n. Süddeutsche.de vom 28.03.2014). Die Wahrnehmung eines interdependenten Verhältnisses in den deutsch-russischen Energiebeziehungen und der damit verbundenen Annahme von auf wechselseitigen Interessen beruhender Verlässlichkeit im Erdgashandel wirkte sich somit in deeskalierender Form auf die deutsche Gefährdungseinschätzung im Erdgassektor während der Ukraine-Krise aus. Dementsprechend betonte die deutsche Regierung im Untersuchungszeitraum regelmäßig, dass sie trotz der gegenwärtigen Spannungen und Meinungsverschiedenheiten nach einer Überwindung der Krise an der strategischen Partnerschaft mit Russland und somit an ökonomischer und politischer Kooperation festhalten wolle. Bundeskanzlerin Merkel erklärte: „Wir haben ohne Zweifel tiefgreifende Meinungsverschiedenheiten. Trotzdem bin ich davon überzeugt, dass mittel- und langfristig die enge Partnerschaft mit Russland fortgesetzt werden sollte." (Zit. n. 16.05. 2014n; siehe auch EurActiv vom 16.12.2013a; FAZ vom 16.03.2014; SZ vom 20.12.2014) Das Interesse der deutschen Regierung an der Aufrechterhaltung der Kooperation mit Russland im Erdgassektor äußerte sich besonders deutlich anhand ihrer Reaktion auf den russischen Abbruch des South Stream-Projekts am Ende des Untersuchungszeitraums. Sowohl Bundeskanzlerin Merkel als auch Wirtschaftsminister Gabriel äußerten ihr Bedauern hinsichtlich des Baustopps und hofften auf eine Wiederaufnahme der Verhandlungen sobald sich die EU-Russland-Beziehungen wieder verbesserten:

> Wirtschaftsminister Sigmar Gabriel (SPD) schließt nicht aus, dass Russland die South-Stream-Pipeline doch noch baut. Es sei bedauerlich, dass die russische Regierung das Projekt derzeit nicht weiterverfolgen wolle, sagte Gabriel am Rande eines Treffens der EU-Energieminister am Dienstag in Brüssel. Für Deutschland habe der in der vergangenen Woche vom russischen Präsidenten Wladimir Putin angekündigte Baustopp für South Stream zwar keine Konse-

quenzen. „Wir sind gut angebunden", sagte Gabriel. „Für Europa insgesamt aber wäre es gut, wenn das Projekt nicht gestorben wäre. Es sei andererseits aber auch keine Katastrophe, wenn das nicht geschehe." [...] Wann es neue Verhandlungen geben könnte, ließ Gabriel offen. Dies hängt nach seinen Worten von den politischen Beziehungen der beteiligten Mächte insgesamt ab. „Man muss einfach hoffen, dass, wenn sich die Lage zwischen Russland, der Ukraine und der EU hoffentlich irgendwann wieder etwas stabilisiert hat, man dann erneut ins Gespräch kommt", sagte Gabriel. (Zit. n. FAZ vom 10.12.2014)

> Deutschland und Bulgarien dringen auf neue Gespräche mit Russland über die South-Stream-Gaspipeline. Man müsse diese Gespräche auf Grundlage der seit 2006 beschlossenen Verträge führen, sagte Bundeskanzlerin Angela Merkel (CDU) am Montag in Berlin nach einem Treffen mit dem bulgarischen Ministerpräsidenten Boiko Borissow. Merkel reagierte damit auf den von Russland verkündeten Baustopp für das Milliardenprojekt. Zugleich lobte sie russische Verlässlichkeit in den Gaslieferungen. (FAZ vom 16.12.2014)

Merkel betonte im Rahmen der oben zitierten Pressekonferenz allerdings, dass eine Umsetzung des South Stream-Projekts lediglich möglich wäre, wenn die bilateralen Verträge an die rechtlichen Vorgaben des Dritten Energiepakets angepasst würden:

> Es geht hierbei jetzt vor allen Dingen im Hinblick auf das Projekt South Stream darum, alle rechtlichen Fragen ordentlich aufzuarbeiten und die entsprechenden Positionen dann auch im Gespräch mit Russland vorzubringen. [...] Es hat ja in der Europäischen Union durch das dritte Energiebinnenmarktpaket Veränderungen des Rechts gegeben. Dann sollte man jetzt das Gespräch mit Russland darüber suchen, was das nun bedeutet. (Bundesregierung 2014)

Damit ist durchaus eine bedeutende Änderung in der deutschen Position festzuhalten. Schließlich hat die Bundesregierung die Nord Stream-Pipeline noch vor Inkrafttreten des Dritten Energiepakets und mittels bilateraler Verträge implementiert, die den Vorgaben des Pakets widersprechen und Gazprom die Möglichkeit geben, sowohl als Produzent als auch als Betreiber der Pipeline zu fungieren. Es ist anzunehmen, dass dies vorsätzlich geschehen ist, schließlich begannen die Verhandlungen zum Dritten Energiepaket viele Jahre vor seiner Inkraftsetzung. Nun beharrt die deutsche Regierung hingegen darauf, dass der zukünftige Erdgashandel mit Russland durch europäische Vorschriften ausgestaltet sein müsse, womit sie das bisherige Geschäftsmodell Gazproms behindern und die russische Energiemacht in Europa gravierend einschränken würde.

Die Stellungnahmen veranschaulichen insgesamt, dass die deutsche Regierung die Schwere der EU-Russland-Krise zwar nicht negierte, sie aber darauf hoffte, diese in der Zukunft zu überwinden und die Energiepartnerschaft mit Russland im Erdgashandel zu erhalten, bzw. wiederzubeleben. Dieses Interesse ist zum einen aus der auch in der Krise fortbestehenden postiven Bewertung der Interdependenzbeziehung zwischen Deutschland und Russland zu erklären, zum anderen aber aus der pragmatischen Einschätzung, dass es kurz- und mittelfristig ohnehin keine Alternative zu russischem Erdgas geben werde und Russland aufgrund seiner umfangreichen Erdgasvorkommen auch langfristig zwangsläufig ein bedeutender Akteur für den europäischen Erdgassektor bleiben werde. Aus diesen Gründen war die deutsche Regierung im Verlauf des Untersuchungszeitraums darum bemüht, negative Implikationen der Ukraine-Krise für den Erdgassektor abzuwenden und mittels diplomatischer Instrumente die Bedingungen für den Erhalt bzw. die Wiederaufnahme partnerschaftlicher Energiebeziehungen in der Zukunft zu schaffen. So erläuterte Wirtschaftsminister Gabriel, dass eine langfristige Lösung für das Problem der Energiesicherheit in Europa nur durch den Dialog mit Russland erzielt werden könne: „The process needs to be accompanied by diplomacy and politics and agreement on contracts between partners." (Zit. n. EurActiv vom 07.05.2014) Er erwog daher die Bildung einer Energie-KSZE: Während es in der Hochphase des Kalten Krieges mit der Helsinki-Schlussakte der Konferenz für Sicherheit und Zusammenarbeit in Europa (KSZE) eine Übereinkunft über Achtung von Grenzen und Völkerrecht gegeben habe, brauche es im gegenwärtigen Konflikt eine politische Verständigung „wie Energiemärkte in Europa funktionieren und arbeiten sollen. Vor allem brauchen wir eine Verständigung darüber, dass Energieimporte und Energieexporte nie zur politischen und wirtschaftlichen Waffe der Auseinandersetzungen in Europa und der Welt werden dürfen." (Zit. n. FAZ.NET vom 06.05.2014) Letzteres Zitat veranschaulicht, dass der Verweis auf die interdependenten Erdgasbeziehungen häufig mit einer Mahnung an die russischen Akteure verbunden wurde, die auf Symmetrie beruhende Stabilität nicht durch die Ausnutzung der europäischen Erdgasabhängigkeit zu gefährden. Diese mahnende Konnotation verstärkte sich in den Stellungnahmen der deutschen Regierung zum Ende des Untersuchungszeitraums:

„Die deutsche Wirtschaft hat gute Erfahrungen mit Russland als verlässlichem Partner gemacht", sagte Merkel. Ungeachtet aller politischen Differenzen gehe es jetzt darum, diese Verlässlichkeit weiter unter Beweis zu stellen. (Zit. n. SZ vom 20.12.2014)

Der Vorschlag von Gabriel unterstrich zudem, dass der Erhalt der Energiepartnerschaft zwischen der EU und Russland an die Bedingung geknüpft wurde, dass der zukünftige Erdgashandel mit Russland durch europäisches Recht bestimmt sei.

Das deutsche Interesse, trotz der Verschlechterung der EU-Russland-Beziehungen während der Ukraine-Krise die Option auf eine Rückkehr zu partnerschaftlichen Beziehungen nach dem potentiellen Ende der Krise aufrechtzuerhalten, spiegelte sich auch in der deutschen Positionierung hinsichtlich des Einsatzes von Sanktionen gegen russische Akteure wider. So war sie sowohl vor als auch nach der Krimkrise stets um Mediation und eine politische Lösung der Krise bemüht. Sie unterstützte zwar den von der Kommission ausgearbeiteten und von den Mitgliedstaaten verabschiedeten Drei-Stufen-Plan, nahm aber bei ihrer Implementierung im Vergleich zu anderen Mitgliedstaaten eine moderate und tendenziell bremsende Position ein (vgl. EurActiv vom 03.03.2014a, 06.03.2014b, 10.03.2014c, 12.03.2014, 13.03.2014, 02.04.2014a, 26.06.2014, 12.11.2014; FAZ.NET vom 07.04.2014; FAZ vom 07.03.2014, 14.03.2014, 16.03.2014; Helwig 2014: 1; Kundnani 2015; Malmlöf et al. 2014: 79; Süddeutsche.de vom 05.03.2014, 05.04.2014; SZ vom 04.03.2014, 13.03.2014, 22.03.2014). Zudem setzte sie sich dafür ein, den Erdgassektor von Wirtschaftssanktionen auszunehmen (vgl. FAZ.NET vom 21.03.2014). Aus diesem Grund verhinderte sie, den Gazprom-Vorsitzenden Miller entprechend der Vorschläge anderer Mitgliedstaaten auf die Sanktionsliste der EU zu setzen (vgl. SZ vom 16.05.2014). Zwar wandelte sich die deutsche Position bezüglich Sanktionen nach dem Flugzeugabsturz zu einem gewissen Grad, sie forderte nun die zeitnahe Implementierung von Wirtschaftssanktionen (vgl. EurActiv vom 20.07.2014, 25.07.2014, 28.07.2014; FAZ vom 24.07.2014; Süddeutsche.de vom 21.07.2014). Sie betonte aber bis zum Ende des Untersuchungszeitraums stets, dass die Sanktionen zeitlich begrenzt und an das Handeln der russischen Akteure gebunden seien. Man könne sie zu einem späteren Zeitpunkt wieder zurücknehmen, um eine Rückkehr zu normalen Beziehungen zu ermöglichen (vgl. EurActiv vom 25.07.2014, 30.07.2014, 08.09.2014, 11.09.2014, 19.12.2014; FAZ.NET vom 11.09.2014; FAZ vom 19.12.2014).

Die deutsche Politik gegenüber Russland im Erdgassektor erscheint während der Ukraine-Krise zunächst widersprüchlich. Einerseits kündigte sie aufgrund des Urteils einer zu hohen europäischen Abhängigkeit von Russland eine Neubetrachtung der Energiepolitik an (*deep core* und *policy beliefs*) und nannte konkrete Maßnahmen, um die Abhängigkeit von russischen Erdgasimporten zu verringern (*secondary aspects*). Andererseits bewertete sie die Interdependenz im Erdgashandel mit Russland weiterhin positiv als Beitrag zur Versorgungssicherheit und versuchte Bedingungen zu schaffen, die die Energiepartnerschaft mit Russland in der Zukunft weiterhin ermöglichen könnten (*deep core* und *policy beliefs*). Zu erklären ist dieses Nebeneinander über den jeweiligen Bezug auf die europäische bzw. die deutsche Ebene. Die deutsche Regierung vertrat die Ansicht, dass die Abhängigkeit von russischen Erdgasimporten in Europa *insgesamt* verringert werden müsse, um die russische Energiemacht zu relativieren, der deutsche Erdgassektor aber auch in der Krise von der Interdependenz in den deutsch-russischen-Energiebeziehungen profitiere und an der Energiepartnerschaft in langfristiger Perspektive aus diesem Grund festgehalten werden müsse (*deep core* und *policy beliefs*). Allerdings sah sie die stabilisierende Wirkung der Energiepartnerschaft zukünftig nur noch gegeben, wenn diese in einen europäischen Rechtsrahmen eingebettet sein würde, was das bisherige russische Geschäftsmodell auf dem europäischen Erdgasmarkt behindern würde. Diese Bedingung kennzeichnet die Zweifel, die sich in der deutschen Regierung an der Lieferzuverlässigkeit Russlands während der Ukraine-Krise herausbildeten (*deep core* und *policy beliefs*). Die deutsche Regierung strebte somit ein ausgeglichenes Importportfolio für die EU an, in dem Russland zwar weiterhin ein wichtiger Spieler sein solle, zu dem ein partnerschaftliches Verhältnis erhalten bzw. wieder aufgebaut werden solle, in dem Russlands Stellenwert als Erdgaslieferant im Vergleich zu der deutschen Policyposition im vergangenen Jahrzehnt durch den stärkeren Fokus auf Diversifzierungsmaßnahmen nun aber wesentlich geringer wäre. Zudem solle die Marktmacht Gazproms im europäischen Importportfolio durch das Dritte Energiepaket beschränkt werden:

numerischer Wert	Policyposition
50	Ausbalancierter Anteil von Importen aus Russland und anderen Erdgasquellen

8.4.2 Italien

Akteure

In Italien regierten folgende Koalitionen im Untersuchungszeitraum von 2011 bis 2014:

- 2008–2011: Koalition aus Popolo della Libertà (PdL), Lega Nord (LN), Futuro e Libertà per l'Italia (FLI) und Movimiento per le Autonomie (MpA)[125] unter Ministerpräsident Silvio Berlusconi.

- 2011–2013: parteilose Übergangsregierung unter Ministerpräsident Mario Monti

- 2013–2014: Koalition aus Partito Democratico (PD), Popolo della Libertà (PdL) und Scelta Civica (SC) unter Ministerpräsident Enrico Letta

- seit 2014: Koalition aus Partito Democratico (PD), Scelta Civica (SC) und Nuovo Centrodestra (NCD) unter Ministerpräsident Matteo Renzi

Erdgas im italienischen Energiemix

Erdgas stellte neben Erdöl in der Periode zwischen 2011 und 2013 den wichtigsten Energieträger für Italien dar. Der Anteil von Erdgas am italienischen Energiemix lag zwischen 37,96 % und 36,7 % (siehe Abbildung 46). Im italienischen Importportfolio spiegeln sich die Diversifizierungsmaßnahmen aus der zweiten Hälfte des vergangenen Jahrzehnts wider (vgl. Abschnitt 4.3.2). Gleichwohl war der Anteil von russischem Erdgas weiterhin sehr hoch. Er lag 2011 und 2012 bei 28 % bzw. 26,7 %. Für 2013 erwartete die IEA gar einen Anstieg auf 37,9 % (siehe Abbildung 46).

Policyposition gegenüber Russland als Erdgasexporteur

Vor der Ukraine-Krise war die Beziehung zwischen Italien und Russland im Erdgassektor durch eine strategische Partnerschaft – ähnlich dem Niveau der deutsch-russischen Partnerschaft – charakterisiert. Die italienische Regierung bemühte sich zwar aufgrund des hohen Anteils von russischem und algerischem Erdgas am nationalen Importportfolio bereits in der Periode zwischen 2000 und 2010 um eine größere Diversifizierung der Versorgungsquellen. In der Analyse der Policyposition gegenüber Russland als Erdgaslieferant konnte aber gezeigt werden, dass die italienische Regierung zugleich darum bemüht war, ihre Versorgungssicherheit mittels

---

125 Die Regierungsmitglieder von FLI und MpA legten am 15. November 2010 ihre Ämter nieder.

Abbildung 46: Energiemix und Importportfolio Italiens (2011-2013)

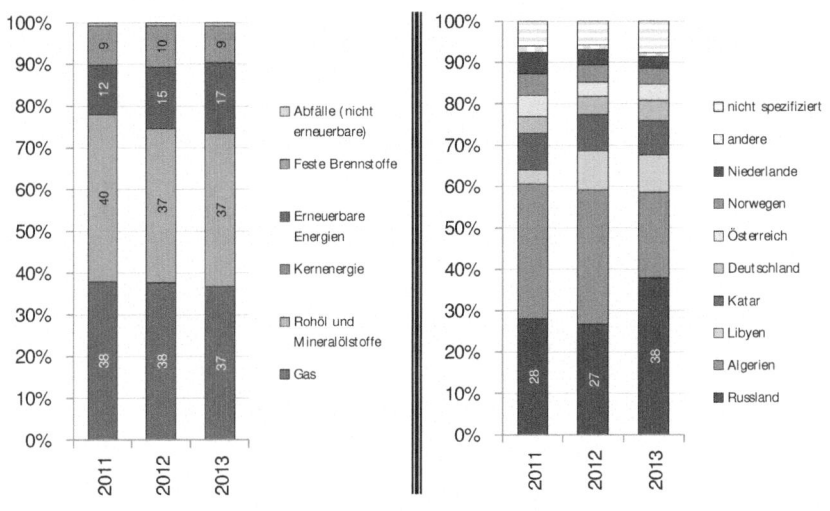

Quelle: Eurostat (o. J.); eigene Berechnungen und
International Energy Agency (2012b, 2013a, 2014a); eigene Berechnungen

einer durch Interdependenz gekennzeichneten Energiepartnerschaft mit Russland zu gewährleisten. Das South Stream-Projekt galt als Kernstück dieser langfristigen Strategie der italienischen Regierung. Im Folgenden wird erläutert, dass die italienische Regierung im Kontext der Ukraine-Krise zwar eine Intensivierung ihrer Diversifizierungsbemühungen ankündigte, aber daneben versuchte die Energiepartnerschaft mit Russland trotz der politischen Spannungen nicht zu belasten und in der Folge auch das South Stream-Projekt aufrechtzuerhalten.

Abbildung 46 zeigt, dass Erdgas am italienischen Energiemix in der Periode zwischen 2011 und 2013 weiterhin einen sehr hohen Anteil ausmachte. Aus diesem Grund wurde dem Erdgassektor im italienischen Krisendiskurs ein hoher Stellenwert zuteil. Wie in Deutschland bestand in Italien aber dennoch keine Sorge vor einer Gefährdung der nationalen Versorgungssicherheit durch russische Lieferunterbrechungen. In Italien wurde dies allerdings nicht mit dem Verweis auf die zu erwartende Stabilität in den interdependenten Lieferbeziehungen, sondern auf den

ausreichenden Grad an Diversifizierung hinsichtlich der Lieferstaaten begründet.
Sowohl der ehemalige Vorstandsvorsitzende des Energieunternehmens Eni, Paolo
Scaroni, als auch der stellvertretende Minister für Wirtschaftsentwicklung, Claudio
De Vincenti, betonten, dass Italien im Falle von russischen Lieferunterbrechungen
zügig die Importe aus anderen Exportstaaten erhöhen könnte (vgl. EurActiv vom
06.05.2014; FAZ.NET vom 02.04.2014). So erklärte Scaroni:

> „Italien steht bei der Versorgungssicherheit auf jeden Fall besser da als fast alle
> Länder der Europäischen Union", urteilt Scaroni. Denn die Lieferungen seien
> auf fünf Gasförderländer verteilt: Algerien, Libyen, Russland, die Niederlande
> und Norwegen. Dazu kommen noch etwas Gas aus heimischen Quellen und
> Lieferungen per Schiff. Auch werden 20 Prozent des Jahresverbrauchs den
> Sommer über in Tanks gespeichert, die dann im Winter als Reserve dienen.
> „Das Konzept für Italien ist, dass wir ausreichend versorgt sind, auch wenn ein
> Lieferant ausfällt", sagt Scaroni. (Zit. n. FAZ.NET vom 02.04.2014)

Hinsichtlich der zukünftigen Erdgasaußenpolitik erläuterte De Vincenti, dass die
italienische Regierung danach strebe, ihre Diversifizierungsbemühungen weiter
auszubauen mit dem Ziel, Italien zu einem *gas hub* für Südeuropa zu entwickeln. Aus
diesem Grund ließ sie der Fertigstellung der TAP-Pipeline eine größere Bedeutung
zukommen, um aserbaidschanisches Erdgas zu importieren. Des Weiteren will die
italienische Regierung die notwendige Infrastruktur errichten, um Erdgas aus Israel,
Zypern und Malta zu importieren und die Kapazitäten der bereits bestehenden
sowie im Bau befindlichen *LNG*-Terminals ausgiebiger zu nutzen (vgl. EurActiv
vom 06.05.2014).

Die Ankündigung von Diversifizierungsmaßnahmen implizierte allerdings nicht,
dass sich Italiens Interesse an einer Energiepartnerschaft mit Russland auflöste.
Im Programm zur italienischen Ratspräsidentschaft (1. Juli – 31. Dezember 2014)
bezeichnete die Regierung Russland – wenngleich ohne konkreten Bezug zum
Energiesektor – weiterhin als strategischen Partner der EU und regte an, den Dialog
mit Russland wiederzubeleben:

> In spite of the sanctions stemming from the Ukraine crisis, Russia remains a
> strategic partner in tackling regional and global issues. Italy will therefore
> encourage the EU to explore how best to revitalize its dialogue with Russia
> and seize any opportunities to enhance the strategic partnership, if the general
> circumstances so permit. Democratization, modernization and the outlook
> for the Eastern Partnership will be given special consideration in the dialogue
> with Russia. (Italienische Regierung 2014: 12)

Ministerpräsident Renzi unterstrich diese Position im September 2014 – und somit zu einem Zeitpunkt, zu dem sich viele Mitgliedstaaten aufgrund des Abschusses des malaysischen Flugzeugs sowie der Entwicklungen in der Ostukraine bereits deutlich von Russland distanziert hatten – mit dem Hinweis, dass Russland insbesondere aus ökonomischer Persektive für die EU strategisch wichtig bleibe. Die damalige Außenministerin Mogherini relativierte dieses Urteil allerdings und erläuterte, dass Russland ihrer Ansicht nach – ob die EU wolle oder nicht – ein strategischer Spieler bleibe, gegenwärtig aber kein strategischer Partner sei. Sie hoffe aber, dass sich dies in der Zukunft wieder ändern werde, da es im Interesse der EU sei, die strategische Partnerschaft mit Russland wiederzubeleben (vgl. EurActiv vom 02.09.2014b, 03.09.2014).

Dass sich das italienische Interesse am Erhalt bzw. an der Revitalisierung der strategischen Partnerschaft mit Russland auch auf den Erdgassektor richtete, offenbarte sich am Handeln der italienischen Regierung mit Bezug auf das South Stream-Projekt. Wie in Abschnitt 3.2 erläutert, war das South Stream-Projekt in seinem Ursprung eine Kooperation von Gazprom und dem italienischen Unternehmen Eni, an dem der italienische Staat einen Aktienanteil von 30,3 % hält (Commissione Nazionale per le Società e la Borsa 2015). Während die EU-Kommission aufgrund der Krimkrise die Neuverhandlungen der intergouvernementalen Abkommen mit Russland ab dem 10. März 2014 aussetzte, trieben die Gesellschafter das Projekt trotz der Eskalation der Krimkrise im selben Monat weiter voran: Am 14. März 2014 – zwei Tage vor Abhalten des Krimreferendums – unterzeichneten sie mit dem italienischen Unternehmen Saipem einen Vertrag über den Bau des ersten von vier Offshore-Strängen der South Stream-Pipeline, der technologischen Anschluss-Objekte an den Küsten sowie der Einrichtung der Bereiche zur Küstenlinien-Querung. Gemäß der Presserklärung von Gazprom sollte die Verlegung der Pipeline im Herbst 2014 beginnen und Ende 2015 der erste Strang in Betrieb gehen (vgl. OAO Gazprom 2014a). Im April 2014 unterzeichneten Gazprom und das österreichische Unternehmen OMV jedoch ein Memorandum, in dem sie ihre Absicht erklärten die South Stream-Pipeline bis nach Österreich zu bauen (vgl. EurActiv vom 30.04.2014; FAZ.NET vom 15.05.2014). Die italienische Regierung fürchtete in der Folge einen Ausschluss aus dem Projekt und setzte sich dafür ein, an der ursprünglichen Route nach Italien festzuhalten, wie die folgende Stellungnahme von De Vincenti verdeutlicht: „[...] South Stream [wäre] ein wesentliches Infrastrukturprojekt für Italien. Ein Projekt,

das umgesetzt werden soll, um die Gaslieferungen zu diversifizieren. Wir sind der
Ansicht, dass die South Stream-Pipeline in Italien und nicht in Österreich enden
sollte." (Zit. n. Salzburger Nachrichten vom 06.05.2014 2014; siehe auch EurActiv
vom 06.05.2014)

Ein weiteres Hindernis für die Implementierung der South Stream-Pipeline stellte
das zuvor bereits erwähnte Handeln der Europäischen Kommission dar, die einerseits
das Mandat für Neuverhandlungen zur South Stream-Pipeline übernahm, um sie
mit dem Dritten Energiepaket der EU in Einklang zu bringen (vgl. Abschnitt 7.2.2),
die Verhandlungen aber aufgrund der Ukraine-Krise aussetzte. Der damalige Vorstandsvorsitzende von Eni, Paolo Scaroni, schätzte die Implementierungschancen des
Projekts daher „düster" ein, schließlich stelle die Ukraine-Krise die vielen behördli-
chen Genehmigungen, die für das Projekt nötig seien, infrage (vgl. EurActiv vom
23.03.2014, 16.04.2014b; SZ vom 29.03.2014). Ministerpräsident Renzi aktivierte im
Juni 2014 daher die Regierungen der ebenfalls am South Stream-Projekt beteiligten
Mitgliedstaaten – Bulgarien, Serbien, Ungarn, Griechenland, Slowenien, Kroatien
und Österreich –, um in einem gemeinsamen Brief an die Europäische Kommission
ihre Unterstützung für die Pipeline auszudrücken. In den darauffolgenden Wochen
galt Renzi als führende Kraft hinter den Bemühungen der beteiligten Mitgliedstaaten, die EU-Kommission vom Bau der South Stream-Pipeline zu überzeugen
(vgl. EurActiv vom 10.06.2014, 17.06.2014, 26.06.2014). Nach einem Treffen mit
dem russischen Außenminister Lawrow bestätigte auch die damalige italienische
Außenministerin Mogherini das Interesse der Regierung am South Stream-Projekt:
„South Stream bleibt für Italien und für andere europäische Länder ein wichtiges Projekt für eine sichere Energieversorgung ganz Europas." (Zit. n. SZ vom
30.08.2014) Im November erklärte die italienische Ministerin für Wirtschaftliche
Entwicklung, Federica Guidi, jedoch, dass das Projekt für Italien zwar weiterhin
nützlich, aber keine Priorität mehr sei: „It's a useful infrastructure, but maybe it's
no longer in the list of priorities. [...] Even if on the one hand it helps diversify
transit (of gas), on the other hand from the supply point of view it has some critical
points." (Zit. n. Natural Gas Europe vom 19.11. 2014b) Die italienische Regierung
werde zukünftig Projekte präferieren, die sowohl die Diversifzierung der Versorger
als auch der Transitrouten erhöhten (vgl. Natural Gas Europe vom 19.11. 2014b).
Ein weiterer Grund für die – geringfügige – Abwertung des Projekts mag aber auch
in der Ungewissheit der Projektkosten bestanden haben. Ein Sprecher der South

Stream Transport B.V. erklärte, dass die Gesamtkosten erst nach Abschluss aller Projektverträge bekannt seien. Eni entgegnete jedoch, dass das Unternehmen nicht höhere Investitionen als die ursprünglich vorgesehenen tätigen könne (vgl. Natural Gas Europe vom 04.11. 2014a). Wie die anderen Gesellschafter verkaufte Eni seinen Anteil am South Stream-Projekt aber erst Ende Dezember, nach Bekanntgabe des Projektabbruchs, an Gazprom (vgl. SZ vom 30.12.2014).

Das Interesse der italienischen Regierung, die wirtschaftlichen Verflechtungen mit Russland trotz der Ukraine-Krise nicht zu gefährden, zeigte sich zudem an ihren Versuchen, die Implementierung von Sanktionen gegen Russland zu entschleunigen: Während des gesamten Untersuchungszeitraums galt die italienische Regierung mit Bezug auf Sanktionen als zurückhaltend und um Mediation bemüht, da sie befürchtete, Sanktionen könnten die italienische Wirtschaft, die nach einer tiefgreifenden Rezession während der Finanz- und Wirtschaftskrise erste Anzeichen eines Konjunkturaufschwungs zeigte, aufgrund der engen wirtschaftlichen Verflechtungen mit Russland erneut signifikant schädigen (vgl. EurActiv vom 13.05.2014, 11.09.2014; FAZ vom 22.07.2014; Rinke 2015a: 16; Süddeutsche.de vom 05.03.2014, 21.07.2014; SZ vom 04.03.2014; Sundberg/Eellend 2014: 37). Im Oktober 2014 drängte sie aus diesem Grund sogar auf eine Lockerung der bestehenden Regelungen, was sie gegen die anderen Mitgliedstaaten jedoch nicht durchsetzen konnte (vgl. Rinke 2015a: 20).

Die Ausführungen zeigen, dass die italienische Regierung während der Ukraine-Krise danach strebte, die wirtschaftlichen Verflechtungen mit Russland speziell im Erdgassektor aufrechtzuerhalten. Zwar bewertete sie die europäische Abhängigkeit von russischen Importen nun als zu hoch (*deep core* beliefs) und verkündete eine intensivierte Diversifizierung der Erdgasquellen und –routen (*policy beliefs*). Anderseits verdeutlichte aber das Bemühen, den Bau der South Stream-Pipeline gegen die Bedenken der EU-Kommission durchzusetzen, dass die italienische Regierung den Energiehandel zwischen Italien und Russland langfristig sichern wollte. Neben anderen Quellen sollte russisches Erdgas einen wichtigen Beitrag zu Italiens geplanter Funktion als *gas hub* leisten (*policy beliefs* und *secondary aspects*). Die Policyposition der italienischen Regierung gegenüber Russland war während der Ukraine-Krise somit signifikant durch die wirtschaftlichen Interessen an den Beziehungen mit Russland geprägt (*deep core beliefs*). Die italienische Regierung bestritt zwar nicht die Verschlechterung in den EU-Russland-Beziehungen, die den Status der Partnerschaft vorübergehend infrage stellte (*deep core* und *policy beliefs*).

Sie bekundete aber stets das Interesse, diese im Falle einer Deeskalation der Krise wiederzubeleben (*policy beliefs*). Zusammenfassend lässt sich somit festhalten, dass die Diversifizierungsprojekte der italienischen Regierung im Kontext der Ukraine-Krise zwar eine höhere Priorität erhielten und sie eine Belastung der Partnerschaft zwischen der EU und Russland eingestand, das unbedingte Interesse an der Wiederbelebung der strategischen Parnterschaft sowie das Bemühen um das South Stream-Projekt aber die weiterhin bestehende Tendenz belegten, Russland auch in der Zukunft eine Schlüsselrolle im italienischen Erdgassektor zukommen zu lassen und für diesen Zweck gegebenenfalls Ausnahmen vom europäischen Energierecht zu gewähren.

numerischer Wert	Policyposition
60	Bedingte Intensität der Energiepartnerschaft; Streben nach einem ausbalancierten Anteil von Importen aus Russland und anderen Erdgasquellen; wenn letztere Projekte nur geringe Realisierungschancen aufweisen, werden Pipelineprojekte mit Russland priorisiert

8.4.3 Frankreich

Akteure

In Frankreich regierten folgende Koalitionen im Untersuchungszeitraum von 2011 bis 2014:

- 2007–2012: Koalition aus Union pour un mouvement populaire (UMP) und Nouveau Centre (NC) unter Premierminister François Fillon und Staatspräsident Nicolas Sarkozy
- seit 2012: Koalition aus Parti socialiste (PS) und Parti radical de gauche (PRG) unter Premierminister Manuel Valls und Staatspräsident François Hollande

Erdgas im französischen Energiemix

Aufgrund der Fokussierung auf Kernenergie im französischen Energiemix und dem zunehmenden Einsatz von erneuerbaren Energien blieb der Anteil von Erdgas zwischen 2011 und 2013 weiterhin gering, er lag ungefähr zwischen 14 % und 15 %

(siehe Abbildung 47). Der Anteil von russischem Erdgas an den französischen Importen verblieb zwischen 2011 und 2013 ebenfalls gering (siehe Abbildung 47). Dies war in dem hohen Anteil von norwegischem Erdgas sowie dem seit Ende des vergangenen Jahrzehnts wachsenden Anteil von *LNG*-Importen begründet (vgl. Abschnitt 4.3.3).

Abbildung 47: Energiemix und Importportfolio Frankreichs (2011-2013)

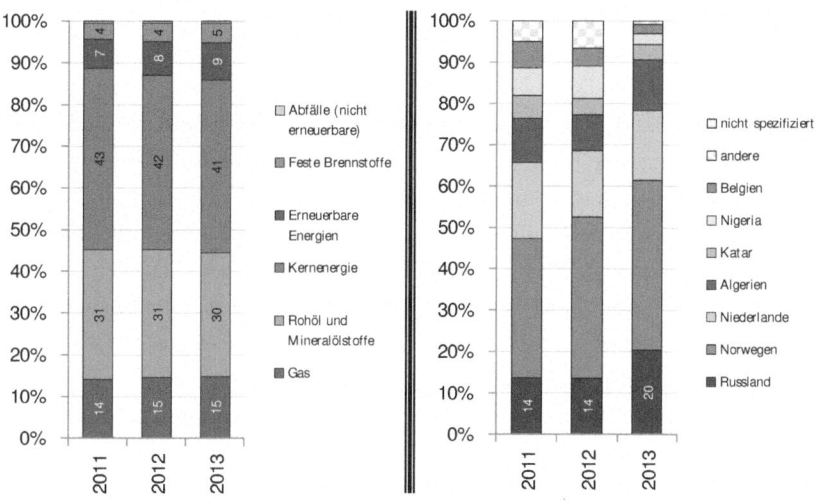

Quelle: Eurostat (o. J.); eigene Berechnungen und International Energy Agency (2012b, 2013a, 2014a); eigene Berechnungen

Policyposition gegenüber Russland als Erdgasexporteur

In Abschnitt 4.3.3 wurde dargelegt, dass die Beziehung zwischen Russland und Frankreich vor der Ukraine-Krise durch eine von beiden Seiten offiziell bekundete strategische Partnerschaft gekennzeichnet war. Es wurde erläutert, dass diese in erster Linie auf dem beiderseitigen Interesse an der Errichtung einer multipolaren Weltordnung beruhte. Zwar wurde in der Periode zwischen 2000 und 2010 von den französischen und russischen Akteuren darauf hingewirkt, der Partnerschaft eine wirtschaftliche Substanz zu geben, was sich im Erdgassektor anhand der Beteiligung französischer Energieunternehmen am Nord sowie am South Stream-

Projekt manifestierte. Es wurde aber oben gezeigt, dass Erdgas im französischen Energiemix in der Periode zwischen 2011 und 2013 aufgrund der Fokussierung auf Kernenergie weiterhin eine relativ geringe Rolle spielte. Aus diesem Grund stand der Erdgassektor nicht im Mittelpunkt des französischen Diskurses über die Politik gegenüber Russland während der Ukraine-Krise. Es ist aber möglich, anhand der französischen Stellungnahmen bezüglich der Implementierung von Sanktionen die Policyposition gegenüber Russland abzuleiten.

Aufgrund der strategischen Interessen Frankreichs an einer partnerschaftlichen Beziehung mit Russland war die französische Regierung zunächst ähnlich wie die deutsche um Mediation bemüht, um zu verhindern, dass die Krise eskaliert und die EU-Russland-Beziehungen beschädigt. Sie setzte sich daher für eine diplomatische Lösung der Krise ein. So lud Präsident Hollande Putin u.a. zu den D-Day-Feierlichkeiten in die Normandie ein, um die Bedingungen für eine Deeskalation der Krise aufrecht zu erhalten (vgl. EurActiv vom 05.06.2014). Allerdings war dieses Bemühen schon zu Beginn der Krimkrise von einer sehr scharfen Rhetorik gegenüber der russischen Regierung begleitet, indem die französische Regierung mit der Implementierung von Sanktionen drohte, sofern die russische Regierung auf der Krim nicht einlenke (vgl. EurActiv vom 03.03.2014a, 06.03.2014b). Bereits im Februar 2014 erklärte Thierry Repentin, der französische Minister für europäische Angelegenheiten: „Nobody wanted immediate and general sanctions. However, we decided to look again at targeted sanctions if ever the situation becomes worse, which is not the case now. By doing so, we want to send a clear signal, a clear message addressed to those the sanctions would target." (Zit. n. EurActiv vom 12.02.2014) Am 3. März 2014, wenige Tage nachdem die Regierung auf der Krim verkündete, ein Unabhängigkeitsreferendum abhalten zu wollen, konkretisierte der französische Außenminister Fabius die Drohungen zum Einsatz von Sanktionen und unterstrich die Entschlossenheit der EU, das Handeln der russischen Regierung mit Bezug auf die Krimkrise nicht zu akzeptieren:

> If there is not in the coming hours a very quick de-escalation, then we will decide concrete measures such as the suspension of all talks on visas, suspension of economic agreements and concretely that means that ties will be cut on lot of subjects. There could be targeted measures and that can also affect people, officials and their assets. [...] The general tone is that the Russians appear

to have decided to go even further. Europe must be firm. (Zit. n. EurActiv
vom 03.03.2014a, siehe auch EurActiv vom 06.03.2014; Süddeutsche.de vom
07.03.2014b, 13.03.2014)

Fabius verkündete zudem, dass aus Protest kein französisches Regierungsmitglied
an der Eröffnungsfeier der Paralympischen Winterspiele im russischen Sotschi
teilnehmen werde (vgl. Süddeutsche.de vom 07.03.2014a). Nach der Anerkennung
des Krimreferendums durch Putin setzte die französische Politik ihr Zusammenspiel
aus der Androhung von Sanktionen sowie Bemühungen um eine Deeskalation der
Krise mittels Diplomatie fort:

> Calling the crisis the gravest since the end of the Cold War, French Foreign
> Minister Laurence Fabius urged calm to prevent the situation from deteriorating.
> 'We want firmness to prevail and for Putin to not go any further, but at the
> same time we want to de-escalate the situation via dialogue', said Fabius
> [...]. (Zit. n. EurActiv vom 18.03.2014)

Gleichzeitig kündigte die französische Regierung aber an, einen geplanten Rüstungshandel, der den Verkauf zweier Kriegsschiffe der Mistral-Klasse für 1,2 Milliarden
Euro an Russland umfasst, zu überdenken, und den Rüstungssektor möglicherweise
Wirtschaftssanktionen unterzuordnen, sofern die russische Regierung ihren Zugriff
über die Krim hinaus auf die Ostukraine ausbreite:

> He [Außenminister Fabius; M.G.] echoed comments made by French President
> François Hollande on Saturday saying Paris would review military cooperation
> with Russia as part of a third level of sanctions if Moscow did not react to the
> initial measures. Fabius said a €1.2 billion helicopter carrier contract signed
> with Russia in 2011 could be suspended and pointed out that ally Britain
> was also considering freezing assets of Russian oligarchs in London. If Russia
> expanded its incursion to Crimean into nearby eastern Ukraine, then a response
> would be necessary, he said. 'After a certain point, there will be a reaction,
> including with force', said Fabius. 'Ukraine has already mobilised some people
> and we cannot allow Russia to do simply anything.' (Zit. n. EurActiv vom
> 18.03.2014)

Der Rüstungshandel zwischen Russland und Frankreich ist sehr umfassend und
somit von großer Bedeutung für die französische Wirtschaft (vgl. EurActiv vom
20.03.2014a). Die Ankündigung, diesen Sektor möglicherweise Wirtschaftssanktionen zu unterziehen, deutete zunächst auf die Entschlossenheit der französischen
Regierung hin, den russischen Akteuren die negativen Implikationen ihres Handelns

in der Ukraine aufzuzeigen. Hollande bekräftigte dies vor einem EU-Gipfeltreffen der Staats- und Regierungschefs, als er gemeinsam mit Cameron und Tusk (erfolglos) darauf drängte, bereits erste Branchen aufzuführen, die von eventuellen Wirtschaftssanktionen betroffen sein könnten (vgl. SZ vom 22.03.2014).

In den darauffolgenden Monaten wiederholte die französische Regierung die Androhungen von Sanktionen zwar, insbesondere im Kontext des Absturzes des Flugs MH-17 über der Ukraine (vgl. EurActiv vom 17.04.2014, 12.05.2014, 13.05.2014, 20.07.2014, 29.08.2014a; FAZ.NET vom 17.04.2014, 20.07.2014; Süddeutsche.de vom 14.06.2014, 21.07.2014, 30.08.2014b). Allerdings wurde anhand des Umgangs mit dem oben erwähnten sogenannten „Mistral-Projekt" deutlich, dass die französische Regierung versuchte, Schädigungen der eigenen Volkwirtschaft durch Sanktionen zu vermeiden.[126] So erklärte Hollande im Juni im Gegensatz zu den im März 2014 geäußerten Bedenken, dass Frankreich an dem Verkauf festhalten werde, solange keine Sanktionen der Stufe drei (Wirtschaftssanktionen) implementiert würden (vgl. EurActiv vom 05.06.2014). Im Juli bestätigte er diesen Entschluss. So werde das erste Kriegsschiff im Oktober nach Russland geliefert. Die Lieferung des zweiten Kriegsschiffs hänge von der zukünftigen Sanktionsstufe ab:

> A decision on whether to deliver a second Mistral helicopter carrier to Russia will depend on Moscow's attitude over the Ukraine crisis, French President François Hollande said yesterday (21 July). Speaking during a dinner with the presidential press corps, Hollande said that a first warship was nearly finished and would be delivered as planned in October, despite strong opposition from France's allies. 'For the time being, a level of sanctions has not been decided on that would prevent this delivery', Hollande said. 'Does that mean that the rest of the contract – the second Mistral – can be carried through? That depends on Russia's attitude', Hollande added. For the second delivery to be cancelled, EU sanctions would have to be decided at the level of heads of state and government, a French government official said. [...] 'For now, France wants the sanctions to be financial, targeted and quick', a presidential aide said separately. (Zit. n. EurActiv vom 22.07.2014b)

Die britische Regierung kritisierte die französische dafür, trotz des Flugzeugabsturzes der malaysischen Fluglinie an dem Rüstungsgeschäft festzuhalten. Die französische Regierung entgegnete daraufhin, Großbritannien solle zunächst Sanktio-

---

126 Darauf deutete bereits eine Stellungnahme des französischen Präsidenten im März 2014 hin, der Wirtschaftssanktionen nicht ausschloss, aber hoffte, dass sie nicht notwendig sein würden, da sie wichtige Wirtschaftssektoren betreffen würden (vgl. EurActiv vom 21.03.2014b).

nen im Finanzsektor zulassen, bevor sie gegen die französische Regierung Vorwürfe wegen des Mistral-Projekts erhebe (vgl. EurActiv vom 23.07.2014). Vor dem Hintergrund der anhaltenden Kritik auch anderer Mitgliedstaaten stoppte Hollande das Projekt im September aber vorübergehend doch und verwies zur Begründung gleichzeitig auf die russischen Handlungen in der Ostukraine, die eine Bedrohung für die europäische Sicherheit darstellten. Außenminister Fabius betonte allerdings, dass die französische Regierung hoffe, das Projekt in der Zukunft noch umzusetzen, sofern sich die politischen Kontextbedingungen verbesserten (vgl. EurActiv vom 04.09.2014, 26.11.2014).

Die Strategie, nationale wirtschaftliche Schädigungen trotz der Ukraine-Krise zu vermeiden, galt auch im Erdgassektor. Zwar schloss die französische Regierung Sanktionen im Energiesektor nicht grundsätzlich aus (vgl. FAZ.NET vom 28.07.2014). Zudem betonte sie im Mai, dass es notwendig sei alternative Erdgaslieferanten für die europäische Erdgasversorgung zu erschließen. Sie verkündete aber zugleich die weitere Unterstützung für das South Stream-Projekt (vgl. EurActiv vom 07.05.2014). Dementsprechend war das französische Unternehmen EdF, an dem der Staat einen Aktienanteil von 84,5 % hält (Électricité de France 2014), bis zum 30.12.2014 an dem Projekt beteiligt und verkaufte seine Anteile an Gazprom erst infolge des Projektabbruchs durch die russischen Akteure (vgl. FAZ vom 31.12.2014; SZ vom 30.12.2014).

Zusammenfassend lässt sich festhalten, dass einerseits eine signifikante Spannung in den Beziehungen zwischen Frankreich und Russland zu verzeichnen war. Die französische Regierung kritisierte das Handeln der russischen Regierung deutlich und drohte regelmäßig mit der Implementierung bzw. Verschärfung von Sanktionen. Andererseits versuchte sie aber, mittels diplomatischer Gesprächsangebote die Bedingungen für eine Deeskalation der Krise zu bereiten sowie negative Implikationen für wichtige Wirtschaftssektoren zu vermeiden. Dies wurde durch Stellungnahmen von Hollande im Dezember 2014 und Januar 2015 unterstrichen, denen zufolge die EU ihre Grenze in Sanktionen erreicht habe, weitere Sanktionen würden die Krisensituation nur verschlechtern. Stattdessen solle die EU anbieten, Sanktionen im Austausch gegen Fortschritte im ukrainischen Friedensprozess zu revidieren (vgl. EurActiv vom 06.01.2015; FAZ vom 19.12.2014). Das Wechselspiel von Kritik und Sanktionsdrohungen einerseits sowie dem Erhalt von wirtschaftlicher Kooperation andererseits, prägte auch die französische Policyposition gegenüber Russland im Erdgassektor:

Zum einen sei aufgrund der verschlechterten EU-Russland-Beziehungen und der hohen europäischen Importabhängigkeit eine umfassendere Diversifizierung von Erdgaslieferanten notwendig, zum anderen hielt sie aber am South Stream-Projekt und somit an der Idee, den Erdgashandel mit Russland langfristig zu sichern, fest (*deep core*, *policy beliefs* und *secondary aspects*). Die französische Regierung strebt demzufolge ein ausgeglichenes Importportfolio an:

numerischer Wert	Policyposition
50	Ausbalancierter Anteil von Importen aus Russland und anderen Erdgasquellen

8.4.4 Spanien

Akteure

In Spanien regierten folgende Koalitionen im Untersuchungszeitraum von 2011 bis 2014:

- 2004–2011: Partido Socialista Obrero Español (PSOE) unter Ministerpräsident José Luis Rodríguez Zapatero

- seit 2011: Partido Popular (PP) unter Ministerpräsident Mariano Rajoy

Erdgas im spanischen Energiemix

Der umfangreiche Einsatz von Erdgas in der zweiten Hälfte des vergangenen Jahrzehnts wurde in der Periode zwischen 2011 und 2013 aufrechterhalten. Der Anteil von Erdgas am spanischen Energiemix lag bei ungefähr 22 % (siehe Abbildung 48). Aufgrund der geographischen Lage Spaniens und des mangelnden infrastrukturellen Anschlusses an Europa importierte Spanien wie im vergangenen Jahrzehnt kein Erdgas aus Russland. Algerien war noch immer der wichtigste Erdgaslieferant, durch den Ausbau von *LNG*-Terminals konnte Spanien seine Erdgasquellen aber weiter diversifizieren (siehe Abbildung 48; vgl. Abschnitt 4.3.4).

Policyposition gegenüber Russland als Erdgasexporteur

In Abschnitt 4.3.4 wurde erläutert, dass die Policyposition der spanischen Regierung gegenüber Russland als Erdgasexporteur in der Periode zwischen 2000 und 2010 durch einen Widerspruch gekennzeichnet war. Einerseits baute sie in diesem

Abbildung 48: Energiemix und Importportfolio Spaniens (2011-2013)

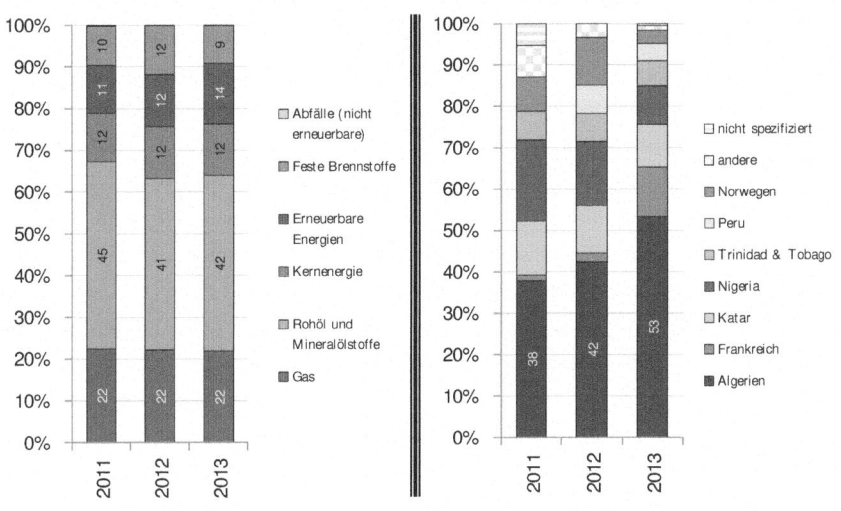

*Quelle: Eurostat (o. J.); eigene Berechnungen und
International Energy Agency (2012b, 2013a, 2014a); eigene Berechnungen*

Zeitraum eine strategische Partnerschaft mit Russland auf; andererseits hatte sie im Erdgassektor aber ein Interesse an den Diversifizierungsbemühungen der russlandkritischen Mitgliedstaaten, da sie in diesen die Möglichkeit sah, durch den Transit von algerischem Erdgas via Spanien und den damit verbundenen Ausbau von Vebindungspipelines nach Frankreich die eigene infrastrukturelle Isolation im Erdgassektor zu überwinden. Im Folgenden wird gezeigt, inwiefern sich letzterer Punkt im Kontext der Ukraine-Krise verstärkte und die spanische Policyposition gegenüber Russland als Erdgasexporteur kennzeichnete.

Während im Untersuchungszeitraum in vielen EU-Mitgliedstaaten Differenzen zwischen politischen und wirtschaftlichen Akteuren hinsichtlich der Krisenpolitik bestanden, herrschte in Spanien Einigkeit darüber wie die zukünftige spanische bzw. europäische Erdgasaußenpolitik ausgestaltet werden sollte. Dies war in einer identischen Problemdiagnose für den spanischen Erdgassektor begründet, der bereits die Politik im Untersuchungszeitraum zwischen 2000 und 2010 prägte: Einerseits ist

Spanien aufgrund des hohen Anteils von Erdgas im Energiemix und der geringen nationalen Ressourcen in hohem Maße von Erdgasimporten abhängig; andererseits ist es in infrastruktureller Hinsicht nur geringfügig in das europäische Gasnetz integriert. Dieser Mangel an Verbindungsleitungen erschwert es Spanien, die Erdgasquellen zu diversifizieren bzw. im Falle von Lieferunterbrechungen auf europäische Solidaritätsmechanismen zurückzugreifen. Im Kontext der Ukraine-Krise sahen sowohl die relevanten politischen als auch die wirtschaftlichen Akteure in Spanien nun größere Realisierungschancen für ihre bereits im vergangenen Jahrzehnt verfolgte Strategie zur Überwindung dieser Problematik: Sie hofften von dem Interesse vieler anderer Mitgliedstaaten, ihre Abhängigkeit von russischem Erdgas zu senken, zu profitieren, indem sie Spanien als Transitland für Erdgas aus Algerien anboten. Obwohl Spanien selbst keinerlei russisches Erdgas importiert – die Gefahr von Lieferunterbrechungen aus nationaler Perspektive also nicht bestand – beteiligten sich die spanische Regierung sowie die spanischen Energieunternehmen daher dennoch aktiv am Dependenz- und Diversifizierungsdiskurs. So kritisierte der spanische Außenminister José Manuel García-Margallo bereits zu Beginn der Krimkrise die „Kurzsichtigkeit" der europäischen Energiepolitik:

> Es gehe in den Beziehungen mit Russland natürlich auch um die Frage der Energiesicherheit der EU, sagte der Spanier. Schließlich kämen 35 Prozent des europäischen Gases über drei Pipelines aus Russland. „Nur so am Rande bemerkt", fügte García-Margallo hinzu, „nun rächt sich, was wir immer gesagt haben, dass man Verbindungen schaffen muss zwischen Spanien und dem Rest Europas. Spanien bekommt Gas aus Algerien über zwei Pipelines. Aber wir können es nicht weiter transportieren." Die Krise sei „ein guter Augenblick", noch mal darüber nachzudenken. (Zit. n. SZ vom 05.03.2010)

Auf ähnliche Weise argumentierte Antoni Peris, der Vorstandsvorsitzende von Sedigas, einem Zusammenschluss spanischer Gasunternehmen, nach der Eskalation der Krimkrise am 27. März 2014: „Spain has one of the safest and most diversified gas systems in Europe. We want to offer our capacity to the rest of the continent." (Zit. n. EurActiv vom 28.03.2014b) Dazu warb er bei der EU für eine Priorisierung des Baus der MIDCAT-Pipeline, die Spanien und Frankreich verbinden soll: „With this pipeline Spain could replace 10 % of what Europe currently receives from Russia." (Zit. n. EurActiv vom 28.03.2014b; siehe auch SZ vom 16.06.2014) Zum gleichen Zeitpunkt versandte Ministerpräsident Rajoy ein Schreiben an den damaligen Ratspräsidenten van Rompuy, in dem er als Beitrag zur europäischen Versorgungssicherheit zusagte, die Vollendung der Biriatou-Pipeline sowie den Neubau der MIDCAT-Pipeline, die beide das französische und spanische Gasnetz verbinden werden, zu beschleunigen (vgl. SZ vom 16.06.2014). Wenngleich die drei Akteure in ihrer Argumentation den Fokus auf den spanischen Beitrag zur europäischen Diversifizierung legten, offenbarte eine Stellungnahme von Salvador Gabarró, Präsident des Unternehmens Gas Natural Fenosa, die genuin spanischen Motive hinter den genannten Angeboten: „Die Krise in der Ukraine bietet eine äußerst wichtige Chance für die spanische Gasindustrie als Tor zu Europa." (Zit. n. FAZ.NET vom 15.04.2014b)

Im April reiste García-Margallo nach Algerien, um die Implementierung des MIDCAT-Projekts zu befördern. Im Rahmen seines Besuchs bezeichnete er die europäische Abhängigkeit von russischem Erdgas sowie Algeriens Bereitschaft, dieses partiell zu ersetzen, als ein Thema von „strategischer Bedeutung" und warb erneut für eine Neuorientierung der europäischen Erdgasaußenpolitik:

„Wir sind überzeugt, dass man diese Abhängigkeit reduzieren muss, und dafür muss man zur Versorgung die Lieferung von Gas aus Nordafrika verstärken." Die Pläne lägen schon längst „in der Schublade". Angesichts der russisch-ukrainischen Krise sei es nun aber höchste Zeit, das Projekt zu beschleunigen. Was inzwischen auch die Europäische Union als „Priorität" anerkenne, sei „gut für Algerien und gut für uns". [...] „Wir können nicht mehr algerisches Gas kaufen, solange wir nicht bessere Verbindungen in Europa haben. Denn wir haben schon Überkapazitäten." (Zit. n. FAZ.NET vom 15.04.2014b)

Die spanische Regierung bemühe sich aus diesem Grund darum, dass die EU den Bau der MIDCAT-Pipeline beschleunige. Ob García-Margallo das Pronomen „uns" auf die EU oder Spanien bezog, bleibt in der Stellungnahme unklar. Es ist aber nicht zu bestreiten, dass Spanien einen strategischen Nutzen aus dem Bau der Verbindungspipelines sowie den Transitgebühren ziehen würde (vgl. FAZ.NET vom 15.04.2014b).

Neben ihrem Einsatz für die europäische Diversifizierung durch algerisches Erdgas setzte die spanische Regierung sich zudem für eine Diversifizierung des nationalen Importportfolios – insbesondere für den Ausbau von *LNG*-Terminals – ein, um die eigene hohe Abhängigkeit von algerischem Erdgas zu reduzieren (vgl. SZ vom 16.06.2014).

Während die spanische Regierung in der Erdgasaußenpolitik nachdrücklich für eine Distanzierung der EU von Russland als Erdgaslieferant argumentierte, zeigte sie sich bei der Implementierung von Sanktionen hingegen zurückhaltend. Zu Beginn der Krise warb Rajoy bei einem Treffen mit Lawrow für Stabilität in der Region und eine politische Lösung in der Ukraine (vgl. FAZ.NET vom 05.03.2014). Im weiteren Verlauf der Ukraine-Krise sprach sich die spanische Regierung gegen Wirtschaftssanktionen aus, da sie wie die italienische Regierung befürchtete, die sich nach einer langen Rezession nun wieder im Aufschwung befindliche nationale Wirtschaft aufgrund der vielfältigen Verflechtungen mit Russland erneut zu schädigen. Sie passte sich im Rahmen der EU-Gipfel aber in der Regel der Mehrheitsmeinung an und kündigte nach dem Abschuss des malaysischen Flugzeugs zudem einen potentiellen Wandel in ihrer Haltung bezüglich Sanktionen an. García-Margallo erklärte in diesem Zusammenhang, dass die EU zu einer Überprüfung ihrer bisherigen Haltung verpflichtet sei und die spanische Regierung ihre Entscheidungen über Sanktionen nun in erster Linie vom zukünftigen Verhalten Putins in der Krise abhängig machen werde (vgl. FAZ.NET vom 28.07.2014).

Die Ausführungen haben gezeigt, dass die spanische Policyposition gegenüber Russland als Erdgaslieferant von nationalen Interessen geprägt war. Spanien importiert zwar kein Erdgas aus Russland, so dass für das Land nicht die Gefahr von Lieferunterbrechungen oder einer andersartigen Form des Einsatzes der russischen Energiemacht als politisches Instrument bestand. Die spanische Regierung versuchte in Kooperation mit der Gasindustrie aber dennoch aus eigenen nationalen Interessen heraus eine Diversifizierungsoption für die EU – die Steigerung von Importen aus Nordafrika – zu erarbeiten und beschleunigt umzusetzen, da der mit dieser Maßnahme verbundene Bau von Verbindungspipelines nach Frankreich die von den spanischen Akteuren beklagte energiepolitische Isolation verringern würde (*policy beliefs*). Diese Strategie ist nicht neu, sie wurde bereits im Untersuchungszeitraum zwischen 2000 und 2010 von der spanischen Regierung verfolgt (vgl. Abschnitt 4.3.4). Während der Ukraine-Krise war allerdings eine deutliche Intensivierung in den Bemühungen der spanischen Regierung sowie eine stärkere Fokussierung auf die europäische Importabhängigkeit von Russland in der Argumentation für den Bau von Verbindungspipelines zu identifizieren. Zudem deutet der angekündigte Politikwandel im Sanktionsdiskurs der spanischen Regierung auf eine politische Distanzierung der vormaligen strategischen Partner – Spanien und

Russland – hin (*deep core beliefs*). Die spanische Policyposition gegenüber Russland als Erdgaslieferant lässt sich somit im Vergleich zur Periode zwischen 2000 und 2010 durch ein intensiveres Streben nach diversifizierten Erdgasquellen für die EU charakterisieren:

numerischer Wert	Policyposition
30	Mäßiges Vertrauen in Russland als Erdgasexporteur; Russland soll weiterhin zur europäischen Erdgasversorgung beitragen, alternative Erdgasquellen haben aber Priorität

8.4.5 Niederlande

Akteure

In den Niederlanden regierten folgende Koalitionen im Untersuchungszeitraum von 2011 bis 2014:

- 2010–2012: Koalition aus Volkspartij voor Vrijheid en Democratie (VVD) und Christen Democratisch Appèl (CDA) unter Ministerpräsident Mark Rutte
- seit 2012: Koalition aus Volkspartij voor Vrijheid en Democratie (VVD) und Partij van de Arbeid (PvdA)

Erdgas im niederländischen Energiemix

Aufgrund der nationalen Reserven war der Anteil von Erdgas am niederländischen Energiemix zwischen 2011 und 2013 weiterhin sehr hoch, er schwankte zwischen 41,1 % und 43,2 % (siehe Abbildung 49). Norwegen war der wichtigste Erdgaslieferant, der Anteil von russischem Erdgas am Importportfolio stieg zwischen 2011 und 2012 aber von 8,8 % auf 11,24 %. Für 2013 erwartete die IEA sogar einen Anteil von fast 16 % (siehe Abbildung 49).

Policyposition gegenüber Russland als Erdgasexporteur

Die niederländische Policyposition gegenüber Russland als Erdgasexporteur war im vergangenen Jahrzehnt durch die wirtschaftlichen Interessen der Niederlande gekennzeichnet. Da die nationale Erdgasförderung stetig sinkt, zielte die niederländische Erdgaspolitik darauf ab, sich mittels eines diversifizierten Importportfolios

Abbildung 49: Energiemix und Importportfolio der Niederlande (2011-2013)

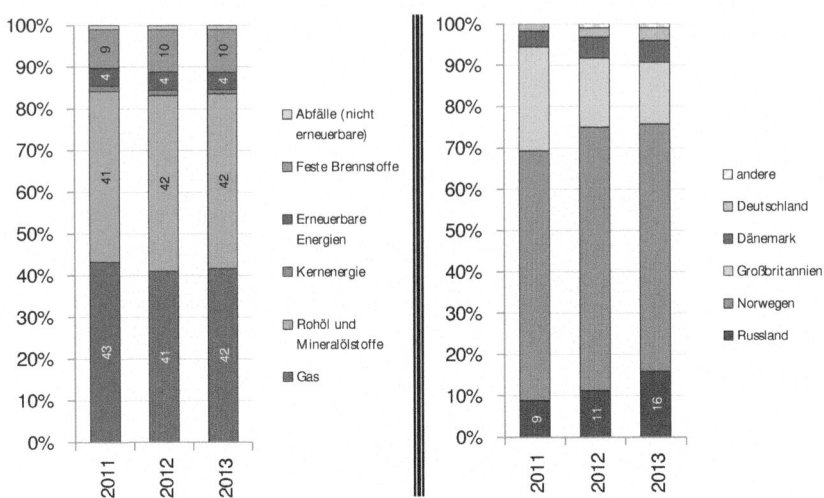

Quelle: Eurostat (o. J.); eigene Berechnungen und International Energy Agency (2012b, 2013a, 2014a); eigene Berechnungen

zu einem wichtigen „gas hub" für Westeuropa zu entwickeln. Russland sollte in diesem Kontext eine Schlüsselrolle als Erdgaslieferant zukommen. Die niederländische Regierung war aus diesem Grund um eine weitere Intensivierung der bereits sehr ausgeprägten Kooperation mit Russland im Erdgassektor, eine Beteiligung an der Nord Stream-Pipeline sowie die Einbettung der geschäftlichen Interaktionen in partnerschaftliche zwischenstaatliche Beziehungen bemüht. Diese Interessen bestimmten die niederländische Politik gegenüber Russland zu Beginn der Ukraine-Krise, die auf eine diplomatische Lösung drängte. Nach dem Abschuss des malaysischen Flugzeugs über der Ukraine, im Rahmen dessen zahlreiche niederländische Staatsbürger starben, forderte die niederländische Regierung allerdings eine aggressivere Politik gegenüber Russland.

Die Niederlande nahm im Diskurs um die Ukraine-Krise im Vergleich zu den mächtigen westeuropäischen sowie den russlandkritischen osteuropäischen Staaten lediglich eine marginale Rolle ein. Wenngleich Erdgas neben Öl den wichtigsten

Energieträger im niederländischen Energiemix ausmacht, lassen sich in den ausgewerteten Quellen keine direkten Stellungnahmen zum Dependenz-/Diversifizierungsbzw. Interdependenz-/Energiepartnerschaftsdiskurs finden. Wie im Falle Frankreichs lässt sich die niederländische Policyposition aber aus dem Sanktionsdiskurs ableiten.

In Abschnitt 4.3.5 wurde bereits erläutert, dass die internationalen Handelsbeziehungen für die niederländische Wirtschaft überaus wichtig sind. Aus diesem Grund war die niederländische Regierung in der ersten Hälfte des Untersuchungszeitraums darum bemüht, die anderen Mitgliedstaaten bei der Implementierung von Sanktionen gegen Russland zu bremsen und setzte sich für eine diplomatische Vermittlung zwischen den Konfliktparteien ein (vgl. EurActiv vom 03.03.2014b). Sie wollte vermeiden, die russische Wirtschaft zu schädigen, da sie negative Spill-Over-Effekte für die eigene nationale Wirtschaft befürchtete. Dies galt insbesondere für den Öl- und Gassektor, der eine wichtige Position in der niederländischen Wirtschaft darstellt und in dem intensive Handelsbeziehungen zwischen den Niederlanden und Russland bestehen:

> Dutch Prime Minister Mark Rutte [...] said the West might want to move slowly. 'Russia has an economy that is highly focused on oil and ga', Rutte told Reuters. 'It is not diversified ... If it came to putting in place sanctions that would hurt Russia considerably. So in my view we should do everything to prevent that.' (Zit. n. EurActiv vom 24.03.2014)

Dieses Interesse der niederländischen Regierung unterstrich Außenminister Fans Timmermans im Juni. Zwar werde sie die weitere Implementierung von Sanktionen davon abhängig machen, ob die russische Regierung positiv auf den von Poroshenko ausgearbeiteten Friedensplan reagiert. Sie hoffe aber, dass eine Ausweitung von Sanktionen vermieden werden könne: „I think the need is to stimulate all parties to negotiate and try and avoid the need to escalate the sanctions. I hope that we can avoid that step." (Zit. n. EurActiv vom 24.06.2014)

Aus den Stellungnahmen lässt sich ableiten, dass die niederländische Regierung die geschäftlichen Beziehungen mit Russland im Erdgassektor aufrechterhalten wollte. Die politischen Auseinandersetzungen zwischen der EU und Russland sollten möglichst getrennt von wirtschaftlichen Kernbereichen der Niederlande geführt werden. Es kann somit angenommen werden, dass die Niederlande weiterhin auf einen Ausbau des Erdgashandels mit Russland abzielte, um an ihrer Strategie, sich

zu einer Verteilerstation für Erdgas in Westeuropa zu entwickeln, festhalten zu
können (siehe auch Schmidt-Felzmann 2014). Zusätzliche Erdgasimporte sind für
diesen Zweck aufgrund der rückläufigen nationalen Reserven notwendig und wurden
im Untersuchungszeitraum sogar noch dringender, da die Regierung im Januar 2014
infolge von Erdbeben, die durch die Erdgasförderung im Groningenfeld ausgelöst
wurden, eine substantielle Reduzierung der dortigen Fördervolumina angeordnet
hatte (vgl. Government of the Netherlands o. J.).

Im Juli 2014 lässt sich jedoch ein Wandel in der niederländischen Politik identifizieren. Beim Abschuss des Flugs MH-17 über der Ukraine am 17. Juli 2014 starben
nahezu 200 niederländische Staatsbürger. Der niederländische Ministerpräsident
Rutte reagierte auf dieses Ereignis zunächst zurückhaltend und vermied direkte
Anschuldigungen gegenüber der russischen Regierung sowie den ukrainischen Sepa-
ratistenführern, was von der Öffentlichkeit sowie einigen anderen Mitgliedstaaten
kritisiert wurde (vgl. SZ vom 21.07.2014). Als symbolischer Wendepunkt in der niederländischen Position gilt stattdessen die Rede Timmermans vor dem Sicherheitsrat
der Vereinten Nationen am 21. Juli 2014, in der er die ukrainischen Separatisten
aufgrund ihrer Behinderung der Bergungsarbeiten im Krisengebiet kritisierte sowie
die Aufklärung des Absturzes und die Bestrafung der Verantwortlichen verlangte:

> To my dying day I will not understand that it took so much time for the rescue
> workers to be allowed to do their difficult jobs and that human remains should
> be used in a political game. And somebody here around the table talks about
> a political game – this is the political game that is being played, with human
> remains, and it is despicable. [. . .] I also welcome the setting up of a proper
> investigation into the cause of the tragedy of MH17, as envisaged in today's
> resolution. [. . .] Once the investigation ascertains who was responsible for the
> downing of the flight MH17, accountability and justice must be pursued and
> delivered. We owe it to the victims, we owe it to justice, we owe it to humanity.
> Please, provide full cooperation so that justice can be served. We will not rest
> until all facts are known and justice is served. (Timmermans 2014)

In den folgenden Wochen forderte die niederländische Regierung nun ein aggressi-
veres Vorgehen gegen die russische Regierung. Sollte bewiesen werden, dass Russland
direkt oder indirekt für den Absturz verantwortlich sei bzw. bei der Aufklärung des
Absturzes nicht kooperiere, müssten weitere Sanktionen implementiert werden:

> Am Dienstag äußerte sich der Regierungschef [Mark Rutte; M.G.], der in
> den vergangenen Tagen viermal mit Putin telefonierte, dezidierter in Rich-
> tung Moskau. Seit vergangenem Donnerstag [17.07.2014; M.G.] habe sich

grundlegend etwas verändert. „Was die Niederlande betrifft, liegen jetzt alle
Optionen, sowohl wirtschaftlich, finanziell und politisch auf dem Tisch", erläutert Rutte. (Zit. n. FAZ vom 23.07.2014; siehe auch EurActiv vom 22.07.2014a,
23.07.2014; FAZ vom 19.07.2014; FAZ.NET vom 22.07.2014; Süddeutsche.de
vom 19.07.2014)

Dementsprechend begrüßte Außenminister Timmermans die Sanktionen der Stufe
drei, die als Konsequenz aus dem Flugzeugabsturz beschlossen wurden: „[The capital
market restrictions] will have a far-reaching and immediate effect." (Zit. n. EurActiv
vom 30.07.2014, siehe auch EurActiv vom 23.07.2014).

Zusammenfassend lässt sich festhalten, dass die niederländische Policyposition durch ein Spannungsfeld zwischen wirtschaftlichen Interessen am Handel mit
Russland im Erdgassektor sowie der politischen Eskalation der Ukraine-Krise im
Zusammenhang mit dem Absturz des malaysischen Flugzeugs, gekennzeichnet
war. Es ist somit eine deutliche Verschlechterung im Verhältnis zwischen den
Niederlanden und Russland zu identifizieren, die letztlich dazu geführt hat, dass
die niederländische Regierung entgegen früherer Stellungnahmen Wirtschaftssanktionen zugestimmt hat (*deep core* und *policy beliefs*). Gleichzeitig konnte aber
auch gezeigt werden, dass die wirtschaftlichen Interessen an Russland die niederländische Policyposition signifikant mitbestimmen und die politischen Spannungen zu einem gewissen Grad moderieren (*deep core* und *policy beliefs*). Der
niederländischen Policyposition ist aus diesem Grund der Wert 50 zuzuordnen:

numerischer Wert	Policyposition
50	Ausbalancierter Anteil von Importen aus Russland und anderen Erdgasquellen

8.4.6 Großbritannien

Akteure

In Großbritannien regierte folgende Koalition im Untersuchungszeitraum von
2011 bis 2014:

- seit 2010: Koalition aus Conservative Party und Liberal Democrats unter
  David Cameron

Erdgas im britischen Energiemix

Erdgas stellte im britischen Energiemix zwischen 2011 und 2013 neben Erdöl weiterhin den wichtigsten Energieträger dar. Der prozentuale Anteil lag zwischen 32,9 % und 35,7 % (siehe Abbildung 50). Aus Russland importierte Großbritannien in diesem Zeitraum noch kein Erdgas (siehe Abbildung 50).

Abbildung 50: Energiemix und Importportfolio Großbritanniens (2011-2013)

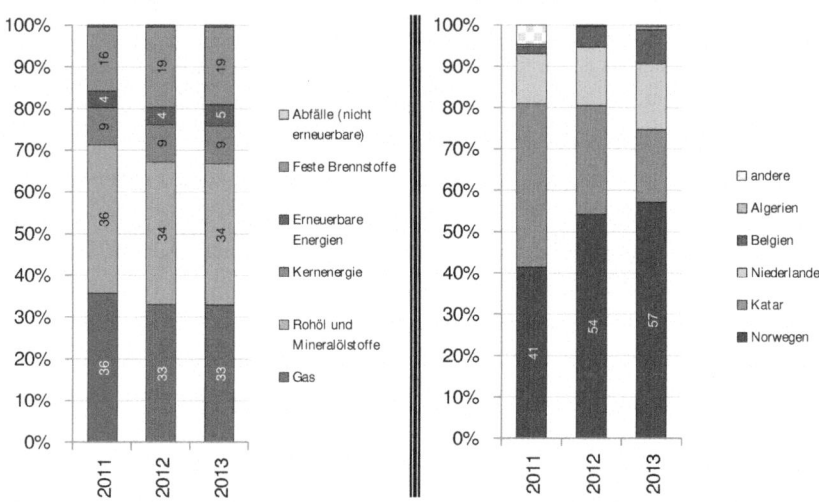

Quelle: Eurostat (o. J.); eigene Berechnungen und
International Energy Agency (2012b, 2013a, 2014a); eigene Berechnungen

Policyposition gegenüber Russland als Erdgasexporteur

In Abschnitt 4.3.6 wurde ausgeführt, dass die politischen Beziehungen zwischen Großbritannien und Russland seit dem Ende des Kalten Krieges durch periodisch auftretende Konflikte gekennzeichnet waren. Im Untersuchungszeitraum zwischen 2000 und 2010 bemühten sich beide Akteure jedoch darum, die stetig erweiterteten Handelsbeziehungen nicht durch die politischen Dispute zu beschädigen. Dies galt auch für den Erdgassektor. Aufgrund der rückläufigen nationalen Erdgasförderung identifizierte die britische Regierung Russland als notwendigen zukünftigen Erdgaslieferanten und engagierte sich aus diesem Grund für einen Anschluss an die

Nord Stream-Pipeline. Gleichzeitig führte sie aber eine Vielzahl an Diversifizie-rungsmaßnahmen durch, um den Anteil von russischem Erdgas am Importportfolio und die damit verbundene Gefahr einer Ausnutzung der russischen Energiemacht gering zu halten. Großbritanniens Policyposition gegenüber Russland war in der Periode zwischen 2000 und 2010 somit einerseits durch Pragmatismus – begründet in den rückläufigen nationalen Erdgasvorkommen –, andererseits durch anhaltende Skepsis in die Lieferzuverlässigkeit – begründet durch die politische Distanz zwi-schen den beiden Staaten – gekennzeichnet (vgl. Abschnitt 4.3.6). Im Kontext der Ukraine-Krise wich dieser Pragmatismus der Dominanz des politischen Konflikts. Im Folgenden wird gezeigt, inwiefern sich dieser Wandel in der britischen Positi-on auf Sanktionsforderungen sowie Vorschläge zu Diversifizierungsmaßnahmen im Erdgassektor auswirkte.

Bereits im Dezember 2013 kennzeichnete der britische Außenminister William Hague den Druck der russischen auf die ukrainische Regierung, das Assoziierungs-abkommen mit der EU nicht zu unterschreiben, als Belastung der EU-Russland-Beziehungen (vgl. Süddeutsche.de vom 16.12.2013). Nichtsdestotrotz bemühte sich die britische Regierung in den darauffolgenden Wochen zunächst um Mediati-on zwischen den Konfliktparteien und eine diplomatische Lösung der Krise. Sie schloss Wirtschaftssanktionen zwar nicht grundsätzlich aus, fürchtete aber eine damit verbundene Schädigung des Londoner Finanzmarkts und agierte daher zu-nächst zurückhaltend (vgl. EurActiv vom 03.03.2014a, 03.03.2014b; Malmlöf et al. 2014: 79; Süddeutsche.de vom 04.03.2014; 05.03.2014; Sundberg/Eellend 2014: 37). Dies änderte sich jedoch grundlegend nach der russischen Annektierung der Krim. Der britische Premierminister Cameron unterstützte nun den Antrag an die EU-Kommission, Vorschläge für Wirtschaftssanktionen auszuarbeiten. Dafür dürfe kein Sektor ausgeschlossen werden, auch nicht die Bereiche Rüstung, Finanzen und Energie (vgl. Süddeutsche.de vom 21.03.2014). Zwar werde die EU sich mit Sanktionen gegen Russland auch selbst schaden: „Wenn man einen Schlag setzt, tut einem die Faust weh." Diesen Preis müsse sie aber zahlen: „Wir lassen die Ukraine nicht allein." (Zit. n. SZ vom 22.03.2014)

Die britische Regierung war im weiteren Verlauf der Ukraine-Krise denjenigen Staaten zuzuordnen, die eine möglichst zügige Ausweitung von Sanktionen forderten: Beim EU-Gipfel im März 2014 versuchten Cameron, Tusk und Hollande gemeinsam Merkel davon zu überzeugen, in den abschließenden Gipfelerklärungen bereits konkrete Sektoren anzuführen, die von eventuellen Wirtschaftssanktionen betroffen sein könnten (vgl. SZ vom 22.03.2014). Im Mai 2014 forderte Energieminister Ed Davey eine Reaktion auf die ukrainisch-russische Gaskrise: „British Energy Minister Ed Davey said that Russian President Vladimir Putin had "crossed a line" and that the G7 meeting had taken a "strategic decision that we will face up to the use by Russia of energy as a weapon"." (Zit. n. EurActiv vom 07.05.2014) Des Weiteren forderte die britische Regierung in Mai und Juni eine Ausweitung der Sanktionen sofern Russland die ukrainischen Präsidentschaftswahlen behindere oder nicht positiv auf den von Kiew ausgearbeiteten Friedensplan reagiere (vgl. EurActiv vom 08.05.2014, 13.05.2014, 24.06.2014, 26.06.2014). Im Juli wiederholte Cameron diesen Ersuch mit Verweis auf die inakzeptable Situation in der Ukraine: „The territorial integrity of that country is not being properly respected by Russia and we need to send a very clear message with clear actions." (Zit. n. EurActiv vom 17.07.2014) Nach dem Abschuss des Flugs MH-17 drängte Cameron auf einen neuen Kurs der EU mit schärferen Sanktionen (vgl. EurActiv vom 20.07.2014; Süddeutsche.de vom 21.07.2014). Der neue britische Außenminister Philipp Hammond richtete sich dazu direkt an diejenigen Mitgliedstaaten, die bezüglich der Ausweitung von Sanktionen bislang zögerten: „Some of our European allies, have been less enthusiastic, and I hope that the shock of this incident will see them now more engaged, more willing to take the actions which are necessary to bring home to the Russians that when you do this kind of thing it has consequences." (Zit. n. EurActiv vom 20.07.2014) Gegenüber der russischen Regierung machte er zudem deutlich, dass ihr Handeln in einen vollständigen Bruch mit der westlichen Staatenwelt münden könnte: „Russia risks becoming a pariah state if it does not behave properly." (Zit. n. EurActiv vom 20.07.2014) Hinsichtlich der zögerlichen Implementierung von Wirtschaftssanktionen kritisierte Cameron insbesondere die französische Regierung, die das Mistral-Projekt mit Russland (vgl. Abschnitt 4.3.3) nicht abbrechen wollte. Großbritannien sei hingegen zu Sanktionen im Finanzsektor bereit:

> 'We need to put the pressure on with all our partners to say that we cannot go on doing business as usual with a country when it is behaving in this way', Cameron stated. He also said the European Union should consider hard-hitting economic sanctions and that Russia could not expect access to European markets, capital and technical expertise. [...] Britain has said it is ready to pay

the price of moving towards a new phase of EU economic sanctions because much bigger costs were at stake. (Zit. n. EurActiv vom 22.07.2014a, siehe auch EurActiv vom 23.07.2014)

Ende August 2014 betonte Cameron erneut, dass diplomatische Gespräche mit Russland nicht ausreichend seien, sondern von verschärften Wirtschaftssanktionen begleitet werden müssten: „It is simply not enough to engage in talks in Minsk, while Russian tanks continue to roll over the border into Ukraine. Such activity must cease immediately."(Zit. n. EurActiv vom 29.08.2014b)

Die Stellungnahmen der britischen Regierung zeigen, dass sie die Handlungen der russischen Regierung im Kontext der Ukraine-Krise sehr entschieden ablehnte und eine stete Ausweitung von Sanktionen forderte, auch wenn Wirtschaftssanktionen zum eigenen Schaden sein könnten. Die britische Regierung schien während der Ukraine-Krise somit – im Gegensatz zu früheren zwischenstaatlichen Krisen – nicht darum bemüht zu sein, die Handelsbeziehungen mit Russland möglichst wenig durch den politischen Disput zu tangieren. Mit dieser Forderung trat sie zugleich an Mitgliedstaaten heran, die negative Konsequenzen für ihre jeweilige nationale Wirtschaft durch Sanktionen befürchteten. Das Streben nach einer aggressiveren Politik gegenüber Russland äußerte sich des Weiteren in Camerons Einsatz für die Benennung des ehemaligen polnischen Ministerpräsidenten Donald Tusks zum Ratspräsidenten, da dieser als besonders russlandkritisch galt (vgl. EurActiv vom 28.08.2014; siehe zu Tusks Position gegenüber Russland Abschnitt 8.4.8).

Die Distanzierung von Russland, die die britische Regierung im Rahmen der Sanktionsdebatte demonstrierte, bestimmte auch ihre Policyposition im Erdgassektor. Sie vertrat die Ansicht, dass Russland die hohe Abhängigkeit einiger EU-Mitgliedstaaten von russischen Erdgasimporten in der Vergangenheit bereits als Instrument zur politischen Erpressung eingesetzt habe. So erklärte Davey: „Es kann nicht sein, dass Russland einzelne Staaten erpresst. [...] Es gab in jüngster Zeit mindestens zwei Fälle, wenn nicht drei, in denen Russland versucht hat, seinen Status als Energie-Supermacht auf ziemlich aggressive Art zu nutzen." (Zit. n. FAZ.NET vom 22.04.2014a; siehe auch Feklyunina 2012: 456) Um die russische Dominanz in der europäischen Erdgasversorgung aufzuheben und der russischen Regierung damit die Möglichkeit zu nehmen, diese als politisches Instrument einzusetzen, trat die britische Regierung für umfassende Diversifzierungsmaßnahmen im europäischen Energiesektor ein:

Energy independence and the production of shale gas should top Europe's
political agenda, British Prime Minister David Cameron said, calling the
Crimea crisis a 'wake-up call' for states reliant on Russian gas. [...] 'Some
countries are almost 100 % reliant on Russian gas, so I think it is something of
a wake-up call,' Cameron told reporters yesterday [...]. (Zit. n. EurActiv vom
26.03.2014b)

Nach der Krimannexion entwickelte die britische Regierung ein Diskussionspapier
für die EU-Mitgliedstaaten, in dem sie die Ausarbeitung eines 25-Jahres-Plans sowie
kurzfristige Maßnahmen vorschlug, um in koordinierter Form die hohe Energieabhängigkeit der EU von Russland zu verringern (vgl. EurActiv vom 20.03.2014b).
Dazu müssten alle Diversifizierungsmöglichkeiten erwogen werden (vgl. FAZ.NET
vom 22.04.2014a). Neben der Erschließung neuer Exportstaaten wie z. B. Irak
oder USA (vgl. EurActiv vom 20.03.2014b) sowie dem Ausbau der Kernenergie
(vgl. Buchan 2014: 9; SZ vom 07.05.2014), fokussierte sich die britische Regierung
– wie im oberen Zitat bereits ersichtlich – auf die Durchsetzung der europäischen
Schiefergasförderung und forderte von den EU-Institutionen entsprechende Hilfen
für die Mitgliedstaaten: „I think it's a good opportunity. Energy independence,
using all these different sources of energy, should be a tier one political issue from
now on, rather than tier five", so Cameron (zit. n. EurActiv vom 26.03.2014b). Vor
diesem Hingergrund ermöglichte es die britische Regierung Energieunternehmen
im Juli 2014 Lizenzen für die Schiefergasförderung mittels *hydraulic fracturing* zu
erwerben (vgl. SZ vom 29.07.2014).

Die Ausführungen zur britischen Positionierung in der Sanktions- sowie der
Dependenz- und Diversifizierungsdebatte veranschaulichen, dass die Ukraine-Krise
die Beziehungen zwischen Großbritannien und Russland signifikant verschlechtert
hat. Obwohl Großbritannien erst seit 2014 geringe Mengen an Erdgas aus Russland
importiert (vgl. Gloystein/Vukmanovic 2014), rückte die britische Regierung das
Problem der europäischen Abhängigkeit von russischen Importen an die Spitze der
politischen Agenda (*deep core beliefs*). In Großbritannien herrschte stets Skepsis
hinsichtlich der Lieferzuverlässichkeit Russlands im Erdgassektor. Die Ukraine-
Krise wurde für viele politsiche Akteure als Bestätigung dieser Zweifel beurteilt
(vgl. Feklyunina 2012: 456). In der Folge diskutierte sie eine Vielzahl an Diversifizierungsmöglichkeiten für die EU, legte ihren Schwerpunkt aber auf die Förderung
der europäischen Schiefergasressourcen (*policy beliefs* und *secondary aspects*). Dies
war zwar nicht neu – die britische Regierung bereitete seit der Aufhebung eines

Moratoriums im Dezember 2012 unter dem Motto „Go for Gas" die Ermöglichung von *hydraulic fracturing* in Großbritannien vor (siehe u.a. Habrich-Böcker et al. 2014: 45, 129–130; Westphal 2013a: 33, 39). Im Verlauf der Ukraine-Krise intensivierte sie nun aber ihre Bemühungen, diese Strategie auch in anderen Mitgliedstaaten durchzusetzen. Vor dem Hintergrund der aggresiven Haltung in der Sanktionsdebatte sowie der entschiedenen Argumentation für die Notwendigkeit europäischer Diversifizierungsmaßnahmen, ist Großbritannien folgende Policyposition zuzuordnen:

numerischer Wert	Policyposition
0	Kein Vertrauen in Russland als Erdgasexporteur; Russland sollte als Erdgasexporteur für die EU ausgeschlossen werden

8.4.7 Ungarn

Akteure

In Ungarn regierten folgende Koalitionen im Untersuchungszeitraum von 2011 bis 2014:

- 2010–2014: Koalition aus Fidesz – Magyar Polgári Szövetség und Kereszténydemokrata Néppárt (KDNP) unter Ministerpräsident Viktor Orbán

- seit 2014: Koalition aus Fidesz – Magyar Polgári Szövetség und Kereszténydemokrata Néppárt (KDNP) unter Ministerpräsident Viktor Orbán

Erdgas im ungarischen Energiemix

Zwischen 2011 und 2013 war Erdgas weiterhin der wichtigste Energieträger in Ungarn, der Anteil am Energiemix schwankte zwischen 35,5 % und 38,1 % (siehe Abbildung 51). Der Anteil von russischem Erdgas am ungarischen Importportfolio wies starke Schwankungen auf. 2011 lag dieser bei 65 %, 2012 bei knapp 44 % und für 2013 prognostizierte die IEA einen Anteil von 100 % (siehe Abbildung 51).

Policyposition gegenüber Russland als Erdgasexporteur

In der Periode zwischen 2000 und 2010 war die ungarische Politik gegenüber Russland als Erdgasexporteur in hohem Maße durch Pragmatismus gekennzeichnet: Die ungarische Regierung war aufgrund der Abhängigkeit von russischen Erdgasimporten, die sie ausschließlich über den Transit der Ukraine erhielt, an einer

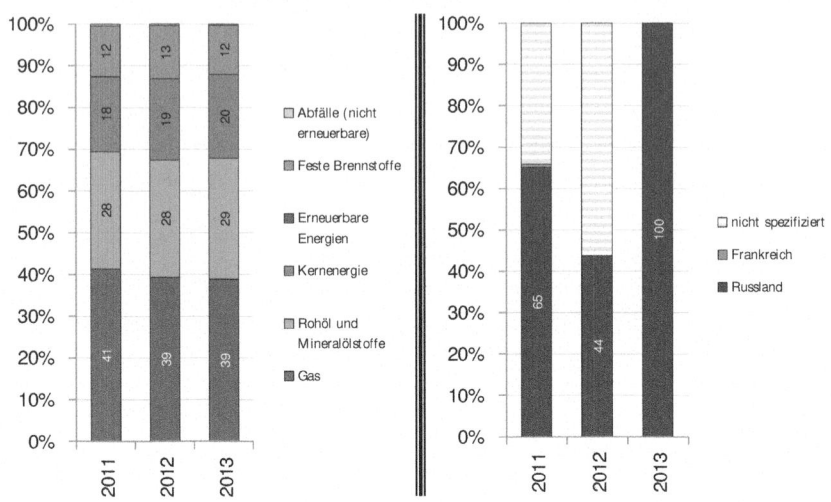

Abbildung 51: Energiemix und Importportfolio Ungarns (2011-2013)

Quelle: Eurostat (o. J.); eigene Berechnungen und
International Energy Agency (2012b, 2013a, 2014a); eigene Berechnungen

Diversifizierung ihrer Erdgasquellen sowie ihrer Versorgungsrouten interessiert, was sich in ihrem Engagement im Nabucco- sowie im South Stream-Projekt manifestierte. Sie priorisierte schließlich letzteres, nachdem die Realisierungschancen des Nabucco-Projekts sanken. Während viele osteuropäische Staaten Russland in erster Linie unter Sicherheitsaspekten betrachteten, positionierte Ungarn sich somit lösungsorientiert: Sofern bei europäischen Diversifizierungsprojekten Realisierungsprobleme bestanden, baute Ungarn stattdessen den Erdgashandel mit Russland weiter aus, um sich im Rahmen dieser Kooperation langfristige Erdgasimporte zu sichern, die zumindest das problematische Transitland Ukraine umgehen. Die zwischenstaatlichen Beziehungen, die die Handelsbeziehungen einrahmten, versuchte die ungarische Regierung möglichst spannungsfrei und partnerschaftlich zu gestalten (vgl. Abschnitt 4.3.7). An dieser Politik hielt die ungarische Regierung auch im Verlauf der Ukraine-Krise fest. Während bei allen anderen Mitgliedstaaten in dieser Untersuchung eine Verschlechterung im Verhältnis mit Russland festgestellt werden konnte, die – wenn auch mit graduellen Unterschieden – Implikationen für die Erdgaspolitik mit sich führte, wird im Folgenden gezeigt, dass Ungarn intensiv darauf drängte, trotz der Krisenbedingungen ein partnerschaftliches Verhältnis mit Russland zu erhalten und die Energiebeziehungen von politischen Disputen vollkommen unbelastet zu lassen.

In der Analyse der in der Ukraine-Krise existierenden Diskursstränge mit Bezug zum Erdgassektor wurde die Dominanz des *Diversifizierungs*strangs identifiziert. An diesem beteiligte sich auch Ungarn. So sandten die Botschafter der Visegrád-Gruppe in Washington im März 2014 einen Brief an den Sprecher des Repräsentantenhauses der USA, John Boehner, mit der Bitte, die bürokratischen Hürden zum Export von amerikanischem Schiefergas in die EU zu beseitigen: „With the current shale gas revolution in the United States, American companies are seeking to export gas, including to Europe. But the existing bureaucratic hurdles for the approval of the export licenses to non-FTA (free-trade agreement) countries like the Visegrad countries are a major hurdle."(Zit. n. EurActiv vom 10.03.2014d) Die Visegrád-Gruppe hoffte, durch Erdgasimporte aus den USA ihre Versorgungsquellen zu diversifizieren und auf diese Weise die russische Energiemacht in Osteuropa zu verringern (vgl. EurActiv vom 10.03.2014d; siehe auch Goldthau/Boersma 2014: 13). Die Ministerpräsidenten der beteiligten Mitgliedstaaten erklärten zudem, dass die Visegrád-Gruppe durch die Ukraine-Krise aufgewertet worden sei und Einigkeit darüber bestehe, dass die beteiligten Staaten die Sicherheit ihrer Länder durch eine intensive verteidigungs- und energiepolitische Kooperation erhöhen wollten (vgl. FAZ vom 17.05.2014). Des Weiteren trieb die ungarische Regierung im März 2014 eine bereits geplante Verbindungspipeline mit der Slowakei voran, die 2015 in Betrieb genommen werden soll (vgl. EurActiv vom 28.03.2014a). Die Verbindungspipeline ist ein Teilprojekt des europäischen „Nord-Süd-Korridors" in Osteuropa, dessen strategisches Konzept darin besteht, „den Ostseeraum (einschließlich Polen) an die Adria und die Ägäis und weiter an das Schwarze Meer anzuschließen", um „eine generelle Flexibilität für die gesamte mitttelosteuropäische (MOE-)Region [zu] ermöglichen" (Europäische Kommission 2010: 37; siehe auch Reichert/Voßwinkel 2011: 13). Die Pipeline trägt somit dazu bei, die Isolation des ungarischen Energiemarkts zu überwinden und zusätzliche Erdgaslieferanten zu gewinnen: „This pipeline creates the opportunity for us to import gas from outside Russia in future", so Orbán (zit. n. EurActiv vom 28.03.2014a).

Neben diesen Diversifzierungsplänen versuchte die ungarische Regierung während der Ukraine-Krise aber zugleich, die Energiebeziehungen mit Russland weiter auszubauen: Im Februar 2014 arbeitete sie ein Kreditabkommen mit Russland zum Bau von zwei Kernkraftwerken in Ungarn aus, das sie im Juni unterzeichnete (vgl. EurActiv vom 04.02.2014, 26.06.2014). Des Weiteren unterstrich sie im gesamten Verlauf des Untersuchungszeitraums ihre Unterstützung für das South Stream-Projekt und ließ im November 2014 durch das Parlament ein Gesetz beschließen, demzufolge am South Stream-Projekt beteiligte Unternehmen keine speziellen Betriebsgenehmigungen nach internationalen Standards benötigen (vgl. EurActiv vom 04.11.2014; FAZ vom 17.05.2014; SZ vom 05.11.2014). Auf diese Weise versuchte die ungarische Regierung den Bau der Pipeline unter Umgehung des Dritten Energiepakets zu ermöglichen:

> The bill proposed by Antal Rogán, the head of the ruling Fidesz party's parliamentary group, makes it possible for any gas company that is not a certified transmission system operator, to build a gas pipeline. According to the Hungarian press, the only requirement that the pipeline construction company would need is approval of the Hungarian Energy Office. In this case, international coordination bodies, including the EU, would have no jurisdiction, [...]. (EurActiv vom 04.11.2014)

Wie begründete die ungarische Regierung dieses Zusammenspiel aus Diversifizierungsmaßnahmen einerseits und der Ausweitung der Erdgasbeziehungen mit Russland andererseits? Orbán erklärte, dass Ungarn Russland im Gegensatz zu Polen und den baltischen Staaten nicht unter Sicherheitskriterien betrachte, sondern als Business Partner (vgl. EurActiv vom 26.08.2014). In der Beziehung mit Russland seien die nationalen wirtschaftlichen Interessen von größter Relevanz, alle anderen Aspekte seien sekundär:

> Values are important, as NATO and the EU both rest on shared values, but that does not mean we should relate to countries outside our alliances based on their political culture, institutions, democracy, or any other views. (Zit. n. EurActiv vom 26.08.2014)

> Hungary being called Russian-friendly, that is silly, as Hungary is Hungary-friendly. [...] Our allied status with NATO and the EU is clear. But we have to stand up for our economic interests. [...] It is not in our interest to see any development in Europe that would cut us off from resources. (Zit. n. EurActiv vom 20.11.2014)

Da Ungarn auf russische Erdgasimporte angewiesen sei, wolle die Regierung sie in wechselseitig vorteilhafter Weise in die nationale Wirtschaft integrieren und damit zugleich gute, langfristige Beziehungen mit Russland aufbauen (vgl. FAZ.NET vom 05.02.2015). Dementsprechend betrachtete die ungarische Regierung South Stream nicht als politisches, sondern wirtschaftliches Projekt. Es sei schlicht deshalb nötig, weil die Ukraine ihre Gasrechnung nicht bezahlen könne und in einer Versorgungskrise für Ungarn bestimmtes Gas abzapfen würde (vgl. FAZ vom 17.05.2014). Der Staatssekretär für Energiefragen, Andras Aradszki, ergänzte, die ungarische Regierung sehe keine Alternative zu der South Stream-Pipeline, da das Nabucco-Projekt gescheitert sei und zudem der Bau von Verbindungsleitungen in Osteuropa nicht vorankomme (vgl. EurActiv vom 20.11.2014). Nach dem Abbruch durch die russische Regierung warf Orbán der EU-Kommission vor, sie habe das South Stream-Projekt unterwandert (vgl. EurActiv vom 05.12.2014):

> Nach Abschluss des russisch-ungarischen Vertrags – der im Übrigen nicht von mir, sondern von meinen Vorgängern abgeschlossen wurde – hat die EU Regeln aufgestellt, die sie im Nachhinein auf diesen Vertrag ausgedehnt hat. Das ist Ungarn gegenüber ausgesprochen unfreundlich. Als Mitglied der EU müssen wir das akzeptieren, Russland aber nicht. Es muss uns nicht überraschen, dass es ausgestiegen ist. (Zit. n. FAZ.NET vom 05.02.2015)

Die ungarische Regierung werde sich nach dem Scheitern des South Stream-Projekts nun um andere Erdgasquellen bemühen, um die ungarische Versorgung zu sichern, möglicherweise Aserbaidschan (vgl. EurActiv vom 05.12.2014). Orbán kündigte aber zugleich an, neue Gasabkommen mit Russland auszuhandeln, da die gegenwärtigen Verträge nun ausliefen (vgl. EurActiv vom 05.02.2015a). Zu einer Fortführung des ungarisch-russischen Erdgashandels sehe er keine Alternative:

> Der Frage der Abhängigkeit geht eine andere voraus: Gibt es Energie oder nicht? In den letzten zehn Jahren hat sich niemand um Ungarn gekümmert. Alle unsere Vorschläge sind abgelehnt worden, die die Energieprobleme Ungarns gelöst hätten. Wir haben keine andere Energiequelle, als Russland. Die Europäische Union war nicht bereit, das Projekt Nabucco zu unterstützen, das Gas aus dem kaspischen Raum erschlossen hätte. Und South Stream aus Russland wurde verboten. Nach alldem kann niemand Ungarn Vorwürfe machen, wenn es die Energieangelegenheiten selbst löst. (Zit. n. FAZ.NET vom 05.02.2015)

Die Dominanz der nationalen wirtschaftlichen Interessen verdeutlichte sich auch im Kontext der ukrainisch-russischen Gaskrise. Während der ungarische Außenminister János Martonyi im April zusicherte, dass Ungarn der Ukraine jederzeit Erdgas liefern könne (vgl. EurActiv vom 11.04.2014b, 16.04.2014b), setzte es die entsprechenden Rückflüsse zwischen September und Dezember 2014 aus (vgl. Handelsblatt vom 30.12. 2014b). Die ungarische Regierung begründete diesen Schritt zum einen damit, dass der nationale Gasbedarf steige und zudem die Gasspeicher für den Winter aufgefüllt werden müssten. Zum anderen wolle sie die Kooperation mit Russland im Energiebereich ausweiten: So sagte Gazprom Ungarn im Gegenzug höhere Liefermengen zu (vgl. FAZ vom 26.09.2014; Süddeutsche.de vom 26.09.2014).

Die Positionierung der ungarischen Regierung im Sanktionsdiskurs war ebenfalls durch das Interesse, Russland als Handelsparnter zu erhalten, geprägt. Orbán erklärte zwar, Ungarn sei sich mit der EU darin einig, dass die territoriale Integrität der Ukraine verteidigt werden müsse und die Allianz Ungarns mit der NATO sowie der EU selbstverständlich sei. Ungarn wolle sich aber nicht zwischen der EU und Russland entscheiden, da Ungarn weiterhin wirtschaftliche Interessen in der Beziehung mit Russland verfolge. Die ungarische Regierung wolle aus diesem Grund einen erneuten Kalten Krieg verhindern und kritisierte in diesem Kontext auch die Sanktionen der EU gegen Russland, wenngleich sie diese mittrug (vgl. EurActiv vom 20.11.2014; FAZ vom 06.12. 2014). In ihrer Kritik argumentierte sie allerdings nicht nur unter Verweis auf die nationalen, sondern auch auf die europäischen Interessen, die aus Sicht der ungarischen Regierung gegenüber Russland bestünden. Die EU sei auf die Partnerschaft mit Russland angewiesen, um im Wettbewerb mit Amerika und China bestehen zu können (vgl. FAZ vom 17.05.2014), weshalb sie sich mit den Sanktionen in den eigenen Fuß geschossen habe (vgl. FAZ vom 27.08.2014). Aus diesem Grund bemühte sich die ungarische Regierung darum, verbündete EU-Staaten dafür zu gewinnen, die Beziehungen mit Russland wiederherzustellen: „The EU gets further from Russia every day. [. . . This] is bad, not for Hungary, but the entire European Union. [. . .] We must seek the company of EU countries interested in the slowing or halting of this unfavourable separation process."(Zit. n. EurActiv vom 26.08.2014)

Fasst man die ungarische Erdgasaußenpolitik abschließend zusammen, so wird deutlich, dass Ungarn seine Policyposition während der Ukraine-Krise gegenüber der Periode zwischen 2000 und 2010 nicht gewandelt hat. In der Sicherung ausreichender, langristiger und zuverlässicher Erdgaslieferungen handelt die ungarische Regierung in erster Linie nach ihren wirtschaftlichen Interessen und versucht den Erdgassektor von dem Einfluss durch politische Faktoren unberührt zu lassen. Dies hat zur Folge, dass sie sich einerseits um ein größeres Portfolio an Lieferstaaten bemüht, um mittels Diversifizierung die Versorgungssicherheit zu erhöhen (*policy beliefs*). Andererseits baut sie aber auch den Erdgashandel mit Russland weiter aus, da Ungarn auf russisches Erdgas keineswegs verzichten kann (*policy beliefs*). Dabei bemüht sie sich um die Etablierung eines interdependenten, auf wechselseitigen Interessen beruhenden Verhältnisses (*deep core beliefs*). Die Bewahrung der partnerschaftlichen Beziehung mit Russland im Erdgassektor rechterfertigt die ungarische Regierung gegenüber der EU mit dem Verweis auf die geringen Alternativen zu russischem Erdgas. So begründete sie ihre intensive Unterstützung des South Stream-Projekts während der Ukraine-Krise u.a. mit dem Scheitern des Nabucco-Projekts und dem stockenden Ausbau von Verbindungspipelines in Osteuropa. Ungarns Policyposition ist somit der Wert 60 zuzuordnen:

numerischer Wert	Policyposition
60	Bedingte Intensität der Energiepartnerschaft; Streben nach einem ausbalancierten Anteil von Importen aus Russland und anderen Erdgasquellen; wenn letztere Projekte nur geringe Realisierungschancen aufweisen, werden Pipelineprojekte mit Russland priorisiert

8.4.8 Polen

Akteure

In Polen regierten folgende Parteien im Untersuchungszeitraum von 2011 bis 2014:

- 2007–2011: Koalition aus Platforma Obywatelska (PO) und Polskie Stronnictwo Ludowe (PSL) unter Ministerpräsident Donald Tusk
- 2011–2014: Koalition aus Platforma Obywatelska (PO) und Polskie Stronnictwo Ludowe (PSL) unter Ministerpräsident Donald Tusk
- seit 2014: Koalition aus Platforma Obywatelska (PO) und Polskie Stronnictwo Ludowe (PSL) unter Ministerpräsidentin Ewa Kopacz

Erdgas im polnischen Energiemix

Wie im vergangenen Jahrzehnt (vgl. Abschnitt 4.3.8) war der polnische Energiemix zwischen 2011 und 2013 durch fossile Energieträger geprägt, unter denen Erdgas mit ungefähr 13 % den geringsten Anteil ausmachte (siehe Abbildung 52). Das Importportfolio wurde weiterhin deutlich durch Russland dominiert (siehe Abbildung 52).

Abbildung 52: Energiemix und Importportfolio Polens (2011-2013)

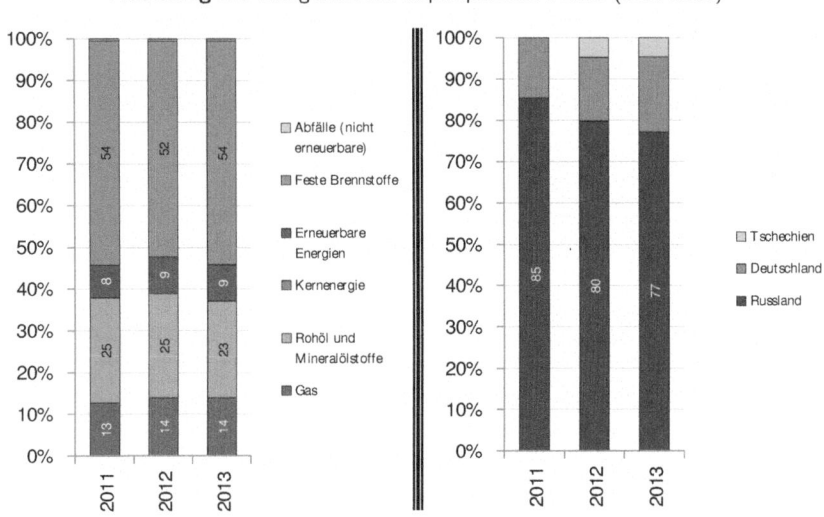

Quelle: Eurostat (o. J.); eigene Berechnungen und International Energy Agency (2012b, 2013a, 2014a); eigene Berechnungen

Policyposition gegenüber Russland als Erdgasexporteur

Die Analyse der polnischen Policyposition in der Periode zwischen 2000 und 2010 hat verdeutlicht, dass die polnische Regierung Russlands Rolle als Erdgasexporteur in erster Linie unter sicherheitspolitischen Aspekten bewertete. Die polnische Regierung fürchtete, dass Russland die Abhängigkeit der EU und speziell der osteuropäischen Staaten von russischen Erdgasimporten als politisches Machtinstrument einsetzen könnte. Aus diesem Grund strebte sie im vergangenen Jahrzehnt verschiedene Diversifizierungsmaßnahmen sowie einen höheren Grad an Integration und

Solidarität im europäischen Erdgassektor an. Im Folgenden wird gezeigt, inwiefern die polnische Regierung ihr Urteil über Russland als Erdgasexporteur durch die Ukraine-Krise bestätigt sah und die beiden Komponenten ihrer Politik – Diversifizierung und Integration – mit einer noch größeren Intensität verfolgte und versuchte, sie in der gesamten EU durchzusetzen.

In der Ukraine-Krise nahm die Abhängigkeit der EU von russischen Erdgasimporten für die polnische Politik einen hohen Stellenwert ein. Die polnische Regierung vertrat bereits im vergangenen Jahrzehnt das Urteil, dass diese Abhängigkeit stets das Potential negativer Implikationen für die EU berge, da sie Russland eine Erpressungsmacht verleihe. Durch die Ukraine-Krise sah sie dieses Urteil nun bestätigt. Der damalige polnische Ministerpräsident Tusk bezeichnete die russische Erdgaspolitik als „Gassklaverei" (zit. n. FAZ.NET vom 21.05.2014) und schlussfolgerte bereits am 21. April 2014 in einem Artikel für die Financial Times, dass die Abhängigkeit von russischen Erdgasimporten die europäische Handlungsfähigkeit in der Krise einschränke: „Regardless of how the stand-off over Ukraine develops, one lesson is clear: excessive dependence on Russian energy makes Europe weak." (Zit. n. EurActiv vom 22.04.2014) Er richtete sich mit diesem Standpunkt speziell an diejenigen Mitgliedstaaten, die große Mengen an russischem Erdgas importieren und kritisierte in diesem Kontext explizit die bisherige deutsche Erdgasaußenpolitik, die nun verhindere, dass Deutschland gegen Russland entschiedenere Maßnahmen durchführen könne:

> Germany's dependence on Russian gas may effectively decrease Europe's sovereignty. I have no doubts about that. [...] Increasingly more expensive energy in Europe due to exorbitant climate and environmental ambitions may also mean greater dependence in Russian energy sources. [...] Hence, I will talk [to Merkel] primarily about how Germany is able to correct some economic actions so that dependence on Russian gas doesn't paralyse Europe when it needs [...] a decisive stance. [...] The question of Ukraine is a question of EU's future, EU's safety, and a correction of EU's energy policy. [...] We will not be able to efficiently fend off potential aggressive steps by Russia in the future, if so many European countries are dependent on Russian gas deliveries or wade into such dependence. (Zit. n. EurActiv vom 11.03.2014b; siehe auch Buchan 2014: 8; Schubert et al. 2014: 4–5; SZ vom 11.03.2014, 13.03.2014)

Die polnische Regierung leitete aus dieser Einschätzung als bedeutendes nationales
Ziel ab, Energieunabhängigkeit von Russland zu erlangen und forderte zugleich
eine Revision der Energiepolitik der EU (vgl. EurActiv vom 20.03.2014a; SZ vom
11.03.2014).

Die polnischen Vorschläge zur Reduzierung der polnischen sowie europäischen
Abhängigkeit von russischem Erdgas lassen sich in drei Kategorien unterteilen:

1) Diversifizierung von Erdgasquellen

2) Förderung europäischer Energieressourcen

3) Gemeinsame EU-Energiepolitik

Als wichtigen Beitrag zur polnischen und europäischen Diversifizierung der Erdgaslieferanten und damit zur „Energiesicherheit Polens und Europas" (zit. n. FAZ vom
07.04.2014) bewertete Tusk das *LNG*-Terminal, das in Swinoujscie errichtet wird,
da es u.a. den Import von Erdgas aus den USA und Australien ermöglichen werde
(vgl. FAZ.NET vom 22.04.2014). Zur Förderung der nationalen Energieressourcen
beschloss das polnische Kabinett im Januar 2014 einen Zeitplan für den Bau eines
Kernkraftwerks. Der erste Reaktor soll 2024, der zweite Reaktor 2035 in Betrieb
genommen werden (vgl. SZ vom 31.01.2014). Die polnische Regierung argumentierte
zudem, dass die EU ihre fossilen Energiealternativen wie Kohle und Schiefergas
vollständig nutzen solle (vgl. Süddeutsche.de vom 22.04.2014; SZ vom 23.04.2014).
Damit wandte sie sich gegen die von der EU entwickelten Klimaschutzziele, die im
vergangenen Jahrzehnt bereits eine rückläufige Förderung der polnischen Kohlevorkommen und den entsprechenden Ersatz durch importiertes Erdgas erzwungen
haben. Aufgrund der Krise könnten Polen sowie viele andere osteuropäische Staaten
nun nicht mehr auf die vollständige Förderung der nationalen Kohlevorkommen
verzichten (vgl. FAZ vom 21.10.2014): „In the EU's eastern states, Poland among
them, coal is synonymous with energy security. No nation should be forced to
extract minerals but none should be prevented from doing so – as long as it is done
in a sustainable way." (Zit. n. EurActiv vom 22.04.2014) Konkret strebt die polnische Regierung danach, kurzfristig die Förderung der nationalen Kohlevorkommen
auszuweiten und diese mittelfristig durch die nationalen Schiefergasvorkommen zu
ersetzen (vgl. SZ vom 12.03.2014).

Besonders virulente Debatten lösten die polnischen Vorschläge zur dritten Kategorie, der gemeinsamen Energiepolitik, aus (vgl. Engerer et al. 2014: 480). In der Ukraine-Krise werde der Nutzen von Solidarität und Kooperation, den Polen stets eingefordert habe, nun auch für die anderen Mitgliedstaaten deutlich, erläuterte Außenminister Sikorski (vgl. EurActiv vom 12.09.2014). Tusk schlug daher nach dem Vorbild der europäischen Bankenunion den Aufbau einer europäischen Energieunion vor. Diese solle u.a. eine EU-Zentrale, die Erdgas gebündelt für alle EU-Mitgliedstaaten einkaufe, sowie Solidaritätsmechanismen, mittels derer EU-Staaten im Falle von Lieferengpässen unterstützt werden, umfassen. Der gebündelte Einkauf von russischem Erdgas sei die einzige Möglichkeit, um die Verzerrung des Wettbewerbs durch Russlands monopolistische Position im Gasmarkt zu korrigieren (vgl. Engerer et al. 2014: 479; EurActiv vom 22.04.2014; FAZ vom 23.04.2014; FAZ.NET vom 22.04.2014b, 20.05.2014; Süddeutsche.de vom 22.04.2014). Des Weiteren solle die EU den Binnenmarkt weiter vorantreiben und Investitionen in den Ausbau der Erdgasinfrastruktur, insbesondere von Verbindungspipelines, tätigen (vgl. EurActiv vom 02.04.2014b, 12.09.2014). Die polnische Regierung strebt im Zusammenhang mit dem von der EU geplanten Nord-Süd-Korridor die Errichtung eines Gas- und Transithubs für Mittel- und Osteuropa an, der Verbindungen von den baltischen Staaten bis nach Kroatien umfassen solle:

'The north-south corridor, currently under construction, could be an interesting alternative, particularly for the southern countries, as it will make it easier for them to access non-Russian gas', Tomasz Chmal, an analyst at Poland's Sobieski Institute, said. 'Countries like Slovakia, Hungary or Bulgaria could use it and buy gas at market prices, not the prices they manage to negotiate with Gazprom.' (Zit. n. EurActiv vom 18.09.2014)

Die radikale Distanzierung von Russland demonstrierte die polnische Regierung auch im Rahmen der Sanktionsdebatte. Sie drängte im gesamten Untersuchungszeitraum stets auf eine Ausweitung der Sanktionen (vgl. EurActiv vom 06.03.2014a, 08.05.2014; Sundberg/Eellend 2014: 37; SZ vom 04.03.2014, 11.03.2014, 13.03.2014, 22.03.2014) und äußerte Kritik an dem zögerlichen Vorgehen moderater Mitgliedstaaten. So äußerte der damalige Außenminister Sikorski die Einschätzung, dass die Eskalation der Krise in der Ostukraine hätte vermieden werden können, wenn die EU als Reaktion auf die Annexion der Krim zügiger Sanktionen implementiert hätte (vgl. EurActiv vom 12.09.2014). Des Weiteren verglich der polnische Staats-

präsident Bronislaw Komorowski die „beispiellose Aggression Russlands" mit dem
Ausbruch des Zweiten Weltkriegs: „Vor unseren Augen vollzieht sich die Wieder-
geburt einer nationalistischen Ideologie, die unter dem Deckmantel humanitärer
Parolen über den Schutz nationaler Minderheiten die Menschenrechte und das
Völkerrecht verletzt. Wir kennen das allzu gut aus den dreißiger Jahren des 20.
Jahrhunderts." (Zit. n. FAZ.NET vom 11.09.2014) Aus diesem Grund sei nun eine
„kluge, langfristige, aber auch wirksame Politik" erforderlich, damit „die Autobahn
der Freiheit" weiter nach Osteuropa reiche (zit. n. FAZ.NET vom 11.09.2014). In
diesen Kontext ist auch die wenige Tage zuvor geäußerte Forderung der polnischen
Regierung einzuordnen, dass die NATO-Präsenz in Polen ausgeweitet werden solle
(vgl. EurActiv vom 02.09.2014a).

Zusammenfassend ist festzuhalten, dass Polen wie kein anderer der in dieser
Arbeit untersuchten Mitgliedstaaten die hohe Abhängigkeit von russischen Erdgasimporten als Bedrohung der nationalen und europäischen (Versorgungs-)Sicherheit
empfand (*deep core beliefs*) (siehe auch Buras 2014: 44; Major/Puglierin 2014: 66).
Aus diesem Grund hielt die polnische Regierung in der Ukraine-Krise an den in
der Analyse des vergangenen Jahrzehnts identifizierten Grundpfeilern ihrer Politik
– Diversifzierung und Integration – fest und versuchte sie noch weiter auszubau-
en und zu intensivieren (*policy beliefs*). Dies zeigte sich u.a. an der Forderung,
die Reduzierung der europäischen Abhängigkeit von russischen Erdgasimporten
gegenüber den Klimaschutzzielen aufgrund der Krisenbedingungen vorrangig zu
behandeln und neben dem Ausbau des Erdgasbinnenmarktes eine Energieunion
mit gebündelten Erdgaseinkäufen zu errichten (*secondary aspects*). Mit ihren Maßnahmen zielte Polen nun darauf ab, die vollständige Energieunabhängigkeit von
Russland zu erlangen und eine entsprechende Entwicklung auch in der EU anzustoßen. Der polnischen Policyposition ist aus diesem Grund der Wert 0 zuzuordnen:

numerischer Wert	Policyposition
0	Kein Vertrauen in Russland als Erdgasexporteur; Russland sollte als Erdgasexporteur für die EU ausgeschlossen werden

8.4.9 Tschechien

Akteure

In Tschechien regierten im Untersuchungszeitraum von 2011 bis 2014 folgende
Koalitionen:

- 2010–2013: Koalition aus Občanská demokratická strana (ODS), TOP 09 und
  LIDEM unter Ministerpräsident Petr Nečas
- 2013–2014: Übergangsregierung unter Jiří Rusnok
- seit 2014: Koalition aus Česká strana sociálně demokratická (ČSSD), Politické
  hnutí ANO 2011 und Křesťanská a demokratická unie – Československá strana
  lidová (KDU-ČSL) unter Ministerpräsident Bohuslav Sobotka

Erdgas im tschechischen Energiemix

Wie im vergangenen Jahrzehnt (vgl. Abschnitt 4.3.9) spielte Erdgas zwischen 2011
und 2013 im tschechischen Energiemix nur eine komplementäre Rolle. Der Anteil
lag bei ungefähr 15 % (siehe Abbildung 53). Tschechien importierte Erdgas fast
ausschließlich aus Russland (siehe Abbildung 53).

Policyposition gegenüber Russland als Erdgasexporteur

Wie in Polen und Ungarn ist auch in Tschechien der Anteil von russischem Erdgas
an den Gesamtimporten aus historischen Gründen äußert hoch und betrug zwischen
2011 und 2013 fast 100 %. Während die polnische Regierung ihre Energiepolitik darauf ausrichtete, diese Abhängigkeit weitmöglichst zu verringern, versuchte Ungarn
hingegen eine interdependente, partnerschaftliche Beziehung zu Russland aufzubauen, um die russischen Erdgaslieferungen langfristig zu sichern. Die tschechische
Politik positionierte sich im vergangenen Jahrzehnt zwischen diesen beiden Ansätzen: Sie bemühte sich einerseits um eine Diversifizierung der Erdgaslieferanten sowie
der Energieträger und kritisierte die Pipelineprojekte Nord und South Stream, da
sie die Abhängigkeit der EU von russischem Erdgas erhöhten und damit zugleich
Russlands Möglichkeiten ausweiteten, seine Energiemacht gegen die osteuropäischen
Staaten einzusetzen. Diesem Politikziel verlieh sie Priorität. Andererseits zeigte
sie sich aber auch pragmatisch, als sie sich aufgrund des Scheiterns der Nabucco-
Pipeline und des bereits begonnenen Baus der Nord Stream-Pipeline trotz ihrer
Kritik für einen Anschluss an letztere einsetzte. In der Ukraine-Krise setzte die

Abbildung 53: Energiemix und Importportfolio Tschechiens (2011-2013)

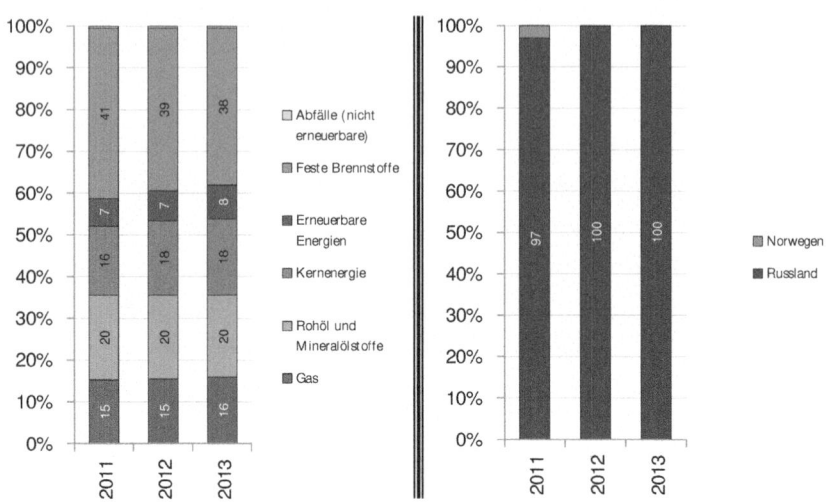

Quelle: Eurostat (o. J.); eigene Berechnungen und
International Energy Agency (2012b, 2013a, 2014a); eigene Berechnungen

tschechische Politik dieses Zusammenspiel fort, indem sie sich trotz einer Verurteilung des russischen Handelns und der Sorge vor einer Ausweitung der Krise auf Osteuropa versuchte, die Handelsbeziehungen mit Russland aufrechtzuerhalten. Dies zeigte sich insbesondere in der Sanktionsdebatte, die Rückschlüsse auf die tschechische Policyposition im Erdgassektor ermöglicht. Im Folgenden werden daher zunächst die Stellungnahmen der tschechischen Politik bezüglich der Krimkrise und des Sanktionsinstruments dargelegt, um darauf aufbauend das Nebeneinander von Diversifizierungsmaßnahmen und Pragmatismus im Energiesektor zu erläutern.

Mit dem Ausbruch der Krimkrise wurden in Tschechien Ängste geweckt, dass sich die Auseinandersetzung auf Osteuropa ausweiten und ein neuer Kalter Krieg oder gar eine direkte militärische Konfrontation entstehen könnte. So verglich Staatspräsident Miloš Zeman, der eigentlich freundschaftliche Beziehungen zu Russland unterhält (vgl. Kratochvíl 2014: 74), die Situation auf der Krim mit der Invasion des Warschauer Paktes in die Tschechoslowakei, die 1968 den sogenannten Pra-

ger Frühling gewaltsam beendete (vgl. SZ vom 05.03.2014). Tschechien galt vor
diesem Hintergrund zu Beginn der Ukraine-Krise als denjenigen Mitgliedstaaten
zugeordnet, die frühzeitig auf Sanktionen drängten, um eine Destabilisierung der
gesamten Region zu verhindern (vgl. FAZ vom 14.03.2014; SZ vom 04.03.2014,
05.03.2014). Wenige Wochen nach der Krimannexion warnte Zeman, dass Russland eine „rote Linie" überschreiten würde, sofern es auch noch in die Ostukraine
einmarschiert: „In einem solchen Fall würde ich nicht nur für die schärfst möglichen Sanktionen plädieren, sondern sogar für eine militärische Bereitschaft des
Nordatlantik-Pakts und den Einsatz von Nato-Soldaten auf ukrainischem Gebiet."
(Zit. n. FAZ.NET vom 07.04.2014) Folglich begrüßte der tschechische Außenminister Lubomír Zaorálek die gemeinsame Entscheidung der EU-Mitgliedstaaten,
im Falle des russischen Einmarschs in die Ostukraine Sanktionen der Stufe 3 zu
implementieren (vgl. EurActiv vom 11.04.2014a). Die innertschechische Debatte über den Einsatz von Wirtschaftssanktionen wurde allerdings von Beginn an
mit Einschätzungen über die Auswirkungen für die tschechische Volkswirtschaft
verknüpft und im Verlauf der Ukraine-Krise sogar von diesem Faktor dominiert,
während die mit den Wirtschaftssanktionen verbundenen Ziele hinsichtlich einer
Beeinflussung der russischen Politik im Entscheidungsprozess in den Hintergrund
rückten (vgl. Kratochvíl 2014: 69). Bereits im März 2014 warnte Ministerpräsident
Sobotka, dass Wirtschaftssanktionen „nach hinten losgehen" und Arbeitsplätze in
Europa gefährden könnten. Er unterstütze politische und diplomatische Sanktionen, mit der Implementierung von Wirtschaftssanktionen gegen Russland würde
die EU sich hingegen selbst bestrafen (vgl. EurActiv vom 20.03.2014a). Zaorálek
begründete seine Entscheidung demgegenüber mit dem Einwand, dass die EU die
engen Handelsbeziehungen einiger Mitgliedstaaten mit Russland im Falle einer
Implementierung von Wirtschaftssanktionen berücksichtigen werde:

> That is why the EU established working groups which operate constantly, and
> each country is represented there. We know which sanctions to launch after
> a certain point is crossed. I talked to representative of various EU countries,
> including those which are economically tied to Russia. They will not weaken
> the common position. Each of them understands how important it is for the
> EU to react unanimously. If we decided to impose economic sanctions, we
> would naturally also look for measures to reduce the economic damage which
> some of the member states could suffer. (Zit. n. EurActiv vom 11.04.2014a)

Er gehe zudem nicht davon aus, dass es nach der Implementierung von Wirtschaftssanktionen zu einer Sanktionsspirale und einem Wirtschaftskrieg komme, da Russland sich aufgrund der interdependenten Handelsbeziehungen dadaurch stärker schaden würde als die EU. Dies gelte insbesondere für den Erdgassektor:

> The impact would be dangerous for the EU; nevertheless, it would be far more troublesome for Russia. Moscow must count on the risks of a potential economic war. Russia cannot expect the EU to crumble and member states to leave the common position because of internal interests. Thanks to the united position of the EU countries, the risk of an economic war decreases, because Moscow takes the responsibility also for the consequences that the situation could have for Russia itself. I think the EU is much better prepared for this than Russia. Putting it simply, you can sell your oil somewhere else if you lose a customer. But you cannot build new gas pipelines in a short period of time. If Russia wanted to export gas to China instead of Europe, it would take few years to start with the supplies. If Russia decided to occupy Ukraine, the situation would be more difficult for them than for us. (Zit. n. EurActiv vom 11.04.2014a)

Im weiteren Verlauf der Ukraine-Krise dominierte jedoch Sobotkas Position das Handeln der tschechischen Regierung, die in der zweiten Jahreshälfte bei der Ausweitung von Sanktionen stets als zögerlich galt (vgl. EurActiv vom 08.09.2014). Sobotka begründete dies trotz der vorherigen Relativierungen von Zaorálek mit den negativen Implikationen von Wirtschaftssanktionen für die EU. So sei das Handeln der russischen Regierung in der Ukraine zwar inakzeptabel, Russland bleibe aber ein wichtiger Handelspartner für die europäischen Staaten. Der tschechische Staatssekretär für russische Angelegenheiten ergänzte:

> If we get into economic war where we mutually pile up blocked commodities, there is no doubt that Russians will be able to escalate the situation faster than we do. [...] If sanctions are meant to be a punishment for someone who violates international law, we need to search for such a type of sanctions that will really punish the one who should be punished, not the one who defends the law. (Zit. n. EurActiv vom 26.06.2014)

An der Sanktionsdebatte verdeutlicht sich somit, dass Tschechien einerseits ein distanziertes, kritisches Verhältnis gegenüber Russland einnahm, das auf den negativen Erfahrungen des Kalten Krieges beruhte. Tschechien fürchtete eine Ausweitung des Krisengebiets und die Wiedereingliederung in die russische Einflusssphäre, weshalb es ein politisches Vorgehen gegen Russland unterstützte. Gleichzeitig war die

Politik aber durch eine pragmatische Komponente geprägt: Die Sanktionsmaßnahmen gegen Russland sollten nicht die nationale Wirtschaft schädigen; der Handel mit Russland sei unvermeidbar und aus diesem Grund aufrechtzuerhalten. Diese Position spiegelte sich auch in der tschechischen Energiepolitik wider. Aufgrund des hohen Anteils von russischem Erdgas an den Gesamtimporten, versuchte die tschechische Politik gemeinsam mit den anderen Staaten der Visegrád-Gruppe, die USA davon zu überzeugen, die Exportrestriktionen von *LNG* nach Europa zu verringern (vgl. EurActiv vom 10.03.2014d; siehe auch Goldthau/Boersma 2014: 13). Des Weiteren unterstützte sie den Ausbau von Verbindungspipelines innerhalb der EU, insbesondere im Rahmen des Nord-Süd-Korridors in Ost- und Mitteleuropa (vgl. EurActiv vom 22.05.2014b). Einen besonders wichtigen Beitrag zur Reduzierung der Abhängigkeit von russischen Erdgasimporten sah sie aber im Ausbau der Förderung nationaler Energieressourcen: Zum einen drängte die Regierung auf moderate Klimaschutzziele, um den nationalen Kohleverbrauch nur langsam verringern zu müssen. Vor dem EU-Gipfel im Oktober 2014 kündigte sie an, dass Tschechien ein Veto einlegen werde, sofern die anderen Mitgliedstaaten versuchten, das zuvor diskutierte Ziel einer Treibhausgasreduktion von 40 % durchzusetzen (vgl. FAZ vom 21.10.2014). Zum anderen kündigte die tschechische Regierung in ihrem vorläufigen staatlichen Energiekonzept von Februar 2014 an, die Kernkraft weiter auszubauen, um dadurch schrittweise den rückläufigen Kohleverbrauch zu ersetzen. Erdgas soll in der Stromerzeugung hingegen nur in viel geringerem Ausmaß an Bedeutung gewinnen (vgl. Baumann et al. 2014: 37–38). Im Dezember 2014 kündigte die Regierung zwar eine Überarbeitung des Konzepts an, es wurde aber aufgrund ihres Beitrags zur Energieunabhängigkeit weiterhin ein hoher Stellenwert der Kernenergie erwartet (vgl. Tiroler Tageszeitung online vom 22.12.2014).

Die Ausführungen zeigen, dass die tschechische Regierung in ihrer Energiepolitik einen deutlichen Schwerpunt auf Energieunabhängigkeit setzte. Gleichzeitig hielt sie aber auch im Energiesektor an den Handelsbeziehungen mit Russland fest, sofern sie diese aus volkswirtschaftlicher Perspektive als sinnvoll erachtete. Dies demonstrierte der tschechische Ministerpräsident im Rahmen einer Debatte um den Ausbau des Kernkraftwerks Temelin. Im Juli 2012 wurde der Bau zweier zusätzlicher Reaktoren ausgeschrieben. Um diesen konkurrierten ein amerikanisch-japanisches Unternehmen sowie ein russisch-tschechisches Konsortium unter Führung des russischen Unternehmens Rosatom (vgl. SZ vom 08.02.2014). Der tschechische Verteidigungsminister

Martin Stropnicky und der Minister für Menscherechte Jiři Dienstbier mahnten
im März 2014 aufgrund der Entwicklungen auf der Krim allerdings an, Rosatom
den Auftrag nicht zu erteilen, da Russland die Gruppe der berechenbaren Länder
verlassen habe und ein Sicherheitsrisiko für Tschechien darstelle (vgl. EurActiv vom
20.03.2014a; SZ vom 05.03.2014). Diesen Vorschlag lehnte Sobotka aber umgehend
ab: „Man darf von uns nicht erwarten, dass wir über der Krim-Krise alle unsere
Brücken niederbrennen und all unsere Handelsbeziehungen mit Russland aufgeben.
Das wäre sehr unklug." (Zit. n. SZ vom 05.03.2014)

Aus den Stellungnahmen im Sanktions- sowie im Diversifizierungsdiskurs ist
zusammenfassend abzuleiten, dass die tschechische Politik an ihrer Strategie des
vergangenen Jahrzehnts gegenüber Russland als Erdgaslieferant festhielt. Sie legte zwar einen Schwerpunkt auf die Reduzierung der Abhängigkeit von russischen Importen (*deep core beliefs*), die sie mittels Diversifizierung, dem Ausbau von innereuropäischen Verbindungspipelines sowie der Kernenergie erzielen
wollte (*policy beliefs* und *secondary aspects*). Dieser Fokus wurde aber durch
eine pragmatische Komponente ergänzt, die insbesondere Ministerpräsident Sobotka durchsetzte: Solang der Handel mit Russland für die tschechische Wirtschaft von Nutzen ist bzw. es – wie im Erdgassektor – an alternativen Handelspartnern mangelt, sollten die wirtschaftlichen Beziehungen nicht durch die
politischen Spannungen belastet werden (*policy beliefs*). Dementsprechend war
die tschechische Politik in der Ukraine-Krise darum bemüht, den Energiesektor
von Sanktionen auszunehmen. Transferiert auf die tschechische Erdgasaußenpolitik gegenüber Russland, ergibt sich aus diesen Analyseergebnissen der Wert 40:

numerischer Wert	Policyposition
40	Mäßiges Vertrauen in Russland als Erdgasexporteur; ausbalancierter Anteil von Exportquellen mit einer Präferenz für alternative Erdgasquellen neben Russland

8.4.10 EU-Kommission

Akteure

- 2010–2014: Kommissionspräsident José Manuel Barroso (Portugal), Kommissar für Energie Günther Oettinger (Deutschland)

- seit 2014: Kommissionspräsident Jean-Claude Juncker (Luxemburg), Kommissar für Klimaschutz und Energie Miguel, Arias Cañete (Spanien), Vizepräsident der Energieunion Maroš Šefčovič (Slowakei)

Erdgas im europäischen Energiemix

Der Erdgasverbrauch der EU-28 war zwischen 2011 und 2013 nahezu konstant und schwankte lediglich zwischen 23 % und 24 %. Der Anteil von russischem Erdgas an den Gesamtimporten der EU-28 ist von ca. 18 % auf 31 % gestiegen. Damit stellte Russland im Untersuchungszeitraum den wichtigsten Erdgasexporteur für die EU dar (siehe Abbildung 54).[127]

Policyposition gegenüber Russland als Erdgasexporteur

Die Europäische Kommission bewertete die russische Dominanz im europäischen Erdgassektor bereits im Untersuchungszeitraum zwischen 2000 und 2010 als zu groß, da die EU auf diese Weise erpressbar sei. Sie bemühte sich deshalb um eine Diversifizierung der Bezugsquellen und legte einen Schwerpunkt auf die Förderung ihres „Prestigeprojekts", die Nabucco-Pipeline. Zugleich erachtete sie die Energiepartnerschaft mit Russland für die EU aber ebenfalls als notwendigen Beitrag für die europäische Versorgungssicherheit, um in der Zukunft über ausreichende Gasvolumina für die wachsende europäische Erdgasnachfrage zu verfügen, was sich in ihrer Unterstützung des Nord Stream-Projekts sowie in ihrer Akzeptanz des South Stream-Projekts manifestierte. Die Kommission strebte somit ein ausgeglichenes Importportfolio, bestehend aus einer Vielzahl an Bezugsquellen an, in der Russland weiterhin eine wichtige Rolle als Erdgaslieferant einnehmen sollte. Im Folgenden wird gezeigt, dass die Europäische Kommission in der Ukraine-Krise an dem Zusammenspiel von Diversifizierung und Energiepartnerschaft im Grundsatz festhielt, ersterem Ziel nun aber eine noch höhere Dringlichkeit zuschrieb, was sich insbesondere anhand ihrer Blockade des South Stream-Projekts verdeutlichte.

---

127 Für eine ausführliche Erläuterung zur Erdgasversorgung der EU-28 siehe Abschnitt 3.1.

Abbildung 54: Energiemix und Importportfolio der EU-28 (2011-2013)

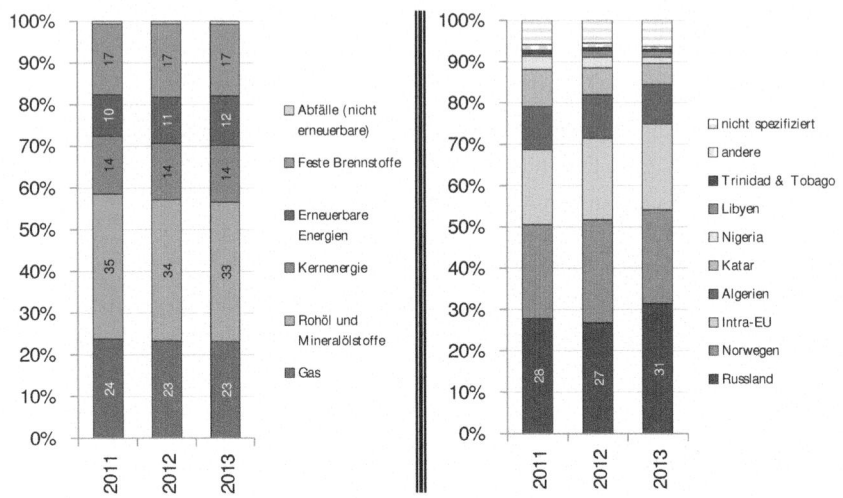

Quelle: Eurostat (o. J.); eigene Berechnungen und
International Energy Agency (2012b, 2013a, 2014a); eigene Berechnungen

Die Ukraine-Krise hatte einen signifikanten Einfluss auf die Erdgasaußenpolitische Position der Europäischen Kommission. Sie vertrat die Auffassung, dass eine hohe Abhängigkeit von einzelnen Importstaaten zu Erpessbarkeit führe und Energie auf diese Weise als Instrument der Politik gegen die EU eingesetzt werden könne (vgl. FAZ.NET vom 21.05.2014). Die Gaskrisen 2006 und 2009 hätten bereits erste Hinweise für diese Gefahr dargestellt, so der damalige Kommissionpräsident Barroso: „Energy must not be abused as a political weapon. Doing so will only backfire at those who try it. Temporary disruptions of gas supplies in 2006 and 2009 already provided a wake up call for the need of a common European energy policy." (Zit. n. EurActiv vom 22.05.2014a) Die damalige EU-Kommissarin für Klimaschutz, Connie Hedegaard, fügte hinzu, dass die Ukraine-Krise nun endgültig die negativen Auswirkungen der hohen europäischen Abhängigkeit von Russland verdeutliche, die die EU in ihrem Handeln einschränke: „The Ukrainian debate would have been sightly different if we were not that dependent on importing

Russian gas." (Zit. n. EurActiv vom 10.03.2014a) Aus diesen Gründen plädierte der damalige Energiekommissar Günter Oettinger im Verlauf der Ukraine-Krise regelmäßig dafür, Maßnahmen zu ergreifen, um die Abhängigkeit der EU von russischem Erdgas zu verringern (vgl. FAZ vom 16.04.2014b). Am 28. Mai 2014 veröffentlichte die Europäische Kommission im Auftrag der EU-Mitgliedstaaten (vgl. EurActiv vom 21.03.2014a; Süddeutsche.de vom 21.03.2014) eine „Strategie für eine sichere europäische Energieversorgung" (Europäische Kommission 2014b), die dementsprechende Vorschläge enthielt. Die für die vorliegende Analyse wichtigsten Punkte werden im Folgenden zusammengefasst:

1) *Diversifizierung der Lieferungen aus Drittländern*: Eine wichtige Diversifzierungsquelle könne zukünftig Flüssiggas – u.a. aus Nordamerika, Australien, Katar und Ostafrika – darstellen. Die Kommission werde versuchen, *LNG*-Importe aus den USA durch ein entsprechendes Kapitel im Abkommen über die Transatlantische Handels- und Investitionspartnerschaft (TTIP) zu erleichtern (vgl. EurActiv vom 16.12.2013b, 26.03.2014a; Europäische Kommission 2014b: 18–19; FAZ vom 10.09.2014; Süddeutsche.de vom 26.03.2014; SZ vom 27.03.2014). Der Bau des südlichen Korridors, der als potentielle Lieferstaaten u.a. Aserbaidschan, Turkmenistan, Irak und Iran umfasst, stelle ebenfalls eine Priorität dar (vgl. EurActiv vom 18.12.2013, 25.09.2014; Europäische Kommission 2014b: 18–19). Zudem solle ein intensiverer Dialog mit Handelspartnern in Nordafrika sowie im östlichen Mittelmeerraum geführt werden (vgl. Europäische Kommission 2014b: 18–19).

2) *Steigerung der Energieproduktion in der Europäischen Union*: Die Nutzung einheimischer Energiequellen solle durch den weiteren Ausbau der erneuerbaren Energien, eine verstärkte Nutzung der Kernenergie und eine nachhaltige Gewinnung wettbewerbsfähiger fossiler Brennstoffe – u.a. Schiefergas – maximiert werden (vgl. Europäische Kommission 2014b: 14–17; siehe auch EurActiv vom 07.07.2014).

3) *Aufbau eines gut funktionierenden und vollständig integrierten Binnenmarkts*: Trotz der Vereinbarung der Staats- und Regierungschefs, den Energiebinnenmarkt bis 2014 zu verwirklichen, seien in vielen Mitgliedstaaten noch weitere diesbezügliche Maßnahmen notwendig. Besonders wichtig sei der beschleunigte Bau von grenzüberschreitenden Verbindungsleitungen (vgl. Europäische

Kommission 2014b: 9–14). Die Europäische Kommission erklärte daher im Oktober, dass sie einen großen Anteil der für das „Connecting Europe"-Projekt[128] vorgesehenen Ausgaben in die innereuropäische Erdgasinfrastruktur – speziell im Baltikum sowie in (Süd-)Osteuropa – investieren werde (vgl. EurActiv vom 31.10.2014).

4) *Dämpfung der Energienachfrage*: Die Steigerung der Energieeffizienz sei eines der wirksamsten Instrumente, um die Abhängigkeit der EU von Energieeinfuhren aus dem Ausland zu verringern. Die Mitgliedstaaten sollten daher die Maßnahmen zur Realisierung des für 2020 vereinbarten Energieeffizienzziels beschleunigen (vgl. Europäische Kommission 2014b: 17; siehe auch EurActiv vom 24.07.2014a).[129]

5) *Stärkung von Notfall-/Solidaritätsmechanismen*: Die EU solle Maßnahmen ausarbeiten, mittels derer die Widerstandsfähigkeit gegenüber Energieversorgungsstörungen verbessert, strategische Infrastruktur geschützt und die am stärksten gefährdeten Mitgliedstaaten kollektiv unterstützt werden können (vgl. Europäische Kommission 2014b: 5–7).

Die Europäische Kommission sah die aufgeführten Maßnahmen als unbedingt notwendig an, um die Abhängigkeit von russischen Erdgasimporten zu senken, obwohl sie davon ausging, dass mit dieser Vorgehensweise höhere Energiepreise verbunden wären.

Neben diesen Maßnahmen zur Verringerung der europäischen Abhängigkeit von Russland im Erdgassektor verdeutlichte sich der Einfluss der Ukraine-Krise auf die Erdgasaußenpolitische Position der Kommission an ihrem Handeln im Konflikt um das South Stream-Projekt und die OPAL-Pipeline. Der Verlauf des Disputs

---

128 Der EU-Ministerrat (Verkehr, Telekommunikation, Energie) hat die EU-Verordnung über die „Connecting Europe Facility" (CEF) am 5. Dezember 2013 angenommen. Sie dient zur Finanzierung des Ausbaus der transeuropäischen Verkehrs- und Energienetze sowie des Breitbandausbaus. Die Finanzausstattung umfasst 19,3 Milliarden Euro zuzüglich 10 Milliarden Euro aus dem Kohäsionsfonds (vgl. Auswärtiges Amt 2013).

129 Die EU-Mitgliedstaaten haben sich 2007 darauf geeinigt, den Primärenergieverbrauch bis 2020 um 20 % zu verringern. Da aus Sicht der EU-Kommission die Gefahr bestand, dass dieses Ziel deutlich verfehlt werde, initiierte sie 2011 eine neue Energieeffizienz-Richtlinie (2012/27/EU zur Änderung der Richtlinien 2009/125/EG und 2010/30/EU und zur Aufhebung der Richtlinien 2004/8/EG und 2006/32/EG), die am 4. Dezember 2012 in Kraft trat (vgl. Deutsche Energie-Agentur 2015).

zwischen der EU-Kommission und Russland wurde in Abschnitt 7.2.2 bereits dargestellt und soll an dieser Stelle nicht wiederholt werden. Es können aus diesem aber
weitere Schlüsse hinsichtlich der Policyposition der Kommission gezogen werden.
Die Kommission hatte bereits in den Jahren 2011, 2012 und zu Beginn des Jahres
2013 vereinzelt auf die Widersprüche zwischen dem South Stream-Projekt und
dem Dritten Energiepaket hingewiesen und zudem erklärt, dass das Projekt keine
Priorität für sie darstelle, da es zwar einen neuen Lieferweg eröffne, aber Europas
Abhängigkeit von Russland nicht mindere (vgl. FAZ vom 16.01.2013). Sie hatte
aber keine konkreten Schritte wegen des Verstoßes des Projekts gegen das Dritte
Energiepaket unternommen. Im Fall der OPAL-Pipeline wurde vor Beginn der
Ukraine-Krise sogar erwartet, dass sie im März 2014 eine Genehmigung für die
vollständige Nutzung durch Gazprom erlassen werde. Nur eine Woche nach der
Ankündigung von Janukowitsch, das EU-Assoziierungsabkommen nicht zu unterzeichnen, klagte sie nun Neuverhandlungen für die South Stream-Pipeline ein und
übernahm das Mandat für diese, setzte sie aber im März 2014 – noch vor einem ersten Treffen der Verhandlungspartner – mit Verweis auf die politischen Differenzen im
Zusammenhang mit der Krimkrise und der Eskalation des Konflikts in der Ostukraine aus. Sie kündigte an, diese erst nach Beendigung der Krise wieder aufzunehmen.
Wenngleich sie bekundete das Projekt nicht blockieren zu wollen, so gewährleistete
sie mit diesem Handeln durchaus, dass das South Stream-Projekt nicht implementiert werden konnte, solange die Ukraine-Krise nicht beendet wird. Die Kommission
war somit dazu bereit, die ihr im Rahmen des Dritten Energiepakets verliehene
Energiemacht einzusetzen, um ein von Gazprom und der russischen Regierung
angestrebtes Pipelineprojekt, dem sie schon vorher kritisch gegenüberstand, vor
dem Hintergrund der politischen Auseinandersetzung „einzufrieren". Zugleich nahm
sie den am South Stream-Projekt beteiligten Mitgliedstaaten, die sich weiterhin
für die Implementierung des Projekts aussprachen (vgl. Abschnitte 8.4.2, 8.4.3
und 8.4.7), die Möglichkeit ihren Erdgashandel mit Russland weiter auszubauen.
Gleiches galt für die an die OPAL-Pipeline angebundenen Mitgliedstaaten Deutschland und Tschechien (vgl. Abschnitte 4.3.1 und 4.3.9). Das wachsende Desinteresse
der Kommission am South Stream-Projekt demonstrierte sie auch nach dem Abbruch durch die russische Regierung: Šefčovič erklärte, der Streit mit Russland habe
die EU ohnehin darin bestärkt, sich in ihrer Energieversorgung unabhängiger von
Moskau zu machen (vgl. FAZ vom 03.12.2014a). Der EU-Kommissar für Energie und

Klimaschutz, Miguel Arias Cañete bestätigte ebenfalls, die South Stream-Pipeline habe für die EU nie Priorität gehabt, da sie die Versorgungssicherheit der EU nicht erhöht, sondern dieselbe Menge von russischem Erdgas wie zuvor, aber an der Ukraine vorbei, nach Europa gebracht hätte. Die EU müsse nun stattdessen den südlichen Korridor vorantreiben. Alles andere sei gefährlich, denn „[f]ür Putin bleibt das Gas ein politisches Hochspannungsinstrument." (Zit. n. FAZ vom 06.12.2014)

Die Kommission setzte sich im Kontext der Ukraine-Krise somit sehr entschlossen für eine Verringerung der europäischen Abhängigkeit von Russland im Erdgassektor ein. Die Idee einer Energieparnterschaft mit Russland lehnte sie aber dennoch nicht vollständig ab. So erläuterte Oettinger, dass die EU eigentlich an einer starken und stabilen Partnerschaft mit einem solch wichtigen Erdgaslieferanten wie Russland interessiert sei, sie aber vermeiden müsse, Opfer politischer und geschäftlicher Erpressung zu werden (vgl. EurActiv vom 10.03.2014b, 28.05.2014b). Oettinger hoffte während der Gaskrise zwar, dass Russlands Interesse an den Einnahmen aus Erdgasexporten ausreichend sei, damit die russische Regierung Erdgas nicht als Waffe einsetzen werde (vgl. SZ vom 20.03.2014). Gleichzeitig warnte er aber davor, Sanktionen im Energiesektor zu erlassen, da Russland bezüglich Gaslieferungen „kurzfristig am längeren Hebel" säße (zit. n. FAZ vom 18.05.2014. Als die EU im Juli die Implementierung von Wirtschaftssanktionen vorbereitete, schlug er vor, den Export der von Russland benötigten Technologie zur Erschließung neuer Gas- und Ölvorhaben in der Arktik zu unterbinden, sprach sich aber weiterhin dagegen aus, die Einfuhr von Erdgas und Erdöl zum politischen Instrument zu machen (vgl. EurActiv vom 24.07.2014b; FAZ vom 24.07.2014). Während die Stellungnahmen der EU-Kommission im Dependenz- bzw. Diversifizierungsdiskurs den Eindruck erweckten, sie nehme die Erdgasbeziehungen mit Russland als einseitige Abhängigkeit war, so wird durch die Bekundungen im Interdependenz- bzw. Energiepartnerschaftsdiskurs deutlich, dass sie das Verhältnis durchaus als Interdependenz beurteilte – allerdings als asymmetrische Interdependenz zugunsten Russlands.

Im Folgenden wird die Analyse der Policyposition der EU-Kommisison zusammengefasst und darauf aufbauend quantifiziert: Die EU-Kommission bewertete die Abhängigkeit der EU von russischen Erdgasimporten bereits im vergangenen Jahrzehnt als zu hoch (*deep core beliefs*). In der Ukraine-Krise sah sie dieses Urteil nun bestätigt. Sie vertrat die Ansicht, dass Russland seine Energiemacht zur politischen und geschäftlichen Erpressung einsetzt, während die EU aufgrund der asymmetrischen Interdependenz, die nach eigener Auffassung zu ihren Lasten ausfiel, in ihrer Handlungsfreiheit eingeschränkt sei (*deep core beliefs*). Sie forderte daher gemeinsam abgestimmte Maßnahmen der EU-Mitgliedstaaten, um die Abhängigkeit von Russland im Erdgassektor zu reduzieren – u.a. durch eine Diversifizierung der Lieferstaaten, den Ausbau von erneuerbaren Energien und Schiefergasförderung, die Vollendung des Erdgasbinnenmarkts einschließlich eines Ausbaus von Verbindungspipelines und eine Steigerung der Energieeffizienz (*policy beliefs* und *secondary aspects*). Ihre Entschlossenheit, die Ausweitung des Erdgashandels mit russischen Unternehmen unbedingt zu vermeiden, damit Russlands Potenz, Energie gegen die EU als Waffe einzusetzen, nicht noch weiter steigt, zeigte sich aber besonders deutlich an ihrem Handeln bezüglich des South Stream-Projekts. Unter Berufung auf das Dritte Energiepaket setzte sie sich erfolgreich dafür ein, Russland sowie die an dem Projekt beteiligten EU-Mitgliedstaaten an der Implementierung der Pipeline zu hindern (*secondary aspects*). Da sie partnerschaftliche Energiebeziehungen mit Russland aber nicht grundsätzlich ablehnte, zielte sie mit ihren Strategievorschlägen für eine zukünftige Erdgasaußenpolitik offensichtlich darauf ab, eine Symmetrie in den interdependenten Erdgasbeziehungen zwischen der EU und Russland oder sogar eine Asymmetrie zugunsten der EU herzustellen (*deep core* und *policy beliefs*).

Aufgrund der gesteigerten Diversifizierungsbemühungen und der Behinderung des South Stream-Projekts wird der EU-Kommission somit ein niedrigerer Positionswert als im vorangegangenen Untersuchungszeitraum zugeordnet, das geäußerte Interesse an einer partnerschaftlichen Beziehung zu Russland als Erdgaslieferant wird bei der Quantifizierung aber ebenfalls berücksichtigt:

numerischer Wert	Policyposition
30	Mäßiges Vertrauen in Russland als Erdgasexporteur; Russland soll weiterhin zur europäischen Erdgasversorgung beitragen, alternative Erdgasquellen haben aber Priorität

Nachdem nun die Policypositionen aller relevanten Mitgliedstaaten sowie der Europäischen Kommission im ersten Jahr der Ukraine-Krise erläutert und numerisch bestimmt worden sind, werden sie zur besseren Übersicht in der folgenden Skala zusammengefasst:

Abbildung 55: Policypositionen der Spieler für das Gas Game II

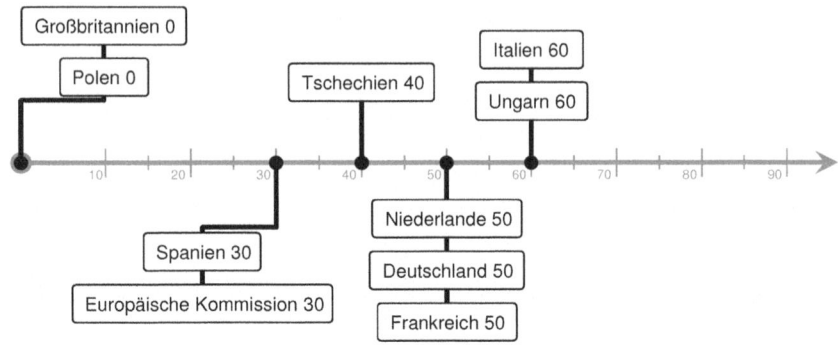

8.5 Einfluss

Analog zum *Gas Game I* werden die Einflusswerte der EU-Mitgliedstaaten entsprechend ihrer durchschnittlichen Sitzanzahl im Europäischen Parlament in der Periode zwischen 2011 und 2013 bewertet,[130] wobei dem demzufolge mächtigsten Mitgliedstaat Deutschland in Anlehnung an die Vorgehensweise von Bueno de Mesquita der Wert 100 zugeordnet wird und die Werte für die restlichen Mitgliedstaaten in Relation zu diesem bestimmt werden (vgl. Abschnitt 4.4).

Dabei gilt mit

---

130 Im *Gas Game II* wird die europäische Erdgasaußenpolitik nach Beginn der Ukraine-Krise emuliert. Aus diesem Grund wird die initiale Verhandlungsposition aus dem Zeitraum zwischen November 2013 und Dezember 2014 erhoben, d.h. im ersten Jahr der Ukraine-Krise. Der abweichende Zeitraum für die quantitativen Daten der Einflussvariablen sowie der Prioritätsvariablen (vgl. Abschnitte 8.5 und 8.6) ist zum einen darin begründet, dass die Daten für das Jahr 2014 zum Zeitpunkt des Schreibens noch nicht vorlagen. Zudem ist die Erhebung eines einzigen Jahres problematisch, da die abzubildenden Sachverhalte – die relative Abhängigkeit von russischen Erdgasimporten und der relative Einfluss der Akteure in der EU – durch die alleinige Berücksichtigung eines Jahres in ihrer Tendenz verfälscht werden könnten. Man bedenke z. B. die kurzfristigen Wirkungen der amerikanischen Schiefergasförderung auf den *LNG*-Handel und darüber vermittelt auf die Importportfolios der EU-Mitgliedstaaten in den Jahren 2009 und 2010, die in einigen Staaten den Anteil von russischem Erdgas an den Gesamtimporten zwar vorübergehend verringert haben, die Versorgungssituation der Mitgliedstaaten aber in mittelfristiger Perspektive nicht verändert hat. Aus diesem Grund wird mit der Zeitspanne von 2011 bis 2013 und dem daraus gebildeten Durchschnittswert eine längere Periode gewählt, die kurzfristige Einflussfaktoren ausgleicht und zugleich an den Untersuchungszeitraum des *Gas Game I* anschließt.

- x = Sitzplatzanzahl des Mitgliedstaats mit der Mehrzahl der Sitzplätze,

- n = jeweilige Sitzplätze der restlichen Mitgliedstaaten und

- z = Einflusswert

folgender Zusammenhang:

Sitze	Einflusswert
x	100
1	$\frac{100}{x} = y$
n	$y \cdot n = z$

Während davon ausgegangen werden kann, dass die relative Einflussverteilung zwischen den EU-Mitgliedstaaten unverändert geblieben ist, ist für die Europäische Kommission eine Neubetrachtung erforderlich. Schließlich wurde in Abschnitt 4.2 erläutert, dass die Europäische Kommission im vergangenen Jahrzehnt zwar als wichtigste supranationale Institution in der europäischen Energiepolitik galt, ihr Einfluss im Erdgassektor aber weitgehend auf die interne Dimension der Erdgaspolitik – die Ausgestaltung des Erdgasbinnenmarkts – begrenzt war, weshalb ihr im *Gas Game I* der Einflusswert 10 zugeordnet wurde. Es wurde aber zugleich darauf hingewiesen, dass mit Inkrafttreten des Dritten Energiepakets ein zunehmendes Ineinandergreifen von interner und externer Dimension der Erdgaspolitik erfolgt: Die Liberalisierungsrichtlinien, deren Umsetzung von der EU-Kommission überwacht wird, beinhalten u.a. Vorgaben zum Netzzugang Dritter sowie zur Entflechtung von Energieunternehmen. Dies schränkt den Handlungsspielraum von Energieunternehmen bei der Ausgestaltung des Erdgashandels und Implementierung von Infrastrukturprojekten deutlich ein und beeinträchtigt – um den konkreten Bezug zum untersuchten Policy-Subsystem hervorzuheben – das bisherige Geschäftsmodell von Gazprom in der EU. Temporäre Ausnahmen von diesen Vorgaben müssen durch die jeweiligen nationalen Regulierungsbehörden sowie die Europäische Kommission genehmigt werden. Die Europäische Kommission erhält somit wirksame Kompetenzen zur Regulierung von Infrastrukturprojekten im Erdgassektor, die – wie anhand der Skizzierung des South Stream-Konflikts gezeigt – einer Blockade der bisherigen Konditionen im Erdgashandel zwischen Russland und der EU entsprechen kann (vgl. Abschnitt 7.2.2). In diesem Bereich ist sie einflussreicher als die einzelnen Mitgliedstaaten, da die nationalen Regulierungsbehörden nur über Ausnahmegenehmigungen bezüglich der Infrastruktur auf ihrem eigenen Territorium entscheiden, wohingegen die Genehmigung der Europäischen Kommission *immer* notwendig ist. Ob Erdgasinfrastruktur aber überhaupt errichtet wird, entscheiden weiterhin die Mitgliedstaaten, der Einfluss der Kommission bleibt in diesem Bereich wie im vergangenen Jahrzehnt auf finanzielle und verhandlungspolitische Unterstützung beschränkt. Aufgrund dieser einseitigen Kompetenzerweiterung wird der Europäischen Kommission die Hälfte des Einflusswerts des mächtigsten Spielers zugeordnet, d.h. 50.

Insgesamt ergeben sich folgende Werte für die Einflussvariable im *Gas Game II*:

Tabelle 17: Einflusswerte der Spieler (Gas Game II)

Spieler	Einfluss
Deutschland	100,0
Italien	73,7
Frankreich	74,7
Spanien	54,5
Niederlande	26,3
Großbritannien	73,7
Ungarn	22,2
Polen	51,5
Tschechien	22,2
Europäische Kommission	50,0

Quelle: eigene Berechnung

8.6 Priorität

Die Werte zur Quantifizierung der Priorität werden wie beim *Gas Game I* anhand des relativen Anteils von russischem Erdgas an den Erdgasgesamtimporten der jeweiligen Akteure bemessen, da die veränderten Kontextbedingungen im *Gas Game II* die vormalige Begründung nicht tangieren: Der Konflikt zwischen den Akteuren im Entscheidungsprozess resultiert aus dem großen Anteil russischen Erdgases an den gesamten Erdgasimporten in der EU – nur aus diesem Grund wird der politischen Strategie gegenüber Russland als Erdgaslieferant überhaupt ein solch großer Stellenwert in der EU zugewiesen. Dementspreched wurde bei der Entwicklung des *Gas Game I* geschlossen, dass die Priorität, die die einzelnen Mitgliedstaaten dieser Sachfrage verleihen, von der prozentualen Größe des russischen Anteils an ihren Erdgasimporten abhängt (vgl. Abschnitt 4.5). Der Zusammenhang zwischen der verhältnismäßig hohen Abhängigkeit der EU von Russland als Erdgaslieferant und der Relevanz der Erdgasaußenpolitik gegenüber Russland wurde anhand der Skizzierung des politischen Diskurses im Kontext der Ukraine-Krise erneut deutlich und die Übertragbarkeit dieses Berechnungsansatzes vom *Gas Game I* auf das *Gas Game II* bekräftigt (vgl. Abschnitt 8.1).

Basierend auf Daten aus der Periode zwischen 2011 und 2013 ergeben sich folgende Prioritätswerte im *Gas Game II*:

Tabelle 18: Prioritätswerte der Spieler (Gas Game II)

Spieler	Priorität
Deutschland	38,7
Italien	30,9
Frankreich	14,9
Spanien	0,1
Niederlande	12,0
Großbritannien	0,1
Ungarn	69,6
Polen	80,8
Tschechien	99,0
Europäische Kommission	28,7

Quelle: International Energy Agency (2012b, 2013a, 2014a); eigene Berechnungen

8.7 Kompromissbereitschaft

Die Kompromissbereitschaftsvariable bemisst, wie hoch das Interesse an einer finalen Einigung ausgeprägt ist gegenüber dem Wunsch, die eigene Position gegen die anderen Spieler durchzusetzen. Diese Variable steht somit im Zusammenhang mit dem Diskurs um eine kohärente Erdgasaußenpolitik. Im *Gas Game I* wurde den EU-Mitgliedstaaten der Wert 30 zugeordnet, da EU-Entscheidungsprozesse tendenziell zwar durch Kompromissfindung und Konsensentscheidungen geprägt sind, es sich bei der Erdgasaußenpolitik aber um ein besonderes Policy-Subsystem handelt, das noch immer von einer Dominanz der nationalen Interessen geprägt ist. Der Europäischen Kommission wurde der Wert 50 zugewiesen, da sie ein supranationaler, gesamteuropäischer Akteur ist und dem Ziel einer kohärenten europäischen Erdgasaußenpolitik einen wesentlich höheren Stellenwert verlieh als die EU-Mitgliedstaaten. An diesen Werten wird im Gas Game II festgehalten, da die Stellungnahmen der politischen Akteure zur Energieunion (vgl. Abschnitt 9.3), zu den Sanktionen gegen Russland (vgl. Abschnitt 7.1) und zu Diversifizierungs- maßnahmen (vgl. Abschnitt 8.1) sowie die daraus abgeleiteten Schlussfolgerungen in der Mehrzahl der politikwissenschaftlichen Publikationen (vgl. Abschnitt 8.2) die weiterhin bestehende Dominanz der nationalen gegenüber den europäischen Interessen im Entscheidungsprozess aufzeigen. Zur Veranschaulichung werden die zentralen Punkte der Debatte im Folgenden skizziert.

Analog zu dem im Kontext der Gaskrisen 2006 und 2009 angestoßenen Diskurs wurden während der Ukraine-Krise erneut öffentliche Forderungen nach einem größeren Grad an Kohärenz in der europäischen Erdgasaußenpolitik geäußert. Diese kulminierten in dem Vorschlag des ehemaligen polnischen Ministerpräsidenten Tusk für eine Energieunion. Der Rat lehnte diesen Vorschlagen aber in seiner Substanz ab, da die Mitgliedstaaten nicht dazu bereit waren, paradigmatische Änderungen am Entscheidungsprozess vorzunehmen und neue Kompetenzen auf die EU-Ebene zu übertragen (vgl. Geden/Grätz 2014: 3). Die Dominanz der nationalen Interessen und die damit verbundene beschränkte Kompromissbereitschaft wurde zudem anhand der virulenten Auseinandersetzungen zwischen den Mitgliedstaaten um die Imple- mentierung von Wirtschaftssanktionen, zukünftige Diversifizierungsmaßnahmen im Erdgassektor und das South Stream-Projekt demonstriert (vgl. Abschnitte 7.1 und 8.1). Aus diesen Beispielen kann geschlossen werden, dass der im Gas Game II simulierte Entscheidungsprozess keine Veränderung hinsichtlich der Kompro- missbereitschaft der EU-Mitgliedstaaten aufweist. Die Europäische Kommission sah in der Ukraine-Krise hingegen einen erneuten Beleg für die Notwendigkeit einer gemeinsamen europäischen Erdgasaußenpolitik und befürwortete demgemäß die von Tusk vorgeschlagene Energieunion. Um deren Umsetzung zu befördern, ernannte Kommissionspräsident Juncker im November 2014 Maroš Šefčovič zum Vizepräsidenten für die Energieunion. Der für die Kommission im *Gas Game I* gewählte höhere Wert zur Widerspiegelung ihres Strebens nach einem höheren Grad an Kohärenz in der Erdgasaußenpolitik kann aus diesen Gründen auf das *Gas Game II* übertragen werden.

Es ergeben sich somit folgende Werte für die Kompromissbereitschaft:

Tabelle 19: Kompromissbereitschaftswerte der Spieler (Gas Game II)

Spieler	Kompromissbereitschaft
Deutschland	30
Italien	30
Frankreich	30
Spanien	30
Niederlande	30
Großbritannien	30
Ungarn	30
Polen	30
Tschechien	30
Europäische Kommission	50

KAPITEL 9

Policy-Output

Im Kontext der Ukraine-Krise wurde zwischen den EU-Mitgliedstaaten eine virulente Debatte um die zukünftige Ausgestaltung der europäischen Erdgasaußenpolitik gegenüber Russland geführt. In den vorangegangenen Abschnitten wurden die Modifizierungen, die sich durch die veränderten Kontextbedingungen in der realen Welt für die vier Inputvariablen Policyposition, Einfluss, Priorität und Kompromissbereitschaft des *Gas Game* ergeben, operationalisiert, um die identifizierten realen Veränderungen in der virtuellen Welt der Simulation nachzubilden. Im Folgenden wird das durch die modifizierten Inputvariablen generierte Simulationsergebnis präsentiert und mit dem Simulationsergebnis des *Gas Game I* verglichen. In einem zweiten Schritt wird der Versuch unternommen, aus dem Simulationsergebnis Rückschlüsse auf die reale Welt zu ziehen. Dabei wird der Fokus auf Beiträge sowie Bestätigungen und Wiederlegungen von Aspekten des noch sehr jungen politikwissenschaftlichen Diskurses zu Zusammenhängen von Ukraine-Krise und Erdgassektor gelegt.

9.1 Simulationsergebnis

Die Analyse der Konfliktlinien, die zwischen November 2013 und Dezember 2014 in den Auseinandersetzungen zwischen den EU-Mitgliedstaaten mit Bezug auf die europäische Erdgasaußenpolitik identifiziert wurden, hat gezeigt, dass die im Kontext der Ukraine-Krise geführte Debatte keineswegs neu, sondern ebenfalls durch die Dimensionen des Untersuchungszeitraums von 2000 bis 2010 geprägt war, nämlich: *Dependenz/Interdependenz* als *deep core beliefs*, *Diversifizierung/Energiepartnerschaft* als *policy beliefs* und konkrete Diversifzierungsvorschläge sowie die Debatte um das South Stream-Projekt als *secondary aspects*. Die Identität dieser Dimensionen ermöglichte es mittels einer qualitativen Inhaltsanalyse Policypositionen zu ermitteln, die zusammenfassend auf das *issue continuum* bezogen und auf diese Weise quantifiziert werden konnten. Für die Einfluss-, Prioritäts- und Kompromissbereitschaftsvariable wurde gleichermaßen gezeigt, dass die zuvor gewählten Methoden zur Operationalisierung unter den veränderten Kontextbedingungen weiterhin sinnvoll erscheinen. Das im ersten Teil der Arbeit entwickelte *Gas Game* konnte somit für die Analyse der europäischen Erdgasaußenpolitik gegenüber Russland während der Ukraine-Krise genutzt werden. Die empirische Datenerhebung ergab folgende Werte für die Inputvariablen des *Gas Game II*:

Tabelle 20: Inputvariablen der Spieler für das Gas Game II

	Policyposition	Einfluss	Priorität	Kompromissbereitschaft
Deutschland	50	100,0	38,7	30
Italien	60	73,7	30,9	30
Frankreich	50	74,7	14,9	30
Spanien	30	54,5	0,1	30
Niederlande	50	26,3	12,0	30
Großbritannien	0	73,7	0,1	30
Ungarn	60	22,2	69,6	30
Polen	0	51,5	80,8	30
Tschechien	40	22,2	99,0	30
Europäische Kommission	30	50,0	28,7	50

Auf dieser Grundlage kann die Simulation entsprechend der in Abschnitt 2.3 erläuterten Regeln des Spiels nun durchgeführt werden. Wie beim *Gas Game I* wird der gewichtete Mittelwert der Spielerpositionen in der letzten Verhandlungsrunde als Simulationsergebnis ausgewählt. Die mit den aufgeführten Inputwerten modifizierte Simulation generiert bereits nach einer Verhandlungsrunde ein Endergebnis von 38,23. Rückbezogen auf die in Abschnitt 4.3 entwickelte Skala zur Abbildung des Politikraums gibt dieser Wert an, welche Erdgasaußenpolitik der EU gegenüber Russland als Ergebnis aus den Werten für die Inputvariablen der Spieler sowie den Spielregeln resultiert. Da der Politikraum in 10er-Schritten skaliert ist, wird zur Vereinfachung analog zu der Vorgehensweise in Abschnitt 5.1 eine tendenzielle Entsprechung dieses Werts mit der nächstgelegenen Policyposition angenommen:

numerischer Wert	Policyposition
40	Mäßiges Vertrauen in Russland als Erdgasexporteur; ausbalancierter Anteil von Exportquellen mit einer Präferenz für alternative Erdgasquellen neben Russland

9.2 Vergleich von *Gas Game I* und *II*

Welche Rückschlüsse können von diesem Simulationsergebnis – insbesondere durch die Gegenüberstellungen mit der Analyse des *Gas Game I* – auf die reale Welt gezogen werden?

Das *Gas Game I* wurde mit Daten aus der Periode zwischen 2000 und 2010, mittels derer die Verhandlungspositionen, der Einfluss, die Prioritätssetzung und die Kompromissbereitschaft der EU-Mitgliedstaaten *zu Beginn der Verhandlungen* ermittelt werden sollten, spezifiziert. Auf dieser Grundlage wurde ein Simulationsergebnis generiert, das dazu diente, die Erdgasaußenpolitik der EU gegenüber Russland im November 2013 *ex post* zu prognostizieren. Das Simulationsergebnis 63,09 entsprach einer Politik, die grundsätzlich ein ausgeglichenes Importportfolio anstrebt, aber dem Aufbau bzw. Erhalt der Energiepartnerschaft mit Russland einen sehr hohen Stellenwert zuschreibt und der russischen Energiepartnerschaft im Falle von Schwierigkeiten mit Diversifizierungsprojekten Priorität verleiht anstatt zu versuchen, die mit den Diversifizierungsmaßnahmen verbundenen Nachteile und Herausforderungen zu bewältigen. Russland sollte eine langfristige Säule in der europäischen Energieversorgung darstellen. Das *Gas Game II* wurde mit Daten aus der Periode zwischen 2011 und 2014 spezifiziert und generiert ein Simulationsergebnis, das angibt, welche zukünftige Erdgasaußenpolitik der EU gegenüber Russland unter den mit dem Modell verbundenen *ceteris paribus*-Annahmen zu erwarten wäre, wenn die Spieler nun in einen Entscheidungsprozess eintreten würden. Während es sich beim *Gas Game I* um eine *post-diction* handelt, stellt das Simulationsergebnis des *Gas Game II* folglich eine *prediction* dar. Der Vergleich der Outputwerte von *Gas Game I* und *Gas Game II* liefert somit eine auf den Modellannahmen beruhende Hypothese, dass zukünftig ein Wandel in der europäischen Erdgasaußenpolitik zu erwarten ist. So prognostiziert das *Gas Game II* eine Politik, die zwar weiterhin ein tendenziell ausgeglichenes Importportfolio anstrebt, aufgrund des mäßigen Vertrauens in Russland als Erdgaslieferant nun aber Diversifizierungsprojekten, die den Anteil von russischem Erdgas an den Gesamtimporten reduzieren, eine wesentlich höhere Priorität zuspricht als im vorangegangenen Untersuchungszeitraum. Diversifizierungsprojekte werden nun gegenüber Maßnahmen zum Erhalt bzw. Ausbau der Energiepartnerschaft mit Russland priorisiert. Die Simulation bekräftigt somit die in Abschnitt 7.2.2 aufgestellte Hypothese, dass eine alleinige Fokussierung auf einen Wandel in der russischen Erdgasstrategie als Erklärung des *South Stream*-Projektabbruchs nicht ausreicht, sondern der russischen Entscheidung die Ankündigung eines *europäischen Politikwandels* vorausging. Des Weiteren untermauert sie die Hypothese des politikwissenschaftlichen Diskurses, dass sich die Ukraine-Krise auf die europäische Erdgasaußenpolitik gegenüber Russland nachhaltig auswirken und sie die über Jahrzehnte aufgebauten interdependenten Handelsbeziehungen zwischen der EU und Russland beschädigen werde.

Hinsichtlich der Übereinstimmung der politikwissenschaftlichen Prognosen und Handlungsempfehlungen mit dem Simulationsergebnis ist allerdings relativierend anzufügen, dass einige Autoren gar einen *fundamentalen Wechsel* in der europäischen Erdgasaußenpolitik infolge der politischen Zerwürfnisse zwischen Russland und „dem Westen" vermuten bzw. einfordern (siehe z. B. Blockmans 2014; Legvold 2014). Lässt sich aus dem Vergleich der Simulationsergebnisse tatsächlich die Hypothese eines *fundamentalen Politikwechsels* ableiten? Und wie könnte man einen solchen bemessen? Eine rein quantitative Betrachtung liefert den Differenzwert 24,86, der zweifellos auf eine signifikante Policy-Variation hindeutet, die sich in ihrem Ausmaß von „normalen", inkrementellen Policy-Variationen, die zum politischen Tagesgeschäft gehören, unterscheidet (vgl. Rüb 2014b: 10). Des Weiteren ist hervorzuheben, dass sich das Simulationsergebnis des *Gas Game II* im Gegensatz zum *Gas Game I* unterhalb des Wertes 50 befindet und sich die beiden Simulationsergebnisse im Raum somit diametral von der mittleren Position entfernen. Allerdings würde ein radikaler Politikwechsel, wie er in Wissenschaft und Öffentlichkeit an mancher Stelle vermutet oder gefordert wird, im skalierten Politikraum unter quantitativen Gesichtspunkten eigentlich dem Wert 0 oder einem diesem Wert nahegelegenen Ergebnis entsprechen. Davon weicht der Wert 38,23 zweifellos ab. Zwar indiziert er mit der korrespondierenden Policyposition eine neue und durchaus hervorzuhebende Priorisierung für Diversifizierungsprojekte, es lässt sich daraus aber keineswegs ein radikaler Politikbruch mit Russland als Erdgaslieferant ablesen. Wie kann der Grad der Policy-Variation, die die Simulation generiert, vor diesem Hintergrund operationalisiert und bewertet werden? Die numerischen Werte liefern bereits erste wichtige Hinweise zur Abweichung der prognostizierten Erdgasaußenpolitik vom Status Quo. Für eine konzeptionelle Betrachtung der Policy-Variation und eine Erklärung von ebendieser durch unabhängige Variablen ist aber eine zusätzliche Analyse auf qualitativer Ebene notwendig. Nur auf diese Weise kann der prognostizierte Politikwandel umfassend evaluiert und die deutlich sichtbare Differenz zu Positionen und Prognosen, die sich an Extrempolen bewegen, erklärt werden.

Um die Radikalität der modellierten Policy-Variation bewerten zu können, wird als Analyseinstrument die Typologisierung von Policy-Variationen durch Rüb (2014a, 2014b) angewandt. Rüb unterscheidet vier Idealtypen von Policy-Variationen, die aus der Kombination von zwei Unterscheidungskriterien – die Radikalität der Policy-Variation und die Zeit, die für die Veränderung verausgabt werden muss – resultieren. Die Zuteilung der vier Idealtypen zu den beiden Kriterien ist in Abbildung 56 veranschaulicht:

Im Folgenden werden die vier Idealtypen kurz erläutert:

- Inkrementale Politik**veränderung**: Es werden lediglich einige sekundäre Aspekte einer Policy verändert. Diese Anpassungen ziehen sich über eine längere Zeitspanne hin.

- Umfassender Politik**wandel**: Die Variation entspricht in ihrem Ausmaß einem grundlegenden Wandel, d.h. einer fundamentalen Änderung mindestens der *policy beliefs* und auch des *deep core*. Der Wandel wird in vielen kleinen Schritten, die auf ein „großes" Ziel hinführen, über einen längeren Zeitraum vollzogen.

- Rasche Politik**wende**: Es werden nur Teilaspekte einer Policy variiert. Die Variation wird schnell vollzogen.

- Rapider Politik**wechsel**: Innerhalb einer sehr kurzen Zeitspanne wird ein fundamentaler Policy-Wechsel vollzogen, der grundlegende *policy beliefs* variiert bzw. neue einführt, die in den *deep core* hineinreichen und ihn ebenfalls ändern (vgl. Rüb 2014b: 18–19).

Abbildung 56: Vier Typen von Policy-Variationen im Raum

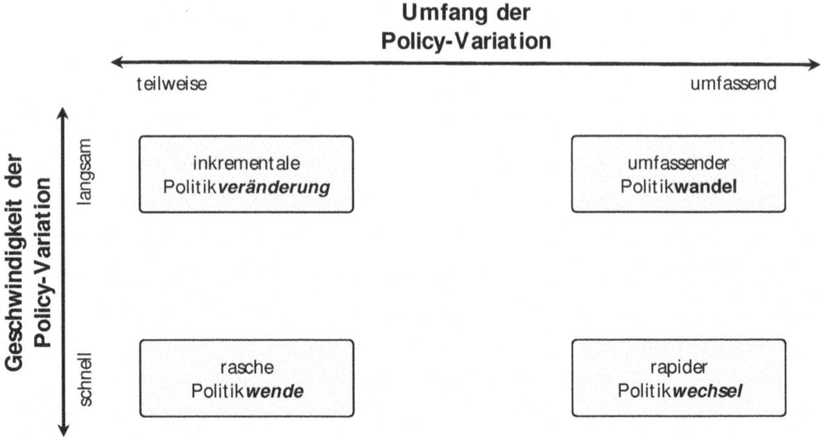

Quelle: Rüb (2014b: 20)

Rüb (2014b: 19–20) betont bezüglich seiner Typologisierung, dass sich die vier Idealtypen von Policy-Variationen nicht wechselseitig ausschließen und sich zudem in der konkreten Empirie bestimmte Policy-Variationen oft nicht eindeutig zuordnen lassen. Die vier Fälle bezeichnen aus diesen Gründen vielmehr „die Eckpunkte eines quadratischen Raumes, in dem dann konkrete Fälle im Raum verortet werden können, ohne dass sie eindeutig der einen oder anderen Kategorie zugeordnet werden müssen." (Rüb 2014b: 19–20)

Da es sich bei der zu analysierenden Policy-Variation in dieser Arbeit um eine *prediciton* handelt, kann die Geschwindigkeit der Variation nicht oder nur hypothesenhaft aus der Gesamtbetrachtung des Untersuchungsgegenstandes abgeleitet werden. Der Fokus wird daher zunächst auf die inhaltliche Dimension gelegt und die Frage gestellt, inwiefern die prognostizierte Policy-Variation in der Simulation auf Änderungen in den empirischen Daten der realen Welt zurückzuführen ist, die als grundlegender Wechsel der *policy beliefs* und des *deep core* der Entscheidungsakteure bewertet werden können. Als erklärende Variable für die prognostizierte Policy-Variation und die Bewertung ihrer Radikalität werden im Folgenden die

Ergebnisse der Inhaltsanalyse zur Bestimmung der Policypositionen der *Gas Games I* und *II* vergleichend betrachtet, schließlich war die inhaltsanalytische Erhebung an den drei Policy-Ebenen *deep core beliefs, policy beliefs* und *secondary aspects* orientiert. Dieser Schritt ist konsistent mit den Rückschlüssen, die die Simulation mit Bezug auf die reale Welt offeriert: Schließlich weichen die Werte für die Einfluss-, Prioritäts- und Kompromissbereitschaftsvariable im *Gas Game II* mit Ausnahme des Einflusses der Europäischen Kommission nur geringfügig von den Werten im *Gas Game I* ab. Das modifizierte Simulationsergebnis ist in der virtuellen Welt also ebenfalls in erster Linie auf die veränderten Policypositionen zurückzuführen. Da es sich bei der europäischen Erdgasaußenpolitik gegenüber Russland nicht um einen, sondern eine Vielzahl an Entscheidungsakteuren handelt, findet im Folgenden eine vergleichende Betrachtung der Policypositionen für die einzelnen Mitgliedstaaten bzw. die Europäische Kommission statt, um letztlich aus deren Kombination auf den Grad der Policy-Variation zu schließen. In Fällen, in denen es inhaltlich sinnvoll erscheint, wird eine Bündelung der Akteure vorgenommen.

Eine deutliche Mehrheit der in der vorliegenden Arbeit berücksichtigten EU-Mitgliedstaaten weist in der Ukraine-Krise, konkret in dem Zeitraum von Dezember 2013 bis Dezember 2014, eine veränderte Position gegenüber Russland als Erdgaslieferant auf.

Tabelle 21: Differenz der Policypositionen in Gas Game I und II

	Policyposition *Gas Game I*	Policyposition *Gas Game II*	Differenz
Deutschland	85	50	-35
Italien	85	60	-25
Frankreich	80	50	-30
Spanien	50	30	-20
Niederlande	70	50	-20
Großbritannien	40	0	-40
Ungarn	60	60	0
Polen	10	0	-10
Tschechien	40	40	0
Europäische Kommission	50	30	-20

Bei Betrachtung der Tabelle fallen zwei Charakteristika auf: Zum einen sind Ungarn und Tschechien die einzigen Mitgliedstaaten, die ihre Policyposition gegenüber Russland als Erdgaslieferant während der Ukraine-Krise nicht verändert haben. Zum anderen lassen sich insbesondere bei den sehr einflussreichen westeuropäischen Staaten Deutschland, Italien, Frankreich und Großbritannien signifikante Abweichungen von ihren vorherigen Policypositionen identifizieren; die Differenzwerte liegen bei diesen Staaten zwischen 40 und 25. Im Folgenden wird untersucht, ob es sich bei den identifizierten Veränderungen lediglich um Variationen von sekundären Aspekten oder vielmehr der *policy beliefs* und des *deep core* handelt.

- *Deutschland, Italien und Frankreich*: Deutschland, Italien und Frankreich zählten im vergangenen Jahrzehnt zu den EU-Mitgliedstaaten, die die Idee der Energiepartnerschaft mit Russland im Erdgassektor am intensivsten verfolgt haben (*policy beliefs*), was sich in der Beteiligung am Nord und South Stream-Projekt widerspiegelte (*secondary aspects*). Sie sahen in einem hohen Interdependenzgrad die Möglichkeit, den Erdgashandel mit Russland langfristig zu stabilisieren, indem die Kosten eines Austritts aus der Partnerschaft für Russland erhöht und das Interesse an einer Diversifizierung der Absatzmärkte jenseits der EU verringert werden (*deep core beliefs*). Während der Ukraine-Krise wiesen die drei Staaten eine distanziertere, durch Misstrauen geprägte Position gegenüber Russland auf und forderten aus diesem Grund eine Neubetrachtung der europäischen Energiepolitik und die Durchführung von Diversifizierungsmaßnahmen in der EU, da sie die Abhängigkeit der EU von Russland als Erdgaslieferant nun als zu groß bewerteten. Die grundsätzliche Forderung von vermehrten Diversifzierungsmaßnahmen, die unter den veränderten Kontextbedingungen als notwendig angesehen wurden, um die Abhängigkeit von russischen Erdgasimporten zu reduzieren, stellt einen Wandel in den *policy beliefs* dar. Aufgrund der damit verbundenen Dependenzbewertung des Erdgashandels mit Russland reicht dieser Wandel sogar in den *deep core* der Akteure hinein und lässt deutliche Zweifel im Glauben an die stabilisierende Wirkung von Interdependenz erkennen. Gleichwohl ist anzumerken, dass die drei Staaten das Interesse an einer Energiepartnerschaft mit Russland trotzdem nicht vollständig aufgaben, sondern hofften nach einer Überwindung des Konflikts in langfristiger Perspektive den Erdgashandel mit Russland wieder durch freundschaftliche zwischenstaatliche Beziehungen einzurahmen. Dieses Interesse resultierte aber in erster Linie aus der pragmatischen Einschätzung, dass es kurz- und mittelfristig keine umfassenden Alternativen zu Russland als Erdgasquelle gebe. Dadurch wird die Neuausrichtung der *policy beliefs* zwar temporär eingeschränkt, aber es werden nicht die auf der Ebene des *deep core* emergierten Zweifel am Prinzip der Interdependenz mit Russland relativiert. Schließlich resultierte diese Beschränkung aus einem pragmatischen Umgang mit dem strukturellen Problem von Leitungsgebundenheit und mangelnden kurzfristigen Alternativen zu Russland im Erdgassektor. Lediglich die deutsche Regierung bewertete die Interdependenzbeziehung zwischen Deutschland und Russland im konkreten Moment der Krise als Beitrag, um die Wahrscheinlichkeit von russischen Lieferunterbrechungen für Deutschland zu verringern. Es wurde aber in Abschnitt 4.3.1 auf eine Differenz in der Bewertung von nationaler und europäischer Ebene in der deutschen Policyposition hingewiesen, so dass kein Widerspruch zu den von Deutschland geänderten *policy* und *deep core beliefs* für die europäische Erdgasaußenpolitik besteht. Zudem betonte die deutsche Regierung, dass der zukünftige Erdgashandel mit Russland im Einklang mit den europäischen Rechtsvorschriften des Dritten Energiepakets vollzogen werden müsse, was eine erhebliche Einschränkung der russischen Energiemacht in Europa implizieren würde. Es ist somit festzuhalten, dass bei den drei Mitgliedstaaten ein ansetzendes Aufbrechen ihrer vorherigen *deep core beliefs* identifiziert werden kann, das in einem grundlegenden Wandel ihrer *policy beliefs* resultierte, der allerdings durch strukturelle Bedingungen und ökonomische Interessen begrenzt wurde, was sich auf der Ebene der *secondary aspects* u.a. im fortbestehenden Interesse Frankreichs und Italiens am South Stream-Projekt äußerte.

- *Niederlande*: Die niederländische Politik war im Untersuchungszeitraum zwischen 2000 und 2010 um partnerschaftliche Energiebeziehungen mit Russland bemüht. Dieses Interesse resultierte aus pragmatischen Überlegungen: Da Russland als Erdgaslieferant für die Niederlande, die sich zu einem „gas hub" für Europa entwickeln wollte, unumgänglich war, wollte sie möglichst stabile, partnerschaftliche Beziehungen zu Russland aufbauen (*policy beliefs*). Diese Überlegung ist in eine übergeordnete Strategie eingebettet, die aus der grundsätzlichen Im- und Exportabhängigkeit von kleinen Mitgliedstaaten resultiert (*deep core beliefs*). Dieser Pragmatismus prägte zunächst die niederländische Policyposition während der Ukraine-Krise, die eine Destabilisierung der russischen Wirtschaft speziell im Energiesektor vermeiden wollte. Erst nach dem Absturz des Flugs MH-17 über ukrainischem Territorium forderte sie Sanktionen der Stufe 3 und war dazu bereit, die ökonomische Partnerschaft zwischen den Niederlanden und Russland als politisches Instrument in der Krise einzusetzen. Im Verlauf der Krise konnte somit auch bei der Niederlande eine deutliche Verschlechterung in den Beziehungen mit Russland identifiziert und aus dem infolge des Flugzeugabsturzes aggressiven Auftreten der niederländischen Regierung in der Sanktionsdebatte Rückschlüsse auf ein Anzweifeln ihrer *deep core* und *policy beliefs* gezogen werden. Insgesamt schien sie aber aufgrund des kurz- und mittelfristigen Mangels an alternativen Erdgaslieferanten für ihr Ziel, sich zu einem europäischen *gas hub* zu entwickeln, nicht zu einer radikalen Abkehr von Russland als Erdgaslieferant bereit zu sein, weshalb lediglich von einem moderaten Wandel in den *deep core* und *policy beliefs* gesprochen werden kann.

- *Spanien*: Für Spanien besaß Russland im vergangenen Jahrzehnt nur mittelbare Relevanz als Erdgaslieferant, da es selbst kein Erdgas importierte. Die bilateralen Beziehungen mit Russland waren zwar grundsätzlich durch eine strategische Partnerschaft geprägt. Im Erdgassektor verwies die spanische Regierung zwischen 2000 und 2010 trotzdem auf die hohe Importabhängigkeit der EU von Russland, um sich als Transitland für Erdgas aus Nordafrika sowie *LNG* anzubieten (*policy beliefs*). Spanien brachte sich in dieser Periode wegen der grundsätzlich partnerschaftlichen und für Spanien wirtschaftlich und machtpolitisch wichtigen Beziehungen zu Russland insgesamt aber nur geringfügig in die Debatte um Russlands Rolle in der europäischen Erdgasaußenpolitik ein. Während der Ukraine-Krise hielt sie an ihrem Argument fest, verfolgte diese Strategie aber wesentlich engagierter und rückte den Aspekt der europäischen Dependenz von Russland nun stärker in den Fokus ihrer europabezogenen Erdgasaußenpolitik, was durchaus als Wandel in den *deep core* sowie den *policy beliefs* bewertet werden kann, da diese veränderte Politikausrichtung aus den verschlechterten bilateralen Beziehungen zwischen Spanien und Russland infolge der Ukraine-Krise resultierte.

- *Großbritannien und Polen*: Großbritannien und Polen zeigten sich von den untersuchten Mitgliedstaaten am kritischsten gegenüber Russland als Erdgaslieferant und setzten sich entschieden für eine Diversifizierung der Erdgasquellen und die größtmögliche Reduktion von russischen Erdgasimporten ein (*policy beliefs*), um die Energiemacht Russlands einzudämmen (*deep core beliefs*). Für Polen stellte dies lediglich eine marginale Verschlechterung in Relation zu der bereits sehr distanzierten Haltung gegenüber Russland im vergangenen Jahrzehnt dar, es ist somit keine signifikante Variation in den *deep core* und *policy beliefs* festzustellen. Für Großbritannien bedeutet diese Position jedoch eine Abkehr von der schrittweisen Verbesserung der politischen Beziehungen mit Russland im vergangenen Jahrzehnt, die auf den wirtschaftlichen Interessen Großbritanniens an Russland beruhte (*deep core* und *policy beliefs*). In der Ukraine-Krise dominierte aufgrund des politischen Konflikts die Skepsis der britischen Regierung gegenüber Russlands Zuverlässigkeit als Erdgaslieferant und die mit der Abhängigkeit von Russland verbundene Energiemacht (*deep core beliefs*). Statt die wirtschaftlichen Beziehungen mit Russland – wie andere westeuropäische Staaten – zu schützen, war sie bereit, diese Verflechtungen in Form von Sanktionen gegen Russland zu verwenden. Sie schloss auch im Energiesektor Sanktionen nicht aus und trat entschlossen für eine dauerhafte Diversifizierung der Erdgasquellen ein (*policy beliefs*). Der im vergangenen Jahrzehnt begonnene Wandel in den *deep core beliefs* von einer Ablehnung der Dependenz von Russland hin zu der Entwicklung einer interdependenten Partnerschaft wurde in der Ukraine-Krise somit rückgängig gemacht und lässt sich daher als erneuter Wechsel in den *deep core* und infolgedessen in den *policy beliefs* bewerten.

- *Europäische Kommission*: Im vergangenen Jahrzehnt setzte sich die Kommission für ein ausgeglichenes Importportfolio ein (*policy beliefs*). Das wichtigste Diversifizierungsprojekt stellte die Nabucco-Pipeline dar (*secondary aspects*). Gleichzeitig sah sie die Energiepartnerschaft mit Russland aber als wichtigen Beitrag für die Versorgungssicherheit an (*policy beliefs*), was sich in ihrer Unterstützung der Nord Stream-Pipeline manifestierte (*secondary aspects*). Den höheren Grad an Diversifizierung forderte sie aufgrund ihrer Einschätzung, dass die hohe Abhängigkeit der EU von russischen Erdgasimporten die EU gegenüber Russland erpressbar mache (*deep core beliefs*). Die Ukraine-Krise bestätigte sie in diesem Urteil. Zwar war sie in langfristiger Perspektive weiterhin an partnerschaftlichen Beziehungen zu Russland interessiert, da Russland als Erdgaslieferant insgesamt unumgänglich sei (*policy beliefs*). Diese müssten aber durch den Grad einer symmetrischen Interdependenz oder einer asymmetrischen Interdependenz zugunsten der EU gekennzeichnet sein, um das Erpressungspotential Russlands zu verringern (*deep core beliefs*). Sie forderte daher eine Intensivierung ihrer Diversifizierungsbemühungen (*policy beliefs*) und blockierte zugleich das South Stream-Projekt (*secondary aspects*). Bei der Europäischen Kommission war infolge der Ukraine-Krise somit nur ein moderater Wandel in den *deep core beliefs* zu erkennen, da sie die Abhängigkeit von russischen Lieferimporten und die damit verbundene Erpressbarkeit der EU schon im vergangenen Jahrzehnt als Gefährdung der europäischen Versorgungssicherheit bewertete. Der Wandel in den *policy beliefs* sowie den *secondary aspects* war aber durchaus signifikant, da sie sich mit wesentlich größerer Intensität und Aggressivität für eine Diversifizierung der Erdgasquellen und eine Reduzierung des Erdgashandels mit Russland einsetzte.

Lediglich bei zwei der in dieser Arbeit untersuchten EU-Mitgliedstaaten ließ sich keine Änderung in der Policyposition verzeichnen:

- *Ungarn*: Sowohl im vergangenen Jahrzehnt als auch während der Ukraine-Krise hat die ungarische Politik ihre Beziehungen zu Erdgaslieferanten ausschließlich anhand wirtschaftlicher Interessen ausgerichtet (*deep core beliefs*). Sie war zwar um ein möglichst diversifiziertes Importportfolio bemüht (*deep core* und *policy beliefs*), doch sofern sich bei Diversifizierungsprojekten Probleme entwickelten und Russland gleichzeitig als alternativer Erdgaslieferant zur Verfügung stand, setzte sie auf die Partnerschaft mit Russland (*policy beliefs*). Ihre Beteiligung am South Stream-Projekt rechtfertigte sie sowohl im vergangenen Jahrzehnt als auch während der Ukraine-Krise mit Verweis auf den Mangel an alternativen Erdgasquellen (*policy beliefs* und *secondary aspects*). Es konnte insgesamt auf keiner Policy-Ebene ein Wandel in der ungarischen Position identifiziert werden.

- *Tschechien*: Im Gegensatz zu Ungarn stand die tschechische Politik Russland grundsätzlich skeptisch gegenüber und war darum bemüht, aus der russischen Einflusssphäre auszutreten (*deep core beliefs*). Dies galt auch für den

Erdgassektor, in dem Tschechien nach einer Diversifizierung der Energiequellen und größerer Importunabhängigkeit strebte (*policy beliefs*). Da es aber an Alternativen mangelte, hielt sie – insbesondere nach dem Scheitern des Nabucco-Projekts – an Russland als Erdgaslieferant fest (*policy beliefs* und *secondary aspects*). Dieser distanzierte, aber pragmatische Ansatz prägte auch die tschechische Politik in der Ukraine-Krise, da sie das russische Handeln zwar verurteilte, eine Ausweitung des Konflikts auf den Erdgassektor aufgrund des weiterhin bestehenden Mangels an alternativen Erdgasquellen jedoch unbedingt vermeiden wollte. Bei Tschechien konnte somit ebenfalls auf keiner Policy-Ebene ein Wandel identifiziert werden.

Es kann zusammenfassend festgehalten werden, dass in Deutschland, Frankreich, Italien, den Niederlanden, Spanien, Großbritannien und bei der Europäischen Kommission ein Wandel in den *deep core beliefs* oder zumindest so gravierende Zweifel an ebendiesen identifiziert werden konnten, dass sich dies auf die *policy beliefs* der Staaten auswirkte. Sie forderten nun alle eine höhere Priorisierung von Diversifizierungsmaßnahmen als zuvor. Gleichzeitig erscheint der Wandel in den Policypositionen zu einem gewissen Grad noch moderat, da Deutschland, Frankreich, Italien und mit Einschränkung die Niederlande regelmäßig betonten, dass Russland als Erdgaslieferant für die EU kurz- und mittelfristig weiterhin wichtig bleiben werde. Als gravierende Veränderung ist in der Argumentationsführung jedoch zu erkennen, dass zur Begründung von Russlands Rolle nun nicht mehr auf die langfristige Stabilisierung durch interdependente Energiebeziehungen verwiesen wurde, sondern vielmehr auf die kurz- und mittelfristig bestehende Alternativlosigkeit an Erdgaslieferanten. Keine bzw. nur marginale Veränderungen in den *deep core* und *policy beliefs* konnten in Polen, Ungarn, Tschechien und bei der Europäischen Kommission identifiziert werden. Dabei handelt es sich mit Ausnahme von Ungarn ausschließlich um Akteure, die die Erdgasbeziehung mit Russland schon zuvor als Dependenz bewertet haben und für eine Priorisierung von Diversifizierungsmaßnahmen eintraten.

Welches Urteil kann in der Gesamtbetrachtung nun hinsichtlich der Zuordnung der Policy-Variation zu Rübs Typologisierung gebildet werden? Im Rahmen der Analyse des Policy-Outputs des *Gas Game I* wurde festgehalten, dass sich im vergangenen Jahrzehnt zwei Akteursgruppen gegenüberstanden: Akteure, die die Energiepartnerschaft mit Russland als großen Beitrag zur Versorgungssicherheit bewerteten sowie Akteure, die das Diversifizierungsprojekt Nabucco präferierten. Erstere haben sich in den simulierten bilateralen Verhandlungen in der Tendenz durchgesetzt und die europäische Erdgasaußenpolitik zugunsten einer Energiepartnerschaft mit Russland geprägt. Im vorangegangenen Abschnitt wurde nun erläutert, dass – von Ungarn und Tschechien abgesehen – bei allen Akteuren ein Wandel in ihrer Policyposition identifiziert worden ist, der in dem *issue continuum* einem im Vergleich zum vergangenen Jahrzehnt niedrigeren Wert, d.h. einer höheren Priorisierung von Diversifizierung entspricht. Mit Ausnahme von Polen wurde bei all diesen Akteuren ein Wandel in den *deep core* und *policy beliefs* festgestellt und somit auch bei denjenigen Staaten, die im vergangenen Jahrzehnt erstens für interdependente Erdgasbeziehungen und eine Energiepartnerschaft mit Russland eingetreten sind und zweitens gemeinsam über ausreichend Macht verfügten, um die europäische Erdgasaußenpolitik nachhaltig mitzugestalten. Der ausschlaggebende Faktor für das neue Simulationsergebnis bestand also in einem Wandel der *deep core* und *policy beliefs* von einflussreichen Akteuren, die im vergangenen Jahrzehnt für eine Energiepartnerschaft eintraten und von dieser Politik nun abrückten. In synthetisierter Betrachtung kann nach der Typologisierung von Rüb daher von einer *umfassenden* Policy-Variation, d.h. einem Politikwandel bzw. -wechsel als *prediction* gesprochen werden.

Die qualitative Analyse generiert somit ein wichtiges Forschungsergebnis: Sie weist nach, dass es sich bei der *prediction* nicht um eine alltägliche Policy-Variation handelt, sondern sich durchaus eine umfassende Variation aus der Synthese der Policypositionen abzeichnet. Zugleich liefert sie aber eine weitere Erklärung, die vor dem Hintergrund der öffentlichen Besprechung der Ukraine-Krise ebenfalls hervorgehoben werden muss. Schließlich wurde im Verlauf dieses Abschnitts die Frage aufgeworfen, weshalb das Simulationsergebnis mit dem Wert 38,23 Forderungen und Erwartungen einer radikalen Distanzierung von Russland als Erdgaslieferant widerspricht. Warum prognostiziert die Simulation zwar eine umfassende Policy-Variation im Sinne eines Politikwandels oder -wechsels, ohne aber einen Bruch mit Russland zu implizieren? Zur Erklärung dieser scheinbaren Inkonsistenz wird im folgenden Abschnitt auf die inhaltsanalytischen Ergebnisse sowie die RCI-Annahmen zurückgegriffen. Es wird die Hypothese aufgestellt, dass die Forderung eines Bruchs mit Russland aus einer normativen Perspektive resultiert, die wissenschaftliche Analyse demgegenüber aber aufdeckt, dass sich „Realpolitik" von derart normativ und mitunter ideologisch geprägten Positionen im vorliegenden Fall deutlich unterscheidet.

Die Forderung nach einem radikalen Bruch mit der bisherigen europäischen Erdgasaußenpolitik und demnach mit Russland als Erdgaslieferant ist aus einer sehr abstrakten Bewertung der Integrationskonkurrenz zwischen der EU und Russland abgeleitet. In der öffentlichen Diskussion – und auch von einigen EU-Mitgliedstaaten wie z. B. Polen oder den baltischen Staaten – wird die Ukraine-Krise nicht selten zu einer Konfrontation zwischen dem „Freien Westen" und der Autokratie in Russland stilisiert, in der ein höheres Recht, nämlich die europäischen Werte – Freiheit, Demokratie und Selbstbestimmung –, durch Russland bedroht würden. Die Verteidigung ebendieser sei nun von solch großer Bedeutung, dass die EU Russland mit „Härte" begegnen müsse, mitunter in Form einer „Eindämmungspolitik" (siehe z. B. FAZ vom 04.08.2014; Meister 2013, 2015; Röttgen 2014; vgl. Handelsblatt vom 08.08. 2014a; Kundnani 2014, 2015). Der Handlungsrahmen der EU dürfe dabei nicht durch die engen wirtschaftlichen Verflechtungen mit Russland und speziell die der europäischen Erdgasimportabhängigkeit geschuldete russische Energiemacht eingeschränkt werden, weshalb letztere notwendigerweise drastisch zu reduzieren sei (vgl. u.a. Abschnitt 8.4.8). An dieser Stelle soll keine Bewertung oder Überprüfung dieser Position erfolgen. Es soll aber darauf hingewiesen werden, dass es sich dabei um ein *normatives* Urteil handelt, das folglich als *normativer* Anspruch an die europäische Erdgasaußenpolitik gestellt wird. Transferiert in die analytischen Kategorien der vorliegenden Arbeit entspricht ein solcher Politikansatz einem krisenbedingten, bedingungslosen Misstrauen gegenüber Russland als Erdgaslieferant auf Ebene der *deep core beliefs* und einer diesem Misstrauen entsprechenden rigorosen Diversifizierungspolitik auf Ebene der *policy beliefs*. Demgegenüber nimmt der RCI allerdings an, dass Entscheidungsakteure nutzenmaximierende Spieler sind und deren *rationale Kalkulationen*, die mit normativen Werten mitunter im Konflikt stehen können, die tatsächliche Politikausgestaltung determinieren. Diese begründen – so die hier aufgestellte Hypothese –, dass die Simulation nicht eine dem Wert 0 entsprechende bedingungslose Distanzierung von Russland als Erdgaslieferant generierte, sondern einen im Vergleich moderateren Wert, der den zukünftigen Import von russischem Erdgas weiterhin berücksichtigt, was aber trotzdem nicht im Widerspruch zu dem in den *deep core* und *policy beliefs* durchaus identifizierten Policy-Wechsel steht. Die der Hypothese zugrundeliegende Argumentationsstruktur wird nun ausführlich unter Fokussierung auf die Besonderheiten des Policy-Subsystems Erdgasaußenpolitik und den Diskurs der Mitgliedstaaten erläutert: In der politikwissenschaftlichen Literatur zu EU-Russland-Erdgasbeziehungen wird eine weitgehende Entsprechung von Interdependenz und Energiepartnerschaft bzw. Dependenz und Diversifizierung angenommen (vgl. Abschnitt 3.2). In der Analyse der Policypositionen für das *Gas Game I* konnte diese Entsprechung zwar für die Mehrheit der Akteure bestätigt, ein deterministischer Zusammenhang allerdings durch widerlegende Fälle ausgeschlossen werden. So wurde gezeigt, dass bei einigen Staaten wie Tschechien oder Ungarn kein linearer Zusammenhang zwischen der jeweiligen Bewertung der Dimensionen *Dependenz/Interdependenz* und der Wahl des Policy-Instruments *Diversifizierung/Energiepartnerschaft*, bestand. Ihre Policypositionen wurden stattdessen als pragmatischer Ansatz gekennzeichnet, bei dem *die Erreichung des Politikziels* – größere Importunabhängigkeit von Russland – *durch die Restriktionen im Policy-Subsystem* – mangelndes Angebot an alternativen Erdgaslieferanten, geringerer Einfluss auf das Policy-Ergebnis als der Einfluss der Advokaten einer Energiepartnerschaft – *signifikant behindert wurde.* Diese Handlungsbeschränkung beeinflusste wiederum *die Wahl der Policy-Instrumente* – verhältnismäßig hohe Akzeptanz von Infrastrukturmaßnahmen in Kooperation mit Russland. Die Gegenüberstellung der Policypositionen in *Gas Game I* und *II* verdeutlicht nun, dass im Kontext der Ukraine-Krise das Zusammenspiel von *Interdependenz* und *Energiepartnerschaft* bzw. *Dependenz* und *Diversifizierung* im gleichen Sinne weiter aufbricht und zunehmend durch eine pragmatische Komponente ersetzt wird. So wurde bei der Analyse der Policypositionen von Deutschland, Frankreich und Italien, die im vergangenen Jahrzehnt Aufbau und Intensivierung der Energiepartnerschaft mit Russland im Erdgassektor angestrebt haben, um mittels Interdependenz Versorgungssicherheit zu gewährleisten und zu vermeiden, dass Russland seine Absatzmärkte diversifiziert, zwar ein größeres Misstrauen gegenüber Russland als Erdgaslieferant identifiziert, das mit der veränderten Einschätzung verbunden war, dass die EU eine zu große Abhängigkeit von russischen Erdgasimporten aufweist. Diese resultierten in der Forderung nach einer Intensivierung von Diversifzierungsmaßnahmen zur Erschließung neuer Erdgaslieferanten. Die drei Mitgliedstaaten betonten aber zugleich die Notwendigkeit, aus Mangel an ausreichend alternativen Erdgasanbietern die Energiepartnerschaft mit Russland nach Überwindung der politischen Krise wiederherzustellen. Sie zielten darauf ab, die partnerschaftlichen Beziehungen im Erdgashandel zwischen der EU und Russland kurz- und mittelfristig zu bewahren – geknüpft an die Bedingung einer politischen Deeskalation –, aber schrittweise zugunsten der eigenen Energiemacht zu verschieben und die Handlungsrestriktionen, die ihnen der Mangel an alternativen Erdgaslieferanten auferlegte, in langfristiger Perspektive zu verringern. Der ökonomische Nutzen des Erdgashandels mit Russland und der eingeschränkte Handlungsspielraum im Erdgassektor stellten somit wirkmächtige, handlungsleitende Kategorien dar und begrenzten die Ausweitung des politischen Konflikts in der Integrationskonkurrenz zwischen der EU und Russland auf den Erdgassektor. Dies erklärt auch die Konstanz in den Positionen von Tschechien und Ungarn sowie die verhältnismäßig geringe Veränderung in den Policypositionen der Niederlande und der Europäischen Kommission. Während im vergangenen Jahrzehnt also alternative Pipelineprojekte als Handlungsoptionen existierten und von den einflussreichen westeuropäischen Mitgliedstaaten letztlich eine Entscheidung für die Energiepartnerschaft mit Russland getroffen wurde, wirkte sich dieser Policy-Output nun in der Wahrnehmung derselben Akteure als Restriktion auf ihre Handlungsmöglichkeiten in der Erdgasaußenpolitik aus. An Großbritannien wird demgegenüber deutlich, dass das Spannungsfeld eines pragmatischen, den wirtschaftlichen Interessen entsprechenden Ansatzes und der aus politischen Konflikten resultierenden Skepsis gegenüber Russland als Erdgaslieferant vollständig letzterem Pol gewichen ist. In der britischen Position dominiert nun das Ziel der Energieunabhängigkeit von Russland gegenüber ökonomischen Kalkulationen; die von anderen Staaten wahrgenommenen Handlungsbeschränkungen werden ignoriert. Während der Ukraine-Krise ist jenseits des für die Untersuchung operationalisierten eindimensionalen Politikraums somit eine weitere Konfliktlinie entstanden, die sich aber auf diesen auswirkt und dadurch Variationen in den Policypositionen der Entscheidungsakteure begründet. Schließlich bewerteten mit Ausnahme von Ungarn seit Beginn der Ukraine-Krise alle Akteure den Grad der europäischen Abhängigkeit von Erdgasimporten aus Russland aufgrund des mangelnden Vertrauens in die Stabilität der politischen Beziehungen als zu groß. Es bestand aber eine unterschiedliche Gewichtung zwischen den oben erläuterten (bis zu einem gewissen Grad subjektiven) Handlungsrestriktionen und der Bereitschaft, den politischen Konflikt zwischen der EU und Russland trotz ebendieser im Erdgassektor auszutragen. Dieses Spannungsfeld zwischen normativer

Politik und rationalen Kalkulationen relativiert die symmetrische Entsprechung von *deep core* und *policy beliefs* im Policy-Subsystem europäische Erdgasaußenpolitik und dient als zusätzliche erklärende Variable für verbleibende Variationen zwischen den Policypositionen im Wertebereich zwischen 0 und 50 des Politikraums, d.h. in einem Skalenabschnitt, der bereits Ausdruck des mangelnden Vertrauens in Russland als Erdgaslieferant ist.

Zusammenfassend lässt sich festhalten, dass die *prediction* der Kategorie umfassender Policy-Variationen zuzuordnen ist. Die Pfadabhängigkeiten früherer Erdgasaußenpolitischer Entscheidungen schränken die Radikalität des Wandels auf Ebene der *policy beliefs* und *secondary aspects* aber zu einem gewissen Grad ein. Sie begründen die Differenz zwischen einer vergleichsweise moderaten „Realpolitik" und normativen Forderungen nach einem radikalen Bruch mit Russland. Es ist zu erwarten, dass dies auch für das von Rüb aufgestellte zweite Kriterium gilt, die Geschwindigkeit der Policy-Variation. Einerseits wurde der Erdgassektor zu Beginn der Ukraine-Krise zwar sehr schnell auf die politische Agenda gesetzt und es wurden von den einzelnen Akteuren bereits gut ausgearbeitete Policyoptionen vorgestellt. Es bahnt sich daher, sofern man den reinen Entscheidungsprozess betrachtet, ein rapider Politikwechsel an, was zweifellos durch die Substanz des externen Schocks sowie den Umstand begünstigt ist, dass Diversifizierungsvorschläge bereits „auf Halde lagen" (Rüb 2014b: 40). Schließlich wurden diese von einigen EU-Mitgliedstaaten wie z. B. Polen und Spanien sowie der Europäischen Kommission bereits im vergangenen Jahrzehnt eingefordert und die Ukraine-Krise von jenen Akteuren nun als „window of opportunity" genutzt, um sie auf der Entscheidungsagenda zu platzieren und verstärkt zu propagieren. Andererseits haben Deutschland, Frankreich und Italien stets darauf hingewiesen, dass kurz- und mittelfristige Lösungen zur Verringerung der europäischen Erdgasimportabhängigkeit von Russland nicht möglich sind. Zum einen sind die europäischen Mitgliedstaaten in Langzeitverträgen an Russland gebunden; zum anderen sind der Bau neuer Infrastruktur und die Aushandlungen mit anderen Erdgaslieferanten notwendig; des Weiteren wird die EU auf dem *LNG*-Markt mit asiatischen Staaten konkurrieren, die bislang dazu bereit sind, sehr hohe Erdgaspreise zu zahlen. Sollte die im *Gas Game II* generierte *prediction* tatsächlich realisiert werden, würde sich der Implementierungsprozess der Diversifizierungsmaßnahmen über viele Jahre bzw. Jahrzehnte erstrecken und die Reduzierung des russischen Erdgasanteils nicht rapide, sondern schrittweise vollzogen werden. Rückbezogen auf die Typologisierung von Rüb ist unter *ceteris paribus*-Annahmen somit ein rapider Politikwechsel zu erwarten, dessen Implementierungsprozess mittels inkrementeller Politikveränderungen vollzogen wird, die alle auf ein übergeordnetes Ziel, die Diversifizierung des europäischen Erdgasimportportfolios gerichtet sind, so dass sich nach einem längeren Zeitraum in der synthetisierten Betrachtung von derlei Diversifizierungsmaßnahmen schließlich ein umfassender Politikwandel vollziehen wird. Abbildung 57 fasst diese *prediction* mit Bezug auf die Typologisierung von Rüb zusammen.

Abbildung 57: Typisierung der prognostizierten Policy-Variation (Gas Game II)

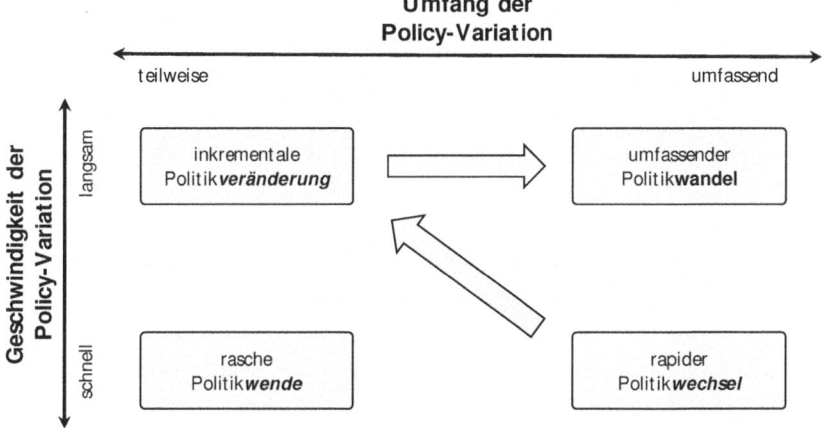

Quelle: Rüb (2014b: 20)

Die Analyseergebnisse lassen auf nachhaltige Auswirkungen der Ukraine-Krise auf den europäischen Erdgassektor schließen. Deren Relevanz für die reale Erdgasaußenpolitik ist allerdings – wie in der Einleitung zu Kapitel 8 erläutert – an die Bedingung geknüpft, dass auch in dem neuen Kontext der Ukraine-Krise ein unverändertes institutionelles Setting und eine damit verbundene Analogie zwischen virtueller und realer Welt angenommen werden kann. Diese Bedingung wird im folgenden Abschnitt überprüft.

9.3 Die Kausalstruktur der EU-Erdgasaußenpolitik: Eine Energieunion in der EU?

Die Ausführungen im vorangegangenen Abschnitt basieren auf *ceteris paribus*-Annahmen, d.h. bei den Rückschlüssen der virtuellen auf die reale Welt wird für den Untersuchungszeitraum zwischen Dezember 2013 und Dezember 2014 eine weiterhin bestehende Analogie zwischen diesen beiden Systemen vorausgesetzt, die in Kapitel 8 als Bedingung für die Übertragbarkeit des *Gas Game I* auf den neuen Untersuchungszeitraum angeführt wurde. Es stellt sich allerdings die Frage, ob diese *ceteris paribus*-Annahmen tatsächlich noch berechtigt und relevant sind, ob während und nach der Ukraine-Krise also wirklich noch ein identisches institutionelles Setting von Entscheidungsprozessen in der europäischen Erdgasaußenpolitik wie im vergangenen Jahrzehnt angenommen werden kann. Im Untersuchungszeitraum zwischen 2000 und 2010 herrschte ein nicht-kooperatives Setting vor. In der Erdgasaußenpolitik bestanden zwischen den EU-Mitgliedstaaten überaus widersprüchliche Interessen und daraus resultierende Konflikte, die eine kohärente EU-Politik in diesem Feld blockierten. Die Entscheidungsprozesse fanden in erster Linie auf intergouvernementaler Ebene statt; die EU-Mitgliedstaaten versuchten in bilateralen Verhandlungen, ihre nationalen Interessen gegen die anderen EU-Staaten durchzusetzen. Zwar versuchte die EU-Kommission bereits während der Gaskrisen 2006 und 2009 die europäische Erdgasimportabhängigkeit als zentrales Argument anzuführen, um die EU-Mitgliedstaaten vom Nutzen einer gemeinsamen europäischen Energiepolitik zu überzeugen und im Zuge dessen selbst mehr Kompetenzen auf der supranationalen Ebene zu erhalten. Im Policy-Subsystem Erdgasaußenpolitik war sie damit bislang aber nicht erfolgreich (vgl. Abschnitt 3.3). Jenes war in den darauf folgenden Jahren weiterhin durch die nationalen Entscheidungen der Mitgliedstaaten geprägt. Das nicht-kooperative PG stellte sich vor diesem Hintergrund als sehr geeignet heraus, um die reale Welt mittels seiner Spielregeln zu emulieren. Das Agenda-Setting mancher Mitgliedstaaten und der Kommission in den Jahren 2014 und 2015 lassen die weitere Gültigkeit dieser Analogie auf den ersten Blick allerdings anzweifeln. Denn die krisenhaften Beziehungen zwischen der EU und Russland wirkten sich nicht nur auf die zukünftige Gestaltung der Erdgasaußenpolitik in den Dimensionen *Diversifizierung/Energiepartnerschaft* aus. Sie reanimierten zugleich den Diskurs um den potentiellen Mehrwert einer *kohärenten Erdgasaußenpolitik* gegenüber Russland für die einzelnen Mitgliedstaaten, in dessen Mittelpunkt das Konzept der Energieunion stand.

Im folgenden Abschnitt werden die Positionen der Mitgliedstaaten sowie der Kommission zur Energieunion erläutert, da sich an diesen die Bereitschaft der Entscheidungsakteure hinsichtlich einer Zusammenführung ihrer nationalen Energiepolitiken verdeutlicht. Auf diese Weise kann überprüft werden, ob sich ein Wandel in der Kausalstruktur des analysierten Policy-Subsystems, der EU-Erdgasaußenpolitik, andeutete oder von ihrer Konstanz ausgegangen werden kann. Dies entspricht der in Kapitel 8 angeführten zweiten Bedingung für die Übertragbarkeit des *Gas Game* auf den Untersuchungszeitraum von Dezember 2013 bis Dezember 2014.

Im April 2014 legte der damalige polnische Ministerpräsident Tusk ein ausgearbeitetes Papier für die Entwicklung einer europäischen Energieunion vor. Die EU-Mitgliedstaaten sollten in der Energiepolitik und speziell bei der Versorgung mit Öl und Gas enger zusammenarbeiten, schließlich habe die Ukraine-Krise bewiesen, dass eine exzessive Abhängigkeit von russischen Importen die EU schwäche (vgl. Süddeutsche.de vom 22.04.2014).[131]

> Die Initiative zielt darauf ab, die Zusammenarbeit einiger EU-Länder in der Energiepolitik weiter zu vertiefen, insbesondere beim gemeinsamen Einkauf fossiler Energieträger aus Drittländern, bei der Fokussierung auf die einheimische Förderung fossiler Energieträger (vor allem Kohle und Erdgas, inklusive Schiefergas) sowie die beschleunigte Vollendung des Erdgas-Binnenmarkts. Weitere wichtige Bestandteile des Vorschlags sind Solidaritätsmechanismen zwischen EU-Nachbarländern sowie die Diversifizierung der Bezugsquellen. (Holz et al. 2014: 480)

Die Europäische Kommission nahm diesen Vorschlag zügig auf. Bereits im Mai 2014 veröffentlichte die EU-Kommission einen Entwurf für eine neue Energiesicherheitsstrategie. In diesem erörterte sie u.a. Möglichkeiten einer besseren Koordinierung nationaler Energiepolitiken und ein geschlossenes Auftreten in der externen Energiepolitik (vgl. Europäische Kommission 2014b: 20–23). Im Rahmen der Präsentation der politischen Leitlinien für die nächste Europäische Kommission erklärte Jun-

---

131 Das Papier ist unter folgendem Link verfügbar: http://www.energypost.eu/roadmap-towards-energy-union-europe/ (Stand: 14.06.2015).

cker am 15. Juli 2014 – zu diesem Zeitpunkt noch als Kandidat für das Amt des Kommissionspräsidenten – explizit, sein Ziel sei der Aufbau einer robusten Energieunion:

> Die aktuellen geopolitischen Entwicklungen haben uns vor Augen geführt, dass Europa zu sehr von Erdöl- und Erdgaseinfuhren abhängig ist. Deshalb möchte ich die Energiepolitik Europas reformieren und neu strukturieren und eine neue europäische Energieunion schaffen. Wir müssen unsere Ressourcen bündeln, unsere Infrastrukturen kombinieren und unsere Verhandlungsmacht gegenüber Drittländern stärken. (Juncker 2014: 6)

Am 1. November 2014 vollzog Juncker einen wichtigen Schritt zur Umsetzung seines Vorhabens und ernannte Maroš Šefčovič zum Vizepräsidenten für die Energieunion, der die Notwendigkeit einer kohärenten Energiepolitik ebenfalls mit der Ukraine-Krise begründete: „The situation in Ukraine brought it [Energy Union] to the forefront of the political agenda. We shouldn't spend each summer worrying we don't have a secure energy supply for winter."(Zit. n. EurActiv vom 05.02.2015b) Im Februar 2015 stellte die Kommission ihr Papier zur Energieunion vor. Die energie- und klimapolitischen Maßnahmen der Mitgliedstaaten sollten zusammengeführt werden, „um eine stärkere und dauerhaftere politische Kohärenz zu erreichen" (Europäische Kommission 2015: 20), damit „[d]as fragmentierte System mit unkoordinierten nationalen Strategien, Markthemmnissen und in Bezug auf die Energieversorgung isolierten Gebiete" der Vergangenheit angehörten und die Position der EU als Verbraucher gestärkt werde (Europäische Kommission 2015: 2). Die Strategie der Energieunion müsse nach Ansicht der Kommission fünf Dimensionen umfassen:

1) Sicherheit der Energieversorgung, Solidarität und Vertrauen;

2) ein vollständig integrierter europäischer Energiemarkt;

3) Energieeffizienz als Beitrag zur Senkung der Nachfrage;

4) Verringerung der CO_2-Emissionen der Wirtschaft;

5) Forschung, Innovation und Wettbewerbsfähigkeit (vgl. Europäische Kommission 2015: 4).

Von besonderer Relevanz für die europäische Erdgasaußenpolitik und die Analyse, inwiefern die Mitgliedstaaten zu einer Übertragung ihrer Souveränität auf die supranationale Ebene bereit waren, sind Punkt 1 und mit Einschränkung Punkt

2. Ersterer umfasst das Ziel der Versorgungssicherheit im Kontext von Handelsbeziehungen mit Exportstaaten, wozu dementsprechend die Erdgasaußenpolitik der EU gegenüber Russland zu zählen ist. Letzterer bezieht sich u.a. auf die Entwicklung des Erdgasbinnenmarkts, der zwar die interne Dimension der europäischen Erdgaspolitik darstellt, aber seit Inkrafttreten des Dritten Energiepakets durchaus Auswirkungen auf die Erdgasaußenpolitik zeitigte. Vor diesem Hintergrund wird die Auseinandersetzung zwischen den Mitgliedstaaten um diese beiden Punkte im Folgenden detaillierter betrachtet.

Um die Sicherheit der Energieversorgung sowie Solidarität und Vertrauen zwischen den Mitgliedstaaten zu stärken, plante die Kommission verschiedene Maßnahmen: Zur Diversifzierung der Erdgasquellen, -lieferanten und -versorgungswege kündigte sie die Ausarbeitung einer umfassenden europäischen *LNG*-Strategie an, für die sie alle ihr zur Verfügung stehenden Finanzierungsinstrumente bereitstellen werde: „An der Errichtung der Infrastruktur für die Bereitstellung von Gas aus neuen Quellen für die EU sind viele Partner beteiligt; außerdem ist dieser Schritt komplex und kostenaufwändig. Die Lösung der dadurch entstehenden Probleme erfordert ein entschlossenes Handeln auf EU-Ebene." (Europäische Kommission 2015: 5) Die Zusammenarbeit der Mitgliedstaaten müsse im Hinblick auf die Energieversorgungssicherheit erhöht werden, was den Ausbau von Solidaritätsmechanismen im Falle von Versorgungskrisen, aber auch „Optionen für Mechanismen zur freiwilligen Bündelung der Nachfrage im Hinblick auf einen gemeinsamen Einkauf von Erdgas in Krisenzeiten und in Fällen, in denen Mitgliedstaaten von einem einzigen Lieferanten abhängig sind" einschließe (Europäische Kommission 2015: 6). Des Weiteren sei es notwendig, dass die Mitgliedstaaten auf den globalen Energiemärkten gegenüber Drittstaaten geeint auftreten, um größeres Gewicht zu erhalten. Die Kommission werde alle ihr zur Verfügung stehenden Mittel in der Erdgasaußenpolitik einsetzen, um strategische Energiepartnerschaften mit immer wichtiger werdenden Erzeuger- und Transitländern aufzubauen. Die Gasversorgung müsse zudem transparenter gestaltet werden, weshalb die Kommission zukünftig von einem frühen Zeitpunkt an über die Aushandlungen von zwischenstaatlichen Abkommen informiert werden solle, um sicherzustellen, dass europäische Vorschriften eingehalten werden und die EU in Verhandlungen mit Drittländern mit einer Stimme spreche. Um die Vollendung des Energiebinnenmarkts voranzutreiben, soll u.a. die regionale Zusammenarbeit der Mitgliedstaaten gesteigert und derlei regionale Initiativen auf kohärente Weise für die gesamte EU weiterentwickelt werden (vgl. Europäische Kommission 2015: 7–8, 12). In ergänzenden Stellungnahmen verdeutlichte die Kommission, dass sich viele der unter Punkt 1 geäußerten Maßnahmen vordergründig auf den Umgang mit Russland bezogen. Dazu zählt z. B. die Bündelung des Gaseinkaufs durch osteuropäische Staaten, um als Nachfrager größeres Gewicht gegenüber Russland zu erhalten (vgl. EurActiv vom 03.02.2015, 25.02.2015b), die Überprüfung bilateraler Energieabkommen mit Russland, um die bislang betriebene russische „divide-and-rule"-Taktik, die sehr unterschiedliche Erdgaspreise für die verschiedenen Mitgliedstaaten implizierte, zu verhindern (vgl. EurActiv vom 25.02.2015b) sowie die Erschließung neuer Erdgaslieferanten, um den russischen Anteil an der europäischen Erdgasversorgung zu verringern (vgl. u.a. EurActiv vom 22.05.2014a; FAZ.NET vom 02.05.2014, 21.05.2014). Insgesamt wird anhand ihres Strategiepapiers deutlich, dass die Kommission einerseits vorsah, ihre bereits vorhandenen Kompetenzen so umfassend wie möglich in der Erdgasaußenpolitik gegenüber Russland einzusetzen und sie andererseits – soweit die Mitgliedstaaten es genehmigten – noch weiter auszubauen.

Die EU-Mitgliedstaaten begrüßten die Idee einer Energieunion in ihrem Grundsatz. In seinen Schlussfolgerungen zum Gipfeltreffen vom 19. und 20. März 2015 erklärte der Europäische Rat: „Die EU tritt für die Schaffung einer Energieunion mit einer zukunftsorientierten Klimapolitik auf der Grundlage der Rahmenstrategie der Kommission ein [...]. Die Organe der EU und die Mitgliedstaaten werden diese Arbeit voranbringen [...]. Der Europäische Rat wird weiterhin Leitlinien vorgeben." (Europäischer Rat 2015: 1; siehe auch EurActiv vom 09.02.2015; FAZ vom 27.05.2015) In den weiteren Erläuterungen zur Ausgestaltung der Energieunion sowie anhand verschiedener Stellungnahmen der EU-Mitgliedstaaten in der ersten Jahreshälfte 2015 wird allerdings deutlich, dass sie entgegen der zunächst geäußerten Affirmation diverse Einschränkungen bezüglich der Kommissionsstrategie planten, um ihre nationale Souveränität in der Energiepolitik im Allgemeinen und dem Policy-Subsystem Erdgasaußenpolitik im Besonderen zu wahren. So sprachen sich zahlreiche Mitgliedstaaten, speziell die westeuropäischen, gegen einen gebündelten Gaseinkauf aus. Zwar gaben sie als offizielle Begründung an, dass ein solcher der Liberalisierung des europäischen Gasmarkts widersprechen würde (vgl. EurActiv vom 16.01.2015, 03.02.2015). Da die Zurückweisung aber gerade von den westeuropäischen und somit von denjenigen Staaten geäußert wurde, denen es bislang gelungen ist verhältnismäßig niedrige Erdgaspreise mit Gazprom auszuhandeln, ist mit hoher Wahrscheinlichkeit zu vermuten, dass ein gewichtiger Grund für die Ablehnung in der mangelnden Bereitschaft der westeuropäischen Mitgliedstaaten bestand, den gesicherten Standortvorteil zugunsten einer europäischen Versorgungssicherheit aufzugeben. In den Schlussfolgerungen ihres Gipfeltreffens greifen die Mitgliedstaaten zwar die Option eines freiwilligen gebündelten Gaseinkaufs auf, sofern er so ausgestaltet werde, dass er mit den Wettbewerbsregeln der WTO und der EU im Einklang stehe (vgl. EurActiv vom 17.03.2015; Europäischer Rat 2015: 2). Merkel ergänzte aber, dass dies die Ausnahme und nicht die Regel sein solle (vgl. FAZ vom 21.03.2015). Mit großer Skepsis begegneten die Mitgliedstaaten zudem dem Vorschlag der Kommission, die Transparenz von bilateralen Energieabkommen zu Erhöhen und die Kommission schon zu einem frühen Zeitpunkt an den Aushandlungen zu beteiligen. Die Mitgliedstaaten konnten sich zwar darauf einigen, in den Schlussfolgerungen mehr Transparenz bezüglich der Energieabkommen anzukündigen, ihr Grad und ihre konkrete Ausgestaltung blieben aber im Unklaren. Befürworter eines solchen Modells waren Mitgliedstaaten wie Polen, die bislang für sie sehr nachteilige Verträge mit Gazprom abschließen mussten, wohingegen begünstigtere Mitgliedstaaten, angeführt von Deutschland und Ungarn, darauf beharrten, dass derlei Abkommen äußerst sensible Daten enthielten und Geschäftsgeheimnisse weiterhin geschützt werden müssten (vgl. EurActiv vom 20.03.2015; Europäischer Rat 2015: 2): „During the recent visit of Russian President Vladimir Putin to Budapest, Hungarian Prime Minister Viktor Orbán said such plans were a "threat", because in his words would hinder his country's sovereignty." (Zit. n. EurActiv vom 25.02.2015a, siehe auch EurActiv vom 20.02.2015) Des Weiteren hielten die Mitgliedstaaten in ihren Schlussfolgerungen fest, „dass das Recht der Mitgliedstaaten, ihren Energiemix selbst festzulegen, gewahrt" bleiben müsse (vgl. Europäischer Rat 2015: 2). Diese Klausel ist bereits im Lissabon-Vertrag enthalten und gilt als entscheidende Behinderung für eine kohärente europäische Energiepolitik (vgl. Abschnitt 3.3). Sie wurde in den Schlussfolgerungen des Gipfeltreffens besonders vehement von Staaten wie Großbritannien, Frankreich, Polen und den Niederlanden eingefordert, die im Ausbau von erneuerbaren Energien bislang nur bedingt erfolgreich waren und daher diesbezügliche verbindliche Zielvorgaben vermeiden bzw. ihre nationale Energieversorgung weiterhin auf die Energieträger Atomkraft, Kohle oder Schiefergas stützen wollen, was sie durch eine Aufgabe ihrer Souveränität über den

Energiemix gefährdet sahen (vgl. EurActiv vom 17.03.2015). Einigkeit zwischen den Mitgliedstaaten und der Kommission schien im Erdgassektor lediglich hinsichtlich der Forderung zu bestehen, dass die Entwicklung des Energiebinnenmarkts und der damit verbundene Ausbau von Verbindungspipelines vorangetrieben werden solle (vgl. Europäischer Rat 2015: 1; siehe auch EurActiv vom 20.03.2015; FAZ vom 26.04.2014).

Die Ausführungen zeigen, dass sich der Status der europäischen Energiepolitik unter dem Blickpunkt der Kohärenz während der Ukraine-Krise ähnlich darstellte wie nach der Gaskrise 2006: Die EU-Mitgliedstaaten bekundeten zwar ihren Willen zu mehr Kohärenz und Einigkeit im Energiesektor, angetrieben durch die problematische Beziehung zu Russland als Erdgaslieferant, gleichzeitig waren sie aber nicht dazu bereit, ihre nationale Souveränität zugunsten der supranationalen Ebene zu beschränken. Zum einen beharrten sie weiterhin auf der Entscheidungssouveränität über ihren nationalen Energiemix. Zum anderen zeigten sie sich kritisch gegenüber der Forderung der Kommission, Einsicht in intergouvernementale Energieabkommen zu erhalten. Des Weiteren demonstrierten sie, dass sie die Kommission nicht als Repräsentant der EU in Aushandlungen mit Drittstaaten wirken lassen wollten, als sie der Kommission untersagten, in die Beitrittsverhandlungen mit der Türkei ein Energiekapitel zu integrieren (vgl. EurActiv vom 13.02.2015). Fortschritte in der Zusammenführung der nationalen Erdgaspolitiken lassen sich im Kontext der Ukraine-Krise also nur in der internen, nicht aber in der externen Dimension der europäischen Erdgaspolitik identifizieren. Alle relevanten Punkte, die der Kommission mehr Souveränität verliehen und die Zusammenführung der nationalen Politiken begünstigt hätten, wurden abgelehnt, blockiert oder entschärft. Eine Ursache für den Protektionismus der Mitgliedstaaten wird erkennbar, wenn man ihre Policypositionen in der Erdgasaußenpolitik während der Ukraine-Krise betrachtet, die weiterhin durch verschiedene nationale Voraussetzungen und divergierende Interessen geprägt waren, was die Aushandlung einer gemeinsamen Erdgasaußenpolitik, die für alle Mitgliedstaaten von Nutzen wäre, massiv erschwert. Zwar haben die Mitgliedstaaten sich im Umgang mit Russland als Erdgaslieferant auf Ebene der *deep core* und *policy beliefs* tendenziell etwas angenähert, was sich auch in ihrer Neupositionierung im Policy-Raum widerspiegelt. Allerdings bestehen nun bzw. immer noch sehr unterschiedliche Ansichten über Geschwindigkeit, Umfang und Art der Diversifizierung. Letzteres betrifft Fragen alternativer Energielieferanten und

-träger, die Erdgasimporte aus Russland in langfristiger Perspektive substituieren sollen. Die Mehrheit derjenigen Mitgliedstaaten sowie die Kommission, die aufgrund der Ukraine-Krise mehr Diversifizierungsmaßnahmen forderten, versuchten gleichzeitig Alternativen zu russischen Erdgasimporten in der EU durchzusetzen, die schon zuvor Bestandteil ihrer nationalen Energiestrategie waren: Deutschland verwies auf die Ukraine-Krise als Argument, um den Ausbau erneuerbarer Energien in Europa auszuweiten und zu beschleunigen, Spanien drängte auf den Bau von Verbindungspipelines nach Frankreich, Großbritannien propagierte den Ausbau der Kernenergie und die europaweite Förderung von Schiefergas; gleiches galt für Polen, dessen Regierung – ebenso wie die tschechische – die Begrenzung von Klimazielen und die Förderung nationaler Kohlevorkommen befürwortete; und die Europäische Kommission kennzeichnete die Ukraine-Krise als Bestätigung ihrer Ziele den Südlichen Korridor sowie den Erdgasbinnenmarkt aus- bzw. aufzubauen.

Eine Annäherung auf der Ebene der *deep core* und *policy beliefs* impliziert im Policy-Subsystem Erdgasaußenpolitik also keineswegs eine Übereinstimmung auf Ebene der *secondary aspects*. Die Mitgliedstaaten versuchten trotz ihrer Bekundungen zur Energieunion weiterhin, ihre nationalen Eigeninteressen gegen die anderen Staaten durchzusetzen. Hinweise auf eine vergrößerte Kompromissbereitschaft oder den Willen Souveränität auf die supranationale Ebene zu übertragen bzw. sich im Rahmen eines kooperativen Entscheidungsprozesses auf gemeinsame Ziele zu verpflichten, sind in der Erdgasaußenpolitik nicht zu erkennen. Die Mitgliedstaaten griffen die „Energieunion" in den Schlussfolgerungen des Europäischen Rats zwar terminologisch auf, lehnten sie in der Substanz aber ab (vgl. Geden/Grätz 2014: 3).

Die durchgesetzten Beschränkungen der Energieunion durch die Mitgliedstaaten sind für die Einschätzung institutioneller Konstanz besonders wichtig, da der Vorschlag der Kommission das Potential barg, einen institutionellen Wandel in Gesetzesform zu manifestieren. Das konfliktive Setting der EU-Politik gegenüber Russland wurde während der Ukraine-Krise aber auch an anderen Auseinandersetzungen deutlich. Beispielhaft kann hier der Vorwurf Polens gegen Deutschland hinsichtlich der eingeschränkten Handlungsfähigkeit gegenüber Russland aufgrund zu hoher Importabhängigkeiten angeführt werden. Gleiches gilt für den Konflikt zwischen Frankreich und Großbritannien um das Mistral-Projekt und die grundsätzliche Konkurrenz um die geringsten Belastungen für die jeweilige nationale Wirtschaft infolge der gemeinsamen Wirtschaftssanktionen. Mit Bezug auf die Spielregeln des

PG kann aus diesen Gründen angenommen werden, dass das institutionelle Setting in der europäischen Erdgasaußenpolitik im Untersuchungszeitraum des *Gas Game II* unverändert geblieben ist. Die erneute Analyse der Konstanz des institutionellen Settings ist wichtig, weil sie eine notwendige Grundvoraussetzung für die Annahme darstellt, dass die Simulation weiterhin als geeignetes Abbild der realen Welt dient. Dennoch sind ergänzende kritische Anmerkungen erforderlich, um die Aussagekraft der generierten Prognose adäquat einzuschätzen.

Im ersten Teil der vorliegenden Arbeit wurde das *Gas Game* erstellt und aus der *post-diction* indirekt geschlossen, dass ein geeignetes Abbild der real existierenden Kausalstruktur der europäischen Erdgasaußenpolitik entwickelt worden ist, wobei bereits an diesem Punkt der Analyse betont wurde, dass kein Kausalzusammenhang zwischen virtueller und realer Welt bewiesen werden kann (vgl. Abschnitt 5.2). In das *Gas Game II* wurden nun Daten aus der jüngsten Vergangenheit integriert. Das Simulationsergebnis entspricht einer *point prediction*, d.h. einem zukünftigen Policy-Ergebnis, das wir *erwarten würden, sofern* die in der Simulation postulierten Annahmen über die Kausalstruktur der realen Welt zutreffen. Aufgrund der Trennung von wirklicher und virtueller Welt können also lediglich *Erwartungen* über die reale Erdgasaußenpolitik formuliert werden:

> Das Modell des DGP [Daten generierender Prozess; M.G.] soll nun so gestaltet sein, dass sich aus diesem Modell bestimmte Konsequenzen ableiten lassen. [...] Diese Konsequenzen oder Schlussfolgerungen können dann als Vorhersagen des Modells aufgefasst werden. Diese Vorhersagen aber haben nicht die Struktur universaler Sätze wie zum Beispiel Naturgesetze, sondern sie sind so genannte *Basissätze*. Basissätze sind Sätze über Beobachtungen, konkret über potenzielle Beobachtungen, die man machen *könnte* und genau das machen sollte, wenn das Modell ein adäquates Modell des echten DGP war. (Behnke 2009: 176; siehe auch Hegelich 2016: 455–456)

Auf diese methodologische Schwäche des Simulationsansatzes bei der Formulierung von Rückschlüssen aus der virtuellen auf die reale Welt wurde in Abschnitt 2.1 bereits hingewiesen. Selbst wenn die Analogie zwischen Realität und Simulation hoch ist, ergeben sich für die vorliegende Untersuchung aber zusätzliche Schwierigkeiten, wenn aus der Simulation Erwartungen über die zukünftige europäische Erdgasaußenpolitik abgeleitet werden sollen: Das *Gas Game* bildet mit vereinfachenden

Modellannahmen lediglich einen kleinen Ausschnitt der hoch komplexen politischen Wirklichkeit ab. Stachowiak kennzeichnet diese beiden Aspekte als Verkürzungs- sowie pragmatisches Merkmal von Modellen:

> Modelle erfassen im allgemeinen n i c h t a l l e Attribute des durch sie reprä- sentierten Originals, sondern nur solche, die den jeweiligen Modellerschaffern und/oder Modellbenutzern relevant scheinen [Verkürzungsmerkmal; M.G.]. [...] Modelle sind ihren Originalen nicht per se eindeutig zugeordnet. Sie erfüllen ihre Ersetzungsfunktion a) für b e s t i m m t e – erkennende und/oder handelnde, modellbenutzende – S u b j e k t e, b) innerhalb b e s t i m m t e r Z e i t i n t e r v a l l e und c) unter Einschränkung auf bestimmte g e d a n k - l i c h e oder t a t s ä c h l i c h e O p e r a t i o n e n [Pragmatisches Merkmal; M.G.]. (Stachowiak 1973: 132–133; die Hervorhebungen entsprechen dem Origi- naltext)

Um den Forschungsgegenstand überhaupt im Rahmen einer in sich abgeschlossenen Analyse untersuchen zu können, ihn für den menschlichen Verstand greifbar und verständlich zu machen, ist diese Reduktion von Komplexität notwendig. Der Wirk- lichkeit entspricht eine solch isolierte Betrachtung allerdings nicht. Vielmehr wird das Policy-Subsystem europäische Erdgasaußenpolitik von einer Vielzahl anderer Sektoren tangiert. Es ist selbst nur ein kleiner Teilbereich des sehr umfassenden europäischen Energiesektors, der sich wiederum aus verschiedenen Komponenten zusammensetzt, in denen Wechselwirkungen bestehen: „To start, the energy sector represents a vast policy area that comprises numerous energy sources (coal, natural gas, wind, etc.) and divisions (namely, electricity, heat, and transportation). It also intersects with several other policy areas such as the economy, environment, transportation, construction, foreign and defense, and research." (Stefes 2014: 51) Die zukünftige europäische Erdgasaußenpolitik gegenüber Russland hängt also zugleich sowohl von den nationalen als auch den ausgehandelten europäischen energiepolitischen Entscheidungen der EU-Mitgliedstaaten in anderen Bereichen des Energiesektors ab. Beispielhaft für derlei Zusammenhänge sind die Auseinanderset- zungen zwischen den Mitgliedstaaten um die zukünftige Diversifzierungspolitik im Erdgassektor, die Implikationen für die Förderung anderer Energieträger haben wird, was sich umgekehrt wieder auf die zukünftige Rolle von Erdgas als Energieträger im europäischen Energiemix auswirken wird etc. Zudem können globale Entwicklungen wie die Schiefergasrevolution in den USA indirekte Effekte auf den europäischen Erdgassektor entfalten, wie die infolgedessen umgeleiteten, für die USA ursprünglich bestimmten aber nun nicht mehr benötigten *LNG*-Exporte (vgl. Abschnitt 3.2).

Die Ukraine-Krise verdeutlicht zudem, dass auch Ereignisse und Entwicklungen in Sektoren, die zunächst nicht mit dem Energiesektor in Verbindung zu stehen scheinen, wie die Nachbarschaftspolitik der EU und das in diesem Kontext ausgehandelte Assoziierungsabkommen mit der Ukraine, radikale Konsequenzen im Policysubsytem Erdgasaußenpolitik bewirken können. Diese Einschränkungen und Grenzen von *predictions* gilt es anzuerkennen, wenn man Simulationen zur Analyse von politischen Entscheidungsprozessen anwendet. Damit soll selbstverständlich nicht für eine Irrelevanz von *predicitons* argumentiert werden. Die möglichst exakte Folgenabschätzung von politischen Entscheidungen und zukünftigen Handlungsoptionen stellt eine wichtige Aufgabe in politischer Wissenschaft und Praxis dar, die aus diesem Grund weiter ausgearbeitet werden sollte. Was aber vermieden werden muss, ist eine Verwechslung zwischen virtueller und realer Welt: Die generierte *prediction* entspricht keinem Determinismus, mit ihr ist kein Absolutheitsanspruch hinsichtlich der Entwicklung der Zukunft verbunden. Stattdessen wurden begründete Erwartungen aus dem entwickelten Modell abgeleitet, es hat sich – in Anlehnung an Axelrod – als wissenschaftliches Hilfsmittel für die sachverständige Intuition erwiesen (vgl. Axelrod 2007: 93). Die obigen Ausführungen sollen aber darauf hinweisen, dass es sich bei der vorliegenden Analyse um die isolierte Betrachtung eines Wirklichkeitssegments handelt, das von verschiedenen Faktoren beeinflusst werden kann und die Eintrittswahrscheinlichkeit der Prognose somit verringert. Um es in den Worten von Niels Bohr zusammenzufassen: „Prediction is difficult, especially about the future." (Zit. n. Wayman 2014: 6)

KAPITEL 10

Fazit

In der Einleitung zur vorliegenden Arbeit wurde aufgezeigt, dass die Erdgasaußenpolitik der EU gegenüber Russland bislang vornehmlich durch die Internationalen Beziehungen unter einem geopolitischen Paradigma betrachtet wurde, während policy-analytische Fragestellungen, die sich auf den inner-europäischen politischen Raum beziehen, erst in den letzten Jahren an Bedeutung gewannen und insgesamt noch fragmentiert sind. Es wurde zugleich darauf hingewiesen, dass es speziell an Prozessanalysen mangelt, die untersuchen, wie Kontroversen zwischen den EU-Akteuren in der Erdgasaußenpolitik gelöst werden, wie im Entscheidungsprozess das institutionelle Setting mit den Präferenzen der Entscheidungsakteure sowie ihren divergierenden Machtressourcen interagiert und welche Wirkungen diese Interaktion erzeugt. Die Problematik dieses Forschungsdesiderats wurde mit Beginn des Ukraine-Konflikts offenkundig, da mit seiner zunehmenden Eskalation in Politik und Wissenschaft das Bedürfnis entstand, die Auswirkungen verschiedener Handlungsoptionen zu erproben und Zukunftsszenarien zu erstellen. Ziel der vorliegenden Arbeit war es vor diesem Hintergrund, die Erdgasaußenpolitik der EU gegenüber Russland als Resultat des Zusammenspiels von Akteursinteressen und institutionellem Entscheidungssetting zu analysieren und in diesem Rahmen ein Modell zu entwickeln, das es ermöglicht, aus der virtuellen Welt Erkenntnisse über den realen Entscheidungsprozess abzuleiten sowie ein Zukunftsszenario der EU-Erdgasaußenpolitik gegenüber Russland infolge der Ukraine-Krise zu generieren, um zu ermitteln, ob auf Grundlage der Modellannahmen zukünftig ein Wandel in der EU-Erdgasaußenpolitik zu erwarten ist. Zugleich wurde der Versuch unternommen, einen Beitrag zu Modellauswahl und Operationalisierung von Inputvariablen mit

Bezug auf die formale Modellbildung von EU-Entscheidungsprozessen zu leisten und schließlich aufzuzeigen, inwiefern Policy-Analyse und formale Modellbildung wechselseitig voneinander profitieren können. In diesem Kapitel werden die Ergebnisse dieser Arbeit als Resultat des Forschungsprozesses zusammengefasst und in den Forschungsstand eingeordnet. Des Weiteren werden methodische Fragen, die aus dem Forschungsprozess resultieren, reflektiert und einer kritischen Diskussion unterzogen. Abschließend erfolgt ein Ausblick hinsichtlich wissenschaftlicher Anknüpfungsmöglichkeiten an diese Arbeit.

10.1 Zum Zusammenspiel von Präferenzen und Institutionen in der EU-Erdgasaußenpolitik vor Beginn der Ukraine-Krise

Die vorliegende Untersuchung bestand aus zwei Segmenten. Das erste Segment umfasste die Entwicklung sowie den *performance test* des *Gas Game* in Form einer *post-diction*. Letztere war notwendig um zu ermitteln, inwiefern die Simulation als Abbild der realen EU-Erdgasaußenpolitik geeignet ist. In diesem Unterkapitel werden die Arbeitsschritte zur Entwicklung des Modells kurz resümiert und anschließend die Ergebnisse der *post-diction* im Dialog mit dem Forschungsstand zur europäischen Erdgasaußenpolitik diskutiert. Es gliedert sich in vier Abschnitte: Zunächst werden die Kernelemente des Forschungsstandes zu *policy-* und *politics*-Dimension skizziert. Schließlich konstituierten sie die wissenschaftliche Grundlage für Modell- und Akteurswahl und stellen zudem einen Referenzpunkt für die anschließende Diskussion der Untersuchungsergebnisse im Kontext des Forschungsstandes dar. Anschließend an diese Skizzierung werden das Modell, die Entscheidungsakteure, die Operationalisierung der Inputvariablen und das resultierende Simulationsergebnis erläutert. Es wird gezeigt, dass letzteres dem Status der realen Erdgasaußenpolitik im November 2013 entspricht. Aufgrund der ergänzenden Validitätstests kann angenommen werden, dass das *Gas Game I* die Erdgasaußenpolitik vor Beginn der Ukraine-Krise adäquat abbildet. Unter Einbeziehung des Forschungsstandes werden anschließend die Forschungsergebnisse zu zwei Themenbereichen, den relevanten Entscheidungsakteuren sowie dem institutionellen Entscheidungssetting, diskutiert: Erstens wird gezeigt, dass das Modell die Annahme bestätigt, die Erdgasaußenpolitik sei vor Beginn der Ukraine-Krise von den EU-Mitgliedstaaten dominiert worden. Des Weiteren stellt sich die Beschränkung auf besonders relevante EU-Mitgliedstaaten für Modellierungen von intergouvernementalen Verhandlungen im Erdgassektor als sinnvoll heraus. Zweitens wird erläutert, dass die in der Literatur etablierte Einteilung in ost- und westeuropäische Mitgliedstaaten auf Grundlage ihrer Versorgungssituation und ihrer damit verbundenen *deep core* und *policy beliefs* zwar auf einer abstrakten Ebene vor Beginn der Ukraine-Krise zutraf, die nähere Betrachtung ihrer Policypositionen und ihre Verteilung im politischen Raum aber bereits eine gewisse Fragilität dieser Konzeptionalisierung offenbarte. Drittens bestätigt das Modell das in der Literatur bereits diskutierte konfliktreiche Entscheidungssetting in der europäischen Erdgasaußenpolitik. Es kann viertens gezeigt werden, dass die Kombination aus relevanten Entscheidungsträgern, ihren Policypositionen und dem institutionellen Entscheidungssetting vor Beginn der Ukraine-Krise die mächtigsten westeuropäischen Mitgliedstaaten für die Durchsetzung ihrer Interessen begünstigte. Dazu werden Feedback-Prozesse von der Politics- auf die Policy-Ebene erläutert, die die osteuropäischen Staaten Tschechien und Ungarn im Verlauf des Entscheidungsprozesses näher an die Positionen der westeuropäischen Staaten Deutschland, Frankreich und Italien heranrücken ließen. Abschließend wird erläutert, inwiefern ein institutioneller Wandel im erdgasaußenpolitischen Entscheidungsprozess der EU auf der Grundlage spieltheoretischer Überlegungen in erster Linie von den Nutzenkalkulationen der mächtigsten westeuropäischen Mitgliedstaaten abhängt.

Policy- und Politics-Dimension der EU-Erdgasaußenpolitik

Als Vorarbeit zur Entwicklung des *Gas Game* widmete sich Kapitel 3 dem bereits bestehenden Wissen über Policy- und Politics-Dimension der EU-Erdgasaußenpolitik, um den politischen Raum des Untersuchungsgegenstandes zu bestimmen und mit Bezug auf den Entscheidungsprozess einen Referenzpunkt für die anschließende Modellauswahl zu erarbeiten: In den Abschnitten 3.1 und 3.2 dieser Arbeit wurde der Status Quo der Erdgasversorgung sowie der Erdgasaußenpolitik der EU gegenüber Russland vor Beginn der Ukraine-Krise, gestützt auf statistische Daten sowie eine Literaturanalyse, aufgearbeitet. Es wurde deutlich, dass eine zentrale Herausforderung für die EU-Mitgliedstaaten im Erdgassektor im Sinken der eigenen Reserven, der wachsenden Erdgasnachfrage und daraus folgend der wachsenden Importabhängigkeit bei zugleich steigender Ressourcenkonkurrenz – insbesondere durch asiatische Staaten – besteht (vgl. Abschnitt 3.1). In der aus dieser Versorgungslage resultierenden Debatte um die zukünftige Erdgasversorgung zwischen den EU-Mitgliedstaaten sowie der EU-Kommission wurde die politische Ausrichtung gegenüber Russland in seiner Rolle als Erdgaslieferant als dominierende Konfliktlinie identifiziert. In Abstraktion von den Partikularinteressen einzelner Mitgliedstaaten wurden aufbauend auf dem Forschungsstand zwei opponierende Paradigmen zur Interpretation des Erdgashandels der EU mit Russland – *Dependenz* und *Interdependenz* – erläutert und diesen die Strategien *Diversifizierung* und *Energiepartnerschaft* zugeordnet. In der politikwissenschaftlichen Literatur herrscht die Annahme vor, dass erstere vormalig von osteuropäischen, letztere von westeuropäischen Mitgliedstaaten verfolgt werden, was aus ihrer jeweiligen Versorgungssituation resultiere. Anhand einer Darstellung des russischen Anteils an den jeweiligen nationalen Erdgasimporten sowie der absoluten Importmengen der einzelnen Mitgliedstaaten aus Russland konnte diese viel beachtete Variable zur *partiellen* Erklärung der widersprüchlichen Positionen bestätigt werden (vgl. Abschnitt 3.2). Gleichwohl verblieb die Frage nach dem Entscheidungs*prozess*, im Zuge dessen die verschiedenen Positionen in eine abschließende Entscheidung, manifestiert in Infrastukturprojekten und Handelsverträgen, transformiert werden. Bereits bestehende Erkenntnisse über die Charakteristika des Prozesses vor Beginn der Ukraine-Krise wurden im anschließenden Abschnitt erläutert. So zeichnete sich die Erdgasaußenpolitik der EU durch einen hohen Konfliktgrad und intergouvernementale Verhandlungen aus. Zugleich konnte ein Widerspruch in dem Verhältnis von nationalstaatlicher und supranationaler Zuständigkeit aufgedeckt werden: Aus der Herausforderung der wachsenden Importabhängigkeit zogen die EU-Mitgliedstaaten im Jahr 2005 den Schluss, sie könnten ihre Interessen gegenüber Drittstaaten durch Kooperation und Kohärenz erfolgreicher durchsetzen. Dennoch haderten sie bis zur Ukraine-Krise, Souveränität auf die supranationale Ebene zu übertragen (vgl. Abschnitt 3.3). Als Grund wird in der Literatur zumeist die Interessendivergenz zwischen den Staaten vermutet (siehe u.a. Aalto 2009: 167, 175; Checchi et al. 2009: 40; Egenhofer/Behrens 2008: 9–10; Pointvogl 2009: 5704; Proedrou 2012: 49; Umbach 2010: 1237).

Dass es sich beim erdgasaußenpolitischen Entscheidungsprozess in der EU um intergouvernementale Verhandlungen handelte, erschwerte die beabsichtigte Analyse des Entscheidungsprozesses. Zwar mussten die EU-Mitgliedstaaten aus geographischen und finanziellen Gründen erdgasaußenpolitische Entscheidungen in Interaktion miteinander treffen, es existierte jedoch kein formalisiertes Entscheidungssetting, das direkt beobachtbar war. Aus diesem Grund wurde die formale Modellbildung im Rahmen des RCI als Methodik ausgewählt, um die Kausalstruktur des Zusammenspiels von Präferenzen und institutionellem Prozess aufzudecken. Schließlich stellt diese Kausalstruktur die erklärende Variable des Entscheidungsergebnisses – materialisiert in den Infrastrukturmaßnahmen im Erdgassektor – dar. Es wurde der Anspruch formuliert, ein Modell zu entwickeln, das die zu erklärenden Muster und Regelmäßigkeiten des Entscheidungsprozesses nachbildet und Rückschlüsse des Modells auf die Wirklichkeit ermöglicht, so dass eine wissenschaftsanalytische Annäherung an die Wirklichkeit auf indirektem Wege erfolgen kann. Die Voraussetzung für diese Vorgehensweise besteht darin, dass die Regeln der virtuellen Welt im Modell mit der Kausalstruktur der realen Welt übereinstimmen. Nur dann können begründete Hypothesen über die Gesetzmäßigkeiten des Entscheidungsprozesses aufgestellt werden. Beruhend auf der Annahme, dass im Falle einer Identität der Prozessergebnisse von virtueller und realer Welt gefolgert werden kann, dass die Regeln, die diese beobachtbaren Phänomene produziert haben, ebenfalls übereinstimmen (vgl. Behnke 2009; Hegelich 2016), erfolgte daher die Entwicklung einer *ex post* generierten Prognose der EU-Erdgasaußenpolitik gegenüber Russland vor Beginn der Ukraine-Krise, deren Übereinstimmung mit der Wirklichkeit überprüft werden sollte (vgl. Abschnitte 2.1 und 2.4). Im Folgenden werden die Annahmen, die in die Entwicklung des *Gas Game* eingeflossen sind, expliziert, um auf Grundlage der erfolgreich überprüften Validität des Modells die für die Wirklichkeit gefolgerten Rückschlüsse zusammenzufassen.

Modellentwicklung und Simulationsergebnis des Gas Game I

Die Auswahl des PG wurde auf Grundlage der Ergebnisse des Modelltests anhand des DEU-Datensatzes und des in der Literatur aufgearbeiteten Wissens über das Policy-Subsystem EU-Erdgasaußenpolitik gegenüber Russland begründet: Das PG ist ein nicht-kooperatives Verhandlungsmodell, das für die Analyse von Entscheidungsprozessen entwickelt wurde, die sich grundsätzlich durch einen hohen Konfliktgrad auszeichnen. Die Spieler werden durch die Inputvariablen Policyposition, Einfluss, Priorität und Kompromissbereitschaft näher spezifiziert und treten in jeder Verhandlungsrunde in bilateraler Form miteinander in Verhandlungen. In diesen haben sie die Möglichkeit, sich wechselseitig Vorschläge zu unterbreiten, die Vorschläge des anderen Spielers anzunehmen, einen Kompromiss vorzuschlagen oder den Vorschlag abzulehnen und den anderen Spieler mittels Drohungen zur Kooperation auf Grundlage des eigenen Vorschlags zu bewegen (vgl. Abschnitt 2.3). Da das PG insbesondere bei denjenigen politischen Sachfragen in der EU eine hohe Prognosefähigkeit vorweisen konnte, in denen sich die Mitgliedstaaten zuvor noch nicht auf eine gemeinsame Entscheidung einigen konnten und daher auf einen relativ hohen Konfliktgrad geschlossen werden kann, wurde angenommen, dass es sehr gut dazu geeignet ist, die Erdgasaußenpolitik der EU, die durch widersprüchliche Akteursinteressen und intergouvernementale Verhandlungen geprägt ist, abzubilden (vgl. Abschnitte 2.3, 3.3 und 4.1).

Die Akteursauswahl erfolgte unter Abweichung der Vorgehensweise im DEU-Projekt. Während im Rahmen von letzterem alle EU-Mitgliedstaaten sowie die EU-Kommission und das EU-Parlament in die Analyse integriert wurden, wurde für die EU-Erdgasaußenpolitik angenommen, dass aufgrund ihres intergouvernementalen Charakters im Gegensatz zu Ratsentscheidungen nicht alle Mitgliedstaaten als relevante Entscheidungsträger beteiligt sind. Stattdessen wurde vermutet, dass das Policy-Subsystem ausschließlich für diejenigen Mitgliedstaaten relevant ist, die große Mengen an Erdgas importieren. Unter Berücksichtigung der in der Literatur gängigen Trennung in Ost- und Westeuropa wurden daher die sechs westeuropäischen sowie die drei osteuropäischen Mitgliedstaaten mit den höchsten Erdgasimportmengen als relevante Akteure ausgewählt. Des Weiteren wurde die EU-Kommission integriert, um eine Voraussetzung für die anschließende Entwicklung des *Gas Game II* zu erfüllen, da sie ab 2011 durch das Dritte Energiepaket mittelbar Einfluss auf die Erdgasaußenpolitik gewann und sich auf diese Weise in einen relevanten Akteur für die Generierung von Zukunftsszenarien verwandelt hat (vgl. Abschnitt 4.2).

Das *issue continuum*, die skalierte Darstellung des politischen Raums, wurde entlang der Dimensionen *Diversifizierung* und *Energiepartnerschaft* entwickelt. Auf diese Weise sollte jenseits quantitativer Überlegungen der Entscheidungsakteure bezüglich zukünftiger Importmengen aus Russland der qualitative Aspekt in der europäischen Ausgestaltung der Erdgasbeziehungen mit Russland abgebildet und analysiert werden. Die Policypositionen wurden mittels einer qualitativen Inhaltsanalyse von öffentlichen Medien nach Gläser und Laudel (2010) erhoben, in numerische Werte transformiert und auf der Skala eingeordnet (vgl. Abschnitt 4.3).[132] Der Einfluss der Mitgliedstaaten wurde aufbauend auf Vorstudien zur Machtdistribution in der EU als regressive Verteilung, angelehnt an die Sitzverteilung im Europäischen Parlament, operationalisiert. Der Kommission wurde aufgrund ihrer sehr geringen Einflussmöglichkeiten auf die Erdgasaußenpolitik vor Inkrafttreten des Dritten

---

132 Datenquellen und Erhebungsmethoden zur Bestimmung der Inputvariablen werden in Abschnitt 10.3.1 diskutiert.

Energiepakets in Relation zu den Mitgliedstaaten ein sehr niedriger Wert zugeordnet (vgl. Abschnitt 4.4). Die Priorität, die die Entscheidungsakteure der Ausgestaltung der Erdgasaußenpolitik gegenüber Russland verleihen, wurde anhand des Anteils russischer Erdgasimporte an den Erdgasgesamtimporten des jeweiligen Akteurs bemessen (vgl. Abschnitt 4.5). Der Kompromissbereitschaftswert wurde entsprechend der Vorgehensweise von Bueno de Mesquita für alle Mitgliedstaaten einheitlich festgelegt. Dabei wurde berücksichtigt, dass Entscheidungsprozesse in der EU dem DEU-Projekt zufolge grundsätzlich durch Kooperation und Kompromiss gekennzeichnet sind, das Policy-Subsystem Erdgasaußenpolitik sich allerdings durch einen hohen Konfliktgrad, widersprüchliche Interessen und die mangelnde Bereitschaft der Mitgliedstaaten zu einer Vergemeinschaftung der Politik auszeichnet. Vor diesem Hintergrund wurde der Wert 30 gewählt, der zwar im Vergleich zu Anwendungen des Modells in anderen Kontexten relativ hoch ist, aber unter dem von Bueno de Mesquita in seinem Test auf den DEU-Datensatz gewählten Wert 50 liegt. Letzterer wurde lediglich der EU-Kommission als supranationaler Institution zugeschrieben (vgl. Kapitel 4.6).

Das PG generierte mit diesen Entscheidungsakteuren und den ihnen zugeordneten Werten das Simulationsergebnis 63,09, das einer bedingten Intensität der Energiepartnerschaft entsprach (vgl. Abbildung 21). Demnach zeichnete sich die EU-Erdgasaußenpolitik generell durch das Streben nach einem ausbalancierten Anteil von Importen aus Russland und anderen Erdgasquellen aus. Wenn Diversifizierungsprojekte nur geringe Realisierungschancen aufwiesen, wurden jedoch Pipelineprojekte mit Russland priorisiert (vgl. Abschnitt 5.1). Der Vergleich des Simulationsergebnisses mit der Zustandsbeschreibung der realen Erdgasaußenpolitik vor Beginn der Ukraine-Krise im November 2013, gemessen an dem jeweiligen Entwicklungsstand der Pipelineprojekte Nord Stream, South Stream und Nabucco, bestätigte die Übereinstimmung von virtuellem und realem Policy-Output: Eine prozessuale Betrachtung der Entwicklungsschritte der Pipelineprojekte, die aufgrund der im Simulationsergebnis formulierten Bedingung notwendig war, verdeutlichte, dass sich in der EU-Erdgasaußenpolitik vor Beginn der Ukraine-Krise auf abstrakter Ebene die Befürworter zweier opponierender Politikansätze gegenüberstanden – Anhänger einer umfassenderen Diversifizierung sowie eines Ausbaus der Energiepartnerschaft mit Russland. Letztere haben sich unter isolierter Betrachtung der Implementierung der Nord Stream-Pipeline, des Baubeginns der

South Stream-Pipeline sowie des Scheiterns des Nabucco-Projekts zwar gegen die opponierende Akteurskoalition durchgesetzt. In ihrem Erfolg wurden sie aber von den Implementierungsproblemen der Nabucco-Pipeline, die sich im Projekverlauf zunehmend verschärften, begünstigt. Schließlich verursachten diese Schwierigkeiten, dass sich wichtige Projektpartner wie Ungarn von der Nabucco-Pipeline vor dem Hintergrund ihrer sinkenden Realisierungschancen abwendeten und stattdessen die russischen Pipelineprojekte unterstützten, da diese zumindest verbindliche Lieferzusagen durch den kooperierenden Erdgaslieferanten garantierten. Damit bestätigte sich die im Simulationsergebnis enthaltene Bedingung für eine Priorisierung der Energiepartnerschaft mit Russland im real stattgefundenen Entscheidungsprozess (vgl. Abschnitt 5.2). Anschließend wurde die Prognosefähigkeit des *Gas Game* an drei hypothetischen Policy-Variationen zusätzlich überprüft und dessen Validität bestätigt (vgl. Abschnitt 5.3). Es verbleibt zwar stets eine Trennung zwischen virtueller und realer Welt (vgl. Hegelich 2016: 456). Dennoch kann auf Grundlage der *post-diction* sowie der Validitätstests mit hoher Wahrscheinlichkeit angenommen werden, dass das *Gas Game* gut dazu geeignet ist, die reale EU-Erdgasaußenpolitik gegenüber Russland abzubilden. Dadurch ist es möglich, aus den Modellannahmen und dem Simulationsergebnis Rückschlüsse auf die europäische Erdgasaußenpolitik gegenüber Russland vor Beginn der Ukraine-Krise zu ziehen, die einen Beitrag zu policy- und politics-analytischen Fragestellungen leisten. Im Folgenden werden diese Forschungsergebnisse erläutert.

Untergliederung der Entscheidungsakteure in der EU-Erdgasaußenpolitik

Mit Bezug auf die Entscheidungsakteure in der EU-Erdgasaußenpolitik können zwei wichtige Forschungsergebnisse festgehalten werden: Zum einen bestätigt das Modell die EU-Mitgliedstaaten als dominante Akteure in der Erdgasaußenpolitik. Zum anderen kann unter Verweis auf die Inhaltsanalyse ihrer Policypositionen gezeigt werden, dass die in der Literatur etablierte Unterteilung der Mitgliedstaaten in ost- und westeuropäische, basierend auf ihrem Politikansatz gegenüber Russland als Erdgaslieferant, auf abstrakter Ebene gerechtfertigt erscheint. Bei näherer Betrachtung der Policypositionen sowie der Verteilung der Mitgliedstaaten im politischen Raum wird aber zugleich deutlich, dass diese Unterteilung bereits vor der Ukraine-Krise eine gewisse Fragilität aufwies. Diese beiden Punkte werden im Folgenden erläutert.

Das Modell bestätigt die in der Literatur vorherrschende Annahme, die Erdgasaußenpolitik der EU werde in erster Linie durch die Mitgliedstaaten bestimmt (vgl. Abschnitte 1.2.1 und 3.3). Zwar konnte Maltby (2013) zeigen, dass die EU-Kommission im vergangenen Jahrzehnt darum bemüht war, die Gaskrisen 2006 und 2009 als *window of opportunity* zu nutzen, um die Mitgliedstaaten vom Nutzen einer gemeinsamen Energiepolitik zu überzeugen. Das *Gas Game* unterstützt aber die These, dass der Kommission dies vor Beginn der Ukraine-Krise nicht gelang und die Mitgliedstaaten eine Schlüsselrolle in der Ausgestaltung der EU-Erdgasaußenpolitik einnahmen. Des Weiteren bestätigt das *Gas Game* die zuvor aufgestellte Annahme, dass es bei der Nachbildung intergouvernementaler Verhandlungen auf EU-Ebene ausreichend ist, lediglich diejenigen Entscheidungsakteure, die der zu verhandelnden Sachfrage eine hohe Priorität beimessen, einzubeziehen. Es ist anzunehmen, dass eine Berücksichtigung aller EU-Mitgliedstaaten der faktischen Realität widersprechen würde, schließlich setzen Nationalstaaten der *Rational Choice*-Theorie zufolge ihre zeitlichen und personellen Ressourcen nutzenkalkulierend ein (vgl. Sprinz 2003: 253), was dem Engagement in einem Politikfeld oder Policy-Subsystem, das für die eigenen Interessen von geringer Relevanz ist, widersprechen würde. Es wäre zu überprüfen, ob dies ausschließlich für nicht-formalisierte Policy-Subsysteme in der EU gilt. Schließlich haben bei Entscheidungen im Rat zwar alle Mitgliedstaaten ein Stimmrecht. Das DEU-Projekt hat aber gezeigt, dass die informellen Verhandlungen, die dem formalen Gesetzgebungsprozess vorausgehen, für das Entscheidungsergebnis besonders relevant sind (vgl. Abschnitt 2.2). Entsprechend stellt sich die Frage, welche Mitgliedstaaten – ob alle oder nur eine begrenzte Anzahl – an diesen informellen Verhandlungen aktiv partizipieren.

Die EU-Mitgliedstaaten wurden in Policy-Analysen zur Erdgasaußenpolitik gegenüber Russland bereits hinsichtlich ihrer strategischen Interessen in den Blick genommen. Dabei wurde aber häufig ein hoher Abstraktionsgrad angelegt und in diesem Rahmen eine Trennlinie zwischen ost- und westeuropäischen Mitgliedstaaten konzipiert, denen aufgrund ihrer divergierenden Versorgungssituation die entsprechenden Ansätze von *Dependenz/Diversifizierung* sowie *Interdependenz/Energiepartnerschaft* zugeschrieben wurden (vgl. Abschnitt 1.2.1, Abschnitt 3.2). Zum besseren Verständnis der nachfolgenden Argumentation wird diese Perspektive nun als Makroebene bezeichnet. Unter Verweis auf die räumliche Verteilung der Mitgliedstaaten in dem *issue continuum* wird deutlich, dass diese Konzeptionalisierung zwar ein wichtiges

strukturierendes Moment der Konzentrierung herstellt. Dies zeigt die Zusammenfassung der west- sowie der osteuropäischen Staaten in der skalierten Darstellung
des politischen Raums (siehe Abbildung 58).

Abbildung 58: Die Policypositionen der ost- und westeuropäischen Staaten im Gas
Game I

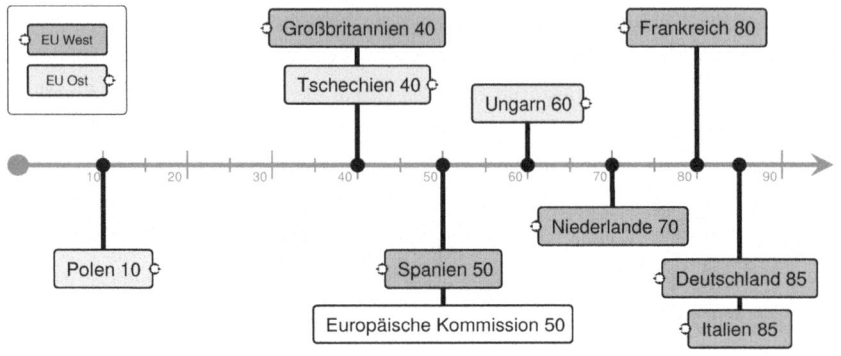

Gleichwohl wird mit Blick auf die numerische Ebene des *issue continuum* – die
nun aufgrund ihrer genaueren Differenzierung zwischen den einzelnen Mitgliedstaaten als Mesoebene bezeichnet wird – ebenfalls deutlich, dass dies wirklich nur
unter Absehung von verbleibenden Abstufungen zwischen den Entscheidungsakteuren, sowohl innerhalb der Gruppe der west- als auch innnerhalb der Gruppe
der osteuropäischen Staaten, gilt. Zudem sind Großbritannien und Ungarn in Abweichung von dieser Einteilung jeweils in der entgegengesetzten Hälfte des Raums
einzuordnen. Um die divergierenden Positionen der Mitgliedstaaten im politischen
Raum zu erklären und auf dieser Basis zu beurteilen, inwiefern die zuvor angeführte Konzeptionalisierung in ost- und westeuropäische Mitgliedstaaten und den
mit ihnen verbundenen Politikansätzen auf der Makroebene analytische Defizite
aufweist, muss diese abstrahierende Ebene verlassen werden und die ausführliche,
qualitative Deskription der Policypositionen auf der Mikroebene herangezogen werden. Anhand einer Betrachtung dieser Positionen kann ermittelt werden, inwiefern
die kategorisierenden Faktoren zur Strukturierung der Mitgliedstaaten sinnvoll

gewählt worden sind oder andere Variablen strukturierende Kraft besitzen. Auf diese Weise wird deutlich, dass die starke Fokussierung auf die Versorgungssituation als erklärende Variable für die Positionierung der Staaten im politischen Raum, die durch die Analyse der materiellen Kontextbedingungen des Erdgashandels in den Internationalen Beziehungen und der Ökonomik sicherlich befördert wird (vgl. Abschnitt 1.2.1), in ihrer Ausschließlichkeit nicht haltbar ist. Zwar kann sie bei der Mehrzahl der Staaten als partielles Handlungsmotiv bestätigt werden, allerdings konnten weitere, mitunter in Pfadabhängigkeiten begründete Handlungsmotive für Diversifizierung bzw. Energiepartnerschaft identifiziert werden, die den manchmal unterstellten oder zumindest implizit mitklingenden Determinismus zwischen Versorgungssituation, Wahrnehmung der Abhängigkeitsrelationen im Erdgashandel (in der vorliegenden Arbeit als *deep core beliefs* konzeptionalisiert) und Politikansatz (in der vorliegenden Arbeit als *policy beliefs* konzeptionalisiert) widerlegen. Dazu sei beispielsweise auf Großbritannien als westeuropäischem Mitgliedstaat verwiesen, der im vergangenen Jahrzehnt noch kein russisches Erdgas importierte, also auch nicht unter einer hohen Dependenz litt, Russland aber dennoch aufgrund vorangegangener politischer Konflikte in anderen Politikfeldern mit einer großen Skepsis hinsichtlich dessen Rolle als zukünftiger Erdgaslieferant begegnete. Ähnliches gilt für Spanien. Hier handelt es sich ebenfalls um einen westeuropäischen Mitgliedstaat, der bislang kein Erdgas aus Russland importiert. Im Gegensatz zu Großbritannien war Spanien zwar grundsätzlich um eine partnerschaftliche Beziehung zu Russland bemüht, im Erdgassektor profitierte der Staat jedoch von den Befürwortern von Diversifizierungsmaßnahmen und intraeuropäischen Verbindungspipelines, da Spanien darin wiederum eine Möglichkeit sah, die eigene energiepolitische Isolation zu überwinden und als Transitstaat seine Verhandlungsmacht gegenüber Algerien zu erhöhen. Demgegenüber zeigte sich Ungarn als osteuropäischer Mitgliedstaat trotz des bereits hohen Anteils von russischem Erdgas an den nationalen Importen und einer dementsprechend hohen Abhängigkeit in Ermangelung an zuverlässigen Alternativen interessiert an einem Ausbau der Energiepartnerschaft mit Russland.

Die Ausführungen zu den Policypositionen weisen insgesamt auf ein komplexes Zusammenspiel vielfältiger Facetten hin, die sich schließlich in der Präferenz der Mitgliedstaaten synthetisieren. Der konzipierte Zusammenhang von *Dependenz/Interdependenz* als *deep core beliefs*, *Diversifizierung/Energiepartnerschaft* als *policy beliefs* und den drei Pipelineprojekten als *secondary aspect* beweist an den Extrempolen, an denen Polen, Deutschland, Frankreich und Italien angeordnet sind, den höchsten Grad an empirischer Exaktheit. Im dazwischenliegenden Raum verblasst er jedoch mitunter aufgrund des Einwirkens diverser anderer Faktoren. Es lässt sich daraus folgern, dass die erläuterte Konzeptionalisierung vor der Ukraine-Krise auf der Makroebene durchaus gerechtfertigt schien, um als einfache Heuristik für einen Überblick über die Koalitionen im politischen Raum der EU-Erdgasaußenpolitik zu dienen, sie aber unter Einbeziehung der Meso- und Mikroebene bereits eine gewisse Fragilität aufwies. Es bietet sich aus diesem Grund eine Vertiefung an, die noch enger an die hier dargestellten Untersuchungsergebnisse anknüpft. So könnten an die vorliegende Arbeit detaillierte, vielleicht sogar historisch geprägte Länderstudien anschließen, die die Bildung der jeweiligen nationalen Policypositionen noch spezifischer analysieren und dazu mitunter auch die Konzeptionalisierung der Mitgliedstaaten als Kollektivakteure aufbrechen, die in der vorliegenden Arbeit notwendig war, um den analytischen Fokus zu wahren. Auf dieser Grundlage könnten in vergleichender Perspektive – beispielsweise in einem Verbundprojekt – vorherrschende Konzepte der kategorisierenden Abstraktion im europäischen Erdgassektor überprüft oder, sofern sich dies als notwendig erweist, neu erstellt werden. Die vorliegende Arbeit liefert dazu erste Hinweise.

Das institutionelle Setting des Entscheidungsprozesses in der
EU-Erdgasaußenpolitik

In der politikwissenschaftlichen Literatur wird die im vorangegangenen Abschnitt erläuterte Interessendivergenz der Mitgliedstaaten häufig als erklärende Variable angeführt, weshalb bislang keine kohärente Energiepolitik in der EU existiere, sondern vielmehr intergouvernementale Verhandlungsformen dominierten (vgl. Abschnitt 1.2.1). In diesem Abschnitt wird nun dargelegt, inwiefern das *Gas Game* das in der politikwissenschaftlichen Literatur diskutierte konfliktreiche Entscheidungssetting in der europäischen Erdgasaußenpolitik bestätigt. Darauf aufbauend wird mit Bezug auf die Literatur zur Ursachenanalyse der mangelnden Kohärenz in der europäischen Erdgasaußenpolitik gezeigt, dass das institutionelle Entscheidungssetting und damit verbundene Feedback-Prozesse zwischen Politics- und Policy-Ebene vor Beginn der Ukraine-Krise die mächtigsten westeuropäischen Mitgliedstaaten Deutschland, Frankreich und Italien bei der Durchsetzung ihrer Interessen begünstigte. Vor diesem Hintergrund wird anschließend erläutert, inwiefern ein institutioneller

Wandel im erdgasaußenpolitischen Entscheidungsprozess der EU auf der Grundlage spieltheoretischer Überlegungen in erster Linie von den Nutzenkalkulationen ebendieser Auswahl westeuropäischer Mitgliedstaaten abhängt.

Tatsächlich bestätigt das *Gas Game* aufgrund seiner Zugehörigkeit zur nichtkooperativen Spieltheorie sowie der in den Spielregeln enthaltenen Drohmechanismen das in der Literatur skizzierte Entscheidungssetting der EU-Erdgasaußenpolitik mit Intergouvernementalismus und einem hohen Konfliktgrad als maßgeblichen Grundzügen. Das generalisierende Fazit des DEU-Projekts, demzufolge Einstimmigkeit und Kompromissfindung zentrale Charakteristika der EU-Entscheidungsprozesse im Rat seien (vgl. Abschnitt 2.2), trifft für die intergouvernementalen Verhandlungen der Erdgasaußenpolitik somit nicht zu oder bedarf zumindest einer deutlichen Relativierung. Dies ist trotz der Differenz zwischen alltäglichen Politikentscheidungen im Rat sowie intergouvernementalen Verhandlungen eine wichtige Erkenntnis, da sie die im DEU-Projekt erläuterte Begründung für die genannten Charakteristika infrage stellt: Bueno de Mesquita (2004: 133) sowie Schneider, Steunenberg und Widgrén (2006: 305; siehe zudem Abschnitt 2.2) führten diese u.a. auf die institutionellen Verflechtungen innerhalb der EU zurück. Schließlich stünden die Mitgliedstaaten auf diversen Politikfeldern in regelmäßigen Verhandlungen, weshalb sie wüssten, dass sie auch in zukünftigen Entscheidungsprozessen auf Kooperation und Zugeständnisse von anderen Akteuren für die Durchsetzung ihrer Interessen abhängen. Würde dieses Argument uneingeschränkt zutreffen, müsste es auch für intergouvernementale Verhandlungen innerhalb der EU gelten. Das Modell relativiert zwar den von kleinen osteuropäischen Staaten und auch von einigen Wissenschaftlern geäußerten Vorwurf, die bevölkerungsstarken westeuropäischen Staaten würden ihre Interessen in der Erdgasaußenpolitik rücksichtslos gegen andere Staaten durchsetzen (siehe z. B. Umbach 2007; vgl. auch Götz 2006; Proedrou 2012: 92, 124; SZ vom 07.11.2009b), da allen Entscheidungsakteuren ein relativ hoher Kompromissbereitschaftswert verliehen wurde (vgl. Abschnitt 4.6). Nichtsdestotrotz ist dies aber nur eine nachgelagerte Abschwächung gegenüber dem grundsätzlich konfliktiven Entscheidungssetting, das das PG simuliert. Es stellt sich somit für weitere Untersuchungen, die an die vorliegende anknüpfen, die Frage, worin die gravierenden Unterschiede zwischen intergouvernementalen Verhandlungen im EU-Kontext sowie Entscheidungsprozessen im Rat begründet sind und warum Einstimmigkeit im Rat eine geteilte Norm ist, nicht aber auf intergouvernementaler Ebene.

Verlässt man die abstrahierende Ebene des Vergleichs zwischen Intergouvernementalismus und Rat und widmet sich erneut dem Kern des Untersuchungsgegenstands, so verbleibt die Frage nach den spezifischen Ursachen für den geringen
Vergemeinschaftungsgrad der EU-Erdgasaußenpolitik, die, wie in Abschnitt 1.2.1
gezeigt, in energiepolitischen Studien zunehmende Beachtung erfährt. Zwar ist
die vorliegende Arbeit der Strömung des RCI zugeordnet, die Institutionen als
exogen gegeben ansieht und ihre Auswirkungen analysiert. Entsprechend widmet
sie sich nicht den Ursachen ihrer Entstehung (vgl. Abschnitt 2.2). Gleichwohl soll
im Folgenden aber auf Grundlage des in dieser Untersuchung erarbeiteten Wissens
über die Erdgasaußenpolitik der EU in Entsprechung mit dem RCI-Ansatz eine
Hypothese entwickelt werden, die zwar nicht nach der Entstehung des gegenwärtigen institutionellen Entscheidungssettings fragt, aber einen Erklärungsansatz
liefert, wieso es unter den vor der Ukraine-Krise bestehenden Bedingungen auf
Policy- und Politics-Ebene Bestand hatte und welche Variablen für eine Änderung als notwendig erscheinen: Wie im vorherigen Abschnitt zur Untergliederung
der Entscheidungsakteure bereits aufgegriffen, wird der Mangel an Kohärenz in
der europäischen Energie- und Erdgasaußenpolitik zumeist unter Verweis auf die
bestehenden Interessendivergenzen begründet, die die Bereitschaft der Mitgliedstaaten zur Souveränitätsabgabe beschränkten (vgl. auch Abschnitt 1.2.1). Die
Anordnung der in der vorliegenden Analyse ausgewählten Mitgliedstaaten im politischen Raum verdeutlicht die großen Interessendivergenzen, die die Erarbeitung
einer kohärenten Erdgasaußenpolitik, die für alle Staaten eine Nutzensteigerung
impliziert, maßgeblich erschwert. DeJong und Schunz (2012: 178–179; siehe auch
de Jong 2013: 31; Maltby 2013: 442) führen allerdings einschränkend an, dass die
Interessendivergenzen nicht *alle* Mitgliedstaaten davon abhalte, Souveränität an
die supranationale Ebene abtreten zu wollen, sondern in erster Linie die (großen)
westeuropäischen Staaten wie Frankreich, Deutschland, Großbritannien, Italien und
die Niederlande. Aufgrund ihrer Marktmacht sei der Nutzenzuwachs durch eine auf
EU-Kohärenz basierende größere Verhandlungsmacht gegenüber Drittstaaten für
sie geringer bzw. irrelevant, wohingegen mittel- und osteuropäische Mitgliedstaaten
stärker auf Kooperation und die Unterstützung der Kommission als supranationaler
Macht mit Souveränitätsrechten angewiesen seien. Dieses Argument soll an dieser
Stelle nicht angezweifelt, sondern vielmehr ergänzt werden um die Hypothese, dass
die großen westeuropäischen Mitgliedstaaten, speziell Deutschland, Frankreich und

Italien, *von einer kohärenten Politik* und einer damit verbundenen größeren Verhandlungsmacht aufgrund ihrer ohnehin schon beachtlichen Marktmacht *nicht nur weniger profitieren würden*. Das nicht-kooperative institutionelle Entscheidungssetting war vor Beginn der Ukraine-Krise sogar sehr gut dazu geeignet, um durch Feedbackprozesse zwischen Politics- und Policy-Ebene zuvor opponierende oder zumindest skeptische osteuropäische Mitgliedstaaten in eine Kooperation zugunsten der westeuropäischen Staaten zu bewegen und die Interessendivergenzen somit in ihrem Sinne zu verringern. Dies wird im Folgenden erläutert: Das institutionelle Entscheidungssetting der EU-Erdgasaußenpolitik vor der Ukraine-Krise begünstigte den Modellannahmen zufolge große Mitgliedstaaten; sie verfügten über einen größeren Einfluss als kleine Mitgliedstaaten und somit über umfassendere Fähigkeiten, um ihre Verhandlungsposition gegen die anderen Mitgliedstaaten in dem nicht-kooperativen Entscheidungsprozess durchzusetzen. Dies verlieh insbesondere dem mächtigen westeuropäischen Block bestehend aus Deutschland, Italien und Frankreich ein großes Machtpotential, um die Ausgestaltung der EU-Erdgasaußenpolitik im Sinne ihrer Interessen zu prägen. Die Begünstigung der großen westeuropäischen Mitgliedstaaten resultierte vor Beginn der Ukraine-Krise aber nicht nur aus ihrem großen gebündelten Einflussfaktor. Vielmehr konnte im Rahmen der prozessualen Betrachtung zum Verlauf der Pipelineprojekte in der realen Welt (vgl. Abschnitt 5.2) gezeigt werden, dass die im vergangenen Jahrzehnt vorherrschende *Konstellation* und *Kombination* aus Entscheidungsakteuren, Policypositionen und institutionellem Entscheidungssetting wiederum Auswirkungen hinsichtlich der Policypositionen von osteuropäischen Staaten generierte, die die Befürworter einer Energiepartnerschaft zusätzlich zu ihrem ohnehin gegebenen Machtpotential begünstigten. So stellte sich im Verlauf des Entscheidungsprozesses heraus, dass die mächtigen Befürworter einer Energiepartnerschaft der Implementierung ihrer Pipelineprojekte Nord und South Stream stetig näher rückten, wohingegen das Diversifizierungsprojekt Nabucco der weniger potenten Staaten in der Konkurrenz gegen die anderen beiden Projekte stetig unrealistischer wurde, was Ungarn und Tschechien schließlich dazu bewegte, dass sie ihre *deep core* und *policy beliefs*, denen zufolge die Abhängigkeit von Russland zu hoch sei und sie daher ein diversifiziertes Importportfolio anstrebten, im Moment der wachsenden Unwahrscheinlichkeit einer erfolgreichen Implementierung des Nabucco-Projekts bzw. nach dessen Scheitern im Sinne einer pragmatischen Orientierung stärker an die mächtigen westeuropäischen Staaten anpassten. Die illustrierten Zusammenhänge veranschaulichen den Feedback-Effekt der *politics*-Dimension auf die inhaltliche Ebene, die Policypositionen der Mitgliedstaaten, der im vergangenen Jahrzehnt eine zusätzliche Unterstützung der Befürworter einer Energiepartnerschaft mit sich brachte, die in den *deep core* und *policy beliefs* der genannten osteuropäischen Mitgliedstaaten zunächst nicht angelegt war. Sie reagierten damit auf die Schwierigkeit, unter den herrschenden institutionellen Kontextbedingungen vom Politikansatz der dominanten westeuropäischen Staaten abzuweichen – so die aus den Modellannahmen sowie der Inhaltsanalyse abgeleitete These.

Welche zentralen Anmerkungen lassen sich aus der erläuterten These und unter Berücksichtigung der Annahmen nicht-kooperativer Spieltheorie hinsichtlich der in der Politikwissenschaft regelmäßig angeführten Handlungsempfehlung, eine Vergemeinschaftung der EU-Energiepolitik würde eine Nutzensteigerung für die Mitgliedstaaten darstellen (vgl. Abschnitt 1.2.1), ziehen? In der Literatur zur Institutionenanalyse wird mitunter das Argument vertreten, diejenigen Akteure, die Nachteile aus einem institutionellen Arrangement ziehen, seien besonders wichtige Akteure für die Durchsetzung eines institutionellen Wandels (vgl. u.a. de Jong 2013: 13; Stefes 2014: 55). Im Policy-Subsystem Erdgasaußenpolitik scheint dies allerdings nur sehr begrenzt zuzutreffen. Selbstverständlich bedarf es Akteure, die versuchen, einen institutionellen Wandel zu initiieren und Alternativkonzepte auszuarbeiten. Allerdings basiert die nicht-kooperative Spieltheorie – vereinfacht ausgedrückt – auf der Annahme, dass Kooperation als Lösungskonzept nur entsteht und überdauert, wenn es im Eigeninteresse aller Beteiligten liegt, sich an diese zu halten (vgl. Holler/Illing 2009: 20; Rieck 2012: 34–39). Im vergangenen Jahrzehnt profitierten von dem institutionellen Entscheidungssetting in der Erdgasaußenpolitik vor allem die mächtigen westeuropäischen Mitgliedstaaten. Sie verhinderten daher auch die Übertragung von Souveränität auf die supranationale Ebene (siehe auch Maltby 2013). Es scheint somit von ihrer Bereitschaft abzuhängen, ob zukünftig ein größerer Grad an Kohärenz in der Erdgasaußenpolitik erreicht werden kann. Sie müssen darin eine Steigerung ihres Nutzens sehen. Unter den institutionellen Bedingungen und den Policypositionen, die vor Beginn der Ukraine-Krise im europäischen Erdgassektor vorherrschten, war dies offensichtlich nicht der Fall. Neben der weiteren Forschung nach den Ursachen mangelnder Kohärenz in der EU-Erdgasaußenpolitik würde sich aus einer Modellperspektive daher eine Analyse des optimalen Designs von

Institutionen, das sogenannte Mechanismusdesign, anbieten. Auf diese Weise könnte versucht werden, ein institutionelles Regelwerk zu erstellen, das eine kohärente Erdgasaußenpolitik ermöglicht, die alle Entscheidungsakteure besser stellt und daher eine Wohlfahrtsverbesserung im Sinne aller Beteiligten bewirkt (vgl. Holler/Illing 2009: 28–29).

Allerdings muss zukünftige Forschung, die sich der europäischen Erdgasaußenpolitik widmet, die veränderten Kontextbedingungen berücksichtigen, die sich durch den Ukraine-Konflikt ergeben. Nach dessen Beginn im November 2013 bekundeten die EU-Mitgliedstaaten einen gravierenden Vertrauensverlust in ihrer Beziehung zu Russland, der nachhaltige Konsequenzen für die zwischenstaatlichen Beziehungen und auch für den europäischen Erdgassektor mit sich bringen werde. In der Politikwissenschaft kam daher die Frage auf, ob infolge des Ukraine-Konflikts ein Wandel in der europäischen Erdgasaußenpolitik zu erwarten sei. Vor diesem Hintergrund wurde in der vorliegenden Untersuchung mittels des *Gas Game* ein Zukunftsszenario für die EU-Erdgasaußenpolitik gegenüber Russland entwickelt. Im folgenden Unterkapitel werden die Ergebnisse des Zukunftsszenarios zum Wandel in der Erdgasaußenpolitik zusammengefasst und unter Einordnung in den Forschungsstand diskutiert.

10.2 Der Wandel der EU-Erdgasaußenpolitik nach der Ukraine-Krise: Eine Prognose

Im Rahmen der Entwicklung des *Gas Game I* wurde die große Bedeutung, die die politische Stabilität in den zwischenstaatlichen Beziehungen für den Erdgashandel zwischen der EU und Russland innehat, herausgearbeitet (vgl. Abschnitt 3.2). Darauf bezugnehmend konnte in einer kurzen Aufarbeitung von Ursprung und Verlauf der Ukraine-Krise gezeigt werden, dass die mit der Ukraine-Krise verbundene Integrationskonkurrenz im postsowjetischen Raum in einer erheblichen Verschlechterung der Beziehungen zwischen Russland und der EU resultierte. Sie verwandelte die Auseinandersetzung zwischen der EU und der Ukraine um das EU-Assoziierungsabkommen in eine Krise, deren mächtigste Subjekte die EU und Russland darstellten, während die Ukraine vielmehr als zu konstituierendes – wenn auch strategisch äußerst bedeutendes – Exempel diente (vgl. Abschnitt 7.1). Vor dem Hintergrund dieser Zusammehänge wurde zu Beginn der Ukraine-Krise schon früh der Blick auf mögliche negative Begleiterscheinungen in den Erdgasbeziehungen zwischen der EU und Russland gelegt. Gefördert wurde der Bezug des Konflikts zum Erdgassektor zudem durch zwei unmittelbar sichtbare Konsequenzen der Krise für die europäische Erdgasaußenpolitik: die ukrainisch-russische Gaskrise 2014, in der die EU als potentiell Geschädigte eine Mittlerrolle einnahm (vgl. Abschnitt 7.2.1), sowie die Auseinandersetzung zwischen der EU-Kommission und Russland um die South Stream-Pipeline (vgl. Abschnitt 7.2.2), die sich bereits im Bau befand und von den russischen Akteuren sowie den westeuropäischen Kooperationspartnern im vergangenen Jahrzehnt initiiert wurde, um unter Umgehung der Ukraine als problematisches Transitland die Energiepartnerschaft zwischen der EU und Russland zu stärken. Kurz nach Beginn des Ukraine-Konflikts warf die EU-Kommission Russland nun vor, die Pipeline widerspreche Bestandteilen des Dritten Energiepakets, weshalb die dem Projekt zugrundeliegenden intergouvernementalen Abkommen neu verhandelt werden müssten. Andernfalls könne die Pipeline nicht auf dem Territorium der EU gebaut werden. Russland hat trotz der Opposition der EU-Kommission über einen langen Zeitraum hinweg an dem Projekt festgehalten und sich weiterhin intensiv um die Möglichkeit seiner Implementierung bemüht. Im Dezember 2014 vollzogen die russische Regierung und Gazprom jedoch eine Kehrtwende in ihrer Politik: Sie erklärten den Abbruch des Projekts und gaben zudem eine strategische Änderung hinsichtlich ihres bisherigen Geschäftsmodells im russischen Erdgashandel mit der EU bekannt. Während sich die politikwissenschaftliche Literatur in der Auseinandersetzung mit dem South Stream-Projekt aufgrund der öffentlichen Stellungnahmen der russischen Akteure vor allem auf die Frage fokussierte, inwiefern mit dessen Abbruch ein Strategiewechsel in der russischen Erdgasaußenpolitik zu verzeichnen sei, wurde in der vorliegenden Arbeit basierend auf einer Analyse der russischen Interessen am South Stream-Projekt die Hypothese aufgestellt, dass dem russischen Abbruch des Projekts ein Wandel in der Erdgasaußenpolitik der EU vorausging bzw. sich ein solcher zumindest abzeichnete und der russische Projektabbruch in erster Linie eine Reaktion auf diesen darstellte. Schließlich würde ein europäischer Politikwandel, sofern mit diesem ein Ausbau der Diversifizierungsmaßnahmen und eine Revision der Energiepartnerschaft angestrebt wird, die Versorgungssicherheit für Russland aus Anbieterperspektive gefährden (vgl. Abschnitt 7.2.2). Diese Hypothese sollte an einem Zukunftsszenario – dem *Gas Game II* – überprüft werden. Im Folgenden wird die Erstellung des Zukunftsszenarios kurz zusammengefasst. Daran anschließend erfolgt eine Erläuterung des Policy-Outputs, d.h. der Prognose zur zukünftigen Entwicklung der europäischen Erdgasaußenpolitik gegenüber Russland, die abschließend unter Berücksichtigung des Forschungsstands diskutiert wird.

Die Entwicklung des Gas Game II und das generierte Simulationsergebnis

In diesem Abschnitt wird die Entwicklung des Zukunftsszenarios nachgezeichnet und das Simulationsergebnis erläutert. Erstellt wurde das Zukunftsszenario durch die Modifizierung der Inputvariablen des *Gas Game I*, die die Veränderungen in der europäischen Erdgasaußenpolitik im Untersuchungszeitraum zwischen Dezember 2013 und Dezember 2014 abbilden sollten. Um das *Gas Game I* auf den neuen Untersuchungszeitraum übertragen zu können, mussten zunächst aber zwei Bedingungen überprüft werden: Zum einen muss die Auseinandersetzung zwischen den EU-Mitgliedstaaten im selben politischen Raum stattfinden wie während des Untersuchungszeitraum des *Gas Game I*, d.h. Policypositionen und Simulationsergebnis müssen in dem für das vergangene Jahrzehnt entwickelten *issue continuum* abgebildet werden. Zum anderen muss das institutionelle Entscheidungssetting, das im *Gas Game I* simuliert wird, unverändert geblieben sein. Im Folgenden wird skizziert, inwiefern diese beiden Bedingungen erfüllt wurden und das *Gas Game II* daraufhin an die Veränderungen in der europäischen Erdgasaußenpolitik nach Beginn der Ukraine-Krise angepasst wurde. Daran anschließend wird das Simulationsergebnis dargelegt und erläutert, dass es infolge der Ukraine-Krise eine Erdgasaußenpolitik prognostiziert, die der Diversifizierung von Erdgaslieferanten nun größere Priorität verleiht und die zuvor entwickelte Hypothese eines sich abzeichnenden europäischen Politikwandels insofern bestätigt werden konnte.

Anhand einer Analyse der Konfliktlinien in der Auseinandersetzung zwischen den EU-Akteuren um die zukünftige Ausgestaltung der EU-Erdgasaußenpolitik während des ersten Jahres der Ukraine-Krise konnte nachgewiesen werden, dass sich die krisenbedingt entfachte Debatte im selben politischen Raum bewegte wie im vorangegangenen Jahrzehnt: Sie war weiterhin geprägt durch die Konfliktlinien *Dependenz* und *Interdependenz* sowie *Diversifizierung* und *Energiepartnerschaft* als handlungsleitende Zielkategorien. Erstere äußerten sich vornehmlich in der Auseinandersetzung um die Wahrscheinlichkeit, mit der Russland seine „Gaswaffe" einsetzen werde. Letztere manifestierten sich in Debatten um alternative Erdgaslieferanten für Europa neben Russland als Beitrag zur Diversifizierung sowie am Umgang mit dem South Stream-Projekt (vgl. Abschnitt 8.1). Die Identität des politischen

Raums stellte eine notwendige Bedingung dar, um das *Gas Game I* auf den neuen
Untersuchungszeitraum – das erste Jahr der Ukraine-Krise, d.h. Dezember 2013 bis
Dezember 2014[133] – zu übertragen und die Werte der Inputvariablen entsprechend
anzupassen. Das Zukunftsszenario sollte dementsprechend einen Output generieren,
der angibt, wie sich die EU-Erdgasaußenpolitik unter Betrachtung der Policypositionen, die die Entscheidungsakteure im ersten Jahr der Ukraine-Krise vertraten,
voraussichtlich entwickeln wird – selbstverständlich stets unter dem Vorbehalt,
dass die *ceteris paribus*-Bedingungen, die im Modell impliziert sind, weiterhin ihre
Relevanz als Abbild der realen Welt bestätigen.

Diese Konstanz wurde im Hinblick auf das institutionelle Entscheidungssetting
als zweite notwendige Bedingung zur Übertragbarkeit des *Gas Game* anhand der
Stellungnahmen der Entscheidungsakteure zur Energieunion überprüft: Das *Gas
Game* zeichnet sich durch ein nicht-kooperatives Entscheidungssetting mit bilateralen Verhandlungen aus. Im vergangenen Jahrzehnt erwies sich dieses als geeignet,
um die Erdgasaußenpolitik, in der es den EU-Mitgliedstaaten nicht gelang, sich
auf eine kohärente Politik zu einigen, abzubilden. Das Agenda-Setting mancher
Mitgliedstaaten und der Kommission in den Jahren 2014 und 2015 ließen die
weitere Gültigkeit der Analogie zwischen Modellregeln und Wirklichkeit auf den
ersten Blick jedoch anzweifeln, da sie unter Verweis auf die energiepolitischen
Herausforderungen, die die Ukraine-Krise mit sich brachte, die Entwicklung einer Energieunion und dementsprechend eine kohärente Energiepolitik in der EU
einforderten. Zwar begrüßten die EU-Mitgliedstaaten die Energieunion in ihrem
Grundsatz zunächst, anhand verschiedener Stellungnahmen insbesondere der westeuropäischen Mitgliedstaaten in der ersten Jahreshälfte 2015 wurde allerdings deutlich,
dass sie entgegen der zunächst geäußerten Zustimmung diverse Einschränkungen

---

133 Der Untersuchungszeitraum bezieht sich auf die Erhebung der Policypositionen, die aufgrund
     ihrer Variation zum vorangegangenen Untersuchungszeitraum die bedeutende unabhängige
     Variable für den Wandel in der europäischen Erdgasaußenpolitik darstellen, wie im Folgen-
     den noch zu zeigen sein wird. Für die Einflussvariable wurde die durchschnittliche Sitzanzahl
     aus den Jahren 2011 bis 2014 und für die Prioritätsvariable der durchschnittliche Anteil von
     russischem Erdgas an den Gesamtimporten aus den Jahren 2011 bis 2013 gewählt. Statisti-
     sche Daten für das Jahr 2014 lagen zum Zeitpunkt des Schreibens noch nicht vor. Für die
     Analyse ist dies aber auch nicht problematisch, da es sich hier nicht um Werte handelt, die
     in einzelnen Jahren große Schwankungen aufweisen, sondern sich über Jahre hinweg durch
     Konstanz auszeichnen und in dieser Form auch ein reelles Abbild von Einflussmöglichkeiten
     und Prioritätssetzung der Mitgliedstaaten im Erdgassektor zeichnen.

bezüglich der Kommissionsstrategie planten, um ihre nationale Souveränität in der Energiepolitik im Allgemeinen und dem Policy-Subsystem Erdgasaußenpolitik im Besonderen zu wahren. Dies schien u.a. darin begründet zu sein, dass sich die EU-Mitgliedstaaten im Verlauf der Ukraine-Krise zwar auf der Ebene der *deep core* und *policy beliefs* weiter annäherten – wie im Folgenden noch zu zeigen sein wird –, aber noch immer erhebliche Differenzen auf der Ebene der *secondary aspects* bestanden. Diese Interessendifferenzen trugen insbesonders bei den westeuropäischen Mitgliedstaaten zu der mangelnden Bereitschaft bei, Souveränität auf die supranationale Ebene zu übertragen. Unter dem Blickpunkt der Kohärenz befand sich die europäische Energiepolitik somit in einem ähnlichen Stadium wie nach der Gaskrise 2006: Angeregt durch die problematische Beziehung zu Russland als Erdgaslieferant bekundeten die EU-Mitgliedstaaten zwar ihren Willen zu mehr Kohärenz im Energiesektor, gleichzeitig beharrten speziell die westeuropäischen Mitgliedstaaten aber auf ihrer Entscheidungssouveränität über den nationalen Energiemix sowie intergouvernementale Energieabkommen und waren nicht dazu bereit, der Kommission die Befugnisse als Repräsentant der EU in Aushandlungen mit Drittstaaten zu übertragen. Mit Bezug auf die Spielregeln des *Gas Game* kann vor diesem Hintergrund angenommen werden, dass das institutionelle Setting in der europäischen Erdgasaußenpolitik im Untersuchungszeitraum des *Gas Game II* unverändert geblieben ist (vgl. Abschnitt 9.3).

Die Entwicklung des Zukunftsszenarios erfolgte analog zur Bildung des *Gas Game I* unter Bezug auf den neuen Untersuchungszeitraum. Die EU-Mitgliedstaaten wurden erneut anhand ihrer absoluten Erdgasimportmenge hierarchisch angeordnet und auf dieser Grundlage sowie unter zusätzlicher Berücksichtigung der EU-Kommission dieselben Akteure wie im *Gas Game I* ausgewählt (vgl. Abschnitt 8.3). Das Analyseraster für die Inhaltsanalyse zur Erhebung der Policypositionen wurde an die neuen Bedingungen angepasst. Im Zuge dessen wurde zum einen die Beurteilung der Ukraine-Krise hinsichtlich ihrer Relevanz und Nachhaltigkeit für die Entwicklung der EU-Russland-Beziehungen durch die EU-Akteure als Kategorie auf der Ebene der *deep core beliefs* integriert, denn in der Analyse der Diskursstränge hat sich herausgestellt, dass dieses Urteil impliziert, inwiefern sich die Krise in der Wahrnehmung der EU-Akteure als zwischenstaatlicher Bruch und Vertrauensverlust auf die Erdgaspolitik auswirkt (vgl. Abschnitt 8.1); zum anderen wurde auf der Ebene der *secondary aspects* die Sanktionspolitik des jeweiligen Staates und die diesbezügliche

Position der Kommission als Kategorie aufgenommen, da sie Hinweise darauf gab, inwiefern die Entscheidungsakteure dazu bereit waren, auf ökonomischen Nutzen, den sie aus dem Handel mit Russland zogen, zugunsten politischer Maßnahmen zu verzichten (vgl. Abschnitt 7.1). Diese Kategorie wurde im Verlauf der Analyse hinzugefügt, da – wie im Verlauf des Kapitels noch erläutert wird – die Opposition politischer und ökonomischer Logik als wichtige Variable zur Erkläung von verbleibenden Differenzen in den erdgasaußenpolitischen Policypositionen identifiziert werden konnte. Die Einfluss- und Prioritätswerte wurden mit der im *Gas Game I* etablierten Erhebungsmethode auf den neuen Untersuchungszeitraum angepasst und der Einflusswert der Kommission wurde unter Berücksichtigung ihrer Rechte, die ihr das Dritte Energiepaket zuteilt, erhöht (vgl. Abschnitte 8.5 und 8.6). Die Kompromissfähigkeitswerte blieben unverändert (vgl. Abschnitt 8.7).

Der aus dem *Gas Game II* generierte Policy-Output gibt an, wie sich die EU-Erdgasaußenpolitik gegenüber Russland unter *ceteris paribus*-Bedingungen voraussichtlich entwickeln wird. Dieses Zukunftsszenario resultiert also aus Informationen über die Präferenzen der Entscheidungsakteure, ihren Einfluss, ihre Prioritätssetzung sowie ihre Kompromissbereitschaft und dem Zusammenwirken dieser Faktoren im simulierten institutionellen Entscheidungskontext. Mit dem Wert 38.23 erzeugt das modifizierte Modell eine Prognose, derzufolge die EU im Rahmen ihrer Erdgasaußenpolitik gegenüber Russland zwar weiterhin ein tendenziell ausgeglichenes Importportfolio anstrebt, sie nun aber Diversifizierungsprojekte, die den Anteil von russischem Erdgas an den Gesamtimporten reduzieren, gegenüber dem Erhalt oder Ausbau der Energiepartnerschaft mit Russland deutlich priorisiert. Dieses Simulationsergebnis weicht vom Policy-Output des *Gas Game I* signifikant ab, schließlich zeichnete sich dieses genau im umgekehrten Sinn durch eine größere Priorisierung der Energiepartnerschaft mit Russland aus, was sich in der realen Erdgasaußenpolitik in der Implementierung der Nord Stream-Pipeline, dem Baubeginn der South Stream-Pipeline und dem Scheitern des Nabucco-Projekts manifestierte. Das Zukunftsszenario bekräftigt somit die zuvor aufgestellte Hypothese, dass der russischen Entscheidung zum Abbruch des South Stream-Projekts die Ankündigung eines Wandels in der europäischen Erdgasaußenpolitik voranging. Die starke Fokussierung, die in der Literatur zum South Stream-Projekt auf die russischen Akteure und deren Strategiewandel erfolgte, scheint daher nur in begrenzter Weise berechtigt zu sein. Schließlich verweist das Simulationsergebnis auf die Notwendigkeit, in die Analyse der russischen Entscheidung den europäischen Diskurs als zusätzliche erklärende Variable stärker zu integrieren. Im Folgenden wird erläutert, welchen Beitrag das Untersuchungsergebnis zu dem Forschungszweig leisten kann, der stärker auf die EU und deren Handlungsmotive im Erdgassektor während der Ukraine-Krise fokussiert.

Der Beitrag des Gas Game II zum politikwissenschaftlichen Forschungsstand

In Bezug auf die Literatur, die sich mit den erdgasaußenpolitischen Auseinandersetzungen innerhalb der EU während der Ukraine-Krise befasst, adressiert das *Gas Game II* zwei Bereiche: Es ermöglicht eine Diskussion, inwiefern sich eine Fortentwicklung der europäischen Erdgasaußenpolitik abzeichnet, die erstens einzelnen in der Politikwissenschaft erarbeiteten Handlungsempfehlungen und/oder zweitens bereits entwickelten Zukunftsszenarien entspricht. Im Folgenden wird gezeigt, dass das Simulationsergebnis des *Gas Game II* keine Identität mit letzteren aufweist, da diese entweder eine radikale Distanzierung von Russland oder einen Ausbau der Energiepartnerschaft skizzieren. Das *Gas Game II* prognostiziert stattdessen einen Mittelweg zwischen diesen Optionen. Vor diesem Hintergrund wird im Anschluss erläutert, welche neuen Fragen sich aus dieser Differenz für die Evaluierung des *Gas Game II* ableiten lassen.

In der Zusammenfassung des politikwissenschaftlichen Forschungsstands zum Zusammenhang von europäischem Erdgassektor und Ukraine-Krise wurden Handlungsempfehlungen zu den Bereichen Erdgasbinnenmarkt, Energieunion, Diversifizierung von Energieträgern und Erdgaslieferanten, dem South Stream-Projekt sowie Interdependenz als Handlungsprinzip formuliert (vgl. Abschnitt 8.2). Das *Gas Game* tangiert thematisch die letzten drei. Wenngleich die Handlungsempfehlungen in den verschiedenen Publikationen selbstverständlich divergieren, so konnte als vergleichsweise dominante Linie die Empfehlung an die EU identifiziert werden, die Erdgaslieferanten stärker zu diversifizieren, um die Abhängigkeit von Russland und somit die Erpressungsmacht der russischen Akteure in langfristiger Perspektive zu verringern. Allerdings wurde in der mit diesem Vorschlag verbundenen Diskussion von potentiellen Lieferländern zugleich betont, dass der EU kurz- und mittelfristige Alternativen nur in geringem Maße zur Verfügung ständen und sie daher keinen radikalen Bruch mit Russland im Erdgashandel forcieren sollte (siehe z. B. Basedau/Schultze 2014: 1; Behrens/Wieczorkiewicz 2014: 2; Belkin et al. 2013: 18–28; Blackwill/O'Sullivan 2014; Brutschin et al. 2014: 3; Buchan 2014: 7; Dickel et al.

2014: 5, 17–31; Dreyer/Grätz 2014: 4; Grigore et al. 2014: 49; Koranyi 2014: 68–71; Major/Puglierin 2014: 70; Pirani et al. 2014: 19–20; Schuppe 2014: 31–37; Westphal 2014a: 48–49, 2014b: 4). Eine geringe Anzahl von Autoren legte der EU sogar nahe, die interdependenten Energiebeziehungen mit Russland vor diesem Hintergrund zunächst aufrechtzuerhalten und trotz der Krise zu stabilisieren, mitunter auch durch die Implementierung des South Stream-Projekts, das zumindest die europäischen Transitrisiken verringern würde (siehe z. B. Brutschin et al. 2014; Dreyer/Grätz 2014; Pirani et al. 2014; Schubert et al. 2014; Westphal 2014c; Wieczorkiewicz/Behrens 2014). Nichtsdestotrotz bestand weitgehend Einigkeit, dass die EU langfristig die Diversifizierung von Erdgaslieferanten ausbauen sollte (vgl. Abschnitt 8.2).

In den entworfenen Zukunftsszenarien wurde das angedeutete Spannungsfeld zwischen dem Streben nach größerer Unabhängigkeit von russischem Erdgas und dem gleichzeitigen Mangel an alternativen rentablen Erdgaslieferanten vielfach aufgegriffen, aber oftmals als opponierende Verlaufsformen politischer und ökonomischer Logik gegenübergestellt: Sofern die EU nach ökonomischen Kalkülen handeln wird, werde sie den Erdgashandel mit Russland weiterführen und mitunter versuchen, die Regularien der EU im Erdgassektor auf Russland auszuweiten. Diese Vorstellung korrespondiert mit der Vision, beide Parteien würden aufgrund der bestehenden Interdependenz auf einen Gaskrieg verzichten und den Erdgassektor von der Ukraine-Krise möglichst unbeeinflusst lassen. Demgegenüber bestehe aber auch die Möglichkeit, dass der politische Vertrauensbruch für die EU maßgeblich handlungsleitend sein wird und die EU aus diesem Grund infolge der Krise verstärkt Diversifizierungsmaßnahmen durchsetzen und sich zunehmend von Russland als Erdgaslieferant distanzieren werde (siehe z. B. Götz 2014b; Kundnani 2014; Pirani et al. 2014).

Die Handlungsempfehlungen und Zukunftsszenarien basieren zweifellos auf einer weitreichenden Expertise der Autoren. Problematisch ist jedoch der in Abschnitt 10.1 ausgeführte Punkt, dass in der Erdgasaußenpolitik nicht von *der* EU gesprochen werden kann, sondern die Erdgasaußenpolitik in Europa aus einem intergouvernementalen Entscheidungsprozess resultiert, in dem Policy- und Politics-Dimension verflochten sind. Eine alleinige Betrachtung der Policypositionen, auf denen die meisten Zukunftsszenarien basieren, reicht aus diesen Gründen nicht aus. Es bedarf stattdessen einer Prozessanalyse, um empirisch fundierte Zukunftsszenarien zu erstellen. Mit dem *Gas Game II* wurde versucht, dieses Defizit in der Literatur zu überwinden. Im Folgenden soll nun diskutiert werden, welche Aspekte der Handlungsempfehlungen sowie der Zukunftsszenarien aus der bereits publizierten Literatur zur Erdgasaußenpolitik nach der Ukraine-Krise das *Gas Game II* bestätigt und in welcher Hinsicht es von diesen abweicht.

Unter der Annahme, dass die virtuelle Welt weiterhin Rückschlüsse auf die wirkliche Welt zulässt, kann *vermutet* werden, dass das Simulationsergebnis des *Gas Game II* den dominierenden Handlungsempfehlungen zur inkrementellen Distanzierung von Russland als Erdgaslieferant zumindest in kurz- und mittelfristiger Perspektive weitgehend entspricht: Prognostiziert wird schließlich eine Erdgasaußenpolitik, die Diversifizierungsmaßnahmen zwar eine höhere Priorität zuschreiben wird, Russland aber weiterhin als Erdgaslieferant einbezieht und keinen vollständigen Abbruch des Erdgashandels vorsieht. Um eine Übereinstimmung vollständig überprüfen zu können, reicht die Betrachtung des Simulationsergebnisses allerdings nicht aus. Es enthält zu wenige Informationen über die Handlungsmotive der Entscheidungsakteure, die einen zentralen Aspekt in den beschriebenen Handlungsempfehlungen darstellen. Des Weiteren kann die *point prediction* den zeitlich-dynamischen Moment der inkrementellen Distanzierung von Russland nicht ausdrücken. Hier wäre daher der zusätzliche Bezug auf die Mikroebene, die ausführliche Darstellung der Policypositionen, notwendig. Demgegenüber können zwei Differenzen zu den oben erläuterten Handlungsempfehlungen und Zukunftsszenarien mit Gewissheit konstatiert werden: Erstens zeichnet sich in der Prognose des *Gas Game II* nicht der von einigen Autoren geforderte Ausbau des Interdependenzverhältnisses sowie die Implementierung des South Stream-Projekts ab, was zur Stabilisierung der Erdgasbeziehungen als Abwehr gegen das Übergreifen politischer Verwerfungen auf den Erdgassektor beitragen sollte. Zweitens kann als Differenz zu den bislang publizierten Zukunftsszenarien angeführt werden, dass das Simulationsergebnis ein Entweder-Oder von politischer und ökonomischer Logik nicht bestätigt: Zwar prognostiziert das *Gas Game II* infolge der Krise keinen *bedingungslosen* Bruch im Erdgashandel mit Russland und demzufolge keine *fundamentale* Abkehr von der bisherigen Erdgasaußenpolitik der EU, es ist aber gleichzeitig nicht von der Hand zu weisen, dass gemessen an der Bewegung im *issue continuum* eine Policy-Variation sichtbar geworden ist, die sich in ihrem Ausmaß von inkrementellen Veränderungen, die zum politischen Tagesgeschäft gehören, unterscheidet (vgl. Rüb 2014b: 10; siehe auch Abschnitte 9.1 und 9.2). Aus dem Vergleich und insbesondere aus den identifizierten *Differenzen* konnten wiederum neue Fragen für die vorliegende Analyse abgeleitet werden: Wenn das Simulationsergebnis des *Gas Game II* weder Konstanz noch einen fundamentalen Umbruch vergleichbar mit dem Wert 0 im *issue continuum* prognostiziert, wie kann die Policy-Variation dann jenseits der quantitativen Differenz der Simulationsergebnisse von *Gas Game I* und *II* konzeptionalisiert und bemessen werden? Zeichnet sich überhaupt ein umfassender Politikwandel in der Erdgasaußenpolitik ab? Und falls dies bestätigt werden kann, was ist dann das verbleibende moderierende Moment in diesem Wandel?

Radikalität des Politikwandels und zugrundeliegende Handlungsmotive der Entscheidungsakteure

Im vorangegangenen Abschnitt wurde aus der Differenz zwischen den bereits publizierten Zukunftsszenarien und dem Simulationsergebnis des *Gas Game II* die Frage abgeleitet, wie der Wandel in der europäischen Erdgasaußenpolitik konzeptionalisiert und evaluiert werden kann. Im Folgenden wird nun erläutert, dass die identifizierte Policy-Variation im *Gas Game II* basierend auf einer Konzipierung von Rüb als umfassender Politikwandel bewertet werden kann, da sie auf einen Wandel in den *deep core* und *policy beliefs* der westeuropäischen Mitgliedstaaten sowie der Kommission zurückzuführen ist. Daran anschließend wird dargelegt, dass das Handlungsmotiv für diesen Wandel im mit der Ukraine-Krise verbundenen Vertrauensverlust der europäischen Entscheidungsakteure in Russland als Erdgaslieferant bestand. Es kann aber zugleich gezeigt werden, dass die strukturellen Beschränkungen im Erdgassektor ein moderierendes Moment für den Politikwandel darstellen und der ökonomische Pragmatismus einiger EU-Mitgliedstaaten die Auswirkungen der Ukraine-Krise auf den europäischen Erdgassektor somit abzumildern scheint. Abschließend werden die erläuterten Forschungsergebnisse in einer Prognose für die Entwicklung der europäischen Erdgasaußenpolitik gegenüber Russland synthetisiert. Sie integriert neben der *point prediction* der Simulation auch einen zeitlich-dynamischen Aspekt, der aus der Analyse der Policypositionen abgeleitet werden konnte.

In der Literatur herrscht bislang keine Einigkeit darüber, wie ein Politikwandel operationalisiert und gemessen werden sollte. In der vorliegenden Arbeit erfolgte eine Orientierung an der Typologie von Policy-Variationen durch Rüb, da diese mit der Vorgehensweise konsistent ist, mittels derer die Policypositionen erhoben wurden. So unterscheidet Rüb vier Idealtypen von Policy-Variationen, die durch die Kombination von zwei Kriterien – Radikalität und Geschwindigkeit – charakterisiert sind (vgl. Abbildung 56). In Abgrenzung zu partiellen Policy-Variationen zeichnen sich ein umfassender Politikwandel bzw. ein rapider Politikwechsel dadurch aus, dass eine grundlegende Änderung in den *policy beliefs* des Entscheidungsakteurs identifiziert werden kann, die in dessen *deep core* hineinreicht. Damit rückte der Fokus auf die Policypositionen der EU-Mitgliedstaaten sowie der Kommission, die nun in komparativer Perspektive für die Untersuchungszeiträume des *Gas Game I* und *II* gegenübergestellt werden sollten, was insofern mit den Modellannahmen vereinbar ist, als die Werte der Einfluss-, Prioritäts- und Kompromissbereitschaftsvariable ohnehin nur geringe Veränderungen aufweisen und das modifizierte Simulationsergebnis in erster Linie auf die Veränderungen in den Policypositionen zurückzuführen ist (vgl. Abschnitt 9.2). Die Analyse der Policypositionen hat schließlich gezeigt, dass in Deutschland, Frankreich, Italien, Großbritannien, den Niederlanden, Spanien und der EU-Kommission ein Wandel in den *deep core beliefs* oder zumindest so gravierende Zweifel an ebendiesen identifiziert werden konnten, dass sich dies auf die *policy beliefs* der Staaten auswirkte. Dies galt in besonderem Ausmaß für die ersten vier. Sie forderten nun alle eine stärkere Ausrichtung der Erdgasaußenpolitik in Richtung eines höheren Grads an Diversifizierung hinsichtlich der Erdgaslieferanten. Keine oder nur marginale Änderungen in den Policypositionen konnten demgegenüber bei Polen, Tschechien und Ungarn festgestellt werden, wobei zu betonen ist, dass Polen und Tschechien bereits im ersten Untersuchungszeitraum eine Position im politischen Raum eingenommen haben, in dessen Richtung sich die im Wandel begriffenen Entscheidungsakteure nun bewegten. Die Policy-Variation ist daher auf den Wandel in den *deep core* und *policy beliefs* der oben genannten Mitgliedstaaten sowie der EU-Kommission zurückzuführen. Die synthetisierte Betrachtung der Policypositionen auf qualitativer Ebene ließ somit den Schluss zu, dass nach der Typologie von Rüb auf Grundlage des *Gas Game II* ein umfassender Politikwandel bzw. -wechsel in der Erdgasaußenpolitik der EU zu erwarten ist (vgl. Abschnitt 9.2). Sie bestätigt zugleich die aus dem *Gas Game I* abgeleitete Schlussfolgerung, dass der notwendige Impetus und die ausschlaggebende Richtungsweisung für einen Wandel in der Erdgasaußenpolitik der EU unter den vor Beginn der Ukraine-Krise vorherrschenden positionalen und institutionellen Bedingungen nur von den mächtigsten westeuropäischen Mitgliedstaaten ausgehen konnte und musste (vgl. Abschnitt 10.1).

Die Betrachtung der Policypositionen der einzelnen EU-Mitgliedstaaten ermöglichte des Weiteren eine Analyse der Handlungsmotive für den Wandel ihrer *deep core* und *policy beliefs*. Besonders aufschlussreich war es dabei, in komparativer Perspektive den signifikanten Wandel der vier hervorgehobenen westeuropäischen Mitgliedstaaten sowie die Konstanz in den Positionen der osteuropäischen Mitgliedstaaten Tschechien und Ungarn zu betrachten. Es konnte gezeigt werden, dass das Aufbrechen in den *deep core beliefs* von Deutschland, Frankreich und Italien, die vor Beginn der Ukraine-Krise die Position einer auf Interdependenz beruhenden Energiepartnerschaft mit Russland als Beitrag zu ihrer Versorgungssicherheit am entschiedentsten und ausgeprägtesten vertreten haben, mit einem in der zwischenstaatlichen Krise begründeten Vertrauensverlust in Russland als Erdgaslieferant verbunden war. Sie verwiesen trotz der aufgekommenen Zweifel am Interdependenzprinzip allerdings auf die strukturellen Beschränkungen, die der Erdgassektor wegen seiner Leitungsgebundenheit in Europa und dem damit verbundenen Mangel an kurz- und mittelfristigen alternativen Anbietern, impliziere. Zwar sollte die Diversifizierung vorangetrieben werden, um den Handlungsspielraum der EU auszuweiten, eine radikale Abkehr von Russland als Erdgaslieferant könne und dürfe kurz- und mittelfristig aber nicht geschehen. Eine ähnliche Argumentation konnte bei Tschechien und Ungarn aufgedeckt werden, die damit die Konstanz in ihren Positionen rechtfertigten. Im Rahmen der Analyse des *Gas Game I* wurde bereits aufgezeigt, dass die beiden osteuropäischen Staaten um ein diversifiziertes Importportfolio bemüht waren, was insbesondere bei Tschechien aus einem Misstrauen in Russland als Erdgaslieferant resultierte. Zugleich wiesen beide Staaten in ihren Policypositionen aber eine pragmatische Komponente auf, derzufolge sie bereit waren, trotz widersprechender *deep core beliefs* die Erdgasbeziehung mit Russland durch die Beteiligung an entsprechender Infrastruktur in Ermangelung an alternativen Anbietern zu vertiefen. An diesem Prinzip hielten sie auch während der Ukraine-Krise fest. Besonders die ungarische Regierung erklärte explizit, dass sie Russland als Businesspartner betrachte und in den Erdgasbeziehungen die ungarischen wirtschaftlichen Interessen von größter Relevanz, alle anderen Aspekte hingegen sekundär seien. Ungarn werde daher weiterhin Gasabkommen mit Russland aushandeln, da alle Versuche, alternative Erdgaslieferanten zu erschließen, gescheitert seien (vgl. Abschnitt 8.4.7). Großbritannien, dessen Annäherung an Russland als Erdgaslieferant im vergangenen Jahrzehnt auf wirtschaftlichen Interessen beruhte, kritisierte die anderen Mitgliedstaaten hingegen bezüglich dieser Vorgehensweise. In der britischen Regierung dominierte nun das politisch begründete Misstrauen gegen Russland und sie zeigte sich sogar bereit, trotz der damit verbundenen eigenen Schädigungen die wirtschaftlichen Verflechtungen zur Sanktionierung gegen Russland umfassend einzusetzen (vgl. Abschnitt 8.4.6).

Die Gegenüberstellung dieser Staaten verdeutlicht, dass während der Ukraine-Krise eine Konfliktlinie an Bedeutung gewann, die sich im vorangegangenen Untersuchungszeitraum bereits angedeutet hatte, nämlich das Spannungsfeld zwischen einem pragmatischen, den wirtschaftlichen Interessen entsprechenden Ansatz und der Dominanz geopolitischer Überlegungen. Dieses wirkte sich insofern auf den abstrakt-politischen Raum aus, als es den etablierten Zusammenhang von *Interdependenz* und *Energiepartnerschaft* sowie *Dependenz* und *Diversifizierung* weiter aufbrach. Schließlich implizierte die Wahrnehmung struktureller und ökonomischer Restriktionen im Erdgassektor von einigen Entscheidungsakteuren eine signifikante Beschränkung in der Wahl ihrer Policy-Instrumente. In Abschnitt 10.1 wurde bereits auf die Fragilität in der konzipierten Verbindung der vier Dimensionen hingewiesen. Im Zuge der Ukraine-Krise hat sich die Bindekraft nun noch weiter gelöst (vgl. Abschnitt 9.2).

Zukunftsszenarien, die eine politische und ökonomische Logik als opponierende Handlungsprinzipien gegenüberstellen, scheinen den Untersuchungsergebnissen zufolge somit gleichermaßen richtig wie falsch zu sein: Im Policy-Subsystem Erdgasaußenpolitik produzierte die EU mit ihren Entscheidungen *vor der Ukraine-Krise* Pfadabhängigkeiten, die den Handlungsrahmen *während der politischen Krise* beschränkten. Der ökonomische Nutzen des Erdgashandels mit Russland und der eingeschränkte Handlungsspielraum durch den Mangel an alternativen Erdgaslieferanten stellten letztlich wirkmächtige, handlungsleitende Kategorien dar und begrenzten die Ausweitung des politischen Konflikts zwischen der EU und Russland im europäischen Erdgassektor. Zukunftsszenarien und Handlungsempfehlungen, die eine kompromisslose Distanzierung von Russland im Erdgassektor beinhalten, scheinen somit durch einen normativen Charakter gekennzeichnet zu sein, im Zuge dessen sie die EU-Erdgasaußenpolitik in erster Linie als Bestandteil des Kampfes zwischen europäischen Werten und russischer Autokratie erachten, was der „Realpolitik" der Entscheidungsakteure aber widerspricht. Dies unterstützt die Annahmen des RCI, demzufolge es sich bei den EU-Mitgliedstaaten sowie der Kommission um nutzenmaximierende, rational kalkulierende Akteure handelt, die in die Überlegungen hinsichtlich ihrer zukünftigen Energieversorgung nicht nur geopolitische, sondern auch ökonomische Aspekte einfließen lassen, welche den Möglichkeitsraum potentiell begrenzen. Rückbezogen auf das *issue continuum* stellt die identifizierte Konfliktlinie eine wichtige Variable zur Erklärung dar, weshalb die Ukraine-Krise zwar bei allen Entscheidungsakteuren, bei denen eine Variation in ihrer Policyposition festgestellt werden konnte, ein Wandel in dieselbe Richtung – nämlich der Priorisierung von Diversifizierungsmaßnahmen zur Verringerung der Abhängigkeit von russischen Erdgasimporten – erfolgte, aber weiterhin deutliche Abstufungen und eine weite Spannbreite – im Wertebereich zwischen 0 und 60 – in der Anordnung der Mitgliedstaaten im politischen Raum besteht (vgl. Abschnitt 9.2).

Die ökonomischen Abwägungen einzelner Mitgliedstaaten zeigen, dass die Intentionalität zu einem Politikwandel in der EU eigentlich gering war, sie durch den externen Schock – die Eskalation der Ukraine-Krise – aber unter Druck gesetzt wurden (vgl. Rüb 2014b: 23). Zugleich wurde die Diskussion um einen Politikwandel in ihrer konkreten Form dadurch begünstigt und beschleunigt, dass alternative Politikansätze im gekennzeichneten politischen Raum aufgrund der bereits existierenden Konflikte zwischen den Mitgliedstaaten vor Beginn der Ukraine-Krise „auf Halde lagen" (Rüb 2014b: 40). Schließlich setzten sich bereits im vergangenen Jahrzehnt diverse Mitgliedstaaten für mehr Diversifizierungsmaßnahmen und eine geringere Abhängigkeit von Russland ein. Basierend auf dem Simulationsergebnis, der Analyse der Policypositionen und der Expertise hinsichtlich der strukturellen Bedingungen im europäischen Erdgassektor wurde abschließend folgende Prognose unter Bezugnahme auf die Typologisierung von Rüb entwickelt: Angestoßen durch einen externen Schock, die Ukraine-Krise, ist innerhalb kurzer Zeit eine Diskussion um die zukünftige Ausgestaltung der Erdgasaußenpolitik entfacht, die bereits nach einem Jahr die Entwicklung einer umfassenden Policy-Variation erkennen lässt. Aus diesem Grund ist zu erwarten, dass es sich bei der prognostizierten Policy-Variation hinsichtlich der Geschwindigkeit der Entscheidung zum politischen Strategiewechsel durch die relevanten Akteure um einen rapiden Politikwechsel handeln wird. Aufgrund der strukturellen Kontextbedingungen im Erdgassektor – Langzeitverträge, Leitungsgebundenheit und Dauer des Implementierungsprozesses von neuen Infrastrukturmaßnahmen – wird dieser voraussichtlich mittels inkrementeller Politikveränderungen umgesetzt, die alle auf ein übergeordnetes Ziel –

die Diversifizierung des europäischen Erdgasimportportfolios – gerichtet sind, so dass sich nach einem längeren Zeitraum in der Synthese dieser Maßnahmen ein umfassender Politikwandel vollzogen haben wird (vgl. Abschnitt 9.2).

10.3 Methodische Reflexion

In den beiden vorangegangenen Abschnitten wurden die Forschungsergebnisse der vorliegenden Arbeit zusammengefasst und in den Forschungsstand zur Erdgasaußenpolitik der EU eingeordnet. Der wissenschaftliche Mehrwert der Untersuchung konnte auf diese Weise nachgezeichnet werden. Gleichwohl ist in der formalen Modellbildung stets relativierend anzuführen, dass die Rückschlüsse aus dem Modell auf die wirkliche Welt eben nur dann Erkenntnisse generieren, sofern das Modell die Wirklichkeit auch adäquat abbildet. Bestandteil eines solchen Forschungsdesigns muss daher immer die kritische Reflexion hinsichtlich der methodischen Vorgehensweise sein. Dies gilt umso mehr, als es sich bei der formalen Modellbildung in EU-Studien um ein Forschungsfeld handelt, das sich noch am Beginn seines Entwicklungsprozesses befindet. In den folgenden Abschnitten soll unter Einbeziehung des Forschungsstands diskutiert werden, inwiefern die vorliegende Arbeit zu diesem Prozess beitragen kann.

10.3.1 Modellauswahl und Operationalisierung der Inputvariablen

In Abschnitt 1.2.2 wurde aufgezeigt, dass die formale Modellbildung in der Politikwissenschaft noch ein vergleichsweise junges Feld darstellt. In den EU-Studien wurde mit dem umfassenden Modellvergleich im DEU-Projekt aber ein Meilenstein geschaffen, der weitreichende Erkenntnisse über die Anwendbarkeit einer großen Zahl von Modellen zur Nachbildung von Entscheidungsprozessen in der EU erzeugt hat. Auf diesen Untersuchungsergebnissen baute die vorliegende Arbeit auf und versuchte einen Beitrag zu zwei Diskussionspunkten zu leisten: Zum einen zu der Frage, welches Modell gemessen an seiner Prognosefähigkeit am besten dazu geeignet ist, Entscheidungsprozesse in der EU abzubilden; zum anderen hinsichtlich Vor- und Nachteilen von Erhebungsmethoden zur Operationalisierung der Inputvariablen. Im Folgenden wird die methodische Vorgehensweise in der vorliegenden Arbeit mit Bezug auf diese beiden Punkte im Kontext des Forschungsstandes diskutiert.

Modellauswahl

In der vorliegenden Untersuchung wurde gezeigt, dass das PG gut dazu geeignet
ist, um die Erdgasaußenpolitik der EU gegenüber Russland abzubilden. In diesem
Abschnitt sollen jedoch zwei Punkte, die mit der Anwendung des PG verbunden
sind, problematisiert werden: Zum einen wird die Schwierigkeit diskutiert, dass
Bueno de Mesquita den Programmierungscode seiner Simulation nicht veröffentlicht.
Zum anderen wird erörtert, was die mitunter unrealistischen Verhaltensannahmen
der Spieltheorie für die Bewertung der Forschungsergebnisse in der vorliegenden
Arbeit bedeuten. Trotz dieser Schwierigkeiten sollen die fruchtbare Anwendung
des PG in dieser Arbeit sowie seine hohe Prognosefähigkeit bei konfliktreichen
Sachfragen aus dem DEU-Datensatz aber nicht in den Hintergrund gedrängt,
sondern aus diesen Erkenntnissen abschließend ein wichtiger Schluss für die weitere
Forschung zur formalen Modellbildung in EU-Studien gezogen werden: Aufgrund
der Verzahnung von Politics- und Policy-Dimension, die in dieser Arbeit identifiziert
wurde (vgl. Abschnitt 10.1) und die sich auch aus der Prognosefähigkeit des PG in
Bezug auf den DEU-Datensatz folgern lässt (vgl. Abschnitt 2.3), wird argumentiert,
dass die Politikwissenschaft weniger danach streben sollte, *ein* allgemeines Modell
für EU-Entscheidungsprozesse zu entwickeln, sondern bei der Modellauswahl die
Spezifika einzelner Politikfelder und deren Rückwirkungen auf die institutionellen
Charakteristika des Entscheidungsprozesses stärker in den Blick nehmen sollte.

Wegen seiner großen Relevanz für die formale Modellbildung in EU-Studien und
dem Erkenntnisbeitrag, den es für die Modellauswahl leistet, wurden in Abschnitt 2.2
das DEU-Projekt und seine zentralen Forschungsergebnisse erläutert. Während
kooperative Verhandlungsmodelle im DEU-Projekt als Modellkategorie die höchste
Prognosefähigkeit aufwiesen, konnte daran anschließend jedoch gezeigt werden,
dass Bueno de Mesquita mit dem PG ein nicht-kooperatives Verhandlungsmodell
entwickelt hat, das in einem Test auf den DEU-Datensatz eine höhere Prognosefähigkeit als die im DEU-Projekt getesteten Modelle aufwies (vgl. Abschnitt 2.3).
Da über das Policy-Subsystem Erdgasaußenpolitik bereits bekannt war, dass es
aufgrund widersprüchlicher Interessen zwischen den EU-Mitgliedstaaten ein hohes
Konfliktpotential aufweist und dies wiederum dazu beiträgt, dass diese sich bislang
noch nicht auf eine kohärente Politik einigen konnten, sondern erdgasaußenpolitische Entscheidungsprozesse auf intergouvernementaler Ebene stattfinden, wurde
vermutet, dass das PG von den bereits getesteten Modellen am besten dazu geeignet

ist, den Entscheidungsprozess in diesem Policy-Subsystem abzubilden (vgl. Abschnitt 4.1). Anhand der *post-diction* und der Validitätstests konnte nachgewiesen werden, dass mit hoher Wahrscheinlichkeit eine Analogie zwischen Modell und EU-Erdgasaußenpolitik besteht – auch wenn aufgrund der verbleibenden Trennung von virtueller und realer Welt ein Beweis der Analogie letztlich nicht möglich ist (vgl. Hegelich 2016: 456, 470; siehe auch Dehling/Schubert 2011: 45).

Die Anwendung des PG ermöglichte diverse Rückschlüsse auf die Erdgasaußenpolitik der EU. Gleichwohl ist an dieser Stelle erneut auf eine erhebliche Schwierigkeit hinzuweisen, die mit der Anwendung des PG stets verbunden ist. Bueno de Mesquita veröffentlicht den Programmierungscode seiner Simulation aus kommerziellen Gründen nicht (vgl. Bueno de Mesquita o. J.; Ueng 2012: 43–44). Dies hat ihm in der Politikwissenschaft viel Kritik eingebracht (siehe z. B. Sniedovich 2012: 278; Zambernardi 2016; siehe auch die Stellungnahmen von Donald Green und Stephen Walt in Thomson 2009a). Zwar hat Bueno de Mesquita die mathematischen Berechnungen, die dem PG zugrunde liegen, in einer Vielzahl von Publikationen sehr weitreichend dargestellt (siehe u.a. Bueno de Mesquita 1980, 1981, 1984, 1985, 1994, 1997, 2002, 2010, 2011).[134] Diese ermöglichen – wie in Abschnitt 2.3 gezeigt werden konnte – eine sehr genaue Darstellung der Prozesse, die im PG vollzogen werden und reichen daher aus, um Rückschlüsse aus dem Modell auf Entscheidungsprozesse in der Wirklichkeit zu ziehen. Schließlich stellt ein Modell nie eine exakte Nachbildung der Wirklichkeit dar, sonst würde es sich um ein Experiment handeln (vgl. Behnke 2009: 175; Hegelich 2016: 456). Wichtig ist für eine Annäherung an die der Wirklichkeit zugrundeliegende Kausalstruktur anhand von Modellen, dass dessen grundlegende Mechanismen nachvollzogen werden können, um sie auf die Wirklichkeit zu projizieren. Dies wird durch die Informationen, die Bueno de Mesquita zum PG publiziert hat, gewährleistet (siehe auch Ueng 2012). Nichtsdestotrotz verbleibt aufgrund der Unkenntnis über den Programmierungscode aber eine Intransparenz, die es anderen Forschern verunmöglicht, das PG allumfassend nachzuvollziehen und zu reproduzie-

---

134 Ein großer Teil dieser Publikationen bezieht sich noch auf Vorläufermodelle des PG, die aufgrund der Identitäten mit letzterem von Interesse sind und Schlüsse auf den Code des PG ermöglichen. Jason B. Scholz, Gregory J. Calbert und Glen A. Smith (2011) haben auf Grundlage von Bueno de Mesquitas Publikationen versucht, das Vorläufermodell des PG zu reproduzieren und konnten auf diese Weise ein Modell entwickeln, das sehr ähnliche Ergebnisse generiert. Sie beziehen allerdings nur Publikationen von Bueno de Mesquita bis zum Jahr 2009 mit ein.

ren. Dies stellt ein wissenschaftliches Defizit dar. Für anschließende Untersuchungen stellt sich daher die Frage, ob das PG weiterhin angewendet werden sollte oder stattdessen der Versuch unternommen werden könnte, in Anlehnung an das PG ein ähnliches Modell zu entwickeln, das dazu geeignet ist, Entscheidungsprozesse in der EU mit einem hohen Konfliktgrad abzubilden.

Im Zuge einer eigenen Modellentwicklung könnte man zugleich einem Problem begegnen, das mit spieltheoretischen Modellen stets verbunden ist: Der Spieltheorie liegt mit dem *homo oeconomicus* ein Verhaltensmodell zugrunde, das aus verschiedenen Disziplinen zahlreiche Kritik erfahren hat (besondere Beachtung fanden dabei u.a. die Arbeiten von Becker 1962, 1993b, 1993a; sowie Rubinstein 1998). Den gemeinsamen Bezugspunkt dieser kritischen Auseinandersetzung stellt dabei stets der Verweis auf den mangelnden Realitätsbezug des Modells dar, der aus den Grenzen menschlicher kognitiver Fähigkeiten sowie Beschränkungen im Hinblick auf externe Bedingungen wie zeitliche und finanzielle Ressourcen resultiere. Der *homo oeconomicus* – so der Tenor der Kritik – sei ein „selektives Konstrukt, ein stilisiertes Modell des real existierenden Menschen, bei dem biologische und psychologische Merkmale ausgeblendet werden [...]." (Mayntz 2009: 19) Die besonders restriktive neoklassische Variante des *homo oeconomicus* hat in den Wirtschaftswissenschaften vor diesem Hintergrund bereits Modifikationen erfahren (vgl. Brzezicka/Wiśniewski 2014; Kirchgässner 2008). Andere Disziplinen gingen in ihrer Kritik jedoch noch weiter – auch die Politikwissenschaft. So entwickelte Herbert A. Simon (1955, 1994, 2000) mit dem *Bounded Rationality*-Ansatz schon früh ein Gegenmodell zum *homo oeconomicus*, das kognitive und externe Beschränkungen berücksichtigt und mit dem Prinzip des *satisficing*[135] zudem die Prämisse der Nutzenmaximierung zurückweist. Der auf Simon aufbauende Diskurs zur Kritik des *homo oeconomicus* kann hier nicht ausführlich dargestellt werden, schließlich erstreckt er sich über mehrere Jahrzehnte.[136] Mit Bezug auf das *Gas Game* kann in diesem Kontext aber durchaus eingewendet werden, dass es sich bei den Annahmen der Spieltheorie eben um ein *allgemeines* Verhaltens*modell* handelt, das Abstraktionen von der Wirklichkeit notwendig macht und dementsprechend auch davon auszugehen ist, dass die EU-Mitgliedstaaten sowie die Kommission im erdgasaußenpolitischen Entscheidungsprozess nicht exakt so kalkuliert haben wie die Spieler im Spiel. Gleichwohl lassen *post-diction* und Validitätstests eine Analogie von *Gas Game* und wirklicher Erdgasaußenpolitik mit hoher Wahrscheinlichkeit vermuten, weshalb anzunehmen ist – um in Anlehnung an Hegelichs (2011) Anwendung des PG auf die Finanzmarktrettung zu argumentieren –, dass die Entscheidungsakteure in der Erdgasaußenpolitik zumindest *ähnliche Kalkulationen* angestellt haben: dass sie vor Beginn der Verhandlungen abgewogen haben, zu welchen Kompromissen sie bereit sein werden, um andere Mitgliedstaaten dazu zu bewegen, sich an ihrem Projekt zu beteiligen, in welchen Momenten sie sich dazu entschließen werden, eine Konfrontation mit anderen Staaten einzugehen, wenn diese sich nicht zu Kompro-

---

135 Simon beschreibt den Prozess der Entscheidungsfindung als einen Suchprozess, der durch sogenannte *aspiration level* gekennzeichnet ist und nicht auf Optimierung, sondern auf *satisficing* abzielt (vgl. March/Simon 1976: 132; Selten 2001: 13). Ausgangspunkt dieses Prozesses ist die Ablehnung der im *homo oeconomicus*-Modell enthaltenen Nutzenfunktion. Menschen beurteilen Handlungsalternativen nach Simon nicht nach ihrem kardinalen Nutzen, der sich in der Nutzenfunktion widerspiegelt, sondern lediglich danach, ob sie befriedigend, d.h. gut genug, oder nicht befriedigend sind. Die Grenze zwischen befriedigend und unbefriedigend wird durch das *aspiration level* bestimmt (vgl. Selten 2001: 13–14). Es stellt den Wert einer Zielvariablen dar, die erreicht oder überstiegen werden muss, um von einer zufriedenstellenden Entscheidungsalternative zu sprechen. Befinden sich Menschen nun in Entscheidungssituationen, in denen die Alternativen nicht bekannt sind, wird der Entscheider nicht darauf abzielen, die optimale Alternative zu finden, sondern den Suchprozess bereits dann beenden, sobald er eine Alternative gefunden hat, die das zuvor festgelegte *aspiration level* erreicht oder übersteigt, die also befriedigend ist (vgl. Simon 1955: 107).

136 Siehe dazu u.a. Novarese und Viale (2014). Als häufig rezipierter Nachfolger kann zudem die Forschungsgruppe um Gerd Gigerenzer (u.a. 2001, 2004, 2007, 2015) angeführt werden, deren Heuristik-Modelle in der Debatte um *Bounded Rationality* im internationalen Forschungsraum weitgehende Anerkennung gefunden haben. Für einen policy-analytischen Ansatz sei in diesem Zusammenhang beispielhaft auf die Publikationen von Christoph Strünck (siehe z. B. 2011a, 2011b, 2015) verwiesen, der die empirischen Erkenntnisse der Verhaltensökonomie in kritischer Auseinandersetzung mit dem Modell des homo oeconomicus auf das Feld der Verbraucherpolitik anwendet.

missen bereit zeigen, wie dies z. B. zwischen Deutschland und Polen im Kontext des Nord Stream-Projekts der Fall war, etc. Der Erklärungsgehalt der Spieltheorie zur Analyse von europäischen Entscheidungsprozessen soll vor diesem Hintergrund daher keineswegs angezweifelt werden. Dennoch könnten die Erkenntnisse der kognitiven Psychologie und anderer Disziplinen zum menschlichen Verhalten, die in die Kritik am *homo oeconomicus*-Modell eingeflossen sind, im Rahmen der Entwicklung eines neuen Modells an mancher Stelle als Anregung dienen, um die Prämissen im Modell noch näher an die wirklichen Kalkulationen der Entscheidungsakteure in der Erdgasaußenpolitik anzupassen.

Martina Grabau und Simon Hegelich (i.E.) nehmen in ihrem Modellierungsansatz beide Kritikpunke auf. Sie definieren das PG als „Goldstandard" und entwickeln in Anlehnung an dieses vier Modelle: Eine einfache lineare Regression, einen Mittelwert der Spielerpositionen, gewichtet durch das Produkt von Einfluss und Priorität der jeweiligen Spieler sowie zwei Entscheidungsmodelle, die auf einfachen Heuristiken basieren. Die Grundzüge von letzteren bestehen darin, dass Spieler mit ähnlichen Positionen Koalitionen mit einer gemeinsamen Position formen, die dem gewichteten Mittelwert ihrer Policypositionen entspricht. Die Durchsetzungsfähigkeit einer Koalition ist wiederum von dem Produkt aus Einfluss und Priorität der darin verbundenen Spieler abhängig. In den einzelnen Verhandlungsrunden treffen die so geformten Koalitionen aufeinander und versuchen, die eigene Position gegen die anderen Koalitionen durchzusetzen. Auf diese Weise werden stetig neue Koalitionen als Zusammenführung von ursprünglichen Koalitionen gebildet bis sie sich letztlich im Rahmen einer allumfassenden Koalition auf eine Position einigen. Die beiden heuristischen Modelle unterscheiden sich dahingehend, dass eines den Wert für die Kompromissbereitschaft beinhaltet, das andere diesen hingegen unberücksichtigt lässt. Grabau und Hegelich erstellen daraufhin einen Datensatz, der 200 zufällig gewählte Kombinationen an Inputwerten für Policyposition, Einfluss, Priorität und Kompromissbereitschaft von jeweils 10 Spielern enthält. Sie ermitteln 200 Policy-Outputs, die das PG mit diesen Werten generiert, testen, inwiefern die Modelle dazu in der Lage sind, die Policy-Outputs des PG nachzubilden und optimieren die beiden Entscheidungsmodelle, die auf einfachen Heuristiken basieren, daraufhin. Dieses Verfahren, das man als Fuzzing bezeichnet, liefert folgende Ergebnisse: Grabau und Hegelich weisen erstens nach, dass das Heuristikmodell ohne Kompromissbereitschaftsvariable die Policy-Outputs des PG im Vergleich zu den anderen drei

Modellen am besten nachbildet. Zweitens führen sie für dieses Modell den im ersten Teil der vorliegenden Arbeit erfolgten *performance test* durch und zeigen auf, dass das Heuristikmodell ebenfalls dazu geeignet ist, die Erdgasaußenpolitik der EU gegenüber Russland abzubilden. Da der Programmierungscode des Heuristikmodells öffentlich zugänglich ist und es zudem auf einfachen Heuristiken anstelle der widerlegten Verhaltensannahmen des *homo oeconomicus* basiert, stellt es eine sinnvolle Alternative für zukünftige Analysen der europäischen Erdgasaußenpolitik gegenüber Russland dar.

Unabhängig von den erläuterten Schwierigkeiten mit dem PG sollte seine hohe Prognosefähigkeit für die weitere Forschung zu formalen Modellierungen von EU-Entscheidungsprozessen aber auch deshalb nicht unbeachtet bleiben, da sich aus ihr Anregungen für die weitere Forschungsausrichtung und mögliche Revisionen bisheriger Tendenzen ableiten lassen: In der auf das DEU-Projekt aufbauenden Forschung zeichnete sich eine tendenzielle Fokussierung auf kooperative Verhandlungs- sowie verfahrensrechtliche Modelle ab (vgl. Abschnitt 1.2.2). Insbesondere die Orientierung an ersteren hatte aufgrund der höchsten Prognosefähigkeit dieser Modellkategorie im DEU-Projekt zweifellos ihre Berechtigung. Sie bestätigte zugleich die in diversen Fallstudien aufgestellte Hypothese, dass sich Entscheidungsprozesse in der EU grundsätzlich durch Kooperation, Kompromissfindung und Einstimmigkeit auszeichnen (vgl. Abschnitt 2.2). Diese Erkenntnisse sollen an dieser Stelle in ihrer generalisierenden Abstraktion auch nicht infrage gestellt werden. Nichtsdestotrotz ist zu betonen, dass die Anwendung des PG auf den DEU-Datensatz sowie die vorliegende Arbeit verdeutlicht haben, dass durchaus Politikfelder bzw. -subsysteme existieren, in denen die kompromissfördernden Faktoren wie z. B. die stetige Interaktion der Entscheidungsakteure auf verschiedenen Feldern in ihrer Wirksamkeit nachlassen und das kooperative Entscheidungssetting seine Gültigkeit verliert. Anhand der Anwendung des PG auf den DEU-Datensatz konnte dies für alltägliche Politikentscheidungen im Rat auf Grundlage einer umfassenden Empirie aufgedeckt werden (vgl. Abschnitt 2.3), für intergouvernementale Entscheidungsprozesse kann hingegen nur auf die Ergebnisse der vorliegenden Arbeit verwiesen werden. Es ist aber zu vermuten, dass dies für intergouvernementale Entscheidungsprozesse besonders häufig gilt, schließlich waren die EU-Mitgliedstaaten in derlei Politikfeldern noch nicht zu einer Vergemeinschaftung ihrer Politik bereit. Wenn es also Politikfelder gibt, in denen die grundlegenden Charakteristika des Entscheidungsprozesses außer

Kraft gesetzt oder zumindest abgemildert werden – und dies in einem solch großen
Ausmaß, dass das nicht-kooperative PG für den DEU-Datensatz insgesamt eine
vergleichsweise hohe Prognosefähigkeit aufweist – dann ist die Frage zu stellen,
inwiefern es wirklich sinnvoll ist sich darum zu bemühen, ein *allgemeines* Modell für
EU-Entscheidungsprozesse zu entwickeln. Achen (2006a: 295) hat in einem Fazit zur
DEUI-Studie darauf verwiesen, dass die Politikwissenschaft bislang noch weit davon
entfernt sei, EU-Entscheidungsprozesse im Rat akkurat zu prognostizieren. Hier soll
auf Grundlage der vorangegangenen und folgenden Argumentation die These aufgestellt werden, dass dies u.a. in dem Anspruch vollständiger Generalisierbarkeit der
Modelle begründet ist, der in der EU aufgrund der vorherrschenden Interessenvielfalt
und ihrer Auswirkungen auf Entscheidungsprozesse offenbar kaum erfüllt werden
kann. Schließlich konnten in der vorliegenden Arbeit eine Verzahnung sowie wechselseitige Feedback-Prozesse von Policy- und Politics-Dimension aufgezeigt werden
(vgl. Abschnitt 10.1). Ein allgemeingültiges Modell für EU-Entscheidungsprozesse
müsste von den daraus hervorgehenden Spezifika absehen und einen entsprechend
hohen Abstraktionsgrad aufweisen. Jenseits der potentiell geringen Prognosefähigkeit, die es dann noch vorweisen könnte, nähme zudem der Erkenntnisgewinn mittels
Rückschlüssen auf die reale Welt proportional zum steigenden Abstraktionsgrad
ab. Welchen wissenschaftlichen Mehrwert kann ein Modell dann noch erzeugen,
wenn es auf wenige abstrakte Allgemeinplätze reduziert wird? Stattdessen scheint
es aufgrund der Zusammenhänge von Policy- und Politics-Dimension sinnvoll, in
der komparativen Bewertung von Modellen einen stärkeren Fokus auf die Policy-
Dimension zu legen. Auf diese Weise kann ermittelt werden, ob einzelne Modelle,
wenn nicht für EU-Entscheidungsprozesse im Allgemeinen, dann zumindest für
eine Gruppe von Politikfeldern, die relevante Gemeinsamkeiten für die Identität
des Entscheidungsprozesses aufweisen, eine hohe Prognosefähigkeit generieren. Für
Felder, die sich durch gravierende Interessenkonflikte zwischen den Mitgliedstaaten
auszeichnen, bietet sich eine Weiterarbeit mit dem PG oder einem ähnlichen noch
zu entwickelnden Modell an, da es mit der Kompromissbereitschaftsvariable eine
gewisse Flexibilität zur Verschärfung oder Relativierung der *politics*-Dimension und
seiner nicht-kooperativen Spielregeln mitbringt. Des Weiteren könnten Fortschritte
in der *data science* ein hilfreiches Instrument dafür darstellen, Clusteranalysen von
Politikfeldern durchzuführen sowie Modelle mit einem hohen Detailgrad zu entwickeln, zu optimieren und überhaupt berechenbar zu machen (siehe z. B. Hegelich

et al. 2015). Es wäre zudem von Interesse, Gemeinsamkeiten und Differenzen im Entscheidungssetting von alltäglichen Politikentscheidungen im Rat sowie inter-gouvernementalen Verhandlungen zu untersuchen. Aus einem solchen Vergleich könnten des Weiteren Ursachen für den Mangel an Kohärenz in Politikfeldern wie der Energiepolitik abgeleitet werden.

Operationalisierung der Inputvariablen

Neben der Frage nach der adäquaten Modellauswahl ist die vorliegende Arbeit in die Diskussion um die Operationalisierung von Policypositionen, Einfluss und der akteursspezifischen Priorisierung von einzelnen Sachfragen einzuordnen. Mit Bezug auf die formale Modellbildung in EU-Studien konnte in der Aufarbeitung des Forschungsstandes gezeigt werden, dass von vielen Erhebungsmethoden zwar häufig das Gütekriterium der Reliabilität oder der Validität erfüllt wird, zumeist aber eben nur eines dieser beiden, was weitere Forschung in diesem Bereich notwendig macht. In der vorliegenden Arbeit erfolgte daher im Rahmen der Modellentwicklung in den vier Kapiteln zur Operationalisierung der Inputvariablen einleitend stets eine Diskussion bereits getesteter Erhebungsmethoden bezüglich der jeweiligen Inputvariablen, um aus dieser schließlich eine geeignete Operationalisierung für das Feld der EU-Erdgasaußenpolitik abzuleiten (vgl. Abschnitte 4.3 bis 4.6). Bevor jene an dieser Stelle aufgegriffen werden, kann bereits ein erster wichtiger Schluss gezogen werden: Es gibt nicht *die* optimale Erhebungsmethode für die aufgeführten Variablen. Zweifellos weisen sie allgemeingültige Vor- und Nachteile auf, letztlich hängt es aber immer vom Untersuchungsgegenstand ab, wie adäquat die Methoden jeweils sind. So haben sich manche Erhebungsmethoden in EU-Studien bislang insgesamt als sehr erfolgreich erwiesen, waren für den besonderen Fall der Erdgas-außenpolitik aber nicht geeignet. Umgekehrt sind die Operationalisierungen der Inputvariablen in der vorliegenden Arbeit nicht ausnahmslos auf andere Untersu-chungsgegenstände übertragbar. Im Folgenden sollen die in der vorliegenden Arbeit gewählten Vorgehensweisen kritisch reflektiert und in die genannte Diskussion eingeordnet werden.

Zur Erhebung der Policypositionen dominieren in EU-Studien der formalen Mo-dellbildung gegenwärtig zwei Methoden: Experteninterviews sowie quantitative Textanalyseverfahren. Während im Falle von Experteninterviews häufig deren Relia-bilität infrage gestellt wird, bestehen bei quantitativen Textanalyseverfahren je nach Forschungsfeld Zweifel hinsichtlich der Validität der empirischen Textgrundlage.

Wenngleich die Dokumentation von öffentlichen Stellungnahmen, Abstimmungsverfahren, u.ä. in der EU zunehmend besser aufbereitet wird, scheint die europäische Ebene in dieser Hinsicht für die Wissenschaft noch immer größere Schwierigkeiten zu bereiten als die nationale Ebene (vgl. Abschnitt 4.3). Für das Policy-Subsystem Erdgasaußenpolitik gilt dies in besonderer Weise, schließlich handelt es sich hier um einen intergouvernementalen Prozess, weshalb EU-Dokumente nicht oder nur sehr vereinzelt vorliegen.[137] Auch Experteninterviews wären jenseits von zeitlichen und finanziellen Aufwendungen für die vorliegende Untersuchung problematisch, da das *issue continuum*, in das die Experten die Policypositionen der Mitgliedstaaten einordnen sollen, mit den Kategorien *Diversifizierung* und *Energiepartnerschaft* abstrakte Begriffe umfasst, so dass eine identische Auslegung ebendieser durch die verschiedenen Experten nicht vorausgesetzt werden könnte.[138] Des Weiteren ist das Risiko von *postdictive bias* in dem vorliegenden Fall besonders hoch: Die Ukraine-Krise stellt für das Policy-Subsystem EU-Erdgasaußenpolitik eine Zäsur dar, die die Wahrnehmung der Energiebeziehungen zwischen der EU und Russland beeinflusst und daher auch den Blick auf die eigene Position vor Beginn der Krise in der Retrospektive verzerren mag. Vor dem Hintergrund dieser Schwierigkeiten wurden die Policypositionen der Entscheidungsakteure in der vorliegenden Arbeit mittels einer qualitativen Inhaltsanalyse von öffentlichen Medien erhoben.[139] Mit Bezug auf das Gütekriterium der Objektivität ist für die qualitative Sozialforschung im Allge-

---

137 Mit Bezug auf die Policypositionen der Mitgliedstaaten weisen in der Regel nur die Stellungnahmen des Rats thematische Relevanz auf. Diese ermöglichen aber keine Analyse der spezifischen Positionen einzelner Mitgliedstaaten. Für die Kommission konnten demgegenüber EU-Dokumente genutzt werden (vgl. Abschnitt 8.4.10).

138 Dies gilt aufgrund des potentiellen nationalen *bias* insbesondere für Studien wie die vorliegende, die verschiedene Länder umfasst. Im DEU-Projekt stellte sich diese Schwierigkeit in Abgrenzung zu der vorliegenden Arbeit in geringerem Maße, da das *issue continuum* in der Regel keine abstrakten Kategorien, sondern sehr konkrete *Policies* enthielt, die wenig interpretativen Spielraum zuließen (vgl. Abschnitt 2.2).

139 Im ersten Untersuchungszeitraum dienten alle Beiträge zum Nord Stream-, South Stream- und Nabucco-Projekt aus der *Frankfurter Allgemeinen Zeitung*, der *Süddeutschen Zeitung* sowie der *Financial Times* als empirische Textgrundlage; im zweiten Untersuchungszeitraum wurden alle Beiträge, die die Stichworte „Gas" und „Russland" bzw. „Russia" enthalten, ausgewählt, wobei anstelle der *Financial Times* die Internetplattform *EurActiv* ausgewählt wurde. Für eine diesbezügliche Begründung siehe Abschnitt 8.4. Obwohl die einzelnen Datenquellen bereits eine umfassende empirische und natürlich in Teilen identische und dadurch scheinbar redundante empirische Grundlage bereitgestellt haben, so erscheint die Anzahl der Medien dennoch notwendig, um subjektive Verzerrungen durch einzelne Journalisten oder einen potentiellen nationalen *bias* der Medien aufdecken zu können.

meinen anzuführen, dass sie stets interpretative Momente durch den Forschenden beinhaltet – schließlich zeichnet dies zugleich ihr Potential gegenüber quantitativen Verfahren aus. Eine vollständige Unabhängigkeit der Messwerte vom Forscher kann daher nie gewährleistet werden, was insbesondere für den Moment gilt, in dem die qualitativen Daten in numerische Werte transformiert werden. Die ständige Selbstreflexion im Forschungsprozess und der bewusste Umgang mit eigenen (Vor-)urteilen sind daher essentiell, um verfälschte Ergebnisse zu vermeiden. Durch das regelgeleitete Verfahren der qualitativen Inhaltsanalyse nach Gläser und Laudel wird aber ein möglichst hoher Grad an Reliabilität erreicht, indem die einzelnen Verfahrensschritte explizit aufgezeigt und dadurch nachvollzogen werden können, was zumindest eine intersubjektive Reproduzierbarkeit gewährleistet (vgl. Gläser/Laudel 2010: 206 siehe auch die weiteren Ausführungen in Abschnitt 4.3). Des Weiteren dienten im ersten Untersuchungszeitraum die Berücksichtigung von Sekundärliteratur und die Überprüfung von ebendieser auf Widersprüche zum inhaltsanalytisch erhobenen Material als zusätzliches Kontrollinstrument. Auch das Risiko von *post-dictive bias* konnte verringert werden, indem ausschließlich die Stellungnahmen der Entscheidungsakteure in einem bestimmten, abgeschlossenen Zeitraum der Vergangenheit betrachtet wurden. Hier muss allerdings relativierend angeführt werden, dass das Datenmaterial am Beginn der Verhandlungen, zu dem die Policypositionen bestimmt werden sollen, häufig nicht ausreicht und die synthetisierte Betrachtung eines längeren Zeitraums dazu beitragen muss, auf die Position zu Verhandlungsbeginn zu schließen. Die Validität des Erhebungsverfahrens konnte ebenfalls nachgewiesen werden, schließlich ermöglicht es die Auswertung von Stellungnahmen der tatsächlichen Entscheidungsträger. Für die Analyse hat sich insbesondere die Internetplattform *EurActiv* als fruchtbare Datengrundlage erwiesen, da sich dieses Medium zum Ziel gesetzt hat, die verschiedenen Positionen der Entscheidungsakteure zu Beginn von Entscheidungsprozessen darzustellen (vgl. Abschnitt 8.4). Interne Einblicke, die in Experteninterviews gewonnen werden können, sind dadurch zwar nicht möglich, erscheinen aber auch nicht notwendig, da die tatsächlich geäußerte und beobachtbare *Verhandlungs-* und nicht die *Ideal*position für das Modell erfasst werden soll.[140] Dies gilt insbesondere für Studien, in denen *predictions* erstellt werden, wie an der vorliegenden Arbeit als veranschaulichendem Beispiel erläutert werden kann: Es ist

---

140 Zur Unterscheidung von Verhandlungs- und Idealposition siehe Abschnitte 2.3 und 4.3.

äußerst unwahrscheinlich, dass Mitglieder der jeweiligen nationalen Regierungen
während eines solch gravierenden politischen Konflikts wie der Ukraine-Krise gegenüber Wissenschaftlern interne Strategien mit der Autorisierung, diese zu publizieren,
bekanntgeben. Wenngleich Experteninterviews für *post-dictions* also einen nicht zu
bestreitenden Nutzen als empirische Datenquelle bergen, ist anzunehmen, dass sie
bei *predictions* Beschränkungen unterworfen sind und keinen inhaltlichen Fortschritt
ermöglichen, der über die Erkenntnisse, die in öffentlichen Medien erhoben werden
können, hinausgeht.

Was die inhaltsanalytischen Aspekte bei der Erhebung der Policyposition betrifft,
so hat sich – und dies ist wiederum unabhängig davon, ob es sich bei der empirischen
Grundlage um Experteninterviews oder öffentliche Medien handelt – die Orientierung des Analyserasters am *ACF*-Ansatz bewährt, wodurch die drei hierarchisch
strukturierten Ebenen des Policy-Subsystems abgedeckt werden. Zum einen diente
es dazu, auf die exzerpierten Daten mit der höchsten Relevanz, nämlich die *policy
beliefs*, zu fokussieren; zum anderen hat die ergänzende Betrachtung der *deep core
beliefs* und *secondary aspects* zu einer feineren Graduierung der Verhandlungspositionen beigetragen, ohne diese Kategorien in ihrer Bedeutung im Vergleich zu den
policy beliefs überzubewerten. Dies gilt, obschon sich die Zuweisung der Daten zu
den jeweiligen Ebenen in der konkreten Empirie an manchen Stellen als schwierig
erwiesen hat (siehe dazu auch Rüb 2014a: 255). Abschließend kann mit Bezug
auf die Erhebung von Policypositionen mittels einer qualitativen Inhaltsanalyse
öffentlicher Medien nach Gläser und Laudel (2010) festgehalten werden, dass diese
Vorgehensweise zwar weiterhin Defizite hinsichtlich Objektivität und Reliabilität
aufweist – dies ist bei qualitativer Forschung kaum vermeidbar –, die Wirkungskraft
dieser generellen Defizite aber begrenzt und der hohe Grad an Validität nachgewiesen werden konnten. Sofern es sich um eine politische Sachfrage handelt, die in den
öffentlichen Medien eine große Resonanz erfahren hat, stellt diese Vorgehensweise
somit eine sinnvolle Alternative zu Experteninterviews dar – insbesondere für die
Entwicklung von Zukunftsszenarien, d.h. in solchen Fällen, in denen ein politischer
zwischenstaatlicher Konflikt noch Aktualität besitzt und die Entscheidungsakteure
potentiell eine geringe Bereitschaft zur Aufdeckung interner strategischer Überlegungen aufweisen. Trotz der Schwierigkeiten, die mit der qualitativen Inhaltsanalyse

von öffentlichen Medien verbunden sind und berücksichtigt werden sollten, scheint die geringe Aufmerksamkeit, die diese Methode zur Erhebung von Policypositionen bislang erfahren hat, nicht gerechtfertigt.

Bezüglich der Operationalisierung der Einflussvariablen können Objektivität und Reliabilität zweifellos nachgewiesen werden, da sie durch ihre Orientierung an der Sitzverteilung im EU-Parlament auf quantitativen Daten beruhen, die von der EU bereitgestellt wurden. Die Validität der Daten nachzuweisen, ist hingegen schwierig, konnte letztlich aber durch den erfolgreichen *performance test* des Modells erfolgen. Die Orientierung an der Sitzverteilung im EU-Parlament war in den Ergebnissen früherer Studien zur Machtverteilung in EU-Entscheidungsprozessen begründet, die darauf hindeuten, dass Machtindizes, die eine regressive Machtverteilung generieren, am geeignetsten sind, um den Einfluss der Entscheidungsakteure in EU-Entscheidungsprozessen zu bestimmen. Diese Annahme wurde im Rahmen von Experteninterviews zusätzlich bestätigt. Für intergouvernementale Verhandlungen ist die Anwendung der im DEU-Projekt angewendeten Machtindizes allerdings nicht möglich, da sie ein formales Abstimmungsverfahren voraussetzen. Die Orientierung an der Sitzverteilung im EU-Parlament generierte aber ähnliche Ergebnisse, baute also auf den bereits bestehenden Erkenntnissen auf, und entband zugleich vom subjektiven Charakter der Daten, die mittels Experteninterviews erhoben wurden (vgl. Abschnitt 4.4). Sie stellt für die Modellierung von intergouvernementalen Verhandlungen innerhalb der EU somit eine sinnvolle Alternative zu Machtindizes und Experteninterviews dar, die es aber in weiteren Studien erneut zu überprüfen gilt. Zudem kann diese Vorgehensweise die Subjektivität in der Bewertung des Einflusses der EU-Kommission nicht überwinden, was ebenfalls zusätzliche Forschung erfordert.

Bei der Operationalisierung der Prioritätsvariablen anhand des relativen Anteils von Erdgas aus Russland an den Gesamtimporten je Mitgliedstaat sind Objektivität und Reliabilität ebenfalls gegeben, da die Daten von der *IEA* bereitgestellt werden und somit unabhängig vom Forscher und stets reproduzierbar sind (vgl. Abschnitt 4.5). Die Validität der Daten konnte wie im Falle der Einflussvariablen durch den erfolgreichen *performance test* des Modells nachgewiesen werden. Die Interessen von Nationalstaaten aus ihren materiellen Kontextbedingungen abzuleiten, ist in ihrem Grundsatz keine neuartige Überlegung. So wurde gezeigt, dass in der Forschung zur Erdgasaußenpolitik der EU das Importportfolio der jeweiligen Mitgliedstaaten häufig als Erklärung für die Politikansätze Diversifizierung und Energiepartnerschaft angeführt wird (vgl. Abschnitte 1.2.1 und 3.2). Auch für das Feld der europäischen Erdgasinnenpolitik wurde von Brutschin (2015) der Versuch unternommen, Policypositionen auf Grundlage der materiellen Kontextbedingungen zu ermitteln und mittels eines zweidimensionalen Klassifizierungsrasters für die Anordnung im entsprechenden politischen Raum zu quantifizieren. In beiden Fällen muss zwar darauf hingewiesen werden, dass offensichtlich Defizite in dieser Vorgehensweise bestehen, schließlich hat Brutschin auf Differenzen gegenüber den Ergebnissen einer analogen Untersuchung basierend auf Sekundärliteratur und öffentlichen Medien hingewiesen. Und auch für die EU-Erdgasaußenpolitik wurde in der vorliegenden Arbeit gezeigt, dass die materielle Basis der Mitgliedstaaten zwar *eine* wichtige Variable zur Erklärung der Policypositionen darstellt, ihre alleinige Berücksichtigung die konkrete inhaltliche Ausrichtung aber in ihrer Komplexität letztlich nicht fassen kann, da auf diese Weise zusätzliche ausschlaggebende Erklärungsfaktoren ignoriert werden (vgl. Abschnitt 10.1). Dies wurde insbesondere im zweiten Untersuchungszeitraum deutlich, in dem die Ukraine-Krise als externer Schock ein weiteres Aufbrechen im Konnex Versorgungssituation-*Dependenz/Diversifizierung*-*Interdependenz/Energiepartnerschaft* bewirkte (vgl. Abschnitt 10.2). Allerdings war mit diesen beiden Beispielen der Anspruch verbunden, aus den materiellen Kontextbedingungen nicht nur abzuleiten, *dass* die Mitgliedstaaten eine Sachfrage interessiert, sondern auch *wie* sie sich bezüglich dieser positionieren. Will man hingegen den Grad der Priorität bestimmen, so betrifft dies eben nur den ersten Teil dieses Anspruchs, der in seiner Gegenständlichkeit daher auch eine geringere Komplexität aufweist: Dass die materiellen Kontextbedingungen für Staaten Realitäten schaffen, denen sie sich – ob sie wollen oder nicht – stellen müssen, kann als unbestritten gelten. Die Operationalisierung der Prioritätsvariablen und die bestätigte Validität des *Gas Game* unterstützten diese Argumentation und verdeutlichen, dass eine Ableitung der Prioritätssetzung aus den materiellen Interessen gegenüber der dominanten Erhebungsform der Experteninterviews bedeutende Vorteile birgt: Diese Vorgehensweise erfordert einen geringen Zeitaufwand und reduziert den subjektiven Charakter des Modells nachhaltig. Zwar ist einschränkend anzuführen, dass sie sicherlich nicht für alle Politikfelder geeignet ist und zudem für jede Sachfrage eine der Policy-Dimension entsprechende Anpassung hinsichtlich der Überlegung erfordert, welcher materielle Kontextfaktor für die Prioritätssetzung der Mitgliedstaaten von entscheidender Relevanz ist. Da sie aber einen wichtigen Fortschritt in der Operationalisierung der in der Forschung bislang vergleichsweise vernachlässigten Prioritätsvariablen darstellt, erscheint es sinnvoll für weitere Politikfelder und Policy-Subsysteme zu überprüfen, inwiefern eine Quantifizierung von materiellen Interessen zur Bemessung der Priorisierung bestimmter Sachfragen durch die Mitgliedstaaten dienen kann. Dies könnte in Anlehnung an Schneider, Finke und Bailer (2010a) mittels eines Modellvergleichs erfolgen oder anhand eines Vergleichs mit Messergebnissen aus anderen Erhebungsverfahren wie z. B. Experteninterviews.

Einzig bei der Operationalisierung der Kompromissfähigkeit der Entscheidungsakteure konnte in der vorliegenden Arbeit kein befriedigender Fortschritt erzielt werden, was für die Anwendung des PG durchaus problematisch ist. Schließlich hat Bueno de Mesquita gezeigt, dass die Prognosefähigkeit des PG deutlich höher ist, sofern Werte für die Kompromissbereitschaft vorliegen (vgl. Abschnitt 2.3). Zudem wurde auch in der vorliegenden Arbeit argumentiert, dass die Kompromissbereitschaft eine zweckmäßige Variable darstellen kann, um den kooperativen Charakter der Spielregeln des Modells dem abzubildenden Sachverhalt entsprechend zu verschärfen oder abzumildern (vgl. Abschnitt 10.1). In der vorliegenden Arbeit orientierte sich die Bestimmung des Werts an theoretischen Überlegungen und den Ergebnissen früherer Anwendungen des PG. Die Analyse öffentlicher Medien hat sich – wie an einigen beispielhaften Stellungnahmen gezeigt werden konnte – nicht als geeignet erwiesen (vgl. Abschnitt 4.6). Eine Möglichkeit zur Erhebung der Kompromissbereitschaft stellen Experteninterviews dar, schließlich könnte am *issue continuum* der Verhandlungshorizont der Entscheidungsakteure dargelegt werden. Die mit Experteninterviews verbundenen Schwierigkeiten, die bereits ausgeführt worden sind, würden in diesem Fall aber ebenfalls bestehen. Zudem scheint diese Erhebungsform für die Generierung von Zukunftsszenarien und somit im Falle von Echtzeit-Verhandlungen nicht zweckmäßig zu sein, schließlich ist nicht davon auszugehen, dass Entscheidungsakteure in einer solchen Situation bekanntgeben, zu welchen Kompromissen sie letztlich bereit wären.

Es ist resümierend festzuhalten, dass die in der vorliegenden Arbeit durchgeführten Operationalisierungen zweifellos weiterhin Schwierigkeiten aufweisen und nicht den Anspruch erheben können, für alle Politikfelder geeignet zu sein. Es wurden aber auch Vorzüge gegenüber bereits etablierten Erhebungsmethoden aufgezeigt. Am deutlichsten sind hier Objektivität und Reliabilität der Einfluss- und

Prioritätsvariablen hervorzuheben, die den subjektiven Charakter in der Modell-entwicklung nachhaltig verringern können. Aus diesen Gründen sollten zusätzliche Anwendungsfelder ermittelt und Objektivität, Reliabilität und Validität der Erhe-bungsverfahren in weiteren Studien getestet sowie mögliche Optimierungsverfahren erarbeitet werden.

10.3.2 Formale Modellbildung als methodische Erweiterung der Policy-Analyse

Die vorangegangenen Anmerkungen zu Modellauswahl und Operationalisierung der Inputvariablen haben verdeutlicht, dass sich die formale Modellbildung in der Politikwissenschaft im Vergleich zu etablierteren Forschungsdesigns noch in einem umfassenden Entwicklungs- und Optimierungsprozess befindet. Dies gilt in besonderem Maße für Zukunftsszenarien, denen in dieser Form bislang mit großer Skepsis begegnet und in der politikwissenschaftlichen Forschung daher wenig Beach-tung verliehen wurde. Diese Bedenken haben zweifellos ihre Berechtigung, weshalb im Folgenden am Untersuchungsgegenstand der vorliegenden Arbeit exemplarisch die Grenzen von mittels formalen Modellen erstellten Zukunftsszenarien skizziert werden. Daran anschließend wird aber argumentiert, dass formale Modellbildung und Zukunftsszenarien nichtsdestotrotz einen Mehrwert für die Politikwissenschaft sowie die Politikberatung erzeugen, der nicht zuletzt aus der Verbindung mit policy-analytischen Verfahren resultiert, so dass in einem zweiten Schritt am vorliegenden Forschungsdesign eine interessante methodische Erweiterung der Policy-Analyse aufgezeigt werden kann.

Zukunftsszenarien in der Politikwissenschaft – Nutzen und Grenzen

Unabhängig von dem *performance test* des Modells (vgl. Abschnitte 5.2 und 5.3) sowie der Überprüfung des Fortbestands der abzubildenden realen Kausalstruktur (vgl. Abschnitt 9.3) ist in Anlehnung an Abschnitt 9.3 eine Relativierung hinsichtlich der Aussagekraft des in dieser Arbeit entwickelten Zukunftsszenarios notwendig: An den nach Beginn der Ukraine-Krise erstellten Zukunftsszenarien wurde kritisiert, dass ihre empirische Grundlage häufig intransparent blieb und sie in der Tendenz aus einer Kombination von Expertenwissen und Intuition resultierten. Mit der vorliegenden Untersuchung sollte im Hinblick auf die genannten Defizite ein Beitrag geleistet werden, indem die Modellentwicklung expliziert und das Modell mit der Wirklichkeit konfrontiert wurde, so dass die einzelnen Schritte zur Entwicklung des Zukunftsszenarios nachvollzogen werden konnten. Trotz dieser rigorosen, vielfach überprüften und stetig optimierten Methodik verharren Zukunftsszenarien beständig in einem Zustand hypothetischer Erwartungen, den sie aufgrund der Scheidung von virtueller und realer Welt nie überwinden können. Schließlich ist die politische Wirklichkeit durch einen sehr hohen Grad an Komplexität gekennzeichnet, weshalb ein Modell immer nur einen kleinen Ausschnitt von ebendieser abzubilden versucht und eine Reduktion von Komplexität darstellen *muss*, um nachvollziehbar zu bleiben und in der Fokussierung auf die zu erklärenden Sachverhalte nicht an analytischer Schärfe zu verlieren. Die vorliegende Arbeit ist dafür ein anschauliches Beispiel: So ist die Erdgasaußenpolitik der EU zum einen in ein wesentlich umfassenderes europäisches Energiesystem eingebettet, das durch die widersprüchlichen Interessen der Mitgliedstaaten andauernden Aushandlungsprozessen unterliegt; zum anderen stellt Energie eine strategische Ressource für Nationalstaaten dar, mit der immer das Risiko verbunden ist, dass sie durch Ereignisse wie die Ukraine-Krise in scheinbar abgetrennten Politikfeldern eine gravierende Veränderung in den Kontextbedingungen erfährt, die neue Momente hinsichtlich Geschwindigkeit, Umfang und Richtung der genannten Aushandlungsprozesse hervorruft.

Dennoch soll der Erklärungsgehalt des in dieser Arbeit entwickelten Zukunftsszenarios nicht angezweifelt werden. Aller Relativierungen zum Trotz beruht es schließlich auf einer wissenschaftlichen Analyse und grenzt unter den gegebenen Bedingungen den Erwartungsraum der zukünftigen politischen Entwicklung in empirisch begründeter Form deutlich ein. Deshalb ist es aus praxispolitischer Perspektive – und diese steht in der Diskussion um die Entwicklung von Zukunftsszenarien in der Politikwissenschaft häufig im Vordergrund (vgl. Abschnitt 2.1) – angesichts des noch immer schwelenden Konflikts zwischen der EU und Russland von höchster Relevanz. Da es in der EU-Erdgasaußenpolitik keinen formalisierten Entscheidungsprozess gibt, ist es für Entscheidungsträger mitunter schwierig abzuschätzen, welche Policy letztlich aus den verschiedenen Positionen der Mitgliedstaaten sowie der Kommission resultieren wird. Das *Gas Game II* zeigt demgegenüber auf, in welche Richtung sich die Erdgasaußenpolitik der EU gegenwärtig bewegt und liefert daher einen wissenschaftlichen Referenzpunkt, um im laufenden Entscheidungsprozess Kurskorrekturen vornehmen zu können, bevor durch den sich abzeichnenden Politikwandel neue Pfadabhängigkeiten geschaffen werden, die den zukünftigen Handlungsrahmen im europäischen Erdgassektor aufgrund seiner strukturellen Charakteristika für einen relativ langen Zeitraum einschränken. Gerade in einem politisch aufgeladenen

Konflikt wie der Ukraine-Krise kann das *Gas Game II* für politische Entscheidungsakteure ein wissenschaftliches Hilfsmittel darstellen, um das eigene Handeln zu
reflektieren. Zugleich liefert es eine Orientierung für andere Entscheidungsakteure
in Politik und Wirtschaft, wie z. B. Energieunternehmen oder Erdgaslieferanten
jenseits der EU, für die die Entscheidungen der EU relevante Kontextbedingungen schaffen, die ihren eigenen Handlungsraum wiederum strukturieren und ihre
Handlungsentscheidungen daher ebenfalls beeinflussen mögen. Schließlich stellt
die Erdgasaußenpolitik eines solch wichtigen Erdgasnachfragers wie der EU einen
handlungsleitenden Faktor für Drittstaaten dar, die als potentielle Exportländer in
Betracht gezogen werden oder mit der EU auf Nachfrageseite um Erdgasressourcen
konkurrieren. Mit der Verbindung von Policy-Analyse und formaler Modellbildung
kann der idealistische Anspruch der Policy-Analyse somit bedient bzw. diesem
zumindest ein wenig näher gerückt werden, indem das „gesammelte Wissen ‚über
Politik' wieder ‚für die Politik' zur Verfügung" gestellt wird (Blum/Schubert 2011:
8).

Das entwickelte Zukunftsszenario ist aber nicht nur aus praxispolitischer Perspektive von Relevanz. Aus wissenschaftlicher Perspektive stellen Zukunftsszenarien
eine rigorose und unverfälschte Möglichkeit dar, um Theorien, die in Form von
Modellregeln und Operationalisierungen von Inputvariablen aufgestellt wurden, mit
der Realität zu konfrontieren und auf diese Weise zu überprüfen. Darin weisen
sie gegenüber *post-dictions* den Vorteil auf, dass sie losgelöst sind von Fehlern,
die aus dem bereits bestehenden Wissen über das nachzubildende Ereignis in der
Wirklichkeit entstehen können. Bei Zukunftsszenarien besteht nicht die Möglichkeit,
ein Modell auf ein bestimmtes Ziel hin zu „fitten" und damit letztlich nur die eigenen
abstrakten Annahmen zu bestätigen. Mit dem *Gas Game II* wurde somit jenseits
der Erkenntnisse, die es in Form seiner Prognose zur Entwicklung der europäischen
Erdgasaußenpolitik auf policy-analytischer Ebene generierte, ein zusätzliches Instrument geschaffen, um die Modellentwicklung neben der *post-diction* und den erfolgten
Validitätstests zu überprüfen, womit es zugleich ein Fallbeispiel hinsichtlich der
Frage darstellt, inwiefern das PG in seiner Prognosefähigkeit Differenezn bei *pre-*
und *post-diction* aufweist. Dass sich *predictions* in der Politikwissenschaft bislang
des Öfteren als falsch herausgestellt und sich dementsprechend die in den Modellen
zugrundeliegenden theoretischen Annahmen nicht als richtig erwiesen haben, sollte
dabei nicht als Argument gegen die Methode eingewendet werden, sondern vielmehr

nachdenklich stimmen hinsichtlich der großen Zahl an gültigen Theorien, die bislang noch nicht durch die direkte Konfrontation mit der Wirklichkeit falsifiziert werden konnten:

> Prediction is important because it connects subjective and objective reality. [...] What should give us pause is that the few ideas we have tested aren't doing so well, [...]. However, the fact that the few theories we *can* test have produced quite poor results suggests that many of the ideas we *haven't* tested are very wrong as well. We are undoubtedly living with many delusions that we do not even realize. (Silver 2012: 14-15)

Selbstverständlich soll an dieser Stelle nicht behauptet werden, Zukunftsszenarien seien die *einzige* Möglichkeit, um Theorien zu überprüfen. Aber sie stellen aus politikwissenschaftlicher Perspektive eben *eine* Möglichkeit dar, auf die bislang nur begrenzt zurückgegriffen wurde. Des Weiteren muss die Analyse nicht aufhören, sobald sich ein Zukunftsszenario als falsch erwiesen hat. Dies kann vielmehr den Ausgangspunkt für die Entwicklung neuer Forschungsfragen darstellen (vgl. Hegelich 2016: 462), was sich ebenfalls am vorliegenden Untersuchungsgegenstand illustrieren lässt: Nehmen wir an, die Prognose des *Gas Game II* würde durch die zukünftige Erdgasaußenpolitik der EU widerlegt werden – es würde sich kein Wandel in der Erdgasaußenpolitik vollziehen, er sei wesentlich radikaler oder er vollziehe sich im *issue continuum* in die entgegengesetzte Richtung als angenommen. In diesen Fällen ließe sich mit Bezug auf das *Gas Game* nach den Gründen für ein Abweichen vom Simulationsergebnis fragen, womit policy- und politics-Dimension in der Wirklichkeit in den Blick gerieten: Hat ein Wandel in der Kausalstruktur der Wirklichkeit stattgefunden, der zuvor noch nicht entdeckt worden ist? Sind neue Entscheidungsakteure in den politischen Raum eingetreten, die das Entscheidungsergebnis beeinflussen? Haben zuvor wenig einflussreiche Entscheidungsakteure an Einfluss gewonnen? Oder sind manche Mitgliedstaaten von ihrer Policyposition, die sie im ersten Jahr der Ukraine-Krise vertreten haben, wieder abgerückt? Unerfüllte Zukunftsszenarien können den Blick des Forschers somit auf Variablen lenken, die er ohne erstere möglicherweise gar nicht beachtet hätte. Zugleich hilft der Vergleich von Zukunftsszenario und Wirklichkeit dabei, Stellenwert und Charakter des Auslösers für die Abweichung zu konzeptionalisieren:

If a simulation does NOT fit to the real world phenomenon, this might be more interesting than a very smooth model. In the logic of the simulation the points where simulation and real world differ reveal an effect that has not been integrated in the model. Instead of building an artificial effect that leads to a better fit, the first thing to do is always to think about what really happened in the real world and ask if this effect is systematic (which means it could be integrated in the simulation), erratic (then it should not be part of a general model), or systematically random (it could be integrated as a random variable, but this will lead to a highly complex model and may require methods like Monte-Carlo-Simulations [...]). (Hegelich 2016: 462)

Aus den Ausführungen in diesem Abschnitt kann gefolgert werden, dass der bisherige Fokus auf *post-dictions* in EU-Studien gelockert und neben diesen auch Zukunftsszenarien erstellt werden sollten, da sie – wie oben gezeigt – Erkenntnisse erzeugen und Forschungsfragen aufwerfen, die *post-dictions* nicht ermöglichen. Die hier geleistete Untersuchung der EU-Erdgasaußenpolitik weist deshalb über die konkreten Fragestellungen hinaus einen Modellcharakter auf, der auf andere Politikfelder und Policy-Subsysteme übertragen werden kann.

Formale Modellbildung und Policy-Analyse – Vom Gegensatz zur Symbiose

In den vorangegangenen Abschnitten wurden die Forschungsergebnisse, die die vorliegende Untersuchung bezüglich der fünf in Abschnitt 1.3 entwickelten Forschungsfragen produziert hat, zusammengefasst und in den jeweiligen Forschungsstand eingeordnet. Sie resultierten aus der Kombination von Policy-Analyse und formaler Modellbildung. Abschließend soll das gesamte Forschungsdesign nun auf einer Meta-Ebene betrachtet und verdeutlicht werden, inwiefern die Policy-Analyse von der Generalisierbarkeit formaler Modelle profitieren kann, während umgekehrt die Modellergebnisse durch die mit der Modellierung verbundene Policy-Analyse an empirischer Erklärungskraft gewinnen.

Die Policy-Analyse zeichnet sich in methodischer Hinsicht durch eine vorwiegend qualitative Forschungstradition aus, in der Einzelfallstudien und vergleichende Fallstudien mit geringer Fallzahl dominieren (vgl. Blum/Schubert 2011: 52; Schneider/Janning 2006: 41). Ihre Stärken bestehen in der detaillierten, tiefgehenden und spezifische Kontextfaktoren in den Blick nehmenden Analyse, die umfassende Erkenntnisse über die konkreten Untersuchungsgegenstände ermittelt (vgl. Blum/Schubert 2011: 52–53; Borchardt/Göthlich 2007: 36; Muno 2009: 121; Sartori 1994: 24). Aus diesen Vorteilen resultieren aber zugleich ihre Schwächen: Sie erlauben aufgrund ihres geringen Abstraktionsniveaus häufig keine Rückschlüsse

auf andere Fälle und produzieren dementsprechend keine generellen und verallge-
meinerbaren Erkenntnisse (vgl. Achen 2006a: 265; Blum 2012: 259; Blum/Schubert
2011: 52–53; Lijphart 1971: 691; Ragin 2000: 90). Genau an diesen Grenzen der
analytischen Reichweite von Fallstudien setzen wiederum formale Modelle an. Selbstverständlich können sich auch diese hinsichtlich ihrer Detailgenauigkeit, in der sie
die Wirklichkeit abzubilden versuchen, unterscheiden. Generell ist mit ihnen aber
der Anspruch verbunden, Regelmäßigkeiten und Muster aufzudecken, von den
Besonderheiten eines einzelnen Falls zu abstrahieren und stattdessen auf die essentiellen Charakteristika eines politischen Phänomens zu fokussieren, um letztlich
generelle Aussagen über eine Klasse von Untersuchungsgegenständen zu generieren,
so wie dies im DEU-Projekt mit Bezug auf Entscheidungsprozesse im Rat erfolgt ist
(vgl. Abschnitt 2.1). Problematisch ist dabei jedoch, wie in Abschnitt 10.3.1 argumentiert wurde, dass mit dem Anspruch der Verallgemeinerung mitunter ein solch
hoher Abstraktionsgrad gewählt wird, dass relevante Unterschiede zwischen den
zusammengefassten Fällen übersehen werden und die Analogie zwischen virtueller
und realer Welt zunehmend schwindet.

Der Gegensatz im Erklärungsgehalt von Fallstudien und formalen Modellen ist
offensichtlich: Die Vorteile von ersteren stellen einen Mangel von letzteren dar und
vice versa. Vor diesem Hintergrund zielte das Forschungsdesign in der vorliegenden
Arbeit darauf ab, beide Methoden in symbiotischer Form zu kombinieren: Für das
Feld der EU-Erdgasaußenpolitik wurden mittels einer qualitativen Inhaltsanalyse
die Policypositionen von neun Mitgliedstaaten und der Kommission vor und nach
der Ukraine-Krise erhoben. Dabei erfolgte eine umfangreiche Betrachtung der einzelnen Kollektivakteure, um alle drei Ebenen des Policy-Subsystems zu erfassen
und auf diese Weise schließlich eine komparative Transformation der Positionen in
numerische Werte zu ermöglichen. Die so erhobenen Werte flossen wiederum in das
Gas Game ein, das Rückschlüsse über allgemeine Charakteristika des intergouvernementalen Entscheidungsprozesses in der Erdgasaußenpolitik der EU erlaubte und
insofern eine Annäherung an die der Wirklichkeit zugrundeliegende Kausalstruktur
darstellte, die eben nicht auf die Entscheidungsprozesse einzelner Infrastrukturmaßnahmen begrenzt ist, sondern für das Policy-Subsystem in seiner Gesamtheit gilt.
Des Weiteren gewährte das *Gas Game* allgemeine Schlussfolgerungen hinsichtlich
der relevanten Entscheidungsakteure, der Einflussdistribution zwischen ebendiesen
sowie der ausschlaggebenden Variable für ihre Prioritätensetzung. In Form der

Simulationsergebnisse generierte es schließlich eine exakte Einordnung der Wirkungen des Entscheidungsprozesses, die von den einzelnen Infrastrukturmaßnahmen abstrahierte und einen übergeordneten, handlungsleitenden Politikansatz für Vergangenheit und Zukunft identifizierte. Mit dem *Gas Game* konnten somit aufbauend auf der Inhaltsanalyse der Akteursinteressen policy- und politics-analytische Fragestellungen in einer Weise bearbeitet werden, die eine vergleichende Fallstudie hinsichtlich ihres Abstraktionsniveaus und der Generalisierbarkeit der Ergebnisse kaum ermöglicht hätte.

Allerdings ist der analytische Mehrwert aus der Symbiose von Policy-Analyse und formaler Modellbildung nicht auf erstere beschränkt. Schließlich erfolgte an verschiedenen Stellen in der Untersuchung ein Rückbezug der Modellergebnisse auf die Ausführungen zu den Policypositionen der Mitgliedstaaten. Im *Gas Game I* trug dies dazu bei, Zusammenwirken und Feedback-Prozesse zwischen Policy- und Politics-Dimension identifizieren zu können, was neben den Erkenntnissen über das Policy-Subsystem Erdgasaußenpolitik zugleich Beschränkungen hinsichtlich des Anspruchs der formalen Modellbildung, ein allgemeines Modell von Entscheidungsprozessen im Rat zu entwickeln, offenbarte und daraus abgeleitete Anregungen für alternative Forschungsprogramme erlaubte. Im *Gas Game II* wurde die ergänzende Erklärungskraft durch die qualitative Analyse der Policypositionen ebenfalls deutlich: Während das *Gas Game II* mit seinem Simulationsergebnis zwar eine präzise Prognose hinsichtlich Richtung und Umfang des zukünftigen Wandels in der Erdgasaußenpolitik der EU generierte, die in dieser Form nur mittels des bereits entwickelten Modells möglich war, lieferte die Analyse der Policypositionen wiederum eine in der Empirie nachvollziehbare Konzeptionalisierung dieses Wandels und konnte zugleich zur Erklärung der Handlungsmotive für Wandel bzw. Konstanz in den Positionen der Entscheidungsakteure beitragen.

Die Ausführungen verdeutlichen, dass die Symbiose von policy-analytischen Fallstudien und formaler Modellbildung an einer steten Herausforderung von politikwissenschaftlicher Forschung ansetzt, die Sonja Blum als „google-maps-Problematik" bezeichnet. Demnach ermögliche es das starke „einzoomen" im Rahmen von Fallstudien, viel über die einzelnen Fälle herauszufinden, während ihr Abstraktionsniveau und die Übertragbarkeit der Ergebnisse aber vergleichsweise niedrig lägen. Ein stärkeres „Auszoomen", um allgemeine Mechanismen aufzudecken, würde hingegen die Betrachtung vieler Fälle und einen entsprechend großen Forschungsaufwand

erfordern (vgl. Blum 2012: 259). Durch die Kombination von qualitativen Fallstudien und formalem Modell war in der vorliegenden Untersuchung ein stetes
Ein- und *Auszoomen* möglich, wobei aufgrund der verschiedenen Analyseebenen
immer sichtbar blieb, an welcher Stelle Generalisierungen möglich waren und in
welchen Momenten eine tiefergehende Analyse die Berücksichtigung spezifischer
Kontextfaktoren notwendig machte. Dies trug dazu bei, die Analyse einerseits über-
sichtlich zu halten und sich nicht in einer unüberschaubaren Vielfalt von Akteuren
und Erklärungsfaktoren zu verlieren, andererseits aber „überzogene" Abstraktionen zu vermeiden, die relevante Aspekte und Zusammenhänge stark simplizieren.
Die vorliegende Arbeit soll vor diesem Hintergrund dazu beitragen, der Skepsis
der „Fallstudien-Community" gegenüber der formalen Modellbildung zu begegnen, derzufolge jene nur methodische Fortschritte, nicht aber neue Erkenntnisse
über EU-Entscheidungsprozesse generieren würde (vgl. Abschnitt 1.2.2), wohingen
Wissenschaftler, die sich dem Forschungszweig von formaler Modellbildung in EU-
Studien widmen, angeregt werden sollen, jenseits von – zweifellos wichtigen und
erkenntnisträchtigen – Modellvergleichen den Blick für einzelne Politikfelder und
-subsysteme nicht zu verlieren. Damit knüpft das in dieser Untersuchung entwickelte
Forschungsdesign wieder stärker an den Ursprungsgedanken von Bueno de Mesquita
und Stokman (1994b: x) an, die mit ihrer Publikation zur formalen Modellierung
von EU-Entscheidungsprozessen das Ziel verfolgten, policy- und modellorientierte
Wissenschaftler zusammenzubringen und mit diesen beiden Expertisen Synergieef-
fekte zu erzeugen, die neue Forschungserkenntnisse über EU-Entscheidungsprozesse
liefern (vgl. Kapitel 1.2.2).

10.4 Ausblick

Im Zuge der Zusammenfassung der Forschungsergebnisse wurde an verschiedenen
Stellen in diesem Kapitel bereits auf mögliche Anknüpfungspunkte für weitere
Untersuchungen hingewiesen, die sich sowohl auf die Policy-Dimension des Untersuchungsgegenstands als auch auf das Forschungsdesign dieser Arbeit bezogen. Das
wichtigste und einschneidendste Moment, das in der Zukunft neue Forschungsfragen
aufwerfen wird, stellt aber sicherlich der Ukraine-Konflikt dar. Die vorliegende
Arbeit wurde in einer Periode geschrieben, in der sich die scheinbare Gewissheit
eines friedlichen Neben- und Miteinanders von EU und Russland innerhalb kurzer
Zeit auflöste und Annahmen, die zuvor über das zwischenstaatliche Verhältnis

vorherrschten, radikal infrage gestellt werden mussten. Dadurch wurden Dynamiken angestoßen, die sich mit der europäischen Energiepolitik auf ein Politikfeld erstrecken, das sich ohnehin schon in weitreichenden Transformationsprozessen befand.

Die strukturellen Handlungsbedingungen im Energiesektor erzwingen eine gewisse Trägheit in der Reaktion auf veränderte Kontextbedingungen. Insofern wird sich erst in mehreren Jahren anhand neuer Infrastrukturmaßnahmen evaluieren lassen, inwiefern sich die mit dem *Gas Game II* erstellte Prognose zur Entwicklung der europäischen Erdgasaußenpolitik tatsächlich realisieren wird. Dabei erscheint es sinnvoll, einen besonderen Fokus auf die einflussreichen westeuropäischen Staaten Deutschland, Frankreich, Italien und Großbritannien zu richten, schließlich haben sich ihre Positionen und Handlungen an verschiedenen Stellen in der Untersuchung als ausschlaggebend für die Politik in der EU erwiesen. Des Weiteren ist es wichtig zu verfolgen, wie sich die geplante Energieunion entwickeln wird. In Abschnitt 9.3 konnte zwar gezeigt werden, dass entgegen dem Drängen der EU-Kommission während des Ukraine-Konflikts bei der Mehrzahl der Mitgliedstaaten bislang weiterhin nur eine geringe Bereitschaft zur Vergemeinschaftung der EU-Energiepolitik vorherrschte. Ändert sich dies jedoch, könnte je nach Ausgestaltung der Energieunion eine fundamentale Veränderung in der Kausalstruktur der Erdgasaußenpolitik erzeugt werden. Auch hier hat die Analyse ergeben, dass die relevanten Entscheidungsakteure für eine derartige Entwicklung voraussichtlich die einflussreichen westeuropäischen Mitgliedstaaten sein werden, die bisher von dem institutionellen Setting des Entscheidungsprozesses profitierten.

Mit Blick auf die Rolle der EU-Kommission in der Ukraine-Krise zeichnet sich zudem ab, dass Umstrukturierungen im Forschungsfeld zur EU-Energiepolitik notwendig werden könnten: Mit ihrer Blockade der South Stream-Pipeline mittels des Verweises auf deren Widersprüche mit dem Dritten Energiepaket hat die EU-Kommission ihre Kompetenzen in der europäischen Erdgasinnenpolitik zur folgenreichen Beeinflussung der Erdgasaußenpolitik eingesetzt. Die Unterteilung der Erdgaspolitik in eine interne und eine externe Dimension war zwar stets ein künstliches Konstrukt, besaß vor der Ukraine-Krise aber, wie in Abschnitt 1.2.1 gezeigt wurde, durchaus ihre Berechtigung. Nun scheint sie an Trennschärfe zu verlieren, was zukünftig auch in der Forschung Berücksichtigung finden muss.

Die Forschungsfragen, die sich durch die Ukraine-Krise für die Forschung zur EU-Energiepolitik ergeben, sind mannigfaltig und können hier nur vereinzelt angerissen werden. Abschließend sollte aber hinsichtlich zukünftiger Untersuchungen betont werden, dass Wissenschaftler in solch dynamischen Phasen politischer Entwicklungen mit der Herausforderung konfrontiert sind, eine Doppelrolle einzunehmen: „In such a situation academic observers are as much participants in the development as they are analysts." (Mätzke/Ostner 2010: 468) Vor diesem Hintergrund ist das Bemühen um Objektivität und eine explizite Darlegung der eigenen Annahmen, die in die Untersuchung einfließen, besonders wichtig. Ein eurozentristischer Blick muss vermieden werden. Beispielhaft ist hierfür die in Öffentlichkeit und Wissenschaft geführte Debatte um den Einsatz der russischen „Gaswaffe", im Rahmen derer scheinbar in Vergessenheit gerät, welche Konsequenzen umgekehrt der potentielle Wandel in der europäischen Erdgasaußenpolitik, der ebenfalls eine Reaktion auf den Ukraine-Konflikt darstellt, für die russische Wirtschaft bedeuten würde. Die Politikwissenschaft kann sich einer weiteren Analyse der Auswirkungen aus der Ukraine-Krise auf den europäischen Energiesektor nicht entziehen, muss sich dabei aber stets um ein möglichst hohes Maß an Objektivität und Selbstreflexion bemühen. Einen Beitrag zu dieser Aufgabe zu leisten, war das Anliegen dieser Arbeit.

Literaturverzeichnis

Aalto, Pami (2006): European Union and the Making of a Wider Northern Europe. London/New York: Routledge.

Aalto, Pami (2009): European perspectives for managing dependence. In: Perovic, Jeronim/Orttung, Robert W./Wenger, Andreas (Hrsg.), Russian Energy Power and Foreign Relations: Implications to Conflict and Cooperation. New York: Routledge, 157–180.

Aalto, Pami (2011): The Emerging New Energy Agenda and Russia: Implications for Russia's Role as a Major Supplier to the European Union. In: *Acta Slavica Iaponica*, (30), 1–20.

Aalto, Pami/Korkmaz Temel, Dicle (2014): European Energy Security: Natural Gas and the Integration Process. In: *JCMS: Journal of Common Market Studies*, 52 (4), 758–774.

Abteilung für Öffentlichkeitsarbeit von Naftogaz of Ukraine (2014): Pressemitteilung: Naftogaz of Ukraine Submits a Claim to the Stockholm Arbitration Court. Text abrufbar unter: http://www.naftogaz.com/www/3/nakweben.nsf/0/41D9E3C3AC184862C2257CFA002A3426?OpenDocument&year=2014&month=06&nt=News& (Zugriff am 2.3.2015).

Achen, Christopher H. (2006a): Evaluating political decision-making models. In: Thomson, Robert/Stokman, Frans N./Achen, Christopher H./König, Thomas (Hrsg.), The European Union decides. Cambridge: Cambridge University Press, 264–298.

Achen, Christopher H. (2006b): Institutional reaslism and bargaining models. In: Thomson, Robert/Stokman, Frans N./Achen, Christopher H./König, Thomas (Hrsg.), The European Union decides. Cambridge: Cambridge University Press, 86–123.

Achen, Christopher H./Snidal, Duncan (1989): Rational Deterrence Theory and Comparative Case Studies. In: *World Politics*, 41 (02), 143–169.

Adomeit, Hannes (2012): Integrationskonkurrenz EU-Russland, Belarus und Ukraine als Konfliktfelder. In: *Osteuropa*, 62 (6–8), 383–406.

Afifi, Sara N./Hassan, Mohamed G./Zobaa, Ahmed F. (2013): The Impacts of the Proposed Nabucco Gas Pipeline on EU Common Energy Policy. In: *Energy Sources Part B-Economics Planning and Policy*, 8 (1), 14–27.

Ágh, Attila (2009): Ungarn in der EU. In: *Aus Politik und Zeitgeschichte*, (29–30), 12–18.

Aksoy, Deniz (2010): „It Takes a Coalition": Coalition Potential and Legislative Decision Making. In: *Legislative Studies Quarterly*, 35 (4), 519–542.

Aksoy, Deniz (2012): Institutional Arrangements and Logrolling: Evidence from the European Union. In: *American Journal of Political Science*, 56 (3), 538–552.

Alexandrova, Petya/Timmermans, Arco (2015): Agenda Dynamics on Energy Policy in the European Council. In: Tosun, Jale/Biesenbender, Sophie/Schulze, Kai (Hrsg.), Energy Policy Making in the EU. London: Springer-Verlag London, 41–61.

Alonso, Alejandro/Mingo, Marta (2010): The expansion of „Non conventional" production of natural gas (Tight gas, Gas Shale and Coal Bed Methane). A silent revolution. Präsentiert auf: Energy Market (EEM), 2010 7th International Conference on the European Energy Market, 23.-25.Juni 2010.

Amt für Veröffentlichungen der Europäischen Union (2014): Über EUR-Lex. Text abrufbar unter: http://old.eur-lex.europa.eu/de/tools/about.htm (Zugriff am 13.10.2014).

Andersen, Svein S. (2001): Energy Policy: Interest Interaction and Supranational Authority. In: Andersen, Svein S./Eliassen, Kjell A. (Hrsg.), Making Policy in Europe. 2. Aufl. London u.a.: Sage Publications, 106–123.

Andrés Pérez, Francisco/Vaquer i Fanés, Jordi (2008): Spain in the Genesis of Europe's New Energy Policy. In: Barbé, Esther (Hrsg.), Spain in Europe 2004–2008 (=Monograph of the Observatory of European Foreign Policy, num. 4). Bellaterra (Barcelona): Institut Universitari d'Estudis Europeus.

AP/Vectur (2009): Nabucco Pipeline Project, zit. n.: bpb. Text abrufbar unter: http://www.bpb.de/politik/hintergrund-aktuell/69347/gaspipeline-nabucco-abkommen-unterzeichnet-13-07-2009 (Zugriff am 23.09.2017).

Armstrong, J. Scott/Green, Kesten C./Graefe, Andreas (2015): Golden rule of forecasting: Be conservative. In: *Journal of Business Research*, 68 (8), 1717–1731.

Arregui, Javier/Stokman, Frans N./Thomson, Robert (2006): Compromise, Exchange and Challenge in the European Union. In: The European Union decides. Cambridge: Cambridge University Press, 124–152.

Arregui, Javier/Thomson, Robert (2009): States' bargaining success in the European Union. In: *Journal of European Public Policy*, 16 (5), 655–676.

Arrow, Kenneth (1951): Social Choice and Individual Values. New Haven u.a.: J. Wiley/Chapman & Hall.

Asarow, Mykola (2013): Rede des Premierministers Mykola Asarow im Parlament, 22.11.2013 (inoffizielle Übersetzung). In: *Ukraine-Analysen*, (124), 12–13.

Außenministerium der Russischen Föderation (2014): Kommentar des Außenministeriums Russlands zu den von der Europäischen Union ausgearbeiteten neuen antirussischen Sanktionen. Text abrufbar unter: http://www.mid.ru/bdomp/brp_4.nsf/191dd15588b2321143256a7d002cfd40/8bf03e9fce7d074144257d27001f7ad0!OpenDocument (Zugriff am 1.3.2015).

Auswärtiges Amt (2013): Pressemitteilung: Connecting Europe Facility: Europäisches Infrastrukturinstrument unter Dach und Fach. Text abrufbar unter: http://www.auswaertiges-amt.de/DE/Infoservice/Presse/Meldungen/2013/131205-StML_EuropeanConnectingFacility.html (Zugriff am 13.4.2015).

Axelrod, Robert (1970): Conflict of Interest: A Theory of Divergent Goals with Applications to Politics. Chicago IL: Markham.

Axelrod, Robert (2004): Comparing Modeling Methodologies, Prepared for CMT International – Project on „Security in Central Asia", Juni 2004.

Axelrod, Robert (2007): Simulation in the Social Sciences. In: Rennard, Jean-Philippe (Hrsg.), Handbook of Research on Nature Inspired Computing for Economics and Management. Hershey, Pa. (u.a.): Idea Group Reference, 90–100.

Bacon, Edwin (2012): Comparing Political Futures: The Rise and Use of Scenarios in Future-Oriented Area Studies. In: *Contemporary Politics*, 18 (3), 270–285.

Bader, Franz (Hrsg.) (2000): Physik 12/13, Gymnasium Sek II. Hannover: Schroedel Verlag GmbH.

Badinger, Harald/Mühlböck, Monika/Nindl, Elisabeth/Reuter, Wolf Heinrich (2014): Theoretical vs. empirical power indices: Do preferences matter? In: *European Journal of Political Economy*, 36, 158–176.

Bailer, Stefanie (2004): Bargaining Success in the European Union – The Impact of Exogenous and Endogenous Power Resources. In: *European Union Politics*, 5 (1), 99–123.

Bailer, Stefanie (2010a): The Dimensions of Power in the European Union. In: *Comparative European Politics*, 4 (4), 355–378.

Bailer, Stefanie (2010b): What factors determine bargaining power and success in EU negotiations? In: *Journal of European Public Policy*, 17 (5), 743–757.

Bailer, Stefanie (2011): Structural, Domestic, and Strategic Interests in the European Union: Negotiation Positions in the Council of Ministers. In: *Negotiation Journal*, 27 (4), 447–475.

Bailer, Stefanie/Mattila, Mikko/Schneider, Gerald (2015): Money makes the EU go round: The objective foundations of conflict in the council of ministers. In: *JCMS: Journal of Common Market Studies*, 53 (3), 437–456.

Bandelow, Nils C. (2015): Advocacy Coalition Framework. In: Wenzelburger, Georg/Zohlnhöfer, Reimut (Hrsg.), Handbuch Policy-Forschung. Wiesbaden: Springer, 305–324.

Banzhaf, John F. (1965): Weighted Voting Doesn't Work: A Mathematical Analysis. In: *Rutgers Law Review*, 19, 317–343.

Barysch, Katinka (2010): Can and should the EU and Russia reset their relationship? Policy Brief. London: Centre for European Reform.

Basedau, Matthias/Schultze, Kim (2014): Abhängigkeit von Energieimporten: Risiko für Deutschland und Europa? In: *GIGA Focus*, (8). Text abrufbar unter: http://mercury.ethz.ch/serviceengine/Files/ISN/ 186006/ipublicationdocument_singledocument/562c5970-a801--4775-- 9c0b-d4ec49912900/de/gf_global_1408.pdf (Zugriff am 18.1.2015).

Baumann, Martin/Becker, Oda/Hietler, Philipp/Pladerer, Christian/Schmidl, Johannes/Schenk, Cornelia/Schuch, Alfred (2014): Fachstellungnahme zum Energiekonzept der Tschechischen Republik im Rahmen der grenzüberschreitenden strategischen Umweltprüfung, Im Auftrag des österreichischen Bundesministeriums für Land- und Forstwirtschaft, Umwelt und Wasserwirtschaft, Abteilung V/& „Nuklearkoordination" sowie der Länder Wien, Niederösterreich und Salzburg. Wien: Umweltbundesamt GmbH.

Bechtel, Michael M./Leuffen, Dirk (2010): Forecasting European Union Politics: Real-Time Forecasts in Political Time Series Analysis. In: *European Union Politics*, 11 (2), 309–327.

Becker, Gary S. (1962): Irrational Behavior and Economic Theory. In: *The Journal of Political Economy*, 70 (1), 1–13.

Becker, Gary S. (1993a): Der ökonomische Ansatz zur Erklärung menschlichen Verhaltens. 2. Aufl. Tübingen: Mohr.

Becker, Gary S. (1993b): Nobel Lecture: The Economic Way of Looking at Behavior. In: *The Journal of Political Economy*, 101 (3), 385–409.

Behnke, Joachim (2009): Simulationen. In: Schnapp, Kai-Uwe/Behnke, Nathalie/Behnke, Joachim (Hrsg.), Datenwelten: Datenerhebung und Datenbestände in der Politikwissenschaft. Baden-Baden: Nomos, 174–195.

Behrens, Arno (2014): The declared end of South Stream and why nobody seems to care. CEPS Commentary, Dezember 2014. Text abrufbar unter: http:// aei.pitt.edu/58193/ (Zugriff am 25.1.2015).

Behrens, Arno/Wieczorkiewicz, Julian (2014): Is Europe vulnerable to Russian gas cuts? CEPS Commentaries, März 2014. Text abrufbar unter: http://www.ceps.be/book/europe-vulnerable-russian-gas-cuts (Zugriff am 18.1.2015).

Belyi, Andrei V. (2015): Russia's Gas Export Reorientation from West to East: Economic and Political Considerations. In: *The Journal of World Energy Law & Business*, 1–11.

Benson, David/Russel, Duncan (2015): Patterns of EU Energy Policy Outputs: Incrementalism or Punctuated Equilibrium? In: *West European Politics*, 38 (1), 185–205.

Beyer, Andreas (2010): Theoretische und methodische Grundlagen zur Analyse von Energie und Energiesicherheitspolitik. Kieler Analysen zur Sicherheitspolitik Nr. 27, Institut für SicherheitsPolitik an der Christian-Albrechts-Universität zu Kiel. Text abrufbar unter: http://www.ispk.uni-kiel.de/fileadmin/user_upload/Kieler% 20Analysen%20zur%20Sicherheitspolitik/KAzS27.pdf Zugriff am 3.1.2013.

Bielecki, Janusz (2002): Energy security: is the wolf at the door? In: *The Quarterly Review of Economics and Finance*, 42 (2), 235–250.

Biersack, John/O'Lear, Shannon (2014): The geopolitics of Russia's annexation of Crimea: narratives, identity, silences, and energy. In: *Eurasian Geography and Economics*, 55 (3), 247–269.

Bilgin, Mert (2009): Geopolitics of European natural gas demand: Supplies from Russia, Caspian and the Middle East. In: *Energy Policy*, 37 (11), 4482–4492.

Binhack, Petr/Tichý, Lukáš (2012): Asymmetric interdependence in the Czech–Russian energy relations. In: *Energy Policy*, 45, 54–63.

Black, Duncan (1958): The Theory of Committees and Elections. Cambridge: Cambridge University Press.

Blackwill, Robert D./O'Sullivan, Meghan L. (2014): America's Energy Edge, The Geopolitical Consequences of the Shale Revolution *Foreign Affairs*, (March/April 2014).
Text abrufbar unter: http://www.foreignaffairs.com/articles/140750/robert-d-blackwill-and-meghan-l-osullivan/americas-energy-edge?cid=soc-facebook-in-essays-americas_energy_edge-040914
(Zugriff am 21.1.2015).

Blockmans, Steven (2014): Ukraine, Russia and the need for more flexibility in EU foreign policy-making. CEPS Policy Brief No. 320, Brüssel.

Blum, Sonja (2012): Familienpolitik als Reformprozess: Deutschland und Österreich im Vergleich. Wiesbaden: Springer VS.

Blum, Sonja/Schubert, Klaus (2011): Politikfeldanalyse. 2. Aufl. Wiesbaden: VS Verlag für Sozialwissenschaften.

Boersma, Tim/Johnson, Corey (2012): The Shale Gas Revolution: U.S. and EU Policy and Research Agendas. In: *Review of Policy Research*, 29 (4), 570–576.

Bonabeau, Eric (2002): Agent-based modeling: Methods and techniques for simulating human systems. In: *Proceedings of the National Academy of Sciences of the United States of America*, 99 (3), 7280–7287.

Borchardt, Andreas/Göthlich, Stephan E. (2007): Erkenntnisgewinnung durch Fallstudien. In: Albers, Sönke/Klapper, Daniel/Konradt, Udo/Walter, Achim/Wolf, Joachim (Hrsg.), Methodik der empirischen Forschung. Wiesbaden: Gabler, 33–48.

Bordoff, Jason/Houser, Trevor (2014): American Gas to the Rescue? The Impact of US LNG Exports on European Security and Russian Foreign Policy. Columbia University in the City of New York: Center on Global Energy Policy.

Bothe, David/Seeliger, Andreas (2006): Erdgas: sichere Zukunftsenergie oder knappe Ressource? EWI Working Paper, No. 06.2.

Boussena, S./Locatelli, C. (2013): Energy institutional and organisational changes in EU and Russia: Revisiting gas relations. In: Energy Policy, 55, 180–189.

Bouzarovski, Stefan/Konieczny, Marcin (2010): Landscapes of Paradox: Public Discourses and Policies in Poland's Relationship With the Nord Stream Pipeline. In: Geopolitics, 15 (1), 1–21.

BP (2011): Statistical Review of World Energy June 2011. London: BP.

Braham, Matthew/Holler, Manfred J. (2005a): Power and Preferences Again, A Reply to Napel and Widgrén. In: Journal of Theoretical Politics, 17 (3), 389–395.

Braham, Matthew/Holler, Manfred J. (2005b): The Impossibility of a Preference-Based Power Index. In: Journal of Theoretical Politics, 17 (1), 137–157.

Braithwaite, Rodric (2014): Russia, Ukraine and the West. In: The RUSI Journal, 159 (2), 62–65.

Brandt, Patrick T./Freeman, John R./Schrodt, Philip A. (2011): Real time, time series forecasting of inter-and intra-state political conflict. In: Conflict Management and Peace Science, 28 (1), 41–64.

Braun, Norman/Saam, Nicole J. (Hrsg.) (2015): Handbuch Modellbildung und Simulation in den Sozialwissenschaften. Wiesbaden: Springer Fachmedien Wiesbaden.

Brunnengräber, Achim/Haas, Tobias (2014): Die Klima- und Energiepolitik in der Krise? Zu Kohärenzproblemen am Beispiel der EU. In: Bieling, Hans-Jürgen/Haas, Tobias/Lux, Julia (Hrsg.), Die Internationale Politische Ökonomie nach der Weltfinanzkrise. Wiesbaden: Springer Fachmedien Wiesbaden, 211–230.

Brunner, Martin (2012): Der Einfluss strategischen Wahlverhaltens auf den Partei-enwettbewerb in Mehrparteiensystemen mit Koalitionsregierungen: Eine Computersimulation. In: Bräuninger, Thomas/Bächtiger, André/Shikano, Susumu (Hrsg.), Jahrbuch für Handlungs- und Entscheidungstheorie. VS Verlag für Sozialwissenschaften, 125–163.

Brutschin, Elina (2015): Shaping the EU's Energy Policy Agenda: The Role of Eastern European Countries. In: Tosun, Jale/Biesenbender, Sophie/Schulze, Kai (Hrsg.), Energy Policy Making in the EU. London: Springer-Verlag London, 187–204.

Brutschin, Elina/Pollack, Johannes/Schubert, Samuel R. (2014): The EU and Russian Gas: Is Ukraine a Game Changer? ÖGfE Policy Brief 15/2014, Wien.

Brzezicka, Justyna/Wiśniewski, Rados\law (2014): Homo Oeconomicus and Behavioral Economics. In: *Contemporary Economics*, 8 (4), 353–364.

Buchan, David (2013): Can Shale Gas Transform Europe's Energy Landscape? Centre for European Reform.

Buchan, David (2014): Europe's energy secruity – caught between short-term needs and long-term goals. In: *Oxford Energy Comment, Oxford Institute for Energy Studies*,.

Bueno de Mesquita, Bruce (1980): An expected utility theory of international conflict. In: *American Political Science Review*, 74 (4), 917–931.

Bueno de Mesquita, Bruce (1981): The War Trap. Yale: Yale University Press.

Bueno de Mesquita, Bruce (1984): Forecasting Policy Decisions: An Expected Utility Approach to Post-Khomeini Iran. In: *PS: Political Science & Politics*, 17 (02), 226–236.

Bueno de Mesquita, Bruce (1985): The war trap revisited: a revised expected utility model. In: *American Political Science Review*, 79 (1), 156–177.

Bueno de Mesquita, Bruce (1994): Policy forecasting: An expected utility model. In: Bueno de Mesquita, Bruce/Stokman, Frans N. (Hrsg.), European Community Decision Making: Models, Applications, and Comparisons. New Haven: Yale University Press, 71–104.

Bueno de Mesquita, Bruce (1997): A decision making model: Its structure and form. In: *International Interactions*, 23 (3–4), 235–266.

Bueno de Mesquita, Bruce (2002): Predicting Politics. Columbus: Ohio State University Press.

Bueno de Mesquita, Bruce (2004): Decision-Making Models, Rigor and New Puzzles. In: *European Union Politics*, 5 (1), 125–138.

Bueno de Mesquita, Bruce (2010): The Predictioneer's Game, Using the Logic of Brazen Self-Interest to See and Shape the Future. New York: Random House.

Bueno de Mesquita, Bruce (2011): A New Model for Predicting Policy Choices, Preliminary Tests. In: *Conflict Management and Peace Science*, 28 (1), 65–85.

Bueno de Mesquita, Bruce (o. J.): The Predictioneer's Game. Text abrufbar unter: http://www.predictioneersgame.com/game.

Bueno de Mesquita, Bruce/Lalman, David (1992): War and Reason: Domestic and International Imperatives. New Haven/London: Yale University Press.

Bueno de Mesquita, Bruce/Newman, David/Rabushka, Alvin (1985): Forecasting Political Events, The Future of HongKong. New Haven/London: Yale University Press.

Bueno de Mesquita, Bruce/Stokman, Frans N. (Hrsg.) (1994a): European Community Decision Making: Models, Applications and Comparisons. New Haven/London: Yale University Press.

Bueno de Mesquita, Bruce/Stokman, Frans N. (1994b): Preface. In: Bueno de Mesquita, Bruce/Stokman, Frans N. (Hrsg.), European Community Decision Making, Models, Applications, and Comparisons. New Haven/London: Yale University Press, ix–xi.

Bundesanstalt für Geowissenschaften und Rohstoffe (2012): Abschätzung des Erdgaspotenzials aus dichten Tongesteinen (Schiefergas) in Deutschland. Hannover: Bundesanstalt für Geowissenschaften und Rohstoffe.

Bundesministerium für Wirtschaft und Energie (2015): Fracking. Text abrufbar unter: http://www.bmwi.de/DE/Themen/Industrie/Rohstoffe-und-Ressourcen/fracking.html (Zugriff am 25.9.2015).

Bundesnetzagentur (2009): Pressemitteilung vom 25.2.2009: Bundesnetzagentur gewährt Teilausnahme für OPAL. Text abrufbar unter: http://www.bundesnetzagentur.de/SharedDocs/Pressemitteilungen/DE/2009/090225GasOPAL.html (Zugriff am 13.2.2016).

Bundesregierung (2014): Pressekonferenz von Bundeskanzlerin Merkel und dem bulgarischen Ministerpräsidenten Borissow am 15. Dezember in Berlin. Text abrufbar unter: http://www.bundesregierung.de/Content/DE/Mitschrift/Pressekonferenzen/2014/12/2014--12--15-merkel-borissow.html (Zugriff am 10.6.2015).

Bunea, Adriana/Ibenskas, Raimondas (2015): Quantitative Text Analysis and the Study of EU Lobbying and Interest Groups. In: *European Union Politics*, 16 (3), 429–455.

Buras, Piotr (2014): Partnerschaft auf dem Prüfstand, Deutschland, Polen und die Zukunft der europäischen Ostpolitik. In: *Internationale Politik*, (4, Juli/August), 41–47.

Calliess, Christian/Hey, Christian (2013): Multilevel Energy Policy in the EU: Paving the Way for Renewables? In: *Journal for European Environmental & Planning Law*, 10 (2), 87–131.

Casier, Tom (2011a): The Bilateral Relations of the Benelux Countries with Russia: Between Rhetorical EU Engagement and Competitive Business Interests. In: *Journal of Contemporary European Studies*, 19 (2), 237–248.

Casier, Tom (2011b): The Rise of Energy to the Top of the EU-Russia Agenda: From Interdependence to Dependence? In: *Geopolitics*, 16 (3), 536–552.

CDU (2014): „Gemeinsam erfolgreich in Europa." Europapolitischer Beschluss des 26. Parteitags der CDU Deutschlands. Text abrufbar unter: http://www.europawahl-bw.de/europawahlprogramme.html (Zugriff am 13.10.2014).

Chadefaux, Thomas (2014): Early warning signals for war in the news. In: *Journal of Peace Research*, 51 (1), 5–18.

Checchi, Arianna/Behrens, Arno/Egenhofer, Christian (2009): Long-Term Energy Security Risks for Europe: A Sector-Specific Approach. CEPS Working Document No. 309, Brüssel. Text abrufbar unter: http://aei.pitt.edu/10759/1/1785.pdf (Zugriff am 5.4.2012).

Cherp, Aleh/Jewell, Jessica (2011): The three perspectives on energy security: intellectual history, disciplinary roots and the potential for integration. In: *Current Opinion in Environmental Sustainability*, 3 (4), 202–212.

Chyong, Chi Kong/Hobbs, Benjamin F. (2014): Strategic Eurasian Natural Gas Market Model for Energy Security and Policy Analysis: Formulation and Application to South Stream. In: *Energy Economics*, 44, 198–211.

Ciambra, Andrea (2012): Exporting the good example? European energy policy and socialization in south-east Europe. In: Morata, Francesc/Solorio Sandoval, Israel (Hrsg.), European Energy Policy, An Environmental Approach. Cheltenham/Northampton: Edward Elgar, 155–170.

Clemente, Jude (2012): Shale Gas in Europe: Challenges and Opportunities. USAEE Working Paper No. 2142176, San Diego. Text abrufbar unter: http://papers.ssrn.com/sol3/papers.cfm?abstract_id=2142176 (Zugriff am 18.12.2012).

Collina, Cristian (2008): A bridge in times of confrontation: Italy and Russia in the context of EU and NATO enlargements. In: *Journal of Modern Italian Studies*, 13 (1), 25–40.

Commissione Nazionale per le Società e la Borsa (2015): Azionisti rilevanti di ENI SPA, Situazione al 27/03/2015. Text abrufbar unter: http://www.consob.it/mainen/documenti/assetti_proprietari/semestre1--2015/5297_Az.html?hkeywords=&docid=2&page=

```
2&hits=241&nav=false&filedate=27/03/2015&sem=/documenti/
assetti_proprietari/semestre1--2015/5297_Az.html&link=Pie-
chart+Capitale+ordinario=/documenti/assetti/semestre1--2015/
5297_TOrdDich.html%3b+Pie-chart+Capitale+votante=/documenti/
assetti/semestre1--2015/5297_TVotDich.html
```
(Zugriff am 31.3.2015).

Correljé, Aad/van der Linde, Coby (2006): Energy supply security and geopolitics: A European perspective. In: *Energy Policy*, 34 (5), 532–543.

Costello, Rory/Thomson, Robert (2013): The distribution of power among EU institutions: who wins under codecision and why? In: *Journal of European Public Policy*, 20 (7), 1025–1039.

Crombez, Christophe/Hix, Simon (2015): Legislative Activity and Gridlock in the European Union. In: *British Journal of Political Science*, 45 (03), 477–499.

Crombez, Christophe/Høyland, Bjoern (2015): The Budgetary Procedure in the European Union and the Implications of the Treaty of Lisbon. In: *European Union Politics*, 16 (1), 67-89.

Crombez, Christophe/Steunenberg, Bernard/Corbett, Richard (2000): Understanding the EU Legislative Process Political Scientists' and Practitioners' Perspectives. In: *European Union Politics*, 1 (3), 363–381.

Crombez, Christophe/Vangerven, Pieterjan (2014): Procedural models of European Union politics: Contributions and suggestions for improvement. In: *European Union Politics*, 15 (2), 289–308.

Crombez, Christophe/Vangerven, Pieterjan (2015): A Political-Economic Analysis of the Antidumping Procedure in the European Union. Präsentiert auf: 8th Annual Conference on Political Economy of International Organizations, Februar 2015.

Cross, James P. (2013): Everyone's a Winner (almost): Bargaining Success in the Council of Ministers of the European Union. In: *European Union Politics*, 14 (1), 70–94.

David, Maxine (2011): A Less than Special Relationship: The UK's Russia Experience. In: *Journal of Contemporary European Studies*, 19 (2), 201–212.

David, Maxine/Gower, Jackie/Haukkala, Hiski (2011): Introduction: the European Union and Russia. In: *Journal of Contemporary European Studies*, 19 (2), 183–188.

Dehli, Martin (2009): Die Erdgasversorgung, Wie entwickelt sie sich in Zukunft? In: *energiefakten*, (Mai 2009).

Dehling, Jochen/Schubert, Klaus (2011): Ökonomische Theorien der Politik. Wiesbaden: VS Verlag für Sozialwissenschaften.

De Jong, Sijbren/Schunz, Simon (2012): Coherence in European Union External Policy before and after the Lisbon Treaty: the cases of energy security and climate change. In: *European Foreign Affairs Review*, 17 (2), 169–186.

Deutsch, Anthony (2014): Dutch review energy ties with Russia after MH17 crash. Reuters vom 19. August 2014. Text abrufbar unter: http://www.reuters.com/article/2014/08/19/ukraine-crisis-dutch-trade-idUSL6N0QA1AN20140819.

Deutsche Energie-Agentur (2015): Die europäische Energieeffizienz-Richtlinie. Text abrufbar unter: http://www.energieeffizienz-online.info/rechtliche-rahmenbedingungen/energieeffizienz-richtlinien/energieeffizienz-rl.html.

Dickel, Ralf/Hassanzadeh, Elham/Henderson, James/Honoré, Anouk/El-Katiri, Laura/Pirani, Simon/Rogers, Howard/Stern, Jonathan/Yafimava, Katja (2014): Reducing European Dependence on Russian Gas. OIES Paper NG92. Text abrufbar unter: http://(www.oxfordenergy.org/wpcms/wp-content/uploads/2014/10/NG-92.pdf (Zugriff am 18.1.2015).

Dickel, Ralf/Westphal, Kirsten (2012): EU-Russland-Gasbeziehungen. SWP-Aktuell.

Dolidze, Tatia (2015): EU Sanctions Policy towards Russia: The Sanctioner-Sanctionee's Game of Thrones. CEPS Working Document No. 402/January 2015. Working Paper .

Dollbaum, Jan Matti (2014): Chronik, 10.-23. März 2014. In: *Ukraine-Analysen*, (130), 26–31.

Downs, Anthony (1957): An economic theory of democracy. New York: Harper.

Dreyer, Iana/Grätz, Jonas (2014): After Ukraine: Enhancing Europe's Gas Security. In: *Policy Perspectives*, 2 (1), 1–4.

Duff, Andrew (2012): Finding the Balance of Power in a Post-National Democracy. In: *Mathematical Social Sciences*, 63 (2), 74–77.

Duffy, Gavan (1992): Concurrent interstate conflict simulations: Testing the effects of the serial assumption. In: *Mathematical and Computer Modelling*, 16 (8–9), 241–270.

Dye, Thomas S. (1976): Policy Analysis: What Governments Do, Why They Do It And What Difference It Makes. Tuscaloosa: University of Alabama Press.

Economic Expert Group by the Ministry of Finance of Russian Federation (2012): Overview of economic indicators. Text abrufbar unter: http://www.eeg.ru/downloads/obzor/rus/pdf/2012_0-9.pdf (Zugriff am 13.2.2016).

Egenhofer, Christian/Behrens, Arno (2008): Two sides of the same coin? Securing European energy supplies with internal and external policies. CEPS Working Paper, Mai 2008, Brüssel. Text abrufbar unter: http://sideurope.files.wordpress.com/2008/05/background-vijverberg-energy-ceps-20--05--20081.pdf.

Egenhofer, Christian/Behrens, Arno (2011): The Future of EU Energy Policy after Fukushima. In: *Intereconomics*, 46 (3), 124–128.

Électricité de France (2014): Shareholding Structure. In: *Homepage Électricité de France*, Text abrufbar unter: http://shareholders-and-investors.edf.com/edf-share/shareholding-structure-42691.html (Zugriff am 30.3.2015).

Emerson, Michael (2014): The EU-Ukraine-Russia Sanctions Triangle. CEPS Commentary, Oktober 2014, Brüssel.

Engerer, Hella/Holz, Franziska/Richter, Philipp M./von Hirschhausen, Christian/Kemfert, Claudia (2014): Europäische Erdgasversorgung trotz politischer Krisen sicher. In: *DIW-Wochenbericht*, 81 (22), 479–492.

Epstein, Joshua M. (2008): Why model? In: *Journal of Artificial Societies and Social Simulation*, 11 (4).

Escribano, Gonzalo (2006): Seguridad Energética: concepto, escenarios e implicaciones para España y la UE, Documento de Trabajo (DT) 33/2006. Madrid: Real Instituto Elcano.

Escribano, Gonzalo (2012): Gestionar la interdependencia energética hispano-argelina, Real Instituto Elcano de Estudios Internacionales y Estratégicos ARI 44/2012. Madrid: Real Instituto Elcano.

Escribano, Gonzalo (2014): La acción exterior Española en un scenario en transformación, Estrategia Exterior Española 2/2014. Madrid: Real Instituto Elcano.

EurActiv vom 4.12.2013: South Stream bilateral deals breach EU law, Commission says.

EurActiv vom 6.12.2013: EU countries ask for help to escape from South Stream „mess".

EurActiv vom 16.12.2013a: EU suspends talks with Ukraine over Association Agreement.

EurActiv vom 16.12.2013b: EU, US trade talks could usher in cheaper energy imports.

EurActiv vom 16.12.2013c: Oettinger takes lead in legal spat with Russia over South Stream.

EurActiv vom 18.12.2013: Barroso hails final decision to bring Azeri gas to Europe.

EurActiv vom 20.12.2013: Schulz: Door is still open for Ukraine.

EurActiv vom 14.1.2014: Russia: EU should adapt its legislation to the South Stream bilaterals.

EurActiv vom 16.1.2014: EPP leader calls for „political boycott" of the Sotchi games.

EurActiv vom 29.1.2014: Russia´s South Stream pipe shores up hefty contracts.

EurActiv vom 4.2.2014: Russian nuclear plant divides Hungarians ahead of election.

EurActiv vom 12.2.2014: Kyiv praises EU´s „balanced position" on Ukraine.

EurActiv vom 3.3.2014a: Emergency EU summit to look into possible sanctions against Russia.

EurActiv vom 3.3.2014b: EU not seen matching US threat of sanctions againt Russia.

EurActiv vom 6.3.2014a: EU gives ultimatum to Russia over its „aggression" against Ukraine.

EurActiv vom 6.3.2014b: EU summit rolls out red carpet for Ukraine´s Yatsenyuk.

EurActiv vom 10.3.2014a: Hedegaard: „Ukrainian crisis shows we need to reduce our energy dependency".

EurActiv vom 10.3.2014b: Oettinger on Ukraine: EU should not be „too offensive" towards Russia.

EurActiv vom 10.3.2014c: Russia tightens grip on Crimea despite Western warnings.

EurActiv vom 10.3.2014d: „Visegrad 4" wants US gas to cut dependence on Russia.

EurActiv vom 11.3.2014a: South Stream pipeline project frozen over Crimea crisis.

EurActiv vom 11.3.2014b: Tusk warns Merkel against Russian gas addiction.

EurActiv vom 12.3.2014: Germany, Poland warn Russia EU sanctions could start from 17 March.

EurActiv vom 13.3.2014: EU moves towards sanctions on Russians as Ukraine PM visits Washington.

EurActiv vom 18.3.2014: France puts off ministerial defence visit to Moscow.

EurActiv vom 20.3.2014a: EU countries weigh possible losses from Crimea escalation.

EurActiv vom 20.3.2014b: UK sketches out Europe´s energy alternatives to Russia.

EurActiv vom 21.3.2014a: EU plans to reduce Russian energy dependence.

EurActiv vom 21.3.2014b: While US sanctions Putin´s top aides, EU hesitates at summit.

EurActiv vom 23.3.2014: South Stream victim of Crimea annexation.

EurActiv vom 24.3.2014: G7 leaders to hold talks on Ukraine, isolate Russia.

EurActiv vom 26.3.2014a: Energy security towers over EU-US summit.

EurActiv vom 26.3.2014b: EU warms to shale gas in the wake of Crimea crisis.

EurActiv vom 26.3.2014c: G7 leaders to hold summit in Brussels, instead of Sochi.

EurActiv vom 28.3.2014a: Hungary and Slovakia link their gas grids.

EurActiv vom 28.3.2014b: Spanish MIDCAT pipeline to replace 10% of Russian gas imports.

EurActiv vom 1.4.2014: German Finance Minister compares Putin to Hitler.

EurActiv vom 2.4.2014a: EU ministers call for new neighbourhood policy.

EurActiv vom 2.4.2014b: Poland calls for EU energy union.

EurActiv vom 7.4.2014: Russia tells West reverse gas flows are „illegal".

EurActiv vom 11.4.2014a: Prague: If Russia crosses Ukraine's border, it will face economic war.

EurActiv vom 11.4.2014b: Slovakia wants guarantees before reversing gas to Ukraine.

EurActiv vom 16.4.2014a: Commission warns Bulgaria against foul play over South Stream.

EurActiv vom 16.4.2014b: Germany´s RWE begins gas deliveries to Ukraine.

EurActiv vom 17.4.2014: Russian woos France with big business offers.

EurActiv vom 18.4.2014: Socialists reject Russian motion over South Stream.

EurActiv vom 22.4.2014: Poland calls for EU action to end Russia´s energy stranglehold.

EurActiv vom 25.4.2014: Bulgaria, Commission, lost in translation over South Stream.

EurActiv vom 28.4.2014: Commission welcomes reverse gas flows from Slovakia to Ukraine.

EurActiv vom 30.4.2014: Gazprom lures Austria with South Stream branch.

EurActiv vom 2.5.2014: Russia takes EU energy rules to WTO arbitration.

EurActiv vom 5.5.2014: Trilateral gas talks with Russia fail.

EurActiv vom 6.5.2014: Italy looks at Mediterranean for alternatives to Russian gas.

EurActiv vom 7.5.2014: G7 wants to end dependence on Russian gas.

EurActiv vom 8.5.2014: EU prepares more sanctions against Russia.

EurActiv vom 12.5.2014: EU foreign ministers to raise pressure on Russia over Ukraine.

EurActiv vom 13.5.2014: EU punishes Russia, adds more names to sanctions list.

EurActiv vom 22.5.2014a: Barroso: „Energy must not be abused as a political weapon".

EurActiv vom 22.5.2014b: Prague breaks ranks on EU energy policy towards Russia.

EurActiv vom 28.5.2014a: Barroso warns Bulgaria on South Stream.

EurActiv vom 28.5.2014b: Commission admission: energy independence has a price.

EurActiv vom 2.6.2014a: Oettinger: EU help in resolving South Stream´s legal problems is conditional.

EurActiv vom 2.6.2014b: Oettinger: South-Stream-Verhandlungen nur unter klaren Bedingungen möglich.

EurActiv vom 3.6.2014: Bulgaria to build South Stream despite Commission warnings.

EurActiv vom 5.6.2014: Hollande emerges as peacemaker at G7 dinner.

EurActiv vom 10.6.2014: Renzi leads belated effort in support of South Stream.

EurActiv vom 13.6.2014: Gazprom threatens to stop gas deliveries to Ukraine.

EurActiv vom 17.6.2014: Conflicting energy policies to be adopted at Ypres summit.

EurActiv vom 18.6.2014: Lavrov reassures Serbia on South Stream.

EurActiv vom 24.6.2014: EU throws its weight behind Ukraine peace plan.

EurActiv vom 25.6.2014: Austria seals South Stream deal with Gazprom.

EurActiv vom 26.6.2014: Russia counts on EU „friends" to avert further sanctions.

EurActiv vom 2.7.2014a: Fracking debate intensifies in Germany.

EurActiv vom 2.7.2014b: Putin slams Poroshenko for ignoring French, German advice.

EurActiv vom 7.7.2014: Oettinger tells Germany to keep options open on fracking.

EurActiv vom 17.7.2014: EU to target Russian firms with sanctions, block loans.

EurActiv vom 20.7.2014: Britain, France, Germany eye fresh Russia sanctions after plane disaster.

EurActiv vom 22.7.2014a: EU ministers speed up Russia sanctions.

EurActiv vom 22.7.2014b: Hollande: Delivery of second Mistral warship depends on Russia´s attitude.

EurActiv vom 23.7.2014: EU ministers threaten Russia with harsher sanctions.

EurActiv vom 24.7.2014a: Commission wants a 30% energy reduction target by 2030.

EurActiv vom 24.7.2014b: EU seeks to „balance the pain" from Russia sanctions.

EurActiv vom 25.7.2014: EU sanctions to exclude Russia from capital markets.

EurActiv vom 28.7.2014: Russia, Germany in diplomatic battle over Ukraine sanctions.

EurActiv vom 30.7.2014: Merkel: new EU sanctions against Russia were unavoidable.

EurActiv vom 19.8.2014: Merkel pledges military support to Baltic states.

EurActiv vom 26.8.2014: Hungary´s Orbán wants warmer EU-Russia ties to boost business.

EurActiv vom 28.8.2014: Poland wants economic portfolio, will support Georgieva to replace Ashton.

EurActiv vom 29.8.2014a: Merkel says EU summit will discuss more sanctions against Russia.

EurActiv vom 29.8.2014b: Russia advances in Ukraine, EU summit readies new sanctions.

EurActiv vom 2.9.2014a: Building NATO's „Weimarer Triangle".

EurActiv vom 2.9.2014b: Mogherini: Russia is no longer the EU´s strategic partner.

EurActiv vom 2.9.2014c: Putin: „I can take Kiev in two weeks if I want".

EurActiv vom 3.9.2014: MEP´s test Mogherini as newly appointed EU Foreign Affairs chief.

EurActiv vom 4.9.2014: France suspends Mistral delivery to Russia.

EurActiv vom 8.9.2014: EU´s new Russia sanctions may be frozen „if ceasefire holds".

EurActiv vom 11.9.2014: EU delays new Russia sanctions.

EurActiv vom 12.9.2014: Sikorski: If Poland is hawkish on Ukraine, is Russia a dove?

EurActiv vom 17.9.2014: Gazprom: Serbia will start building South Stream in October.

EurActiv vom 18.9.2014: Poland masterminds gas trading hub for Central Europe.

EurActiv vom 25.9.2014: EU turns to Iran as alternative to Russian gas.

EurActiv vom 24.10.2014: EU leaders adopt „flexible" energy and climate targets for 2030.

EurActiv vom 31.10.2014: EU millions go to gas infrastructure, despite regulation.

EurActiv vom 4.11.2014: Hungary attempts to bypass EU law on South Stream.

EurActiv vom 12.11.2014: Mogherini, Steinmeier denounce black-and-white foreign policy.

EurActiv vom 20.11.2014: Hungary's Orbán: We'll choose our own path with Russia.

EurActiv vom 26.11.2014: France suspends delivery of first Mistral warship to Russia.

EurActiv vom 4.12.2014: EU, US promote alternative projects, following South Stream failure.

EurActiv vom 5.12.2014: Juncker says South Stream pipeline can still be built.

EurActiv vom 10.12.2014: Russia confirms decision to abandon South Stream.

EurActiv vom 19.12.2014: EU leaders ready long confrontation with Russia.

EurActiv vom 6.1.2015: France, Germany concerned about Russia sanctions policy.

EurActiv vom 3.2.2015: EU energy boss says joint gas bying would have to be voluntary.

EurActiv vom 5.2.2015a: Orbán: Good ties with Russia and Germany are essential.

EurActiv vom 5.2.2015b: Single supervisor mooted for Energy Union, as Šefčovič pushes „holistic" approach.

EurActiv vom 9.2.2015: Italian ambassador: „Illegal immigration poses security threat to Europe".

EurActiv vom 13.2.2015: Šefčovič gives his blessing to Southern Gas Corridor.

EurActiv vom 20.2.2015: Orbán says EU's Energy Union is a threat to Hungary.

EurActiv vom 25.2.2015a: Šefčovič hopes to convince Orbán to disclose energy agreements.

EurActiv vom 25.2.2015b: Will EU states play ball on Energy Union?

EurActiv vom 17.3.2015: Member states reassert sovereignty over energy mix ahead of EU summit.

EurActiv vom 20.3.2015: Leaders broadly endorse „Energy Union" plans, leave details to later.

EurActiv vom 22.3.2015: Germany wants robust single energy market, at odds with Britain.

EurActiv (o. J.): Concept & Objectives. Text abrufbar unter: http:// www.euractiv.com/concept (Zugriff am 2.3.2014).

Europäische Kommission (2004): Mitteilung der Kommission an den Rat und das Europäische Parlament: Der Energiedialog zwischen der Europäischen Union und der Russischen Föderation von 2000 bis 2004. Text abrufbar unter: https://www.jurion.de/de/document/fullview/0: 2940155,1,17770101/0:2940155,1,17770101 (Zugriff am 2.3.2014).

Europäische Kommission (2006): Grünbuch „Eine europäische Strategie für nachhaltige, wettbewerbsfähige und sichere Energie", KOM(2006) 105. Brüssel.

Europäische Kommission (2007): Eine Energiepolitik für Europa. Kom(2007) I, Brüssel.

Europäische Kommission (2008): EU Energy Security and Solidarity Action Plan: Second Strategic Energy Review. Brüssel.

Europäische Kommission (2010): Mitteilung der Kommission an das Europäische Parlament, den Rat, den Europäischen Wirtschafts- und Sozialausschuss und den Ausschuss der Regionen, Energieinfrastrukturprioritäten bis 2020 und danach - ein Konzept für ein integriertes europäisches Energienetz. Text abrufbar unter: http://eur-lex.europa.eu/legal-content/DE/TXT/?uri=CELEX: 52010DC0677 (Zugriff am 7.4.2015).

Europäische Kommission (2012): Energy and Environment Overview. Text abrufbar unter: http://ec.europa.eu/competition/sectors/energy/ overview_en.html (Zugriff am 17.6.2015).

Europäische Kommission (2014a): Government of the Russian Federation, Resolution of 20 August 2014 No.830, Unofficial Translation. Text abrufbar unter: http://ec.europa.eu/food/safety/international_affairs/eu_russia/ russian_import_ban_eu_products/docs/20140820_translation_en.pdf (Zugriff am 1.3.2015).

Europäische Kommission (2014b): Mitteilung der Kommission an das Europäische Parlament und den Rat, Strategie für eine sichere europäische Energieversorgung. Text abrufbar unter: http://eur-lex.europa.eu/legal-content/EN/ ALL/?uri=CELEX:52014DC0330&qid=1407855611566 (Zugriff am 1.3.2015).

Europäische Kommission (2014c): Information Note on the Russian Ban on Agri-Food Products from the EU. Text abrufbar unter: http://ec.europa.eu/ agriculture/russian-import-ban/pdf/info-note-03--09_en.pdf (Zugriff am 1.3.2015).

Europäische Kommission (2014d): Press Release: Breakthrough: 4,6 billion dollar deal secures gas for Ukraine and EU. Text abrufbar unter: http://europa.eu/ rapid/press-release_IP-14--1238_en.htm (Zugriff am 2.3.2014).

Europäische Kommission (2015): Paket zur Energieunion, Mitteilung der Kommission an das Europäische Parlament, den Rat, den Europäischen Wirtschafts- und Sozialausschuss, den Ausschuss der Regionen und die Europäische Investitionsbank, Rahmenstrategie für eine krisenfeste Energieunion mit einer zukunftsorientierten Klimaschutzstrategie. Text abrufbar unter: ec.europa.eu/priorities/ energy-union/docs/energyunion_de.pdf (Zugriff am 27.5.2015).

Europäischer Rat (2006): Schlussfolgerungen des Vorsitzes vom 23./24. März 2006, Brüssel. Text abrufbar unter: `http://www.auswaertiges-amt.de/cae/servlet/contentblob/338934/publicationFile/3593/EU-Erkl%C3%A4rungBelarus.pdf` (Zugriff am 1.11.2012).

Europäischer Rat (2015): Tagung des Europäischen Rates (19. und 20. März 2015) – Schlussfolgerungen. Text abrufbar unter: `http://webcache.googleusercontent.com/search?q=cache:uwoRUi238dAJ:www.consilium.europa.eu/de/meetings/european-council/2015/03/european-council-conclusions-march-2015-en_pdf/+&cd=1&hl=de&ct=clnk&gl=de` (Zugriff am 30.5.2015).

European Commission (2013): EU Energy in Figures – Statistical Pocketbook 2013. Luxemburg: Publications Office of the European Union.

European External Action Service (o. J.): The EU-Ukraine Association Agreement and Deep and Comprehensive Free Trade Area, What´s it all about? Text abrufbar unter: eeas.europa.eu/delegations/ukraine/documents/virtual_library/vademecum_en.pdf (Zugriff am 5.10.2015).

Eurostat (o. J.): Energieabhängigkeit. Text abrufbar unter: `http://ec.europa.eu/eurostat/tgm/table.do?tab=table&init=1&language=de&pcode=tsdcc310&plugin=1` (Zugriff am 5.5.2014a).

Eurostat (o. J.): Inländischer Bruttoenergieverbrauch nach Brennstofftyp. Text abrufbar unter: `http://ec.europa.eu/eurostat/tgm/table.do?tab=table&init=1&language=de&pcode=tsdcc320&plugin=1` (Zugriff am 5.5.2014b).

Eurostat (o. J.): Primärerzeugung von Energie durch Ressource. Text abrufbar unter: `http://ec.europa.eu/eurostat/tgm/table.do?tab=table&init=1&language=de&pcode=ten00076&plugin=1` (Zugriff am 5.5.2014c).

FAZ.NET vom 21.9.2007: RWE steigt in Nabucco-Konsortium ein.

FAZ.NET vom 18.7.2009: Brüder, zur Sonne, zur Freiheit.

FAZ.NET vom 8.11.2011: Nord Stream liefert Gas.

FAZ.NET vom 24.11.2011: Gazprom treibt Pläne für Pipeline durch das Schwarze Meer voran.

FAZ.NET vom 5.3.2014: Lawrow: Werden kein Blutvergießen in der Ukraine zulassen.

FAZ.NET vom 21.3.2014: Moskau wirft dem Westen „grobe Einmischung" vor.

FAZ.NET vom 27.3.2014: Merkel will gesamte Energiepolitik in Europa überprüfen.

FAZ.NET vom 28.3.2014: Gabriel: „Keine Alternative" zum russischen Gasimport.

FAZ.NET vom 2.4.2014: Eni-Chef Paolo Scaroni: Europa braucht das Gas aus Russland nicht.

FAZ.NET vom 7.4.2014: Demonstranten in Donezk rufen „souveräne Volksrepublik" aus.

FAZ.NET vom 15.4.2014a: RWE startet Gaslieferungen an die Ukraine.

FAZ.NET vom 15.4.2014b: Spanien wirbt für Gas aus Algerien.

FAZ.NET vom 17.4.2014: Putin: Russischer Militäreinsatz wäre legitim.

FAZ.NET vom 22.4.2014a: Gazprom bietet Europa mehr Gas an.

FAZ.NET vom 22.4.2014b: Polen fordert den Aufbau einer EU-Energieunion.

FAZ.NET vom 25.4.2014: Tusk wirbt bei Merkel für Energieunion.

FAZ.NET vom 2.5.2014: Oettinger will Einheitspreis für russisches Gas.

FAZ.NET vom 6.5.2014: G-7-Staaten schließen Pakt gegen Moskau.

FAZ.NET vom 15.5.2014: Gazprom liefert Gas billiger an Österreich.

FAZ.NET vom 20.5.2014: Das Spiel mit dem Gashahn.

FAZ.NET vom 21.5.2014: EU bereitet sich auf Gaslieferstörungen vor.

FAZ.NET vom 3.6.2014: EU fordert von Bulgarien Baustopp an Pipeline.

FAZ.NET vom 4.6.2014: Bulgarien hält trotz EU-Bedenken an South Stream-Projekt fest.

FAZ.NET vom 20.7.2014: Putin verspricht „volle Kooperation".

FAZ.NET vom 22.7.2014: Erleichterung in den Niederlanden.

FAZ.NET vom 28.7.2014: Europas Stress mit den Sanktionen.

FAZ.NET vom 10.9.2014: Russland liefert Europas Konzernen weniger Gas.

FAZ.NET vom 11.9.2014: Von morgen an gelten neue Sanktionen gegen Russland.

FAZ.NET vom 25.9.2014: An Russlands langer Leitung.

FAZ.NET vom 26.9.2014: Ungarn unterbricht Lieferungen in die Ukraine.

FAZ.NET vom 5.2.2015: Wir wollen keine multikulturelle Gesellschaft.

Feder, Stanley A. (1995): Factions and Policon: New ways to analyze politics. In: Westerfield, H. Bradford (Hrsg.), Inside CIA´s Private World, Declassified Articles from the Agency's Internal Journal, 1955–1992. New Haven: Yale University Press, 274–292.

Feder, Stanley A. (2002): Forecasting for policy making in the post-cold war period. In: *Annual Review of Political Science*, 5 (1), 111–125.

Feklyunina, Valentina (2012): Russia's International Images and Its Energy Policy. An Unreliable Supplier? In: *Europe-Asia Studies*, 64 (3), 449–469.

Fernandez, Rafael (2011): Nabucco and the Russian Gas Strategy vis-à-vis Europe. In: *Post-Communist Economies*, 23 (1), 69–85.

Ferrara, Domenico (2014): EU-Russia energy relations: a discursive approach. University of Warwick.

Financial Times vom 5.10.2006: Baltic Pipeline Group Considers Adding Member.

Financial Times vom 16.5.2007: Awkward embrace.

Financial Times vom 25.6.2007: Gazprom and Eni propose €10bn gas pipeline.

Financial Times vom 26.6.2007: Putin woos Europeans with new gas pipeline.

Financial Times vom 17.9.2007: RWE and GdF eye Caspian link.

Financial Times vom 18.9.2007: Hungary´s about-turn helps put Nabucco pipeline back on agenda.

Financial Times vom 7.11.2007a: Dutch buy into gas line.

Financial Times vom 7.11.2007b: Dutch take pipeline stake as fears grow.

Financial Times vom 10.3.2008: Search for alternative routes.

Financial Times vom 18.4.2008: Big-business ties that bind Putin to Berlusconi.

Financial Times vom 5.9.2008: Uneasy reliance on Russia likely to persist.

Financial Times vom 18.11.2008: Gazprom building direct gas pipeline to Georgian enclave.

Financial Times vom 20.11.2008: Clarification.

Financial Times vom 15.1.2009: Pipe dreams.

Financial Times vom 16.1.2009: Cold war broker.

Financial Times vom 20.3.2009: Brussels pledge on gas pipeline hangs in balance.

Financial Times vom 21.3.2009: EU pledges fresh „Pound"75bn in battle with global crisis.

Financial Times vom 17.6.2009: Czech life support misery to end.

Financial Times vom 25.6.2009: Indispensable ally test patience of US and EU.

Financial Times vom 20.10.2009: Berlusconi to discuss pipelines at Putin party.

Financial Times vom 26.10.2009: The new Ostpolitik.

Financial Times vom 5.11.2009: Berlusconi finds fresh territory for his politics of peekaboo.

Financial Times vom 4.12.2009a: A fire to light.

Financial Times vom 4.12.2009b: Bilateral appeal.

Finon, Dominique (2011): The EU Foreign Gas Policy of Transit Corridors: Autopsy of the Stillborn Nabucco Project. In: *OPEC Energy Review*, 35 (1), 47–69.

Finon, Dominique/Locatelli, Catherine (2002): The liberalisation of the European gas market and its consequences for Russia. RECEP Policy Paper, Moskau.

Finon, Dominique/Locatelli, Catherine (2008): Russian and European gas interdependence: Could contractual trade channel geopolitics? In: *Energy policy*, 36 (1), 423–442.

Fischer, Severin (2007): Verrat an Europa? Ungarn pragmatische Energieaußenpolitik im Spannungsfeld von Diversifizierung und Versorgungssicherheit. Diskussionspapier FG1, 2007/19, Berlin.

Fischer, Severin (2011): Auf dem Weg zur gemeinsamen Energiepolitik, Strategien, Instrumente und Politikgestaltung in der Europäischen Union. Baden-Baden: Nomos.

Flache, Andreas/Mäs, Michael (2015): Multi-Agenten-Modelle. In: Braun, Norman/Saam, Nicole J. (Hrsg.), Handbuch Modellbildung und Simulation in den Sozialwissenschaften. Wiesbaden: Springer, 491–514.

Fleming, Ruven (2013): Shale Gas – a Comparison of European Moratoria. In: *European Energy and Environmental Law Review*, 22 (1), 12–32.

Frankfurter Allgemeine Zeitung vom 9.7.2004: Schröder vereinbart Geschäfte und versteht die Aufregung wegen Yukos nicht.

Frankfurter Allgemeine Zeitung vom 23.1.2006: Zentraleuropa braucht zusätzliche Gas-Transportwege.

Frankfurter Allgemeine Zeitung vom 28.6.2006: EU treibt Gaspipeline „Nabucco" voran.

Frankfurter Allgemeine Zeitung vom 16.7.2006: Gas aus Iran?

Frankfurter Allgemeine Zeitung vom 30.12.2006: Europas Abhängigkeit von Russland.

Frankfurter Allgemeine Zeitung vom 3.4.2007: Ungarisches Finale für „Nabucco"?

Frankfurter Allgemeine Zeitung vom 12.4.2007: Estnischer Gasangriff.

Frankfurter Allgemeine Zeitung vom 30.4.2007: Washington lobt Budapest.

Frankfurter Allgemeine Zeitung vom 5.5.2007: Im Zwielicht.

Frankfurter Allgemeine Zeitung vom 7.5.2007: Nabucco fehlt noch ein sicherer Erdgaslieferant.

Frankfurter Allgemeine Zeitung vom 14.6.2007: Mehr Unabhängigkeit.

Frankfurter Allgemeine Zeitung vom 2.8.2007: Das Gas der Ostseepipeline ist schon verkauft.

Frankfurter Allgemeine Zeitung vom 21.8.2007: Koordinatoren für Energieprojekte.

Frankfurter Allgemeine Zeitung vom 11.10.2007: OMV lässt bei Mol nicht locker.

Frankfurter Allgemeine Zeitung vom 8.12.2007: Europa bleibt auf lange Zeit abhängig vom russischen Gas.

Frankfurter Allgemeine Zeitung vom 15.12.2007: Ein Korrekturversuch.

Frankfurter Allgemeine Zeitung vom 6.2.2008: RWE beteiligt sich an Gaskonsortium Nabucco.

Frankfurter Allgemeine Zeitung vom 21.2.2008: Entwurf für Nabucco-Pipeline.

Frankfurter Allgemeine Zeitung vom 28.2.2008: Ungarn und Russland über Gaspipeline einig.

Frankfurter Allgemeine Zeitung vom 11.3.2008: Die Opposition freut sich über ihren Sieg.

Frankfurter Allgemeine Zeitung vom 19.3.2008: Sonderbotschafter für Nabucco.

Frankfurter Allgemeine Zeitung vom 15.4.2008: Turkmenisches Gas für die EU.

Frankfurter Allgemeine Zeitung vom 5.9.2008: Ungarn plant Nabucco-Konferenz.

Frankfurter Allgemeine Zeitung vom 5.11.2008a: Ostseepipeline ist unentbehrlich.

Frankfurter Allgemeine Zeitung vom 5.11.2008b: Ostsee-Pipeline ist unentbehrlich.

Frankfurter Allgemeine Zeitung vom 13.11.2008: Putin droht mit Stopp der Ostsee-Pipeline.

Frankfurter Allgemeine Zeitung vom 8.1.2009a: Barroso und Topolánek: Das ist kein Handelsstreit mehr.

Frankfurter Allgemeine Zeitung vom 8.1.2009b: Berlin umgeht die Schuldfrage.

Frankfurter Allgemeine Zeitung vom 12.1.2009: Krisenfest.

Frankfurter Allgemeine Zeitung vom 28.1.2009: EU treibt Nabucco-Projekt voran.

Frankfurter Allgemeine Zeitung vom 29.1.2009: Milliardenspritze für den Energiesektor.

Frankfurter Allgemeine Zeitung vom 16.2.2009: Merkel fürchtet Abhängigkeit von russischem Gas.

Frankfurter Allgemeine Zeitung vom 11.3.2009: Bau der Erdgasleitung beschlossen.

Frankfurter Allgemeine Zeitung vom 21.3.2009: EU verdoppelt Rahmen für Hilfskredite.

Frankfurter Allgemeine Zeitung vom 9.5.2009: EU stärkt Pipelineprojekt Nabucco.

Frankfurter Allgemeine Zeitung vom 14.7.2009a: Abkommen über die Nabucco-Leitung in Ankara unterzeichnet.

Frankfurter Allgemeine Zeitung vom 14.7.2009b: Russland ist dagegen.

Frankfurter Allgemeine Zeitung vom 21.7.2009: Opal-Leitung in Sachsen rechtens.

Frankfurter Allgemeine Zeitung vom 15.8.2009: In der Politik ist ein Jahr ganz viel Zeit.

Frankfurter Allgemeine Zeitung vom 22.12.2009: Deutschland stimmt Bau der Nord Stream zu.

Frankfurter Allgemeine Zeitung vom 24.12.2009: Milliardenbürgschaften für Projekt von Gasprom.

Frankfurter Allgemeine Zeitung vom 3.3.2010: Französisch-russische Geschäfte.

Frankfurter Allgemeine Zeitung vom 5.3.2010: 2,3 Milliarden Euro für Netz.

Frankfurter Allgemeine Zeitung vom 10.4.2010: Russisches Erdgas für Europas Energiehunger.

Frankfurter Allgemeine Zeitung vom 13.7.2010: Neues Gas auf neuen Wegen.

Frankfurter Allgemeine Zeitung vom 20.9.2010: Wir brauchen europäische Regeln für Energieunternehmen.

Frankfurter Allgemeine Zeitung vom 11.10.2010: Berlusconi in Putins Datscha.

Frankfurter Allgemeine Zeitung vom 15.10.2010: Endspurt am Gasterminal.

Frankfurter Allgemeine Zeitung vom 22.3.2011: Unsicherheiten über Erdgasleitung.

Frankfurter Allgemeine Zeitung vom 17.9.2011: Das South-Stream-Konsortium formiert sich.

Frankfurter Allgemeine Zeitung vom 4.11.2011: Nur ein Rohr von A nach B.

Frankfurter Allgemeine Zeitung vom 25.2.2012: Das kaspische Erdgas sucht noch immer seinen Weg nach Europa.

Frankfurter Allgemeine Zeitung vom 25.4.2012: Rückschlag für Europas Erdgaspipeline Nabucco.

Frankfurter Allgemeine Zeitung vom 14.5.2012: RWE vor Ausstieg aus der Gaspipeline Nabucco.

Frankfurter Allgemeine Zeitung vom 29.6.2012: Aserbaidschan liefert Gas nach Europa.

Frankfurter Allgemeine Zeitung vom 2.11.2012: Ungarn unterstützt Gasrohr South-Stream.

Frankfurter Allgemeine Zeitung vom 16.11.2012: Russland vergrößert Einfluss auf Europas Gasmarkt.

Frankfurter Allgemeine Zeitung vom 8.12.2012a: Gasprom kettet sich an South Stream.

Frankfurter Allgemeine Zeitung vom 8.12.2012b: RWE will Anteile an Nabucco an OMV verkaufen.

Frankfurter Allgemeine Zeitung vom 11.3.2013: Nabucco-West bleibt im Rennen.

Frankfurter Allgemeine Zeitung vom 16.1.2013: Zähes Ringen um die Leitung.

Frankfurter Allgemeine Zeitung vom 21.1.2013: Fortschritt für Nabucco-Leitung.

Frankfurter Allgemeine Zeitung vom 24.1.2013: BP beteiligt sich an Gas-Pipeline.

Frankfurter Allgemeine Zeitung vom 7.3.2014: Botschaft aus Berlin.

Frankfurter Allgemeine Zeitung vom 12.3.2014: Gasprom verschreckt die Anleger.

Frankfurter Allgemeine Zeitung vom 14.3.2014: Schwarz-rot-grüne Alliierte.

Frankfurter Allgemeine Zeitung vom 16.3.2014: Steinmeiers große Illusion.

Frankfurter Allgemeine Zeitung vom 18.3.2014: Putins Pipeline-Politik gegen Kiew.

Frankfurter Allgemeine Zeitung vom 22.3.2014: Abgestimmte Einigkeit in Brüssel.

Frankfurter Allgemeine Zeitung vom 7.4.2014: Flüssiges Gold im Ostseebad.

Frankfurter Allgemeine Zeitung vom 16.4.2014a: Begehrte Umleitung.

Frankfurter Allgemeine Zeitung vom 16.4.2014b: RWE wird zum Faktor in der Ukraine-Krise.

Frankfurter Allgemeine Zeitung vom 23.4.2014: Polen fordert Energieunion.

Frankfurter Allgemeine Zeitung vom 26.4.2014: Merkel droht Putin mit weiteren Sanktionen.

Frankfurter Allgemeine Zeitung vom 3.5.2014: Russisches Gas nur bis Ende Mai?

Frankfurter Allgemeine Zeitung vom 15.5.2014: Oettinger lehnt eine Energieunion ab.

Frankfurter Allgemeine Zeitung vom 16.5.2014: Russland wendet sich wieder altem Denken zu.

Frankfurter Allgemeine Zeitung vom 17.5.2014: Problem erkannt – und nicht gebannt.

Frankfurter Allgemeine Zeitung vom 18.5.2014: Russlands Hebel, Amerikas Nadeln.

Frankfurter Allgemeine Zeitung vom 22.5.2014: Putin schwärmt von „epochalem Ereignis".

Frankfurter Allgemeine Zeitung vom 1.6.2014: Wir brauchen bei Erdgas mehr Wettbewerb.

Frankfurter Allgemeine Zeitung vom 4.6.2014: Brüssel verlangt Pipeline-Stopp.

Frankfurter Allgemeine Zeitung vom 17.6.2014: Russland liefert der Ukraine kein Gas mehr.

Frankfurter Allgemeine Zeitung vom 23.6.2014: Oettinger fürchtet Gasknappheit im Winter.

Frankfurter Allgemeine Zeitung vom 26.6.2014: Aus allen Rohren.

Frankfurter Allgemeine Zeitung vom 8.7.2014: Kampf dem Südstromausfall.

Frankfurter Allgemeine Zeitung vom 19.7.2014: Im Unglück gestürzt.

Frankfurter Allgemeine Zeitung vom 22.7.2014: Neue Gangart gegen Moskau.

Frankfurter Allgemeine Zeitung vom 23.7.2014: Rutte rechtfertigt sich für Ton gegenüber Moskau.

Frankfurter Allgemeine Zeitung vom 24.7.2014: Neue Sanktionsliste erwartet.

Frankfurter Allgemeine Zeitung vom 4.8.2014: Stärke zeigen.

Frankfurter Allgemeine Zeitung vom 27.8.2014: Osteuropa fürchtet Eiszeit aus Russland.

Frankfurter Allgemeine Zeitung vom 10.9.2014: EU macht Druck für freien Energiehandel.

Frankfurter Allgemeine Zeitung vom 20.10.2014: Annäherung im Gaskonflikt zwischen Ukraine und Russland.

Frankfurter Allgemeine Zeitung vom 21.10.2014: Heftiger Streit um EU-Klimapolitik.

Frankfurter Allgemeine Zeitung vom 17.11.2014: Koalition will Hürden für umstrittenes Fracking senken.

Frankfurter Allgemeine Zeitung vom 20.11.2014: Deutschland macht den Weg für Fracking frei.

Frankfurter Allgemeine Zeitung vom 3.12.2014a: EU-Kommission unbeeindruckt von Stopp für South-Stream-Gasleitung.

Frankfurter Allgemeine Zeitung vom 3.12.2014b: Putins Pipeline-Schwenk ficht Europäer nicht an.

Frankfurter Allgemeine Zeitung vom 6.12.2014: Berliner Klimapolitik macht Emissionshandel witzlos.

Frankfurter Allgemeine Zeitung vom 8.12.2014: Politikum South Stream.

Frankfurter Allgemeine Zeitung vom 10.12.2014: Gabriel hofft auf South Stream.

Frankfurter Allgemeine Zeitung vom 11.12.2014: Russland kooperiert mit Indien.

Frankfurter Allgemeine Zeitung vom 16.12.2014: Merkel fordert Pipeline-Gespräche.

Frankfurter Allgemeine Zeitung vom 19.12.2014: Putin: Wir zahlen den Preis für Selbsterhaltung.

Frankfurter Allgemeine Zeitung vom 31.12.2014: Wintershall steigt aus.

Frankfurter Allgemeine Zeitung vom 13.2.2015a: Merkel: Ein Hoffnungsschimmer, nicht mehr.

Frankfurter Allgemeine Zeitung vom 13.2.2015b: Waffen im Blumenbeet.

Frankfurter Allgemeine Zeitung vom 21.3.2015: EU beschließt Energieunion.

Frankfurter Allgemeine Zeitung vom 27.5.2015: Paris und Berlin wollen weniger Brüssel.

French, Paul (2008): South Stream vs Nabucco, Offshore Technology.com. Text abrufbar unter: http://www.offshore-technology.com/features/feature1643/ (Zugriff am 13.2.2016).

Garrett, Geoffrey/Tsebelis, George (1996): An Institutionalist Critique of Intergovernmentalism. In: *International Organization*, 50 (2), 269–299.

Garson, G. David (2009): Computerized Simulation in the Social Sciences A Survey and Evaluation. In: *Simulation & Gaming*, 40 (2), 267–279.

Gawel, Erik/Strunz, Sebastian/Lehmann, Paul (2014): Wie viel Europa braucht die Energiewende? In: *Zeitschrift für Energiewirtschaft*, 38 (3), 163–182.

Geden, Oliver/Grätz, Jonas (2014): Die EU-Politik zur Sicherung der Gasversorgung. In: *CSS Analysen zur Sicherheitspolitik*, (159).

Geden, Oliver/Marcelis, Clémence/Maurer, Andreas (2006): Perspectives for the European Union's External Energy Policy: Discourse, Ideas and Interests in Germany, the UK, Poland and France. SWP Working Paper FG 1, Berlin.

Generaldirektion Energie der Europäischen Kommission (2011): EU-Russia Energy Dialogue, The First Ten Years: 2000–2010. Brüssel: Europäische Union.

Genovese, Federica (2014): States' interests at international climate negotiations: new measures of bargaining positions. In: *Environmental Politics*, 23 (4), 610–631.

George, Stephen (1985): Politics and Policy in the European Community. Oxford: Oxford University Press.

Gerig, Martin/Helbig, Eike (2014): Rechtliche Instrumente zur Vollendung des europäischen Energiebinnenmarktes. In: *Wirtschaftsdienst*, 94 (12), 887–891.

Gigerenzer, Gerd (2001): The Adaptive Toolbox. In: Gigerenzer, Gerd/Selten, Reinhard (Hrsg.), Bounded Rationality, The Adaptive Toolbox. Cambridge: MIT Press, 37–48.

Gigerenzer, Gerd (2004): Fast and Frugal Heuristics: The Tools of Bounded Rationality. In: Koehler, Derek J./Harvey, Nigel (Hrsg.), Blackwell handbook of judgment and decision making. Oxford: Blackwell, 62–88.

Gigerenzer, Gerd (2007): Bauchentscheidungen: Die Intelligenz des Unbewussten und die Macht der Intuition. 3. Aufl. München: C. Bertelsmann Verlag.

Gigerenzer, Gerd (2015): Simply Rational: Decision Making in the Real World. Oxford: Oxford University Press.

Gilardoni, Andrea (2008): The World Market for Natural Gas: Implications for Europe. Berlin; Heidelberg: Springer.

Gilbert, Spencer (2009): Gas Politics in Russia and the EU. In: *Journal of Politics and International Affairs*, (Spring 2009), 126–138.

Gilpin, Robert (1981): War and Change in World Politics. Cambridge: Cambridge University Press.

Gläser, Jochen/Laudel, Grit (2010): Experteninterviews und qualitative Inhaltsanalyse. 4. Aufl. Wiesbaden: Springer.

Gleditsch, Kristian Skrede/Ward, Michael D. (2013): Forecasting Is Difficult, Especially about the Future, Using Contentious Issues to Forecast Interstate Disputes. In: *Journal of Peace Research*, 50 (1), 17–31.

Gloystein, Henning/Vukmanovic, Oleg (2014): Britain to import Russian gas under 2012 deal as tensions mount. Text abrufbar unter: `http://uk.reuters.com/article/2014/03/21/uk-ukraine-crisis-energy-britain-idUKBREA2K16N20140321` (Zugriff am 22.3.2014).

Goldthau (2010): Global energy governance: the new rules of the game. Washington, D.C.: Brookings Institution Press.

Goldthau, Andreas (2012): Emerging governance challenges for Eurasian gas markets after the shale gas revolution. In: Goldthau, Andreas/Kuzemko, Caroline/Belyi, Andrei/Keating, Michael (Hrsg.), Dynamics of energy governance in Europe and Russia. Basingstoke: Palgrave Macmillan, 210-226.

Goldthau, Andreas (2012): From the State to the Market and Back: Policy Implications of Changing Energy Paradigms. In: *Global Policy*, 3 (2), 198–210.

Goldthau, Andreas (2014): Rethinking the governance of energy infrastructure: Scale, decentralization and polycentrism. In: *Energy Research & Social Science*, 1, 134–140.

Goldthau, Andreas/Boersma, Tim (2014): The 2014 Ukraine-Russia crisis: Implications for energy markets and scholarship. In: *Energy Research & Social Science*, 3, 13–15.

Goldthau, Andreas/Hoxtell, Wade (2012): The impact of shale gas on European energy security. GPPi Policy Paper No. 14, Berlin. Text abrufbar unter: http://www.exeter.ac.uk/energysecurity/documents/publications/ goldthau-hoxtell_2012_shale-gas-and-european-energy-security.pdf (Zugriff am 27.6.2014).

Goldthau, Andreas/Sitter, Nick (2014): A liberal actor in a realist world? The Commission and the external dimension of the single market for energy. In: *Journal of European Public Policy*, 21 (10), 1452–1472.

Goldthau, Andreas/Sitter, Nick (2015): Soft power with a hard edge: EU policy tools and energy security. In: *Review of International Political Economy*, 22 (5), 941–965.

Goldthau, Andreas/Westphal, Kirsten (2015): Marktorientiert, sicher, nachhaltig, Die G7 kann und sollte aktiv zu einer globalen Energieordnung beitragen. In: *Internationale Politik*, (4, Juli/August), 110–115.

Goldthau, Andreas/Witte, Jan Martin/Reinicke, Wolfgang H (2010): Global Energy Governance: The New Rules of the Game. Berlin; Washington, D.C.: Global Public Policy Institute; Brookings Institution Press.

Golub, Jonathan (2012): Cheap dates and the delusion of gratification: are votes sold or traded in the EU Council of Ministers? In: *Journal of European Public Policy*, 19 (2), 141–160.

Gomart, Thomas (2007): France's Russia policy: balancing interests and values. In: *Washington Quarterly*, 30 (2), 147–155.

Götz, Elias (2015): It's geopolitics, stupid: explaining Russia's Ukraine policy. In: *Global Affairs*, 1 (1), 3–10.

Götz, Roland (2006): Deutsch-Russische Energiebeziehungen–auf einem Sonderweg oder auf europaischer Spur. Diskussionspapier FG 5/2006, Berlin.

Götz, Roland (2004): Rußlands Erdöl und Erdgas drängen auf den Weltmarkt. SWP-Studie Nr. 34, Berlin.

Götz, Roland (2005): Die Ostseegaspipeline. Instrument der Versorgungssicherheit oder politisches Druckmittel? SWP-Aktuell Nr. 41.

Götz, Roland (2008): European Energy Foreign Policy and the Relationship with Russia. In: Lesourne, Jacques (Hrsg.), The External Energy Policy of the European Union. Paris: Ifri, 43–76.

Götz, Roland (2012): Mythen und Fakten, Europas Gasabhängigkeit von Russland. In: *Osteuropa: Interdisziplinäre Monatszeitschrift zur Analyse von Politik, Wirtschaft, Gesellschaft, Kultur und Zeitgeschichte in Osteuropa, Ostmitteleuropa und Südosteuropa*, 62 (6–8), 435–458.

Götz, Roland (2014a): Coercing, Constraining, Signalling, Wirtschaftssanktionen gegen Russland. In: *Osteuropa: Interdisziplinäre Monatszeitschrift zur Analyse von Politik, Wirtschaft, Gesellschaft, Kultur und Zeitgeschichte in Osteuropa, Ostmitteleuropa und Südosteuropa*, 64 (7), 21–29.

Götz, Roland (2014b): Zwischen Angst und Größenwahn, Gas und Öl als politisches Druckmittel. In: *Osteuropa: Interdisziplinäre Monatszeitschrift zur Analyse von Politik, Wirtschaft, Gesellschaft, Kultur und Zeitgeschichte in Osteuropa, Ostmitteleuropa und Südosteuropa*, 64 (5–6), 277–292.

Government of the Netherlands (o. J.): Energy policy, Natural gas. Text abrufbar unter: https://www.government.nl/topics/energy-policy/contents/natural-gas (Zugriff am 14.10.2015).

Grabau, Martina/Hegelich, Simon (2016): The Gas Game: Simulating Decision-Making in the European Union's External Natural Gas Policy. In: *Swiss Political Science Review*, 22 (2), 232-263.

Granholm, Niklas/Malminen, Johannes (2014): A Strategic Game Changer? In: Granholm, Niklas/Malminen, Johannes/Persson, Gudrun (Hrsg.), A Rude Awakening, Ramifications of Russian Aggression Towards Ukraine. Stockholm: FOI, 9–15.

Grätz, Jonas (2013): Russland als globaler Wirtschaftsakteur: Handlungsressourcen und Strategien der Öl- und Gaskonzerne. München: Oldenbourg Verlag.

Grigore, Stefan/Corduneanu, Ligia/Muschei, Ion (2014): The Relationship between EU and Russia: Symbiosis or competition? CES Working Papers, VI (2A), 40–55.

Grigoriadis, Theocharis N. (2008): Geschäftsdiplomatie und EU-Regulierungspolitik in der deutsch-russischen Erdgaspartnerschaft. In: *UTOPIE kreativ*, (207), 22–27.

Grimm, Sonja/Schneider, Gerald (2011): Predicting social tipping points: current research and the way forward. Deutsches Institut für Entwicklungspolitik, Discussion Paper 8/2011. Text abrufbar unter: http://kops.uni-konstanz.de/handle/123456789/18359 (Zugriff am 8.7.2015).

Gros, Daniel/Teusch, Jonas (2013): Abwarten und Gas importieren, Verschlafen wir eine Revolution? Die Schiefergas-Debatte in Europa. In: *Internationale Politik*, (2, März/April), 24–29.

Grzeszak, Adem (2012): Energie – Herausforderungen für Polen. In: *Polen-Analysen*, (109), 1–13.

Habrich-Böcker, Christiane/Kirchner, Beate Charlotte/Weißenberg, Peter (2014): Fracking – Die neue Produktionsgeografie. Wiesbaden: Springer.

Hagemann, Sara (2007): Applying Ideal Point Estimation Methods to the Council of Ministers. In: *European Union Politics*, 8 (2), 279–296.

Hagemann, Sara (2015): Studies of Bargaining in the European Union. In: Lynggaard, Kennet/Manners, Ian/Löfgren, Karl (Hrsg.), Research Methods in European Union Studies. London u.a.: Palgrave Macmillan, 136–153.

Hall, Peter A./Taylor, Rosemary C. R. (1996): Political Science and the Three New Institutionalisms*. In: *Political Studies*, 44 (5), 936–957.

Handelsblatt vom 20.1.2007: Mit Marktmacht gegen Russlands Monopol.

Handelsblatt vom 8.8.2014a: Der Irrweg des Westens.

Handelsblatt vom 30.12.2014b: Stopp seit September, Ungarn liefert wieder Gas an Ukraine.

Harsem, Øistein/Harald Claes, Dag (2013): The interdependence of European–Russian energy relations. In: *Energy Policy*, 59, 784–791.

Havlik, Peter (2010): European energy security in view of Russian economic and integration prospects. Research Reports Nr. 362, Wiener Institut für Internationale Wirtschaftsvergleiche (WIIW).

Havlik, Peter (2014): Vilnius eastern partnership summit: milestone in EU-Russia relations–not just for Ukraine. In: *Danube*, 5 (1), 21–51.

Hedberg, Annika (2015): EU's quest for energy security. What role for the Energy Union? EPC Policy Brief, März 2015. Text abrufbar unter: http://www.epc.eu/pub_details.php?cat_id=3&pub_id=5374&year=2015 (Zugriff am 1.5.2015).

Hedenskog, Jakob (2014): Ukraine – A Background. In: Granholm, Niklas/Malminen, Johannes/Persson, Gudrun (Hrsg.), A Rude Awakening, Ramifications of Russian Aggression Towards Ukraine. Stockholm: FOI.

Hefeker, Carsten (2013): Europas Rolle in der globalen Energiepolitik. In: *Wirtschaftspolitische Blätter*, (2/2013), 393–351.

Hegelich, Simon (2010): Diskurskoalitionen in der Finanzmarktrettung. Das Finanzmarktstabilisierungsgesetz. In: *der moderne staat – Zeitschrift für Public Policy, Recht und Management*, 3 (2), 339–359.

Hegelich, Simon (2011): Spieltheoretische Simulationen und Bounded Rationality. In: Bandelow, Nils C./Hegelich, Simon (Hrsg.), Pluralismus – Strategien – Entscheidungen. Wiesbaden: VS Verlag für Sozialwissenschaften, 98–118.

Hegelich, Simon (2016): Simulations in Politics and Technology: Innovation policies in the field of photovoltaic cells. In: Hilpert, Ulrich (Hrsg.), Handbook of Politics and Technology. Abingdon/New York: Routledge, 455–471.

Hegelich, Simon/Fraune, Cornelia/Knollmann, David (2015): Point Predictions and the Punctuated Equilibrium Theory: A Data Mining Approach—U.S. Nuclear Policy as Proof of Concept. In: *Policy Studies Journal*, 43 (2), 228–256.

Heinelt, Hubert (2014): Politikfelder: Machen Besonderheiten von Policies einen Unterschied? In: Schubert, Klaus/Bandelow, Nils C. (Hrsg.), Lehrbuch der Politikfeldanalyse. 3. Aufl. München: Oldenbourg Wissenschaftsverlag GmbH, 133–148.

Helm, Dieter (2014): The European framework for energy and climate policies. In: Energy Policy, 64, 29–35.

Helwig, Niklas (2014): Is Germany ready to take a firm stand on Russia? Berlin is still in search of its foreign policy compass. FIIA Comment 4/2014, The Finnish Institute of International Affairs.

Herranz-Surrallés, Anna/Natorski, Michal (2012): The European energy policy towards eastern neighbors: rebalancing priorities or changing paradigms? In: Morata, Francesc/Solorio Sandoval, Israel (Hrsg.), European Energy Policy, An Environmental Approach. Cheltenham, UK (u.a.): Edward Elgar, 132–154.

van den Heuvel, Stijn/de Jong, Jacques/van der Linde, Coby (2010): Energy company strategies in the dynamic EU energy market (1995–2007). Clingendael Energy Paper, Mai 2010, Den Haag. Text abrufbar unter: http://www.clingendael.nl/publications/2010/20100608_CIEP_Energy_Paper_Energy_Company_Strategies.pdf.

von Hirschhausen, Christian von/Holz, Franziska/Neumann, Anne/Rüster, Sophia (2010): Supply security and natural gas. In: Lévêque, François/Glachant, Jean-Michel/Barquín, Julián/von Hirschhausen, Christian/Holz, Franziska/Nuttall, William J. (Hrsg.), Security of Energy Supply in Europe, Natural Gas, Nuclear and Hydrogen (= Loyola de Palacio Series on European Energy Policy). Northhampton: Edward Elgar, 3–20.

Hix, Simon (2001): Legislative behaviour and party competition in the European Parliament: an application of nominate to the EU. In: JCMS: Journal of Common Market Studies, 39 (4), 663–688.

Hix, Simon/Kreppel, Amie/Noury, Abdul (2003): The party system in the European Parliament: Collusive or competitive? In: JCMS: Journal of Common Market Studies, 41 (2), 309–331.

Hoffmann, Nils (2012): Renaissance der Geopolitik? Die deutsche Sicherheitspolitik nach dem Kalten Krieg. Wiesbaden: VS Verlag für Sozialwissenschaften.

Holler, Manfred J./Illing, Gerhard (2009): Einführung in die Spieltheorie. Berlin; Heidelberg: Springer.

Holz, Franziska/Engerer, Hella/Kemfert, Claudia/Richter, Philipp M./von Hirschhausen, Christian (2014): European Gas Infrastructure: The Role of Gazprom in European Gas Supplies, DIW Berlin, Politikberatung Kompakt Nr. 81, Studie im Auftrag der Grünen-Fraktion des Europäischen Parlaments. Berlin: DIW.

Holz, Franziska/Richter, Philipp M./Egging, Ruud (2015): A Global Perspective on the Future of Natural Gas: Resources, Trade, and Climate Constraints. In: *Review of Environmental Economics and Policy*, 9 (1), 85–106.

Honoré, Anouk (2006): Future Natural Gas Demand in Europe: The importance of the gas sector. OIES Paper, Januar 2006.

Honoré, Anouk (2010): European Natural Gas Demand, Supply, and Pricing. Cycles, Seasons, and the Impact of LNG Price Arbitrage. Oxford: Oxford University Press.

Honoré, Anouk (2013): The Italian Gas Market: Challenges and Opportunities. OIES Paper NG76, Juni 2013.

Honoré, Anouk (2014): The Outlook for Natural Gas Demand in Europe. In: *OIES Paper, NG 87, Oxford: Oxford Institute for Energy Studies,*.

Hörl, Björn/Warntjen, Andreas/Wonka, Arndt (2005): Built on Quick Sand? A Decade of Procedural Spatial Models on EU Legislative Decision-Making. In: *Journal of European Public Policy*, 12 (3), 592–606.

Høyland, Bjørn/Hansen, Vibeke Wøien (2014): Issue-Specific Policy-Positions and Voting in the Council. In: *European Union Politics*, 15 (1), 59–81.

Hughes, Llewelyn/Lipscy, Phillip Y. (2013): The politics of energy. In: *Annual Review of Political Science*, 16, 449–469.

Hug, Simon (2014): Further Twenty Years of Pathologies? Is Rational Choice Better than It Used to Be? In: *Swiss Political Science Review*, 20 (3), 486–497.

International Energy Agency (2000a): Energy Policies of IEA Countries, France, 2000 Review. Paris: OECD/IEA.

International Energy Agency (2000b): Energy Policies of IEA Countries, The Netherlands, 2000 Review. Paris: OECD/IEA.

International Energy Agency (2001a): Energy Policies of IEA Countries, The Czech Republic, 2001 Review. Paris: OECD/IEA.

International Energy Agency (2001b): Natural Gas Information. Paris: IEA Publications.

International Energy Agency (2002): Natural Gas Information. Paris: IEA Publications.

International Energy Agency (2003a): Energy Policies of IEA Countries, Hungary, 2003 Review. Paris: OECD/IEA.

International Energy Agency (2003b): Energy Policies of IEA Countries, Italy, 2003 Review. Paris: OECD/IEA.

International Energy Agency (2003c): Natural Gas Information. Paris: IEA Publications.

International Energy Agency (2004a): Energy Policies of IEA Countries, France, 2004 Review. Paris: OECD/IEA.

International Energy Agency (2004b): Energy Policies of IEA Countries, The Netherlands, 2004 Review. Paris: OECD/IEA.

International Energy Agency (2004c): Natural Gas Information. Paris: IEA Publications.

International Energy Agency (2005a): Energy Policies of IEA Countries, Spain, 2005 Review. Paris: OECD/IEA.

International Energy Agency (2005b): Natural Gas Information. Paris: IEA Publications.

International Energy Agency (2006a): Energy Policies of IEA Countries, Hungary, 2006 Review. Paris: OECD/IEA.

International Energy Agency (2006b): Energy Policies of IEA Countries, The United Kingdom, 2006 Review. Paris: OECD/IEA.

International Energy Agency (2006c): Natural Gas Information. Paris: IEA Publications.

International Energy Agency (2007a): Energy Policies of IEA Countries, Germany, 2007 Review. Paris: OECD/IEA.

International Energy Agency (2007b): Natural Gas Information. Paris: IEA Publications.

International Energy Agency (2008): Natural Gas Information. Paris: IEA Publications.

International Energy Agency (2009a): Energy Policies of IEA Countries, France, 2009 Review. Paris: OECD/IEA.

International Energy Agency (2009b): Energy Policies of IEA Countries, Italy, 2009 Review. Paris: OECD/IEA.

International Energy Agency (2009c): Energy Policies of IEA Countries, Spain, 2009 Review. Paris: OECD/IEA.

International Energy Agency (2009d): Energy Policies of IEA Countries, The Netherlands, 2008 Review. Paris: OECD/IEA.

International Energy Agency (2009e): Natural Gas Information. Paris: IEA Publications.

International Energy Agency (2010a): Energy Policies of IEA Countries, The Czech Republic, 2010 Review. Paris: OECD/IEA.

International Energy Agency (2010b): Natural Gas Information. Paris: IEA Publications.

International Energy Agency (2010c): Oil & Gas Security, Emergency Response of IEA Countries, Italy. Paris.

International Energy Agency (2010d): World Energy Outlook 2010. Paris: OECD/IEA.

International Energy Agency (2011a): Are We Entering a Golden Age of Gas? World Energy Outlook 2011, Special Report. Paris: IEA Publications.

International Energy Agency (2011b): Energy Policies of IEA Countries, Hungary, 2011 Review. Paris: OECD/IEA.

International Energy Agency (2011c): Energy Policies of IEA Countries, Poland, 2011 Review. Paris: OECD/IEA.

International Energy Agency (2011d): Natural Gas Information. Paris: IEA Publications.

International Energy Agency (2012a): Energy Policies of IEA Countries, United Kingdom, 2012 Review. Paris: OECD/IEA.

International Energy Agency (2012b): Natural Gas Information. Paris: IEA Publications.

International Energy Agency (2012c): World Energy Outlook 2012. Paris: OECD/IEA.

International Energy Agency (2013a): Natural Gas Information. Paris: IEA Publications.

International Energy Agency (2013b): World Energy Outlook 2013. Paris: OECD.

International Energy Agency (2014a): Natural Gas Information. Paris: IEA Publications.

International Energy Agency (2014b): World Energy Outlook 2014. Paris: OECD/IEA.

International Monetary Fund (2009a): World Economic Outlook, Crisis and Recovery, April 2009. Washington, D.C.: International Monetary Fund.

International Monetary Fund (2009b): World Economic Outlook, Update, Global Economic Slump Challenges Policies. Washington, D.C.: International Monetary Fund.

Isbell, Paul (2006): La dependencia energética y los intereses de España, ARI No 32/2006. Madrid: Real Instituto Elcano.

Italienische Regierung (2014): Europe, a fresh start, Programme of the Italian Presidency of the Council of the European Union, 1 July to 31 December 2014.

Jenkins-Smith, Hank/Nohrstedt, Daniel/Weible, Christopher/Sabatier, Paul A. (2014): Advocacy Coalition Framework: Foundations, Evolution, and Ongoing Research. In: Sabatier, Paul A./Weible, Christopher M. (Hrsg.), Theories of the policy process. 3. Aufl. Boulder, Colorado: Westview Press, 183–223.

Johnson, C./Boersma, T. (2013): Energy (in) security in Poland the case of shale gas. In: *Energy Policy*, 53, 389–399.

Johnson, Paul E. (1999): Simulation Modeling in Political Science. In: *American Behavioral Scientist*, 42 (10), 1509–1530.

John, Stefanie (2008): Decision-making processes within the European Union – Diverse ways of analysis. In: *European Political Economy Review*, 8 (Spring 2008), 105–117.

de Jong, Dick/van der Linde, Coby/Smeenk, Tom (2010): The Evolving Role of LNG in the Gas Market. In: Goldthau, Andreas/Witte, Jan Martin (Hrsg.), Global Energy Governance: The New Rules of the Game. Washington, D.C.: Brookings Institution Press, 221–245.

de Jong, Jacques J./Weeda, Ed (2007): Europe, the EU and its 2050 Energy Storylines. CIEP Report 3/2007, Den Haag.

de Jong, Sijbren (2013): The EU's External Natural Gas Policy – Caught Between National Priorities and Supranationalism. Diss., Leuven.

Juncker, Jean-Claude (2014): Ein neuer Start für Europa: Meine Agenda für Jobs, Wachstum, Fairness und demokratischen Wandel, Politische Leitlinien für die nächste Europäische Kommission, Rede zur Eröffnung der Plenartagung des Europäischen Parlaments. Text abrufbar unter: ec.europa.eu/priorities/docs/pg_-de.pdf (Zugriff am 27.5.2015).

Kaeding, Michael/Selck, Torsten J. (2005): Mapping Out Political Europe: Coalition Patterns in EU Decision-Making. In: *International Political Science Review*, 26 (3), 271–290.

Kanellakis, Marinos/Martinopoulos, Georgios/Zachariadis, Theodoros (2013): European energy policy—A review. In: *Energy Policy*, 62, 1020–1030.

Kaveshnikov, Nikolay (2010): The issue of energy security in relations between Russia and the European Union. In: *European Security*, 19 (4), 585–605.

Kemfert, Claudia (2014): Gibt es eine neue Gas-Krise? In: *DIW-Wochenbericht*, 81 (12), 264–264.

Keohane, Robert Owen/Nye, Joseph S. (1977): Power and Interdependence: World Politics in Transition. Boston MA: Little, Brown.

Keohane, Robert Owen/Nye, Joseph S. (2011): Power and Interdependence. 4. Aufl. Boston u.a.: Longman.

Kerebel, Cécile (2014): Kurzdarstellung zur Europäischen Union, Energiebinnenmarkt. Text abrufbar unter: http://www.europarl.europa.eu/ aboutparliament/de/displayFtu.html?ftuId=FTU_5.7.2.html (Zugriff am 3.3.2015).

Kevenhörster, Paul (2015): Politikwissenschaft Band 2: Ergebnisse und Wirkungen der Politik. Wiesbaden: Springer Fachmedien.

Kirchgässner, Gebhard (2008): Homo oeconomicus: the economic model of behaviour and its applications in economics and other social sciences. Springer Science & Business Media.

Kirchner, Emil/Berk, Can (2010): European Energy Security Co-Operation: Between Amity and Enmity. In: *JCMS: Journal of Common Market Studies*, 48 (4), 859–880.

Kittel, Bernhard (2009): Eine Disziplin auf der Suche nach Wissenschaftlichkeit: Entwicklung und Stand der Methoden in der deutschen Politikwissenschaft. In: *Politische Vierteljahresschrift*, 50 (3), 577–603.

Klüver, Heike (2009): Measuring Interest Group Influence Using Quantitative Text Analysis. In: *European Union Politics*, 10 (4), 535–549.

Klüver, Heike (2015): The Promises of Quantitative Text Analysis in Interest Group Research: A Reply to Bunea and Ibenskas. In: *European Union Politics*, 16 (3), 456–466.

König, Thomas/Luig, Bernd (2012): Party ideology and legislative agendas: Estimating contextual policy positions for the study of EU decision-making. In: *European Union Politics*, 13 (4), 604–625.

König, Thomas/Luig, Bernd/Proksch, Sven-Oliver/Slapin, Jonathan B. (2011): Measuring policy positions of veto players in parliamentary democracies. In: König, Thomas/Tsebelis, G./Debus, Jonathan B. (Hrsg.), Reform Processes and Policy Change. New York: Springer-Verlag New York, 69–95.

König, Thomas/Marbach, Moritz/Osnabrügge, Moritz (2013): Estimating Party Positions across Countries and Time—A Dynamic Latent Variable Model for Manifesto Data. In: *Political Analysis*, 21 (4), 468–491.

König, Thomas/Proksch, Sven-Oliver (2006): Exchanging and voting in the Council: endogenizing the spatial model of legislative politics. In: *Journal of European Public Policy*, 13 (5), 647–669.

Koppenfels, Ulrich (2010): Mehr Wettbewerb durch wirksame Entflechtung der Strom- und Gasversorgungsnetze, Das dritte Liberalisierungspaket zum Energiebinnenmarkt der Europäischen Union. In: Dratwa, Friederike Anna/Ebers, Malko/Pohl, Anna Kristina/Spiegel, Björn/Strauch, Gunnar (Hrsg.), Energiewirtschaft in Europa, Im Spannungsfeld zwischen Klimapolitik, Wettbewerb und Versorgungssicherheit. Berlin; Heidelberg: Springer, 77–89.

Koranyi, David (2014): European Natural-Gas Security in an Era of Import Dependence: A Strategic Overview. In: *The RUSI Journal*, 159 (2), 66–72.

Krasner, Stephen David (1978): Defending the National Interest: Raw Materials Investments and U.S. Foreign Policy. Princeton: Princeton University Press.

Krastev, Ivan/Leonhard, Mark (2015): Die neue europäische Unordnung: Die EU wird Russland nicht ändern, Aber sie sollte sich hüten, es zu isolieren. In: *Internationale Politik*, (1, Januar/Februar), 42–51.

Kratochvíl, Petr (2014): Von Falken und Russlandfreunden, Die tschechische Debatte über die EU-Sanktionen. In: *Osteuropa: Interdisziplinäre Monatszeitschrift zur Analyse von Politik, Wirtschaft, Gesellschaft, Kultur und Zeitgeschichte in Osteuropa, Ostmitteleuropa und Südosteuropa*, 64 (9–10), 67–78.

Kratochvíl, Petr/Tichý, Lukáš (2013): EU and Russian discourse on energy relations. In: *Energy Policy*, 56 , 391–406.

Kreppel, Amie (2002): The European Parliament and Supranational Party System: a study in institutional development. Cambridge: Cambridge University Press.

Krickovic, Andrej (2015): When Interdependence Produces Conflict: EU–Russia Energy Relations as a Security Dilemma. In: *Contemporary Security Policy*, 36 (1), 3–26.

Kroneberg, Clemens/Kalter, Frank (2012): Rational Choice Theory and Empirical Research: Methodological and Theoretical Contributions in Europe. In: *Annual Review of Sociology*, 38 (1), 73–92.

Kropatcheva, Elena (2014): He Who Has the Pipeline Calls the Tune? Russia's Energy Power against the Background of the Shale „Revolutions". In: *Energy Policy*, 66, 1–10.

Kuhn, Maximilian/Umbach, Frank (2011): Strategic Perspectives of Unconventional Gas: A Game Changer with Implication for the EU's Energy Security. European Centre for Energy and Resource Security, Strategy Paper, 1 (1), Mai 2011. Text abrufbar unter: https://www.kcl.ac.uk/sspp/departments/warstudies/research/groups/eucers/pubs/strategy-paper-1.pdf

Kuhn, Maximilian/Umbach, Frank (2012): The Triple „A" Argument for Natural Gas. In: *IAEE Energy Forum*, First Quarter 2012, 34–38.

Kundnani, Hans (2014): Unsicheres Update, Kann der Westen gegenüber Russland auf Eindämmungspolitik zurückgreifen? In: *Internationale Politik*, (6, November/Dezember), 72–77.

Kundnani, Hans (2015): Leaving the West Behind. In: *Foreign Affairs*, 94 (1), 108–116.

Kurze, Kristina (2009): Europas fragile Energiesicherheit. Berlin: Lit Verlag.

Kurz, Sascha/Maaser, Nicola/Napel, Stefan/Weber, Matthias (2014): Mostly Sunny: A Forecast of Tomorrow's Power Index Research. Rochester, NY: Social Science Research Network.

Laaser, Claus-Friedrich/Schrader, Klaus (2014): Das deutsche Russlandgeschäft im Schatten der Krise: gefährliche Abhängigkeiten? In: *Wirtschaftsdienst*, 94 (5), 335–343.

Lang, Kai-Olaf (2004): Zwischen Sicherheitspolitik und Ökonomie, Polens Energiewirtschaft im Spannungsfeld. In: *Osteuropa: Interdisziplinäre Monatszeitschrift zur Analyse von Politik, Wirtschaft, Gesellschaft, Kultur und Zeitgeschichte in Osteuropa, Ostmitteleuropa und Südosteuropa*, 54 (9–10), 203–222.

Larsson, Robert L. (2007): Nord Stream, Sweden and Baltic Sea Security. Report FOI-R–2251–SE, Defence analysis, Swedish Defence Research Agency (FOI), Stockholm.

Lavenex, Sandra/Schimmelfennig, Frank (2009): EU rules beyond EU borders: theorizing external governance in European politics. In: *Journal of European public policy*, 16 (6), 791–812.

Laver, M./Benoit, K./Garry, J. (2003): Extracting Policy Positions from Political Texts Using Words as Data. In: *American Political Science Review*, 97 (2), 311–331.

Leal-Arcas, Rafael/Rios, Alemany/Juan (2015): How Can the EU Diversify its Energy Supply to Improve its Energy Security? Rochester, NY: Social Science Research Network.

Le Breton, Michel/Montero, Maria/Zaporozhets, Vera (2012): Voting power in the EU council of ministers and fair decision making in distributive politics. In: *Mathematical Social Sciences*, 63 (2), 159–173.

Lecheler, Helmut/Germelmann, Claas Friedrich (2010): Zugangsbeschränkungen für Investitionen aus Drittstaaten im deutschen und europäischen Energierecht. Tübingen: Mohr Siebeck.

Le Coq, Chloe/Paltseva, Elena (2009): Measuring the security of external energy supply in the European Union. In: *Energy Policy*, 37 (11), 4474–4481.

Le Coq, Chloé/Paltseva, Elena (2012): The EU-Russia Gas Relationship: A Mutual Dependency. SITE Working Paper No. 18, November 2012.

Le Coq, Chloé/Paltseva, Elena (2014): EU-Russia: Gas Relationship at a Crossroads. In: Oxenstierna, Susanne/Tynkkynen, Veli-Pekka (Hrsg.), Russian Energy and Security up to 2030. New York u.a.: Routledge, 41–60.

Lee, Julian (2007): UK-Russia Energy Relations. In: Monaghan, Andrew (Hrsg.), The UK & Russia – A Troubled Relationship. Swindon: Conflict Studies Research Centre, 29–39.

Legvold, Robert (2014): Managing the New Cold War. In: *Foreign Affairs*, 93 (4), 74–84.

Leinaweaver, Justin/Thomson, Robert (2014): Testing models of legislative decision-making with measurement error: The robust predictive power of bargaining models over procedural models. In: *European Union Politics*, 15 (1), 43–58.

Leonard, Mark/Popescu, Nicu (2007): A power audit of EU-Russia relations. Policy Paper, European Council on Foreign Relations London.

Lesser, Ian O./Larrabee, Stephen F./Zanini, Michele/Vlachos-Dengler, Katia (2001): Greece's New Geopolitics. Pittsburgh: Rand.

Leuffen, Dirk/Malang, Thomas/Wörle, Sebastian (2014): Structure, Capacity or Power? Explaining Salience in EU Decision-Making. In: *JCMS: Journal of Common Market Studies*, 52 (3), 616–631.

Lévèque, François/Glachant, Jean-Michel/Barquín, Julián/Von Hirschhausen, Christian/Holz, Franziska/Nuttall, William J. (2010): Security of Energy Supply in Europe. Natural Gas, Nuclear and Hydrogen. Cheltenham; Northampton: Edward Elgar.

Lijphart, Arend (1971): Comparative Politics and the Comparative Method. In: *American political science review*, 65 (3), 682–693.

Linhart, Eric (2014): Räumliche Modelle der Politik: Einführung und Überblick. In: Linhart, Eric/Kittel, Bernhard/Bächtiger, André (Hrsg.), Jahrbuch für Handlungs-und Entscheidungstheorie (Band 8): Räumliche Modelle der Politik. Wiesbaden: Springer, 3–44.

Linhart, Eric/Kittel, Bernhard/Bächtiger, André (Hrsg.) (2014): Jahrbuch für Handlungs-und Entscheidungstheorie (Band 8): Räumliche Modelle der Politik. Wiesbaden: Springer.

Lorenz, Jan (2012): Zur Methode der agenten-basierten Simulation in der Politikwissenschaft am Beispiel von Meinungsdynamik und Parteienwettstreit. In: Bräuninger, Thomas/Bächtiger, André/Shikano, Susumu (Hrsg.), Jahrbuch für Handlungs- und Entscheidungstheorie. Wiesbaden: VS Verlag für Sozialwissenschaften, 31–58.

Loskot-Strachota, Agata/Zachmann, Georg (2014): Rebalancing the EU-Russia-Ukraine gas relationship. Bruegel Policy Contribution Issue 15/2014, Dezember 2014. Text abrufbar unter: http://www.bruegel.org/publications/publication-detail/publication/862-rebalancing-the-eu-russia-ukraine-gas-relationship/ (Zugriff am 18.1.2015).

Lukin, Alexander (2014): What the Kremlin Is Thinking: Putin's Vision for Eurasia. In: *Foreign Affairs*, 93 (4), 85-93.

Machowiak, Wojciech (2012): Political risks in contemporary supply chains: the case of the natural gas crisis. In: Khan, Omera/Zsidisin, George A. (Hrsg.), Handbook for Supply Chain Risk Management: Case Studies, Effective Practices and Emerging Trends. Fort Lauderdale, FLa.: Ross, 115–124.

Major, Claudia/Puglierin, Jana (2014): Eine neue Ordnung, Der Ukraine-Konflikt stellt die Weichen für Europas Sicherheit. In: *Internationale Politik*, (6, November/Dezember), 62–71.

Malmlöf, Tomas/Bergstrand, Bengt-Göran/Eriksson, Mikael/Oxenstierna, Susanne/Rossbach, Niklas (2014): Economy, Energy and Sanctions. In: Granholm, Niklas/Malminen, Johannes/Persson, Gudrun (Hrsg.), A Rude Awakening, Ramifications of Russian Aggression Towards Ukraine. Stockholm: FOI, 71–80.

Maltby, Tomas (2013): European Union energy policy integration: A case of European Commission policy entrepreneurship and increasing supranationalism. In: *Energy policy*, 55, 435–444.

Malygina, Katerina (2013): Die Ukraine vor dem EU-Gipfel in Vilius: Einflussversuche externer Akteure, abrupter Kurswechsel der Regierung und die Volksversammlung zugunsten der europäischen Integration. In: *Ukraine-Analysen*, (124), 2–5.

Mandelson, Peter (2007): The EU and Russia: Our Joint Political Challenge, Rede vom 20. April 2007, Bologna.

Marchi, Scott de/Page, Scott E. (2014): Agent-Based Models. In: *Annual Review of Political Science*, 17 (1), 1–20.

March, James G./Simon, Herbert A. (1976): Organisation und Individuum, Menschliches Verhalten in Organisationen. Wiesbaden: Gabler.

Mattila, Mikko (2012): Resolving Controversies with DEU Data. In: *European Union Politics*, 13 (3), 451–461.

Mayntz, Renate (2009): Sozialwissenschaftliches Erklären, Probleme der Theoriebildung und Methodologie. Frankfurt/New York: Campus.

McCarty, Nolan/Meirowitz, Adam (2007): Political Game Theory, An Introduction. Cambridge u.a.: Cambridge University Press.

Mearsheimer, John J. (2014): Why the Ukraine Crisis Is the West's Fault. In: *Foreign Affairs*, 93 (5), 77–89.

Meckel, Markus/Milbrandt, Georg/Pflüger, Friedbert/Schwarz-Schilling, Christian/Steenblock, Rainder/Süssmuth, Rita/Verheugen, Günter/Voigt, Karsten (2012): Deutsche Außenpolitik und Östliche Partnerschaft, Positionspapier der Expertengruppe Östliche Partnerschaft. In: *DGAP standpunkt*, (1), 1–4.

Medlock, Kenneth B./Jaffe, Amy Myers/O'Sullivan, Meghan (2014): The global gas market, LNG exports and the shifting US geopolitical presence. In: *Energy Strategy Reviews*, 5, 14–25.

Meister, Stefan (2013): Mehr Mut gegenüber Moskau, Wie eine neue deutsche Russland-Politik aussehen könnte. In: *Internationale Politik*, (5, September/Oktober), 74–79.

Meister, Stefan (2014): Verkalkuliert in Vilnius, Warum die EU ihre Östliche Partnerschaft jetzt neu aufstellen muss. In: *Internationale Politik*, (1, Januar/Februar), 80–83.

Meister, Stefan (2015): Politik der Illusionen, Ein Ausgleich mit Russland auf Grundlage einer EU-EWU-Partnerschaft ist irrig. In: *Internationale Politik*, (2, März/April), 76–81.

Melby, Eric D. K. (1981): Oil and the International System: The Case of France, 1918–1969. New York: Arno.

Miller, Alexey (2014a): Pressekonferenz der Russischen Föderation, Alexander Novak und Alexey Miller. Text abrufbar unter: http://www.gazprom.de/press/news/2014/june/article195474/

Miller, Charles A. (2014b): Prediction and its discontents: guidance for Australia from the debate over social science forecasting. In: *Australian Journal of International Affairs*, 68 (4), 418–432.

Mišík, Matúš (2015): The Influence of Perception on the Preferences of the New Member States of the European Union: The Case of Energy Policy. In: *Comparative European Politics*, 13 (2), 198–221.

Mitchell, John/Marcel, Valérie/Mitchell, Beth (2012): What Next for the Oil and Gas Industry? London: The Royal Intistute for International Affairs.

Moberg, Axel (2012): EP Seats: The Politics behind the Math. In: *Mathematical Social Sciences*, 63 (2), 78–84.

Mommsen, Margareta (2008): Die Europäisch-Russischen Beziehungen — eine Europäische Perspektive. In: Bos, Ellen/Dieringer, Jürgen (Hrsg.), Die Genese einer Union der 27, Die Europäische Union nach der Osterweiterung. Wiesbaden: VS Verlag für Sozialwissenschaften, 283–297.

Monroy, Luisa/Fernández, Francisco R. (2013): Banzhaf Index for Multiple Voting Systems. An Application to the European Union. In: *Annals of Operations Research*, 215 (1), 215–230.

Morata, Francesc/Sandoval, Israel Solorio (Hrsg.) (2012): European energy policy: An environmental approach. Cheltenham/Northampton: Edward Elgar Publishing.

Morata, Francesc/Solorio Sandoval, Israel (2012): Conclusions: bridging over environmental and energy policies. In: Morata, Francesc/Solorio Sandoval, Israel (Hrsg.), European Energy Policy, An Environmental Approach. Cheltenham/Northampton: Edward Elgar, 210–224.

Moravcsik, Andrew/Vachudova, Milada Anna (2003): National Interests, State Power, and EU Enlargement. In: *East European Politics and Societies*, 17 (1), 42–57.

Morgenthau, Hans Joachim (1963): Politics Among Nations: The Struggle for Power and Peace. 3. Aufl. New York: Alfred A. Knopf.

Morton, Rebecca B. (1999): Methods and Models, A Guide to the Empirical Analysis of Formal Models in Political Science. Cambridge: Cambridge University Press.

Moser, Peter (1996): The European Parliament as a conditional agenda setter: What are the conditions? A critique of Tsebelis (1994). In: *American Political Science Review*, 90 (4), 834–838.

Mühlböck, Monika/Rittberger, Berthold (2015): The Council, the European Parliament, and the paradox of inter-institutional cooperation. EIoP Papers, 19 (4), 1–20.

Muno, Wolfgang (2009): Fallstudien und die vergleichende Methode. In: Pickel, Susanne/Pickel, Gert/Lauth, Hans-Joachim/Jahn, Detlef (Hrsg.), Methoden der vergleichenden Politik- und Sozialwissenschaft. Wiesbaden: VS Verlag für Sozialwissenschaften, 113–131.

Natorski, Michal/Surrallés, Anna Herranz (2008): Securitizing Moves To Nowhere? The Framing of the European Union's Energy Policy. In: *Journal of Contemporary European Research*, 4 (2), 70–89.

Natural Gas Europe vom 4.11.2014a: Eni May Cap South Stream Participation. Text abrufbar unter: http://www.naturalgaseurope.com/eni-south-stream-financing (Zugriff am 1.4.2015).

Natural Gas Europe vom 19.11.2014b: Italy's Guidi Downgrades South Stream from Priority to „Useful". Text abrufbar unter: http://www.naturalgaseurope.com/italys-guidi-downgrades-south-stream-priority-useful (Zugriff am 1.4.2015).

Neuhoff, Karsten/Wittenberg, Erich (2013): „Überschuss an Zertifikaten führt zu dringendem Handlungsbedarf": Sechs Fragen an Karsten Neuhoff. In: *DIW-Wochenbericht*, 80 (11), 3–12.

Newton, Julie M. (2007): Shortcut to Great Power: France and Russia in Pursuit of Multipolarity. In: Gower, Jackie/Graham, Timmins (Hrsg.), Russia and Europe in the Twenty-First Century: An Uneasy Partnership, JCMS: Journal of Common Market Studies, 46 (3), 185–206.

Noël, Pierre (2008): Beyond dependence: how to deal with Russian gas. Policy Brief, European Council on Foreign Relations.

Noël, Pierre (2013): EU Gas Supply Security: Unfinished Business. Working Paper . EPRG, Faculty of Economics, University of Cambridge.

Nord Stream AG (o.J.): Eine Pipeline durch die Gewässer vieler Staaten. Text abrufbar unter: https://www.nord-stream.com/de/das-projekt/genehmigungen/ (Zugriff am 31.10.2013).

Nord Stream AG (o.J.): Vom Rohr zur Pipeline. Text abrufbar unter: https://www.nord-stream.com/de/das-projekt/bau/ (Zugriff am 2.4.2014).

Nord Stream AG (o.J.): Wer wir sind. Text abrufbar unter: http://www.nord-stream.com/de/wer-wir-sind (Zugriff am 7.9.2015).

Nord Stream AG (2013a): Das Genehmigungsverfahren für die Nord Stream-Pipeline. Zug, Moskau.

Nord Stream AG (2013b): Das Nord Stream Pipeline-Projekt. Zug; Moskau.

Nord Stream AG (2013c): Projektzeitplan. Zug; Moskau.

North, Douglass C. (1991): Institutions. In: *The Journal of Economic Perspectives*, 5 (1), 97–112.

Novarese, Marco/Viale, Riccardo (2014): Special Issue on „Bounded Rationality Updated". In: *Mind & Society*, 13 (1), 1–2.

Nurmi, Hannu/Meskanen, Tommi/Pajala, Antti (2013): Calculus of Consent in the EU Council of Ministers. In: Holler, Manfred J./Nurmi, Hannu (Hrsg.), Power, Voting, and Voting Power: 30 Years After. Berlin; Heidelberg: Springer, 501–520.

OAO Gazprom (2013): Pressemitteilung: In Bulgarien hat der Bau der South Stream-Gaspipeline begonnen. Text abrufbar unter: http://www.gazprom.de/press/news/2013/october/article176456/ (Zugriff am 31.3.2015).

OAO Gazprom (2014a): Pressemitteilung: Saipem wird den ersten Seestrang der South Stream Pipeline verlegen. Text abrufbar unter: http://www.gazprom.de/press/news/2014/march/article187321/ (Zugriff am 31.3.2015).

OAO Gazprom (2014b): Pressemitteilung: Gazprom reichte beim Schiedsgericht Stockholm eine Klage über 4,5 Milliarden US-Dollar ein und führte für Naftogaz of Ukraine Vorauszahlungen für Gas ein. Text abrufbar unter: http://www.gazprom.de/press/news/2014/june/article194938/ (Zugriff am 2.3.2015).

OAO Gazprom (2014c): Pressemitteilung: Gazprom liefert Gas nach Europa vertragsgemäß. Text abrufbar unter: http://www.gazprom.de/press/news/2014/september/article201590/ (Zugriff am 2.3.2015).

OECD (2010): OECD Economic Outlook n.88, Volume 2010/2, Paris: OECD.

Oettinger, Günther (2010): Europeanisation of Energy Policy, Speech of Commissioner Oettinger at the Dinner Debate with the European Energy Forum Strasbourg, 19. Oktober 2010, Straßburg.

OPAL Gastransport GmbH & Co. KG (2015): Netzinformationen. Text abrufbar unter: https://www.opal-gastransport.de/netzinformationen/ (Zugriff am 3.10.2015).

Opp, Karl-Dieter (2015): Modellbildung und Simulation: Einige methodologische Fragen. In: Braun, Norman/Saam, Nicole J. (Hrsg.), Handbuch Modellbildung und Simulation in den Sozialwissenschaften. Wiesbaden: Springer Fachmedien, 181–211.

Osborne, Martin J./Rubinstein, Ariel (1990): Bargaining and Markets. San Diego (u.a.): Academic Press.

Ostrom, Elinor (2007): Institutional Rational Choice, An Assessment of the Institutional Analysis and Development Framework. In: Sabatier, Paul A. (Hrsg.), Theories of the Policy Process. 2. Aufl. Boulder, Colorado: Westview Press, 21–64.

Pahre, Robert (2005): Formal Theory and Case-Study Methods in EU Studies. In: *European Union Politics*, 6 (1), 113–145.

Pajala, Antti/Widgrén, Mika (2004): A priori versus empirical voting power in the EU Council of Ministers. In: *European Union Politics*, 5 (1), 73–97.

Paltsev, Sergey (2014): Scenarios for Russia's natural gas exports to 2050. In: *Energy Economics*, 42, 262–270.

Parmigiani, L. (2012): Gas Routes to Europe: Real Needs and Political Jockeying. Text abrufbar unter: http://www.ifri.org/downloads/actuellelppipelinesavril2012.pdf (Zugriff am 18.12.2012).

Percebois, Jacques (2008): Französische Energiepolitik: Von der Unabhängigkeit zur Interdependenz. Berlin: Forschungsinstitut der Deutschen Gesellschaft für Auswärtige Politik e.V.

Piechocki, Marcin (2011): Probleme der Energiesicherheit aus polnischer Perspektive. In: Franzke, Jochen (Hrsg.), Europa als Inspiration und Herausforderung: sozialwissenschaftliche Sichten aus Deutschland und Polen. Potsdam: Universitätsverlag Potsdam, 97–115.

Pirani, Simon/Henderson, James/Honoré, Anouk/Rogers, Howard/Yafimava, Katja (2014): What the Ukraine Crisis Means for Gas Markets. Oxford Energy Comment, März 2014.

Pirani, Simon/Stern, Jonathan/Yafimava, Katja (2009): The Russo-Ukrainian gas dispute of January 2009: a comprehensive assessment. OIES Paper NG 27.

Pointvogl, Andreas (2009): Perceptions, realities, concession—What is driving the integration of European energy policies? In: *Energy Policy*, 37 (12), 5704–5716.

Pollack, Johannes/Schubert, Samuel/Slominski, Peter (2010): Die Energiepolitik in der EU. Wien: facultas wuv.

Pomfret, Richard (2010): Energy Security in the EU and Beyond. CASE Network Studies and Analyses 400. Warschau.

Portnoy, Andrij (2014): Krieg und Frieden, Die Euro-Revolution in der Ukraine. In: *Osteuropa*, 64 (1), 7–23.

Princen, Sebastiaan (2012): The Deu Approach to Eu Decision-Making: A Critical Assessment. In: *Journal of European Public Policy*, 19 (4), 623–634.

Pritzkow, Sebastian (2011): Das völkerrechtliche Verhältnis zwischen der EU und Russland im Energiesektor. Berlin; Heidelberg: Springer.

Proedrou, Filippos (2012): EU Energy Security in the Gas Sector, Evolving Dynamics, Policy Dilemmas and Prospects. Farnham; Surrey (u.a.); Ashgate.

Proksch, Sven-Oliver/Slapin, Jonathan B./Thies, Michael F. (2011): Party system dynamics in post-war Japan: A quantitative content analysis of electoral pledges. In: *Electoral Studies*, 30 (1), 114–124.

Prontera, Andrea (2009): Energy Policy: Concepts, Actors, Instruments and Recent Developments. In: *World Political Science*, 5 (1), 1–30.

Pump, Barry (2011): Beyond Metaphors: New Research on Agendas in the Policy Process. In: *Policy studies journal*, 39 (S1), 1–12.

Putin, Vladimir (2014a): Rede des russländischen Präsidenten Vladimir Putin am 18. März 2014 im Kreml vor den Abgeordneten der Staatsduma, den Mitgliedern des Föderationsrats, den Leitern der Regionalverwaltungen und Vertretern der Zivilgesellschaft. In: *Osteuropa: Interdisziplinäre Monatszeitschrift zur Analyse von Politik, Wirtschaft, Gesellschaft, Kultur und Zeitgeschichte in Osteuropa, Ostmitteleuropa und Südosteuropa*, 64 (5–6), 87–99.

Putin, Vladimir (2014b): Vladimir Putin answered journalists' questions on the situation in Ukraine. Text abrufbar unter: http://eng.kremlin.ru/transcripts/6763 (Zugriff am 2.3.2015).

Putin, Vladimir (2014c): Message from the President of Russia to the leaders of several European countries. Text abrufbar unter: http://eng.kremlin.ru/transcripts/7002 (Zugriff am 7.8.2014)

Putin, Vladimir (2014d): News conference following state visit to Turkey. Text abrufbar unter: http://eng.kremlin.ru/transcripts/23322 (Zugriff am 2.3.2015)

Pynnöniemi, Katri (2014): Understanding Russia's actions in Ukraine: The art of improvisation. FIIA Comment 7/2014, The Finnish Institute of International Affairs. Text abrufbar unter: http://mercury.ethz.ch/serviceengine/Files/ISN/180492/ipublicationdocument_singledocument/92044e5e-f7af-47d9--83d5--675e8eb51435/en/comment7_eng.pdf (Zugriff am 17.1.2015).

Ragin, Charles C. (2000): Fuzzy-Set Social Science. Chicago: University of Chicago Press.

Rahr, Alexander (2007): Germany and Russia: A Special Relationship. In: *The Washington Quarterly*, 30 (2), 137–145.

Rat der Europäischen Union (2009): Gemeinsame Erklärung des Prager Gipfeltreffens zur Östlichen Partnerschaft – Prag 7. Mai 2009.

Rat der Europäischen Union (o. J.): Homepage. Text abrufbar unter: http://www.consilium.europa.eu/documents/legislative-transparency/council-minutes?lang=de (Zugriff am 2.3.2014).

Ratner, Michael/Belkin, Paul/Nichol, Jim/Woehrel, Steven (2013): Europe's Energy Security: Options and Challenges to Natural Gas Supply Diversification. CRS Report for Congress, Prepared for Members and Committees of Congress. Washington: Congressional Research Service.

Ray, James Lee/Russett, Bruce (1996): The Future as Arbiter of Theoretical Controversies: Predictions, Explanations and the End of the Cold War. In: *British Journal of Political Science*, 26 (04), 441–470.

Reichert, Götz/Voßwinkel, Jan S. (2011): Ehrgeiziger Energiebauplan, Wie die EU-Kommission ein integriertes europäisches Netz schaffen will. In: *Internationale Politik*, (4, Juli/August), 10–17.

Richter, Philipp M./Holz, Franziska (2014): All quiet on the Eastern front? Disruption scenarios of Russian natural gas supply to Europe. Discussion Papers, DIW Berlin.

Richter, Philipp M./Holz, Franziska (2015): All quiet on the eastern front? Disruption scenarios of Russian natural gas supply to Europe. In: *Energy Policy*, 80, 177–189.

Rieck, Christian (2012): Spieltheorie, Eine Einführung. 11. Aufl. Eschborn: Christian Rieck Verlag.

Rinke, Andreas (2014): Wie Putin Berlin verlor, Moskaus Annexion der Krim hat die deutsche Russland-Politik verändert. In: *Internationale Politik*, (3, Mai/Juni), 33–45.

Rinke, Andreas (2015a): Vermitteln, verhandeln, verzweifeln, Wie der Ukraine-Konflikt zur westlich-russischen Dauerkrise wurde. In: *Internationale Politik*, (1, Januar/Februar), 8–21.

Rinke, Andreas (2015b): Vom Partner zum Gegner zum Partner? Die alte Russland-Politik ist tot. Jetzt sucht Berlin nach einem neuen Ansatz. In: *Internationale Politik*, (2, März/April), 36–43.

Rojer, Maurice (1999): Collective decision-making models applied to labor negotiations in the Netherlands: a comparison between an exchange model and a conflict model. In: *Rationality and Society*, 11 (2), 207–235.

Röller, Lars-Hendrik/Delgado, Juan/Friederiszick, Hans W. (2007): Energy: Choices for Europe. Brüssel: Bruegel Blueprint Series.

Roth, Mathias (2011): Poland as a Policy Entrepeneur in European External Energy Policy: Towards Greater Energy Solidarity vis-à-vis Russia? In: *Geopolitics*, 16 (3), 600–625.

Röttgen, Norbert (2014): Mehr debattieren – und europäisieren, Der Konflikt um die Ukraine zeigt: Nichtstun ist für Deutschland keine Option. In: *Internationale Politik*, (4, Juli/August), 30–33.

Rüb, Friedbert W. (2014a): Bausteine für ein Modell rapider Politikwechsel. In: Rüb, Friedbert W. (Hrsg.), Rapide Politikwechsel in der Bundesrepublik, Theoretische Rahmen und empirische Befunde. Baden-Baden: Westview Press, 251–270.

Rüb, Friedbert W. (2014b): Rapide Politikwechsel in der Bundesrepublik. Eine konzeptionelle Annäherung an ein unerforschtes Phänomen. In: Rüb, Friedbert W. (Hrsg.), Rapide Politikwechsel in der Bundesrepublik, Theoretische Rahmen und empirische Befunde. Baden-Baden: Nomos, 9–46.

Rubinstein, Ariel (1998): Modeling Bounded Rationality. Cambridge: MIT Press.

Rulska, Anna (2006): The European Union Energy Policy: An Initiative in Progress. Präsentiert auf: CEEISA annual conference 2006.

Saam, Nicole J. (2015): Einführung: Modellbildung und Simulation. In: Braun, Norman/Saam, Nicole J. (Hrsg.), Handbuch Modellbildung und Simulation in den Sozialwissenschaften. Springer Fachmedien Wiesbaden, 3–14.

Saam, Nicole J./Gautschi, Thomas (2015): Modellbildung in den Sozialwissenschaften. In: Braun, Norman/Saam, Nicole J. (Hrsg.), Handbuch Modellbildung und Simulation in den Sozialwissenschaften. Wiesbaden: Springer Fachmedien, 15–60.

Sabatier, Paul A. (1987): Knowledge, Policy-Oriented Learning, and Policy Change: An Advocacy Coalition Framework. In: *Knowledge: Creation, Diffusion, Utilization*, 8 (4), 649–692.

Sabatier, Paul A. (1998): The Advocacy Coalition Framework: Revisions and Relevance for Europe. In: *Journal of European Public Policy*, 5 (March), 98–130.

Sabatier, Paul A./Jenkins-Smith, Hank (1993): Policy Change and Learning: An Advocacy Coalition Approach. Boulder, Colorado: Westview Press.

Sabatier, Paul A./Jenkins-Smith, Hank (1999): The Advocacy Coalition Framework: An Assessment. In: Sabatier, Paul A. (Hrsg.), Theories of the Policy Process. 1. Aufl. Boulder, Colorado: Westview Press, 117–168.

Sabatier, Paul A./Weible, Christopher M. (2007): The Advocacy Coalition Framework: Innovations and Clarifications. In: Sabatier, Paul A. (Hrsg.), Theories of the Policy Process. 2. Aufl. Boulder, Colorado: Westview Press, 189–230.

Salzburger Nachrichten vom 6.5.2014: Italien empört über Ausschluss von South Stream.

Sander, Michael (2007): A „Strategic Relationship"? The German Policy of Energy Security within the EU and the Importance of Russia. In: *Foreign Policy in Dialogue*, 8 (20), 16–24.

Sartori, Giovanni (1994): Compare Why and How, Comparing, Miscomparing and the Comparative Method. In: Dogan, Mattei/Kazancigil, Ali (Hrsg.), Comparing nations: Concepts, Strategies, Substance. Oxford/Cambridge: Blackwell, 14–34.

Schalk, Jelmer/Torenvlied, René/Weesie, Jeroen/Stokman, Frans (2007): The power of the Presidency in EU Council decision-making. In: *European Union Politics*, 8 (2), 229–250.

Schiffer, Hans-Wilhelm/Vrublevska, Swetlana (2014): Status und Herausforderungen der Energieversorgung der EU-28. In: *Zeitschrift für Energiewirtschaft*, 38 (2), 67–82.

Schmidtchen, Dieter/Steunenberg, Bernard (2014): On the Possibility of a Preference-Based Power Index: The Strategic Power Index Revisited. In: Fara, Rudolf/Leech, Dennis/Salles, Maurice (Hrsg.), Voting Power and Procedures. Cham: Springer International Publishing, 259–286.

Schmidt-Felzmann, Anke (2011): EU Member States' Energy Relations with Russia: Conflicting Approaches to Securing Natural Gas Supplies. In: *Geopolitics*, 16 (3), 574–599.

Schmidt-Felzmann, Anke (2014): Is the EU's failed relationship with Russia the member states' fault? In: *L'Europe en Formation*, 374 (4), 40–60.

Schneider, Gerald/Finke, Daniel/Bailer, Stefanie (2010a): Bargaining Power in the European Union: An Evaluation of Competing Game-Theoretic Models. In: *Political Studies*, 58 (1), 85–103.

Schneider, Gerald/Gleditsch, Nils Petter/Carey, Sabine C. (2010b): Exploring the Past, Anticipating the Future: A Symposium. In: *International Studies Review*, 12 (1), 1–7.

Schneider, Gerald/Gleditsch, Nils Petter/Carey, Sabine (2011): Forecasting in International Relations: One Quest, Three Approaches. In: *Conflict Management and Peace Science*, 28 (1), 5–14.

Schneider, Gerald/Steunenberg, Bernard/Widgrén, Mika (2006): Evidence with insight: what models contribute to EU research. In: Thomson, Robert/Stokman, Frans N./Achen, Christopher H./König, Thomas (Hrsg.), The European Union decides. Cambridge: Cambridge University Press, 299–316.

Schneider, Volker/Janning, Frank (2006): Politikfeldanalyse. Wiesbaden: VS Verlag für Sozialwissenschaften.

Scholz, Jason B./Calbert, Gregory J./Smith, Glen A. (2011): Unravelling Bueno De Mesquita's Group Decision Model. In: *Journal of Theoretical Politics*, 23 (4), 510–531.

Schubert, Klaus/Bandelow, Nils C. (2014): Politikfeldanalyse: Dimensionen und Fragestellungen. In: Schubert, Klaus/Bandelow, Nils C. (Hrsg.), Lehrbuch der Politikfeldanalyse. 3. Aufl. München: Oldenbourg Wissenschaftsverlag GmbH, 1–24.

Schubert, Samuel R./Pollak, Johannes/Brutschin, Elina (2014): Two Futures: EU-Russia Relations in the Context of Ukraine. In: *European Journal of Futures Research*, 2 (1), 1–7.

Schuller, Konrad/Triebe, Benjamin (2013): Gas aus Russland, Die Macht, die aus den Röhren kommt, Frankfurter Allgemeine Zeitung vom 7.7.2013.

Schumacher, Thomas (2011): Vertikale Integration im Erdgasmarkt. Wiesbaden: Gabler.

Schuppe, Thomas Elmar (2014): Sanctions and the Ukraine Crisis: How Strong is Europe's Dependence on Russian Gas? ORF Occasional Paper Nr. 53.

Schwedisches Verteidigungsministerium (2007): Summary of report by the Swedish Defence Commission, Security in Cooperation (Ds 2007:46): The Swedish Defence Commission's analysis of challenges and threats. Text abrufbar unter: http://www.government.se/sb/d/8182/a/93944 (Zugriff am 17.5.2015).

Seeliger, Andreas (2004): Die Europäische Erdgasversorgung im Wandel. EWI Working Paper Nr. 04–2, Köln.

Selck, T. J. (2005): Improving the Explanatory Power of Bargaining Models – New Evidence from European Union Studies. In: *Journal of Theoretical Politics*, 17 (3), 371–375.

Selck, Torsten J./Kuipers, Susanne (2005): Shared hesitance, joint success: Denmark, Finland, and Sweden in the European Union policy process. In: *Journal of European Public Policy*, 12 (1), 157–176.

Selck, Torsten J./Yardımcı, Şebnem/Kathan, Constanze (2009): Still an Opaque Institution? Explaining Decision-Making in the EU Council Using Newspaper Information: A Reply to Sullivan and Veen. In: *Government and Opposition*, 44 (4), 463–470.

Selten, Reinhard (2001): What is Bounded Rationality? In: Gigerenzer, Gerd/Selten, Reinhard (Hrsg.), Bounded Rationality, The Adaptive Toolbox. Cambridge: MIT Press, 13–36.

Shapley, Lloyd S./Shubik, Martin (1954): A Method for Evaluating the Distribution of Power in a Committee System. In: *American Polical Science Review*, 48 (3), 787–792.

Shepsle, Kenneth A. (2006): Rational Choice Institutionalism. In: Rhodes, R. A. W./Binder, Sarah A./Rockman, Bert A. (Hrsg.), The Oxford Handbook of Political Institutions. Oxford: Oxford University Press, 23–38.

Shikano, Susumu (2008): Die Eigendynamik zur Eindimensionalität des Parteienwettbewerbs: eine Simulationsstudie. In: *Politische Vierteljahresschrift*, 49 (2), 229–250.

Sieg, Gernot (2010): Spieltheorie. 3. Aufl. München: Oldenbourg Verlag.

Silver, Nate (2012): The signal and the noise: Why so many predictions fail-but some don't. New York: The Penguin Press.

Simão, Licínia (2011): Portuguese and Spanish Relations with Moscow: Contributions from the EU's Periphery to the CFSP. In: *Journal of Contemporary European Studies*, 19 (2), 213–223.

Simionov, Loredana Maria (2015): A Comparative Analysis of the EU Member States Regarding Their Interdependence with Russia. CES Working Papers 1/2015, 179–192.

Simon, Gerhard (2014): Staatskrise in der UKraine, Vom Bürgerprotest für Europa zur Revolution. In: *Osteuropa*, 64 (1), 25–41.

Simon, Herbert A. (1955): A Behavioral Model of Rational Choice. In: *The Quarterly Journal of Economics*, 69 (1), 99–118.

Simon, Herbert A. (1994): Bounded Rationality. In: Newman, Peter/Milgate, Murray/Eatwell, John (Hrsg.), The New Palgrave Dictionary of Money and Finance. London: Macmillan Press Limited, 226–227.

Simon, Herbert A. (2000): Bounded Rationality in Social Science: Today and Tomorrow. In: Mind & Society, 1 (1), 25–39.

Slapin, Jonathan B. (2014): Measurement, model testing, and legislative influence in the European Union. In: *European Union Politics*, 15 (1), 24–42.

Slapin, Jonathan B./Proksch, Sven-Oliver (2008): A scaling model for estimating time-series party positions from texts. In: *American Journal of Political Science*, 52 (3), 705–722.

Slapin, Jonathan B./Proksch, Sven-Oliver (2014): Words as data: Content analysis in legislative studies. In: Martin, Shane/Saalfeld, Thomas/Strom Kaare W. (Hrsg.), The Oxford Handbook of Legislative Studies. Oxford: Oxford University Press.

Smith Stegen, Karen (2011): Deconstructing the „energy weapon": Russia's threat to Europe as case study. In: *Energy Policy*, 39 (10), 6505–6513.

Sniedovich, Moshe (2012): Black Swans, New Nostradamuses, Voodoo Decision Theories, and the Science of Decision Making in the Face of Severe Uncertainty. In: *International Transactions in Operational Research*, 19 (1–2), 253–281.

Solorio Sandoval, Israel/Morata, Francesc (2012): Introduction: the re-evolution of energy policy in Europe. In: Morata, Francesc/Solorio Sandoval, Israel (Hrsg.), European Energy Policy, An Environmental Approach. Cheltenham/Northampton: Edward Elgar, 1–22.

Solorio Sandoval, Israel/Zapater, Esther (2012): Redrawing the „green Europeanization" of energy policy. In: Morata, Francesc/Solorio Sandoval, Israel (Hrsg.), European Energy Policy, An Environmental Approach. Cheltenham/Northampton: Edward Elgar, 97–112.

South Stream Transport B.V. (o. J.): South Stream Info. Text abrufbar unter: http://www.south-stream.info/en/ (Zugriff am 1.3.2014).

Sovacool, Benjamin K. (Hrsg.), (2010): Introduction: Defining, measuring, and exploring energy security. In: The Routledge handbook of energy security. New York u.a.: Routledge, 1–42.

Sovacool, Benjamin K./Mukherjee, Ishani (2011): Conceptualizing and measuring energy security: a synthesized approach. In: *Energy*, 36 (8), 5343-5355.

SPD (2014): Europa eine neue Richtung geben. Wahlprogramm für die Europawahl am 25. Mai 2014. Text abrufbar unter: http://www.europawahl-bw.de/europawahlprogramme.html (Zugriff am 13.10.2014).

Sprinz, Detlef F. (2003): Internationale Regime und Institutionen. In: Hellmann, Gunther/Wolf, Klaus Dieter/Zürn, Michael (Hrsg.), Die neuen Internationalen Beziehungen, Forschungsstand und Perspektiven in Deutschland. Baden-Baden: Nomos, 251-273.

Stachowiak, Herbert (1973): Allgemeine Modelltheorie. Wien: Springer-Verlag.

Stefes, Christoph H. (2014): Energiewende: Critical Junctures and Path Dependencies Since 1990. In: Rüb, Friedbert W. (Hrsg.), Rapide Politikwechsel in der Bundesrepublik, Theoretische Rahmen und empirische Befunde. Baden-Baden: Nomos, 47-70.

Stern, Jonathan (2006): Is Russia a Threat to Energy Supplies? In: *Oxford Energy Forum*, (August 2006), 4-6.

Stern, Jonathan (2010): The new security environment for European gas: worsening geopolitics and increasing global competition for LNG. In: Lévêque, François/Glachant, Jean-Michel/Barquín, Julián/Von Hirschhausen, Christian/Holz, Franziska/Nuttall, William J. (Hrsg.), Security of Energy Supply in Europe, Natural Gas, Nuclear and Hydrogen (= Loyola de Palacio Series on European Energy Policy). Northhampton: Edward Elgar, 56-90.

Stern, Jonathan/Pirani, Simon/Yafimava, Katja (2015): Does the cancellation of South Stream signal a fundamental reorientation of Russian gas export policy? Oxford Energy Comment, Januar 2015.

Steunenberg, Bernard/Selck, Torsten J. (2006): Testing procedural models of EU legislative decision-making. In: Thomson, Robert/Stokman, Frans N./Achen, Christopher H./König, Thomas (Hrsg.), The European Union decides. Cambridge: Cambridge University Press, 54-85.

Stevens, Jacqueline (2012): Political scientists are lousy forecasters. New York Times vom 23.Juni 2012. Text abrufbar unter: `http://mavdisk.mnsu.edu/parsnk/Linked%20Readings/policy%20analysis-669/Political%20Scientists%20Are%20Lousy%20Forecasters.pdf` (Zugriff am 11.9.2015).

Stokman, Frans/Thomson, Robert (2004a): Special Issue: Winners and Losers in European Union Decision Making. In: *European Union Politics*, 5 (1).

Stokman, Frans/Thomson, Robert (2004b): Winners and Losers in the European Union. In: *European Union Politics*, 5 (1), 5–23.

Ströbele, Wolfgang/Pfaffenberger, Wolfgang/Heuterkes, Michael (2012): Energiewirtschaft: Einführung in Theorie und Politik. 3. Aufl. München: Oldenbourg Verlag.

Strünck, Christoph (2011a): Der Mythos vom mündigen Verbraucher. In: *Orientierungen zur Wirtschafts- und Gesellschaftspolitik*, 129 (3/2011), 6–9.

Strünck, Christoph (2011b): Die Verbraucherpolitik braucht Pragmatismus statt wirklichkeitsferner Leitbilder. In: *Wirtschaftsdienst*, 91 (3), 165–168.

Strünck, Christoph (2015): Der mündige Verbraucher: ein populäres Leitbild auf dem Prüfstand. In: Bala, Christian/Müller, Klaus (Hrsg.), Abschied vom Otto Normalverbraucher, Moderne Verbraucherforschung: Leitbilder, Information, Demokratie. Essen: Klartext, 37–55.

Stüdemann, Dirk-Christof (2014): Europäische Politik aus einem Guss?: Energiepolitik zwischen europäischen Visionen und nationalen Realitäten am Beispiel von Deutschland und Frankreich. Frankfurt am Main: Peter Lang.

Stulberg, Adam N. (2015): Out of Gas?: Russia, Ukraine, Europe, and the Changing Geopolitics of Natural Gas. In: *Problems of Post-Communism*, 62 (2), 112–130.

Süddeutsche.de vom 7.1.2009: Sehr ernste technische Probleme.

Süddeutsche.de vom 31.10.2009: Iran verhandelt über Beteiligung.

Süddeutsche.de vom 9.4.2010: Schröder gibt Gas.

Süddeutsche.de vom 27.11.2013: Janukowitsch will EU-Abkommen nicht unterschreiben.

Süddeutsche.de vom 16.12.2013: Ukraine zwischen Geld und West.

Süddeutsche.de vom 5.3.2014: Wer was will von der Ukraine.

Süddeutsche.de vom 7.3.2014a: Deutschland und Frankreich verschärfen den Ton.

Süddeutsche.de vom 7.3.2014b: Prorussische Kämpfer übernehmen Militärposten auf der Krim.

Süddeutsche.de vom 13.3.2014: Worum es beim Krim-Referendum geht.

Süddeutsche.de vom 21.3.2014: Wieder geht ein Riss durch Europa.

Süddeutsche.de vom 26.3.2014: EU will sich im Energiesektor breiter aufstellen.

Süddeutsche.de vom 27.3.2014: Merkel will Abhängigkeit von russischer Energie verringern.

Süddeutsche.de vom 28.3.2014: Keine Alternative zu Erdgas aus Russland.

Süddeutsche.de vom 5.4.2014: Mit Meister Yoda gegen die Sommerzeit.

Süddeutsche.de vom 10.4.2014: Putin droht EU mit Gas-Drosselung.

Süddeutsche.de vom 22.4.2014: Tusk will europäische Energie-Zentrale.

Süddeutsche.de vom 23.4.2014: EU lädt zu Energie-Gespräch.

Süddeutsche.de vom 1.5.2014: Oettinger spricht mit Russland und Ukraine.

Süddeutsche.de vom 14.6.2014: Internationale Kritik an Russland.

Süddeutsche.de vom 19.7.2014: OSZE: Chaos und Einschüchterung am Absturzort.

Süddeutsche.de vom 21.7.2014: Umdenken nach dem Absturz.

Süddeutsche.de vom 30.8.2014a: Europas junge Stimme in der Welt.

Süddeutsche.de vom 30.8.2014b: Russland „praktisch im Krieg gegen Europa".

Süddeutsche.de vom 26.9.2014: Ungarn setzt Gaslieferungen an Ukraine aus.

Süddeutsche Zeitung vom 10.7.2004: Großprojekte in Russland.

Süddeutsche Zeitung vom 5.1.2006: Lektion für die Europäer.

Süddeutsche Zeitung vom 28.1.2006: Ein Bogen um Russland.

Süddeutsche Zeitung vom 6.10.2006: Gasunie an Ostseepipeline beteiligt.

Süddeutsche Zeitung vom 8.2.2007: Schröder für russisches Gas.

Süddeutsche Zeitung vom 28.6.2007: Und die Europäer gucken in die Röhre.

Süddeutsche Zeitung vom 7.11.2007: Ostsee-Pipeline mit Niederländern.

Süddeutsche Zeitung vom 30.11.2007: Nein zur Gasleitung in der Ostsee.

Süddeutsche Zeitung vom 4.2.2008: Von Gazproms Gnaden.

Süddeutsche Zeitung vom 6.2.2008a: RWE beteiligt sich an Nabucco.

Süddeutsche Zeitung vom 6.2.2008b: RWE vor Einstieg bei Nabucco.

Süddeutsche Zeitung vom 27.2.2008: Turkmenistan will Gas- und Ölexporte ausdehnen.

Süddeutsche Zeitung vom 17.4.2008: Europa will Gas aus dem Irak importieren.

Süddeutsche Zeitung vom 5.7.2008: Gas riecht nach Macht.

Süddeutsche Zeitung vom 13.11.2008: Putin stellt Pipeline infrage.

Süddeutsche Zeitung vom 28.1.2009: Wettlauf zu neuen Reserven.

Süddeutsche Zeitung vom 29.1.2009: Private sollen Energiefluss sichern.

Süddeutsche Zeitung vom 30.1.2009: Polen gegen Ostseepipeline.

Süddeutsche Zeitung vom 7.2.2009: Ein „Mangel an Berechenbarkeit".

Süddeutsche Zeitung vom 9.5.2009: Erdgas aus dem Osten.

Süddeutsche Zeitung vom 26.6.2009: Fischer berät Nabucco.

Süddeutsche Zeitung vom 13.7.2009a: Abnabelung von Moskau.

Süddeutsche Zeitung vom 13.7.2009b: Das Große Spiel ums Gas.

Süddeutsche Zeitung vom 13.7.2009c: Die Beziehungen zementieren.

Süddeutsche Zeitung vom 14.7.2009: Nabucco-Pipeline macht Fortschritte.

Süddeutsche Zeitung vom 17.7.2009: Die Freunde von Schleißheim.

Süddeutsche Zeitung vom 7.8.2009: Ein türkischer Freund.

Süddeutsche Zeitung vom 8.8.2009: Fatal national.

Süddeutsche Zeitung vom 7.11.2009a: Frankreich hilft Polen bei Atomkraftwerk-Bau.

Süddeutsche Zeitung vom 7.11.2009b: Machtspiele an der Pipeline.

Süddeutsche Zeitung vom 28.11.2009: Frankreich und Russland schmieden engeres Bündnis.

Süddeutsche Zeitung vom 19.12.2009: Garantie für Ostseepipeline.

Süddeutsche Zeitung vom 13.2.2010: Ostsee-Pipeline genehmigt.

Süddeutsche Zeitung vom 2.3.2010a: Beginn einer neuen Partnerschaft.

Süddeutsche Zeitung vom 2.3.2010b: Suez investiert in Pipeline.

Süddeutsche Zeitung vom 5.3.2010: Milliarden für neue Energie.

Süddeutsche Zeitung vom 25.3.2010: Nabucco-Pipeline verzögert sich.

Süddeutsche Zeitung vom 8.4.2010: Lange Leitung nach Sibirien.

Süddeutsche Zeitung vom 10.4.2010a: Eine Röhre für 26 Millionen Haushalte.

Süddeutsche Zeitung vom 10.4.2010b: Russisches Roulette.

Süddeutsche Zeitung vom 26.4.2010a: Blick in die Röhre.

Süddeutsche Zeitung vom 26.4.2010b: Russland spaltet Europa mit neuer Pipeline.

Süddeutsche Zeitung vom 12.10.2010: Misstöne um „Nabucco".

Süddeutsche Zeitung vom 23.3.2011: Ein Land gibt Gas.

Süddeutsche Zeitung vom 13.11.2011: EU verhandelt über Erdgas.

Süddeutsche Zeitung vom 24.9.2011: Pipeline-Poker.

Süddeutsche Zeitung vom 9.11.2011a: Am Regler der Macht.

Süddeutsche Zeitung vom 9.11.2011b: Gas und Geld.

Süddeutsche Zeitung vom 9.11.2011c: Russisches Gas fließt jetzt direkt nach Deutschland.

Süddeutsche Zeitung vom 26.4.2012a: Machtspiele mit Gas und Geld.

Süddeutsche Zeitung vom 26.4.2012b: Nabucco auf der Kippe.

Süddeutsche Zeitung vom 8.6.2012: Wettlauf in den Westen.

Süddeutsche Zeitung vom 4.12.2012: Nachruf auf Nabucco.

Süddeutsche Zeitung vom 15.2.2013: Griechenlands Hoffnung.

Süddeutsche Zeitung vom 15.4.2013: RWE bei Nabucco raus.

Süddeutsche Zeitung vom 27.6.2013: Aus für Nabucco.

Süddeutsche Zeitung vom 20.11.2013: Röhren nach Russland.

Süddeutsche Zeitung vom 6.12.2013: Illegale Verträge.

Süddeutsche Zeitung vom 18.12.2013: Russland hilft der Ukraine.

Süddeutsche Zeitung vom 31.1.2014: Energiewende, aber andersherum.

Süddeutsche Zeitung vom 8.2.2014: Zweifel an Temlin.

Süddeutsche Zeitung vom 22.2.2014: Hoffnung auf Frieden in Kiew.

Süddeutsche Zeitung vom 4.3.2014: Darum zögert Deutschland bei Russland-Sanktionen.

Süddeutsche Zeitung vom 5.3.2014: Wer ist der Nächste?

Süddeutsche Zeitung vom 11.3.2014: Souveränität in Gefahr.

Süddeutsche Zeitung vom 12.3.2014: Die Krim und das Erdgas.

Süddeutsche Zeitung vom 13.3.2014: Besorgte Nachbarn.

Süddeutsche Zeitung vom 19.3.2014: Das Rohr zum Westen.

Süddeutsche Zeitung vom 20.3.2014: Machtspiele mit Gas und Kohle.

Süddeutsche Zeitung vom 22.3.2014: Der Feind hört mit.

Süddeutsche Zeitung vom 27.3.2014: Im Windschatten der Krise.

Süddeutsche Zeitung vom 28.3.2014: Ein großer Schritt weg vom Abgrund.

Süddeutsche Zeitung vom 29.3.2014: Dann eben nach Asien.

Süddeutsche Zeitung vom 23.4.2014: Polen fordert Energie-Union.

Süddeutsche Zeitung vom 7.5.2014: Pakt der Energieminister gegen Putin.

Süddeutsche Zeitung vom 9.5.2014: Wer wird denn gleich in die Luft gehen?

Süddeutsche Zeitung vom 12.5.2014: Bohren um jeden Preis.

Süddeutsche Zeitung vom 16.5.2014: Politisch nicht durchzusetzen.

Süddeutsche Zeitung vom 6.6.2014: Kraft sagt Nein.

Süddeutsche Zeitung vom 9.6.2014: Bulgarien setzt Arbeiten an Pipeline aus.

Süddeutsche Zeitung vom 16.6.2014: Erdgas aus der Sahara.

Süddeutsche Zeitung vom 25.6.2014: Umstrittenes Geschäft.

Süddeutsche Zeitung vom 9.7.2014: Russland wirbt für Pipeline.

Süddeutsche Zeitung vom 21.7.2014: Das Ende einer Beziehung.

Süddeutsche Zeitung vom 29.7.2014: Fracking im Nationalpark.

Süddeutsche Zeitung vom 2.8.2014: Fremde Partner.

Süddeutsche Zeitung vom 22.8.2014: Aus South Stream wird Seepipeline.

Süddeutsche Zeitung vom 5.11.2014: Viktor Orbán sucht Moskaus Nähe.

Süddeutsche Zeitung vom 20.11.2014: Ausgefrackt.

Süddeutsche Zeitung vom 2.12.2014: Russland stoppt Pipeline-Projekt.

Süddeutsche Zeitung vom 9.12.2014: Raus aus Europa.

Süddeutsche Zeitung vom 20.12.2014: Bohren unter Hochdruck.

Süddeutsche Zeitung vom 30.12.2014: BASF verlässt Pipeline-Projekt.

Süddeutsche Zeitung vom 19.2.2015: Ein Platz. Viele Wahrheiten.

Sullivan, Jonathan/Veen, Tim (2009): The EU Council: Shedding Light on an Opaque Institution. In: *Government and Opposition*, 44 (1), 113–123.

Sundberg, Anna/Eellend, Johan (2014): An EU Perspective. In: Granholm, Niklas/Malminen, Johannes/Persson, Gudrun (Hrsg.), A Rude Awakening, Ramifications of Russian Aggression Towards Ukraine. Stockholm: FOI, 35–40.

Szlavik, Janos/Csete, Maria (2012): Climate and Energy Policy in Hungary. In: *Energies*, 5 (12), 494–517.

Tänzler, Dennis/Wolters, Stephan (2014): Energiewende und Außenpolitik: Gestaltungsmacht auf dem Prüfstand. In: *Zeitschrift für Außen- und Sicherheitspolitik*, 7 (2), 133–143.

Thompson, Evan (2015): The European Union's Energy Policy: Two-Track Development. In: Witzleb, Normann/Arranz, Alfonso Martçnez/Winand, Pascaline (Hrsg.), The European Union and Global Engagement: Institutions, Policies and Challenges. Cheltenham, UK (u.a.): Edward Elgar Publishing, 176–194.

Thomson, Clive (2009a): Can Game Theory Predict When Iran Will Get the Bomb? NY Times Magazine vom 16.8.2009. Text abrufbar unter: http://www.nytimes.com/2009/08/16/magazine/16Bruce-t.html.

Thomson, Robert (2008): The Council Presidency in the European Union: Responsibility with Power. In: *JCMS: Journal of Common Market Studies*, 46 (3), 593–617.

Thomson, Robert (2009b): Actor alignments in the European Union before and after enlargement. In: *European Journal of Political Research*, 48 (6), 756–781.

Thomson, Robert (2011): Resolving Controversy in the European Union: Legislative Decision-Making Before and After Enlargement. Cambridge: Cambridge University Press.

Thomson, Robert (2015): The Distribution of Power among the Institutions. In: Richardson, Jeremy/Mazey, Sonia (Hrsg.), European Union: Power and Policy-Making. 4. Aufl. New York u.a.: Routledge.

Thomson, Robert/Arregui, Javier/Leuffen, Dirk/Costello, Rory/Cross, James/Hertz, Robin/Jensen, Thomas (2012): A new dataset on decision-making in the European Union before and after the 2004 and 2007 enlargements (DEUII). In: *Journal of European Public Policy*, 19 (4), 604–622.

Thomson, Robert/Boerefijn, Jovanka/Stokman, Frans (2004): Actor alignments in European Union decision making. In: *European Journal of Political Research*, 43 (2), 237–261.

Thomson, Robert/Hosli, Madeleine O. (2006): Explaining legislative decision-making in the European Union. In: Thomson, Robert/Stokman, Frans N./Achen, Christopher/König, Thomas (Hrsg.), The European Union decides. Cambridge: Cambridge University Press, 25–53.

Thomson, Robert/Stokman, Frans N. (2006): Research Design: Measuring Actors' Positions, Saliences and Capabilities. In: Thomson, Robert/Stokman, Frans N./Achen, Christopher H./König, Thomas (Hrsg.), The European Union decides. Cambridge: Cambridge University Press, 25–53.

Thomson, Robert/Stokman, Frans N./Achen, Christopher H./König, Thomas (2006a): Preface. In: Thomson, Robert/Stokman, Frans N./Achen, Christopher H./König, Thomas (Hrsg.), The European Union decides. Cambridge: Cambridge University Press, xvii–xix.

Thomson, Robert/Stokman, Frans N./Achen, Christopher H./König, Thomas (Hrsg.) (2006b): The European Union Decides. Cambridge: Cambridge University Press.

Thornton, Rod (2006): Current United Kingdom-Russia Security Relations. In: Smith, Hanna (Hrsg.), The two-level game, Russia's relations with Great Britain, Finland and the European Union. Helsinki: Aleksanteri Inst., 155–176.

Timmermans, Frans (2014): Meeting of the Security Council, New York, 21 July 2014, Statement by Frans Timmermans, Minister of Foreign Affairs of the Kingdom of the Netherlands. Text abrufbar unter: http://www.government.nl/ documents-and-publications/speeches/2014/07/22/meeting-of-the-security-council-new-york-21-july-2014.html (Zugriff am 6.4.2014).

Timmins, Graham (2005): EU–Russian relations—a member-state perspective: Germany and Russia—a special partnership in the New Europe? In: Johnson, Debra/Robinson, Paul (Hrsg.), Perspectives on EU–Russia Relations, Europe and the Nation State. London u.a.: Routledge, 55–70.

Timmins, Graham (2006): Bilateral Relations in the Russia-EU Relationship: The British View. In: Smith, Hanna (Hrsg.), The two-level game, Russia's relations with Great Britain, Finland and the European Union. Helsinki: Aleksanteri Inst., 49–66.

Timmins, Graham (2007): German-Russian Bilateral Relations and EU Policy on Russia: Reconciling the Two-Level Game? In: Gower, Jackie/Timmins, Graham (Hrsg.), Russia and Europe in the twenty-first century: an uneasy partnership. London u.a.: Anthem Press, 164–184.

Tiroler Tageszeitung online vom 22.12.2014: Tschechische Regierung unterbrach Debatte über neues Energiekonzept.
Text abrufbar unter: http://www.tt.com/home/9419593--91/tschechische-regierung-unterbrach-debatte-%C3%BCber-neues-energiekonzept.csp (Zugriff am 10.4.2015).

Triantaphyllou, Dimitrios/Tsantoulis, Yannis (2011): Russia in EU and US Foreign Policy: The Energy Security Dimension. In: Cebeci, Münevver (Hrsg.), Issues in EU and US Foreign Policy. Lanham (u.a.): Lexington Books, 271–292.

Tsebelis, George (1994): The power of the European Parliament as a conditional agenda setter. In: *American Political Science Review*, 88 (1), 128–142.

Tsebelis, George/Garrett, Geoffrey (2000): Legislative politics in the European Union. In: *European Union Politics*, 1 (1), 9–36.

Ueng, Bryan (2012): Applying Bueno de Mesquita's Group Decision Model to Taiwan's Political Status, A Simplified Model. In: *Cornell Economics Society, Special Issue: The Visible Hand, Navigating Uncertainty*, XXI (I), 23–30.

Umbach, Frank (2007): Towards a European Energy Foreign Policy? In: *Foreign Policy in Dialogue*, 8 (20), 7–15.

Umbach, Frank (2010): Global energy security and the implications for the EU. In: *Energy Policy*, 38, 1229–1240.

Umbach, Frank (2013): The Unconventional Gas Revolution and the Prospects for Europe and Asia. In: *Asia Europe Journal*, 11 (3), 305–322.

Umland, Andreas (2013): Wie die EU der Ukraine helfen kann. Zeit Online vom 18.12.2013 Text abrufbar unter: http:// www.researchgate.net/profile/Andreas_Umland/publication/ 259390031_Wie_die_EU_der_Ukraine_helfen_kann/links/ 0046352b5902c8be54000000.pdf (Zugriff am 18.1.2015).

U.S. Energy Information Administration (2011a): International Energy Outlook 2011. Washington: U.S. Energy Information Administration.

U.S. Energy Information Administration (2011b): International Energy Outlook 2011. Washington.

Veen, Tim (2011a): The Political Economy of Collective Decision-Making. Berlin; Heidelberg: Springer.

Veen, Tim (2011b): Positions and Salience in European Union Politics: Estimation and Validation of a New Dataset. In: *European Union Politics*, 12 (2), 267–288.

Veen, Tim/Sullivan, Jonathan (2009): News Sources and Decision-Making in the EU Council: A Rejoinder. In: *Government and Opposition*, 44 (4), 471–475.

Verhoeff, Emma C./Niemann, Arne (2011): National Preferences and the European Union Presidency: The Case of German Energy Policy towards Russia. In: *Jcms-Journal of Common Market Studies*, 49 (6), 1271–1293.

Vetter, Reinhold (2010): Euphorie und Ernüchterung, Polens Russlandpolitik vor und nach Smolensk. In: *Osteuropa: Interdisziplinäre Monatszeitschrift zur Analyse von Politik, Wirtschaft, Gesellschaft, Kultur und Zeitgeschichte in Osteuropa, Ostmitteleuropa und Südosteuropa*, 60 (9), 17–35.

Victor, David G. (2010): Natural gas and geopolitics. In: Lévêque, François/Glachant, Jean-Michel/Barquín, Julián/von Hirschhausen, Christian/Holz, Franziska/Nuttall, William J. (Hrsg.), Security of Energy Supply in Europe, Natural Gas, Nuclear and Hydrogen (= Loyola de Palacio Series on European Energy Policy). Northhampton: Edward Elgar, 91–105.

Vogel, Thomas (2014): Überforderung und Desinteresse, Die EU, die Nachbarschaft und die Ukraine. In: *Osteuropa*, 64 (9–10), 51–65.

Warntjen, Andreas (2008): The Council Presidency Power Broker or Burden? An Empirical Analysis. In: *European Union Politics*, 9 (3), 315–338.

Warntjen, Andreas (2012): Measuring Salience in EU Legislative Politics. In: *European Union Politics*, 13 (1), 168–182.

Wayman, Frank Whelon (2014): Scientific prediction and the human condition. In: Wayman, Frank Whelon/Williamson, Paul R./Polachek, Paul R./Bueno de Mesquita, Bruce (Hrsg.), Predicting the Future in Science, Economics, and Politics. Cheltenham, UK (u.a.): Edward Elgar, 3–20.

Wayman, Frank Whelon/Williamson, Paul R./Polachek, Paul R./Bueno de Mesquita (Hrsg.) (2014): Predicting the Future in Science, Economics, and Politics. Cheltenham, UK (u.a.): Edward Elgar.

Weichsel, Volker (2004): Atom, Monopol und Diversifikation, Elemente tschechischer Energiepolitik. In: *Osteuropa: Interdisziplinäre Monatszeitschrift zur Analyse von Politik, Wirtschaft, Gesellschaft, Kultur und Zeitgeschichte in Osteuropa, Ostmitteleuropa und Südosteuropa*, 54 (9–10), 180–202.

Weingast, Barry R. (2002): Rational-Choice Institutionalism. In: Katznelson, Ira/Milner, Helen V. (Hrsg.), Political Science: The State of the Discipline. New York: W.W. Norton & Company Inc., 660–692.

Westphal, Kirsten (2012): Strategisch und verlässlich? Russland als Energielieferant. In: *Osteuropa: Interdisziplinäre Monatszeitschrift zur Analyse von Politik, Wirtschaft, Gesellschaft, Kultur und Zeitgeschichte in Osteuropa, Ostmitteleuropa und Südosteuropa*, 62 (6–8), 419–434.

Westphal, Kirsten (2013a): Die große Unsicherheit, Die Folgen des Schiefergas-Booms für die EU und Russland. In: *Osteuropa*, 63 (7), 29–44.

Westphal, Kirsten (2013b): Nichtkonventionelles Öl und Gas – Folgen für das globale Machtgefüge. In: *SWP-Aktuell*, (16).

Westphal, Kirsten (2014a): Die internationalen Gasmärkte: Von großen Veränderungen und Herausforderungen in Europa. In: *Energiewirtschaftliche Tagesfragen*, 64 (1/2), 47–50.

Westphal, Kirsten (2014b): Russlands Energielieferungen in die EU, Die Krim-Krise: Wechselseitige Abhängigkeiten, langfristige Kollateralschäden und strategische Handlungsmöglichkeiten der EU. SWP-Aktuell 11, März 2014.

Westphal, Kirsten (2014c): The European Gas Puzzle: Over-Securitization, Dilemmas and Multi-level Gas Politics on the European Continent a Year after „Euromaidan". Policy Brief 11/2014, Norwegian Institute of International Affairs.

Wettestad, Jørgen/Eikeland, Per Ove/Nilsson, Måns (2012): EU Climate and Energy Policy: A Hesitant Supranational Turn? In: *Global Environmental Politics*, 12 (2), 67–86.

Wieczorkiewicz, Julian/Behrens, Arno (2014): On Ukrainian Gas Transit and South Stream. There may be more than meets the eye. CEPS Commentaries, März 2014. Text abrufbar unter: `http://www.ceps.be/book/ukrainian-gas-transit-and-south-stream-there-may-be-more-meets-eye` (Zugriff am 17.1.2015).

Winzer, Christian (2012): Conceptualizing energy security. In: *Energy Policy*, 46, 36–48.

Wipperfürth, Christian (2015): Die Ukrainer im westlich-russischen Spannungsfeld, Die Krise, der Krieg und die Aussichten. Opladen u.a.: Verlag Barbara Budrich.

Wittinghofer, Joachim (2008): Das Verbot langfristiger Lieferverträge im deutschen Erdgasmarkt, Die wettbewerbliche Bedeutung der Vertragsaufhebung vor dem Hintergrund eines zweivertraglichen Netzzugangssystems (Entry/Exit-System). Diss., Münster.

World Bank (2014): Russia Economic Report No. 32, Policy Uncertainty Clouds Medium-Term Prospects. Text abrufbar unter: www-wds.worldbank.org/external/default/WDSContentServer/ WDSP/IB/2014/10/08/000350881_20141008110829/Rendered/PDF/ 912390WP0WBORE00Box385330B00PUBLIC0.pdf (Zugriff am 5.10.2015).

Wright, George (2003): UK and Russia strike „historic" energy deal. theguardian.com vom 26. März 2003.

Wybrew-Bond, Ian (1999): Setting the scene. In: Mabro, Robert/Wybrew-Bond, Ian (Hrsg.), Gas to Europe: The Strategies of Four Major Suppliers. Oxford: Oxford University Press, 5–32.

Wychiszkiewicz, Ernest (2014): Spiel auf Zeit, Die Wirkung der EU- und US-Sanktionen gegen Russland. In: *Osteuropa: Interdisziplinäre Monatszeitschrift zur Analyse von Politik, Wirtschaft, Gesellschaft, Kultur und Zeitgeschichte in Osteuropa, Ostmitteleuropa und Südosteuropa*, 64 (9–10), 191–201.

Youngs, Richard (2009): Energy Security: Europe's New Foreign Policy Challenge. New York: Routledge.

Zambernardi, Lorenzo (2016): Politics Is Too Important to Be Left to Political Scientists: A Critique of the Theory–policy Nexus in International Relations. In: *European Journal of International Relations*, 22 (1), 3–23. Text abrufbar unter: http: //ejt.sagepub.com/content/early/2015/04/30/1354066115580137 (Zugriff am 15.9.2015).

Zapater, Esther (2009): La seguridad energética de la Unión Europea en el contexto de la nueva política energética y el tratado de Lisboa. In: Morata, Francesc (Hrsg.), La Energía del siglo XXI: perspectivas europeas y tendencias globales. Barcelona: Institut Universitari d'Estudis Europeus, 49–79.

Zimmer, Christina/Schneider, Gerald/Dobbins, Michael (2005): The contested Council: Conflict dimensions of an intergovernmental EU institution. In: *Political Studies*, 53 (2), 403–422.

The manufacturer's authorised representative in the EU is Springer
Nature Customer Service Centre GmbH, Europaplatz 3, 69115 Heidelberg,
Germany. If you have any concerns regarding our products, please
contact ProductSafety@springernature.com

Printed and bound by CPI Group (UK) Ltd, Croydon, CR0 4YY
27/04/2026
02097971-0004